# 维修电工技能实战训练

## （初、中级）

主　编　杨学坤　邵争鸣
副主编　刘建农　童剑波
参　编　薛　飞　宋　珏　周泽天　杨婷婷
　　　　杨亚会　肖　剑　齐明琪　赵庆伟
　　　　黄建敏　顾龙凤



机械工业出版社

本书以《国家职业技能标准　维修电工》初、中级的技能知识要求设立训练项目，以任务驱动模式编写，以大量照片图、线条图、表格的形式讲述初、中级维修电工应掌握的技能知识，初级部分包括基本技能实战训练、基本控制电路实战训练、基本电子电路实战训练5个单元，共20个任务；中级部分包括继电控制电路实战训练、自动控制电路实战训练、电子电路实战训练、机床电气控制电路检修实战训练4个单元，共19个任务。

本书可作为技工院校、职业院校电气维修、电气自动化、机电一体化等专业学生的实训用书，也可作为初、中级维修电工的培训用书，还可作为维修电工的自学用书。

**图书在版编目（CIP）数据**

维修电工技能实战训练：初、中级/杨学坤；邵争鸣主编．—北京：机械工业出版社，2012.8（2023.2重印）

ISBN 978-7-111-39229-3

Ⅰ.①维…　Ⅱ.①杨…②邵…　Ⅲ.①电工-维修-技工学校-教材　Ⅳ.①TM07

中国版本图书馆CIP数据核字（2012）第169296号

机械工业出版社（北京市百万庄大街22号　邮政编码100037）
策划编辑：陈玉芝　责任编辑：陈玉芝
版式设计：纪　敬　责任校对：胡艳萍
封面设计：张　静　责任印制：张　博
北京建宏印刷有限公司印刷
2023年2月第1版·第9次印刷
184mm×260mm·22.5印张·557千字
标准书号：ISBN 978-7-111-39229-3
定价：45.00元

凡购本书，如有缺页、倒页、脱页，由本社发行部调换

| 电话服务 | 网络服务 |
|---|---|
| 社服务中心：(010) 88361066 | 教材网：http://www.cmpedu.com |
| 销售一部：(010) 68326294 | 机工官网：http://www.cmpbook.com |
| 销售二部：(010) 88379649 | 机工官博：http://weibo.com/cmp1952 |
| 读者购书热线：(010) 88379203 | **封面无防伪标均为盗版** |

# 前言

温家宝总理说“千方百计增加就业是政府的重要责任”。就业问题一直是各国政府时刻高度关注的重要问题。在中国，就业问题显得尤其重要，已成为目前社会最为关注的焦点问题之一。而就业往往与技能是紧密联系的，掌握一门过硬的专业技能，在劳动力市场无疑会为就业者提供很重要的就业砝码。

对技工院校、职业院校而言，如何使学生能快速、直观、通俗易懂地掌握维修电工所具备的技能，各级维修电工究竟实训哪些内容，一直是编者长期思考与探索的问题。编者在多年的理论和实践教学中，也一直寻觅着一种教材：它能一步一步、图文并茂、生动有趣、符合标准规范、遵循人类经验传承规律，规范各级维修电工实训内容，能教会学生掌握各级维修电工的各种技能，但却无果而终。本教材就是在这种背景下，按这种思维进行编写的。

为实现这一思想，本教材依据中华人民共和国人力资源和社会保障部2009年修订的《国家职业技能标准—维修电工》的要求，选取了一些重点的、有代表性的、可操作强的技能要求和知识要点，采用任务驱动模式进行编写。本教材在编写过程中，贯彻了“简明、实用、够用”的原则，在理论够用的前提下，强化技能，以体现“以就业为导向，以能力为本位，以应用为目的”的职教理念。

本教材的主要特色有：

1）紧扣国家职业技能标准，目标全面、系统、明确、具体。

2）强化技能训练，满足维修电工岗位“应知”、“应会”的需要。

3）采用任务驱动模式，以能力为本位，采用知识、技能、态度为框架的能力本位教学评价体系。

4）使用线条图、实物照片图和表格等多种形式将各知识要点、步骤生动地展示出来，力求给学生营造一个更加直观的认知环境。

5）内容安排上循序渐进，符合学生心理特征和认知及技能养成规律，遵循设趣、激趣、诱趣、扩趣过程，激发学生的学习热情。

6）实训内容上，吸取了企业维修电工的实际工作经验，操作性强，符合工艺安装要求，遵循人类经验传承的规律。

本教材由杨学坤、邵争鸣任主编，刘建农、童剑波任副主编，其中初级部分单元一、单元二由杨学坤、邵争鸣、刘建农、黄建敏、顾龙凤编写，单元三由薛飞、童剑波、肖剑编写；中级部分单元一由杨学坤、刘建农、杨亚会编写，单元二由宋珏、周泽天、杨婷婷、齐明琪编写，单元三由薛飞、童剑波编写，单元四由刘建农、周泽天、杨婷婷、赵庆伟编写。

徐兆龙、顾慧等同志也对本教材的编写提供了帮助和支持，在此一并表示感谢！

由于维修电工所涉及的知识面较广，加之编者的水平有限，时间仓促，所以在编写中难免有遗漏和错误之处，恳请广大师生和读者提出宝贵意见，不胜感谢！

编　者

# 目 录

前言

## 初级部分

单元一　基本技能实战训练 …… 3
任务一　安全知识 …… 3
任务二　常用工具、仪表的使用 …… 11
任务三　绝缘导线的剖削、连接及绝缘恢复 …… 19
任务四　单相照明电路的安装——白炽灯电路 …… 28
任务五　单相照明电路的安装——荧光灯电路 …… 37
任务六　单相照明电路的安装——两地控制电路 …… 46
任务七　单相电能表电路的安装 …… 54
任务八　三相四线制电能表电路的安装 …… 63
任务九　单相电风扇电路的安装 …… 73
任务十　三相交流笼型异步电动机的拆装 …… 83
单元二　基本控制电路实战训练 …… 94
任务十一　常用低压电器的使用 …… 94
任务十二　三相交流异步电动机点动控制电路的安装 …… 103
任务十三　三相交流异步电动机连续运转控制电路的安装 …… 112
任务十四　三相交流异步电动机正反转控制电路的安装 …… 120
任务十五　三相交流异步电动机两地控制电路的安装 …… 129
任务十六　三相交流异步电动机Y-Δ减压起动控制电路的安装 …… 138
单元三　基本电子电路实战训练 …… 148
任务十七　常用电子元器件的使用 …… 148
任务十八　单相半波整流电路的安装调试 …… 155
任务十九　单相全波整流电路的安装调试 …… 160
任务二十　电池充电电路的安装调试 …… 167

## 中级部分

单元一　继电控制电路实战训练 …… 177
任务一　三台三相交流异步电动机顺序起动控制电路的安装 …… 177
任务二　三相交流异步电动机位置控制电路的安装 …… 189

任务三　三相交流异步电动机自动往返控制电路的安装 …… 199
任务四　三相交流异步电动机反接制动控制电路的安装 …… 210
任务五　三相交流异步电动机能耗制动控制电路的安装 …… 220
任务六　三相绕线转子异步电动机串电阻起动控制电路的安装（时间继电器自动控制） …… 231
任务七　三相绕线转子异步电动机串电阻起动控制电路的安装（电流继电器自动控制） …… 242
**单元二　自动控制电路实战训练** …… 253
任务八　传感器的识别与安装调试 …… 253
任务九　三相交流异步电动机 PLC 控制连续运转电路的安装调试 …… 259
任务十　三相交流异步电动机 PLC 控制正反转电路的安装调试 …… 269
任务十一　三相交流异步电动机 PLC 控制Y-Δ减压起动电路的安装调试 …… 278
任务十二　交流变频器的一般接线、简单设置操作与使用 …… 286
**单元三　电子电路实战训练** …… 296
任务十三　惠斯顿电桥、开尔文（双）电桥的使用 …… 296
任务十四　*RC* 阻容放大电路的安装调试 …… 305
任务十五　三端稳压集成电路的安装调试 …… 312
任务十六　晶闸管调光电路的安装调试 …… 320
**单元四　机床电气控制电路检修实战训练** …… 327
任务十七　CA6140 型车床电气控制电路的故障分析与检修 …… 327
任务十八　Z3040 型摇臂钻床电气控制电路的故障分析与检修 …… 336
任务十九　M7130 型平面磨床电气控制电路的故障分析与检修 …… 343
**参考文献** …… 351

# 初 级 部 分

单元一　基本技能实战训练
单元二　基本控制电路实战训练
单元三　基本电子电路实战训练

# 单元一　基本技能实战训练

一

维修电工是从事机械设备和电气系统电路及元器件等的安装、调试、维护与修理的人员。维修电工技能的高低直接影响着工厂企业的正常生产及人民群众的正常生活。要做一名合格的维修电工，必须要履行好自己的职责，完成好自己的任务，不但要具备维修电工相应的理论技术知识，还要掌握好维修电工的基本操作技能。维修电工的基本操作技能包括：钳工基本技能、电焊工基本技能、常用电工工具及仪表的使用、各类电器安装和电路敷设、继电控制电路的安装调试维修、基本电子电路的安装调试维修等等。本单元主要介绍维修电工安全知识，常用电工工具、仪表的使用，导线的剖削、连接及绝缘恢复，以及在以后工作中经常从事的简单照明电路、电能表电路的安装和电动机的简单拆装等。

**学习目标**

- 掌握维修电工的安全知识。
- 熟悉掌握常用电工工具及仪表的使用技能及维护。
- 掌握照明电路的安装方法，会检修排除照明电路的各种故障。
- 会进行单相、三相电能计量电路的安装、维护、检修。
- 会进行单相电风扇电路的安装、调试、维护、检修。
- 会进行三相交流笼型异步电动机的拆装、维护。

## 任务一　安全知识

### 训练目标

- 熟悉维修电工的安全知识及电气火灾的扑救方法。
- 掌握并学会触电急救的方法。

在从事任何一种工作之前，必须进行安全教育培训，要熟悉本工作岗位的一些安全知识，要做到安全生产、文明生产，这既是对自己本人负责，也是对家庭负责，更是对社会企业负责。安全生产是安全与生产的统一，其宗旨是安全促进生产，生产必须安全。安全是生产的前提条件，没有安全就无法生产。所以，作为维修电工，必须熟悉一些必要的安全用电的知识与常识，以便在危急情况下能自救或能抢救别人的生命安全。

## 相关知识

### 一、维修电工安全知识

1. 维修电工必须具备的条件

1）身体健康，精神正常。安全技术规程规定：凡患有高血压、心脏病、气喘病、神经系统疾病、色盲、听力障碍、四肢功能有严重障碍者，不得从事维修电工工作。

2）必须通过正式的技能鉴定考试，获得维修电工国家职业资格证书，并持有电工操作证。因故间断电气工作三个月者，必须待重新考核合格后，方能恢复工作。

3）必须学会并掌握触电急救的方法及电气火灾的扑救方法。

2. 维修电工人身安全措施

1）在进行电气设备安装和维修操作前，必须严格遵守各种安全操作规程，不得玩忽职守，要穿好工作服和绝缘鞋。

2）操作时，要严格遵守停、送电操作规定，停、送电工作必须由专人负责，严格执行“倒闸操作”规程，严禁约时停、送电。

3）线路停电检修时，必须严格执行“停电—验电—挂接地线—挂警示牌”的程序后，方可工作。

4）在靠近带电部分操作时，要保证有可靠的安全距离。

5）操作前应仔细检查操作工具的绝缘性能。绝缘鞋、绝缘手套等安全用具的绝缘性能要定期检查试验，确保其绝缘性能良好。

6）从事高处作业要有安全措施，未经训练人员，禁止进行高处作业。上杆作业前，必须先检查杆脚是否牢固，踏脚板是否牢靠，并系好安全带，松紧线时要考虑杆的受力能力。严禁杆上杆下同时作业，现场作业人员应戴好安全帽。杆上人员应防止掉东西，使用的工具材料应用吊绳传递。电杆根部腐烂1/3以上或空心时应采取加固措施。

7）如发现火情或有人触电，要立即采取正确的急救措施。

### 二、触电急救知识

1. 触电的形式

触电是指电流流过人体时对人体产生的生理上和病理上的伤害。当2mA以下的电流通过人体时，对人体仅产生麻木感，对机体影响不大；当8～12mA的电流通过人体时，人体肌肉会自动收缩，但是能自主摆脱电源，除感到“一击”外，对身体损害不大；但当超过20mA的电流通过人体时，可导致人体接触部位皮肤灼伤，引起心室纤颤，导致血液循环停顿而死亡。

触电的形式有：单相触电、两相触电、跨步电压触电、弧光触电、感应电压触电、雷击触电等。

2. 触电急救的原则

进行触电急救，应坚持迅速、就地、准确、坚持的原则。触电急救必须分秒必争，切不可惊慌失措与束手无策，要救护得法，应立即就地迅速用心肺复苏法进行抢救，并坚持不断地进行，同时及早与医疗部门联系，争取医务人员接替救治。在医务人员未接替救治前，不应放弃现场抢救，更不能只根据没有呼吸或脉搏擅自判定伤员已死亡，并放弃抢救，只有医生有权做出伤员死亡的诊断。

3. 触电急救的流程

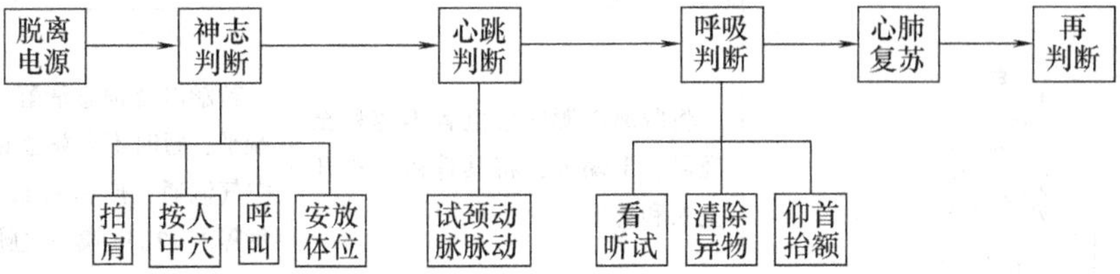


## 技能训练

### 【触电急救的方法】

1. 脱离电源

| 操作图片 | 操作方法 | 注意事项 |
| --- | --- | --- |
|  | “拉”——附近有电源开关或插座时，应立即拉下开关或拔掉电源插头 | ①拉开开关或拔掉电源插头时，要注意自身的安全<br>②拉开开关或拔掉电源插头时不能犹豫，要以尽可能快的速度操作 |
| 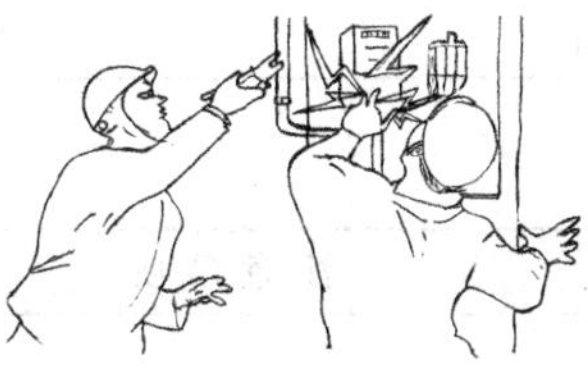 | “切”——若一时找不到电源开关时，应迅速用绝缘良好的钢丝钳剪断电线，以断开电源 | ①钢丝钳的绝缘一定要良好<br>②剪断的导线不要碰及自己<br>③导线要一根一根剪断，不能两根一起剪，以防短路 |
|  | “挑”——对于由导线损坏造成的触电，急救人员可用绝缘工具或干燥的木棒将电线挑开 | 不要碰到金属导体和触电者的裸露身躯，更不能将导线“挑”到别人身上 |
|  | “拽”——可抓住触电者干燥而不贴身的衣服，或戴绝缘手套或将手用干燥衣物等包裹后或站在绝缘垫上或干木板上，将其拖开 | ①不要碰到金属导体和触电者的裸露身躯<br>②不能用两只手拉触电者<br>③不能拉触电者的脚 |
| 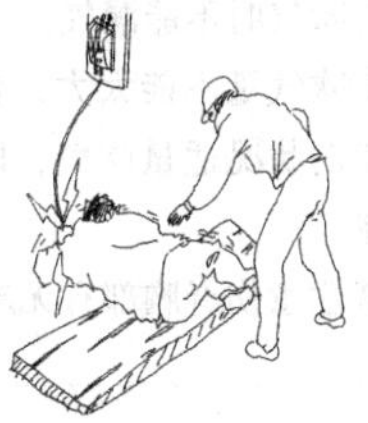 | “垫”——如果电流通过触电者入地，并且触电者紧握电线，可设法用干木板塞到身下，与地隔离 | 防止跨步电压伤人 |

## 2. 简单诊断

| 操作图片 | 操作方法 | 注意事项 |
|---|---|---|
| 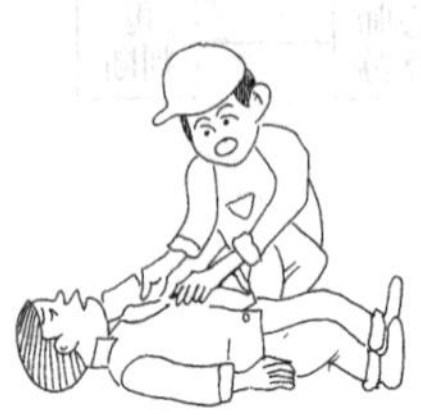 | 将脱离电源的触电者迅速移至通风、干燥处，将其仰卧，松开上衣和裤带 | 若触电者神志清醒，应使其就地躺平，暂时不要站立或走动，保持空气流通，严密观察其呼吸状况，每隔1～2min摸一次脉搏 |
|  瞳孔正常　瞳孔放大 | 观察触电者的瞳孔是否放大 | 若触电者神志不清，应就地仰面躺平，且确保气道通畅，并用5s时间，呼叫伤员或轻拍其肩部，以判定伤员是否意识丧失。禁止摇动伤员头部 |
| 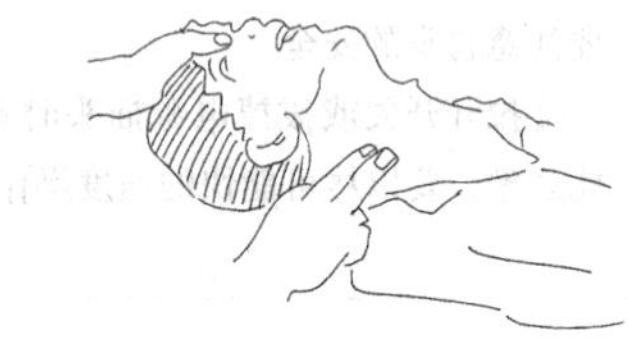 | 观察触电者有无呼吸存在，摸一摸其颈部的颈动脉有无搏动 | 触摸部位要正确 |

## 3. 有心跳而无呼吸急救——“口对口人工呼吸法”

| 操作图片 | 操作方法 | 注意事项 |
|---|---|---|
| 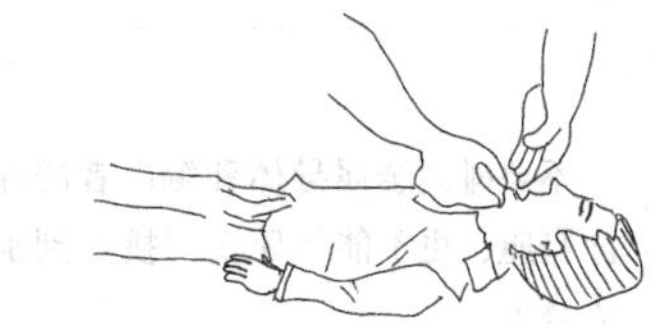 | [畅通气道]：将触电者平躺仰卧，头部偏向一侧，松开衣裤，清除触电者口中的异物 | 防止将异物推至咽喉深部 |
|  | 用一只手放在触电者前额，另一只手将其下颌骨向上抬起，两手协同将头部推向后仰，舌根随之抬起，气道即可通畅 | 严禁用枕头或其他物品垫在伤员头下 |
|  | [口对口（鼻）人工呼吸]：用一只手捏住触电者鼻翼，另一手托其颈后，将颈部上抬，深深吸口气，用嘴紧贴伤者的嘴，大口吹气 | ①吹气时不能漏气<br>②吹气量不能太大，要根据伤者的年龄状况适量吹气，以免引起胃膨胀<br>③注意伤者胸部有无起伏 |

（续）

| 操作图片 | 操作方法 | 注意事项 |
|---|---|---|
| 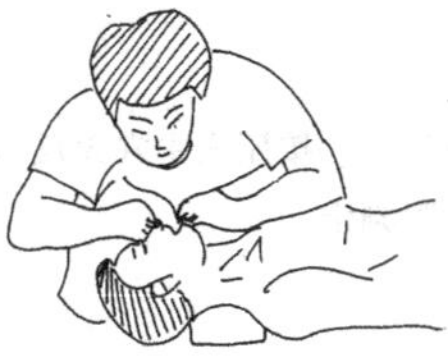 | 放开捏住鼻子的手，让气体从伤者肺部排出，每 5 ~ 6s 吹气一次，10 ~ 12 次/min，如此反复，持续进行，不可间断，直至伤者苏醒为止 | ①吹气和放松时要注意伤员胸部应有起伏的呼吸动作<br>②吹气时如有较大阻力，可能是头部后仰不够，应及时纠正 |

4. 有呼吸而无心跳急救——“胸外心脏按压法”

| 操作图片 | 操作方法 | 注意事项 |
|---|---|---|
| 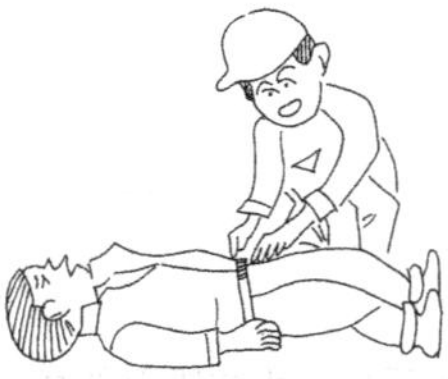 | 将触电者仰卧在硬板或地上，松开上衣和裤带，急救者跪或跨在伤者侧面或腰部 | 救护人员可立或跪在伤员一侧肩旁 |
| 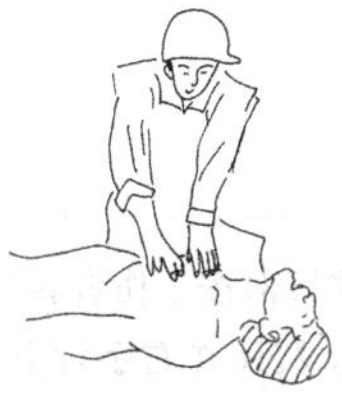 | 急救者将右手掌根部按于伤者胸骨下 1/2 处，中指指尖对准其颈部凹陷的下缘，左手掌复压在右手背上 | ①正确的按压位置是保证胸外按压效果的重要前提<br>②两手掌必须平行 |
| 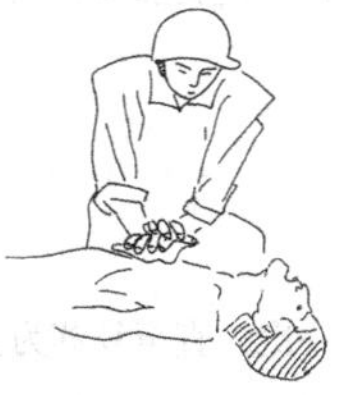 | 掌根用力下压 4 ~ 5cm（成人），然后突然放松。挤压与放松的动作要有节奏，100 次/min，持续进行，不可间断，直至伤者苏醒为止 | ①正确的按压姿势是达到胸外按压效果的基本保证<br>②以髋关节为支点，利用上身的重力进行挤压，手指要翘起<br>③放松时，掌根不得离开胸膛 |

5. 呼吸和心跳均已停止急救——“心肺复苏法”

| 操作图片 | 操作方法 | 注意事项 |
|---|---|---|
|  | 单人抢救时，先胸外按压 30 次，然后吹气 2 次（15∶1），如此反复进行 | 按压吹气 1min 后，应用看、听、试的方法在 5 ~ 7s 时间内完成对伤员呼吸和心跳是否恢复的再判定 |
| 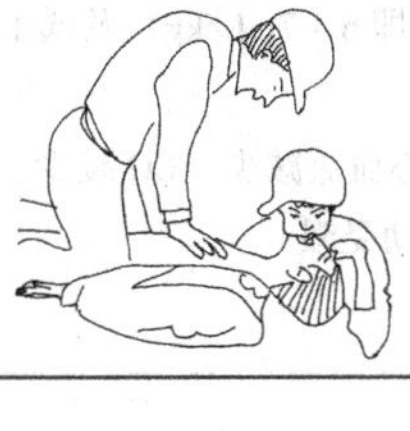 | 双人抢救时，先由位于触电人头部的救护者吹 1 口气，然后由外侧的救护者胸外按压 5 次（5∶1），如此反复进行 | ①若判定颈动脉已有搏动但无呼吸，则暂停胸外按压，而再进行口对口人工呼吸<br>②如脉搏和呼吸均未恢复，则继续坚持心肺复苏法抢救 |

6. 心肺复苏法

| 操作图片 | 操作说明 |
| --- | --- |
| 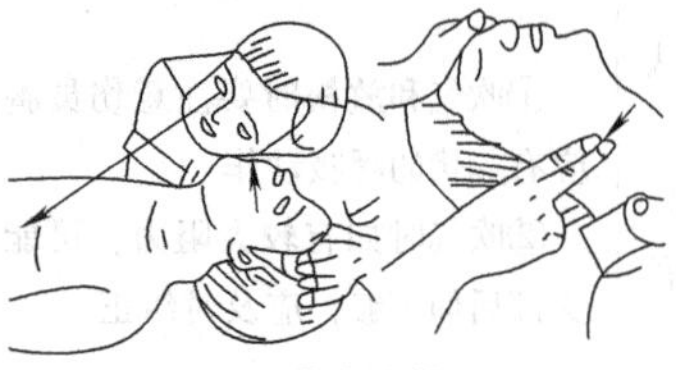<br>评估伤者病情 | ①迅速判断：时间＜10s<br>②突然意识丧失：轻摇、轻拍、呼喊病人、按压人中穴无反应<br>③呼吸停止：通过听、看、试三个步骤判定<br>④颈动脉脉动消失 |
| <br> | 急呼他人协助抢救 |
| 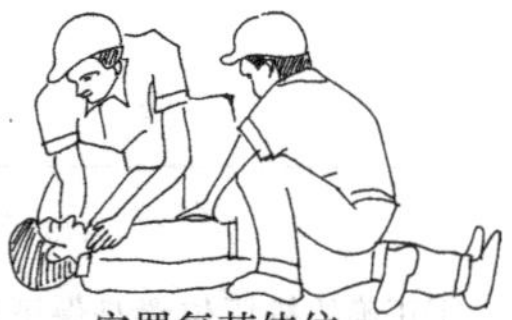<br>安置复苏体位 | 将伤者仰卧在硬木板或地面上，使头后仰，头颈躯干平直，无扭曲，双手放于躯干两侧 |
| 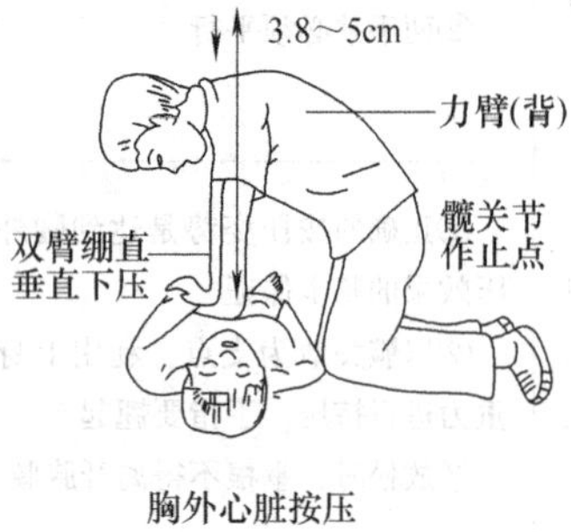<br><br>胸外心脏按压 | ①急救者站或跪于伤者一侧，将右手掌根部按于伤者胸骨下1/2处，中指指尖对准其颈部凹陷的下缘，左手掌覆压在右手背上，肘关节伸直，用身体的力量垂直下压，然后迅速放松，使胸廓充分回弹<br>②按压频率：至少100次/min<br>③按压深度：至少5cm<br>④按压放松比：50%<br>⑤按压通气比：成人30:2<br>⑥连续操作5个循环后，迅速观察判断一次，直至复苏为止 |
| 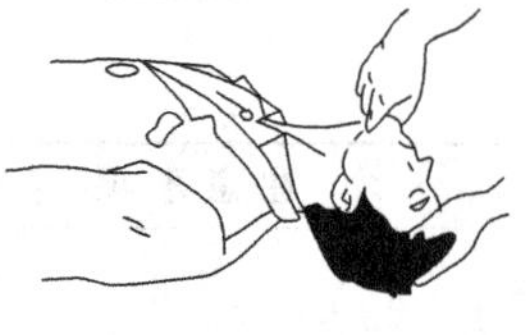<br>开放气道 | 松解衣领、腰带；清除口腔异物；应使耳垂与下颌角的连线和患者仰卧的平面垂直 |
| 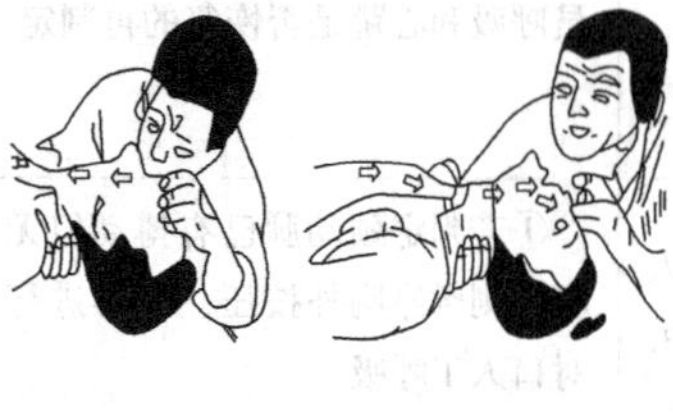<br>人工呼吸 | ①必须在气道充分打开的情况下进行<br>②吹气1s以上，要见胸廓明显起伏<br>③低于正常的潮气量（500～600mL，即6～7mL/kg）及低于正常呼吸频率可以使通气/血流比值保持正常<br>④过度通气的弊端：胸内压增高，回心血流减少，CO减少，存活率下降，胃扩张，反流与误吸，横膈、肺活动受限 |

（续）

| 操作图片 | 操作说明 |
|---|---|
|  评估复苏效果 | 出现自主呼吸、循环恢复及大动脉搏动，收缩压在60mmHg以上，皮肤、面色、口唇等色泽转为红色，散大的瞳孔缩小，昏迷变浅，出现神经反射 |

## 知识扩展

### 一、消防知识

1. 电气设备发生火灾的原因

（1）漏电火灾　当电气设备发生漏电时，泄漏电流在流入大地的途中，如遇电阻较大的部位，会产生局部高温，使周围的可燃物着火，从而引起火灾；同时在漏电部位产生电弧，也会引起火灾。

（2）短路火灾　当电气设备发生短路时，短路电流很大，使电气设备发热严重，引起火灾；此外在短路点产生的强烈电弧，会使附近的易燃物燃烧，引起火灾。

（3）过负荷火灾　当电气设备长时间过负荷时，会使电气设备的温度慢慢升高，从而超过电气设备的允许温度，进而引燃电气设备周围的可燃物，或引起导线的绝缘层发生燃烧。

（4）接触电阻过大火灾　当电流流过接触电阻过大的电路时，会使接触电阻过大部分严重发热，引燃附近的可燃物或导线上积落的纤维、粉尘等，从而造成火灾。

2. 防止电气设备发生火灾的措施

1）定期按时对用电线路进行巡视，以便及时发现问题。

2）在设计和安装电气设备时，要正确合理选择电气设备的各项参数，并按规程要求进行安装。

3）在线路安装和施工过程中，不得损伤导线的绝缘层，导线的连接要良好，并绝缘包扎良好。

4）在潮湿、高温或有腐蚀性物质的场所，严禁绝缘导线明敷，要采用套管敷设；在多灰尘场所，线路和绝缘子要经常打扫。

5）严禁私拉乱接导线，线路负荷要合理分配，要选择合适的导线横截面积。

6）定期检查线路的熔断器，要选择合适的熔体，不准用铝线、铜线等代替熔体。

7）定期检查线路上所有的连接点是否牢固可靠，接触是否良好，电气设备周围不得存放易燃、可燃物品。

3. 电气设备灭火方法

1）当电气设备或电气线路发生火灾时，要尽快切断电源，防止火势蔓延。

2）当电气设备发生火灾时，若不能断电灭火，应根据电压等级选用干粉、1211等不导电物质的灭火器，禁止使用水、泡沫等导电物质灭火器。

3）灭火人员不应使身体及所持灭火器材触及带电的导线或电气设备，以防触电。

4）救火人员应站在上风位置进行灭火，要防止本人被火烧着，并防止本人受到窒息的威胁，避免灭火用的化学物质受热后分解出的有毒气体吸入人体而造成中毒。

**二、高级心肺复苏模拟人**

高级心肺复苏模拟人由模拟人、微机显示器、打印机等组成。具有模拟标准气道开放显示；模拟心脏动态显示；人工手位胸外按压指示灯显示、数码计数显示；按压位置正确、错误的指示灯显示；按压强度正确、错误的显示；人工口对口呼吸（吹气）的指示灯显示、数码计数显示；吹入潮气量（500～600mL）显示；吹入潮气量过快或超大及数码计数显示；错误语言提示。操作方式（训练操作、考核操作）；成绩打印等功能。

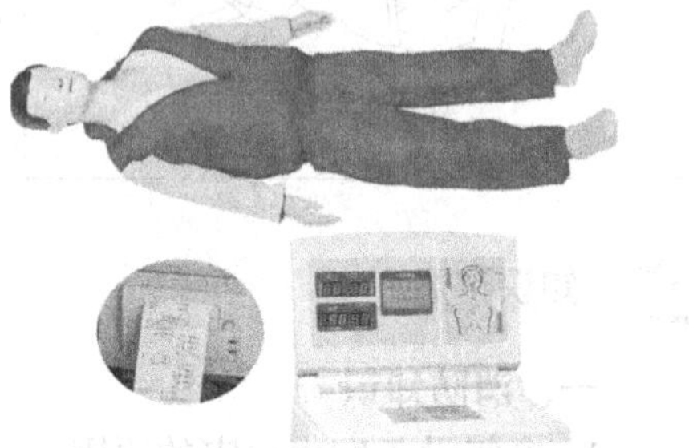

根据最新国际心肺复苏（CPR）及心血管急救（ECC）指南标准，心肺复苏法的急救步骤为：C—A—B，即胸外按压、开放气道、人工呼吸。

## 检查评价

**任 务 评 价**

| 序 号 | 评价指标 | 评价内容 | 分值 | 个人评价 | 小组评价 | 教师评价 |
|---|---|---|---|---|---|---|
| 1 | 操作程序 | 操作程序是否符合规范 | 10 | | | |
| 2 | 胸外按压 | 按压姿势、部位是否正确 | 10 | | | |
| | | 按压深度是否过浅或过深 | 10 | | | |
| | | 按压次数是否正确 | 5 | | | |
| | | 按压频率是否过快或过慢 | 5 | | | |
| 3 | 开放气道 | 开放气道的姿势是否正确 | 10 | | | |
| | | 有无松领解带 | 5 | | | |
| | | 有无清理口腔异物 | 5 | | | |
| 4 | 人工呼吸 | 吹气的姿势是否正确 | 10 | | | |
| | | 吹气时是否漏气 | 10 | | | |
| | | 吹气量是否过大或过小 | 5 | | | |
| | | 吹气的频率是否正确 | 5 | | | |
| 5 | 评估效果 | 是否出现自主循环呼吸 | 5 | | | |
| | | 是否有脉动 | 5 | | | |
| 总分 | | | 100 | | | |
| 问题记录和解决方法 | | | 记录任务实施过程中出现的问题和采取的解决办法 | | | |

**能 力 评 价**

| 内　容 | | 评　价 | |
|---|---|---|---|
| 学习目标 | 评价项目 | 小组评价 | 教师评价 |
| 应知应会 | 本任务的相关基本操作程序是否熟悉 | □Yes　□No | □Yes　□No |
| | 是否熟练掌握心肺复苏模拟人的使用 | □Yes　□No | □Yes　□No |
| 专业能力 | 是否熟练掌握触电急救的流程、方法 | □Yes　□No | □Yes　□No |
| | 触电急救的操作手法是否规范、专业 | □Yes　□No | □Yes　□No |
| | 是否熟悉消防器材的使用 | □Yes　□No | □Yes　□No |
| 通用能力 | 团队合作能力 | □Yes　□No | □Yes　□No |
| | 沟通协调能力 | □Yes　□No | □Yes　□No |
| | 解决问题能力 | □Yes　□No | □Yes　□No |
| | 自我管理能力 | □Yes　□No | □Yes　□No |
| | 坚持能力 | □Yes　□No | □Yes　□No |
| 态　度 | 敬岗爱业 | □Yes　□No | □Yes　□No |
| | 职业操守 | □Yes　□No | □Yes　□No |
| 个人努力方向： | | 老师、同学建议： | |

# 任务二　常用工具、仪表的使用

## 训练目标

● 熟练掌握万用表、绝缘电阻表、钳形电流表的使用方法和维护保养知识。

● 熟练掌握低压验电器、电工钢丝钳、电工尖嘴钳、剥线钳、螺钉旋具、电工刀等工具的使用方法。

俗话说：工欲善其事必先利其器。在进行维修电工操作之前，必须要熟练掌握一些常用电工仪表和工具的使用方法，以便于提高工作效率和质量，达到事半功倍的效果，熟练掌握常用电工仪表、工具的使用方法也是对自己人身安全的负责。常用的电工工具有：低压验电器、电工钢丝钳、尖嘴钳、断线钳、剥线钳、螺钉旋具、电工刀等，而常用的电工仪表有万用表、绝缘电阻表、钳形电流表等。

## 相关知识

### 一、常用电工工具的组成、作用及使用

| 实物图片 | 作　用 | 使用方法 | 注意事项 |
|---|---|---|---|
| 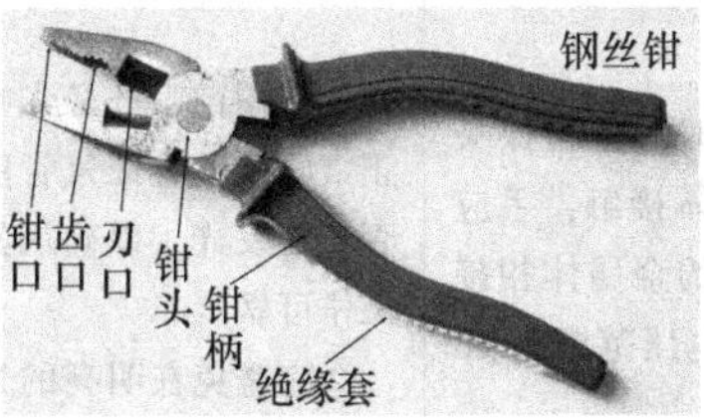  | 可用手夹持或切断金属导线，其刃口可切断钢丝，齿口可用来紧固或拧松螺母 | 使用时，用右手操作。将钳口朝内侧，便于控制钳切部位，用小指伸在两钳柄中间来抵住钳柄，张开钳头，这样分开钳柄灵活 | ①应注意保护绝缘套管，以免划伤失去绝缘作用<br>②不可将钢丝钳当锤子使用，以免刃口错位、转动轴变形，影响正常使用 |

（续）

| 实物图片 | 作　用 | 使用方法 | 注意事项 |
|---|---|---|---|
| 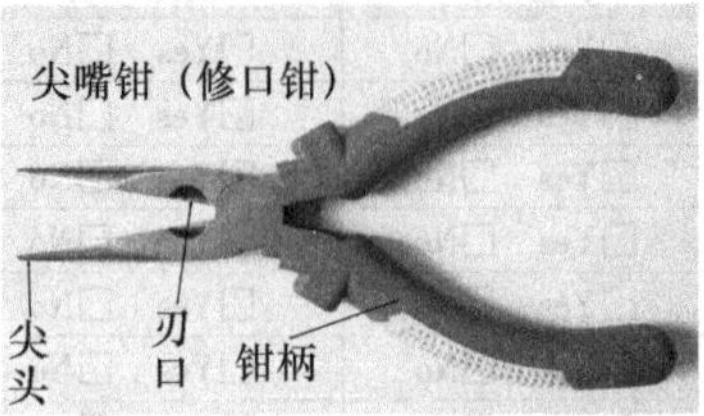 | 用来剪切线径较细的单股与多股线以及给单股导线接头弯圈、剥塑料绝缘层等 | 用右手将钳口朝内侧，用小指伸在两钳柄中间来抵住钳柄，张开钳头。可夹捏较小的螺钉、垫圈等工件或导线 | ①绝缘一定要完好<br>②不能剪断较粗的导线<br>③弯导线接头时，先将线头向左折，然后依顺时针方向向右弯即成 |
| 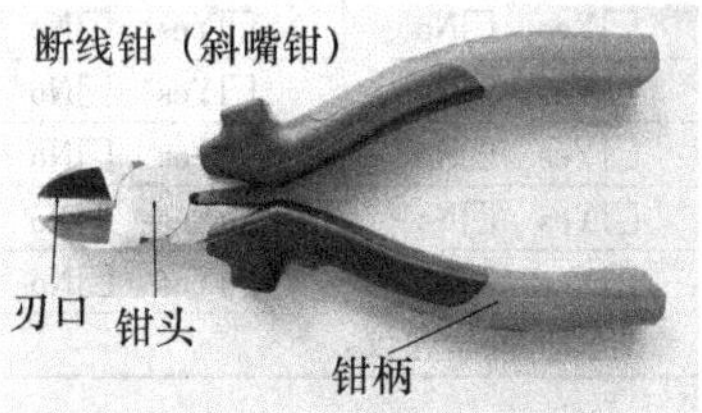 | 用于剪断较粗的金属丝、线材、电线和电缆等 | 使用时，用右手将钳口朝内侧，便于控制钳切部位，用小指伸在两钳柄中间来抵住钳柄，张开钳头 | ①剪断较粗的导线时，应尽量用刀口的根部进行剪断<br>②不可同时剪断两根带电的导线 |
| 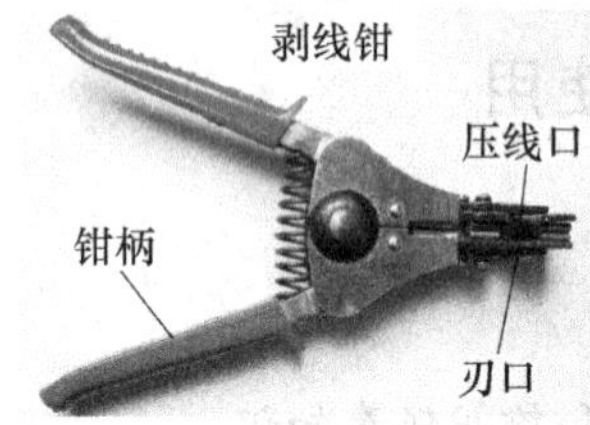 | 用于剥除线芯横截面积为 $6mm^2$ 以下的塑料线或橡胶绝缘线、电缆线的绝缘层，其绝缘柄耐压值为500V | 将待剥绝缘层的线头置于钳头的刃口中，用手将两钳柄一捏，然后一松，绝缘皮便与芯线自动脱开。刃口直径有0.5～3mm等 | ①不能在带电的场合使用<br>②剖削导线的直径要小于相应刃口的直径<br>③剖削前需定好所剖削导线绝缘层的长度 |
| 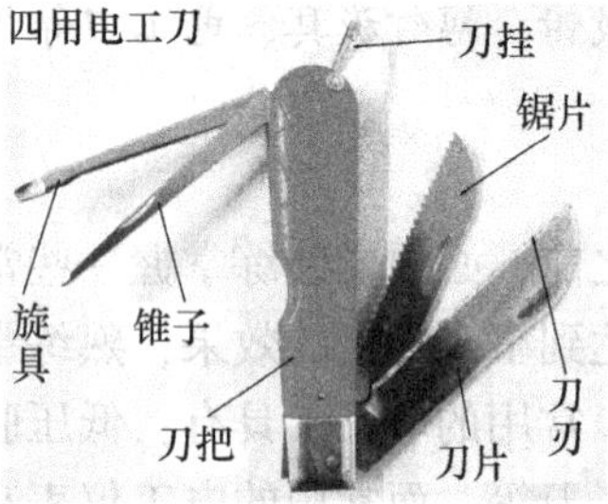 | 用于切削导线的绝缘层、电缆绝缘、木槽板，钻孔等 | 根据用途，打开适当的工具。开合的时候带点力，打开时不摇晃 | ①电工刀没有绝缘保护，禁止带电作业<br>②使用电工刀，应避免切割坚硬的材料，以保护刀口<br>③不用时，把刀片折入刀把内 |
| 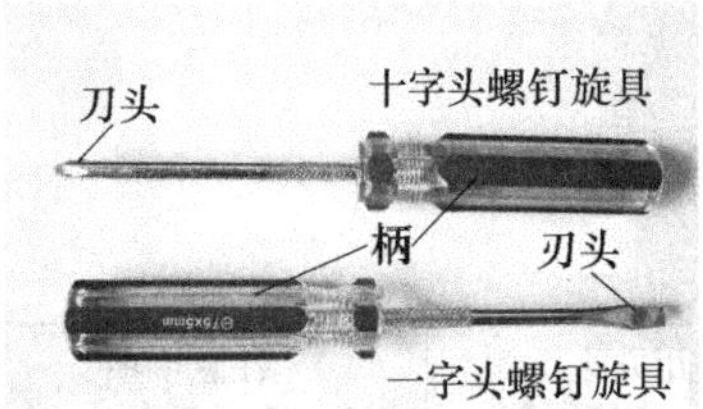 | 用于旋动头部为横槽或十字形槽的螺钉 | 使用时，用大拇指、食指和中指夹住握柄，掌心用力顶住，使刀头紧压在螺钉上，以顺时针的方向旋转为拧紧，逆时针为松卸 | ①穿心柄式螺钉旋具，可在尾部敲击，但禁止用于有电的场合<br>②根据不同规格、形式的螺钉，要选择不同大小、形式的螺钉旋具 |
| 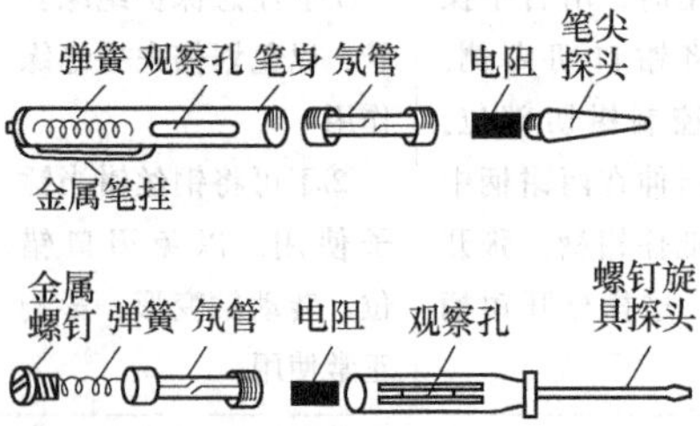<br>低压验电器 | 用来检查低压线路和电气设备外壳是否带电 | 使用时，金属探头与测量体接触，手应与笔尾的金属体相接触。测电压范围为60～500V | ①使用前，务必先在正常电源上验证氖管能否正常发光，以确认其工作可靠<br>②应避免在明亮的光线下测量 |

## 二、常用电工仪表的组成、作用及使用

| 实物图片 | 作　用 | 使用方法 | 注意事项 |
|---|---|---|---|
| 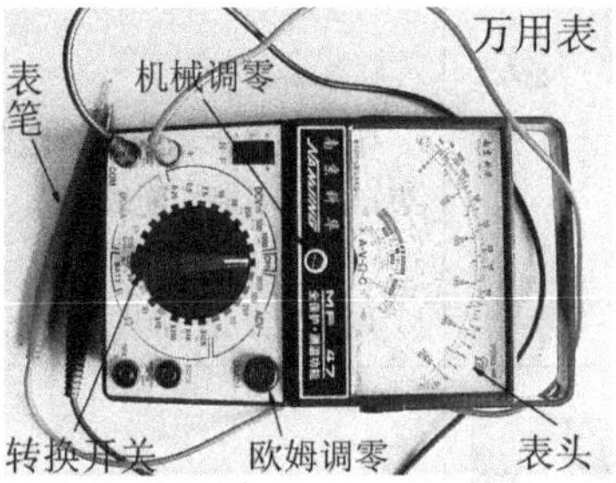 | 用来测量交流、直流电压和电流以及测量电阻 | 熟悉表盘上各符号的意义及各旋钮和选择开关的作用。根据被测量的种类及大小，选择开关的挡位及量程，找出对应的标度线 | ①使用前，进行机械调零<br>②检查表笔的绝缘是否良好<br>③根据不同的被测量选择表笔插孔的位置 |
| 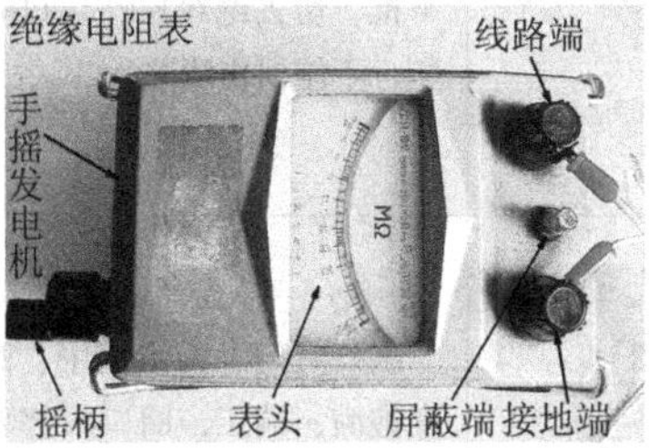 | 用来测量被测设备的绝缘电阻和高值电阻的仪表 | 使用时应放在平稳、牢固的地方，且远离大的外电流导体和外磁场，测量前要检查其是否处于正常工作状态，检查其“0”和“∞”两点 | ①测量前必须将被测设备电源切断，并对地短路放电<br>②测量时要防止设备可能感应出的高压电<br>③被测物表面要清洁 |
| 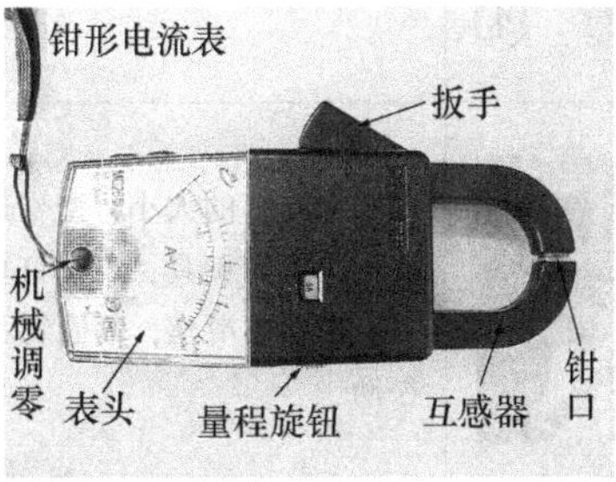 | 用于测量正在运行的电气线路的电流大小，可在不断电的情况下测量电流 | 测量时，右手握表，压下扳手，使被测导线处在钳口的中央，然后松开扳手，使钳口闭合紧密。测量完毕，要将转换开关放在最大量程处 | ①测量前要机械调零。钳口应清洁、无锈，闭合后无明显的缝隙<br>②选择合适的量程，先选大后选小量程或根据铭牌值估算<br>③测量前，应先检查钳形铁心的橡胶绝缘是否完好无损 |

## 技能训练

## 一、常用电工工具使用训练

| 训练内容 | 训 练 方 法 | 训练要求 |
|---|---|---|
| 钢丝钳、断线钳断线 | 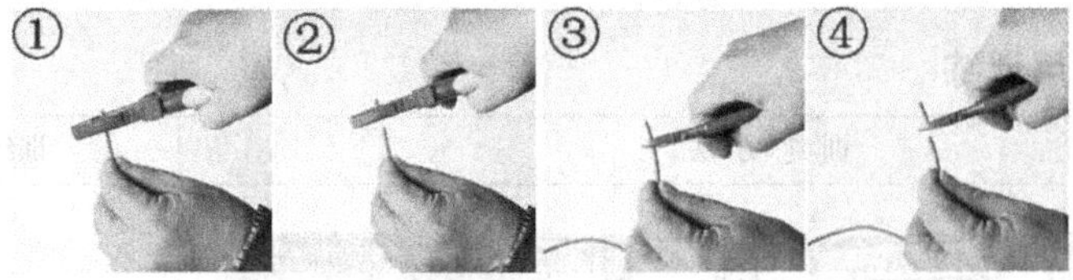 | 切口齐整，一钳到底切断钳切物 |
| 钢丝钳剖削导线 | 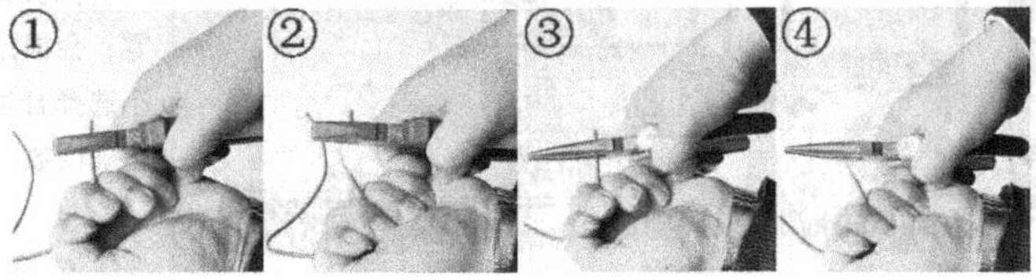 | 操作姿势正确，切口齐整，不能损伤线芯，更不能切断线芯 |

（续）

| 训练内容 | 训 练 方 法 | 训练要求 |
|---|---|---|
| 剥线钳剖削导线 | 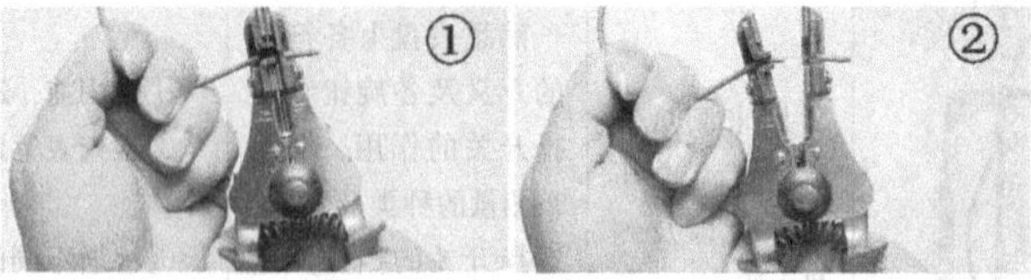 | 导线要置于剥线钳合适的刃口中，不能切断线芯 |
| 电工刀剖削导线 | 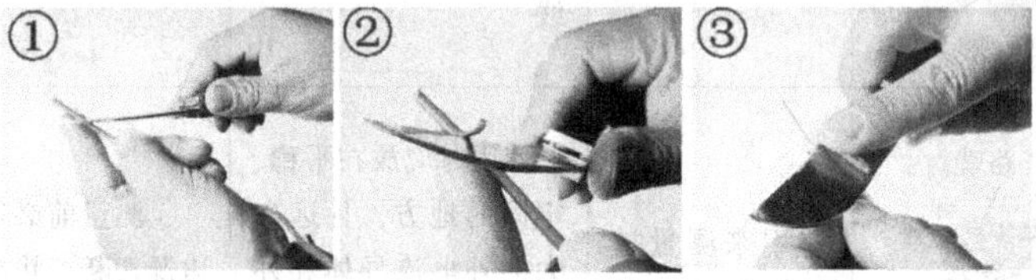 | 电工刀 45° 切入绝缘层，平推，切去绝缘层，切口齐整，不能损伤线芯 |
| 尖嘴钳导线接头弯圈 | 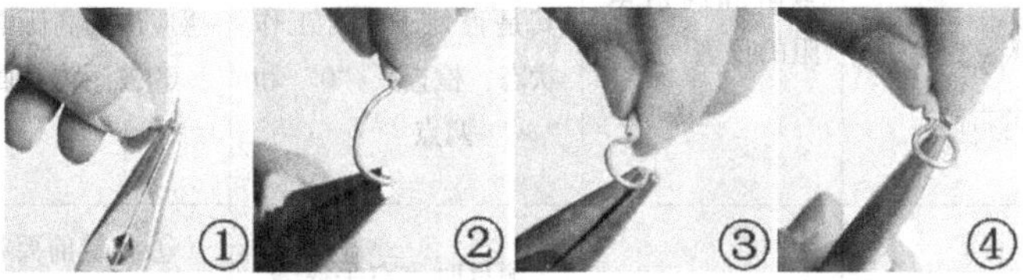 | 圈口封闭、大小适中、圆度饱满、端正，圈口根部要留有 2mm 左右的线芯 |
| 螺钉旋具紧固、拆卸木螺钉 | 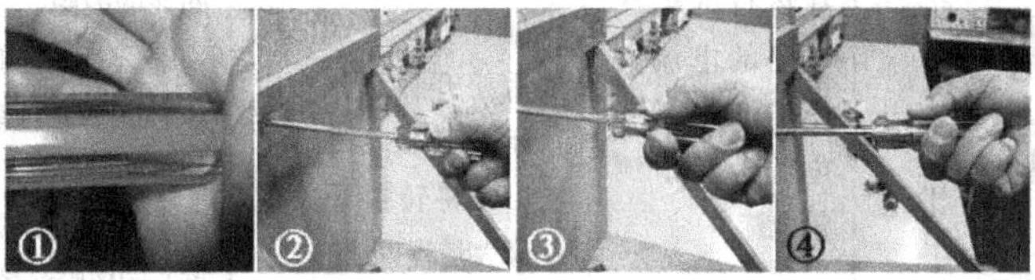 | 根据螺钉的大小、型号选择相应螺钉旋具，要螺钉垂直，槽口不滑丝，紧固物不松动 |
| 验电器低压验电 | 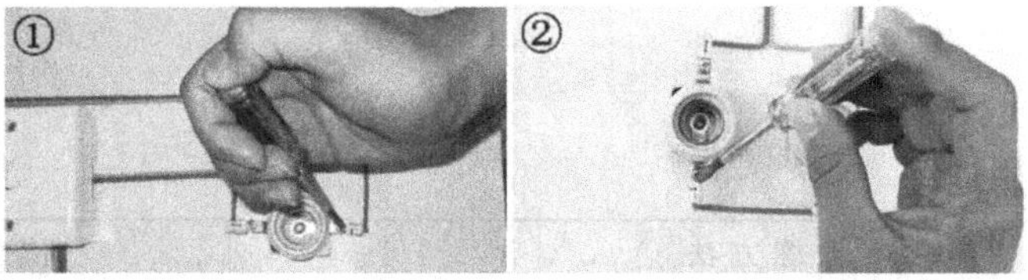 | 选择完好的、电压合适的验电器，操作方法正确，手指不能触及验电器下部的金属体 |

## 二、常用电工仪表使用训练

| 训练内容 | 训 练 方 法 | 训练要求 |
|---|---|---|
| 万用表测量电阻 | 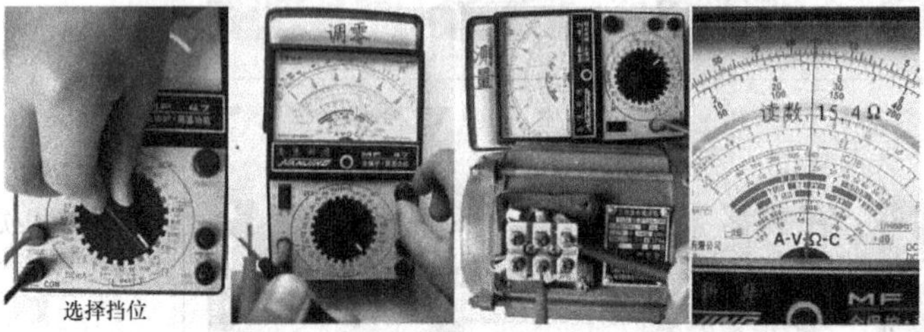 | 会机械调零和欧姆调零；会根据被测电阻大小选择合适的挡位；会正确读数 |

（续）

<table>
<tr><th>训练内容</th><th>训 练 方 法</th><th>训练要求</th></tr>
<tr><td>万用表测量交流电压</td><td>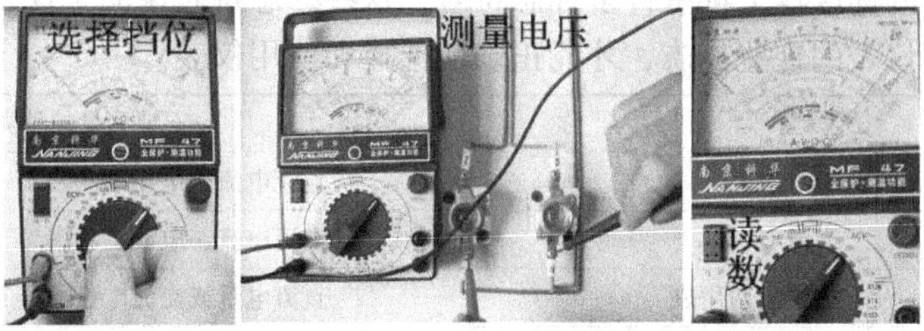</td><td>根据被测电压的种类、大小，选择合适的电压挡；测量方法正确；会正确读数；会安全防护</td></tr>
<tr><td>钳形电流表测量交流电流</td><td>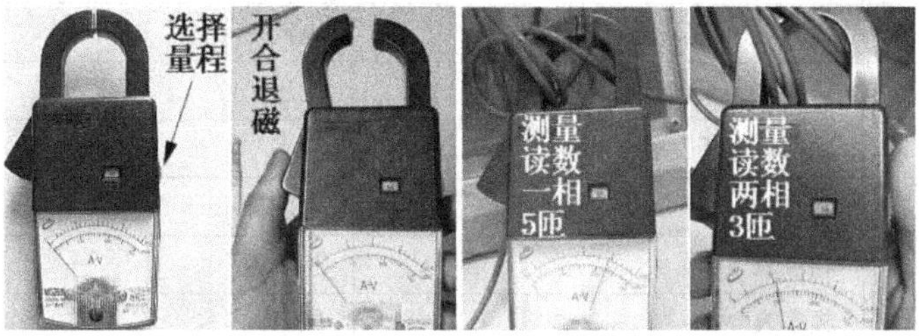</td><td>钳口开合几次，使之接触良好，无污垢；会选择合适的量程；被测电流导线置于钳口内的中心位置</td></tr>
<tr><td>绝缘电阻表测量异步电动机的绝缘电阻</td><td>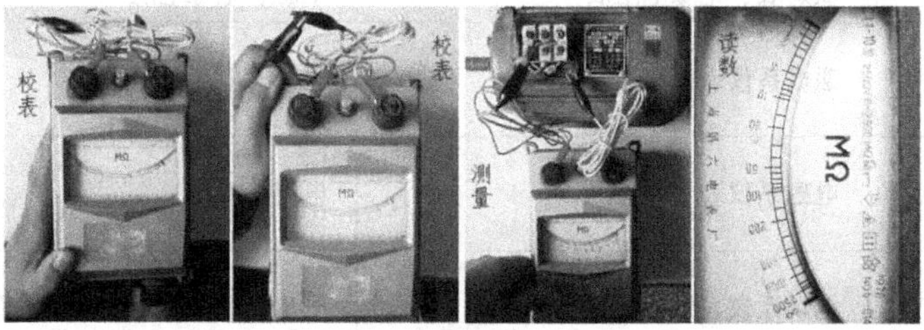</td><td>会校验表的“∞”和“0”；正确接线；慢慢摇动手柄至 120r/min，维持 1min 以上；会正确读数</td></tr>
</table>

## 知识扩展

### 一、常用扳手

扳手的种类很多，根据不同的使用场合、所作用工件的形状和大小等，派生出各种形状、各种作用、各种规格的扳手。常见的扳手基本分为两种：呆扳手和活扳手。扳手是一种旋紧或拧松螺栓或螺母的工具。

电工常用的活扳手有200mm、250mm、300mm 三种，使用时应根据螺母的大小选配。使用时，右手握手柄。手越靠后，扳动起来越省力。活扳手的扳口夹持螺母时，呆扳唇在上，活扳唇

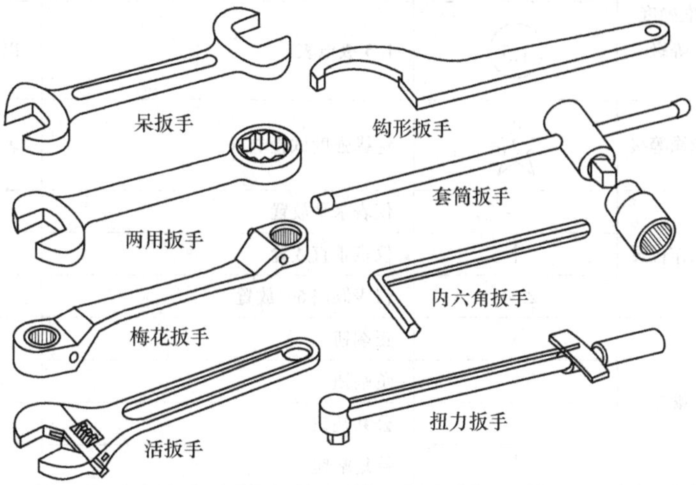

在下，不可反过来使用，且顺时针是拧紧，逆时针是放松。

## 二、常用电工仪表的符号和意义

在每一个电工仪表的标度盘上都有许多标志符号，这些标志符号说明了仪表的有关技术特性。只有识别了电工仪表的这些标志，才能正确地选择和使用仪表。

| 分 类 | 符 号 | 名 称 | 被测量的种类 |
|---|---|---|---|
| 电流种类 | ⎓ | 直流电表 | 直流电流、电压 |
| | ~ | 交流电表 | 交流电流、电压、功率 |
| | ≂ | 交直流两用表 | 直流电量或交流电量 |
| | 3 ~ | 三相交流电表 | 三相交流电压、电流、功率 |
| 测量对象 | A、mA、μA | 安培表、毫安表、微安表 | 电流 |
| | V、kV | 伏特表、千伏表 | 电压 |
| | W、kW | 瓦特表、千瓦表 | 功率 |
| | kW · h | 千瓦时表 | 电能量 |
| | φ | 相位表 | 相位差 |
| | Hz | 频率表 | 频率 |
| | Ω、MΩ | 欧姆表、绝缘电阻表 | 电阻、绝缘电阻 |
| 工作原理 |  | 磁电系仪表 | 电流、电压、电阻 |
| | 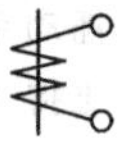 | 电磁系仪表 | 电流、电压 |
| | 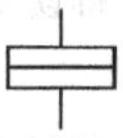 | 电动系仪表 | 电流、电压、功率、功率因数、电能 |
| |  | 整流系仪表 | 电流、电压 |
| |  | 感应系仪表 | 功率、电能 |
| 准确度等级 | 1.0 | 1.0 级电表 | 以标尺量限的百分数表示 |
| |  | 1.5 级电表 | 以指示值的百分数表示 |
| 绝缘等级 |  | 绝缘强度试验电压 | 表示仪表绝缘经过 2kV 耐压试验 |
| 工作位置 | → | 仪表水平放置 | |
| | ↑ | 仪表垂直放置 | |
| | ∠60° | 仪表倾斜 60°放置 | |
| 端钮 | + | 正端钮 | |
| | - | 负端钮 | |
| | * | 公共端钮 | |
| | ⊥ | 接地端钮 | |

### 三、电工仪表的选择

1. 仪表类型的选择

测量直流电量时，可采用磁电系仪表和整流系仪表；测量正弦交流电量时可采用电磁系、电动系仪表；测量非正弦交流电量时，用电磁系或电动系仪表测量其有效值，而用整流系仪表测量其平均值。

2. 仪表准确度等级的选择

仪表准确度等级的选择，应从测量的实际要求出发，既要保证测量精度要求，又要考虑其经济性。通常将0.1级、0.2级及以上等级的仪表作为标准仪表用来精密测量；0.5级、1.0级的仪表作为实验室检修和试验用测量仪表；1.5级及以下等级的仪表作为工程测量及安装式仪表使用。

3. 仪表量程的选择

仪表的量程必须大于或等于被测电量的最大值，被测量的指示范围应在标度尺满标度的20%～100%以内，才能保证达到该仪表的准确度。一般把被测电量指示范围选择在仪表标度尺满标度的后1/3段，以充分利用仪表的准确度。一般情况下，指针越接近标度尺的上限，测量误差就越小。

4. 仪表内阻的选择

仪表内阻的大小，反映仪表本身的功耗。仪表的内阻要根据被测对象阻抗的大小来选择，否则会产生很大的测量误差。一般要求电压表及其他仪表的电压线圈内阻要大，且量程越高，内阻越大；要求电流表及其他仪表的电流线圈内阻要小，且量程越高，内阻越小。

5. 仪表工作条件的选择

选择仪表时，要考虑使用仪表时的环境条件和工作条件。在仪表使用过程中，周围环境温度、湿度、机械振动、外界电磁场强弱等因素，都会对仪表的测量结果产生影响。

6. 仪表绝缘强度的选择

应根据被测电量及电路电压的高低，来选择仪表及其附加装置的绝缘强度，以防测量时损坏仪表，甚至发生人身伤亡事故。

## 检查评价

**任 务 评 价**

| 序 号 | 评价指标 | 评价内容 | 分值 | 个人评价 | 小组评价 | 教师评价 |
|---|---|---|---|---|---|---|
| 1 | 操作程序 | 操作程序是否符合规范要求 | 10 | | | |
| 2 | 工具使用 | 剖削导线时是否损伤导线线芯 | 10 | | | |
| | | 导线接头弯圈是否美观、大小合适 | 5 | | | |
| | | 是否能正确使用螺钉旋具 | 5 | | | |
| | | 是否能正确使用低压验电器 | 10 | | | |
| 3 | 电阻测量 | 是否能根据被测电阻的大小选择挡位 | 5 | | | |
| | | 是否能准确地读数 | 5 | | | |
| 4 | 电压测量 | 是否能根据被测电压的大小选择挡位 | 5 | | | |
| | | 是否能准确地读取数值 | 5 | | | |

（续）

| 序 号 | 评价指标 | 评价内容 | 分值 | 个人评价 | 小组评价 | 教师评价 |
|---|---|---|---|---|---|---|
| 5 | 电流测量 | 仪表挡位是否选择正确 | 5 | | | |
| | | 是否能正确地测量小电流 | 5 | | | |
| 6 | 绝缘电阻测量 | 接线是否正确 | 10 | | | |
| | | 摇速是否符合要求 | 5 | | | |
| | | 是否准确地读取数值 | 5 | | | |
| 7 | 安全 | 是否穿戴安全防护用品 | 5 | | | |
| | | 仪表使用后是否做好安全防护措施 | 5 | | | |
| 总分 | | | 100 | | | |
| 问题记录和解决方法 | | | 记录任务实施过程中出现的问题和采取的解决办法 | | | |

**能 力 评 价**

| 内　　容 | | 评　　价 | |
|---|---|---|---|
| 学习目标 | 评价项目 | 小组评价 | 教师评价 |
| 应知应会 | 本任务的相关基本操作程序是否熟悉 | □Yes □No | □Yes □No |
| | 是否熟练掌握工具、仪表的使用注意事项 | □Yes □No | □Yes □No |
| 专业能力 | 是否熟练掌握工具的使用方法 | □Yes □No | □Yes □No |
| | 仪表的使用方法是否正确 | □Yes □No | □Yes □No |
| | 是否能熟练地选择仪表测量各种物理量 | □Yes □No | □Yes □No |
| | 是否能熟练地读取各被测物理量的数值 | □Yes □No | □Yes □No |
| 通用能力 | 团结合作能力 | □Yes □No | □Yes □No |
| | 沟通协调能力 | □Yes □No | □Yes □No |
| | 解决问题能力 | □Yes □No | □Yes □No |
| | 自我管理能力 | □Yes □No | □Yes □No |
| | 安全防护能力 | □Yes □No | □Yes □No |
| 态　度 | 敬岗爱业 | □Yes □No | □Yes □No |
| | 职业操守 | □Yes □No | □Yes □No |
| | 工作态度 | □Yes □No | □Yes □No |
| 个人努力方向： | | 老师、同学建议： | |

## 思考与提高

1. 用尖嘴钳给导线线芯弯圈时，为什么要在其根部留有2mm左右的线芯？
2. 用钢丝钳或断线钳为什么不能同时剪断两根带电的导线？
3. 使用万用表测量前为什么要进行机械调零、欧姆调零？
4. 安全规则规定“要用完好的、电压合适的验电器进行验电”，为什么？
5. 用钳形电流表测量三相对称负荷的电流时，当钳形电流表钳入三根相线时，其读数为多少？当钳入三根相线中的两根时，其读数指示值表示的是什么？

## 任务三　绝缘导线的剖削、连接及绝缘恢复

### 训练目标

● 掌握导线绝缘层剖削的各种方法及注意事项，培养学生的动手能力和良好的操作习惯。

● 学会导线连接的各种方法，掌握导线连接的各种工艺。

● 学会导线连接后绝缘的恢复方法，并能灵活运用到日常生活和工作中。

● 通过此任务的学习，使学生认识到导线的连接在电气设备安装维修中的重要性，树立起质量观念和安全意识。

电气设备安装维修工作中，导线的连接是一种最基本而又最关键的操作工艺，很多电气设备事故往往是由于导线连接不规范、不可靠引起的，造成导线发热、线路压降过大、甚至断线。因此对导线连接的基本要求是：电接触紧密良好，接触电阻小，接头处的机械强度不低于原导线的机械强度，接头美观，绝缘恢复正常。而导线的连接往往与导线的剖削、绝缘恢复是密不可分的，它们是维修电工操作的基本技能之一。

### 相关知识

#### 一、导线绝缘层的剖削

导线连接前，只有把导线端头的绝缘层彻底清除干净，才能保证线头与线头之间有良好的电接触。

绝缘层的清除要根据不同形式、型号的导线及截面积大小，采用不同的工具、不同的工艺方法进行清除。常用的工具有钢丝钳、剥线钳、电工刀等，作为电工作业人员必须学会用这三种工具进行导线绝缘层的剖削。

通常情况下线芯横截面积为 $4mm^2$ 及以下的塑料硬线，一般用钢丝钳剖削；线芯横截面积大于 $4mm^2$ 的塑料硬线，可用电工刀来剖削绝缘层；塑料软线的绝缘层只能用剥线钳或钢丝钳来剖削；塑料护套线的护套层一般用电工刀来剥离等，如下表所示。

| 实训图片 | 操作方法 | 注意事项 |
| --- | --- | --- |
| 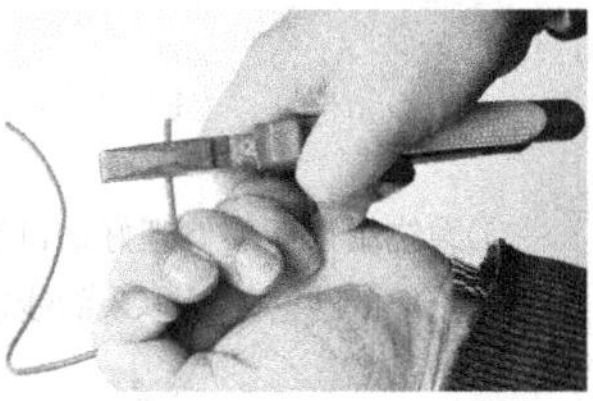 | 用左手捏住导线或在中指上绕一圈线，根据线头所需长度，用钳口轻切塑料层，但不可切入线芯，然后有右手握住钳子头部，用力向外勒去塑料层 | ①线芯横截面积为 $4mm^2$ 及以下的塑料硬线，一般用钢丝钳剖削<br>②右手握住钢丝钳时，用力要适当，避免伤及线芯 |

（续）

| 实训图片 | 操作方法 | 注意事项 |
| --- | --- | --- |
| 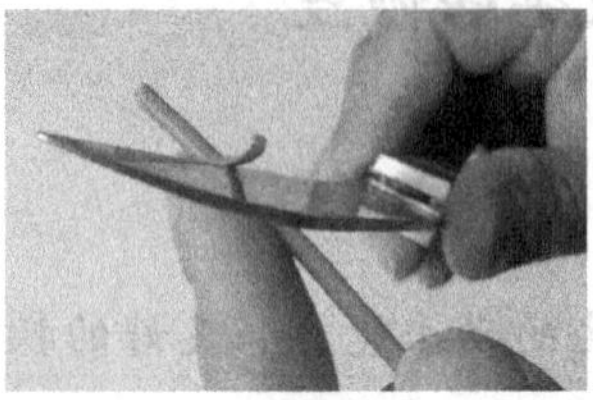 | 用电工刀刀口在需要剖削的导线上与导线成45°斜切入绝缘层，然后以25°倾斜推削，最后将剖开的绝缘层折叠，齐根切去 | ①线芯横截面积大于4mm² 的塑料硬线，一般用电工刀剖削<br>②注意剖削绝缘层时不要削伤线芯 |
| 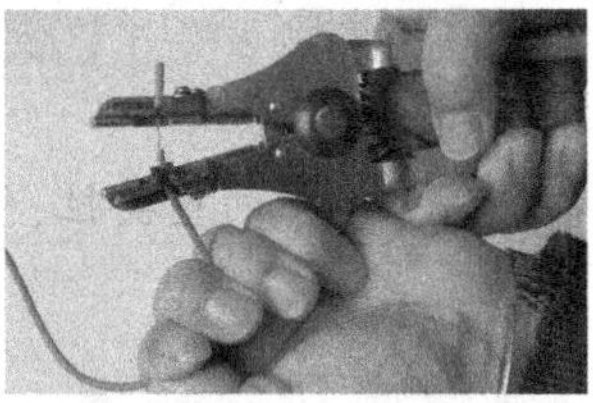 | 塑料软线的绝缘层只能用剥线钳或钢丝钳来剖削 | 不可用电工刀剖削，因为塑料软线太软，线芯又是多股的，用电工刀很容易切断线芯 |
| 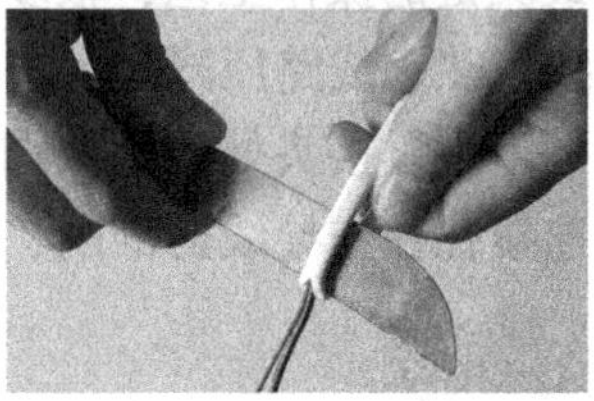 | 根据所需长度用电工刀的刀尖在线芯缝隙间划开护套层，将护套层向后扳翻，用电工刀齐根切去 | ①塑料护套线的护套层一般用电工刀来剥离<br>②绝缘层的切口与护套层的切口之间，要留有5~10mm的距离 |

## 二、导线的连接

常用的导线按线芯的股数不同，有单股、7股和19股等多种规格，其连接方法也各不相同，常用的连接方法有绞合连接、紧压连接、焊接等。

绞合连接是指将需要连接导线的线芯直接紧密地绞合在一起，铜导线常用绞合连接。

1. 单股铜导线的直接连接

| 实训图片 | 操作方法 | 注意事项 |
| --- | --- | --- |
| 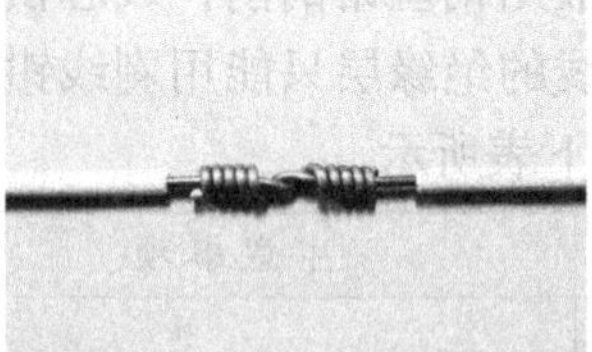 | 先将两导线的线芯线头作X形交叉，再将它们相互绞合2~3圈后扳直两线头，然后将每个线头在另一个线芯上紧贴密绕5~6圈后切除多余线头 | ①缠绕结束后要修理好切口毛刺<br>②可以借助于缠绕导线 |
| 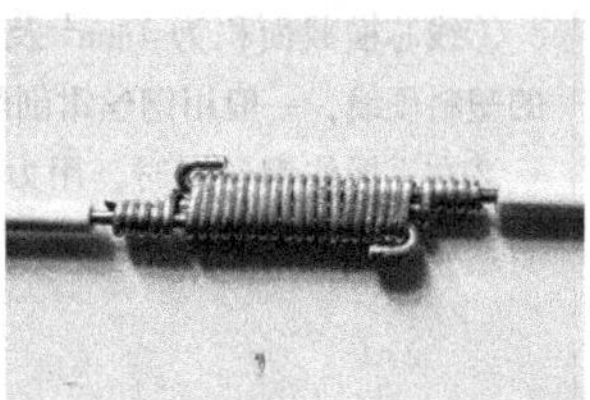 | 先在两导线的线芯重叠处填入一根相同直径的线芯，再用一根横截面积约1.5mm² 的裸铜线在其上紧密缠绕，然后将被连接导线的线芯线头分别折回，再将两端的缠绕裸铜线继续缠绕5~6圈 | ①缠绕结束后要修理好切口毛刺<br>②折回的线芯不是填入的线芯 |

2. 单股铜导线的分支连接

| 实训图片 | 操作方法 | 注意事项 |
| --- | --- | --- |
| 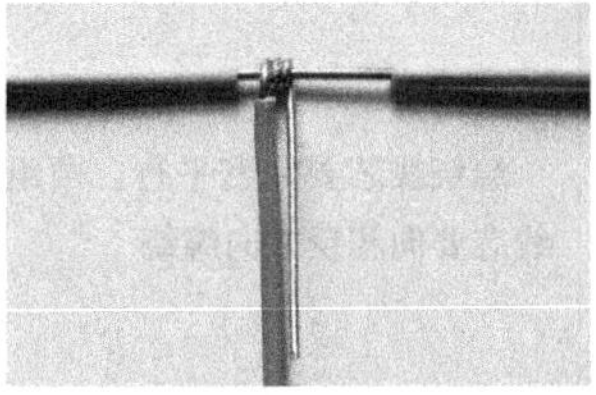 | 将支路线芯与干线线芯十字相交，支路线芯根部留出3~5mm，然后顺时针在干线线芯上密绕5~8圈后切除多余线头并钳平线头末端 | 当支路线芯较粗时，可以借助于工具将线芯密绕在干线线芯上，但不能损伤线芯 |
|  | 对于较小横截面积的线芯，可先将支路线芯的线头在干线线芯上打一个环绕结，再紧密缠绕5~8圈后切除多余线头并钳平线头末端 | 为保证接头部位有良好的电接触和足够的机械强度，应保证缠绕为线芯直径的8~10倍 |
| 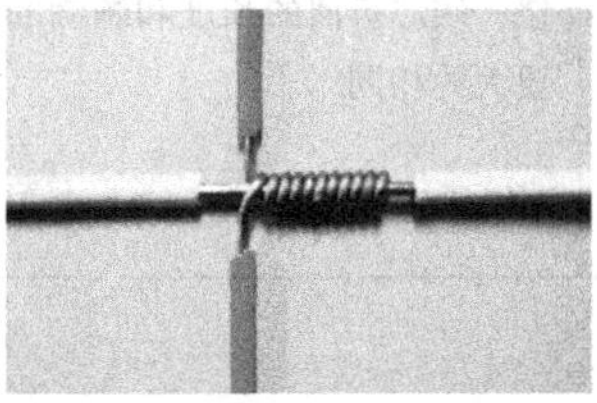 | 将上下支路线芯的线头紧密缠绕在干线线芯上5~8圈后切除多余线头并钳平线头末端 | 可以将上下支路线芯的线头向一个方向缠绕，也可以向左右两个方向缠绕 |

3. 多股铜导线的直接连接

| 实训图片 | 操作方法 | 注意事项 |
| --- | --- | --- |
| 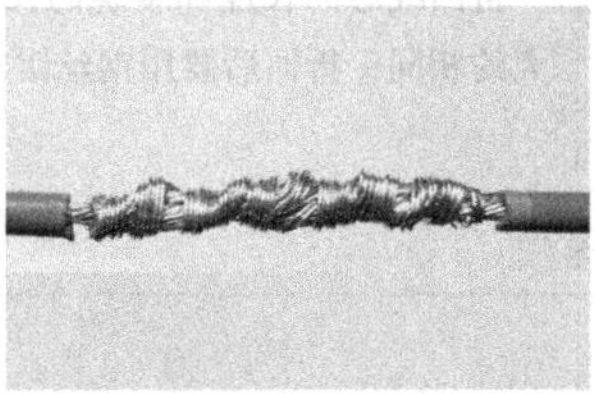 | 将靠近绝缘层的约1/3线芯绞合拧紧，而将其余2/3线芯成伞状散开，将两伞状线芯相对着互相插入后捏平线芯，将每一边的线芯线头分作3组，将第1组线头翘起并紧密缠绕在线芯上，2、3组同样处理 | ①两伞状线芯要隔根对叉，必须相对插到底<br>②19股线芯按根数分成6、6、7三组 |

4. 多股铜导线的分支连接

| 实训图片 | 操作方法 | 注意事项 |
| --- | --- | --- |
| 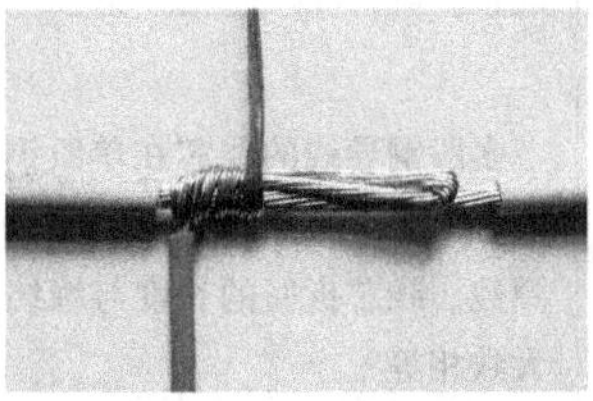 | 将支路线芯90°折弯后与干线线芯并行，然后将线头折回并紧密缠绕在线芯上 | 支路线芯要有足够的长度，线圈折回后紧贴干线，依次向右紧密缠绕 |

（续）

| 实训图片 | 操作方法 | 注意事项 |
|---|---|---|
| 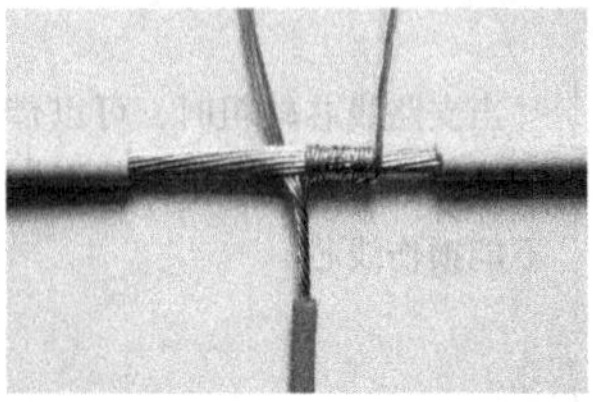 | 将支路线芯靠近绝缘层约1/8线芯绞合拧紧，其余7/8线芯分为两组，一组插入干线线芯当中，另一组放在干线线芯前面，并朝右边方向缠绕4~5圈，再将插入干线线芯当中的那一组朝左边方向缠绕4~5圈 | 缠绕线芯要紧密平行，两组支路线芯要向相反方向缠绕 |

5. 单股铜导线与多股铜导线的连接

| 实训图片 | 操作方法 | 注意事项 |
|---|---|---|
|  | 先将多股铜导线的线芯绞合拧紧成单股状，再将其紧密缠绕在单股铜导线的线芯上5~8圈，最后将单股线芯线头折回并压紧在缠绕部位 | 多股铜导线应从右向左（里）缠绕；线芯折回的长度和缠绕的长度要大约相同 |

6. 同一方向导线的连接

| 实训图片 | 操作方法 | 注意事项 |
|---|---|---|
| 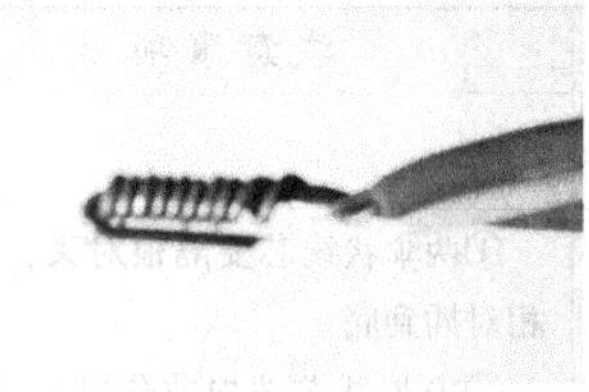 | 对于单股导线，可将一根导线的线芯紧密缠绕在其他导线的线芯上，再将其他线芯的线头折回压紧 | 折回线芯的长度和缠绕的长度要大约相同，折回后要用钢丝钳夹紧 |
|  | 对于多股导线，可将两根导线的线芯互相交叉，然后绞合拧紧 | 绞合要紧密且沿一个方向绞合 |
| 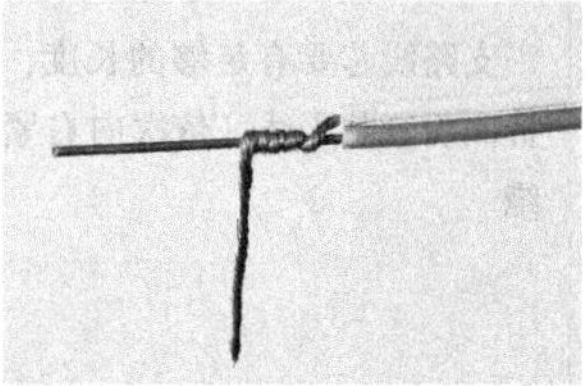 | 对于单股导线与多股导线的连接，可将多股导线的线芯紧密缠绕在单股导线的线芯上，再将单股线芯的线头折回压紧 | 多股铜导线的线芯在单股铜导线线芯上要缠绕紧密，要缠绕足够的圈数。线芯折回的长度与缠绕长度大致相等 |

### 三、导线连接处的绝缘处理

导线连接完成后，必须对所有绝缘层已被除去的部位进行绝缘处理，以恢复导线的绝缘性能，其绝缘强度应不低于导线原有的绝缘强度。导线连接处的绝缘处理方法通常采用绝缘胶带进行缠裹包扎，而一般电工常用黑胶布带、塑料胶带进行缠裹包扎。

1. 一般导线接头的绝缘处理

| 实训图片 | 操作方法 | 注意事项 |
|---|---|---|
| 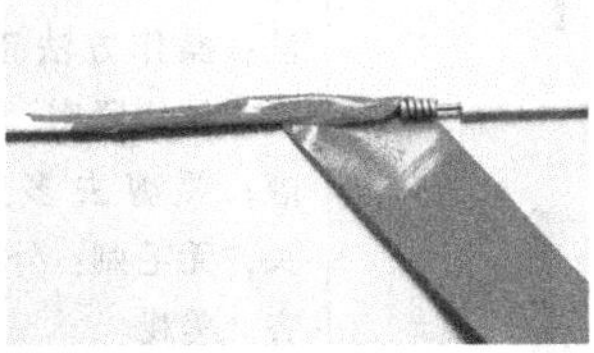 | 将黑塑料胶带头折叠包缠在绝缘层上，然后将黑塑料胶布以45°斜叠方向从右向左（或从左向右）包缠一层，然后返回再包缠一层 | 包缠处理中应用力拉紧胶带，不可稀疏，更不能露出芯线，以确保绝缘质量和用电安全 |

2. T字形分支接头的绝缘处理

| 实训图片 | 操作方法 | 注意事项 |
|---|---|---|
|  | 走一个T字形的来回，使每根导线上都包缠两层绝缘胶带，每根导线都应包缠到完好绝缘层的两倍胶带宽度处 | 对于220V线路，可不用黄蜡带，只用黑胶布带或塑料胶带包缠两层 |

3. 十字形分支接头的绝缘处理

| 实训图片 | 操作方法 | 注意事项 |
|---|---|---|
|  | 走一个十字形的来回，使每根导线上都包缠两层绝缘胶带，每根导线也都应包缠到完好绝缘层的两倍胶带宽度处 | 在潮湿场所应使用聚氯乙烯绝缘胶带或涤纶绝缘胶带 |

## 技能训练

### 一、导线绝缘层的剖削训练

导线绝缘层的剖削训练见任务二所述。

### 二、导线的连接训练

将以前学生技能训练废弃的线头：$1mm^2$、$1.5mm^2$、$2.5mm^2$、$4mm^2$ 塑料铜芯线及

1.5mm²、6mm² 塑料软铜芯线若干，分发给学生，按下表所示方法进行技能训练，直至熟练掌握各种导线的连接方法。

| 训练内容 | 训 练 方 法 | 训练要求 |
|---|---|---|
| 单股铜导线的直接连接（一） | 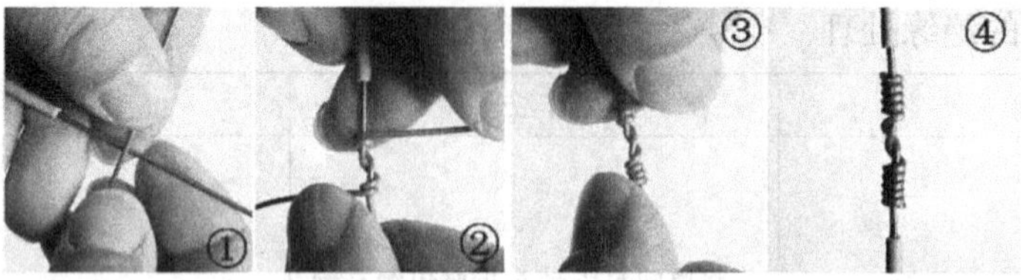 | 会根据导线的粗细选择不同的连接方法；操作方法正确；线芯缠绕紧密、无间隙；要剪去多余线头，无毛刺；外形整齐、美观 |
| 单股铜导线的直接连接（二） | 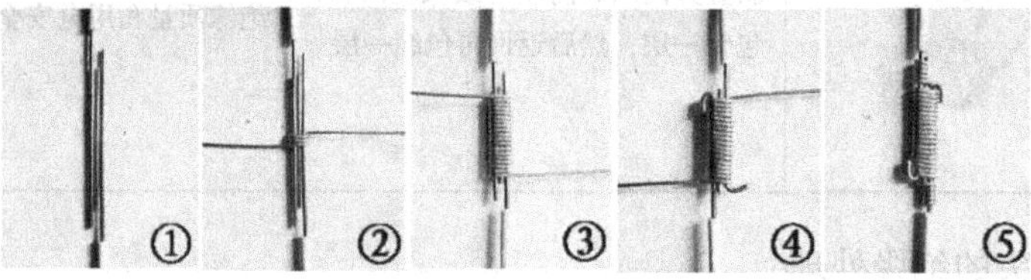 | |
| 单股铜导线的分支连接（一） | 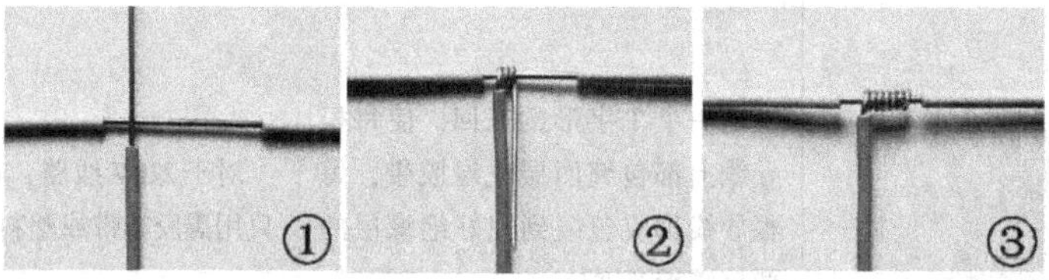 | 会根据导线的粗细选择不同的连接方法；操作方法正确；线芯缠绕 5 ~ 8 圈，要紧密、无间隙；环绕结要流畅；要剪去多余线头，无毛刺；外形整齐、美观 |
| 单股铜导线的分支连接（二） | 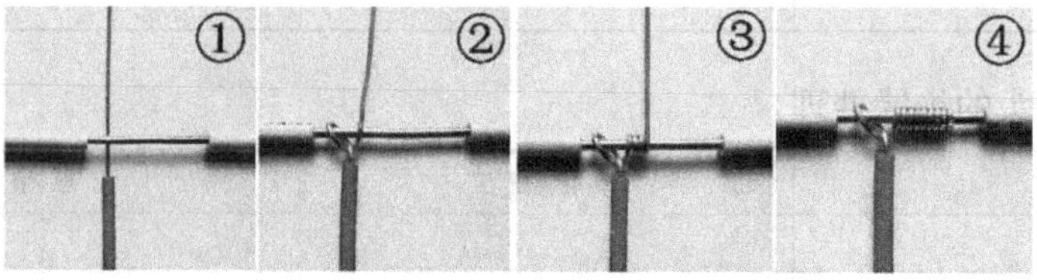 | |
| 单股铜导线的分支连接（三） | 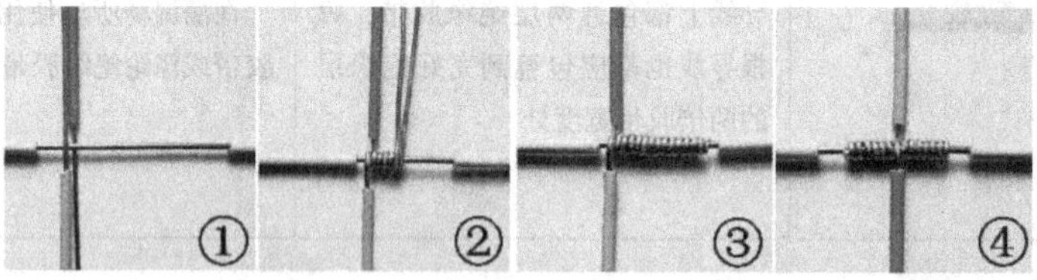 | |
| 多股铜导线的直接连接 | 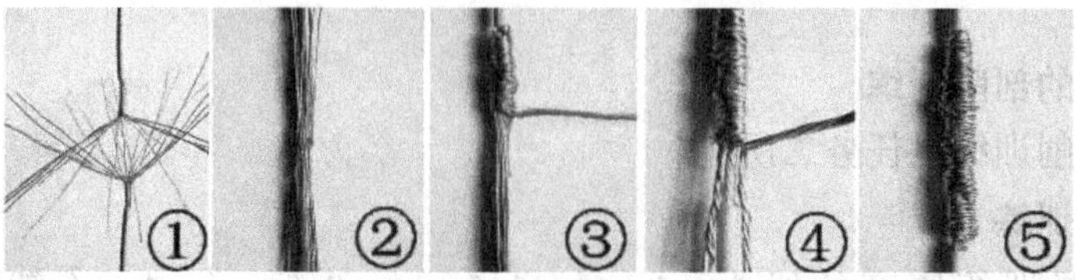 | 第 1、2 组线头分别先后翘起缠绕 2 圈，第 3 组线头翘起缠绕 3 圈 |

（续）

| 训练内容 | 训练方法 | 训练要求 |
| --- | --- | --- |
| 多股铜导线的分支连接（一） | 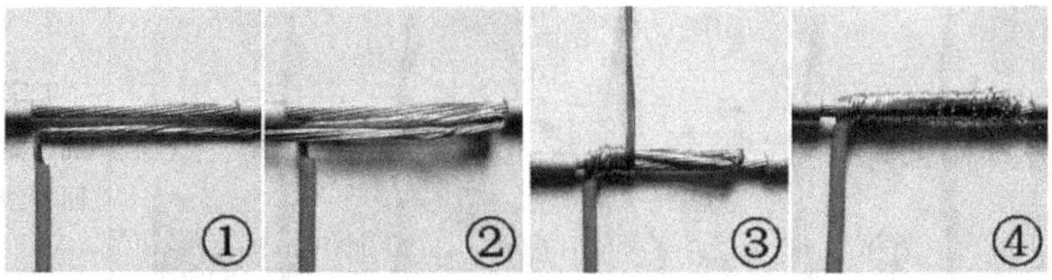 | 支路线芯90°折弯，线头折回再缠绕，缠绕长度等于线头折回长度；两组线芯要均分，一组朝右方缠绕4~5圈，另一组朝左方缠绕4~5圈 |
| 多股铜导线的分支连接（二） | 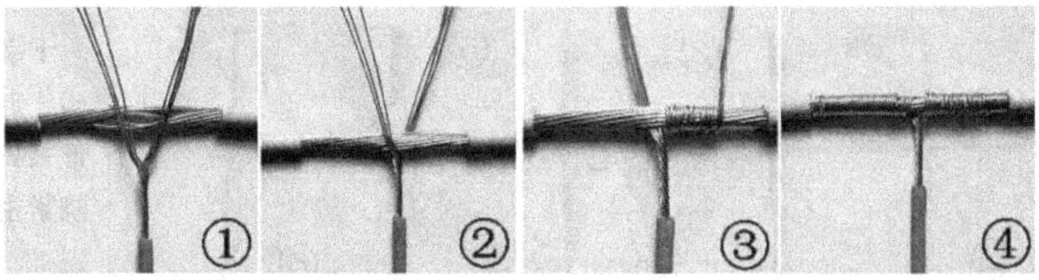 | |
| 单股铜导线与多股铜导线的连接 | 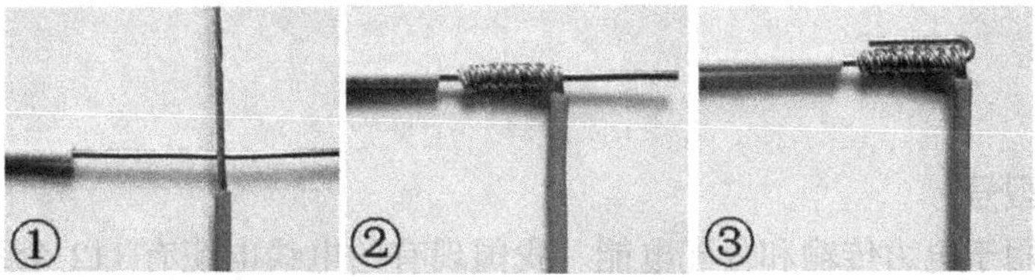 | 多股铜线芯绞合拧紧，缠绕5~8圈，单股线芯线头折回并压紧 |
| 同一方向的导线连接（一） | 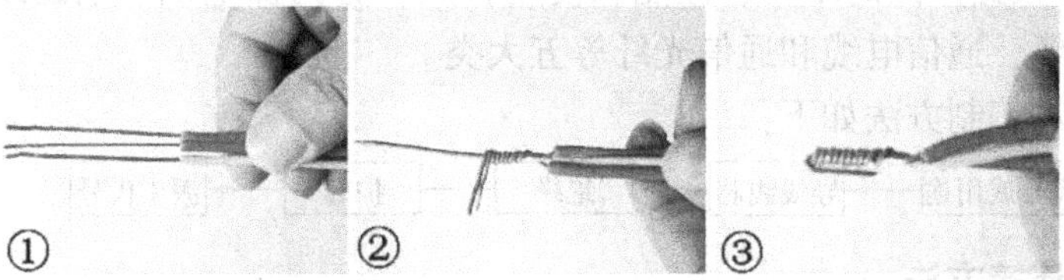 | 对单股导线，线芯的线头折回要压紧；对多股导线，线芯交叉相互绞合要拧紧 |
| 同一方向的导线连接（二） | 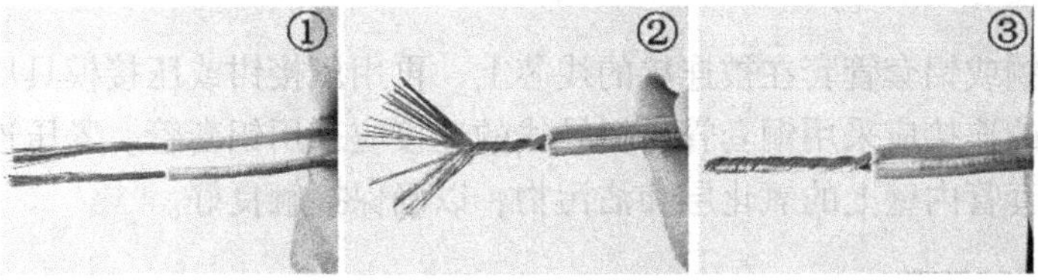 | |

## 三、导线的绝缘恢复训练

选取以上学生导线连接的三个接头：一字形接头、T字形接头、十字形接头，让学生用塑料胶带进行导线绝缘恢复的技能训练。

| 训练内容 | 训练方法 | 训练要求 |
| --- | --- | --- |
| 一般导线接头的绝缘处理 | 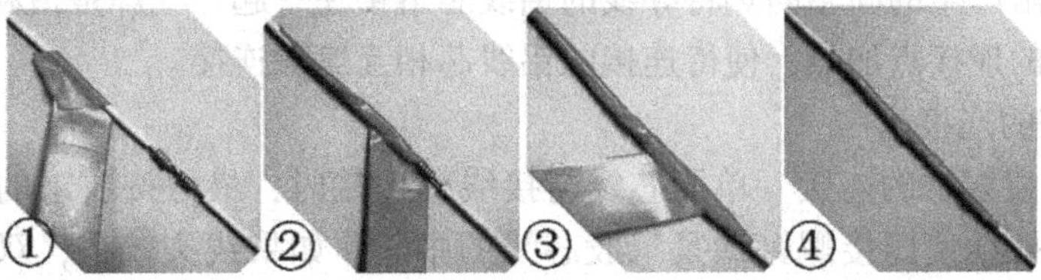 | 缠绕起点距线芯两个胶带宽；以45°方向缠绕，后一层叠压前一层1/2 |

（续）

| 训练内容 | 训练方法 | 训练要求 |
|---|---|---|
| T字形分支接头的绝缘处理 | 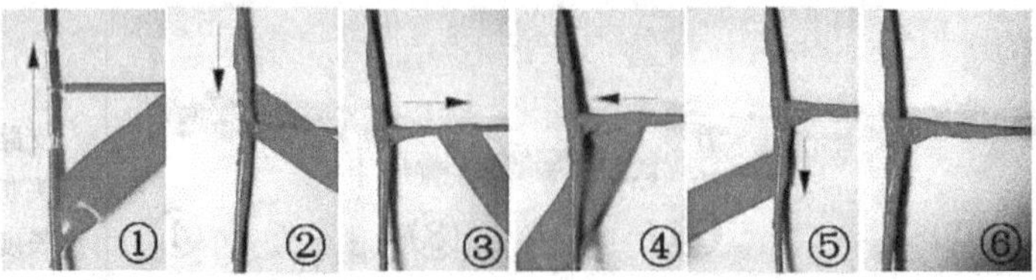 | T字形缠绕方向正确，走一个T字形来回；线芯要缠绕两层 |
| 十字形分支接头的绝缘处理 | 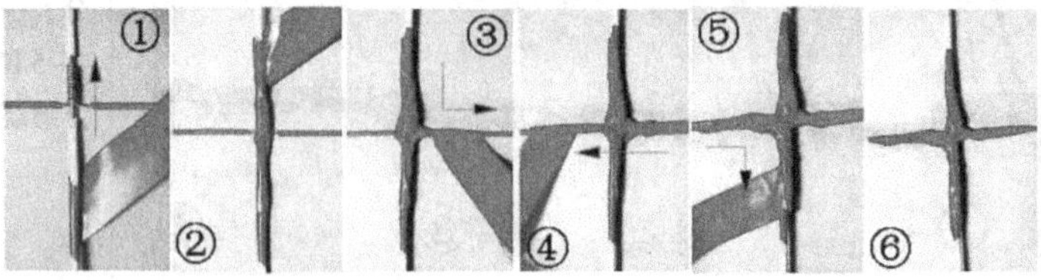 | 十字形缠绕方向正确，走一个“十”字形来回；不露铜、缠绕紧密、缠绕整齐美观 |

## 知识扩展

### 一、常用电线的型号

电线、电缆主要用于电力传输和分配电能。我国现有的电线电缆有112个系列，913个品种约10万种规格，根据产品的结构、性能和使用特点可分为裸电线、电磁线、电气装备用电线电缆、电力电缆、通信电缆和通信光纤等五大类。

电线电缆的型号和编制方法如下：

分类代号或用途 → 导线线芯 → 绝缘 → 护套 → 派生代号

### 二、导线的其他连接方法

1. 紧压连接

紧压连接是指用铜或铝套管套在被连接的线芯上，再用压接钳或压接模具压接套管使线芯保持连接。铜导线的连接应采用铜套管，铝导线的连接应采用铝套管。紧压连接前应清除导线线芯表面和压接套管内壁上的氧化层和沾污物，以确保接触良好。

2. 焊接

焊接是指将金属（焊锡等焊料或导线本身）熔化融合而使导线连接。较细的铜导线接头可用大功率电烙铁进行焊接。焊接前应清除铜线芯接头部位的氧化层和黏污物。较粗（一般指横截面积在16mm$^2$以上）的铜导线接头可用浇焊法连接。浇焊前同样应清除线芯接头部位的氧化层和黏污物，涂上无酸助焊剂，并将线头绞合。

铝导线接头的焊接一般采用电阻焊或气焊。电阻焊是指用低电压大电流通过铝导线的连接处，利用其接触电阻产生的高温高热将导线的铝线芯熔接在一起。气焊是指利用气焊枪的高温火焰，将铝线芯的连接点加热，使待连接的铝线芯相互熔融连接。

3. 线头与接线桩的连接

（1）线头与针孔接线桩的连接　单股芯线与接线桩连接时，最好按要求的长度将线头折成双股并排插入针孔，使压接螺钉顶紧双股芯线的中间。如果线头较粗，双股插不进针孔，也可直接用单股，但芯线在插入针孔前，应稍微朝着针孔上方弯曲，以防压紧螺钉稍松时线头脱出。

在针孔接线桩上连接多股芯线时，先用钢丝钳将多股芯线进一步绞紧，以保证压接螺钉顶压时不致松散。注意针孔和线头的大小应尽可能配合。如果针孔过大可选一根直径大小相宜的铝导线作绑扎线，在已绞紧的线头上紧密缠绕一层，使线头大小与针孔合适后再进行压接。如线头过大，插不进针孔时，可将线头散开，适量剪去中间几股，通常 7 股可剪去 1 ~ 2 股，19 股可剪去 1 ~ 7 股，然后将线头绞紧，进行压接。

无论是单股或多股芯线的线头，在插入针孔时，一是注意插到底；二是不得使绝缘层进入针孔，针孔外的裸线头的长度不得超过 3mm。

（2）线头与平压式接线桩的连接　平压式接线桩是利用半圆头、圆柱头或六角头螺钉加垫圈将线头压紧，完成电连接。对载流量小的单股芯线，先将线头弯成接线圈，再用螺钉压接。对于横截面积不超过 $10mm^2$、股数为 7 股及以下的多股芯线，应先制作压接圈。对于载流量较大，横截面积超过 $10mm^2$、股数多于 7 股的导线端头，应安装接线耳。

连接这类线头的工艺要求是：压接圈和接线耳的弯曲方向应与螺钉拧紧方向一致，连接前应清除压接圈、接线耳和垫圈上的氧化层及污物，再将压接圈或接线耳在垫圈下面，用适当的力矩将螺钉拧紧，以保证良好的电接触。压接时注意不得将导线绝缘层压入垫圈内。

## 检查评价

**任 务 评 价**

| 序　号 | 评价指标 | 评价内容 | 分值 | 个人评价 | 小组评价 | 教师评价 |
|---|---|---|---|---|---|---|
| 1 | 工具使用 | 能熟练使用电工工具 | 5 | | | |
| 2 | 绝缘剖削 | 能根据不同导线，使用不同工具 | 5 | | | |
| | | 能根据规范要求进行导线的正确剖削 | 10 | | | |
| | | 剖削过程中不能损伤导线线芯 | 10 | | | |
| | | 剖削后的线芯能否整齐、美观、长度合适 | 5 | | | |
| 3 | 导线连接 | 能根据不同导线及连接要求，使用合适方法 | 5 | | | |
| | | 导线连接的方法、步骤是否符合规范要求 | 10 | | | |
| | | 导线缠绕平整、紧密无间隙 | 5 | | | |
| | | 缠绕圈数不够、线芯压绝缘层 | 5 | | | |
| | | 导线接头接触良好、接触电阻小 | 10 | | | |
| | | 导线接头是否美观、整齐、无毛刺 | 5 | | | |
| 4 | 绝缘恢复 | 胶带缠绕方法是否正确 | 5 | | | |
| | | 胶带缠绕是否紧密 | 5 | | | |
| | | 胶带缠绕后绝缘是否良好 | 5 | | | |
| 5 | 安全规范 | 操作过程是否规范安全 | 5 | | | |
| | | 是否有安全防范意识 | 5 | | | |
| 总分 | | | 100 | | | |
| 问题记录和解决方法 | | | 记录任务实施过程中出现的问题和采取的解决办法 | | | |

能力评价

| 内容 | | 评价 | |
|---|---|---|---|
| 学习目标 | 评价项目 | 小组评价 | 教师评价 |
| 应知应会 | 本任务的相关基本知识是否熟悉 | □Yes □No | □Yes □No |
| | 是否熟练掌握工具的使用 | □Yes □No | □Yes □No |
| 专业能力 | 导线绝缘层的剖削方法是否正确规范 | □Yes □No | □Yes □No |
| | 导线的连接方法正确、娴熟 | □Yes □No | □Yes □No |
| | 导线绝缘的恢复方法正确、不露铜 | □Yes □No | □Yes □No |
| 通用能力 | 团队合作能力 | □Yes □No | □Yes □No |
| | 沟通协调能力 | □Yes □No | □Yes □No |
| | 解决问题能力 | □Yes □No | □Yes □No |
| | 自我管理能力 | □Yes □No | □Yes □No |
| | 创新能力 | □Yes □No | □Yes □No |
| 态　度 | 敬岗爱业 | □Yes □No | □Yes □No |
| | 职业操守 | □Yes □No | □Yes □No |
| | 工作态度 | □Yes □No | □Yes □No |
| 个人努力方向： | | 老师、同学建议： | |

## 思考与提高

1. 为什么 $4mm^2$ 以上的塑料硬线不能用钢丝钳剖削其绝缘层？
2. 为什么软导线不能用电工刀剖削其绝缘层？
3. 导线分支连接时，其支路线芯根部为什么要留 3～5mm 的线芯？
4. 单股芯线与接线桩连接时，为什么要求将线头折成双股并排插入针孔？
5. 导线绝缘恢复时，其后一层已叠压前一层 1/2，为什么还要再返回缠绕一层？

# 任务四　单相照明电路的安装——白炽灯电路

## 训练目标

- 熟悉照明电路相关的电源、照明灯具、开关的安装原则和要求。
- 学会正确安装单相照明控制电路。
- 学会掌握安装电路的工艺要求和标准。
- 学会用万用表检查线路和排除故障。

## 任务描述

19 世纪以前，每当夜晚来临的时候，我们的整个生活就变得一片漆黑。但自从 1879 年 10 月 21 日爱迪生发明了电灯后，我们的生活亦随之变得多姿多彩。此时，无论身在何处，只要你一按下开关，瞬间就点亮了整个空间，你一关闭开关，就进入黑暗中。

在我们的日常生活中，照明所需光源，以电光源最为普遍。电光源所需的电器装置，统称照明装置。尽管人们对于照明电路的控制要求不同，有的控制较简单，有的控制较复杂，但无论多么复杂的照明控制电路，都是由一些简单的、基本的控制单元所组成的。正确安装和维修照明装置，是电工所必须熟练掌握的基本技能之一。

本任务将要完成单相白炽灯照明电路的安装，并由此带你走进奇妙的“电”世界，了解各种与“电”有关的控制原理和控制方法及控制所需的各种各样的元器件，发现并掌握它们之间的连接规律。

## 任务分析

本任务要求实现“单相单控白炽灯照明电路的安装”，要完成此任务，首先应了解照明装置的元器件，了解其组成、作用，并正确绘制其电路图，做到按图施工、按图安装、按图接线。考虑到螺口灯头的结构特点及圆木安装方式对安装工艺的要求，增加学生对电路安装工艺和要求的了解，特选择螺口平灯头及圆木安装方式。

1. 照明装置元器件

| 元件名称 | 外形图 | 组成、作用、优点 | 注意事项 |
|---|---|---|---|
| 灯泡 | 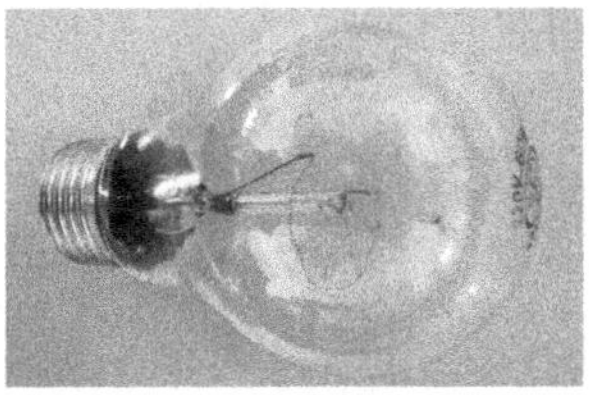 | 由钨丝、玻璃壳和灯头组成；灯头有插口式和螺口式；白炽灯结构简单，使用可靠，价格低廉。工作电压有 6V、12V、24V、36V、110V、220V 等六种 | 安装时灯泡的工作电压与线路电压必须一致；由于白炽灯的节能效果较差，国家已规定从 2012 年 10 月开始将逐步禁止白炽灯的生产使用 |
| 灯座 |  | 又称为灯头，有插口式和螺口式两种 | 额定电压为 250V。螺旋式灯座中连接中间簧片的接线座应接相线，连接周围螺纹的接线座接中性线 |
| 圆木 | 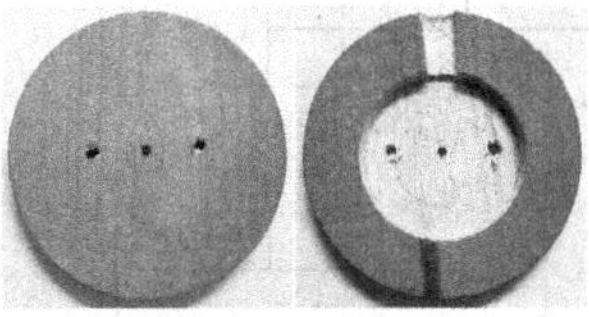 | 用来穿线及固定灯座，并起绝缘作用 | 圆木使用前应在其上钻三个孔，中间一个用以固定圆木，旁边两个用以穿线，并且还需在其边缘开一宽度为线宽的缺口，用以进线 |
| 单控开关 |  | 控制照明电路的接通和断开 | 开关的结构不同，接法不同 |

2. 单相单控白炽灯照明电路图

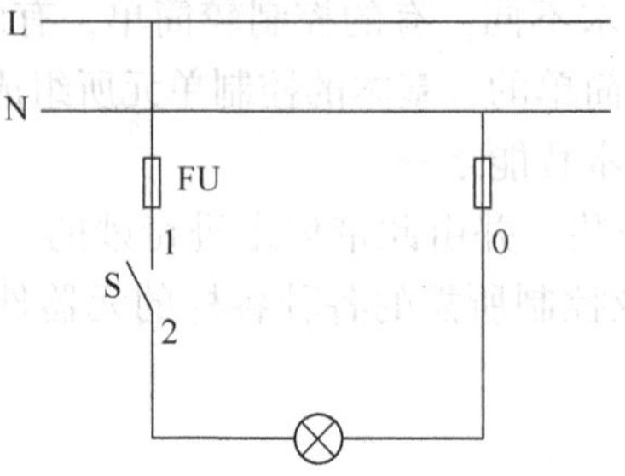

原理图

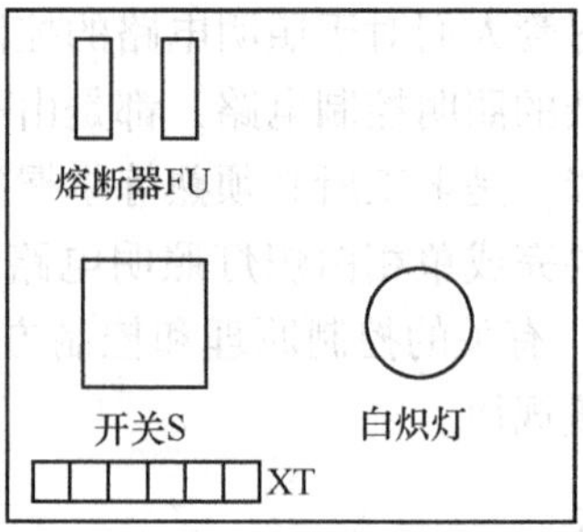

布置图

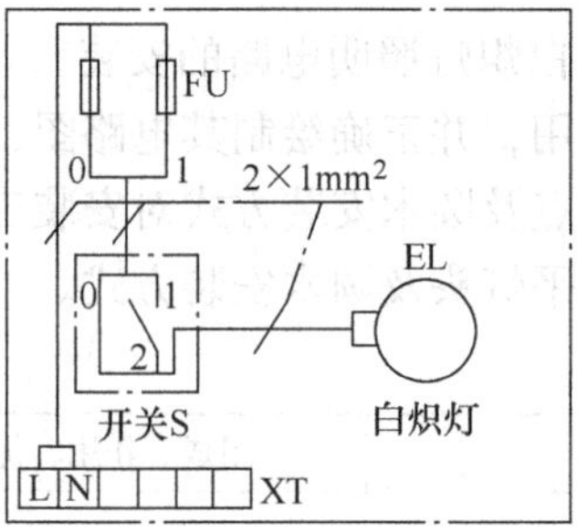

接线图

## 相关知识

### 一、电光源的分类

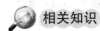

从1879年爱迪生发明第一只电灯泡到现在，由于科学技术的不断进步和社会需求的有力推动，电光源得到了迅猛的发展。目前电光源的品种规格已发展到4万多种，电光源不仅在外形上千差万别，在电参数上也各有特色。电光源的基本分类如下：

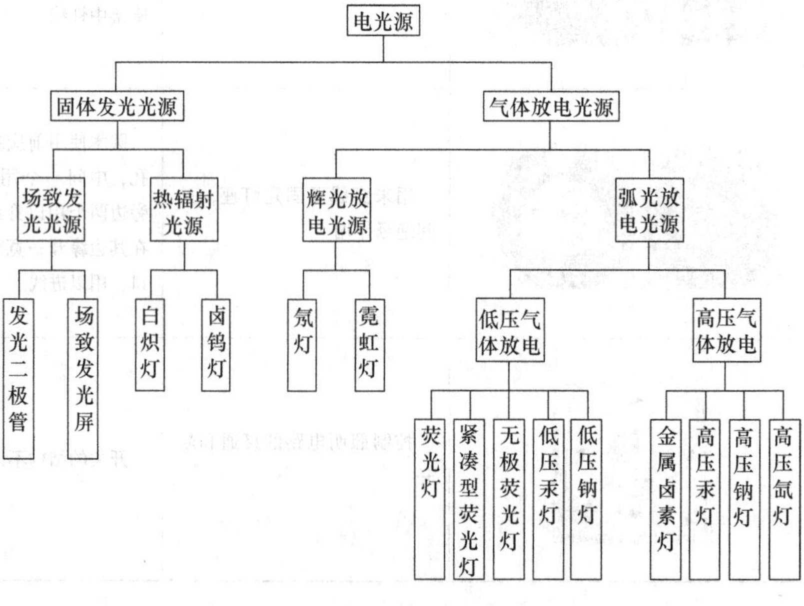

## 二、白炽灯的工作原理

白炽灯是利用热辐射的原理制成的电光源。由斯特凡玻尔兹曼定律可知：黑体的总辐射能量与热力学温度的四次方成正比。白炽灯的灯丝一般采用钨丝，钨丝的热辐射的波长范围很广，可见光部分占总辐射的比例很小，绝大部分是红外线。但随着工作温度的增加，钨丝辐射也增加，且可见光部分的增加比红外线部分增加得更快，所以钨丝的工作温度越高，灯的效率就越高。

## 三、照明电路安装的要求

1. 基本要求

相线进开关，中性线接灯座。

2. 布线规则

各元器件的左侧接中性线，右侧接相线；电能表和漏电保护器接线应按其说明接线。

3. 外观要求

仪表应置于上方，便于操作和维护；与有垫圈的接线座连接时，线头应弯成“羊眼圈”，其大小略小于垫圈；导线下料长短适中，应无裸露部分，以避免发生非正常线间短路及触电事故，线头连接应紧固到位。

4. 安装步骤

在装配板上摆放元器件，妥善安排好各自位置，并固定好连线，应注意各元器件的连接原则，不能接错。

5. 技术关键

在接线中，导线的颜色选取与装配图中线条的颜色一致；通电之前，一定要先判别出电源的相线与中性线以及插头上哪个电极应连接相线；通电之前，一定要检验电路，确保电路正确无误，以保证安全。

## 四、白炽灯照明电路的常见故障及检修方法

| 故障现象 | 产生原因 | 检修方法 |
|---|---|---|
| 灯泡不亮 | 灯泡钨丝烧断 | 调换新灯泡 |
| | 电源熔断器的熔丝烧断 | 检查熔丝烧断的原因并更换同规格熔丝 |
| | 灯座或开关接线松动或接触不良 | 检查灯座和开关的接线处并修复 |
| | 线路中有断路故障 | 用验电器检查线路的断路处并修复 |
| 灯泡忽亮忽灭 | 灯丝烧断，但受振动后忽接忽离 | 更换灯泡 |
| | 灯座或开关接线松动 | 检查灯座和开关并修复 |
| | 熔断器熔丝接触不良 | 检查熔断器并修复 |
| | 电源电压不稳 | 检查电源电压不稳定的原因并修复 |
| 灯光暗淡 | 钨丝挥发后积聚在玻璃壳内 | 正常现象，不必修理 |
| | 电源电压过低 | 提高电源电压 |
| | 线路因老化或绝缘损坏有漏电现象 | 检查线路，更换导线 |
| 灯泡发强烈白光，并瞬时或短时烧毁 | 灯泡额定电压低于电源电压 | 更换与电源电压相符合的灯泡 |
| | 钨丝有搭线，从而使电阻减小，电流增大 | 更换灯泡 |

## 任务实施

### 一、元器件选择

根据控制电路和负荷（60W）的要求，选择合适容量、规格的元器件。

| 序号 | 元器件名称 | 型号、规格 | 数量（长度） | 备　注 |
|---|---|---|---|---|
| 1 | 白炽灯 | 220V、60W | 1 | |
| 2 | 螺口平灯座 | 4A、250V | 1 | |
| 3 | 单联单控开关 | 4A、250V | 1 | |
| 4 | PVC 开关接线盒 | 44mm×39mm×35mm | 1 | |
| 5 | 熔断器 | RL1—15 | 2 | 配熔体 2A |
| 6 | 塑料导线 | BV—1mm² | 5m | |
| 7 | 圆木 | | 1 | |
| 8 | 接线端子排 | JX3—1012 | 1 | |
| 9 | 接线板 | 700mm×550mm×30mm | 1 | |

### 二、元器件安装和布线

| 实训图片 | 操作方法 | 注意事项 |
|---|---|---|
| 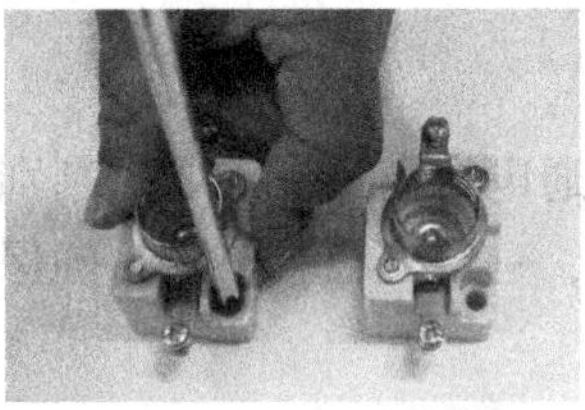 | ［安装熔断器］：将熔断器安装在接线板的左上方，两个熔断器之间要间隔 5～10cm | ①熔断器下接线座要安装在上面，上接线座安装在下面<br>②根据接线板的大小和安装元器件的多少，离上、左 10～20cm 的距离 |
| 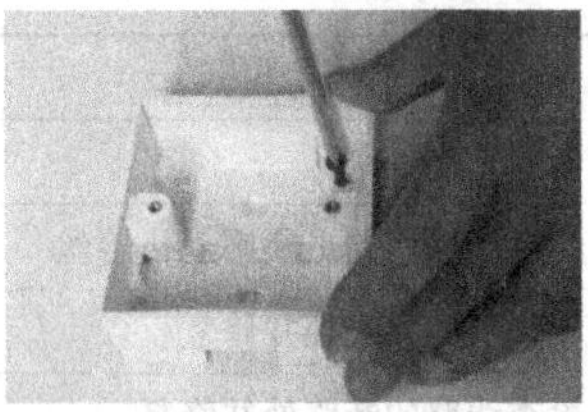 | ［安装开关接线盒］：根据布置图用两颗木螺钉对角将开关接线盒固定在接线板上 | ①开关盒固定前应在开关侧面开孔<br>②开关接线盒侧面的圆孔（穿线孔）必须一个朝向电源，另一个朝向负荷 |
| 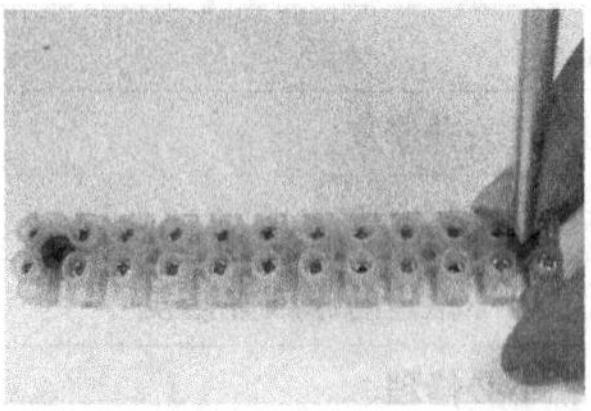 | ［安装端子排］：将接线端子排用木螺钉安装固定在接线板下方 | ①根据安装任务选取合适的端子排<br>②端子排固定要牢固，无缺件，且绝缘良好 |
| 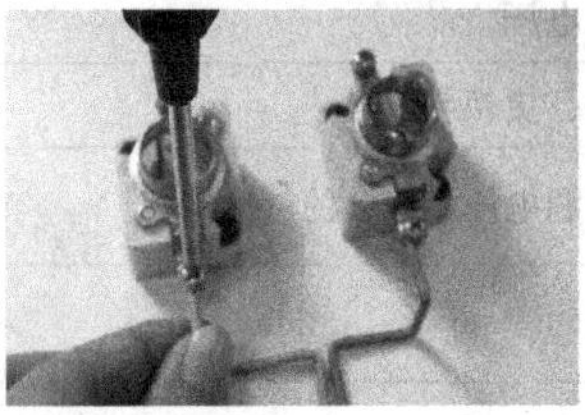 | ［安装熔断器至开关的导线］：将两根导线顶端剥去 2cm 的绝缘层→弯圈→将导线弯直角 Z 形→接入熔断器两上接线座上 | ①剖削导线时不能损伤导线线芯和绝缘，导线连接时不能反圈<br>②导线弯直角时要美观，导线走线时要紧贴接线板、要横平竖直、平行走线、不交叉<br>③弯圈根部需留 2mm 左右铜芯 |

（续）

| 实训图片 | 操作方法 | 注意事项 |
| --- | --- | --- |
| 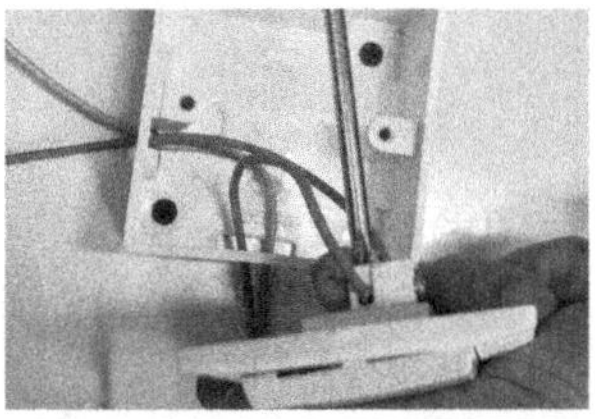 | [开关面板接线]：将来自于熔断器的相线接在一个接线座上，再用一根导线接在另一个接线座上 | ①一个接线座必须接电源进线，另一个接出线，线头需弯折压接<br>②开关必须控制相线<br>③中性线不剪断直接从开关盒引到熔断器 |
| 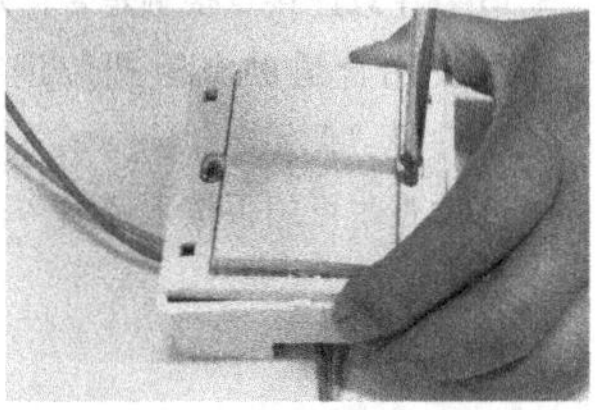 | [固定开关面板]：将接好线的开关面板安装固定在开关接线盒上 | ①固定开关面板时，其内部的接线头不能松动<br>②固定开关面板前，应先将两根出线穿出接线盒右边的孔 |
| 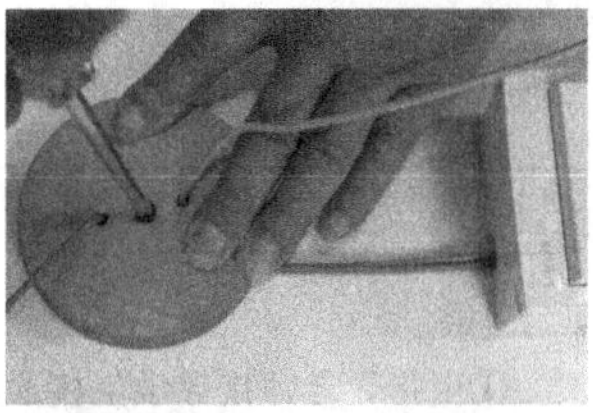 | [安装圆木]：将来自于开关的两根导线穿入圆木中事先钻好的两孔中一定的长度，然后将圆木固定在接线板上 | ①安装圆木前先在圆木的任一边缘开一 2cm 的缺口，在圆木中间钻一孔，以便固定<br>②固定圆木的木螺钉不能太大，以免撑坏圆木 |
| 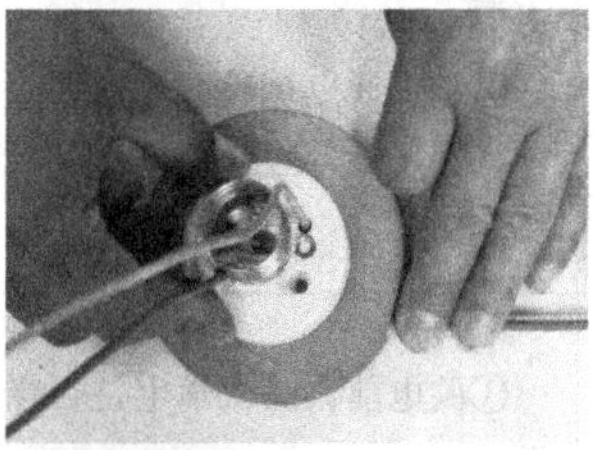 | [安装螺口平灯座]：将穿过圆木的两根导线从平灯座底部穿入，再连接在灯座的接线座上，然后将灯座固定在圆木上，最后旋上灯座胶木外盖 | ①连通螺纹圈的接线座必须与电源的中性线连接<br>②中心簧片的接线座必须与来自开关的线连接<br>③接线前应绷紧拉直外部导线 |
| 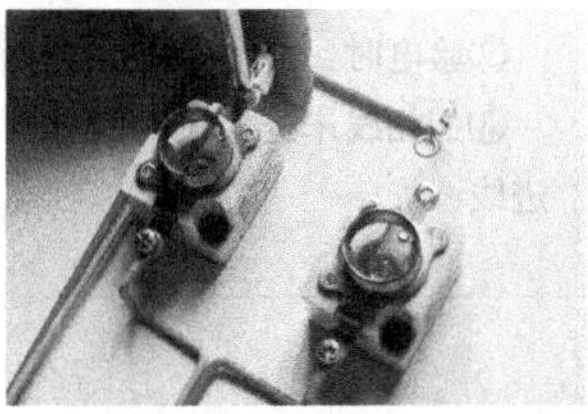 | [安装端子排至熔断器导线]：截取两根一定长度的导线，将导线捋直，一端弯圈、弯直角接在熔断器下接线座上，另一端与端子排连接 | ①接线前应绷紧拉直导线<br>②导线弯直角时要美观，导线走线时要紧贴接线板、要横平竖直、平行走线、不交叉<br>③导线连接时要牢固、不反圈 |

## 三、电路检查

| 实训图片 | 操作方法 | 注意事项 |
| --- | --- | --- |
|  | [目测检查]：根据电路图或接线图从电源开始查看线路有无漏接、错接 | ①检查时要断开电源<br>②要检查导线连接点是否符合要求、压接是否牢固<br>③要注意连接点接触是否良好<br>④要用合适的电阻挡位进行检查，并要“调零”<br>⑤检查时可用手按下开关 |

（续）

| 实训图片 | 操作方法 | 注意事项 |
|---|---|---|
|  | ［万用表检查］：用万用表电阻挡检查电路有无开路、短路情况<br>旋上灯泡，断开开关，万用表两表笔搭接熔断器两出线端，指针应指向“∞”；合上开关，指针应指向“0” | ①检查时要断开电源<br>②要检查导线连接点是否符合要求、压接是否牢固<br>③要注意连接点接触是否良好<br>④要用合适的电阻挡位进行检查，并要“调零”<br>⑤检查时可用手按下开关 |

## 四、通电试灯

| 实训图片 | 操作方法 | 注意事项 |
|---|---|---|
| 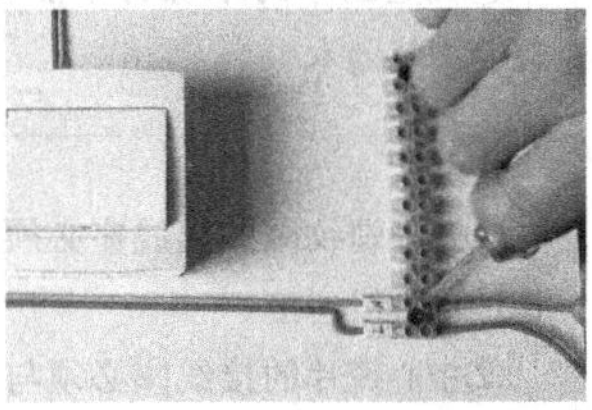 | ［接通电源］：将单相电源接入接线端子排下接线座 | ①由指导老师指导学生接通单相电源<br>②学生通电试验时，指导老师必须在现场进行监护 |
|  | ［验电］：用380V验电器在熔断器进线端进行验电，以区分相线和中性线 | ①验电前，确认学生是否穿绝缘鞋<br>②验电时，学生操作是否规范<br>③如相线未进开关，应对调电源进线 |
| 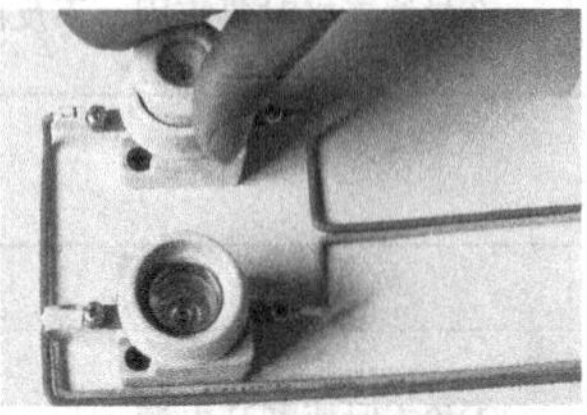 | ［安装熔体］：将合适的熔体放入熔断器瓷套内，然后旋上瓷帽 | ①先旋上瓷套<br>②熔体的熔断指示——小红点应在上面 |
|  | ［按下开关试灯］：按下开关，观察白炽灯是否点亮 | 按下开关后如出现故障，应在老师的指导下进行检查 |

提醒注意

**一、线路的安装敷设形式**

线路的安装敷设形式很多，有瓷夹（塑料卡）敷设、钢管敷设、电线管敷设、线槽敷设、塑料护套线直敷等，为锻炼和培养学生的基本操作技能和安装工艺的规范，本任务采用硬线明装形式，且不用任何线卡。实际操作时布线和元器件安装可同时进行。

**二、布线的方法**

对于硬线明装线路，其线路安装固定前，应根据导线的走向、长度、弯圈、弯直角等，事先做好导线的形状，最后安装固定。

1. 理顺导线

截取一段导线，左手捏住导线一端，用右手大拇指和食指夹住导线向下不停地捋直导线。在理顺导线时，左手可不停地旋转导线；最后要达到手摸导线没有任何突出感觉的效果。

2. 弯直角

用钢丝钳或尖嘴钳的钳口夹住导线，弯曲导线，使另一侧导线紧贴钳子的侧面，成90°直角。同一个安装电路中，应使用同一种工具弯曲直角，弯直角的长度（宽度）至少一个钳口宽。

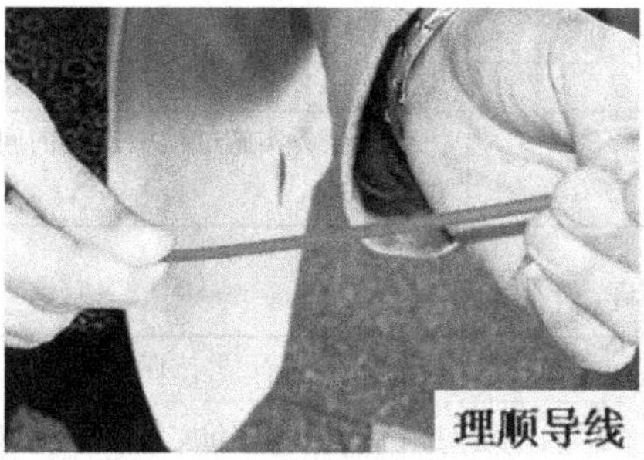

理顺导线

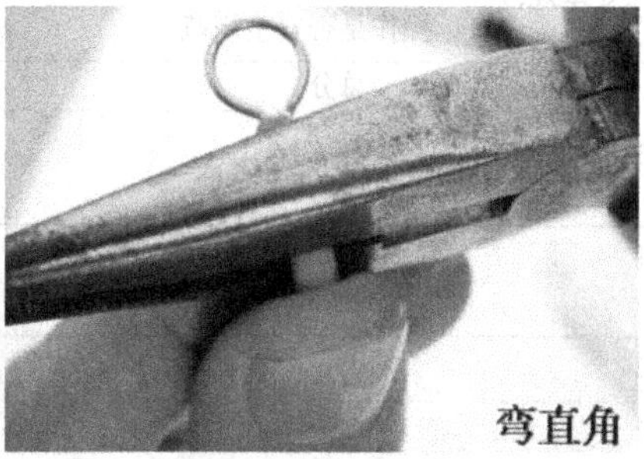

弯直角

3. 线型

为使导线连接固定后，紧贴接线板，弯直角的高度应比接线座的高度高一个线宽，整个导线做成型后，放于接线板上，应横平竖直，服服贴贴，并套好编码管。

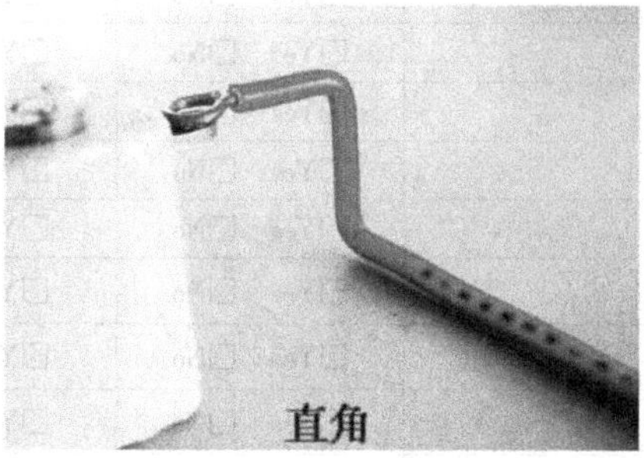

直角

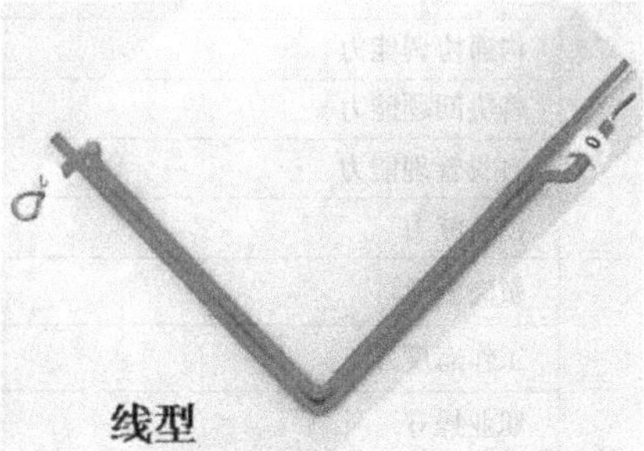

线型

## 检查评价

### 任 务 评 价

| 序 号 | 评价指标 | 评价内容 | 分值 | 个人评价 | 小组评价 | 教师评价 |
|---|---|---|---|---|---|---|
| 1 | 元器件检查 | 元器件是否漏检或错检 | 5 | | | |
| 2 | 安装元器件 | 不按布置图安装 | 5 | | | |
| | | 元器件安装不牢固 | 3 | | | |
| | | 元器件安装不整齐、不合理、不美观 | 2 | | | |
| | | 损坏元器件 | 5 | | | |
| 3 | 布线 | 不按电路图接线 | 10 | | | |
| | | 布线不符合要求、不美观 | 5 | | | |
| | | 接点松动、露铜过长、反圈 | 5 | | | |
| 4 | 布线 | 损伤导线绝缘或线芯 | 5 | | | |
| | | 编码套管套装不正确 | 5 | | | |
| | | 相线未进开关 | 10 | | | |
| 5 | 通电试车 | 通电后熔体熔断 | 10 | | | |
| | | 通电后灯不亮 | 10 | | | |
| | | 检查修复后通电灯仍然不亮 | 10 | | | |
| 6 | 安全规范 | 是否穿绝缘鞋 | 5 | | | |
| | | 操作是否安全规范 | 5 | | | |
| 总分 | | | 100 | | | |
| 问题记录和解决方法 | | | 记录任务实施过程中出现的问题和采取的解决办法 | | | |

### 能 力 评 价

| 内 容 | | 评 价 | |
|---|---|---|---|
| 学习目标 | 评价项目 | 小组评价 | 教师评价 |
| 应知应会 | 本任务的相关基本概念是否熟悉 | □Yes □No | □Yes □No |
| | 是否熟练掌握仪表、工具的使用 | □Yes □No | □Yes □No |
| 专业能力 | 元器件的安装、使用是否规范 | □Yes □No | □Yes □No |
| | 安装接线是否合理、规范、美观 | □Yes □No | □Yes □No |
| | 是否具有相关专业知识的融合能力 | □Yes □No | □Yes □No |
| 通用能力 | 团队组织能力 | □Yes □No | □Yes □No |
| | 沟通协调能力 | □Yes □No | □Yes □No |
| | 解决问题能力 | □Yes □No | □Yes □No |
| | 自我管理能力 | □Yes □No | □Yes □No |
| | 创新能力 | □Yes □No | □Yes □No |
| 态 度 | 敬岗爱业 | □Yes □No | □Yes □No |
| | 工作态度 | □Yes □No | □Yes □No |
| | 职业操守 | □Yes □No | □Yes □No |
| 个人努力方向： | | 老师、同学建议： | |

### 思考与提高

1. 为什么螺口式灯座中连接中间簧片的接线座必须接相线，连接周围螺纹的接线座必须接中性线？

2. 本任务的安装步骤中，为什么不先将圆木安装固定在接线板上，而是在开关接线完成后，导线穿过圆木后才固定？

3. 本任务的安装步骤中，为什么不安装上熔体才验电？

4. 为什么规定“相线一定要进开关”？

## 任务五　单相照明电路的安装——荧光灯电路

### 训练目标

- 进一步熟悉单相照明电路相关的安装原则和要求。
- 学会正确安装荧光灯单相照明控制电路的方法。
- 进一步学会掌握安装电路的工艺要求和标准。
- 熟练掌握用万用表检查线路和排除故障。

### 任务描述

1879 年，美国著名的科学家爱迪生发明了白炽灯，结束了人类“黑暗”的历史。人们在欢呼、庆祝这一伟大发明的时候，富有远见的科学家已经看到了白炽灯明显的不足之处：它只利用了电能的 10% ~20%，其余的 80% ~90% 的电能以热损耗的形式被浪费掉。

“白炽灯靠电流加热，使热能转换为光能，这种电能的利用形式太浪费了，能不能开辟一条电能利用的新途径呢？”有的科学家提出了新的想法。

1902 年，美国的黑维特发明了水银灯。1910 年，科学家克劳特经过改进，发明了霓虹灯并取得了专利。1938 年美国通用电子公司的研究人员伊曼，终于突破了水银灯起动装置的设计与制作难关，制作了与水银灯性能截然不同的荧光灯。

这种荧光灯是在一根玻璃管内，充进一定量的水银，管的内壁涂有荧光粉，管的两端各有一个灯丝做电极。它的工作原理是：通电后，水银蒸气放电，同时产生紫外线，紫外线激发管内壁的荧光物质而发出可见光。显然，荧光灯没有水银灯的弊端，它比白炽灯更亮，且电能利用率高，省电。因此，它一诞生，便很快进入了一般家庭。由于荧光的成分与日光相似，因此人们也叫它“日光灯”。

本任务将带领大家完成单相荧光灯照明电路的安装。

### 任务分析

本任务要求实现“单相单控荧光灯照明电路的安装”，要完成此任务，首先应了解荧光灯照明装置的元器件，了解其组成、作用，并正确绘制荧光灯控制电路图，做到按图施工、按图安装、按图接线。

1. 荧光灯装置元器件

| 元件名称 | 外形图 | 组成、作用、优点 | 注意事项 |
|---|---|---|---|
| 直管式荧光灯管 |  | 由灯头、灯丝（热阴极）和内壁涂有荧光粉的玻璃管组成；玻璃管充有稀薄的惰性气体氩气及水银蒸气。荧光灯具有光线柔和、光色好、光效高、寿命长等优点 | 安装时灯管的工作电压与线路电压必须一致 |
| 镇流器 |  | 电感镇流器由硅钢片、漆包线圈、骨架端盖、底板（外壳）、接线端子等组成。其作用是利用辉光启辉器使电感中电流突然中断，产生很高的反电动势，与外电源叠加后，将灯管点亮；灯管起动以后，电感又起限制电流的作用，避免灯管中电流过大 | 电感镇流器在荧光灯工作时，始终有电流通过，所以容易产生振动，并且会发热，且功率因数较低，可用电子镇流器替代 |
| 辉光启动器 |  | 辉光启动器由内装双金属片的氖泡、电容组成。其作用是：通上电压，氖泡发光，发热，内部的热变形金属受热后由原来的U形开始伸直，触碰到另外一个电极，形成通路。然后氖泡冷却，通路断开，镇流器在电路断开的瞬间产生高压，激活荧光灯 | 辉光启动器中电容器吸收辉光放电而产生的谐波。没有电容器，辉光启动器也能工作 |
| 灯架、灯脚 | 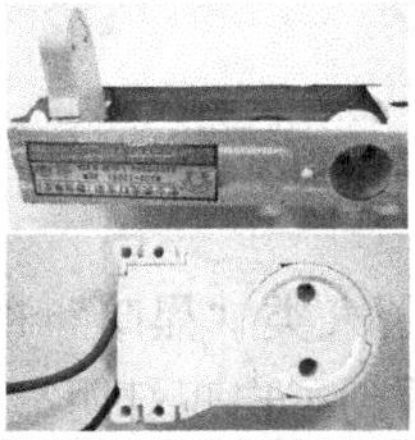 | 灯架由薄铁皮钣金制成，用来安装电路中的零部件。其两顶端有槽口，用以插入灯脚；其侧面开有一圆孔，用以固定辉光启动器座 | 灯架的长度稍长于灯管的长度，以保证灯管插入灯脚时，接触良好 |

2. 单相单控荧光灯照明电路图

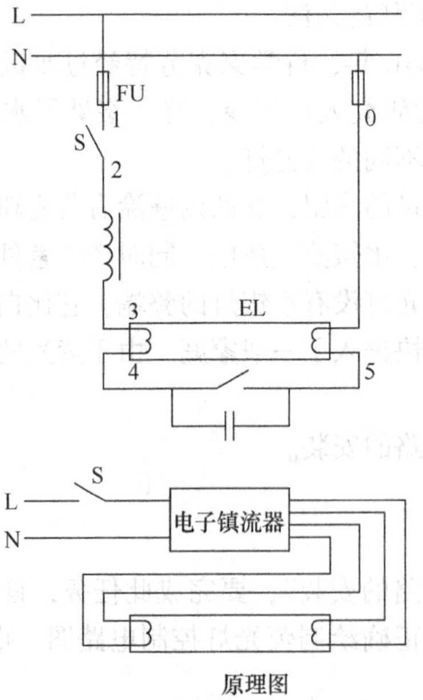

原理图

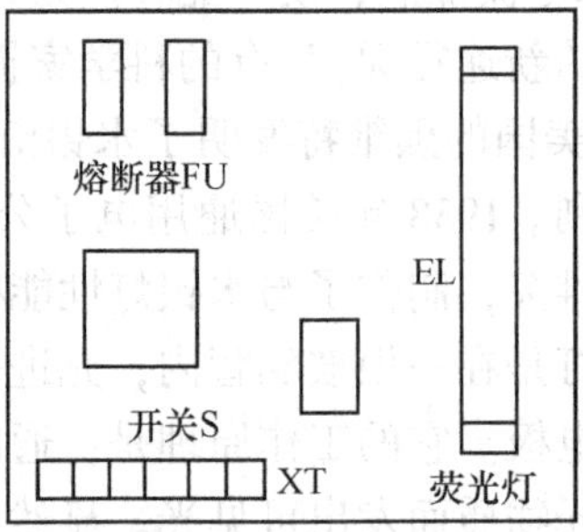

布置图

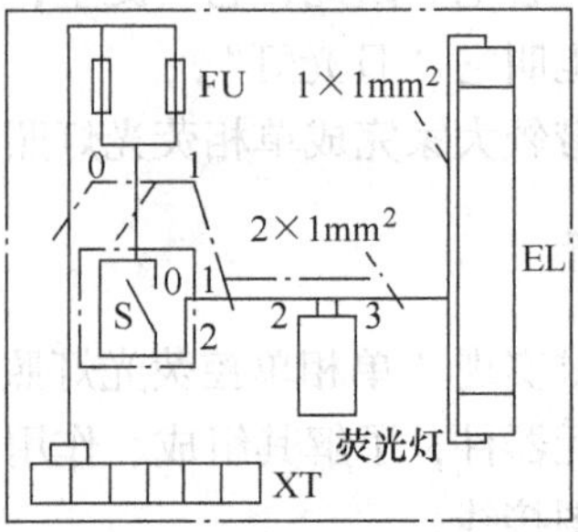

接线图

## 相关知识

### 一、节能型荧光灯

节能灯的正式名称是稀土三基色紧凑型荧光灯，即指红、绿、蓝三基色荧光灯，是一种绿色照明光源，20 世纪 70 年代诞生于荷兰的飞利浦公司。这种光源在达到同样光能输出的前提下，只需耗费普通白炽灯用电量的 1/5 ~ 1/4，从而可以节约大量的照明电能和费用，因此被称为节能灯。节能灯节能主要是通过节能灯管的节能和电子镇流器低功耗体现出来的。随着电工技术的发展，近年又推出了节能型的环形、U 形和 H 形荧光灯。

1. 环形荧光灯

环形荧光灯又称为圆管形荧光灯，它造型美观、安装方便、发光效率高。环形荧光灯使用时必须配备相应功率的镇流器和辉光启动器，不同功率不得互相混用，安装时需配用专用的灯座和专用灯架。

2. U 形荧光灯

管形有：2U、3U、4U、5U、6U、8U 等多种，功率为 3 ~ 240W 等多种规格。2U、3U 节能灯，管径为 9 ~ 14mm，功率一般为 3 ~ 36W，主要用于民用和一般商业环境照明，在使用方式上，用来直接替代白炽灯。4U、5U、6U、8U 节能灯，管径为 12 ~ 21mm，功率一般为 45 ~ 240W，主要用于工业、商业环境照明，在使用方式上，用来直接替代高压汞灯、高压钠灯、T8 直管荧光灯。

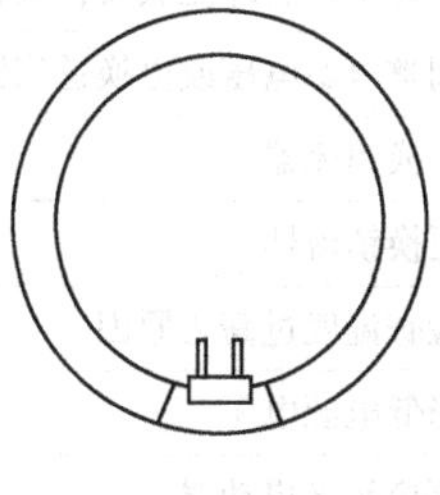
环形荧光灯

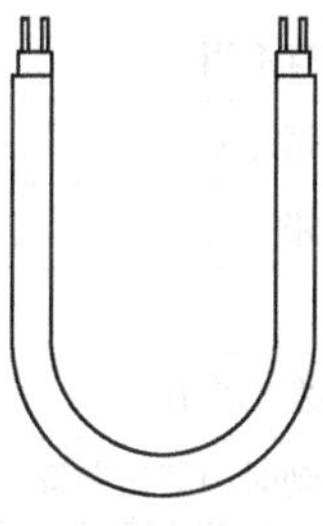
U形荧光灯

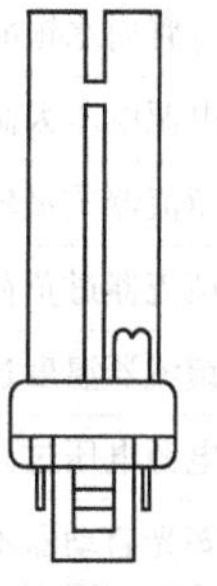
H形荧光灯

3. H 形荧光灯

H 形荧光灯的灯管由两支内径 10mm 的平行玻璃管组成，在灯管的前段有一个连通的“桥”，后端为灯头，灯头内装有辉光启动器、灯丝和引出线。H 形荧光灯的安装极为方便，其灯管的安装不受角度限制，即可水平安装，又可垂直安装，但必须配专用的 H 形灯座。装拆 H 形灯管时，应将灯头平行插入或拔出灯座，不要前后、左右摇晃灯管，以免灯头松动。

### 二、荧光灯照明电路的常见故障及检修方法

| 故障现象 | 产 生 原 因 | 检 修 方 法 |
|---|---|---|
| 荧光灯不能发光 | 灯座或辉光启动器底座接触不良 | 转动灯管或辉光启动器，使之与灯脚座或起动器座内两簧片接触，找出原因并修复 |
|  | 灯丝断或灯管漏气 | 用万用表检查灯管两端两触头的通断情况，若灯丝已断又看到荧光粉变色，表明漏气 |

（续）

| 故障现象 | 产生原因 | 检修方法 |
|---|---|---|
| 荧光灯不能发光 | 镇流器线圈断路 | 修理或更换镇流器 |
| | 电源电压过低 | 改用粗导线或升高电压 |
| | 接线错误 | 检查线路，找出错误接线之处 |
| 荧光灯管抖动或两头发光 | 接线错误或灯座灯脚松动 | 检查线路或检修灯座 |
| | 辉光启动器氖泡内动静簧片不能分开或电容器击穿 | 取下辉光启动器，即能正常发光，故需更换辉光启动器或剪去电容器，但起动时干扰大 |
| | 镇流器不匹配或接头松动 | 调换合适镇流器或加固接头 |
| | 灯管陈旧，灯丝的放电作用降低 | 更换灯管 |
| | 电源电压过低或线路上压降过大 | 提高电压或更换大横截面积的导线 |
| | 气温过低 | 用热毛巾对灯管加热或加罩 |
| 灯光闪烁或光在管内滚动 | 新灯管暂时现象 | 多开几次或对调灯管 |
| | 灯管质量不好 | 换一根灯管看有无闪烁 |
| | 镇流器不匹配或接头松动 | 更换合适镇流器或加固接头 |
| | 辉光启动器损坏或接触不良 | 更换辉光启动器或修理辉光启动器 |
| 灯管两端发黑或有黑斑 | 灯管陈旧、老化 | 更换灯管 |
| | 辉光启动器损坏使灯丝发射物质加速挥发 | 更换辉光启动器 |
| | 灯管内水银凝结，是细灯管常见的现象 | 灯管工作后即能蒸发，或将灯管旋转180° |
| | 电源电压太高或镇流器配有不当 | 调整电源电压或更换适当镇流器 |
| 镇流器有杂音或电磁声 | 镇流器质量较差或铁心硅钢片未夹紧 | 更换镇流器 |
| | 镇流器过负荷或其内部短路 | 更换镇流器 |
| | 镇流器温度过高 | 检查温度过高之原因 |
| | 电源电压过高引起镇流器发出声音 | 降低电源电压 |
| | 辉光启动器不好，产生起动时的辉光杂音 | 更换辉光启动器 |
| | 镇流器有微弱声，但影响不大 | 用橡胶衬垫，以减小振动 |
| 镇流器过热或冒烟 | 电源电压过高或容量过低 | 调低电源电压或更换较大容量镇流器 |
| | 镇流器内部线圈短路 | 更换镇流器 |
| | 灯管闪烁时间长或使用时间过长 | 检查闪烁原因或减少连续使用时间 |

## 任务实施

### 一、元器件选择

根据控制电路的要求及安装接线板的大小，特选择20W荧光灯进行安装，据此选择合适容量、规格的元器件。

| 序号 | 元器件名称 | 型号、规格 | 数量（长度） | 备注 |
|---|---|---|---|---|
| 1 | 荧光灯 | 220V、20W | 1套 | |
| 2 | 单联单控开关 | 4A、250V | 1 | |

（续）

| 序号 | 元器件名称 | 型号、规格 | 数量（长度） | 备注 |
|---|---|---|---|---|
| 3 | PVC 开关接线盒 | 44mm×39mm×35mm | 1 | |
| 4 | 熔断器 | RL1—15 | 2 | 配熔体 2A |
| 5 | 塑料导线 | BV—1mm² | 5m | |
| 6 | 接线端子排 | JX3—1012 | 1 | |
| 7 | 接线板 | 700mm×550mm×30mm | 1 | |

## 二、元器件安装

针对本任务的要求和元器件的特点，特考虑将镇流器布置在灯架外，辉光启动器仍然安装在灯架上，灯脚采用灯架插槽固定形式，同时为继续锻炼和培养学生的基本操作技能和安装工艺的规范，本任务仍然采用硬线明装形式。

| 实训图片 | 操作方法 | 注意事项 |
|---|---|---|
| 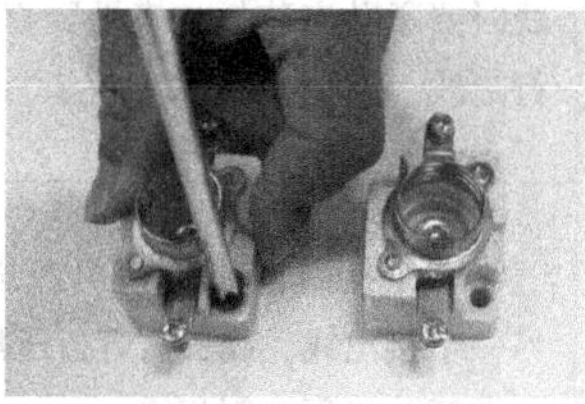 | [安装熔断器]：将熔断器安装在控制板的左上方，两个熔断器之间要间隔 5～10cm | ①熔断器下接线座要安装在上面，上接线座安装在下面<br>②根据安装板的大小和安装元器件的多少，离上、左 10～20cm |
| 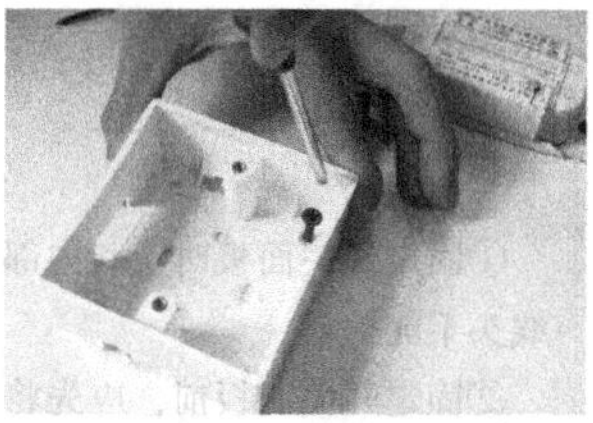 | [安装开关接线盒]：根据布置图用两颗木螺钉对角将开关接线盒固定在接线板上 | ①开关盒固定前应在开关侧面开孔<br>②开关接线盒侧面的圆孔（穿线孔）必须一个朝向电源，另一个朝向负荷 |
| 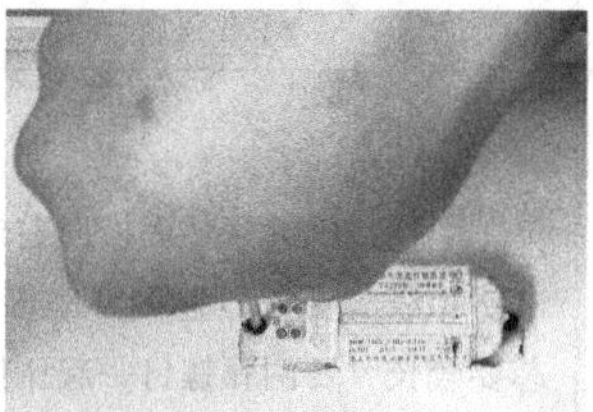 | [安装镇流器]：用两颗木螺钉将电感镇流器安装在接线板上，位于开关右侧 | ①镇流器安装要牢固，不能松动<br>②镇流器的两接线头要在上方，以便接线 |
| 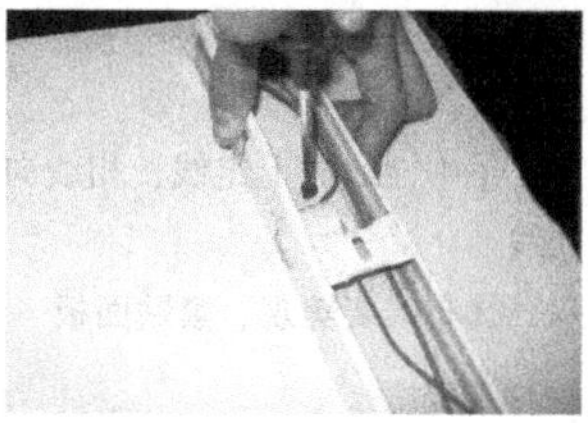 | [安装灯架]：用两颗木螺钉将灯架安装固定在接线板上 | 灯架要垂直安装在接线板的右侧，充分利用接线板的高度 |

（续）

| 实训图片 | 操作方法 | 注意事项 |
| --- | --- | --- |
| 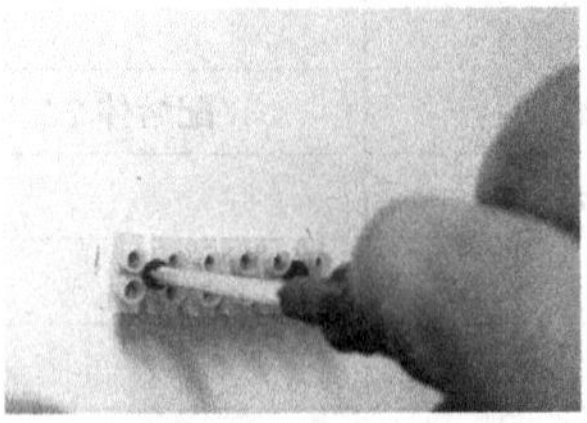 | ［安装端子排］：将接线端子排用木螺钉安装固定在接线板下方 | ①根据安装任务选取合适的端子排<br>②端子排固定要牢固，无缺件，且绝缘良好 |

## 三、布线

| 实训图片 | 操作方法 | 注意事项 |
| --- | --- | --- |
| 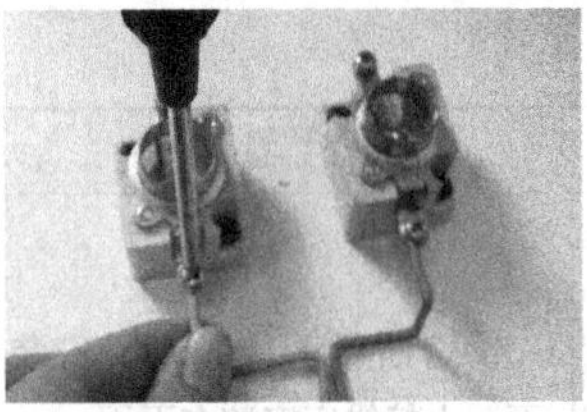 | ［安装熔断器至开关的导线］：将两根导线顶端剥去 2cm 的绝缘层→弯圈→将导线弯直角 Z 形→接入熔断器两上接线座上 | ①与熔断器连接时导线要弯圈，且不能反圈<br>②导线弯直角时要美观，导线走线时要紧贴安装板、横平竖直、平行走线、不交叉 |
| 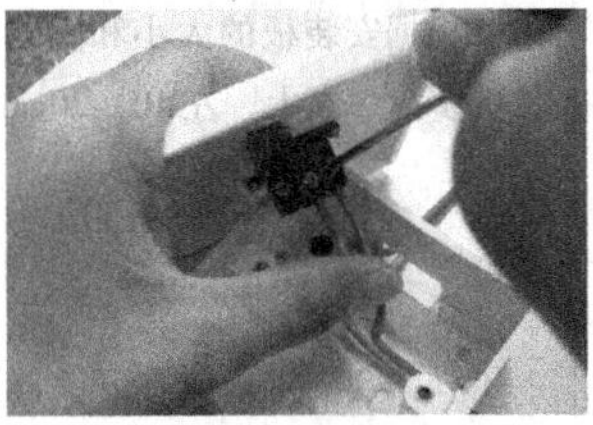 | ［开关面板接线］：将来自于熔断器的相线接在一个接线座上，再用一根导线接另一个接线座 | ①一个接线座必须接电源进线，另一个接出线，线头需弯折压接<br>②开关必须控制相线<br>③中性线不剪断直接从开关盒引出到上灯脚座 |
| 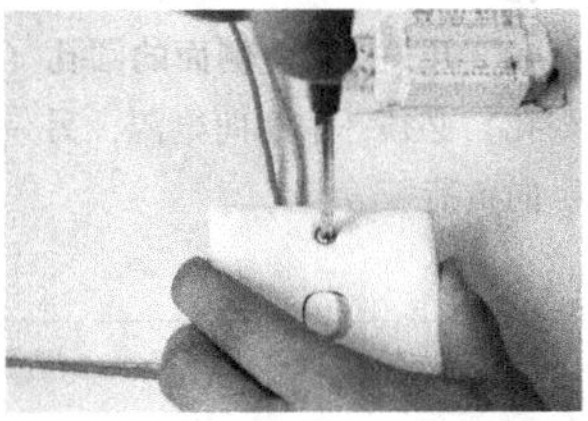 | ［固定开关面板］：将接好线的开关面板安装固定在开关接线盒上 | ①固定开关面板时，其内部的接线头不能松动<br>②固定开关面板前，应先将两根出线穿出接线盒右边的孔 |
| 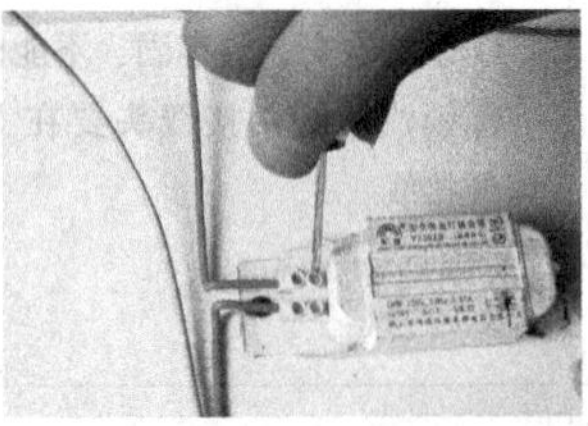 | ［安装开关至镇流器的导线］：将开关的两根出线紧贴面板引至镇流器，相线弯直角与镇流器的一个接线头相连接，再用另一根导线弯直角与另一个接线头相连接 | ①中性线继续紧贴面板向右走线<br>②相线与镇流器连接要牢固，线芯要较长，要两颗螺钉一起压接 |
| 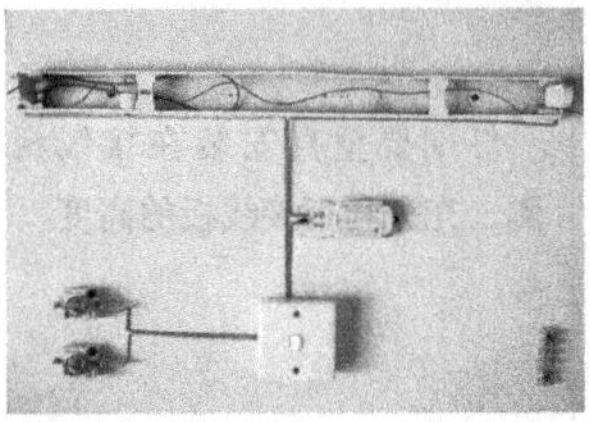 | 将相线与中性线弯直角紧贴灯架向上、向下走线，从灯架两顶端引入灯架中 | ①中性线向上走线，相线向下走线<br>②布线要美观、紧贴面板 |

（续）

| 实训图片 | 操作方法 | 注意事项 |
|---|---|---|
| 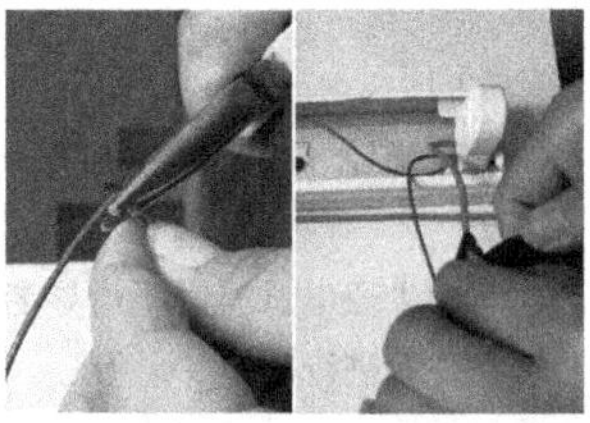 | [两灯脚座的导线连接]：将中性线与上灯脚座一接线头相连接，相线与下灯脚座的一个接线头相连接 | ①单股铜导线与多股软铜线的连接要符合规范<br>②导线连接后其绝缘恢复要良好<br>③多股软铜线与灯脚簧片的焊接要良好、牢固，不能虚焊 |
| 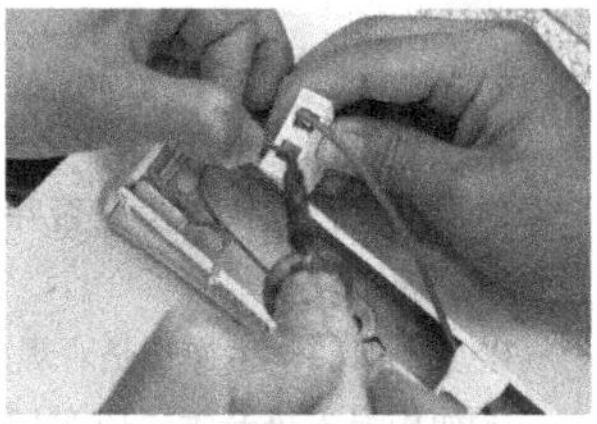 | [辉光启动器与灯脚的连接]：将上下两灯脚座的另一接线头分别用软导线与辉光启动器的两个接线头进行焊接连接。最后将两灯脚座插入灯架两顶端的槽口中 | ①导线的焊接要符合规范<br>②焊接要良好、牢固，不能虚焊<br>③焊接点必要时要进行绝缘处理，加装绝缘套管 |
| 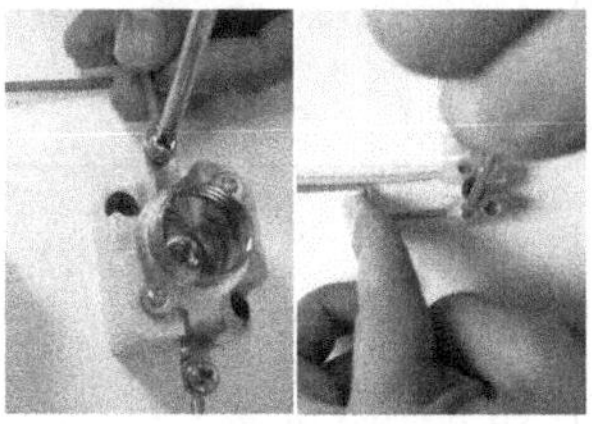 | [安装端子排至熔断器导线]：截取两根一定长度的导线，将导线捋直，一端弯圈、弯直角接在熔断器下接线座上，另一端与端子排连接 | ①接线前应绷紧拉直导线<br>②导线弯直角时要美观，导线走线时要紧贴接线板、横平竖直、平行走线、不交叉<br>③导线连接时要牢固、不反圈 |

## 四、电路检查

<table>
<tr><th>实训图片</th><th>操作方法</th><th>注意事项</th></tr>
<tr><td>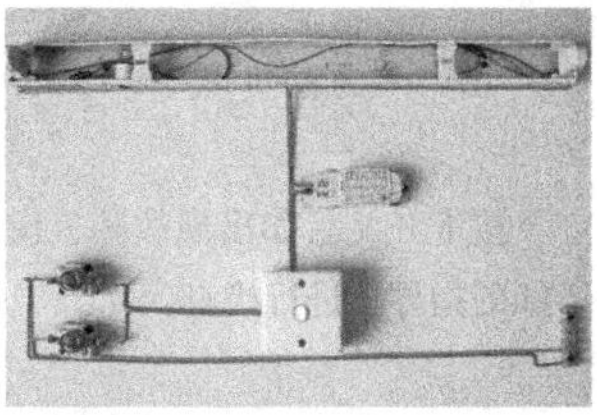</td><td>[目测检查]：根据电路图或接线图从电源开始看线路有无漏接、错接</td><td rowspan="2">①检查时要断开电源<br>②要检查导线连接点是否符合要求、压接是否牢固<br>③要注意连接点接触是否良好<br>④要用合适的电阻挡位进行检查，并进行“调零”<br>⑤检查时可用手按下开关</td></tr>
<tr><td>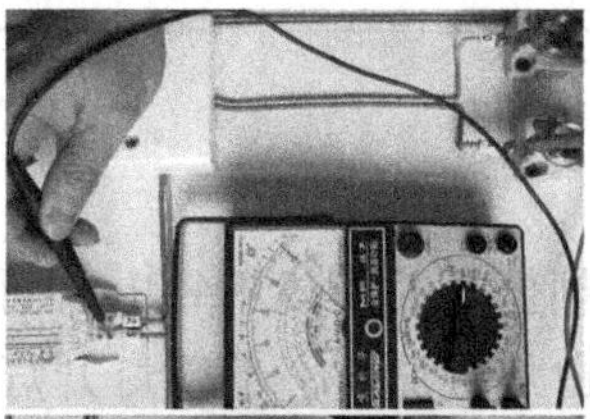<br></td><td>[万用表检查]：用万用表电阻挡检查电路有无开路、短路情况。万用表两表笔搭接熔断器两出线端，指针应指向∞；同时检查熔断器出线到灯脚和镇流器，以及镇流器到灯脚等线段的通断情况</td></tr>
</table>

## 五、通电试灯

| 实训图片 | 操作方法 | 注意事项 |
|---|---|---|
| 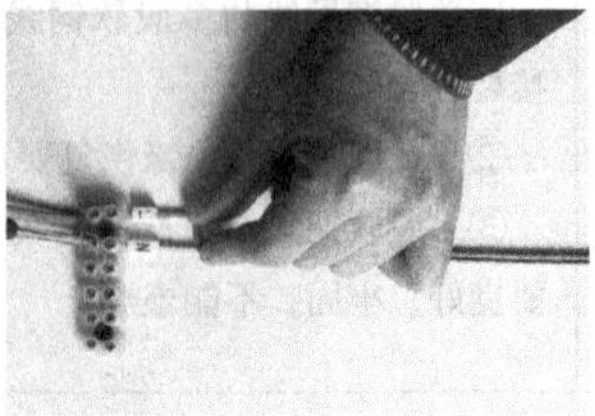 | ［接通电源］：将单相电源接入接线端子排对应接线座 | ①由指导老师监护学生接通单相电源<br>②学生通电试验时，指导老师必须在现场进行监护 |
|  | ［验电］：用380V验电器在熔断器进线端进行验电，以区分相线和中性线 | ①验电前，确认学生是否穿绝缘鞋<br>②验电时，学生操作是否规范<br>③如相线未进开关，应对调电源进线 |
| 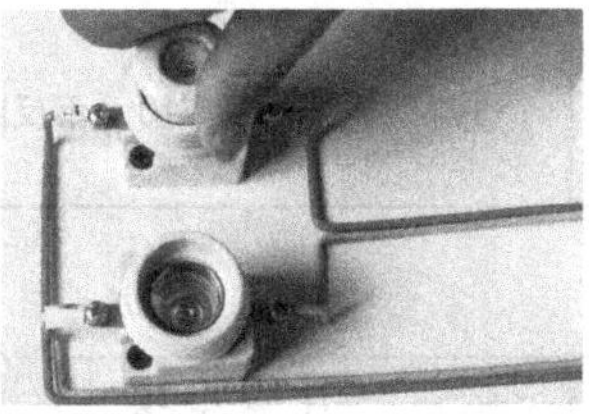 | ［安装熔体］：将合适的熔体放入熔断器瓷套内，然后旋上瓷帽 | ①先旋上瓷套<br>②熔体的熔断指示——小红点应在上面 |
|  | ［按下开关试灯］：盖上灯架铁皮槽板、装上灯管、辉光启动器，然后按下开关，观察荧光灯是否点亮 | 按下开关后如出现故障，应在老师的指导下进行检查 |

**提醒注意**

“随手关灯”是节约用电的好习惯。但对于节能灯来说，频繁开关不仅不省电，而且还损害节能灯的使用寿命。“随手关灯，节约用电”主要是针对白炽灯而言。节能灯开灯时的耗电量是正常使用时的3倍，开关一次节能灯相当于持续点10h的节能灯，因此频繁开关节能灯反而更费电。而且，节能灯开灯时的瞬时高电压是正常电压的2倍，开灯5min后才能发光稳定，因此，频繁开关极容易损坏节能灯。建议：在厨房、走廊、卫生间等开关灯频繁的地方，不适宜使用节能灯。此外，应在离开房间10min以上时随手关灯，而不能像白炽灯一样频繁开关。

## 检查评价

**任 务 评 价**

| 序 号 | 评价指标 | 评价内容 | 分值 | 个人评价 | 小组评价 | 教师评价 |
| --- | --- | --- | --- | --- | --- | --- |
| 1 | 元器件检查 | 元器件是否漏检或错检 | 5 | | | |
| 2 | 安装元器件 | 不按布置图安装 | 5 | | | |
| | | 元器件安装不牢固 | 3 | | | |
| | | 元器件安装不整齐、不合理、不美观 | 2 | | | |
| | | 损坏元器件 | 5 | | | |
| 3 | 布线 | 不按电路图接线 | 10 | | | |
| | | 布线不符合要求 | 5 | | | |
| | | 接点松动、露铜过长、反圈 | 5 | | | |
| | | 损伤导线绝缘或线芯 | 5 | | | |
| | | 中性线是否经过开关 | 5 | | | |
| | | 开关是否控制相线 | 10 | | | |
| 4 | 通电试车 | 按下开关熔体熔断 | 15 | | | |
| | | 第一次按下开关灯不亮 | 5 | | | |
| | | 第二次按下开关灯仍然不亮 | 10 | | | |
| 5 | 安全规范 | 是否穿绝缘鞋 | 5 | | | |
| | | 操作是否规范安全 | 5 | | | |
| 总分 | | | 100 | | | |
| 问题记录和解决方法 | | | 记录任务实施过程中出现的问题和采取的解决办法 | | | |

**能 力 评 价**

| 内 容 | | 评 价 | |
| --- | --- | --- | --- |
| 学习目标 | 评价项目 | 小组评价 | 教师评价 |
| 应知应会 | 本任务的相关基本概念是否熟悉 | □Yes □No | □Yes □No |
| | 是否熟练掌握仪表、工具的使用 | □Yes □No | □Yes □No |
| 专业能力 | 元器件的安装、使用是否规范 | □Yes □No | □Yes □No |
| | 安装接线是否合理、规范、美观 | □Yes □No | □Yes □No |
| | 是否具有相关专业知识的融合能力 | □Yes □No | □Yes □No |
| 通用能力 | 团队组织能力 | □Yes □No | □Yes □No |
| | 沟通协调能力 | □Yes □No | □Yes □No |
| | 解决问题能力 | □Yes □No | □Yes □No |
| | 自我管理能力 | □Yes □No | □Yes □No |
| | 创新能力 | □Yes □No | □Yes □No |
| 态 度 | 敬岗爱业 | □Yes □No | □Yes □No |
| | 工作态度 | □Yes □No | □Yes □No |
| | 职业操守 | □Yes □No | □Yes □No |
| 个人努力方向： | | 老师、同学建议： | |

思考与提高

1. 本任务中相线和中性线的横截面积为什么一样大小？

2. 本任务中一个灯脚的两根导线分别与镇流器和辉光启辉器的一根导线相连接，对此有没有特殊规定？为什么？

3、螺旋式熔断器的下接线座为什么要接电源，上接线座为什么接负荷？

# 任务六　单相照明电路的安装——两地控制电路

## 训练目标

- 掌握单相照明电路两地控制的工作原理。
- 了解双联开关的结构、工作原理。
- 学会正确安装两地控制照明电路的方法。
- 进一步熟练掌握用万用表检查线路和排除故障。

任务描述

在日常生活中，我们最常用的是用一只开关来控制一盏灯。这种电路每次开、关电灯时，都要到开关的位置来操作，给我们的生活带来了一定的麻烦。所以有时为了方便，我们需要在两地控制一盏灯，例如楼梯上使用的照明灯，要求在楼上、楼下都能控制其亮灭；卧室里的灯要求在房门口和床头都能控制其亮灭等。本任务将完成白炽灯两地控制电路的安装。

任务分析

本任务要求实现“白炽灯两地控制电路的安装”，要完成此任务，首先应正确绘制白炽灯两地控制电路图，做到按图施工、按图安装、按图接线，并要熟悉其控制电路的主要元器件，了解其组成、作用。

1. 白炽灯两地控制电路图

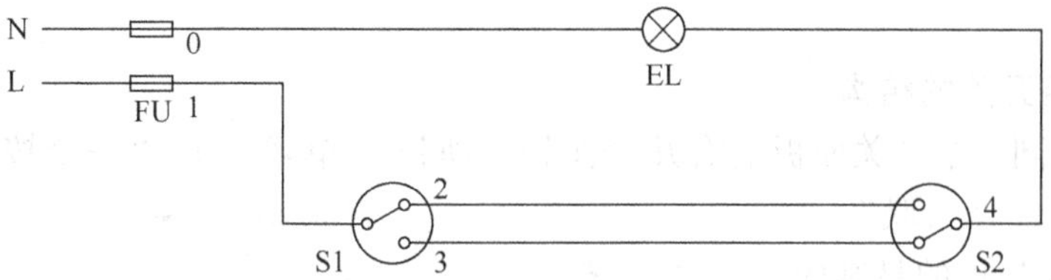


原理图

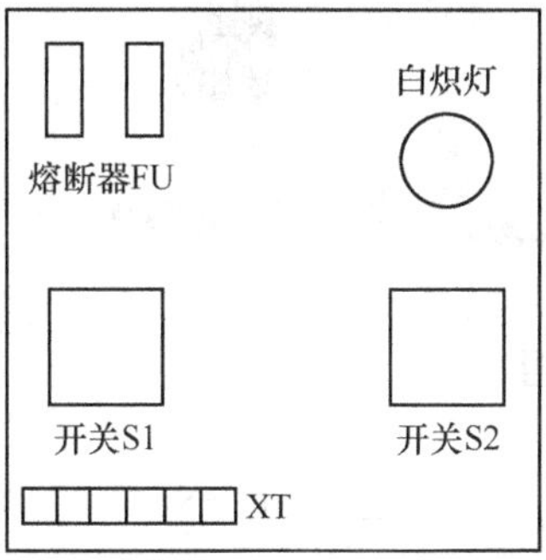


布置图

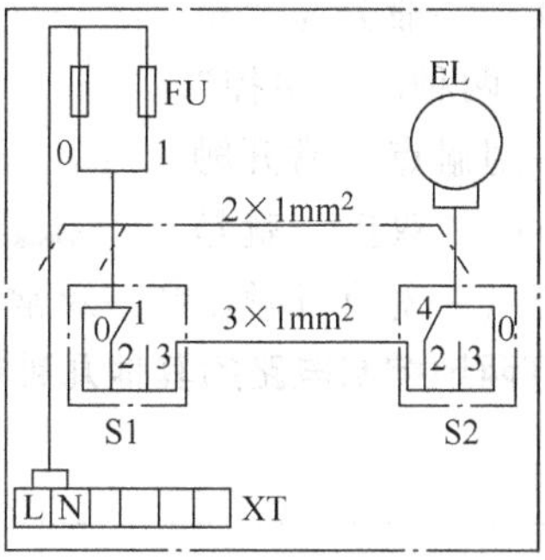


接线图

2. 控制电路主要元器件

| 元件名称 | 外形图 | 作用 | 注意事项 |
| --- | --- | --- | --- |
| 单联双控开关 |  | 用来接通或断开控制电路。单联双控开关无论开关处于什么状态，总有一对触点是接通的，另一对触点是断开的 | 作单联双控开关使用时，电源进线或负荷出线需接在中间一个接线座上，另两个接出线或进线。作单控开关使用时，只能接中间和旁边一个接线座，不能接两边的两个接线座 |
| 熔断器 |  | 在电路中起短路保护作用 | 根据控制电路负荷的大小选择合适的熔断器 |
| 端子排 |  | 将屏内设备和屏外设备的线路相连接，起到信号（电流、电压）传输的作用 | 接线端子排的额定电流要大于负荷电流 |

## 相关知识

### 一、单联双控开关的结构

“联”指的是同一个开关面板上有几个按钮。所以“单联” = “一个按钮”；“双联” = “两个按钮”；“三联” = “三个按钮”；“控”指的是其中按钮的控制方式，一般分为“单控”和“双控”两种。“单控”就是说它只有一对触点（常开触点或常闭触点）；“双控”就是说它有两对触点（一对常开触点和一对常闭触点）。

### 二、白炽灯两地控制电路的其他几种电路图

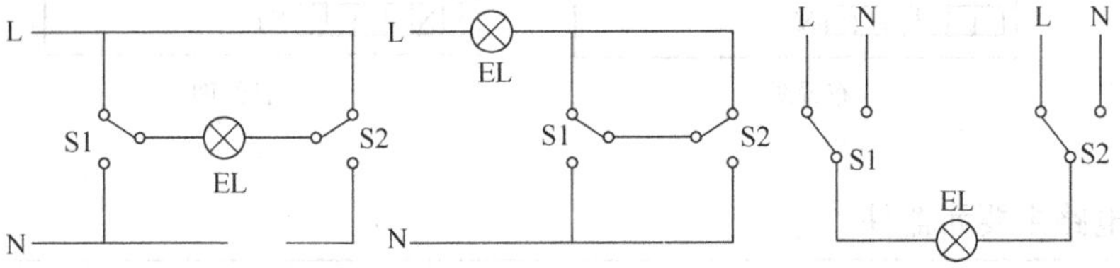


此三种接线图的缺点是：当灯处于熄灭状态时，灯头上有可能始终都处于带电状态，给维修带来了安全隐患。

### 三、两地控制照明电路的常见故障及检修方法

| 故障现象 | 产生原因 | 检修方法 |
|---|---|---|
| 按下任一开关，灯泡都不亮 | 灯泡钨丝烧断 | 调换新灯泡 |
| | 电源熔断器的熔丝烧断 | 检查熔丝烧断的原因并更换同规格熔丝 |
| | 灯座或开关接线松动或接触不良 | 检查灯座和开关的接线处并修复 |
| | 线路中有断路故障 | 用验电器检查线路的断路处并修复 |
| | 接线错误 | 用万用表检查线路的通断情况 |
| | 灯座或开关接线松动 | 检查灯座和开关并修复 |
| 灯泡忽亮忽灭 | 灯丝烧断，但受振动后忽接忽离 | 更换灯泡 |
| | 灯座或开关接线松动 | 检查灯座和开关并修复 |
| | 熔断器熔丝接触不良 | 检查熔断器并修复 |
| | 电源电压不稳 | 检查电源电压不稳定的原因并修复 |
| 按下任一开关，灯有时亮有时不亮 | 灯座或开关接线松动或接触不良 | 检查灯座和开关的接线处并修复 |
| | 两开关之间的两根线有一根断线 | 用万用表检查线路的通断情况，并更换 |
| | 相线或到灯泡的进线有一处未接开关中间接线座 | 检查两开关的接线情况并修复 |
| 灯长亮 | 接线错误 | 检查两开关的接线情况并修复 |

## 任务实施

### 一、元器件选择

根据控制电路的要求，选择60W白炽灯进行两地控制电路的安装，采用螺口平灯头圆木安装形式，据此选择合适容量、规格的元器件。

| 序　号 | 元器件名称 | 型号、规格 | 数量（长度） | 备　注 |
|---|---|---|---|---|
| 1 | 白炽灯 | 220V、60W | 1 | |
| 2 | 单联双控开关 | 4A、250V | 2 | |
| 3 | 平装螺口灯座 | 4A、250V、E27 | 1 | |
| 4 | 圆木 | | 1 | |
| 5 | PVC开关接线盒 | 44mm×39mm×35mm | 1 | |
| 6 | 熔断器 | RL1—15 | 2 | 配熔体2A |
| 7 | 塑料导线 | BV－1mm$^2$ | 5m | |
| 8 | 接线端子排 | JX3－1012 | 1 | |
| 9 | 接线板 | 700mm×550mm×30mm | 1 | |

### 二、元器件安装及布线

| 实训图片 | 操作方法 | 注意事项 |
|---|---|---|
|  | [安装熔断器]：将熔断器安装在控制板的左上方，两个熔断器之间要间隔5~10cm | ①熔断器下接线座要安装在上面，上接线座安装在下面<br>②根据安装板的大小和安装元器件的多少，离上、左10~20cm |
| 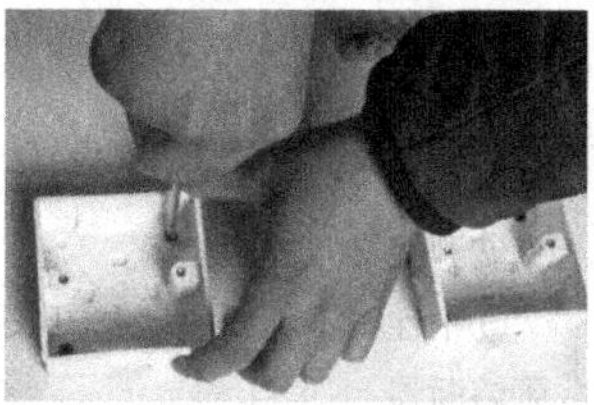 | [安装开关接线盒]：根据布置图用木螺钉将两个开关接线盒固定在安装板上 | 两个开关接线盒侧面的圆孔（穿线孔）一个开上侧、右侧的孔，另一个开左侧、上侧的孔 |
| 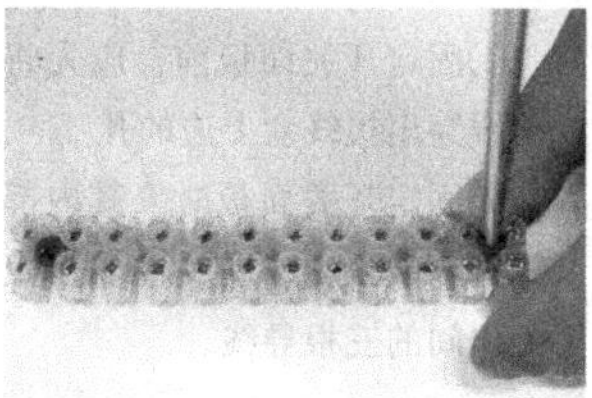 | [安装端子排]：将接线端子排用木螺钉安装固定在接线板下方 | ①根据安装任务选取合适的端子排<br>②端子排固定要牢固，无缺件，且绝缘良好 |

（续）

| 实训图片 | 操作方法 | 注意事项 |
|---|---|---|
| 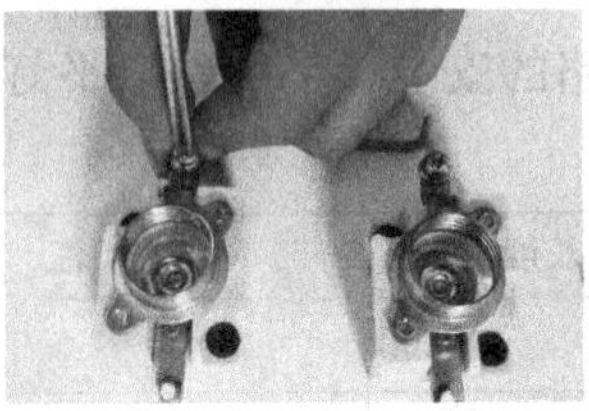 | ［安装熔断器至开关 S1 的导线］：将两根导线顶端剥去 2cm 的绝缘层→弯圈→将导线弯直角 Z 形→接入熔断器两上接线座上 | ①剖削导线时不能损伤导线线芯和绝缘，导线连接时不能反圈<br>②导线弯直角时要美观。导线走线时要紧贴接线板、横平竖直、平行走线、不交叉 |
| 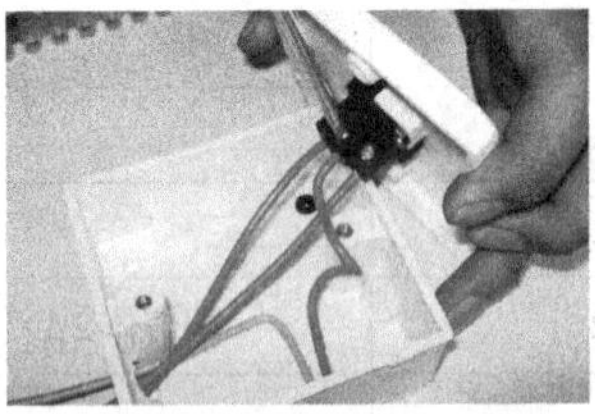 | ［开关 S1 面板接线］：将来自于熔断器的相线接在中间接线座上，再用两根导线接在另两个接线座上 | ①中间接线座必须接电源进线，另两个接出线，线头需弯折压接<br>②开关必须控制相线<br>③中性线不剪断直接从开关盒引到熔断器 |
| 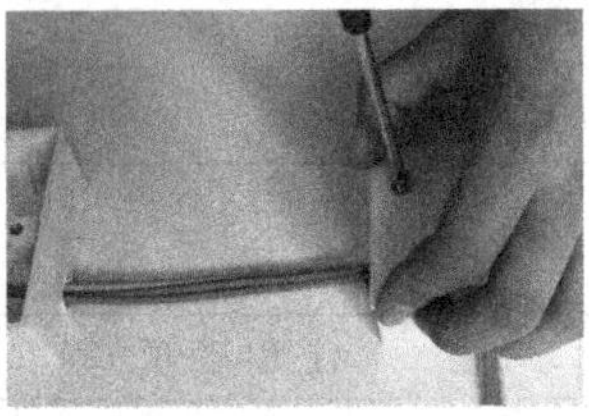 | ［固定开关 S1 面板］：将接好线的开关 S1 面板安装固定在开关接线盒上 | ①固定开关面板前，应先将三根出线穿出接线盒右边的孔<br>②固定开关面板时，其内部的接线头不能松动，同时捋直两根电源进线 |
| 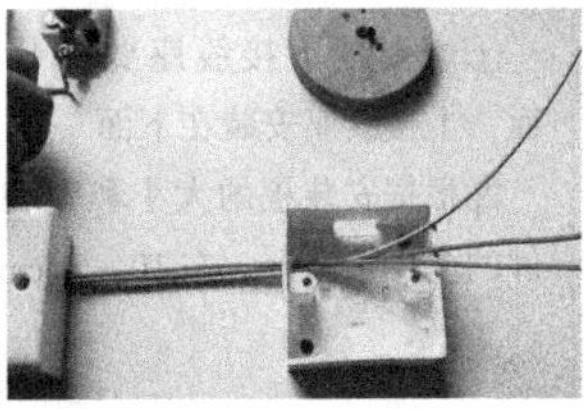 | ［安装两开关盒之间的导线］：将来自于开关 S1 的两根相线和一根中性线引至开关 S2 的接线盒中 | ①走线要美观、要节约导线<br>②两开关盒之间有三根导线<br>③中性线不剪断直接从开关 S2 接线盒引到开关 S1 接线盒中 |
| 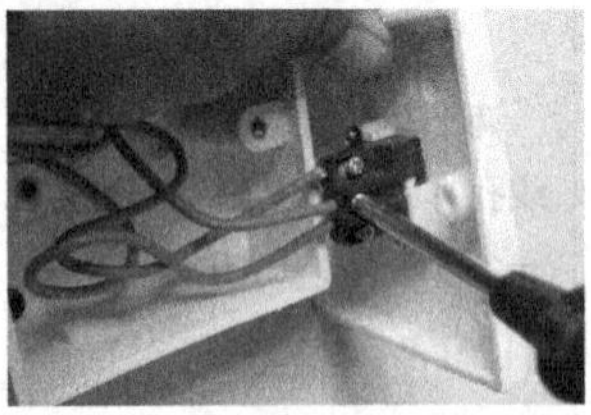 | ［开关 S2 面板接线］：将来自于开关 S1 接线盒的两根相线接在左右两边两个接线座上，再用一根导线接在中间一个接线座上 | ①左右两边两个接线座必须接电源进线，中间一个接出线，线头需弯折压接<br>②开关必须控制相线<br>③中性线不剪断直接从开关盒引到熔断器 |
| 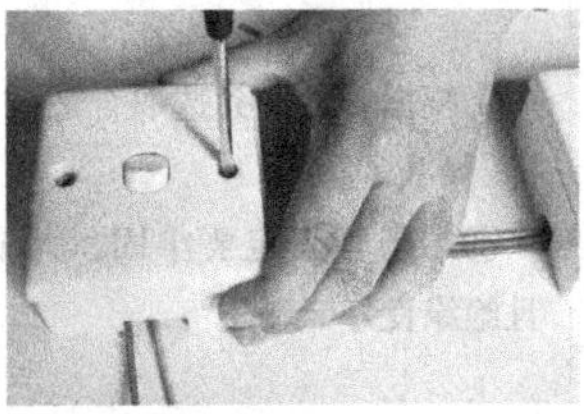 | ［固定开关 S2 面板］：将接好线的开关 S2 面板安装固定在开关接线盒上 | ①固定开关面板前，应先将两根出线穿出接线盒上边的孔<br>②固定开关面板时，其内部的接线头不能松动，同时理顺捋直两开关之间的三根导线 |

（续）

| 实训图片 | 操作方法 | 注意事项 |
| --- | --- | --- |
| 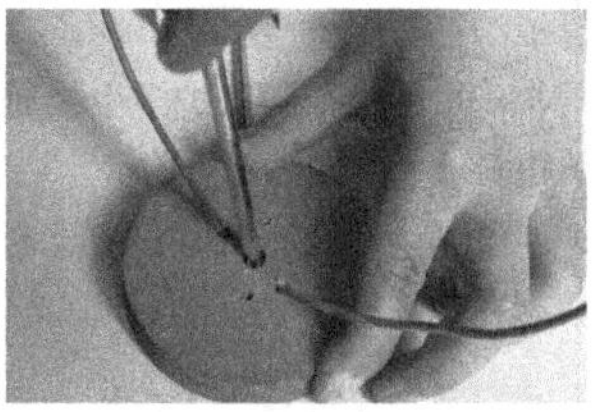 | ［安装圆木］：将来自于开关 S2 接线盒的两根导线穿入圆木中事先钻好的两孔中一定的长度，然后将圆木固定在接线板上 | ①安装圆木前先在圆木的任一边缘开一 2cm 的缺口，在圆木中间钻一孔、以便固定<br>②固定圆木的木螺钉不能太大，以免撑坏圆木 |
| 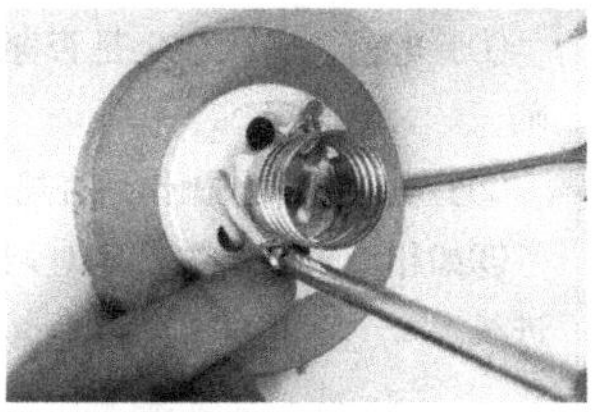 | ［安装螺口平灯座］：将穿过圆木的两根导线从平灯座底部穿入，再连接在灯座的接线座上，然后将灯座固定在圆木上，最后旋上灯座胶木外盖 | ①连通螺纹圈的接线座必须与电源的中性线连接<br>②中心簧片的接线座必须与来自开关 S2 的一根线（开关线）连接<br>③接线前应绷紧拉直外部导线 |
| 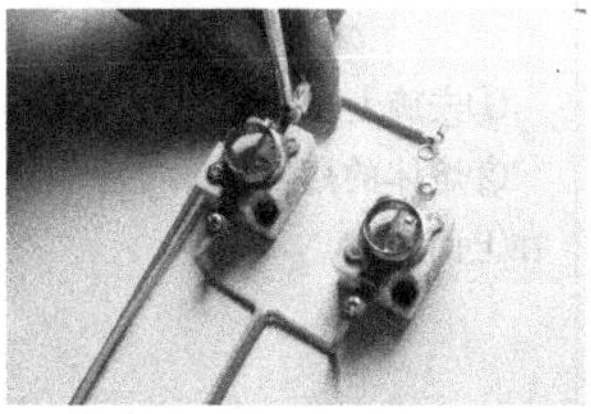 | ［安装端子排至熔断器导线］：截取两根一定长度的导线，将导线理顺拉直，一端弯圈、弯直角接在熔断器下接线座上，另一端与端子排连接 | ①接线前应绷紧拉直导线<br>②导线弯直角时要美观，导线走线时要紧贴接线板、横平竖直、平行走线、不交叉<br>③导线连接时要牢固、不反圈 |

## 三、电路检查

| 实训图片 | 操作方法 | 注意事项 |
| --- | --- | --- |
|  | ［目测检查］：根据电路图或接线图从电源开始看线路有无漏接、错接 | ①检查时要断开电源<br>②要检查导线连接点是否符合要求、压接是否牢固<br>③要注意连接点接触是否良好<br>④要用合适的电阻挡位进行检查，并进行“调零”<br>⑤检查时可用手按下开关 |
| 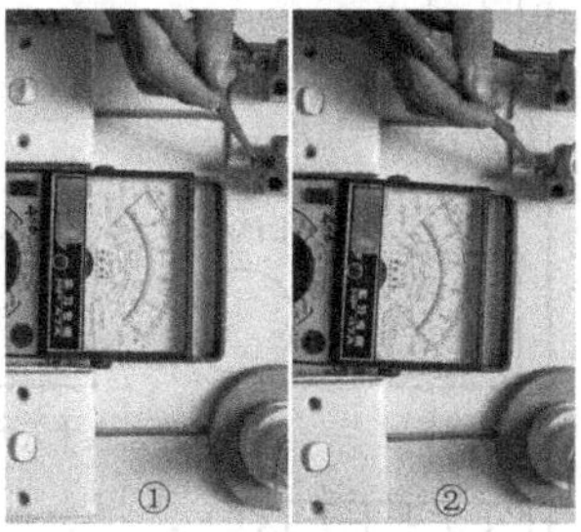 | ［万用表检查］：用万用表电阻挡检查电路有无开路、短路情况。装上灯泡，万用表两表笔搭接熔断器两出线端，按下任一开关指针应指向“0”；再按一下开关指针应指向“∞” | |

## 四、通电试灯

| 实训图片 | 操作方法 | 注意事项 |
|---|---|---|
| 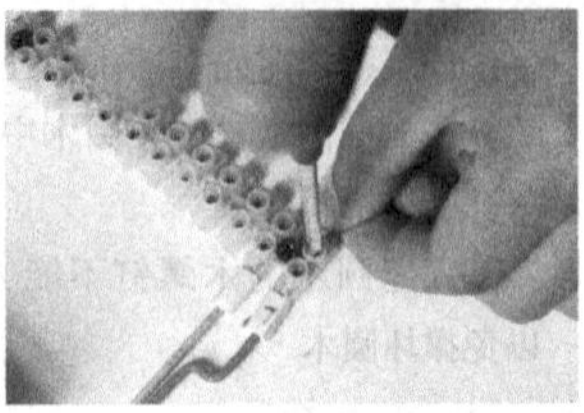 | ［接通电源］：将单相电源接入接线端子排对应下接线座 | ①由指导老师监护学生接通单相电源<br>②学生通电试验时，指导老师必须在现场进行监护 |
|  | ［验电］：用好的380V验电器在熔断器进线端进行验电，以区分相线和中性线 | ①验电前，确认学生是否穿绝缘鞋<br>②验电时，学生操作是否规范<br>③如相线未进开关，应对调电源进线 |
| 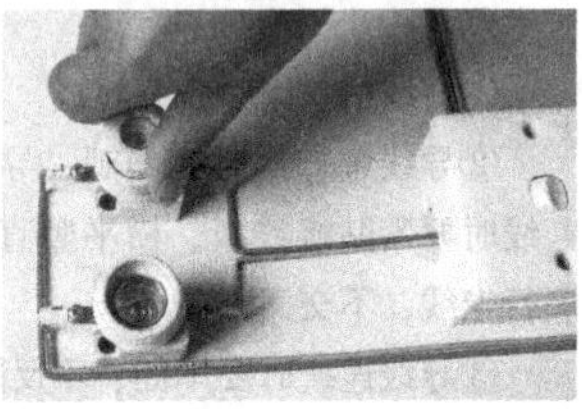 | ［安装熔体］：将合适的好的熔体放入熔断器瓷套内，然后旋上瓷帽 | ①先旋上瓷套<br>②熔体的熔断指示——小红点应在上面 |
|  | ［按下开关试灯］：装上灯泡，按下开关S1，灯亮，再按一下，灯灭；按下开关S2，灯亮，再按一下，灯灭 | 按下开关后如出现故障，应在老师的指导下进行检查，找出故障原因后，排除故障后，方能通电 |

**提醒注意**

对本任务而言，其元器件的布置还有其他形式，如图所示。在实际工作中，要根据实际情况考虑线路的走向，即做到安装简便，又节约材料。

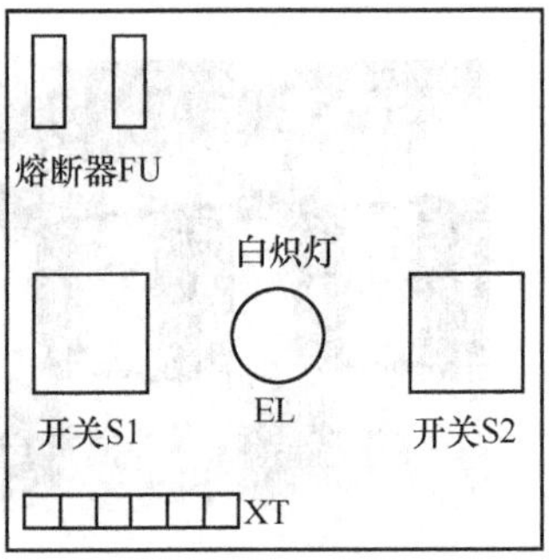


元器件安装固定前，应先根据布置图，将各元器件在接线板上进行安排布置、摆放整齐，并进行划线、钻孔，然后逐个安装固定。元器件固定的方法有：对角固定、四角固定、螺钉固定、螺栓固定等。固定时要用手压住元器件，防止其跑位。

## 检查评价

### 任务评价

| 序号 | 评价指标 | 评价内容 | 分值 | 个人评价 | 小组评价 | 教师评价 |
|---|---|---|---|---|---|---|
| 1 | 元器件检查 | 元器件是否漏检或错检 | 5 | | | |
| 2 | 安装元器件 | 不按布置图安装 | 5 | | | |
| | | 元器件安装不牢固 | 3 | | | |
| | | 元器件安装不整齐、不合理、不美观 | 2 | | | |
| | | 损坏元器件 | 5 | | | |
| 3 | 布线 | 不按电路图接线 | 10 | | | |
| | | 布线不符合要求 | 5 | | | |
| | | 接点松动、露铜过长、反圈 | 5 | | | |
| | | 损伤导线绝缘或线芯 | 5 | | | |
| | | 中性线是否经过开关 | 5 | | | |
| | | 开关是否控制相线 | 10 | | | |
| 4 | 通电试灯 | 按下开关熔体熔断 | 15 | | | |
| | | 按下任一开关灯均不亮 | 10 | | | |
| | | 一开关受控制，另一开关不受控制 | 5 | | | |
| 5 | 安全规范 | 是否穿绝缘鞋 | 5 | | | |
| | | 操作是否规范安全 | 5 | | | |
| | | 总分 | 100 | | | |
| 问题记录和解决方法 | | | 记录任务实施过程中出现的问题和采取的解决办法 | | | |

### 能力评价

| 内容 | | 评价 | |
|---|---|---|---|
| 学习目标 | 评价项目 | 小组评价 | 教师评价 |
| 应知应会 | 本任务的相关基本概念是否熟悉 | □Yes □No | □Yes □No |
| | 是否熟练掌握仪表、工具的使用 | □Yes □No | □Yes □No |
| 专业能力 | 元器件的安装、使用是否规范 | □Yes □No | □Yes □No |
| | 安装接线是否合理、规范、美观 | □Yes □No | □Yes □No |
| | 是否具有相关专业知识的融合能力 | □Yes □No | □Yes □No |
| 通用能力 | 团队合作能力 | □Yes □No | □Yes □No |
| | 沟通协调能力 | □Yes □No | □Yes □No |
| | 解决问题能力 | □Yes □No | □Yes □No |
| | 自我管理能力 | □Yes □No | □Yes □No |
| | 创新能力 | □Yes □No | □Yes □No |
| 态度 | 敬岗爱业 | □Yes □No | □Yes □No |
| | 工作态度 | □Yes □No | □Yes □No |
| | 职业操守 | □Yes □No | □Yes □No |
| 个人努力方向： | | 老师、同学建议： | |

思考与提高

1. 按下单联双控开关，请问两边两个接线座是否接通？
2. 如何用开关实现三地控制一盏灯？需要什么形式的开关？

# 任务七　单相电能表电路的安装

## 训练目标

- 掌握单相电能表电路的工作原理。
- 了解单相电能表的结构、工作原理。
- 学会正确安装单相电能表电路的方法。
- 进一步熟练掌握用万用表检查线路和排除故障。

### 任务描述

电力的生产和其他产品的生产不一样，其特点是发电厂发电、供电部门供电、用户用电这三者连成一个系统，不间断地同时完成，而且是互相紧密联系、缺一不可的，即产、供、销是同时进行的。它们之间的电量如何销售，如何经济计算，就需要一个计量器具在三者之间进行测量计算出电能的数量，这个装置就是电能计量装置。没有电能计量装置，在发、供、用电三个方面就无法进行销售、买卖，所以电能计量装置在发、供、用电的地位是十分重要的。

在工农业生产、商贸经营等各项工作用电中，为加强经营管理，大力节约能源，考核单位产品耗电量，制定电力消耗定额，提高经济效率，电能计量装置是必备的计量器具。电能计量是电能能源管理中的一项重要工作，是电力工业企业管理的重要基础工作，是考核电力生产的重要技术经济指标，对用电单位也是实现节能管理的重要手段。随着人民生活的不断提高，用电量与日俱增，电能表已逐渐成为千家万户不可缺少的电器仪表，总而言之凡是有电之处，就少不了电能表。本任务将完成单相电能表电路的安装。

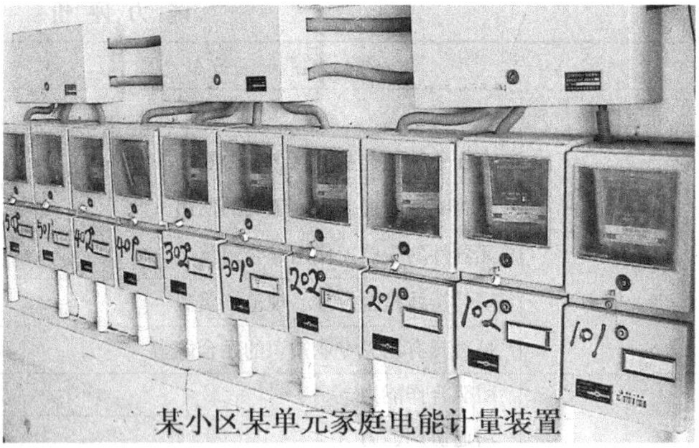

某小区某单元家庭电能计量装置

### 任务分析

本任务要求实现“单相电能表控制电路的安装”，首先需正确绘制单相电能表控制电路图，做到按图施工、按图安装、按图接线，并要熟悉其控制电路的主要元器件，了解其组成、作用。

1. 单相电能表控制电路图

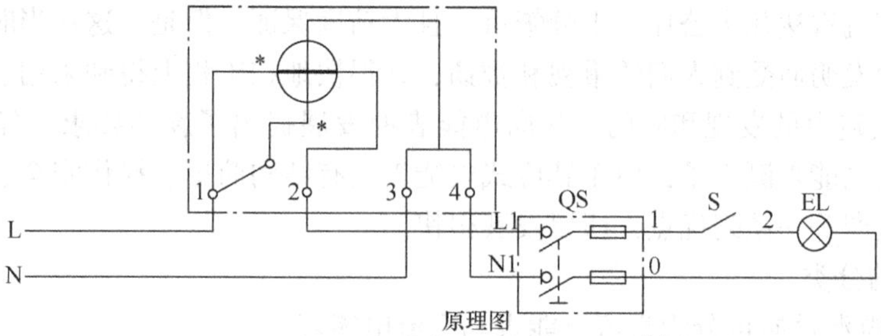

原理图

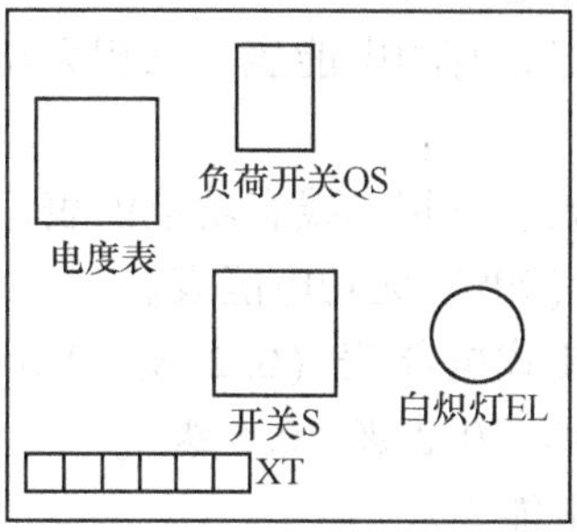

布置图

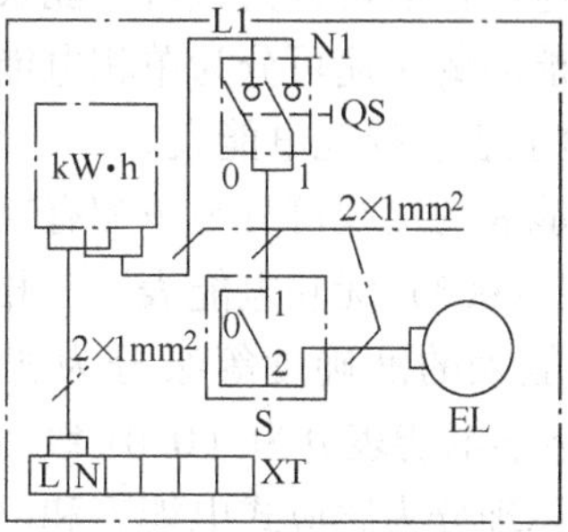

接线图

2. 控制电路主要元器件

根据控制电路的需求，认识了解前述任务未接触到的主要元器件。

| 元件名称 | 外形图 | 作　用 | 注意事项 |
|---|---|---|---|
| 感应式单相电能表 |  | 用于计量负荷在某一段时间内所消耗的有功电能，反应的是这段时间内平均功率与时间的乘积 | 电能表接线盒的四个接线孔中1、2接相线的进线和出线，3、4接中性线的进线和出线；并且电压连接片要连接完好 |
| 开启式负荷开关 | 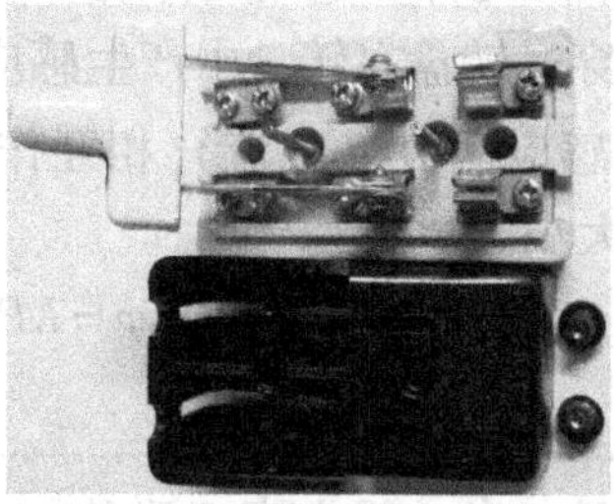 | 作为手动不频繁地接通和分断电路以及作电路的短路保护 | 要根据控制电路的电压和负荷的大小选择合适负荷开关 |

## 相关知识

### 一、电能表的基本知识

电能表在世界上的出现和发展已有100多年的历史了，最早的电能表是在1881年著名科学家托马斯·阿尔瓦·爱迪生利用电解原理制作了世界上第一块直流电能表。尽管仅是这种电能表的表箱就重达几十公斤，十分笨重，且无精度保证。但是，这在当时仍然被作为科技界的一项重大发明而受到人们的重视和赞扬，并很快地在工程上得到采用。

1888 年，交流电的发现和应用，又向电能表的发展提出了新的要求，经过一些科学家的努力，感应式电能表诞生了，由于感应式电能表具有结构简单、操作安全、价廉耐用、便于维修和批量生产等一系列优点，所以发展很快。

1. 电能表的分类

1）按使用电源性质可分为直流电能表和交流电能表。

2）按照电能表的用途可分为单相电能表、三相有功电能表、三相无功电能表、最大需量表、复费率电能表、损耗电能表。

3）按照电能表的接线可分为单相有功电能表、三相三线有功电能表、三相四线有功电能表、三相三线（60°）无功电能表、三相四线（90°）无功电能表。

4）按照电能表的准确度等级分为普通安装式电能表（0.2 级、0.5 级、1.0 级、2.0 级、3.0 级）；标准电能表分为（0.01 级、0.05 级、0.2 级、0.5 级）。

5）按结构原理分为感应式电能表和电子式电能表。

2. 感应式电能表的结构

感应式电能表一般由测量机构、辅助部件和补偿调整装置组成。测量机构是电能测量的核心部分，由驱动元件、转动元件、制动元件、轴承和计量器组成；辅助部件包括基架、铭牌、外壳和端钮盒；补偿调整装置包括满载调整、轻载调整、相位角调整和防潜装置，有的还装有过负荷补偿和温度补偿装置。

外观

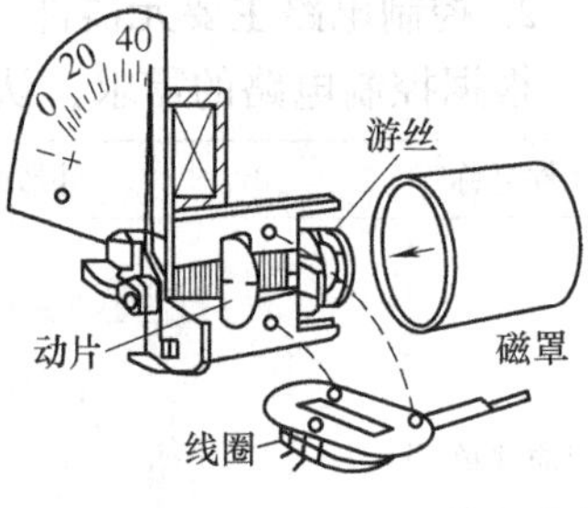


结构

单相交流电度表的外观和结构

3. 感应式电能表的工作原理

单相交流电能表接在交流电路中，当电压线圈两端加以线路电压，电流线圈串接在电源与负荷之间流过负荷电流时，电压元件和电流元件就产生不同位置，不同相位的电压和电流工作磁通 $\dot{\Phi}_U$ 和 $\dot{\Phi}_I$。它们分别穿过转盘在转盘中产生感应涡流（电流）$\dot{I}_U$ 和 $\dot{I}_I$，于是电压工作磁通与电流工作磁通产生的感应涡流（电流）相互作用，在转盘中就形成以转盘转轴为中心的转动力矩，其转动力矩大小为

$$T = K_\Phi \Phi_U \Phi_I \sin\psi = K_\Phi \times K_U U \times K_I I \sin\psi = K_\psi U I \sin\psi = KUI\cos\varphi = KP$$

由此得出以下结论：

1）两个交变的磁通彼此在空间上有不同的位置，在时间上有不同的相位，才能产生转动力矩。

2）转盘的转动方向是由时间上超前的磁通指向滞后的磁通。

4. 电能表的型号

我国规定电能表型号的表示方式为：类别代号 + 组别代号 + 设计序号 + 派生号组成。

| 类别代号 | 组别代号 | 设计序号 | 派生号 | 用途分类 |
|---|---|---|---|---|
| D—电能表 | D—单相 | 862、95、68 等 | T—湿热、干燥两用<br>TH—湿热带用<br>TA—干热带用<br>G—高原用<br>H—船用<br>F—化工防腐用 | A—安培小时计<br>D—多功能<br>H—总耗<br>M—脉冲<br>S—全电子式<br>Y—预付费<br>F—复费率 |
| | S—三相三线 | | | |
| | T—三相四线 | | | |
| | X—无功 | | | |
| | B—标准 | | | |
| | Z—最大需量 | | | |
| | J—直流 | | | |

## 二、单相电能表控制电路的常见故障及检修

| 故障现象 | 产 生 原 因 | 检 修 方 法 |
|---|---|---|
| 按下开关，灯泡不亮 | 灯泡钨丝烧断 | 调换新灯泡 |
| | 电源熔断器的熔丝烧断 | 检查熔丝烧断的原因并更换同规格熔丝 |
| | 灯座或开关接线松动或接触不良 | 检查灯座和开关的接线处并修复 |
| | 线路中有断路故障 | 用验电笔检查线路的断路处并修复 |
| | 接线错误 | 用万用表检查线路的通断情况 |
| | 电能表接线松动或接触不良 | 检查电能表 4 个接线座 |
| | 电能表电流线圈断路 | 更换电能表 |
| 电能表转盘不旋转 | 接线错误 | 检查接线情况，重新接线 |
| | 电压连接片未连接 | 检查并连接电压连接片 |
| | 电能表故障 | 更换电能表 |
| 电能表转盘反转 | 接线错误，相线 2 进 1 出 | 对调电能表 1、2 接线座的接线 |
| 电能表转盘旋转慢或很慢 | 电压连接片未连接 | 检查并连接电压连接片 |
| | 负荷小 | 正常情况，无需检修 |
| | 电能表内部轴承或计度器等故障 | 更换电能表 |
| | 无负荷时转盘旋转很慢、有微动 | 潜动现象，只要不超过 1 圈，就无需修理 |

## 任务实施

### 一、元器件选择

根据控制电路的要求，选择 60W 的白炽灯作为负荷，采用螺口平灯头圆木安装形式，据此选择合适容量、规格的元器件。

| 序号 | 元器件名称 | 型号、规格 | 数量（长度） | 备　注 |
|---|---|---|---|---|
| 1 | 单相电能表 | DD862 | 1 | |
| 2 | 白炽灯 | 220V、60W | 1 | |
| 3 | 单联单控开关 | 4A、250V | 1 | |
| 4 | 平装螺口灯座 | 4A、250V、E27 | 1 | |
| 5 | 圆木 | | 1 | |

（续）

| 序号 | 元器件名称 | 型号、规格 | 数量（长度） | 备　注 |
|---|---|---|---|---|
| 6 | PVC 开关接线盒 | 44mm×39mm×35mm | 1 | |
| 7 | 开启式负荷开关 | HK1—15/2 | 1 | 配熔体 2A |
| 8 | 塑料导线 | BV—1mm$^2$ | 5m | |
| 9 | 接线端子排 | TD（AZ1）660V 15A | 1 | |
| 10 | 接线板 | 700mm×550mm×30mm | 1 | |

## 二、元器件安装和布线

| 实训图片 | 操作方法 | 注意事项 |
|---|---|---|
| 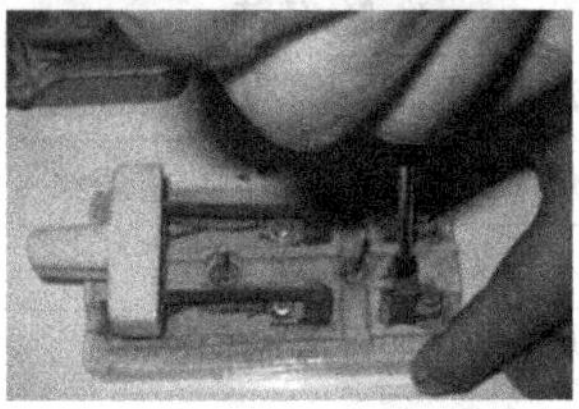 | [安装开启式负荷开关]：用两颗木螺钉将开启式负荷开关安装在接线板的规定位置 | ①安装前必须卸下开关上下胶木盖<br>②必须垂直安装，合闸时开关操作手柄向上 |
| 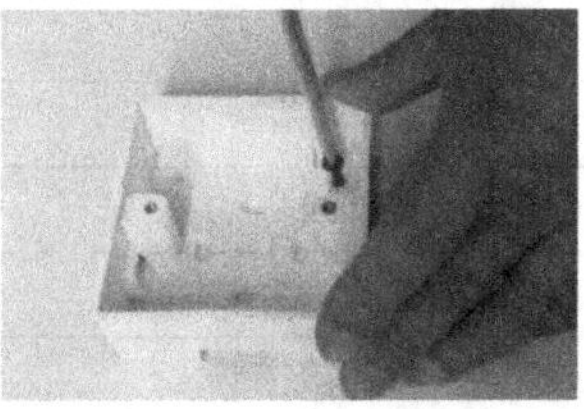 | [安装开关接线盒]：根据布置图用两颗木螺钉对角将开关接线盒固定在接线板上 | ①开关盒固定前应在开关侧面开孔<br>②开关接线盒侧面的圆孔（穿线孔）必须一个朝向电源，另一个朝向负荷 |
|  | [安装电能表]：在开关左方规定位置用三颗木螺钉将单相电能表安装固定在接线板上 | 电能表带负荷运行时应处于垂直状态 |
|  | [安装端子排]：将接线端子排用木螺钉安装固定在接线板下方 | ①根据安装任务选取合适的端子排<br>②端子排固定要牢固，无缺件，且绝缘良好 |
| 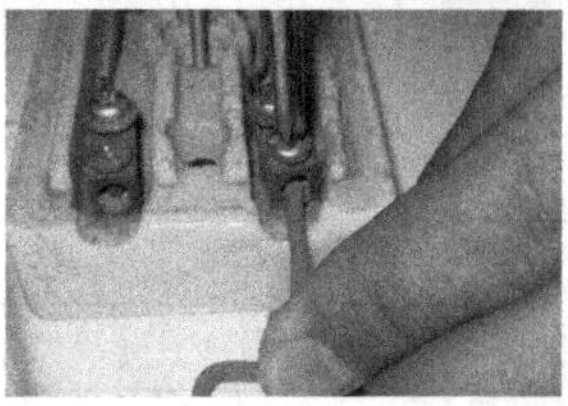 | [安装负荷开关至开关的导线]：将两根导线顶端剥去 2～3cm 的绝缘层→线芯弯折回→将导线弯直角 Z 形→接入负荷开关两出线接线座上 | ①剖削导线时不能损伤导线线芯和绝缘，导线连接时不能露铜、不压绝缘层<br>②导线弯直角时要美观，导线走线时要紧贴接线板、横平竖直、平行走线、不交叉 |

（续）

| 实训图片 | 操作方法 | 注意事项 |
| --- | --- | --- |
| 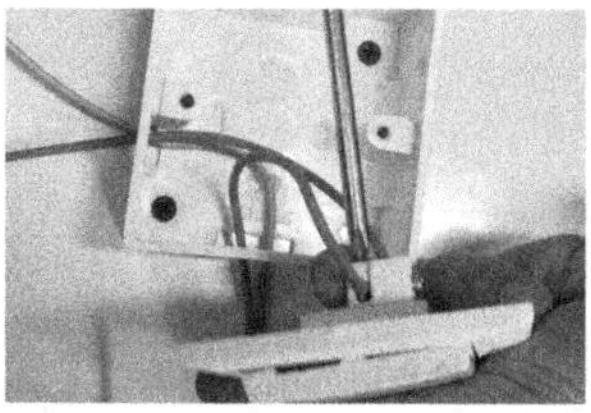 | ［开关面板接线］：将来自于熔断器的相线接在一个接线座上，再用一根导线接在另一个接线座上 | ①一个接线座必须接电源进线，另一个接出线，线头需弯折压接<br>②开关必须控制相线<br>③中性线不剪断直接从开关盒引到熔断器 |
| 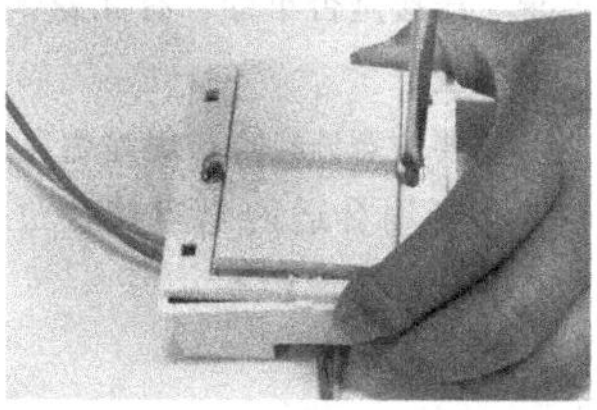 | ［固定开关面板］：将接好线的开关面板安装固定在开关接线盒上 | ①固定开关面板时，其内部的接线头不能松动<br>②固定开关面板前，应先将两根出线穿出接线盒右边的孔 |
| 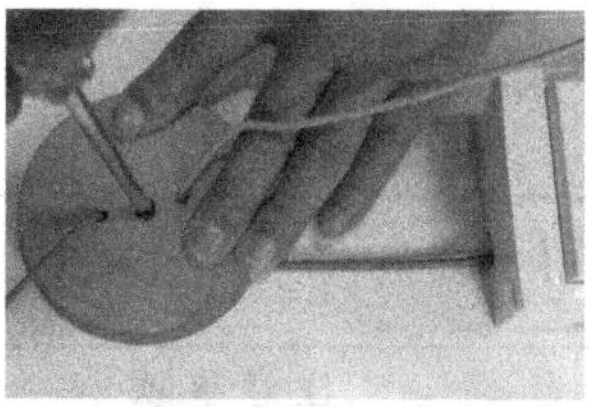 | ［安装圆木］：将来自于开关的两根导线穿入圆木中事先钻好的两孔中一定的长度，然后将圆木固定在接线板上 | ①安装圆木前先在圆木的任一边缘开一2cm的缺口，在圆木中间钻一孔、以便固定<br>②固定圆木的木螺钉不能太大，以免撑坏圆木 |
| 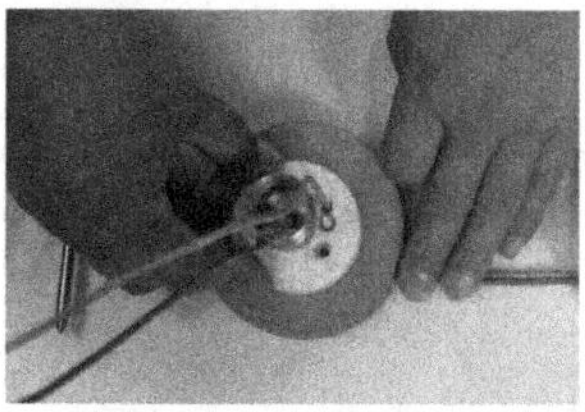 | ［安装螺口平灯座］：将穿过圆木的两根导线从平灯座底部穿入，再连接在灯座的接线座上，然后将灯座固定在圆木上，最后旋上灯座胶木外盖 | ①连通螺纹圈的接线座必须与电源的中性线连接<br>②中心簧片的接线座必须与来自开关的一根线（开关线）连接<br>③接线前应绷紧拉直外部导线 |
| 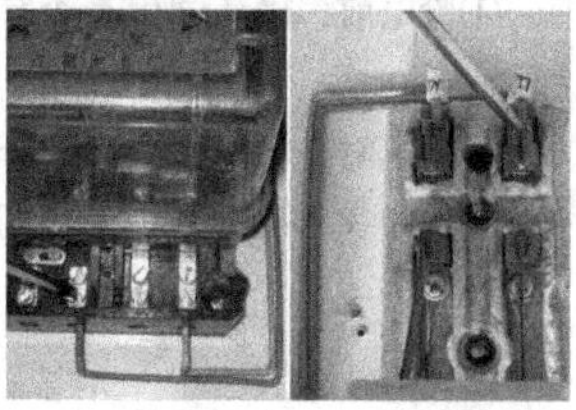 | ［安装电能表至负荷开关导线］：截取两根一定长度的导线，将导线捋直，两端弯直角，一端接在负荷开关进线接线座上，另一端与电能表2、4接线座连接 | ①相线必须接2接线座，中性线必须接4接线座<br>②导线弯直角时要美观，导线走线时要紧贴接线板、横平竖直、平行走线、不交叉<br>③导线连接时要弯折压接牢固 |
| 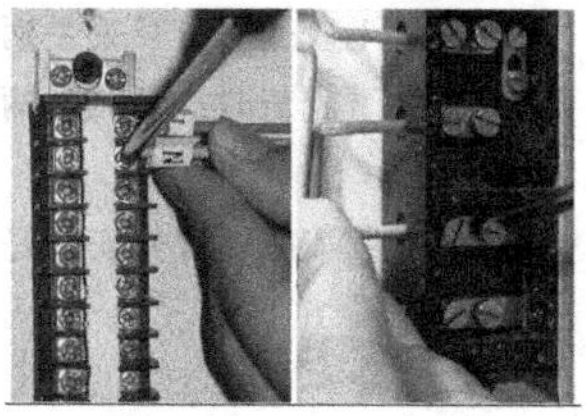 | ［安装端子排至电能表导线］：截取两根一定长度的导线，将导线捋直，一端弯直角接在电能表1、3接线座连接，另一端与端子排相连接 | ①相线必须接1接线座，中性线必须接3接线座<br>②电压连接片必须要连接<br>②导线要弯折压接，导线走线时要紧贴接线板、横平竖直、不交叉、不露铜、不压绝缘层 |

## 三、电路检查

| 实训图片 | 操作方法 | 注意事项 |
| --- | --- | --- |
| 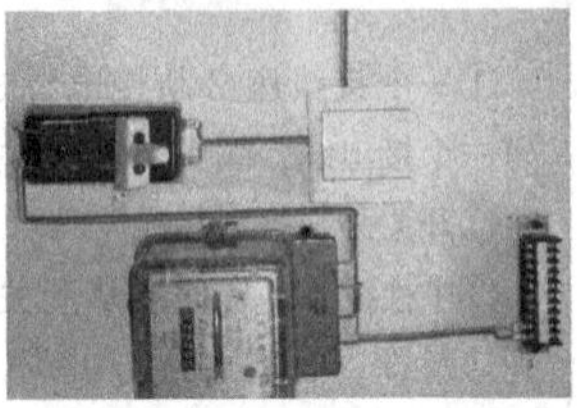 | [目测检查]：根据电路图或接线图从电源开始看线路有无漏接、错接 | ①检查时要断开电源<br>②要检查导线连接点是否符合要求、压接是否牢固，有无露铜、反圈等现象<br>③要注意连接点接触是否良好<br>④要用合适的电阻挡位进行检查，并进行“调零” |
| <br> | [万用表检查]：用万用表电阻挡检查电路有无开路、短路情况。旋上灯泡，两表笔分别搭接负荷开关两出线座，按下开关，指针应指向“0”，断开开关，指针应指向“∞”；再测量端子排与负荷开关进线座各段导线的通断情况 | |

## 四、通电试灯

| 实训图片 | 操作方法 | 注意事项 |
| --- | --- | --- |
| 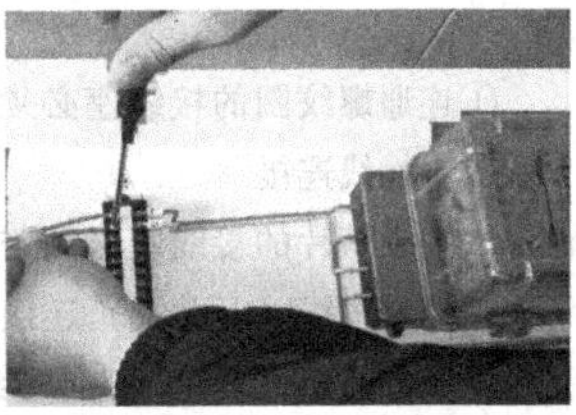 | [接通电源]：将单相电源接入接线端子排对应下接线座 | ①由指导老师监护学生接通单相电源<br>②学生通电试验时，指导老师必须在现场进行监护 |
| 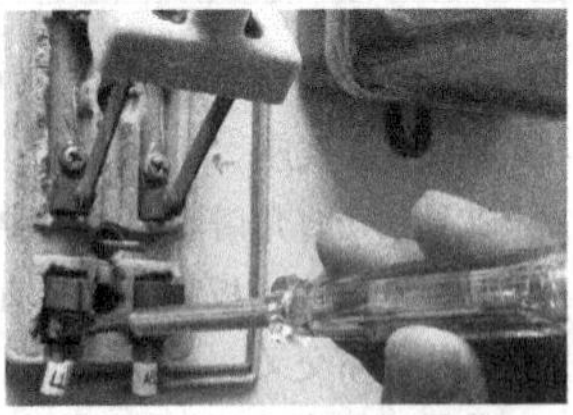 | [验电]：用380V验电器在负荷开关进线端进行验电，以区分相线和中性线 | ①验电前，确认学生是否穿绝缘鞋<br>②验电时，学生操作是否规范<br>③如相线未进开关，应对调电源进线 |
|  | [安装负荷开关胶盖]：将负荷开关的上下两个胶盖安装在负荷开关上，然后旋上旋钮 | ①安装上胶盖时，开关手柄应朝下，安装下胶盖时，开关手柄应朝上<br>②安装胶盖时，应先安装好合适的熔体 |

（续）

| 实训图片 | 操作方法 | 注意事项 |
| --- | --- | --- |
| 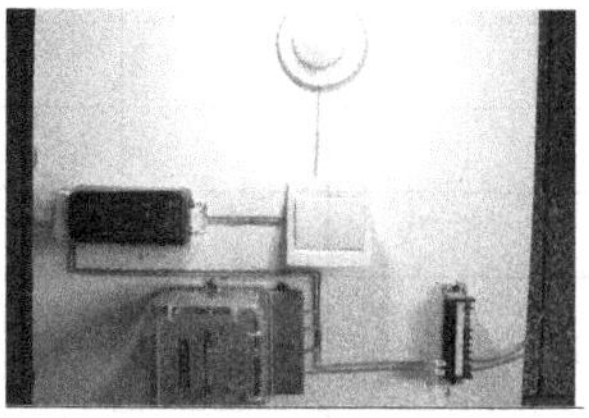 | ［按下开关试灯］：合上负荷开关，按下开关 S，灯亮，观察电能表铝盘的旋转情况；再按一下，灯灭，电能表铝盘应停转 | ①通电试灯时，安装接线板要处于垂直状态<br>②按下开关后如出现故障，应在老师的指导下进行检查 |

## 提醒注意

元器件检查时，对单相电能表的检查不仅要检查其外观是否良好，还要用万用表电阻挡检查其电流线圈、电压线圈是否短路、断路。

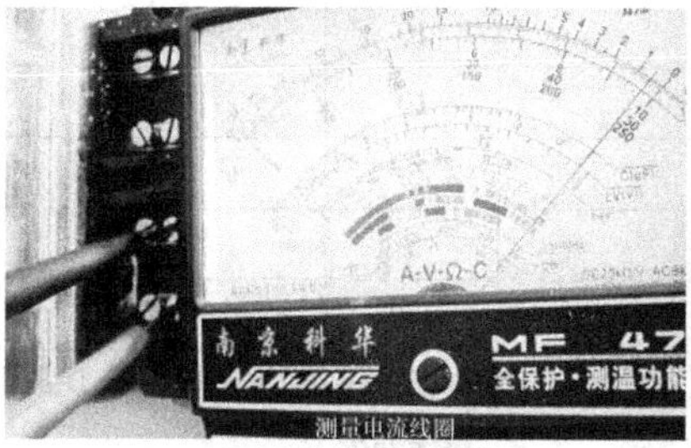


R×1 挡检查电流线圈

R×100 挡检查电压线圈

对开启式负荷开关要检查其胶盖有无破损，旋钮是否缺少，尤其要重点检查其熔体是否合适，禁止用铜丝代替熔体。

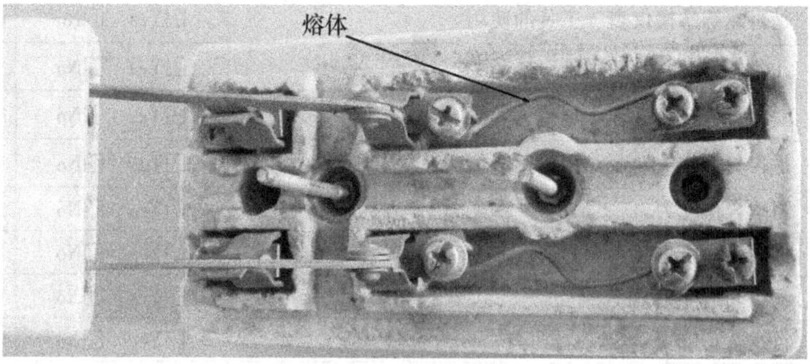


## 检查评价

通电试灯完毕，切断电源，进行综合评价。拆卸掉安装线路，整理工具，打扫卫生。

**任 务 评 价**

| 序 号 | 评价指标 | 评价内容 | 分值 | 个人评价 | 小组评价 | 教师评价 |
|---|---|---|---|---|---|---|
| 1 | 元器件检查 | 元器件是否漏检或错检 | 5 | | | |
| 2 | 安装元器件 | 不按布置图安装 | 5 | | | |
| | | 元器件安装不牢固 | 3 | | | |
| | | 元器件安装不整齐、不合理、不美观 | 2 | | | |
| | | 损坏元器件 | 5 | | | |
| 3 | 布线 | 不按电路图接线 | 10 | | | |
| | | 布线不符合要求 | 5 | | | |
| | | 连接点松动、露铜过长、反圈 | 5 | | | |
| | | 损伤导线绝缘或线芯 | 5 | | | |
| | | 中性线是否进开关 | 5 | | | |
| | | 开关是否控制相线 | 5 | | | |
| 4 | 通电试车 | 电路短路，熔体熔断 | 15 | | | |
| | | 按下开关灯不亮 | 10 | | | |
| | | 按下开关灯亮但电能表反转 | 10 | | | |
| 5 | 安全规范 | 是否穿绝缘鞋 | 5 | | | |
| | | 操作是否规范安全 | 5 | | | |
| 总分 | | | 100 | | | |
| 问题记录和解决方法 | | | 记录任务实施过程中出现的问题和采取的解决办法 | | | |

**能 力 评 价**

| 内 容 | | 评 价 | |
|---|---|---|---|
| 学习目标 | 评价项目 | 小组评价 | 教师评价 |
| 应知应会 | 本任务的相关基本概念是否熟悉 | □Yes □No | □Yes □No |
| | 是否熟练掌握仪表、工具的使用 | □Yes □No | □Yes □No |
| 专业能力 | 元器件的安装、使用是否规范 | □Yes □No | □Yes □No |
| | 安装接线是否合理、规范、美观 | □Yes □No | □Yes □No |
| | 是否具有相关专业知识的融合能力 | □Yes □No | □Yes □No |
| 通用能力 | 团队合作能力 | □Yes □No | □Yes □No |
| | 沟通协调能力 | □Yes □No | □Yes □No |
| | 解决问题能力 | □Yes □No | □Yes □No |
| | 自我管理能力 | □Yes □No | □Yes □No |
| | 创新能力 | □Yes □No | □Yes □No |
| 态 度 | 敬岗爱业 | □Yes □No | □Yes □No |
| | 工作态度 | □Yes □No | □Yes □No |
| | 职业操守 | □Yes □No | □Yes □No |
| 个人努力方向： | | 老师、同学建议： | |

## 思考与提高

1. 本任务所使用单相电能表的技术参数为220V，2.5（10）A，50Hz，1200r/kW·h。本任务安装完毕后，带一60W白炽灯负荷，现测得电能表转盘每50s转一圈，问该电能表的计量是否准确？

2. 本任务中导线线芯与开启式负荷开关和电能表的针孔式接线座连接时，为什么要求“按要求的长度将线头折成双股并排插入针孔”？

3. 当电能表不带负荷时，电能表还有微微的转动，这叫“潜动”，为什么会“潜动”？

# 任务八　三相四线制电能表电路的安装

## 训练目标

- 掌握三相电能表电路的工作原理。
- 了解三相电能表、电流互感器的结构、工作原理。
- 学会正确安装三相四线制电能表电路的方法。
- 进一步熟练掌握用万用表检查线路和排除故障。

## 任务描述

在上一任务中我们已经熟悉了一些电能表的相关知识，并且学会了单相电能表电路的安装，但在我们工厂企业中的计量装置要比单相电能表计量电路复杂许多。我国目前高压输电的电压等级分为500（330）kV、220kV和110kV，配置给广大用户的电压等级为110kV、35kV、10kV，广大中小用户（居民照明）的电压为三相四线380/220V，独户居民照明用电为单相220V。对各种用户的计量方式有三种：

某企业高压计量装置

1. 高压供电，高压侧计量（简称高供高计）

指10kV及以上的高压供电系统，必须经高压电压互感器（TV）、高压电流互感器（TA）计量。10kV/630kV·A受电变压器及以上的大用户为高供高计。

2. 高压供电，低压侧计量（简称高供低计）

指35kV、10kV及以上供电系统，有专用配电变压器的大用户，必须经低压电流互感器（TA）计量。10kV/500kV·A受电变压器及以下的用户为高供低计。

3. 低压供电，低压计量（简称低供低计）

指经10kV公用配电变压器供电用户。小电流负荷计量时，用电量直接从电表内读出。大电流负荷计量时，必须经电流互感器（TA）计量。10kV/100kV·A受电变压器及以下的用户为低供低计。

本任务重点介绍低压大电流负荷的计量，即间接式三相四线制电能表控制电路。

## 任务分析

本任务要求实现“三相四线制电能表控制电路的安装”，首先需正确绘制三相四线制电能表控制电路图，以便按图施工、按图安装、按图接线，并要熟悉其控制电路的主要元器件，了解其组成、作用。

### 一、三相四线制有功电能表控制电路图

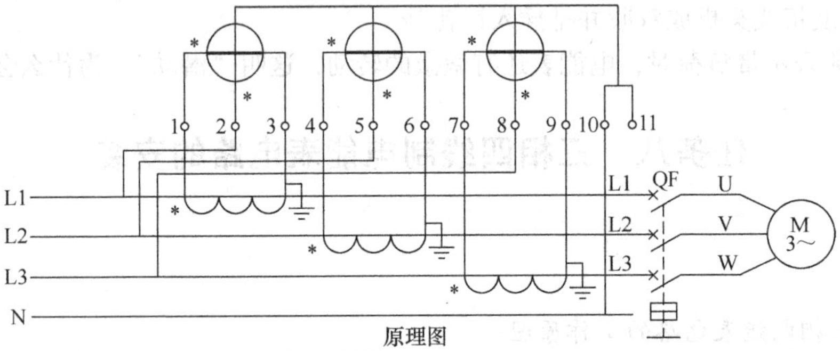


原理图

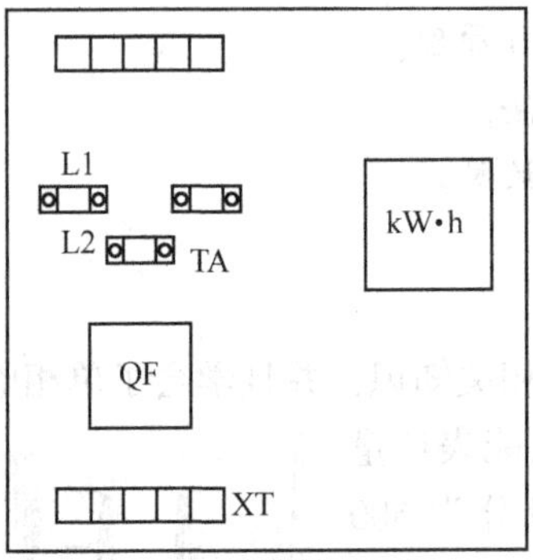


布置图

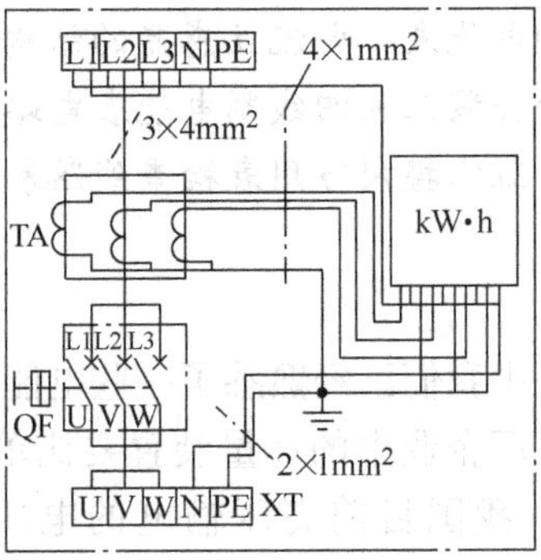


接线图

### 二、控制电路主要元器件

| 元件名称 | 外形图 | 作用 | 注意事项 |
| --- | --- | --- | --- |
| 三相四线有功电能表 | 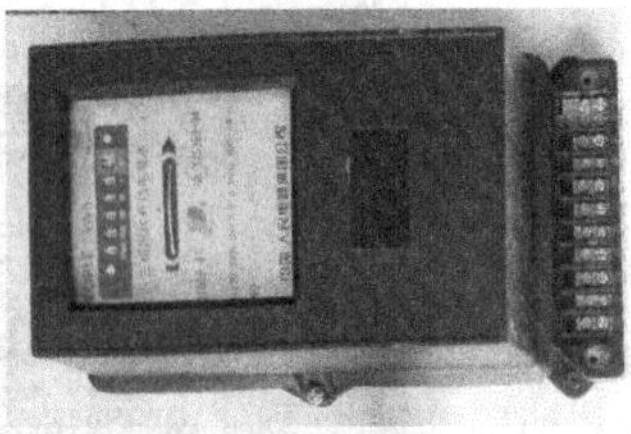 | 用于测量三相交流电路中电源输出（或负荷消耗）的电能 | 其下部的接线盒共有 11 个接线孔：1、3；4、6；7、9 分别为 U、V、W 相的电流线圈；2、5、8 分别为 U、V、W 相的电压线；10、11 为中性线的进出孔 |
| 电流互感器 |  | 将高压系统中的电流或低压系统中的大电流，变换成低电压标准小电流 | 使用时要注意其同名端：$P_1$ 与 $S_1$ 为同名端；$P_2$ 与 $S_2$ 为同名端；$S_2$ 端钮要接地 |

（续）

| 元件名称 | 外形图 | 作用 | 注意事项 |
|---|---|---|---|
| 低压断路器 |  | 用作配电线路电源设备和负荷电路的过负荷、短路及欠电压保护，在正常情况下，也可用作不频繁地接通和分断线路之用 | 使用时要选择与控制电路负荷相适应的断路器，且要垂直安装，1、3、5 接电源，2、4、6 接负荷 |

## 相关知识

### 一、三相电能表的基础知识

三相电能表用于测量三相交流电路中电源输出（或负荷消耗）的电能。它的工作原理与单相电能表完全相同，只是在结构上采用了多组电磁元件和固定在转轴上的多个转盘的方式，以实现对三相电能的测量。

三相四线制有功电能表与单相电能表结构不同之处是，它有三组电磁元件，依据型号的不同，它有一个、两个或三个转盘，整个仪表只有一个结算机构，它的读数直接反应三相负荷所消耗的有功电能。

三相三线制有功电能表采用了两组电磁元件作用于安装在同一个转轴上的两个转盘（或一个转盘）的结构，其原理与单相电能表完全相同。

三相电能表具有可靠性好、体积小、重量轻、外表美观、工艺先进、35mm DIN 标准导轨方式安装等特点；并具有良好的抗电磁干扰、低自耗节电、高精度、高过负荷、高稳定性、防窃电、长寿命等优点。

三相电能表根据被测电能的性质，可分为有功电能表和无功电能表；由于三相电路接线形式的不同，又有三相三线制和三相四线制之分。

三相电能表安装、使用时，必须注意以下事项：

1）电能表在出厂前经检验合格，并加封铅印，即可安装使用。对无铅封或储存时间过久的电能表应请有关部门重新检验后，方可安装使用。

2）安装电能表需有经验的电工或专业人员，并确定熟悉安装使用手册。

3）电能表应安装在室内通风干燥的地方，可采用多种安装方式；35mm DIN 标准导轨方式安装或板前固定方式安装。

4）在有污秽及可能损坏机构的场所，电能表应安装在保护柜内。

5）安装接线时应按照电能表端钮盖上的接线图或说明书上相应接线图进行接线。

6）电能表的容量应按最大电流的 50% 配置，以防烧毁电表；电子式电能表绝不允许严重过负荷运行，否则即使不发生烧表现象，也会发生少计电量的情况。

### 二、电流互感器的基本知识

电流互感器是一种将高压系统中的电流或低压系统中的大电流，变换成低电压标准小电流的电流变换装置，用来进行保护、测量等用途。

电流互感器的结构主要由绕组、铁心及绝缘支持物构成。一次绕组匝数少，只有一匝或几匝，用粗导线绕制，一次绕组串联在被测的交流电路中，其首端通常用“$L_1$”或“$P_1$”表示，接在电路中的电源侧，其尾端通常用“$L_2$”或“$P_2$”表示，接在电路中的负荷侧。二次绕组匝数较多，线径较细，有单绕组和双绕组两种，二次绕组首端通常用“$K_1$”或“$S_1$”表示，尾端通常用“$K_2$”或“$S_2$”表示。

电流互感器的工作原理与变压器相似，测量时，由于接入二次绕组回路中的仪表电流线圈的阻抗很小，所以运行中的电流互感器接近于变压器的短路运行状态。电流互感器二次额定电流为5A，其一、二次绕组的电流与一、二次绕组的匝数成反比，即

$$\frac{I_1}{I_2}=\frac{N_2}{N_1}=K_i$$

电流互感器在使用时须注意以下事项：

1）电流互感器一次绕组要串联在被测电路中。
2）电流互感器的二次绕组绝对不允许开路。
3）电流互感器的铁心及二次绕组一端必须可靠接地。
4）电流互感器安装接线时要注意其一、二次绕组的极性。
5）电流互感器二次侧要串接电流表或其他仪表的电流线圈。

## 三、三相四线制电能表控制电路的常见故障及检修

| 故障现象 | 产生原因 | 检修方法 |
| --- | --- | --- |
| 合上断路器，电动机不旋转 | 电源熔断器的熔丝烧断 | 检查熔丝烧断的原因并更换同规格熔丝 |
| | 端子排、熔断器、断路器等处接线松动 | 检查各接线处的接触情况并修复紧固 |
| | 线路中有断路故障 | 用验电器检查线路的断路处并修复 |
| | 接线错误 | 断电后用万用表检查线路的通断情况 |
| | 电动机故障 | 检查电动机故障原因并更换电动机 |
| 电能表转盘不旋转 | 至少两组电磁元件的电压线圈反接 | 检查并修复，L1→2；L2→5；L3→8； |
| | 三组电磁元件的电压线圈均断开 | 检查并对应连接电压线圈接线 |
| | 电能表故障 | 更换电能表 |
| 电能表转盘反转 | 至少两只互感器一次接线错误、二次接线正确 | 检查互感器是否“$P_1$”在上、“$P_2$”在下，并对调修复 |
| | 至少两组电磁元件电流线圈反接 | 检查并修复，三个$S_1$分别依次接1、4、7 |
| 电能表转盘旋转慢或很慢 | 任何一组或两组电磁元件的电压线圈断开 | 检查并正确连接电压线圈接线 |
| | 任何一组电磁元件的电压线圈短接 | 烧坏该电压线圈，更换电能表 |
| | 电能表内部轴承或计量器等故障 | 更换电能表 |
| | 电能表未接中性线 | 连接中性线，N→10 |

## 任务实施

### 一、元器件选择

根据控制电路的要求，现选择一台5.5kW的电动机作为模拟负荷，根据此负荷选择合适容量、规格的元器件。

| 序号 | 元器件名称 | 型号、规格 | 数量（长度） | 备　注 |
|---|---|---|---|---|
| 1 | 三相四线电能表 | DT862—4 | 1 | |
| 2 | 低压断路器 | DZ15—40/3 | 1 | |
| 3 | 电流互感器 | LMK1—0.5 | 3 | 30/5 |
| 4 | 塑料导线 | BV—1mm² | 5m | 二次电路用 |
| 5 | 塑料导线 | BVR—4mm² | 3m | 一次电路用 |
| 6 | 接线端子排 | TD—30AJH9—6ZG（AZ1）660V | 2 | |
| 7 | 三相异步电动机 | Y132S—4 | 1 | 5.5kW 11.6A |
| 8 | 接线板 | 700mm×550mm×30mm | 1 | |

## 二、元器件安装

| 实训图片 | 操作方法 | 注意事项 |
|---|---|---|
| 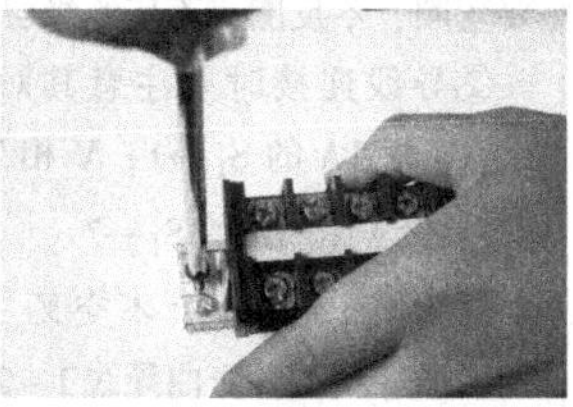 | [安装接线端子排]：在接线板左上方和左下方规定位置用木螺钉将两组接线端子排安装固定在接线板上，一组用作电源进线，一组作为负荷出线 | ①根据安装任务选取合适的端子排<br>②端子排固定要牢固，无缺件，且绝缘良好 |
| 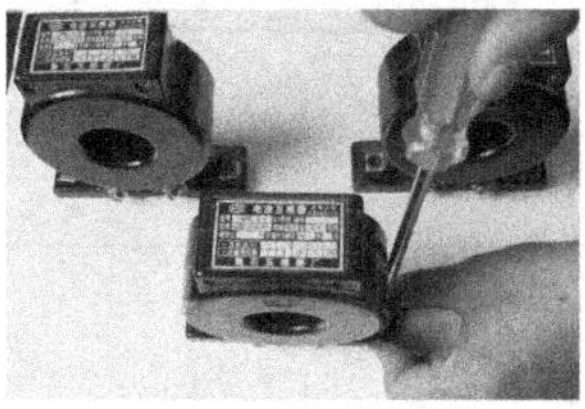 | [安装电流互感器]：根据接线布置图，在接线板规定位置，分别将三只电流互感器用木螺钉安装固定在接线板上 | 电流互感器一次侧的“+”接线座应在上，或标有“$P_1$”或“$L_1$”字母的一面应在上面，“$P_2$”或“$L_2$”字母的一面应在下面 |
|  | [安装低压断路器]：在电流互感器下方规定位置，用木螺钉将低压断路器对角安装固定在接线板上 | 低压断路器的电源进线接线座应在上面，负荷出线接线座应在下面。即断路器断电时操作手柄应在下，通电合闸时，操作手柄应在上 |
|  | [安装三相四线制电能表]：在电流互感器右侧规定位置用三颗木螺钉将三相四线制电能表固定在接线板上 | 电能表带负荷运行时应处于垂直状态 |

## 三、布线

| 实训图片 | 操作方法 | 注意事项 |
|---|---|---|
|  | ［安装电压线］：将四根 1$mm^2$ 的塑料绝缘铜线顶端剥去一定长度的绝缘层，弯圈后分别接入上接线端子排 L1、L2、L3、N 四个接线桩头，然后沿接线板向右向下走线，至电能表接线盒，弯直角，剥去绝缘层，线芯弯折，与电能表 2、5、8、10 压接 | ①剖削导线时不能损伤导线线芯和绝缘，端子连接时不能露铜<br>②导线弯直角时要美观，导线走线时要紧贴接线板、要横平竖直、平行走线、不交叉不凌乱<br>③导线连接前应先按线路走向、计算好长度，弯折好导线<br>④应先布置最里面（右侧）的导线，然后从右向左布线<br>⑤导线连接时要注意其对应关系：L1→2；L2→5；L3→8；N→10 |
| 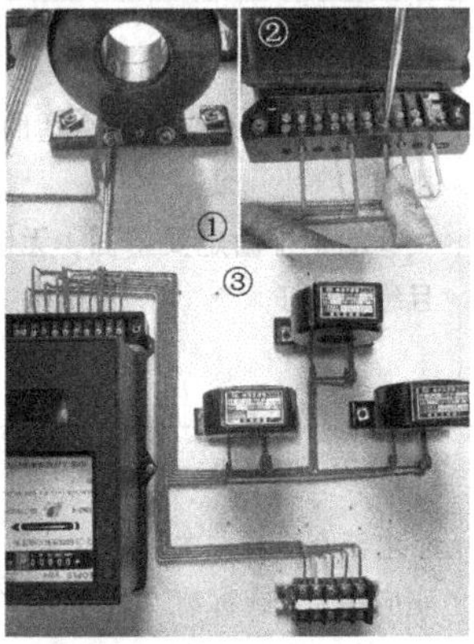 | ［安装电流线］：用三根 1$mm^2$ 导线一端分别连接三个电流互感器的二次 $S_1$ 接线桩头，另一端分别连接电能表的 1、4、7 端钮。再用一根导线一端连接端子排 PE，然后弯直角走线到 U 相的 $S_2$ →V 相 $S_2$→W 相 $S_2$→电能表的 3 端钮，最后用短线将电能表的 3、6、9 端钮并联起来 | ①与 $S_1$、$S_2$ 接线桩头连接时线芯要弯圈、不反圈，不压绝缘层<br>②导线连接时要注意其对应关系：U 相 TA 的 $S_1$→1；V 相 TA 的 $S_1$→4；W 相 TA 的 $S_1$→7<br>③为使布线美观、不交叉，需按图示做好线型并弯曲导线 1～2 圈<br>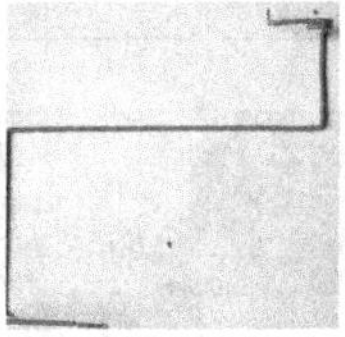 |
| 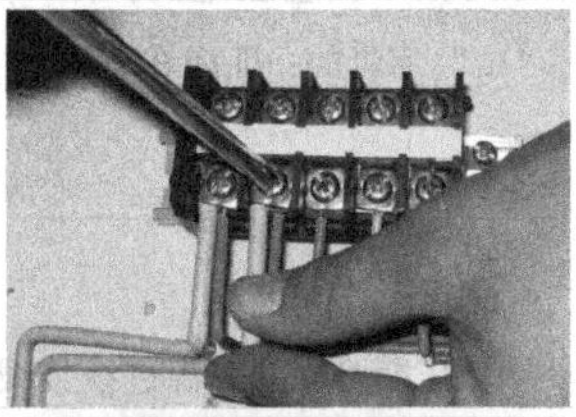 | ［安装上端子排一次出线］：将三根 4$mm^2$ 软铜导线的顶端剥去 1cm 的绝缘层，再分别弯直角接入上端子排的接线座 | ①由于导线较粗，弯直角时不能损伤绝缘<br>②导线压接时要符合规范，不露铜、不压绝缘层，接触良好，导线不松动，且要有垫片<br>③三根导线穿过电流互感器时要注意相序，要平行穿过，不交叉<br>④导线走线时要紧贴接线板、横平竖直、平行走线、不交叉 |
|  | ［安装断路器进线端导线］：将来自于上端子排的三根导线弯直角、紧贴接线板走线，分别穿过三只电流互感器，接到低压断路器进线端钮 | |
|  | ［安装断路器出线］：再用三根 4$mm^2$ 导线，剥去顶端 1cm 的绝缘层，弯直角，分别接入低压断路器的三个出线桩头 | |

（续）

| 实训图片 | 操作方法 | 注意事项 |
| --- | --- | --- |
| 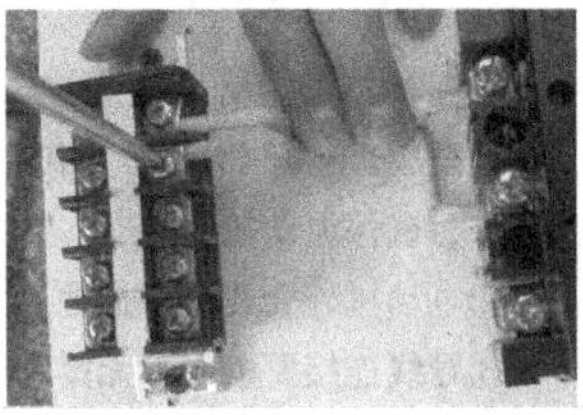 | ［安装下端子排导线］：将此三根导线的末端剥去1cm的绝缘层，分别接入接线端子排U、V、W三个接线桩头 | ①接线时注意相序<br>②连接要牢固、良好，有垫片<br>③导线不能露铜 |
|  | ［安装下端子排的中性线与接地线］：将两根$1mm^2$导线的首末端剥去一定长度的绝缘层，弯直角分别接入电能表的9、10端钮与下端子排的N、PE接线桩头 | ①与电能表端钮压接时线芯要弯折<br>②与端子排连接时线芯要弯圈<br>③导线连接要牢固、良好，不露铜、不压绝缘层 |

## 四、电路检查

| 实训图片 | 操作方法 | 注意事项 |
| --- | --- | --- |
| 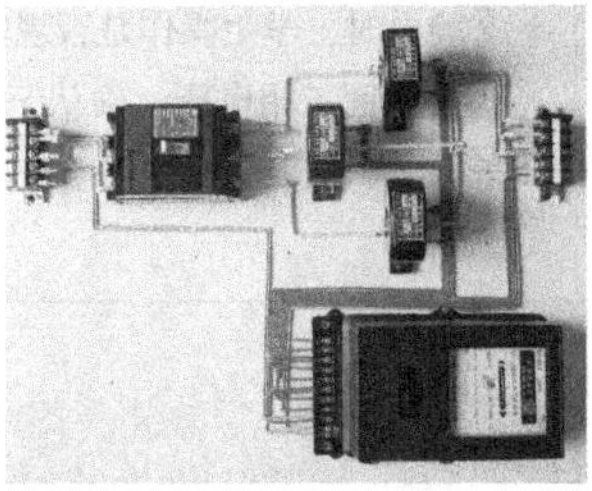 | ［目测检查］：根据电路图或接线图从电源开始看线路有无漏接、错接 | ①检查时要断开电源<br>②要检查导线连接点是否符合要求、压接是否牢固，有无露铜、反圈等现象<br>③要注意连接点接触是否良好<br>④要用合适的电阻挡位进行检查，并进行“调零”<br>⑤检查时可合上断路器<br>⑥检查结束后盖上电能表接线盒盖子 |
| 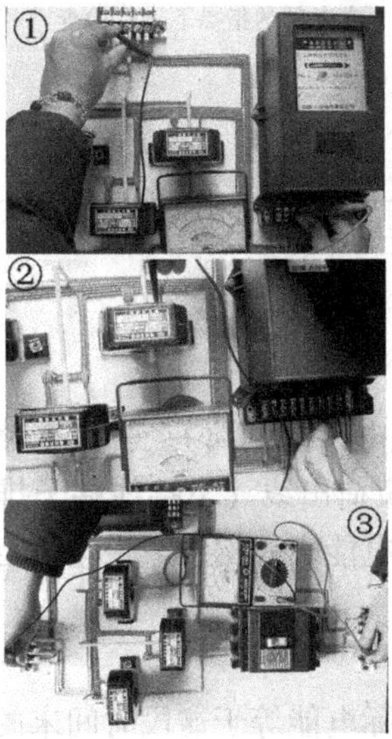 | ［万用表检查］：用万用表电阻挡检查电路有无开路、短路情况。先逐根检查二次电压接线、电流线的通断情况，再合上断路器逐根检查一次接线L1→U、L2→V、L3→W的通断情况 | |

### 五、通电试车

| 实训图片 | 操作方法 | 注意事项 |
|---|---|---|
|  | [连接三相异步电动机]：将三相异步电动机的三根出线与接线端子排U、V、W相连接，电动机的外壳接地端与接线端子排PE端连接 | ①三相异步电动机连接前先用绝缘电阻表进行单相对地、相间绝缘检查，确保电动机完好<br>②电动机外壳要可靠接地<br>③导线连接要可靠、无露铜 |
|  | [接通电源]：将380/220V电源及接地线与接线端子排L1、L2、L3、N、PE端连接 | ①由指导老师监护学生接通三相电源<br>②导线连接要可靠、无露铜<br>③学生通电试验时，指导老师必须在现场进行监护 |
|  | [验电]：合上总电源开关，在上接线端子排处用380V验电器进行验电或用万用表交流500V电压挡，测量电压 | ①验电前，确认学生是否穿绝缘鞋<br>②验电时，学生操作是否规范<br>③要测量三相电压，确认三相电压平衡 |
|  | [按下开关试车]：合上开关QF，电动机旋转，观察电能表铝盘的旋转情况；再断开QF，电动机停转，电能表铝盘应停转 | 合上开关QF后如出现故障，应在老师的指导下进行检查 |

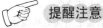

提醒注意

### 一、三相四线制电能表控制电路的分类

三相四线制电能表控制电路分为一次电路（回路）和二次电路（回路）。一次电路由电源进线（上接线端子排）、电流互感器一次侧、低压断路器、负荷出线（下接线端子排）构成；二次电路由三根电压线、电流互感器二次侧、三相四线制电能表等构成。根据规定，二次电路必须使用单股铜芯绝缘线。

### 二、电能计量数值的计算

对直接式电能计量控制电路，某一段时间内负荷消耗的实际电能等于这段时间末的读数减去这段时间首的读数。对间接式电能计量控制电路，某一段时间内负荷消耗的实际电能等于这段时间内首末电能表的读数差再乘以电流互感器和电压互感器的倍率。

**三、布线要求**

布线时要遵循先二次回路、后一次回路的原则，要先做好预案，统筹考虑，合理布局，设计好各条导线的走向。与电流互感器二次接线座连接的导线要做成如图所示的线型，多根导线平行、弯直角排列时，要做到横平竖直，排列整齐。

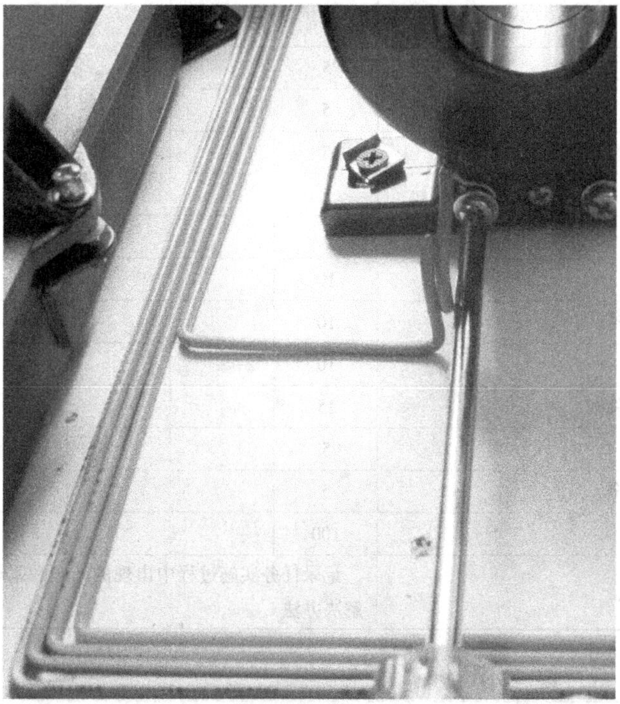

导线排列

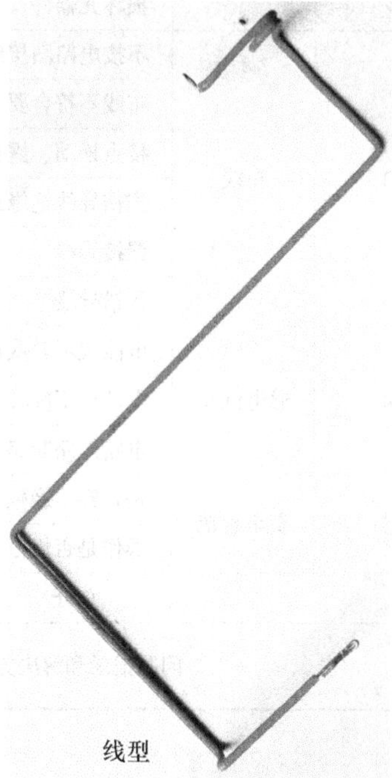

线型

**四、直接式三相四线制有功电能表控制电路的原理图**

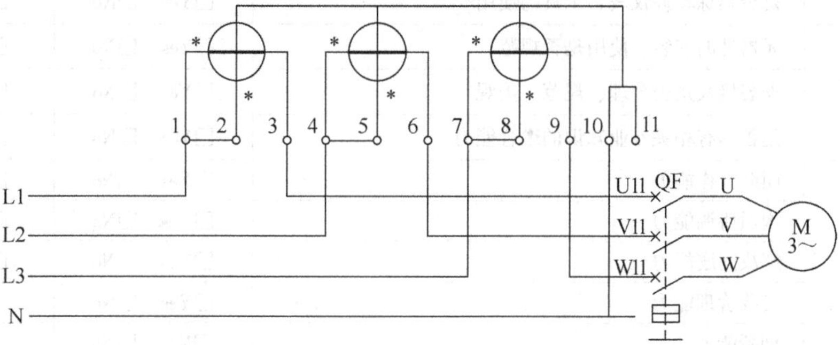


**检查评价**

通电试车完毕，切断电源，进行综合评价。拆除安装线路，整理工具，打扫卫生。

## 任务评价

| 序 号 | 评价指标 | 评价内容 | 分值 | 个人评价 | 小组评价 | 教师评价 |
|---|---|---|---|---|---|---|
| 1 | 元器件检查 | 元器件是否漏检或错检 | 5 | | | |
| 2 | 安装元器件 | 不按布置图安装 | 5 | | | |
| | | 元器件安装不牢固 | 3 | | | |
| | | 元器件安装不整齐、不合理、不美观 | 2 | | | |
| | | 损坏元器件 | 5 | | | |
| 3 | 布线 | 不按电路图接线 | 5 | | | |
| | | 布线不符合要求、不美观 | 5 | | | |
| | | 接点松动、露铜过长、反圈 | 5 | | | |
| | | 损伤导线绝缘或线芯 | 5 | | | |
| | | 漏接导线 | 5 | | | |
| | | 接错导线 | 10 | | | |
| 4 | 通电试车 | 电能表不转或反转 | 10 | | | |
| | | 电动机不旋转 | 10 | | | |
| | | 电路短路断路器跳闸 | 15 | | | |
| 5 | 安全规范 | 是否穿绝缘鞋 | 5 | | | |
| | | 操作是否规范安全 | 5 | | | |
| 总分 | | | 100 | | | |
| 问题记录和解决方法 | | | 记录任务实施过程中出现的问题和采取的解决办法 | | | |

## 能力评价

| 内　容 | | 评　价 | |
|---|---|---|---|
| 学习目标 | 评价项目 | 小组评价 | 教师评价 |
| 应知应会 | 本任务的相关基本概念是否熟悉 | □Yes □No | □Yes □No |
| | 是否熟练掌握仪表、工具的使用 | □Yes □No | □Yes □No |
| 专业能力 | 元器件的安装、使用是否规范 | □Yes □No | □Yes □No |
| | 安装接线是否合理、规范、美观 | □Yes □No | □Yes □No |
| | 是否具有相关专业知识的融合能力 | □Yes □No | □Yes □No |
| 通用能力 | 团队合作能力 | □Yes □No | □Yes □No |
| | 沟通协调能力 | □Yes □No | □Yes □No |
| | 解决问题能力 | □Yes □No | □Yes □No |
| | 自我管理能力 | □Yes □No | □Yes □No |
| | 创新能力 | □Yes □No | □Yes □No |
| 态　度 | 敬岗爱业 | □Yes □No | □Yes □No |
| | 工作态度 | □Yes □No | □Yes □No |
| | 职业操守 | □Yes □No | □Yes □No |
| 个人努力方向： | | 老师、同学建议： | |

### 思考与提高

1. 本任务中与电流互感器二次接线座接线时，线芯要弯圈连接，而导线为什么要弯曲 1 ~2 圈？

2. 本任务安装完毕后，如果接 $P_N = 5.5kW$ 的三相异步电动机，电流互感器的电流比为 30/5，假设某月 1 日电能表的读数为 231.5，下月 1 日电能表的读数为 356.8，则该电动机在这一个月中共消耗了多少有功电能？

3. 本任务中电流互感器能否安装在低压断路器的下方？为什么？

## 任务九　单相电风扇电路的安装

### 训练目标

- 掌握单相笼型异步电动机的结构、工作原理。
- 理解单相笼型异步电动机的起动、调速、反转原理及控制方法。
- 学会正确安装单相笼型异步电动机控制电路的方法。
- 能熟练掌握查找、排除电路故障的方法。

### 任务描述

“《诗经》国风·豳风·七月”中写道：“……二之日凿冰冲冲，三之日纳于凌阴。四之日其蚤，献羔祭韭。……”由此可见，采冰储冰用于避暑远早于战国时期。那时帝王们为了消暑，让奴隶们在冬天把冰取来，深凿井洞，置冰其中，再以土厚掩之储存在地窖里，到了夏天再拿出来享用。除了用冰块消暑外，中国古代还发明了各种各样的降温方法：皇帝在宫廷中建有专供避暑用的凉殿，殿中安装了机械传动的制冷设备，这种设备，采用冷水循环的方法，用扇轮转摇，产生风力，将冷气传往殿中。同时，还利用机械水车将冷水送向屋顶，任其沿檐直下，形成人造水帘，激起凉气，以达到消暑的目的，也起到了现代空调器的作用，如图所示。随着科学技术的发展，现代人在夏天是越来越离不开电风扇、冰箱和空调器了。

水车

本任务将重点进行单相电风扇电路的安装。

### 任务分析

本任务以学生常见的教室、实习场地的吊扇为例，从而推广到其他单相异步电动机的控制。

**一、单相电风扇电路控制调速方式的选择**

单相异步电动机的控制调速方式有多种，目前电风扇控制电路常用的是晶闸管调压调速，这种调速方法为无级调速，具有电路结构简单，调速效果好等优点。本任务为使学生充分理解单相异步电动机的结构和控制原理，特安排将单相异步电动机的两套定子绕组和电容器的引线全部外接，绘制出的单相电风扇调速控制电路图如下。

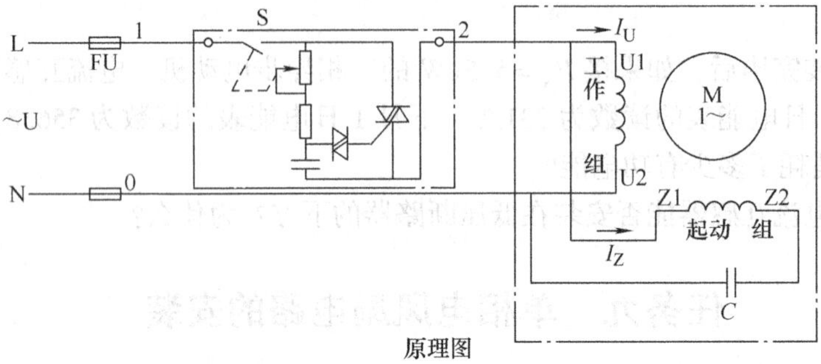

原理图

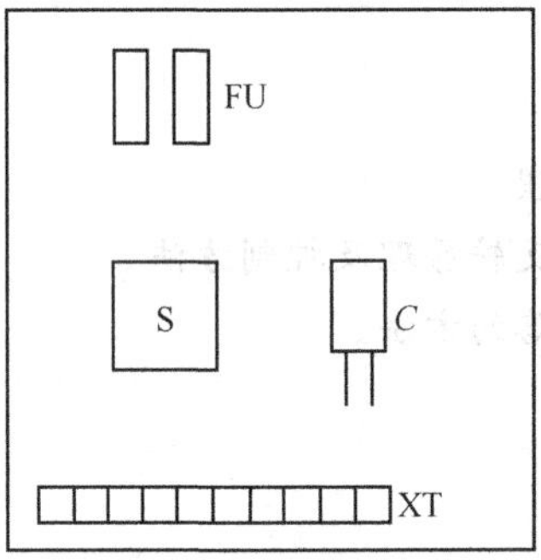

布置图

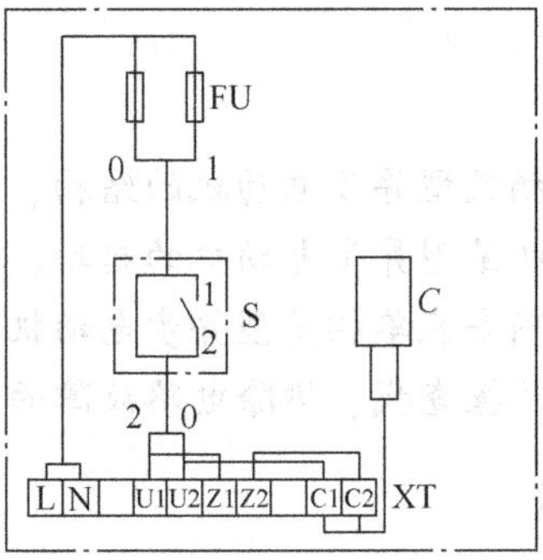

接线图

## 二、控制电路主要元器件

根据控制电路图，认识了解前述任务中没有接触到的主要元器件。

| 元件名称 | 外形图 | 作 用 | 注意事项 |
|---|---|---|---|
| 单相电风扇 | 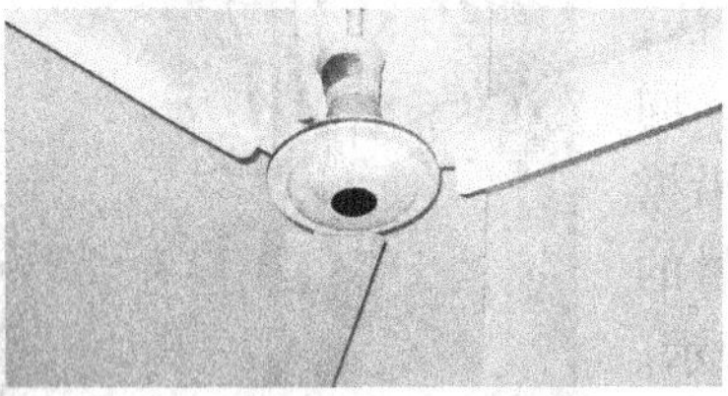 | 在两套定子绕组中通入电流，产生旋转磁场，使转子旋转，将电能转变成机械能，再转变成风能 | 要分清工作绕组和起动绕组，电容器要串接在起动绕组中 |
| 调速开关 |  | 采用晶闸管调压调速，使施加在电动机定子绕组上的电压平滑地调整 | 控制负荷的容量不能超过开关的额定容量 |

（续）

| 元件名称 | 外形图 | 作　用 | 注意事项 |
| --- | --- | --- | --- |
| 电容器 |  | 串接在起动绕组中，使流过起动绕组的电流和流过工作绕组的电流在空间相位上相差90°电角度 | 要根据控制电路的电压和负荷的大小选择合适的耐压等级和容量的电容器 |

## 相关知识

通过“相关知识”的学习，使大家加深对单相异步电动机的了解，熟悉其结构和工作原理及其控制方式，为以后更好地工作打下扎实的理论基础。

### 一、单相异步电动机的相关知识

单相异步电动机是利用单相交流电源供电，其转速随负载稍有变化的一种小功率交流电动机。由于其具有结构简单、成本低廉、运行可靠、维护方便等优点，特别是可以直接用220V交流电源供电，因此被广泛应用于办公场所、家用电器等方面，如电风扇、洗衣机、电冰箱、空调器、吸尘器、电钻等。

1. 单相异步电动机的结构

单相异步电动机主要由定子和转子两大部分组成。

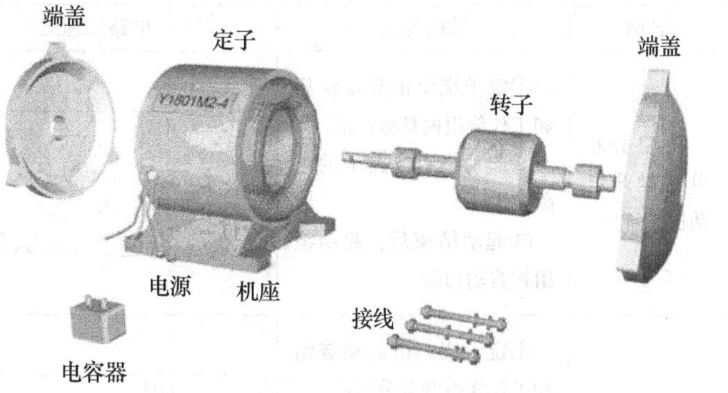

单相异步电动机的结构

定子是电动机静止不动的部分，由定子铁心、定子绕组、机座、端盖等部分组成。定子铁心是电动机磁通的通路，通常用0.35mm厚硅钢片在内圆周上冲槽后叠压而成，槽形一般为半闭口槽，用以嵌放定子绕组。定子绕组一般均用高强度聚酯漆包线事先在绕线模上绕好后，嵌放在定子铁心槽内，并进行浸漆、烘干等处理；单相异步电动机定子绕组一般采用两相绕组的形式，即工作绕组和起动绕组，两相绕组的轴线在空间上相差90°电角度。

转子是电动机的旋转部分，由转子铁心、转子绕组、转轴等部分组成，其作用是转子导体切割旋转磁场，产生电磁转矩，拖动机械负载工作。转子铁心通常用0.35mm厚硅钢片在外圆周上冲槽后叠压而成，槽内嵌放转子绕组，最后将铁心和绕组整体压入转轴。单相异步电动机的转子绕组均采用笼型结构，一般用铝或铝合金铸造而成。

2. 单相异步电动机的工作原理

在单相异步电动机的工作绕组中通入单相交流电时，产生的是一个脉动磁场，该磁场的磁通大小随电流瞬时值的变化而变化，但磁场的轴线在空间位置上始终不变，所以该磁场不会旋转。由于转子导体与磁场之间没有相对运动，因而转子导体中不会产生感应电动势和电流，也就不存在电磁转矩的作用，所以单相异步电动机没有起动转矩，不能自行起动。如果我们用外力去轻轻拨动一下电动机的转子，电动机转子就会沿拨动方向旋转起来了。这说明单相绕组产生的脉动磁场是没有起动转矩的，但起动后电动机就有转矩了，电动机可沿正反两个方向旋转，具体方向由所施加外力的方向决定。那么，如何解决单相异步电动机的自行起动问题呢？

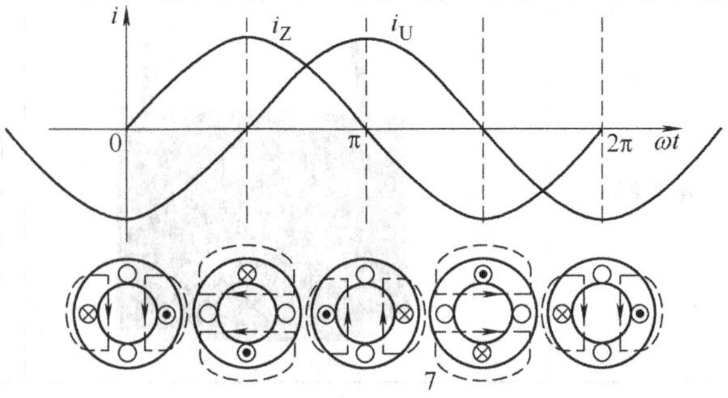

旋转磁场的发生

我们在单相异步电动机定子上嵌放在空间上相差 90°电角度的两相定子绕组，一相叫做工作绕组 U1U2，另一相叫做起动绕组 Z1Z2，再向这两相定子绕组中通入相位上相差 90°电角度的两相交流电 $i_U$ 和 $i_Z$，则就会在定子、转子和空气隙中产生旋转磁场。转子绕组切割该旋转磁场，在转子绕组中产生感应电动势和电流，而有电流流过的转子绕组在旋转磁场中将受到电磁力的作用，产生旋转转矩，从而使转子沿旋转磁场的方向旋转。

3. 单相异步电动机的分类

单相异步电动机根据获得起动转矩的不同，分为单相罩极式电动机和单相分相式电动机，而单相分相式电动机又分为电阻分相和电容分相两大类。各种形式单相异步电动机的结构特点、主要优缺点及应用范围见下表所示。

| 名称 | 结构特点 | 电路原理图 | 主要优缺点 | 应用范围 |
| --- | --- | --- | --- | --- |
| 电阻分相单相异步电动机 | ①定子绕组由起动绕组和工作绕组两部分组成<br>②起动绕组电路中的电阻较大<br>③起动结束后，起动绕组被自动切除 | 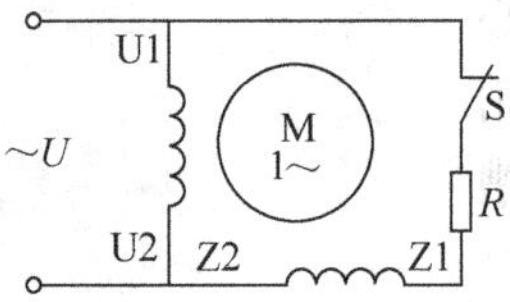 | ①价格较低<br>②起动电流较大，但起动转矩不大 | 小型鼓风机、研磨机、搅拌机、小型钻床、医疗器械、电冰箱等 |
| 电容起动单相异步电动机 | ①定子绕组由起动绕组和工作绕组两部分组成<br>②起动绕组中串入起动电容 C<br>③起动结束后，起动绕组被自动切除 | 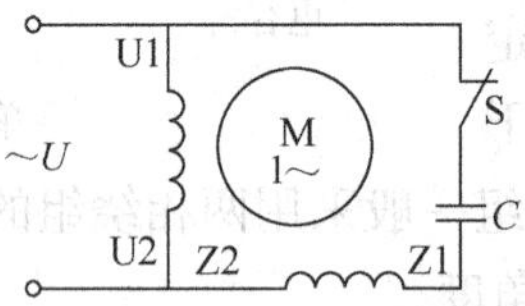 | ①价格稍贵<br>②起动电流及起动转矩均较大 | 小型水泵、冷冻机、压缩机、电冰箱、洗衣机等 |
| 电容运行单相异步电动机 | ①定子绕组由起动绕组和工作绕组两部分组成<br>②起动绕组中串入起动电容 C<br>③起动绕组参与运行 | 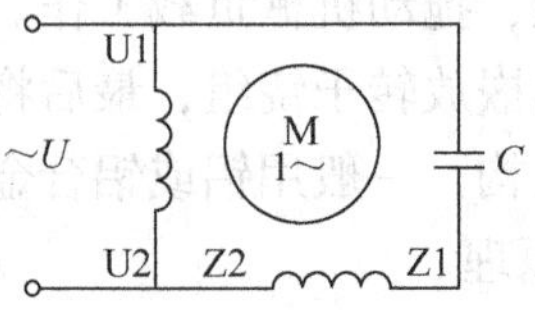 | ①无起动装置、价格较低<br>②功率因数较高 | 电扇、排气扇、电冰箱、洗衣机、空调器、复印机等 |

（续）

| 名称 | 结构特点 | 电路原理图 | 主要优缺点 | 应用范围 |
|---|---|---|---|---|
| 双电容单相异步电动机 | ①定子绕组由起动绕组和工作绕组两部分组成<br>②起动绕组中串入起动电容 $C_1$<br>③起动结束后，起动电容被切除，另一电容 $C_2$ 与起动绕组参与运行 | 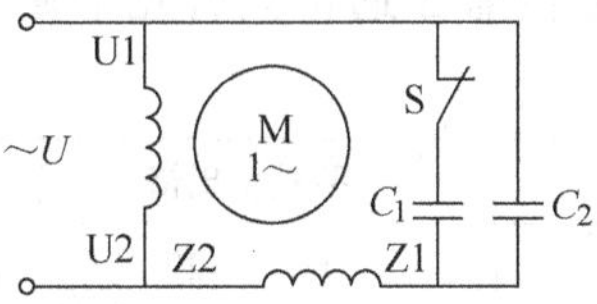 | ①价格较贵<br>②起动电流、起动转矩较大、功率因数较高 | 电冰箱、水泵、小型机床等 |
| 单相罩极电动机 | 定子绕组由一组绕组组成，定子铁心的一部分套有罩极铜环（短路环） | 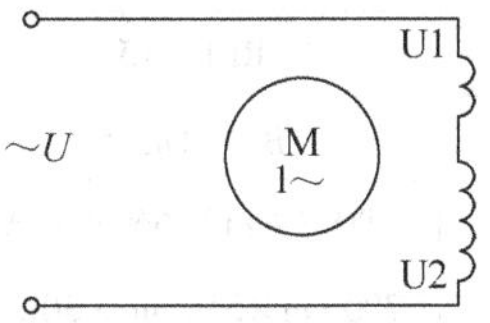 | ①结构简单、价格低、工作可靠<br>②起动转矩小、功率小、效率低 | 小型风机、电唱机、仪器仪表电动机、电动模型等 |

## 二、单相电风扇控制电路的常见故障及检修

| 故障现象 | 产生原因 | 检修方法 |
|---|---|---|
| 电风扇不能起动 | 定子绕组外连接线处接触不良或断开 | 重新焊接，恢复通路 |
| | 定子绕组内部断路 | 修理电动机，重新嵌放绕组 |
| | 电容器损坏或断开 | 调换同规格的电容器 |
| | 罩极电动机绕组接触不良 | 查出故障点，重新焊接 |
| | 熔断器熔断或开关损坏 | 更换熔体或开关 |
| | 离心开关触头闭合不上 | 检查修复或更换离心开关 |
| 电风扇有时转有时不转 | 开关接触不良 | 修复开关或更换开关 |
| | 电动机连接线接触不良 | 重新焊接接线头 |
| | 电容器接线接触不良 | 重新焊接接线头 |
| | 工作绕组、起动绕组断路或碰线 | 修理电动机，重新嵌放绕组 |
| 电风扇转速慢 | 电容器容量变化 | 更换同规格电容器 |
| | 电源电压偏低 | 检查并调整电压 |
| | 绕组匝间短路 | 修理电动机，重新嵌放绕组 |
| | 吊扇平面轴承损坏或缺油 | 更换轴承或加油 |
| | 离心开关未断开，起动绕组未切除 | 检查修复或更换离心开关 |
| 电风扇调速失灵 | 调速开关绕组短路或损坏 | 更换调速开关 |
| | 开关接触不良 | 检查开关触头 |
| | 调速开关出线接触不良 | 紧固或焊接开关出线 |
| 电风扇外壳带电 | 绝缘老化、导线与外壳接触 | 查找接触处，恢复其绝缘 |
| | 绕组烧坏 | 重新嵌放绕组 |
| 电风扇反转或转向不定 | 工作绕组或起动绕组有一接线错误 | 对调其一组绕组的接线 |
| | 电容器串接在工作绕组中 | 将电容器串接在起动绕组中 |
| | 电容器容量减小 | 更换同规格电容器 |

## 任务实施

### 一、元器件选择

根据任务要求，由于电风扇的容量通常只有几十瓦，所以选择如下合适容量、规格的元器件。

| 序号 | 元器件名称 | 型号、规格 | 数量（长度） | 备注 |
|---|---|---|---|---|
| 1 | 吊扇 | FC9—120 | 1 | 75W |
| 2 | 调速开关 | KTS—150 | 1 | 150W |
| 3 | 电容器 | AC450V，5μF ±5% | 1 | |
| 4 | 熔断器 | RL1—15 | 2 | 配熔体 2A |
| 5 | 塑料导线 | BV—1mm$^2$ | 5m | |
| 6 | 接线端子排 | TD（AZ1）660V 15A | 1 | |
| 7 | 接线板 | 700mm×550mm×30mm | 1 | |

### 二、元器件安装

| 实训图片 | 操作方法 | 注意事项 |
|---|---|---|
| 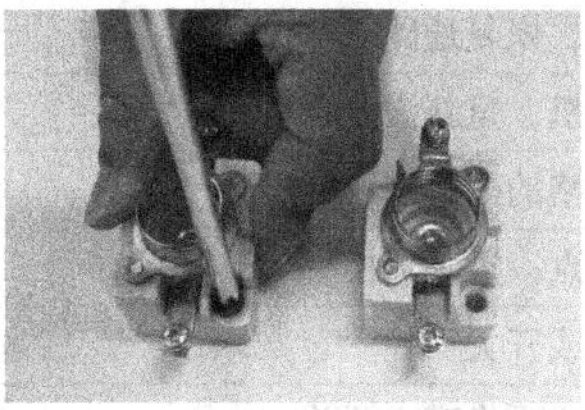 | [安装熔断器]：将熔断器安装在接线板的左上方，两个熔断器之间要间隔 5～10cm | ①熔断器下接线座要安装在上、上接线座安装在下<br>②根据接线板的大小和安装元器件的多少，分上端、左端保持 10～20cm 的距离 |
| 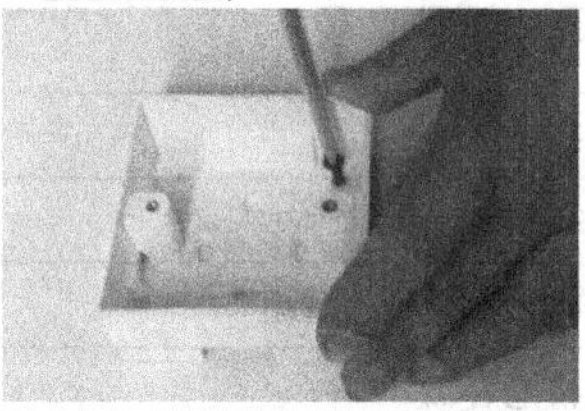 | [安装开关接线盒]：根据布置图用两颗木螺钉对角将开关接线盒固定在接线板上 | 在开关接线盒上、下开孔 |
|  | [安装电容器]：将电容器用一颗木螺钉安装固定在接线板上 | 安装要牢固，不能损坏电容器 |
|  | [安装端子排]：将接线端子排用木螺钉安装固定在接线板下方 | ①根据安装任务选取合适的端子排<br>②端子排固定要牢固，无缺件，并绝缘良好 |

## 三、布线

| 实训图片 | 操作方法 | 注意事项 |
|---|---|---|
|  | [安装熔断器至开关的导线]：将两根导线顶端剥去2cm的绝缘层→弯圈→将导线弯直角Z形→接入熔断器两上接线座上，然后垂直向下布线 | ①剖削导线时不能损伤导线线芯和绝缘，导线连接时不能反圈<br>②导线弯直角时要美观，导线走线时要紧贴接线板、横平竖直、平行走线、不交叉<br>③弯圈根部需留2mm左右铜芯 |
|  | [调速器开关面板接线]：将来自于熔断器的相线接在一个接线座上，再用一根导线接在另一个接线座上 | ①一个接线座必须接电源进线，另一个接出线，线头需弯折压接<br>②开关必须控制相线<br>③中性线不剪断直接从熔断器引到开关盒中，再向下穿出开关盒 |
| 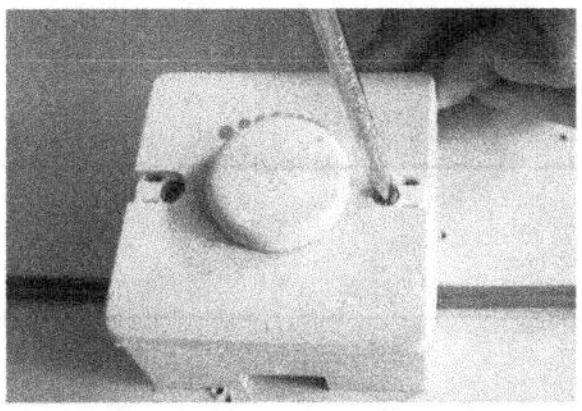 | [固定调速器开关面板]：将接好线的调速器开关面板安装固定在开关接线盒上 | ①固定开关面板时，其内部的接线头不能松动<br>②固定开关面板前，应先将两根出线穿出接线盒下面的孔 |
| 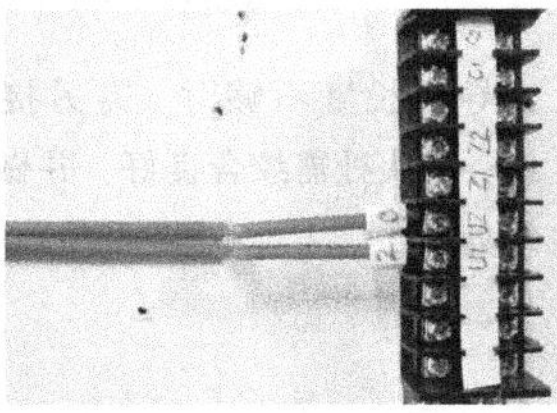 | 将穿出开关接线盒的两根导线紧贴接线板向下走线至接线端子排，向上弯直角，剥去1.5cm的绝缘层，接入接线端子排 | ①接线前应绷紧拉直导线<br>②导线不能露铜<br>③导线压接要牢固、可靠，接触良好 |
|  | [安装电源线]：截取两根一定长度的导线，将导线捋直，一端弯圈、弯直角接在熔断器下接线座上，另一端与端子排连接 | ①接线前应绷紧拉直导线<br>②导线弯直角时要美观，导线走线时要紧贴接线板、横平竖直、平行走线、不交叉<br>③导线连接时要牢固、不反圈 |
| 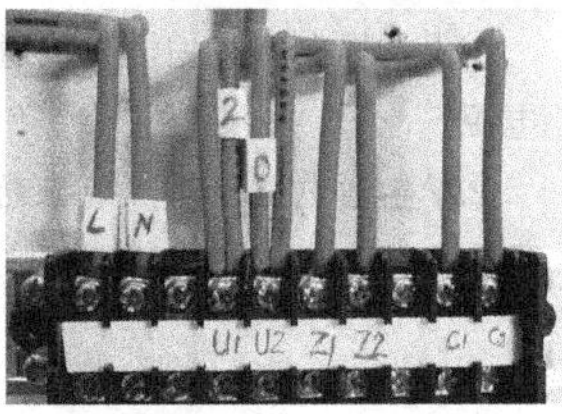 | [端子排接线]：用三根短导线，弯直角，将端子排上U1（2）与Z1；U2（0）与C2；Z2与C1短接起来 | U1、U2为外接电动机工作绕组；Z1、Z2为外接电动机起动绕组；C1、C2为外接电容器 |

## 四、电路检查

| 实训图片 | 操作方法 | 注意事项 |
|---|---|---|
|  | ［目测检查］：根据电路图或接线图从电源开始看线路有无漏接、错接 | ①检查时要断开电源<br>②要检查导线连接点是否符合要求、压接是否牢固，有无露铜、反圈等现象<br>③要注意连接点接触是否良好<br>④要用合适的电阻挡位，并“调零”<br>⑤两表笔搭接熔断器上接线座0、1，打开开关，万用表指示应为“∞” |
|  | ［万用表检查］：用万用表电阻挡逐段检查电路有无开路、短路情况 | |

## 五、通电试车

| 实训图片 | 操作方法 | 注意事项 |
|---|---|---|
| 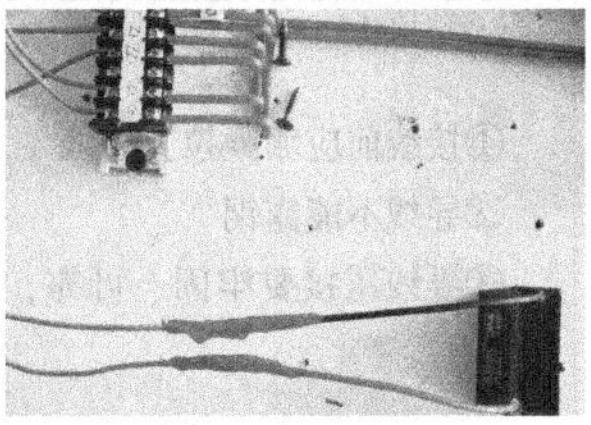 | ［连接熔断器］：将电容器的两根导线与端子排C1、C2连接 | 导线长度不够时，需另接软导线，接头处需绞合良好，并做好绝缘处理 |
| 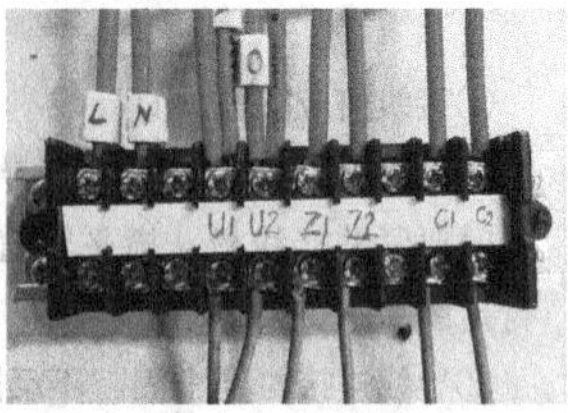 | ［连接单相异步电动机］：将单相异步电动机工作绕组和起动绕组的各两根导线分别与端子排U1、U2；Z1、Z2连接 | ①单相异步电动机连接前先用绝缘电阻表进行单相对地、相间绝缘检查，确保电动机完好<br>②工作绕组和起动绕组要分清<br>③电动机外壳要可靠接地<br>④导线连接要可靠、无露铜 |
| 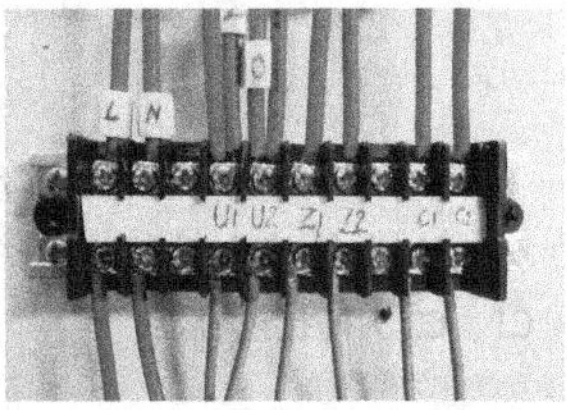 | ［接通电源］：将220V电源与接线端子排接线座连接 | ①由指导老师监护学生接通单相电源<br>②学生通电试验时，指导老师必须在现场进行监护 |

（续）

| 实训图片 | 操作方法 | 注意事项 |
| --- | --- | --- |
|  | [验电]：合上总电源开关，用好的380V验电器在熔断器进线端进行验电，以区分相线和中性线 | ①验电前，确认学生是否穿绝缘鞋<br>②验电时，学生操作是否规范<br>③如相线未进开关，应对调电源进线 |
|  | [安装熔体]：将合适的熔体放入熔断器瓷套内，然后旋上瓷帽 | ①安装熔体前应先切断总电源<br>②先旋上瓷套<br>③熔体的熔断指示——小红点应在上面 |
| 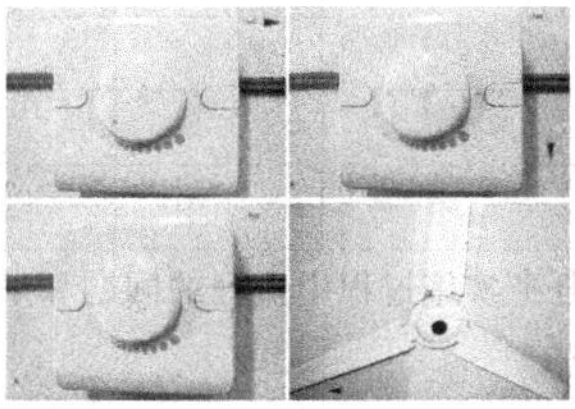 | [打开开关试车]：合上总电源开关，打开调速开关，观察电风扇的起动旋转情况，然后调节旋转开关旋钮，观察电风扇的转速变化情况 | 打开开关后如出现故障，应尽快断开电源，然后在老师的指导下进行检查 |

## 提醒注意

### 一、单相异步电动机的反转方法

要使单相异步电动机反转就必须改变旋转磁场的方向。具体方法有两种：一是把工作绕组或起动绕组的首端和末端与电源的接法对调；二是把电容器从一相绕组中改接到另一相绕组中。

### 二、单相异步电动机的调速方法

单相异步电动机的调速方法一般有改变电源频率调速、改变电源电压调速、改变绕组的磁极对数调速，其中使用最普遍的是第一种方法。由于改变电源电压调速具有以下两个特点：一是电源电压只能从额定电压往下调，故电动机的转速也只能从额定转速往下调；二是电动机的电磁转矩与电源电压的二次方成正比，电压降低时，电磁转矩、电动机转速都要下降，所以此种调速适用于转矩随转速下降而下降的通风机类负载。

## 检查评价

通电试车完毕，切断电源，进行综合评价。拆除安装线路，整理工具，打扫卫生。

**任务评价**

| 序号 | 评价指标 | 评价内容 | 分值 | 个人评价 | 小组评价 | 教师评价 |
|---|---|---|---|---|---|---|
| 1 | 元器件检查 | 元器件是否漏检或错检 | 5 | | | |
| 2 | 安装元器件 | 不按布置图安装 | 5 | | | |
| | | 元器件安装不牢固 | 3 | | | |
| | | 元器件安装不整齐、不合理、不美观 | 2 | | | |
| | | 损坏元器件 | 5 | | | |
| 3 | 布线 | 不按电路图接线 | 10 | | | |
| | | 布线不符合要求 | 5 | | | |
| | | 连接点松动、露铜过长、反圈 | 5 | | | |
| | | 损伤导线绝缘或线芯 | 5 | | | |
| | | 中性线是否进开关 | 5 | | | |
| | | 开关是否控制相线 | 10 | | | |
| 4 | 通电试车 | 熔体选择不合适 | 10 | | | |
| | | 第一次试车不成功 | 10 | | | |
| | | 第二次试车不成功 | 10 | | | |
| 5 | 安全规范 | 是否穿绝缘鞋 | 5 | | | |
| | | 操作是否规范安全 | 5 | | | |
| 总分 | | | 100 | | | |
| 问题记录和解决方法 | | | 记录任务实施过程中出现的问题和采取的解决办法 | | | |

**能力评价**

| 内容 | | 评价 | |
|---|---|---|---|
| 学习目标 | 评价项目 | 小组评价 | 教师评价 |
| 应知应会 | 本任务的相关基本概念是否熟悉 | □Yes □No | □Yes □No |
| | 是否熟练掌握仪表、工具的使用 | □Yes □No | □Yes □No |
| 专业能力 | 元器件的安装、使用是否规范 | □Yes □No | □Yes □No |
| | 安装接线是否合理、规范、美观 | □Yes □No | □Yes □No |
| | 是否具有相关专业知识的融合能力 | □Yes □No | □Yes □No |
| 通用能力 | 团队合作能力 | □Yes □No | □Yes □No |
| | 沟通交流能力 | □Yes □No | □Yes □No |
| | 解决问题能力 | □Yes □No | □Yes □No |
| | 自我管理能力 | □Yes □No | □Yes □No |
| | 创新能力 | □Yes □No | □Yes □No |
| 态　度 | 敬岗爱业 | □Yes □No | □Yes □No |
| | 工作态度 | □Yes □No | □Yes □No |
| | 职业操守 | □Yes □No | □Yes □No |
| 个人努力方向： | | 老师、同学建议： | |

### 思考与提高

1. 单相异步电动机为什么要有两套定子绕组？

2. 观察：调速开关刚接通时，电动机的转速是最高还是最低？然后随着开关旋钮的旋转，转速是降低还是升高？为什么？

## 任务十 三相交流笼型异步电动机的拆装

### 训练目标

● 通过三相交流异步电动机的拆装，掌握三相交流笼型异步电动机的基本结构。

● 掌握三相交流笼型异步电动机的拆卸、装配方法和工艺要求及基本工具的使用方法。

● 进一步熟悉万用表的使用。

### 任务描述

同学们，当你们骑着电瓶车往返于学校与家庭之间时，你们有没有想过推动你向前跑的电瓶车的动力是什么？当你们看到工厂里形形色色的机器做着各种各样的运动时，你们有没有想过推动机器做运动的动力又是什么？大家可能都知道是电动机，那你们知道电动机的结构、原理等知识吗？本任务就来介绍我们最常见的三相交流笼型异步电动机的有关知识。

### 任务分析

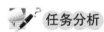

异步电动机的功率范围从几瓦到上万千瓦，是国民经济各行各业和人们日常生活中应用最广泛的一种电动机。它可以为多种机械设备和家用电器提供动力，有着非常重要的作用。例如机床、中小型轧钢设备、风机、水泵、轻工机械、冶金和矿山机械等，大都采用三相异步电动机拖动；电风扇、洗衣机、电冰箱、空调器等家用电器中也广泛使用单相异步电动机。现在，笼型异步电机是使用最广泛的异步电动机。

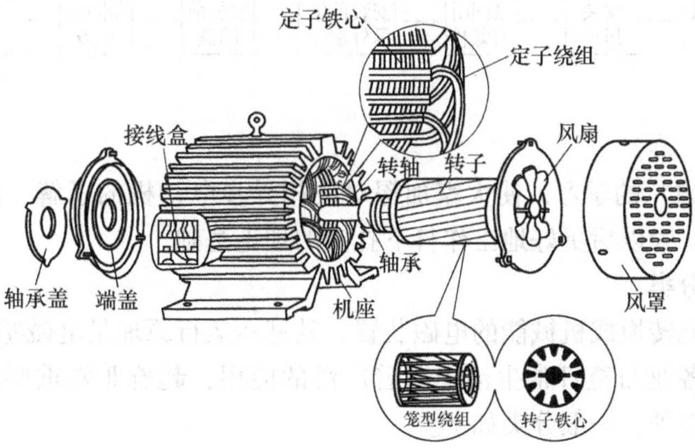

### 一、准备训练器材

随着新科学、新材料、新工艺、新技术的发展与运用，电动机的结构工艺也发生了较大的变化。本任务以工厂常见的车床用三相交流笼型异步电动机为例，详细剖析三相交流笼型异步电动机的结构。根据拆装任务要求，选择合适的训练器材，并进行质量检查。

| 序号 | 元器件名称 | 型号、规格 | 数量（长度） | 备　注 |
|---|---|---|---|---|
| 1 | 三相异步电动机 | | 1 | |
| 2 | 万用表 | MF47 型 | | |
| 3 | 拆卸器（拉具） | 两爪或三爪 | 1 | |
| 4 | 铝棒 | | 1 | |
| 5 | 钢管 | | 1 | |
| 6 | 润滑脂 | | 1 袋 | |
| 7 | 煤油 | | | |
| 8 | 木槌 | | 1 | |
| 9 | 铁锤 | | 1 | |
| 10 | 电工工具 | | 1 套 | |
| 11 | 扳手工具 | | 1 套 | |

### 二、电动机的拆装工艺步骤

三相交流笼型异步电动机的结构较复杂，零部件较多，必须严格按照工艺步骤与要求进行操作，要注意装配方法和操作工艺的正确性，注重安全生产，杜绝野蛮操作，其拆装步骤如下。

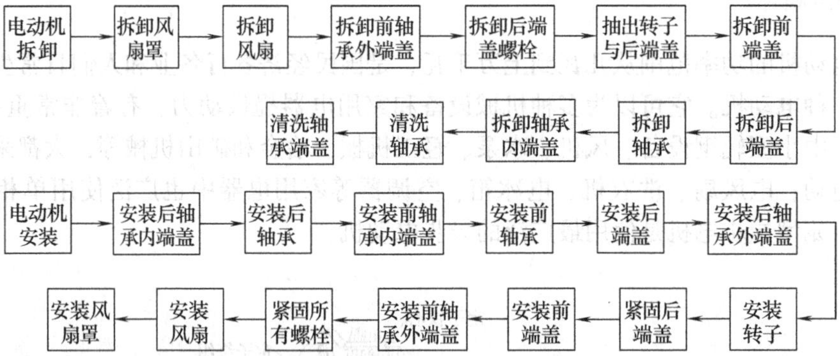


## 相关知识

通过“相关知识”的学习，使大家加深对三相异步电动机的了解，熟悉其结构和工作原理及其控制方式，为以后更好地工作打下扎实的理论基础。

### 一、电动机的分类

电动机是把电能转换成机械能的电磁装置，其基本运行原理是电磁感应定律和电磁力定律。电动机在各行各业乃至日常生活中有着广泛的应用，起着非常重要的作用，其种类很多，分类方法也有多种，一般分类如下：

- 电动机
  - 直流电动机
  - 交流电动机
    - 同步电动机
    - 异步电动机
      - 三相电动机
        - 笼型电动机
        - 绕线转子电动机
      - 单相电动机

## 二、三相交流笼型异步电动机的结构

三相交流笼型异步电动机的主要结构与单相异步电动机相似，也由定子和转子两大部分组成。

| 项目 | 名 称 | 图 例 | 构成与作用 |
|---|---|---|---|
| 定子 | 定子铁心 |  | 作用：作为电动机磁通的部分通路<br>要求：具有良好的导磁性能、剩磁小，又要尽量降低涡流损耗<br>制成：用0.35～0.5mm厚表面有绝缘层的硅钢片叠压而成；在定子铁心的内圆上冲有沿圆周均匀分布的槽，在槽内嵌放三相定子绕组<br>槽型：半闭口型、半开口型、开口型 |
| | 定子绕组 |  | 作用：作为电动机的电路部分，通入三相对称交流电产生旋转磁场<br>制成：小型异步电动机采用高强度漆包圆铜线绕制；大中型异步电动机采用漆包扁铜线或玻璃丝包扁铜线绕制；成形绕组则外包绝缘层后，再整体嵌放在定子铁心槽内<br>布置方式：单层绕组、双层绕组<br>连接形式：Y联结、△联结 |
| | 机座 |  | 作用：固定定子铁心和定子绕组，并通过两侧端盖和轴承来支撑电动机转子，同时保护整台电动机的电磁部分和发散电动机运行中产生的热量<br>制作：通常用整块铸铁制成；大型异步电动机一般用钢板焊成；微型电动机采用铸铝件制成；封闭式电动机的机座外面有散热筋以增加散热面积；防护式电动机的机座两端端盖开有通风孔 |
| | 端盖 |  | 借助于端盖内的滚动轴承将电动机转子和机座联成一个整体；端盖一般为铸钢件，微型电动机则用钢板或铸铝件 |

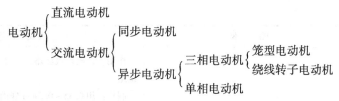

（续）

| 项目 | 名　称 | 图　　例 | 构成与作用 |
| --- | --- | --- | --- |
| 转子 | 转子铁心 |  | 作用：是电动机磁路的一部分，且用来嵌放转子绕组<br>制作：用0.35～0.5mm硅钢片冲制叠压而成；硅钢片外圆上冲有均匀分布的孔；一般小型异步电动机的转子铁心直接压装在转轴上，大、中型异步电动机的转子铁心则借助于转子支架压在转轴上；为改善电动机的起动及运行性能，笼型异步电动机转子铁心一般都采用斜槽结构 |
| | 转子绕组 | | 作用：用来切割定子旋转磁场，产生感应电动势和电流，并在旋转磁场作用下受力而使转子转动<br>绕组类型：笼型转子、绕线转子<br>笼型转子：离心铸铝转子和铜条转子 |
| | 转轴 |  | 用来固定转子铁心和传递机械功率，一般用中碳钢加工而成 |
| 其他附件 | 轴承 |  | 用来连接转动部分与固定部分，采用滚动轴承以减少摩擦力 |
| | 轴承端盖 | 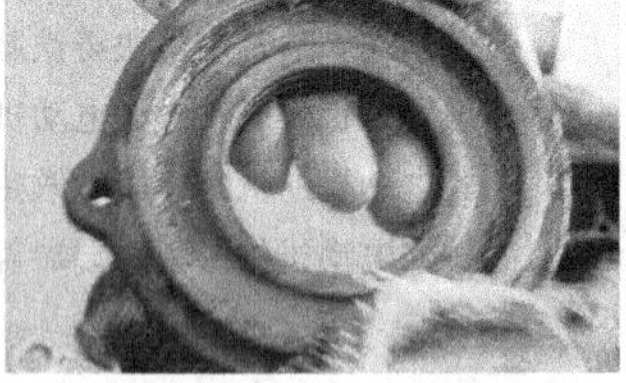 | 用来支撑、保护轴承，使轴承内的润滑脂不致溢出，并防止灰、沙等脏物等浸入润滑脂内 |
| | 接线盒 |  | 一般用铸铁制成，用以保护和固定定子绕组的6个引出端钮。在出线板接线座旁边标有各相绕组的首端和末端的符号，根据不同的要求，可以接成Y联结或△联结 |

### 三、三相交流异步电动机的工作原理

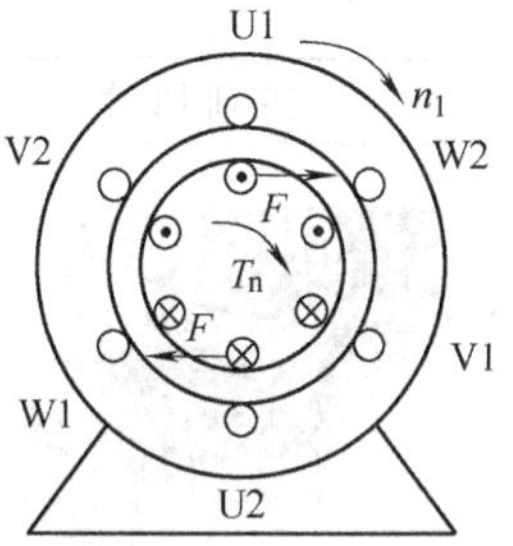


在空间相差120°电角度的三相对称定子绕组中，通入三相对称的交流电，就在空气隙内产生一个同步转速为$n_1$的旋转磁场，该旋转磁场将切割转子绕组，在转子绕组中产生感应电动势，由于转子绕组回路是闭合的，所以就产生感应电流，该感应电流在磁场中受力，产生转矩，使转子以转速$n$沿旋转磁场的方向旋转。

## 任务实施

### 一、电动机的拆卸

| 实训图片 | 操作方法 | 注意事项 |
| --- | --- | --- |
| 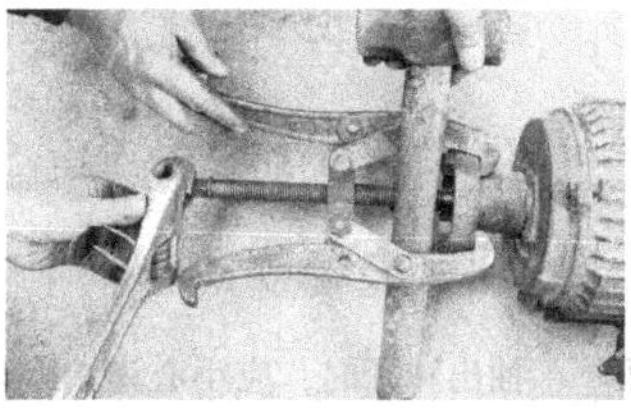 | [拆卸带轮或联轴器]：将三爪拉具的卡爪钩住联轴器的内圈，拉具的螺杆顶点对准转轴中心，扳动拉具的螺杆，将联轴器从电动机轴上缓慢拉出 | ①拆卸前，先旋松带轮上的固定螺钉或敲去定位销<br>②可在带轮或联轴器内孔和转轴结合处加入煤油，以便润滑<br>③可用榔头的木柄卡住拉具，防止一起旋转 |
|  | [拆卸风扇罩]：将外风扇罩螺栓松脱，取下风扇罩 | 选用合适的螺钉旋具卸下风扇罩螺栓 |
| 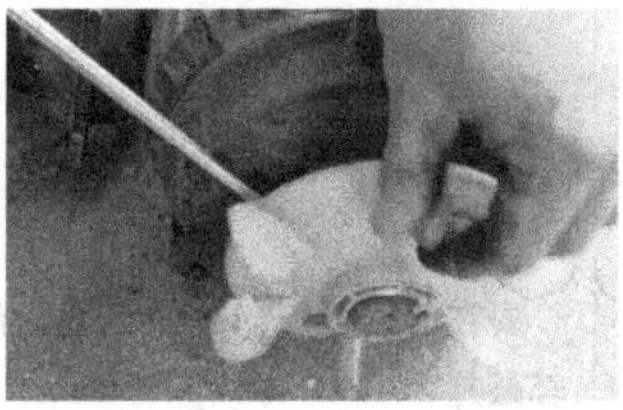 | [拆卸扇叶]：将扇叶上的定位螺钉或销松脱取下，用金属棒或锤子在扇叶四周均匀地轻敲，扇叶就可松脱下来 | ①小型异步电动机的扇叶一般不用卸下，后端盖轴承需加油或更换时，必须卸下<br>②对塑料扇叶，可用热水浸泡塑料风叶，待其膨胀后再卸下 |
|  | [拆卸前轴承外盖]：将前轴承外盖的三根螺栓松下，卸下轴承外盖 | ①在轴承端盖上做好记号，以免安装时装错位置<br>②新型Y系列小功率电动机由于采用了密封轴承，故无轴承端盖 |

（续）

| 实训图片 | 操作方法 | 注意事项 |
| --- | --- | --- |
| 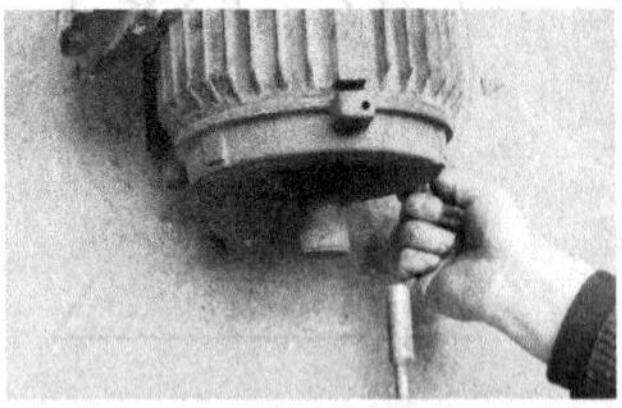 | ［拆卸后端盖螺栓］：用合适的套筒扳手将后端盖的四根螺栓松脱卸下 | 在松脱螺栓前，为便于装配时复位，应在后端盖与机座接缝处的任意位置做好标记 |
| 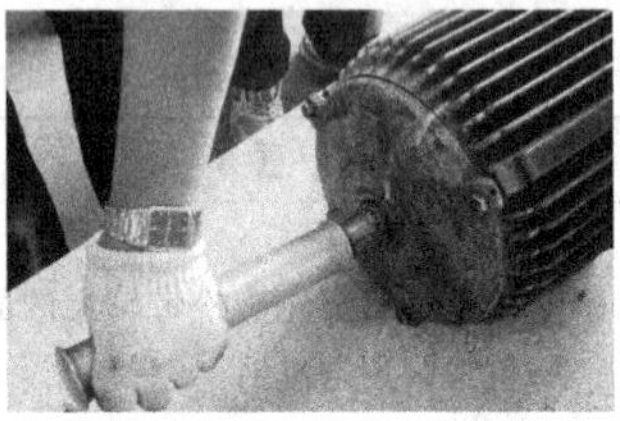 | ［拆卸转子与后端盖］：垫上厚木块或铝棒，用木槌轻轻敲打前轴伸出端，使后端盖脱离机座 | 敲打力量不能太大，防止后端盖与机座脱离太大 |
|  | ［抽出转子与后端盖］：左右两人配合，轻轻地将转子与后端盖从机座中抽出来 | 抽出转子时，应小心谨慎，动作缓慢，不可歪斜，以免碰擦定子绕组 |
|  | ［拆卸前端盖螺栓］：用合适的套筒扳手将前端盖的四根螺栓松脱卸下 | 要在前端盖与机座接缝处的任意位置做好标记 |
|  | ［拆卸前端盖］：用长木块顶住前端盖内部边缘，用锤子轻敲木块，将前端盖打下 | 要在前端盖内部边缘上下左右轻轻敲打 |
|  | ［拆卸后端盖］：将卸下的转子与后端盖垂直放置，木槌沿后端盖边缘四周移动，同时用锤子敲打木槌，卸下后端盖 | 一定要使后端盖四周均匀受力，后端盖慢慢均匀下移，与轴承脱离 |

（续）

| 实训图片 | 操作方法 | 注意事项 |
| --- | --- | --- |
| 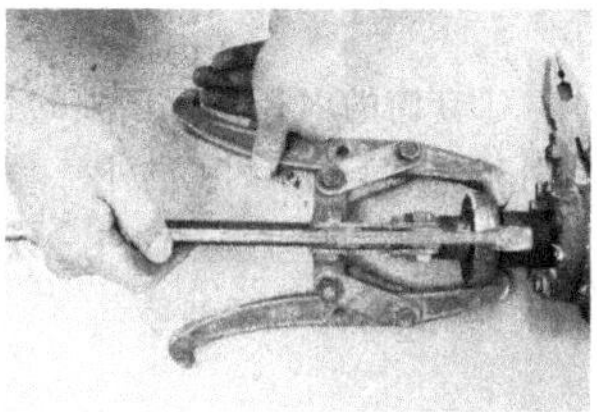 | [拆卸轴承—拉具拆卸]：将三爪拉具的卡爪钩住轴承的内圈，拉具的螺杆顶点对准转轴中心，扳动拉具的螺杆，将轴承从电动机轴上缓慢拉出 | 要根据轴承的型号选择适合的拉具。拉钩要对称地钩住轴承的内圈。主螺杆应与转轴中心线一致，旋动螺杆时要用力均匀、平稳。中心轴较高的电动机，可在拉具下垫上木块 |

## 二、检查、清洗零部件

| 实训图片 | 操作方法 | 注意事项 |
| --- | --- | --- |
| 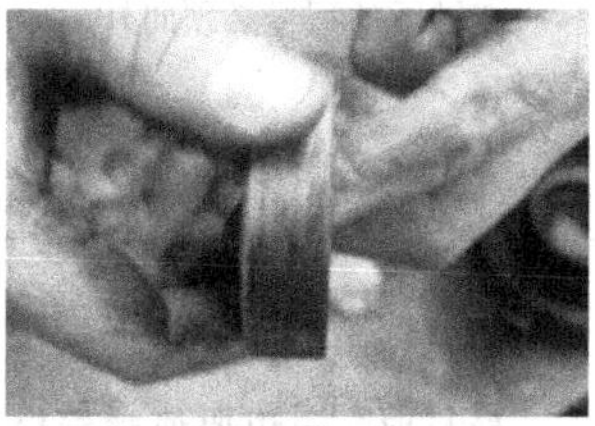 | [检查清洗轴承及轴承端盖]：用汽油将轴承和轴承端盖清洗干净，并用清洁的布擦干。检查有无裂纹，轴承滚动件是否转动灵活、不松动 | 如轴承滚动件卡住或松动，再用塞尺检查轴承磨损情况，决定是否更换轴承 |
|  | [清洁定、转子]：用干净的布仔细轻轻擦拭定子、转子，并用高压风吹去定子、转子表面的灰尘 | 擦拭时不能损伤定子、转子绕组的绝缘层 |
| 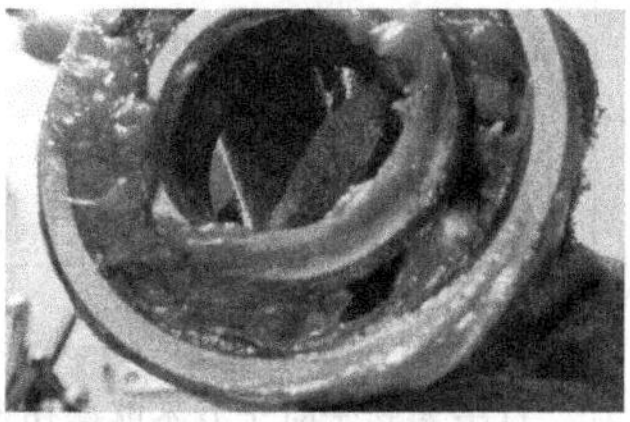 | [轴承加注润滑脂]：将前后两个轴承按其总容量的1/3～3/4的容量加足润滑脂 | ①新的润滑脂要求洁净、无杂质、无水分<br>②润滑脂填入要均匀，要防止外界的灰尘、水和金属屑等异物进入 |

## 三、电动机安装

| 实训图片 | 操作方法 | 注意事项 |
| --- | --- | --- |
|  | [安装后轴承内端盖]：将后轴承端盖加足润滑脂后套在转轴上 | 前后轴承内外端盖不能装错 |

（续）

| 实训图片 | 操作方法 | 注意事项 |
|---|---|---|
| 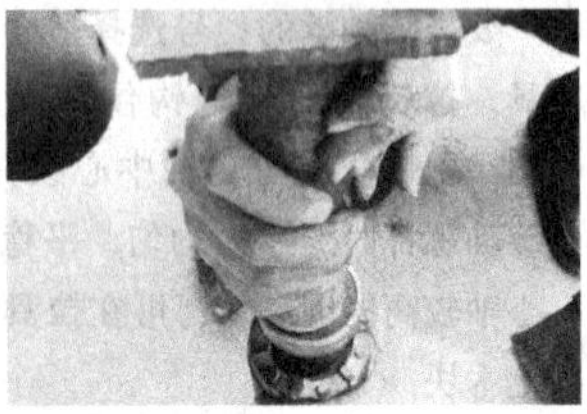 | ［安装后轴承——冷套法］：将轴承对准轴颈，套到轴上，用铜棒轻敲，将轴承打入轴内。然后用一段钢管套筒一端顶住轴承内径，用锤子敲打另一端，缓慢地敲入 | ①套筒的内径略大于轴的直径，外径略小于轴承内圈的外径<br>②轴承的型号必须向外，以便下次更换时查对轴承型号 |
|  | ［安装前轴承内端盖和前轴承］：方法同上。将前轴承内端盖加足润滑脂后套在转轴上，将前轴承用冷套法安装在转轴上 | ①前后轴承内外端盖不能装错<br>②轴承的型号必须向外 |
|  | ［安装后端盖］：把转子垂直放置在木板上，将后端盖轴承座孔对准轴承外圈套上，用木槌敲打，把后端盖敲打进去 | 敲打时，一边要使端盖沿轴转动，一边用木槌敲打端盖靠近中央的部分，直到端盖到位为止 |
|  | ［安装后轴承外端盖］：将后轴承外端盖套在转轴上，用螺栓将内外端盖紧固 | ①先在外端盖上插入一只螺栓，转动内端盖，使内外端盖的螺孔对准，把螺栓拧进内端盖的螺孔，然后再把其他两只螺栓也装上<br>②螺栓要逐步拧紧 |
|  | ［安装转子］：将转子对准定子内圈中心，小心放入定子内腔中，合上后端盖 | ①安装转子时千万不能碰伤定子绕组<br>②安装转子时，后端盖要对准与机座的标记 |
|  | ［紧固后端盖］：按对角交替的顺序拧上后端盖的紧固螺栓 | ①边拧螺栓，边用木槌在端盖靠近中央的部分轻轻地均匀敲打，直至到位<br>②螺栓不能拧太紧，要留有一定的调整间隙 |

（续）

| 实训图片 | 操作方法 | 注意事项 |
| --- | --- | --- |
| 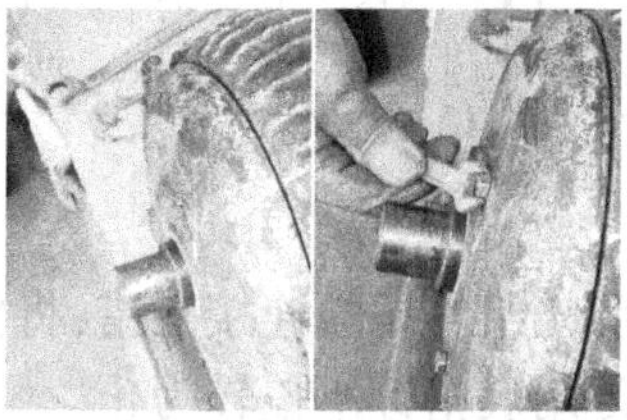 | [安装前内、外轴承端盖]：将前外轴承端盖加足润滑脂后套入转轴，用螺栓与内轴承端盖紧固 | ①在拧紧前端盖螺栓前，先用直径1mm以上的单股铜丝，一端做成钩状，从内轴承端盖对应孔中穿出，再穿入外轴承端盖对应孔中，作为最后安装轴承端盖螺栓的基准<br>②木槌不可敲打一边，不可用力过大<br>③拧紧端盖紧固螺栓时，要按上下左右逐步拧紧，同时用手转动转子，以保证装配好的电动机能轻快、自由地转动 |
| 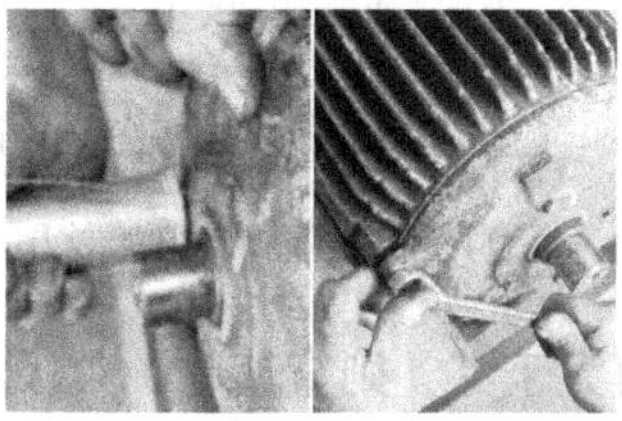 | [安装前端盖]：将前端盖套入转轴，对准机座的标记，用木槌均匀敲打端盖四周或用铝棒轻轻敲打端盖的筋处，盖严后旋上端盖的紧固螺栓 | |
|  | [安装扇叶]：将扇叶套在转轴上，用木槌轻敲到位，拧上定位螺钉或销 | 扇叶不能与风扇罩碰擦 |
|  | [安装风扇罩]：将风扇罩安装固定在电动机上 | |
| 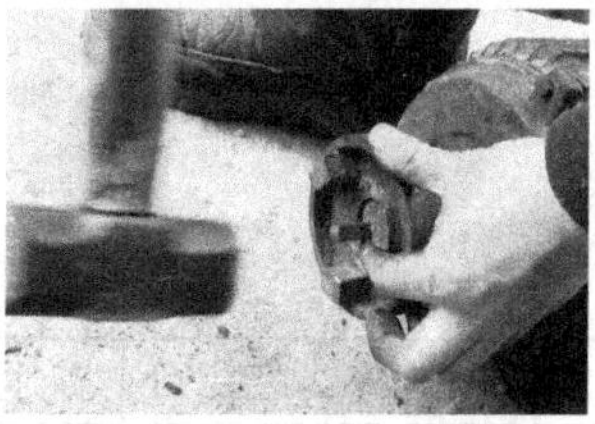 | [安装带轮或联轴器]：将带轮或联轴器套在转轴上，对齐键槽位置，轻轻地用榔头敲入到位，然后再把键轻轻打入键槽内 | ①带轮或联轴器装入前，应将其内孔清理干净<br>②键在槽内的松紧程度要适当 |

**提醒注意**

三相交流异步电动机绕组首尾端判别的方法

1. 剩磁法

用万用表电阻挡分别判断出每相绕组的首尾端，电阻值很小的为同一相绕组，并做好标记 U1、U2；V1、V2；W1、W2。用两根导线分别将 U1、V1、W1 连接在一起，将 U2 、V2、W2 连接在一起，将万用表选择在毫安挡，两表笔分别搭接在两组连接导线上，转动电动机转子，观察万用表指针是否偏转。若万用表指针不偏转，则说明绕组首尾连接正确。若万用表指针偏转，则说明绕组首尾端连接有错，将任意一相绕组首尾端对调，用导线重新连接起来，再进行测试，直至万用表指针不偏转为止。

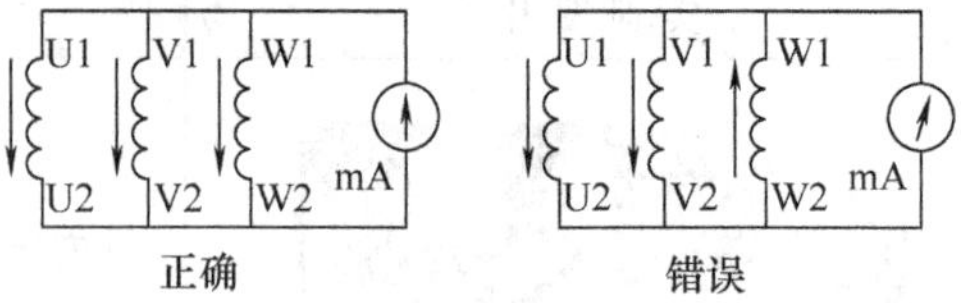


2. 万用表法

先用万用表电阻挡分别判断出每相绕组的首尾端，电阻值很小的为同一相绕组，并做好标记 U1、U2；V1、V2；W1、W2。然后将万用表旋钮拨至直流毫安挡，两表笔搭接任意一相绕组的两个出线端；再用一直流电源通过一开关任意连接另一相绕组；合上开关的瞬间，如万用表表针摆向的值大于零，则直流电源负极所接端钮与万用表正极表笔所接端钮是同名端（即首或尾）。用同样方法判断出其他两相绕组的首尾端。

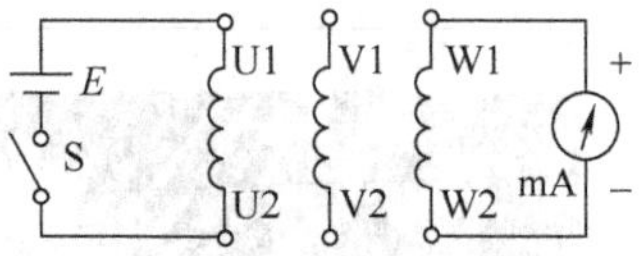


万用表法判别绕组的首尾

3. 交流电源法

先用万用表电阻挡分别判断出每相绕组的首尾端，并标记为 U1、U2；V1、V2；W1、W2。然后将任意两相绕组串联后与交流电压表连接，再将另一相绕组接低压交流电源。接通电源后，若电压表有读数，则说明两绕组连接在一起的端钮为异名端，即一个为首端，另一个为尾端；若电压表无读数，则说明两绕组连接在一起的端钮为同名端，即同为首端或同为尾端。用同样方法可以判别出另一相绕组的首尾端。

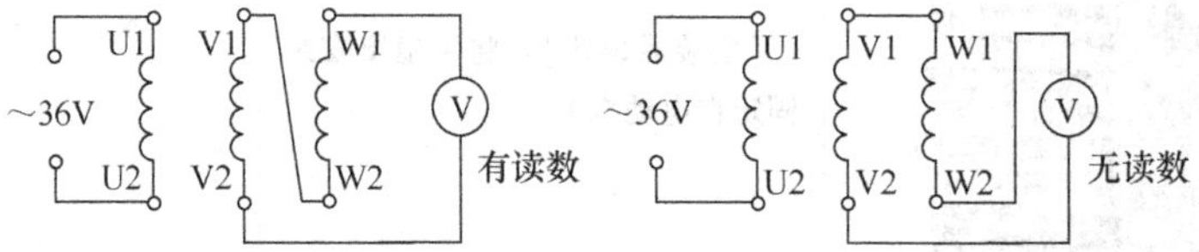


交流电源法判别绕组的首尾

## 检查评价

任务评价

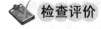

| 序　号 | 评价指标 | 评价内容 | 分值 | 个人评价 | 小组评价 | 教师评价 |
|---|---|---|---|---|---|---|
| 1 | 工具使用 | 能否熟练正确地使用所选配的工具 | 10 | | | |
| 2 | 电动机拆卸 | 拆卸步骤不正确 | 10 | | | |
| | | 拆卸方法、工艺不正确 | 10 | | | |
| | | 拆卸下的零部件是否标记、有序摆放 | 5 | | | |
| | | 损坏零部件 | 10 | | | |

（续）

| 序　号 | 评价指标 | 评价内容 | 分值 | 个人评价 | 小组评价 | 教师评价 |
|---|---|---|---|---|---|---|
| 3 | 电动机装配 | 零部件装配前未做清洁工作 | 5 | | | |
| | | 装配步骤不正确 | 10 | | | |
| | | 装配方法、工艺不正确 | 10 | | | |
| | | 零部件装配不完整 | 10 | | | |
| | | 装配不成功，需重新安装 | 10 | | | |
| 4 | 安全规范 | 是否文明操作 | 5 | | | |
| | | 操作是否安全规范 | 5 | | | |
| 总分 | | | 100 | | | |
| 问题记录和解决方法 | | | 记录任务实施过程中出现的问题和采取的解决办法 | | | |

**能 力 评 价**

| 内　　容 | | 评　　价 | |
|---|---|---|---|
| 学习目标 | 评价项目 | 小组评价 | 教师评价 |
| 应知应会 | 本任务的相关基本概念是否熟悉 | □Yes　□No | □Yes　□No |
| | 是否熟练掌握仪表、工具的使用 | □Yes　□No | □Yes　□No |
| 专业能力 | 电动机的拆卸步骤、方法是否正确规范 | □Yes　□No | □Yes　□No |
| | 电动机的装配步骤、方法是否正确规范 | □Yes　□No | □Yes　□No |
| | 是否具有相关专业知识的融合能力 | □Yes　□No | □Yes　□No |
| 通用能力 | 组织协调能力 | □Yes　□No | □Yes　□No |
| | 团队沟通能力 | □Yes　□No | □Yes　□No |
| | 解决问题能力 | □Yes　□No | □Yes　□No |
| | 自我管理、约束能力 | □Yes　□No | □Yes　□No |
| | 创新能力 | □Yes　□No | □Yes　□No |
| 态　度 | 敬岗爱业 | □Yes　□No | □Yes　□No |
| | 态度认真、端正 | □Yes　□No | □Yes　□No |
| 个人努力方向： | | 老师、同学建议： | |

## 思考与提高

1. 三相交流异步电动机的工作原理是什么？
2. 三相交流异步电动机首尾端判别的方法有几种？它们是怎样实现首尾端判别的？

# 单元二　基本控制电路实战训练

二

在生产实践中，由于各种生产机械的工作性质和加工工艺的不同，从而对电动机的控制要求不同，需要的电器类型和数量也不同，有的控制较简单，有的控制较复杂，但无论多么复杂的控制电路，都是由一些简单的、基本的控制单元所组成的。基本的控制单元主要有点动控制电路、正转连续控制电路、正反转控制电路、位置控制电路、顺序控制电路、多地控制电路、起动控制电路、制动控制电路、调速控制电路等。

**学习目标**

- 了解绘制与识读电路图、接线图、布置图的原则和方法。
- 熟悉基本控制电路的构成，理解其电路工作原理，掌握其安装、调速、维修的方法。
- 能设计一些简单的、能满足生产机械工作任务的控制电路。

## 任务十一　常用低压电器的使用

### 训练目标

- 了解常用低压电器的结构，理解其工作原理、型号含义。
- 掌握常用低压电器的选用及使用方法，熟记其图形符号和文字符号。
- 掌握常用低压电器的拆装。

无论多么复杂的控制电路，凡是采用电力拖动的生产机械，其电动机的旋转都是由一些常用的低压控制电器按照一定的连接规律构成的控制电路来进行控制的。这些常用的低压电器有低压开关、熔断器、接触器、继电器、按钮、行程开关等，本任务就是了解熟悉这些低压电器的使用。

## 相关知识

### 一、低压电器产品型号意义

1 2—3 4 5/6 7

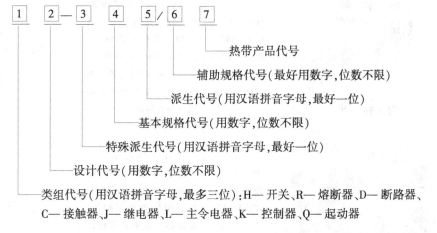

- 7——热带产品代号
- 6——辅助规格代号(最好用数字,位数不限)
- 5——派生代号(用汉语拼音字母,最好一位)
- 4——基本规格代号(用数字,位数不限)
- 3——特殊派生代号(用汉语拼音字母,最好一位)
- 2——设计代号(用数字,位数不限)
- 1——类组代号(用汉语拼音字母,最多三位):H— 开关、R— 熔断器、D— 断路器、C— 接触器、J— 继电器、L— 主令电器、K— 控制器、Q— 起动器

### 二、常用低压电器的作用、使用场合、符号

| 名称 | 外　形　图 | 型号举例 | 使用场合 | 符号及注意事项 |
|---|---|---|---|---|
| 开启式负荷开关 | 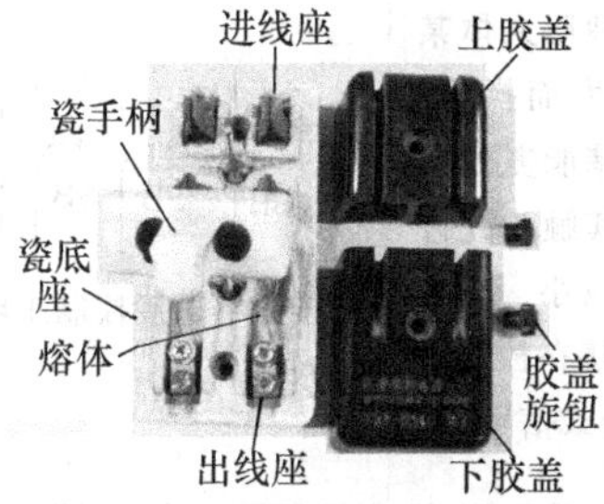 | HK1—15/2<br>HK1—30/2<br>HK1—60/2<br>HK1—15/3<br>HK1—30/3<br>HK1—60/3 | 用于低压线路中，一般作电灯、电阻和电热等回路的控制开关用；也可作为分支线路的配电开关用；三极开关也可用于不频繁地控制小功率异步电动机的起动与停止 | 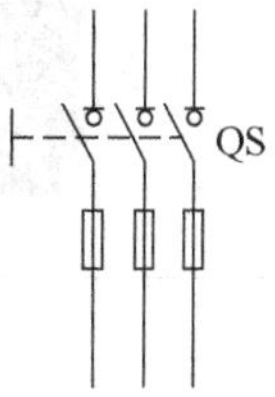 |
| 封闭式负荷开关 | 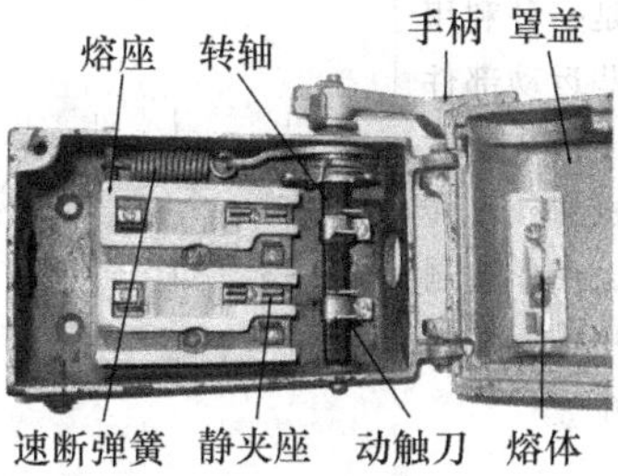 | HH3—15/2<br>HH3—30/2<br>HH4—15/3<br>HH4—30/3 | 有较大的分闸和合闸速度，常用于操作次数较多的小型异步电动机全压起动及线路末端的短路保护；带有中性接线座的负荷开关可作为照明回路的控制开关 | 封闭式负荷开关分合闸操作时，人要站在开关的手柄侧 |
| 组合开关 | 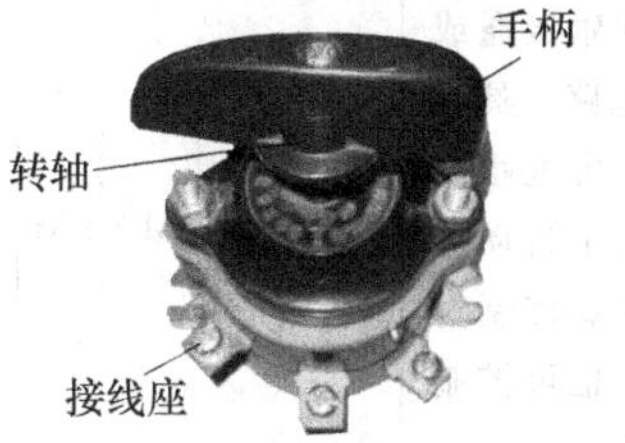 | HZ10—10/1<br>HZ15—10/3 | 用来手动不频繁接通、断开或换接交流 50Hz、380V 以下，直流 220V 及以下电路或电源，也可控制 5kW 以下小功率电动机的起动、停止和正反转 | 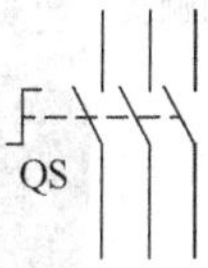<br>组合开关的通断能力较低，不能用来分断故障电流 |

（续）

| 名称 | 外　形　图 | 型号举例 | 使用场合 | 符号及注意事项 |
|---|---|---|---|---|
| 低压断路器 |  | DZ5—20/3<br>DZ7—50/3<br>DZ108—20/3<br>DZ12—60/3<br>DZ15—40/1 | 在低压交直流线路中，作不频繁接通和分断电路用，具有短路保护、过载保护和失电压保护，用以保护电气设备、电动机和电缆不因过负荷或短路而损坏 | 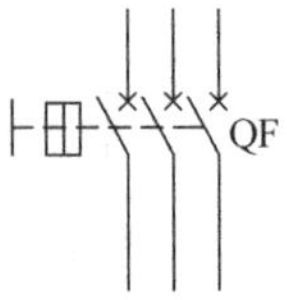 |
| 低压熔断器 | 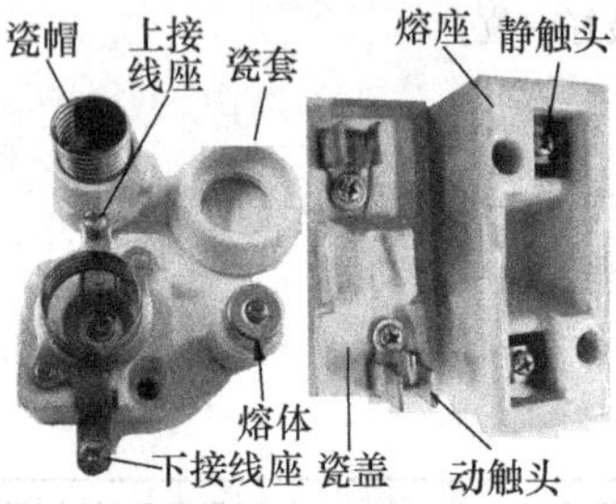 | RC1A—5<br>RC1A—10<br>RC1A—15<br>RL1—15<br>RL1—60 | 适用于额定电流为200A及以下的低压线路末端、分支电路或配电线路中作短路保护用。熔断器一般不宜用作过载保护，主要用于短路保护 |  |
| 按钮 | 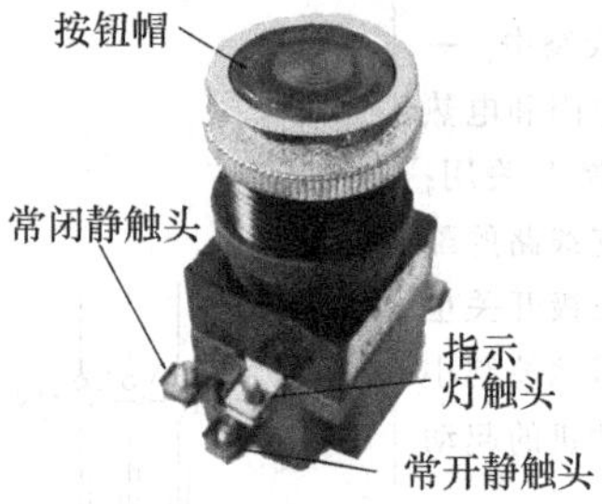 | LA2—11<br>LA4—3H<br>LA10—3K<br>LA12—22J<br>LA19—11D | 按钮是一种用人体某一部分施加力而操作，并具有弹簧储能复位的控制开关，其触头允许通过的电流较小，一般不超过5A，接在控制电路中发出指令或信号 | 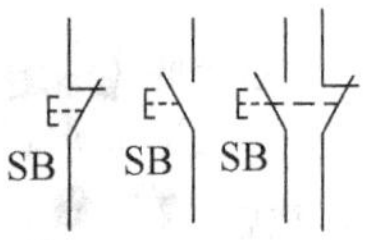按钮不直接控制主电路的通断 |
| 行程开关 | 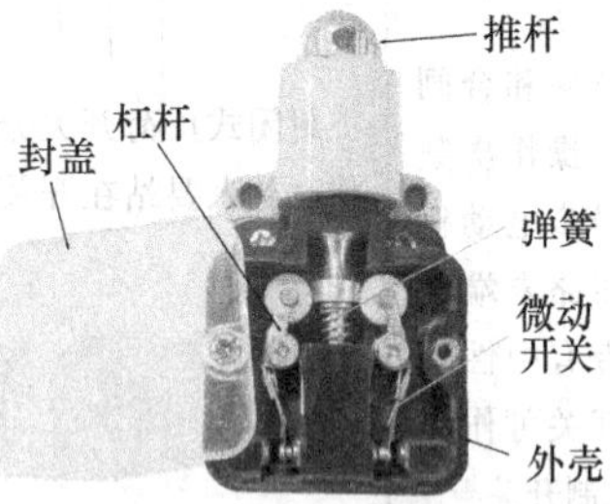 | LX1—11H<br>LX2—111<br>LX3—11K<br>LX4—21<br>LX5—11D | 行程开关是一种利用生产机械某些运动部件的碰撞来发出指令的主令电器，将机械位移转变成电信号，用作控制机械动作或用作程序控制和限位控制 | 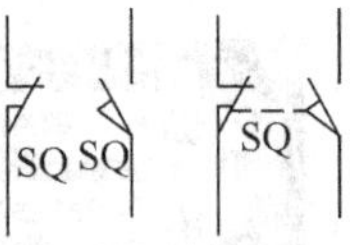 |
| 交流接触器 |  | CJ16—25<br>CJ20—10<br>CJ26—16<br>CJX1—9<br>CJT1—10 | 主要用于频繁接通或分断交直流电路，具有控制容量大，可远距离操作，广泛用于自动控制电路，其主要控制对象是电动机，也可控制其他电力负荷 | 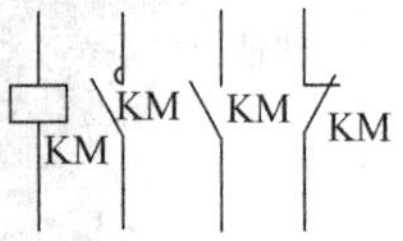 |

（续）

| 名称 | 外　形　图 | 型号举例 | 使用场合 | 符号及注意事项 |
| --- | --- | --- | --- | --- |
| 中间继电器 | 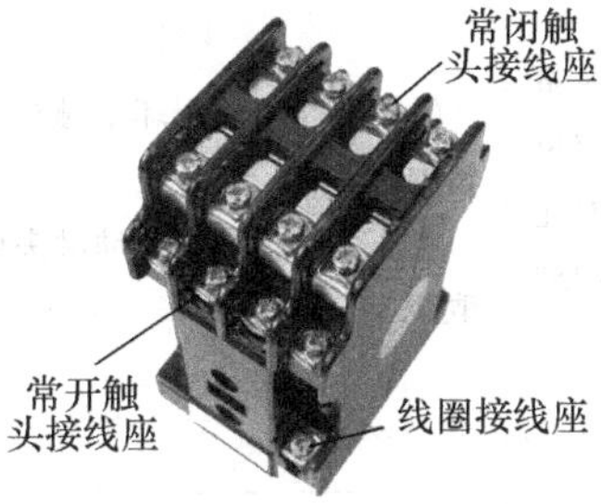 | JZ7—44<br>JZ11—62<br>JZ14—26<br>JZ20—1140<br>JZ20—1122 | 用以增加控制电路中的信号数量或放大控制信号，其触头数量较多，无主辅之分，各对触头间允许通过的电流一般为5A，可控制多个元件或回路 | 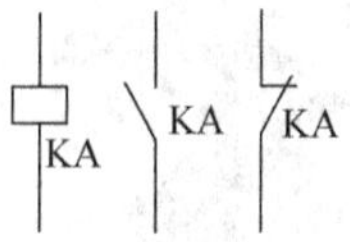 |
| 电磁式时间继电器 | 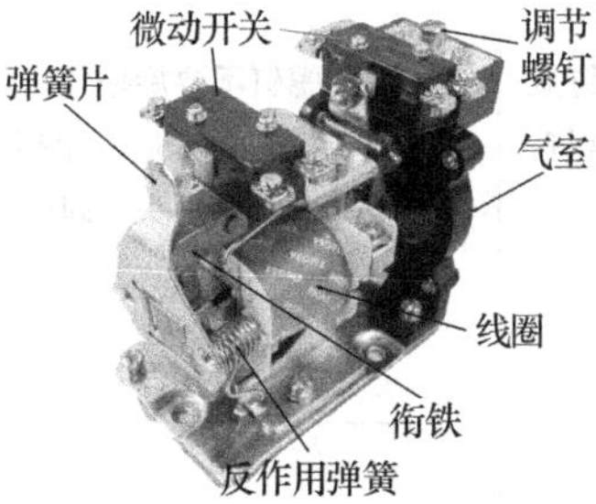 | JS7—2A<br>JS7—4A<br>JS11—11<br>JSK4—3/1 | 作为辅助元件用于保护及自动装置中，使被控元件达到所需要的延时，在保护装置中用以实现主保护与后备保护的选择性配合 | 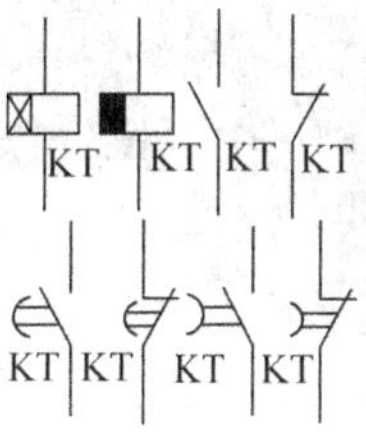 |
| 热继电器 | 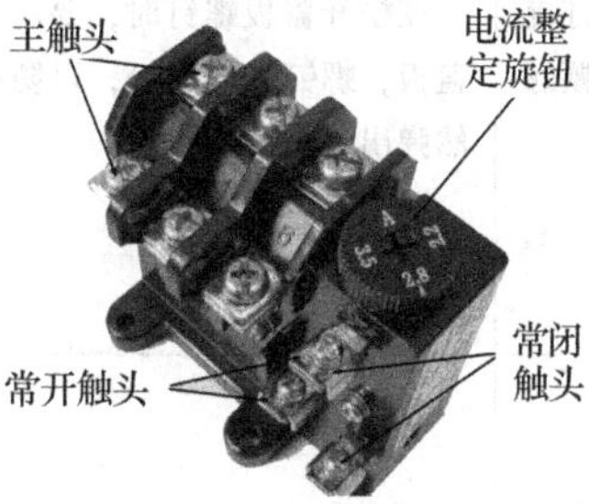 | JR16B—20/3<br>JR20—10<br>JR21—23<br>JR36—20 | 利用流过继电器的电流所产生的热效应而反时限动作的自动保护电器。与接触器配合，用作电动机的过载保护、断相保护、电流不平衡保护等 | 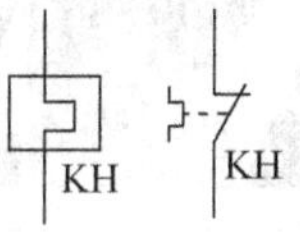 |

## 技能训练

### 一、CJ10—20型交流接触器的拆装

| 实 训 图 片 | 操 作 方 法 | 注 意 事 项 |
| --- | --- | --- |
|   | [拆卸灭弧罩]：用螺钉旋具卸下灭弧罩的紧固螺钉，取下灭弧罩 | 选择合适的螺钉旋具，不能损坏灭弧罩 |

（续）

| 实训图片 | 操作方法 | 注意事项 |
|---|---|---|
| 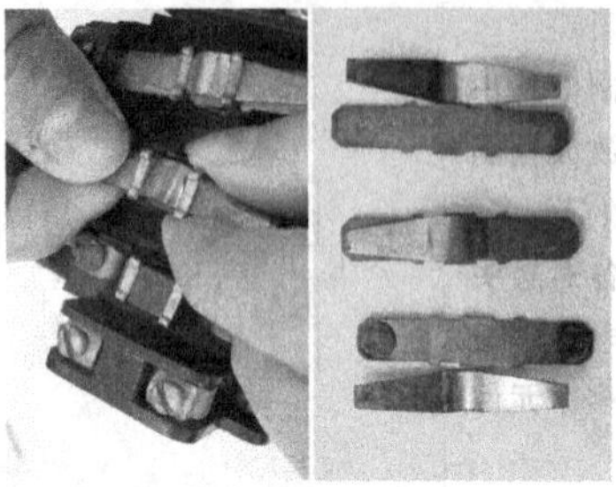 | [拆卸主动触头及其压力弹簧片]：用左手向上拉紧主触头定位弹簧夹，右手大拇指和食指捏住主动触头及其压力弹簧片侧转45°后慢慢取下 | ①拆卸时不能损坏主触头定位弹簧夹<br>②压力弹簧片和主动触头可分别取下 |
| 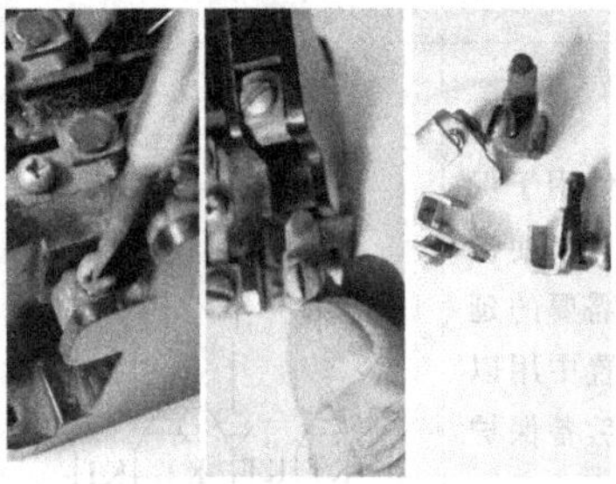 | [拆卸常开静触头]：用螺钉旋具松开常开静触头的固定螺钉，取下常开静触头 | ①固定螺钉不要旋松到底<br>②固定螺钉松开后，用螺钉旋具轻轻拨动常开静触头，即可取下 |
| 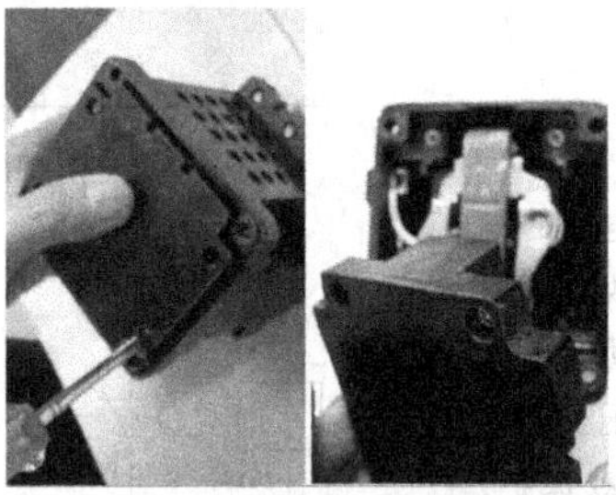 | [拆卸接触器底盖]：用螺钉旋具松开接触器底部盖板的四颗螺钉 | 在松开盖板螺钉时，要用手按住盖板，螺钉慢慢放松，以防盖板突然弹出 |
| 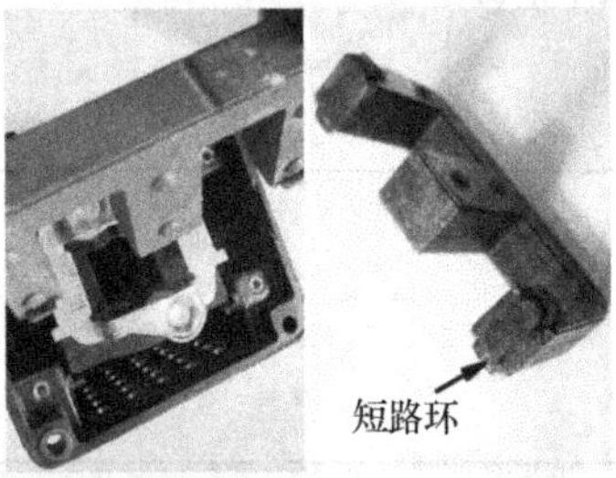 | [拆卸静铁心]：将静铁心小心地从接触器内取出 | 拆卸零件时要轻拿轻放，同时记住各零件原来的安装位置，以免安装时弄错 |
|  | [拆卸铁心支架和缓冲弹簧]：将铁心支架轻轻取出，然后再将两个缓冲弹簧从线圈上取出 | ①取下铁心支架时，注意其安装方向<br>②缓冲弹簧与下面的反作用力弹簧不能混淆 |

（续）

| 实训图片 | 操作方法 | 注意事项 |
| --- | --- | --- |
|  | ［拆卸线圈］：先将线圈的两个接线座的弹簧夹片从线圈接线座的卡口中拔出，然后取出线圈 | ①接线座的弹簧夹片拔出时可借助于螺钉旋具<br>②注意线圈的安装方法 |
| 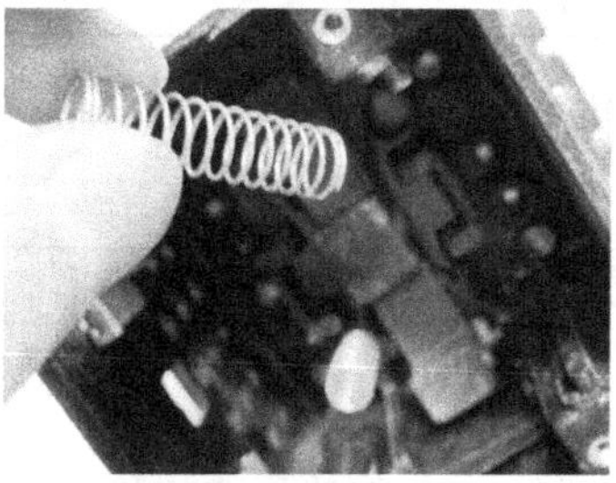 | ［拆卸反作用弹簧］：将放于动铁心支架两凹圈中的反作用弹簧轻轻取出 | 注意其安装位置，不能与缓冲弹簧混淆 |
| 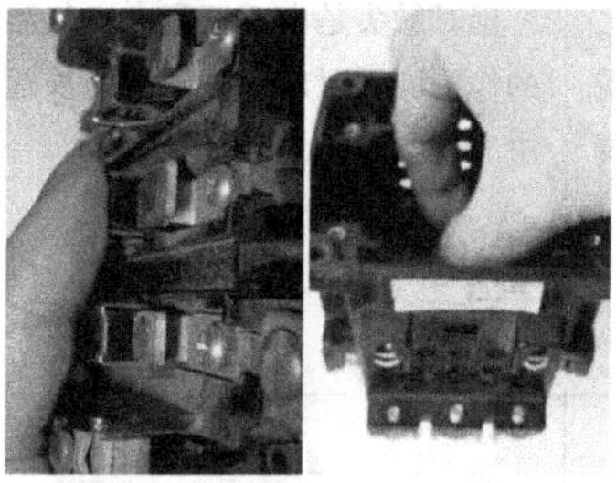 | ［拆卸动铁心支架］：拆卸时用左手向里顶住触头定位弹簧夹，右手伸入接触器内捏住动铁心向外拉 | 拆卸时要注意不能损坏其他零件，特别是不能损坏常开、常闭辅助触头 |
|  | ［拆卸动铁心定位销］：将动铁心支架圆孔中的动铁心定位销拔出 | 拔出动铁心定位销时，可借助于其他工具如铅丝，从另一端将定位销顶出 |
|  | ［拆卸动铁心］：从动铁心支架中取出动铁心 | 要注意铁心端面的清洁 |

（续）

| 实训图片 | 操作方法 | 注意事项 |
|---|---|---|
|  | ［拆卸缓冲绝缘纸片］：从动铁心支架中取出缓冲绝缘纸片 | 缓冲绝缘纸片不能因过热而老化、脆化，以免影响其弹性 |

CJ10—20 型交流接触器的装配过程与上面过程相反，不再赘述。

## 二、气囊式时间继电器 JS7—4A 型改装成 JS7—2A 型

| 实训图片 | 操作方法 | 注意事项 |
|---|---|---|
|  | ［断电延时状态（JS7—4A）］：继电器垂直安装时，动铁心在下，通电时向上吸引，四组触头都瞬时动作，断电时，动铁心向下释放，延时触头延时一段时间动作 | 延时触头是由于气囊中空气阻尼的作用而延时的，其延时的长短取决于气囊进气的快慢 |
|  | ［拆卸电磁系统］：将固定电磁系统的两颗螺钉卸下 | 螺钉卸下时不能遗失垫片 |
|  | ［对调电磁系统］：将电磁系统对调 180° | 固定时，要观察触头的动作情况，将其调整到最佳位置；可手动按下动铁心。观察触头的动作情况，若不符合要求，要继续调整 |

（续）

| 实训图片 | 操作方法 | 注意事项 |
|---|---|---|
| 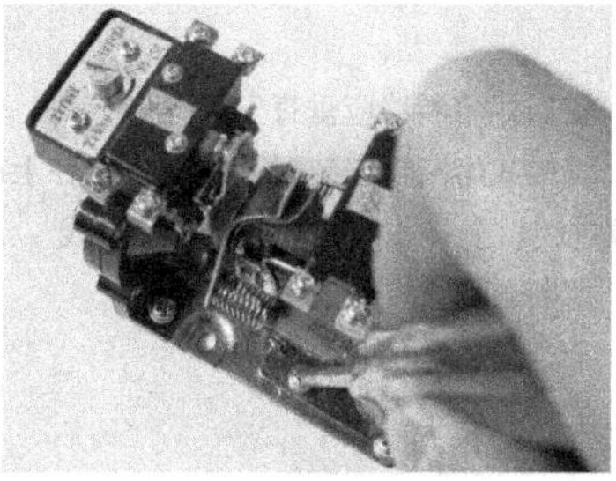 | [固定电磁系统（JS7—2A）]：将电磁系统用两颗螺钉固定。此时动铁心在下，通电时，动铁心向上吸引，瞬时触头动作，同时气囊开始进气，延时触头延时动作 | 固定时，要观察触头的动作情况，将其调整到最佳位置；可手动按下动铁心。观察触头的动作情况，若不符合要求，要继续调整 |
|  | [调节时间]：根据控制电路的要求，用螺钉旋具旋转调节螺钉，改变延时时间 | 顺时针旋转延时时间缩短，逆时针旋转延时时间变长 |

## 知识扩展

**【常用低压电器的选用与安装】**

| 名　称 | 选　　用 | 安　　装 |
|---|---|---|
| 开启式负荷开关<br>封闭式负荷开关 | （1）开关的额定电压不小于线路额定电压<br>（2）开关的额定电流不小于线路计算负荷电流，如控制电动机直接起动和停止，其额定电流不小于电动机额定电流的3倍<br>（3）根据控制负荷的种类，选择开关的极数 | （1）必须垂直安装，合闸状态时手柄应朝上<br>（2）封闭式开关熔断器外壳必须可靠接地<br>（3）进出线必须穿过封闭式开关熔断器的进出线孔 |
| 组合开关 | （1）根据控制电源的种类选择合适的开关<br>（2）开关的额定电压不小于线路额定电压<br>（3）按控制负荷的容量选择开关的额定电流 | （1）HZ10系列开关应安装在控制箱内，其操作手柄应伸出控制箱外<br>（2）开关在断开状态时，手柄应处于水平位置<br>（3）倒顺开关的外壳应可靠接地 |
| 低压断路器 | （1）断路器的额定电压不小于线路额定电压<br>（2）断路器的额定电流与过电流脱扣器的额定电流不小于线路计算负荷电流<br>（3）断路器的额定短路通断能力不小于线路中最大短路电流<br>（4）断路器欠电压脱扣器额定电压等于线路额定电压 | 低压断路器应垂直安装，电源进线接在上端（1L1、3L2、5L3），负荷出线接在下端（2T1、4T2、6T3） |

（续）

| 名称 | 选用 | 安装 |
| --- | --- | --- |
| 低压熔断器 | （1）根据被保护负荷的性质和短路电流的大小，选择具有相应分断能力的熔断器<br>（2）根据线路电压选用相应电压等级熔断器<br>（3）根据被保护负荷的性质和容量，选择熔体的额定电流<br>（4）根据熔体的额定电流等级，确定熔断器的额定电流等级 | （1）瓷插式熔断器应垂直安装<br>（2）螺旋式熔断器安装时，下接线座在上面接电源进线，上接线座在下面接负荷出线<br>（3）熔断器内要安装合适的熔体 |
| 按钮 | （1）根据使用场合选择按钮的种类<br>（2）根据用途选择合适的按钮形式<br>（3）根据控制电路的需要，选用合适的按钮数<br>（4）根据工作状态指示和工作情况的要求，选择按钮和指示灯的颜色 | （1）按钮安装应牢固，金属外壳应可靠接地<br>（2）应根据电动机的起动先后顺序，在安装接线板上，从上到下或从左到右依次排列安装<br>（3）同一机床运动部件有几种不同的工作状态时，应使每一对相反状态的按钮安装在一起 |
| 行程开关 | （1）根据使用场合及控制对象选择其种类<br>（2）根据安装环境选择防护形式<br>（3）根据控制电路的电压和电流选择其系列<br>（4）根据机械与行程开关的传力与位移关系选择合适的头部形式 | 行程开关安装时，其位置要准确、安装要牢固；滚轮方向不能装反 |
| 交流接触器<br>中间继电器 | （1）接触器的额定电压不小于负荷的额定电压<br>（2）接触器的额定电流不小于电动机（或负荷）的额定电流<br>（3）线圈的额定电压等于所控电路的额定电压<br>（4）根据触头数量来选择中间继电器 | 安装和接线时，注意不要将零件掉入接触器、继电器内部；散热孔应垂直向上，以有利于散热；安装固定要牢固，但也不能损坏固定脚 |
| 时间继电器 | （1）根据控制场合选择时间继电器控制精度<br>（2）根据控制电路的要求选择时间继电器的延时方式<br>（3）根据控制电路电压选择时间继电器线圈的电压 | （1）气囊式时间继电器安装时，要保证其在断电释放时，其动铁心（衔铁）的运动方向垂直向下<br>（2）时间继电器金属板上的接地螺钉必须与接地线可靠连接 |
| 热继电器 | （1）根据电动机使用时的接线不同，选择合适的热继电器<br>（2）热继电器热元件的整定电流范围应包含电动机的额定电流<br>（3）热继电器的过负荷特性必须与被保护电动机的允许发热特性相匹配 | （1）热继电器安装时，应避免其他电器的发热影响热继电器的动作特性<br>（2）使用前应对热继电器的整定电流按照电动机的额定电流进行整定<br>（3）热继电器接线座螺钉要拧紧，防止松动，造成接触不良，发热，产生误动作 |

## 检查评价

**任 务 评 价**

| 序　号 | 评价指标 | 评价内容 | 分值 | 个人评价 | 小组评价 | 教师评价 |
|---|---|---|---|---|---|---|
| 1 | 接触器的拆装 | 是否熟练掌握接触器的拆装步骤 | 10 | | | |
| | | 零部件拆装方法是否正确 | 10 | | | |
| | | 损坏零部件 | 10 | | | |
| | | 不会组装零部件 | 10 | | | |
| | | 组装时少装零部件 | 5 | | | |
| 2 | 时间继电器的改装 | 不会改装或改装方法不正确 | 10 | | | |
| | | 改装过程中遗失或损坏零部件 | 10 | | | |
| | | 不会调整电磁系统的位置 | 5 | | | |
| | | 不会调节延时时间 | 5 | | | |
| 3 | 安全规范 | 是否野蛮操作安装 | 10 | | | |
| | | 是否穿绝缘鞋 | 5 | | | |
| | | 操作是否安全规范 | 10 | | | |
| 总分 | | | 100 | | | |
| 问题记录和解决方法 | | | 记录任务实施过程中出现的问题和采取的解决办法 | | | |

**能 力 评 价**

| 内　容 | | 评　价 | |
|---|---|---|---|
| 学习目标 | 评价项目 | 小组评价 | 教师评价 |
| 应知应会 | 是否熟练掌握常用低压电器的原理、结构和作用 | □Yes　□No | □Yes　□No |
| | 是否熟悉常用低压电器的选用方法、型号含义 | □Yes　□No | □Yes　□No |
| 专业能力 | 是否能正确绘制常用低压电器的图形与文字符号 | □Yes　□No | □Yes　□No |
| | 是否能熟练正确拆装接触器 | □Yes　□No | □Yes　□No |
| | 是否能正确改装调整气囊式时间继电器 | □Yes　□No | □Yes　□No |
| 通用能力 | 团队组织能力 | □Yes　□No | □Yes　□No |
| | 沟通协调能力 | □Yes　□No | □Yes　□No |
| | 解决问题能力 | □Yes　□No | □Yes　□No |
| | 自我管理能力 | □Yes　□No | □Yes　□No |
| | 创新能力 | □Yes　□No | □Yes　□No |
| 态　度 | 爱岗敬业 | □Yes　□No | □Yes　□No |
| | 工作态度 | □Yes　□No | □Yes　□No |
| | 职业操守 | □Yes　□No | □Yes　□No |
| 个人努力方向： | | 老师、同学建议： | |

# 任务十二　三相交流异步电动机点动控制电路的安装

## 训练目标

- 了解绘制与识读电路图、接线图、布置图的原则和方法。

- 掌握三相异步电动机的点动控制原理。
- 熟悉电动机基本控制电路的一般安装步骤和工艺要求。
- 能正确安装电动机点动控制电路。
- 学会用万用表检查线路和排除故障的方法。

## 任务描述

在我们的日常生活中，经常会遇到这样的控制方式：用手按下某一个东西（器件），就产生一个动作，手一松开，这个动作就消失。比如我们常用的电瓶车、摩托车上的喇叭按钮，用手按一下，就发出某种特定的声音，手一松开，声音就消失；同样道理，在我们的许多生产机械上也存在这样的控制方式，这种控制方式就叫点动控制：按下按钮电动机就得电运转，松开按钮电动机就失电停转。本任务将完成三相异步电动机点动控制电路的安装。

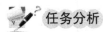

## 任务分析

本任务要求实现“三相异步电动机点动控制电路的安装”，首先需要正确绘制其控制电路图，以便按图施工、按图安装、按图接线，并了解其电路组成，掌握其控制电路的工作原理。

### 一、三相异步电动机点动控制电路图

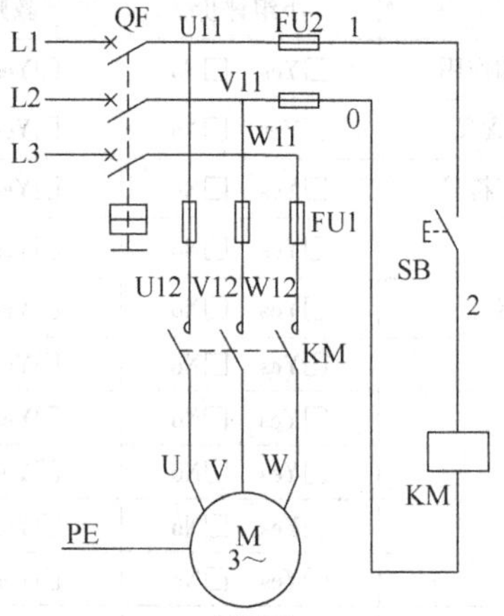

电路图

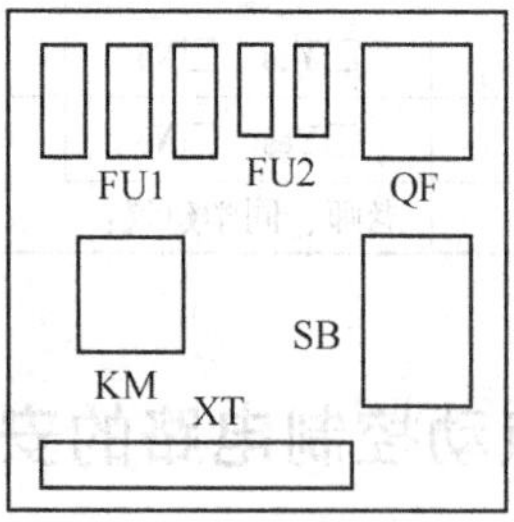

布置图

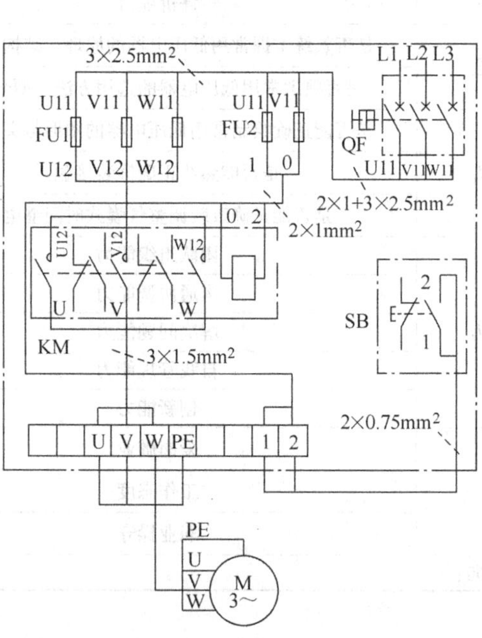

接线图

### 二、三相异步电动机点动控制电路的组成

三相异步电动机电路由电源电路、主电路、辅助电路组成。而辅助电路又由控制电路、

照明电路、指示电路组成。实现本任务的主要电器是接触器，其作用、结构、工作原理等在前文已详细叙述。

### 三、三相异步电动机点动控制的工作原理

根据三相异步电动机点动控制电路图，其工作原理如下：

［起动］：先合上低压断路器 QF→按下按钮 SB→线圈 KM 得电→KM 主触头闭合→电动机 M 得电旋转

［停止］：松开按钮 SB→线圈 KM 失电→KM 主触头断开→电动机 M 失电停转

## 相关知识

### 一、了解绘制电路图、布置图、接线图的原则

了解绘制电路图、布置图、接线图的原则，是熟练掌握电路图的绘制，以及分析与识读电路图的前提条件和基础，更是分析电路控制原理、查找电气故障点、维修维护电气设备、提高工作效率的技术保障。

<table>
<tr><th colspan="3">名　称</th><th>绘制原则</th><th>电路编号</th></tr>
<tr><td rowspan="5">电路图</td><td colspan="2">电源电路</td><td>电源电路要水平画出，三相交流电源 L1、L2、L3、中性线 N、保护线 PE 自上而下依次画出，电源开关要水平画出</td><td>电源开关出线端按相序依次编号 U11、V11、W11</td></tr>
<tr><td colspan="2">主电路</td><td>用粗实线垂直于电源电路绘制于电路图的左侧</td><td>从电源开关出线端开始按从上至下，从左至右的原则，每经过一个元器件，编号要递增，如 U12、V12、W12；U13、V13、W13 等。电动机的三根引出线编号为 U、V、W；如有几台电动机则编号为 1U、1V、1W；2U、2V、2W 等</td></tr>
<tr><td rowspan="3">辅助电路</td><td>控制电路</td><td rowspan="3">跨接于两根电源线之间，按控制电路、指示电路、照明电路依次用细实线垂直画在主电路右侧，耗能元件画在电路图的下方</td><td>按“等电位”原则，从上至下、从左至右的顺序，每隔一个元器件，用数字编号，依次递增，控制电路依次从 1 开始递增</td></tr>
<tr><td>照明电路</td><td>照明电路依次从 101 开始递增</td></tr>
<tr><td>指示电路</td><td>指示电路依次从 201 开始递增</td></tr>
<tr><td colspan="3">布置图</td><td>根据元器件在接线板上的实际安装位置，用简化的外形符号绘出</td><td>各元器件的文字符号必须与电路图中元器件的符号相一致</td></tr>
<tr><td colspan="3">接线图</td><td>所有的电器设备和元器件都应按其所在的实际位置绘出，同一电器的各元器件应根据其实际结构，使用与电路相同的图形符号画在一起，并用点画线框上</td><td>各元器件的文字符号必须与电路图中元器件的符号相一致；导线走向相同的可以合并，用线束来表示；导线、管子的型号、根数、规格应标注清楚</td></tr>
</table>

### 二、三相异步电动机点动控制电路常见故障及检修

| 故障现象 | 产生原因 | 检修方法 |
|---|---|---|
| 按下按钮接触器不吸合 | 控制熔断器熔断 | 用万用表电压挡测量 0、1 两端电压 |
| | 电源故障 | 用万用表电压挡测量 U11、V11 两端电压 |
| | 控制回路有断路故障 | 用万用表检查控制电路的通断情况 |
| | 接触器线圈损坏 | 更换接触器线圈或更换接触器 |

（续）

| 故障现象 | 产生原因 | 检修方法 |
|---|---|---|
| 按下按钮接触器吸合但电动机不旋转 | 主电路熔断器熔断 | 更换熔断器熔体 |
| | 接触器主触头接触不良 | 检修主触头、触头压力簧片 |
| | 主电路有断路故障 | 检查各连接点的连接是否良好 |
| | 电动机损坏 | 更换电动机 |
| 按下按钮，电路短路 | 控制电路短路 | 对照电路图，用万用表逐段检查线路 |
| | 主电路短路 | 用绝缘电阻表检查电动机有无短路情况 |

## 任务实施

### 一、元器件选择

根据电动机的功率，选择合适容量、规格的元器件，并进行质量检查。

| 序号 | 元器件名称 | 型号、规格 | 数量 | 备　注 |
|---|---|---|---|---|
| 1 | 螺旋式熔断器 | RL1—15 | 5 | 配熔体 15A3 只，2A2 只 |
| 2 | 低压断路器 | DZ108—20/3 | 1 | |
| 3 | 交流接触器 | CJT1—10/380V | 1 | |
| 4 | 按钮 | LA4—3H | 1 | |
| 5 | 塑料导线 | BV—1mm$^2$ | 5m | 控制电路用 |
| 6 | 塑料导线 | BV—2. 5mm$^2$ | 3m | 主电路用 |
| 7 | 塑料导线 | BVR—0. 75mm$^2$ | 1m | 按钮用 |
| 8 | 接线端子排 | TD（AZ1）660V 15A | 2 | |
| 9 | 三相异步电动机 | Y112M—4 4kW 1440r/min 8. 8A △联结 | 1 | |
| 10 | 接线板 | 700mm×550mm×30mm | 1 | |

### 二、元器件安装

| 实 训 图 片 | 操 作 方 法 | 注 意 事 项 |
|---|---|---|
| 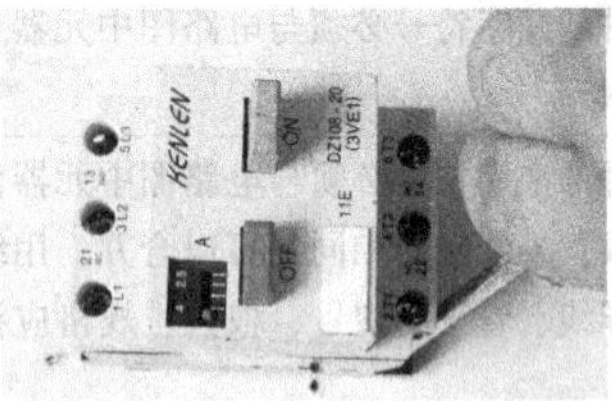 | ［安装低压断路器］：将低压断路器用两颗木螺钉对角安装固定在接线板的右上方 | ①低压断路器的电源进线接线座应在上面，负荷出线接线座应在下面<br>②根据安装板的大小和安装元器件的多少，离上、右端有 10～20cm 的距离 |
| 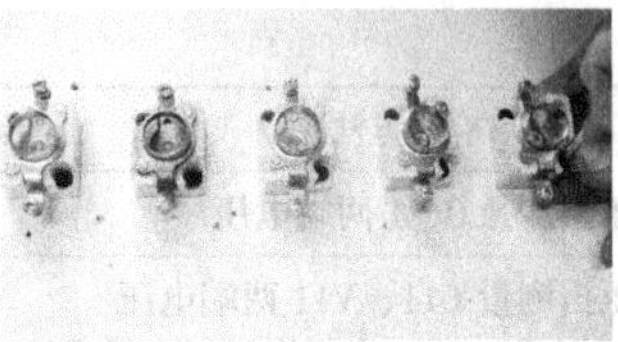 | ［安装熔断器］：将熔断器安装在接线板的左上方，从左至右为三个主熔断器、二个控制电路熔断器 | ①熔断器下接线座要安装在上面，上接线座安装在下面<br>②根据安装板的大小和安装元器件的多少，留有合适的间距<br>③熔断器要安装牢固，不摇晃 |

（续）

| 实训图片 | 操作方法 | 注意事项 |
| --- | --- | --- |
|  | ［安装接触器］：用两颗木螺钉将接触器对角安装固定在主熔断器的正下方中间位置 | ①接触器的散热孔应垂直向上<br>②不能将其他零件掉入其内部<br>③安装孔的螺钉应装有弹簧垫片和平垫圈<br>④固定木螺钉不能太紧，以免损坏接触器的安装固定脚 |
|  | ［安装按钮盒］：用两颗木螺钉将按钮盒安装固定在接线板的右下方，与断路器在同一轴线上 | 按钮的进出线孔要在下方，有利于进出线 |
| 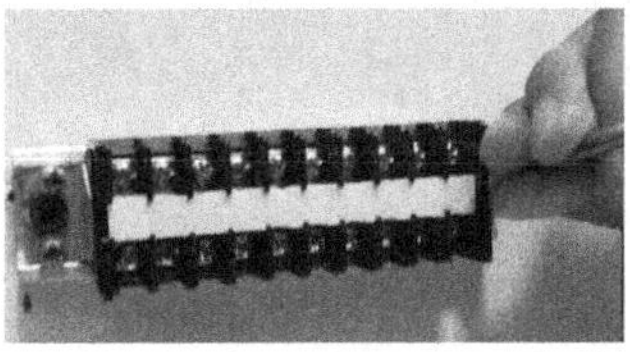 | ［安装接线端子排］：用两颗木螺钉将接线端子排安装在接线板的左下方，与接触器在同一轴线上 | ①端子排要安装牢固，无缺件，且绝缘良好<br>②安装端子排时不能损坏其绝缘隔片 |

## 三、布线

| 实训图片 | 操作方法 | 注意事项 |
| --- | --- | --- |
|  | ［布置1号线］：截取一段一定长度的 $1mm^2$ 导线，将其一端弯圈接于第一个控制熔断器的上接线座，弯直角向左向下走线，另一端接于接线端子排上 | ①布线时不能损伤导线线芯和绝缘<br>②与接线端子排或接线座连接时，不压绝缘层、不反圈、不能露铜过长 |
| 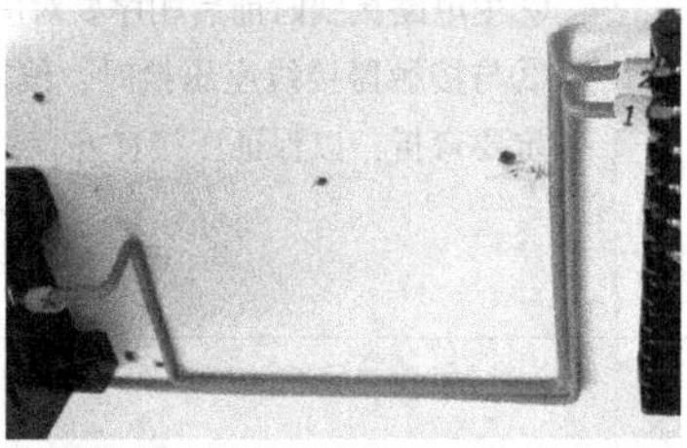 | ［布置2号线］：截取一段一定长度的 $1mm^2$ 导线，将其一端弯折接于端子排上对应位置，弯直角向左向上走线，另一端接于接触器线圈的A2接线座上 | ①线芯需弯折后与端子排、接触器线圈接线座压接<br>②合理考虑导线走向布局，不交叉，走线要紧贴面板，横平竖直，布线美观 |
|  | ［布置0号线］：截取一段一定长度的 $1mm^2$ 导线，将其一端弯圈接于第二个控制熔断器的上接线座，弯直角走线，另一端接于接触器线圈A1接线座 | |

（续）

| 实训图片 | 操作方法 | 注意事项 |
| --- | --- | --- |
| 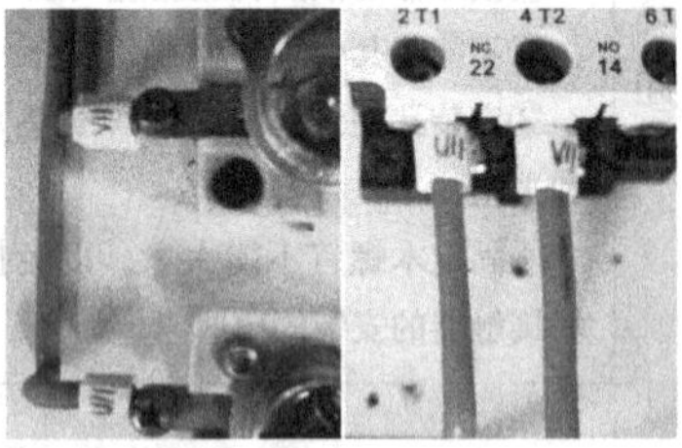 | ［布置U11、V11控制电路电源线］：截取两段一定长度的 $1mm^2$ 导线，一端线芯弯折接于断路器对应的下接线座上，另一端线芯弯圈接于FU2的下接线座上 | ①断路器下接线座左边为U11，中间为V11；控制熔断器左边为U11，右边为V11<br>②合理考虑线路的走向，做到不交叉，平行走线，合理美观<br>③相序要对应，主电路熔断器及断路器下接线座从左到右依次为U11、V11、W11 |
|  | ［布置U11、V11、W11主电路电源线］：截取三段一定长度的 $2.5mm^2$ 导线，一端线芯弯圈接于主电路熔断器的下接线座，另一端线芯弯折接于断路器的对应下接线座 | |
| 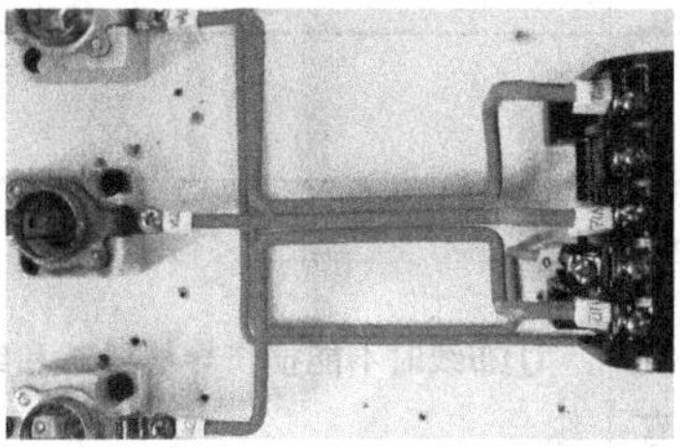 | ［布置U12、V12、W12主电路线］：截取三段一定长度的 $2.5mm^2$ 导线，一端线芯弯圈接于主电路熔断器的上接线座，另一端线芯弯折接于接触器的三个上接线座上 | ①同一平面的导线应高低一致或前后一致<br>②同一元器件、同一回路的不同连接点的导线间距离应保持一致，导线中间应无接头<br>③主电路布线采用架空形式 |
|  | ［布置U、V、W主电路线］：截取三段一定长度的 $2.5mm^2$ 导线，一端线芯弯折接于接触器对应的下接线座上，另一端线芯接于接线端子排的接线座上 | ①主电路布线采用架空形式<br>②主电路接线时前后相序要对应<br>③与接触器接线座压接时，线芯一定要弯折，以保证压接良好 |
| 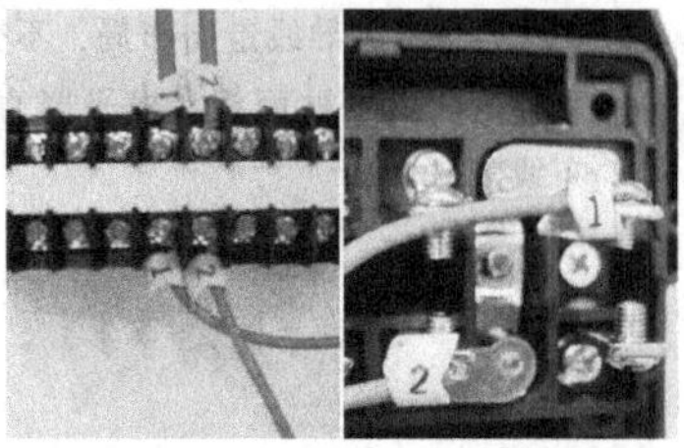 | ［布置按钮线］：截取两段一定长度的 $0.75mm^2$ 软导线，将其一端分别绞合接于端子排1、2号对应位置，另一端分别绞合弯圈接于起动按钮的两端 | ①软导线连接前线芯要绞合紧<br>②与接线端子排或接线座连接时，不压绝缘层、不反圈、不能露铜过长<br>③按钮布线完毕后应盖上按钮盒盖，并加以固定 |

## 四、电路检查

| 实训图片 | 操作方法 | 注意事项 |
| --- | --- | --- |
|  | ［目测检查］：根据电路图或接线图从电源端开始，逐段检查核对线号是否正确，有无漏接、错接 | ①检查时要断开电源<br>②要检查导线连接点是否符合要求、压接是否牢固<br>③要注意连接点接触是否良好，以免运行时产生电弧<br>④要用万用表合适的电阻挡位，并“调零”进行检查<br>⑤检查时可用手按下按钮或用工具按下接触器的动铁心 |
| 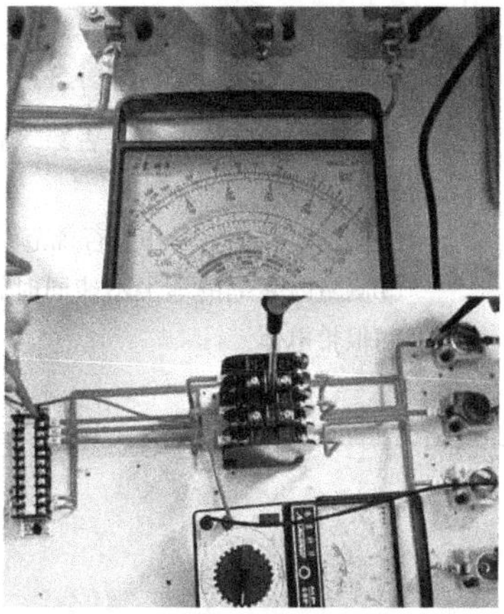 | ［万用表检查］：用万用表电阻挡检查电路有无开路、短路情况。先检查控制电路，将万用表两表笔搭接在熔断器上接线座0、1号处，万用表指示“∞”，按下按钮SB，万用表指示接触器线圈电阻值；再检查主电路，两表笔分别搭接主电路熔断器上接线座和对应接线端子排，用螺钉旋具按下接触器，万用表指示应为“0” | |

## 五、电动机连接

| 实训图片 | 操作方法 | 注意事项 |
| --- | --- | --- |
| 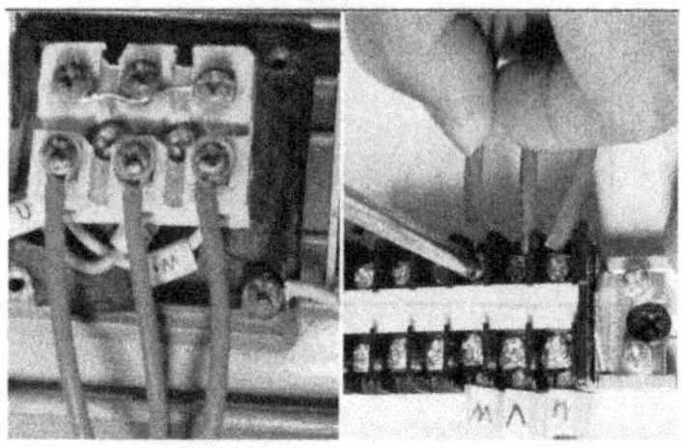 | ［连接电动机］：将电动机定子绕组的三根出线与端子排相应连接点U、V、W进行连接 | 电动机的外壳应可靠接地 |

## 六、通电试车

| 实训图片 | 操作方法 | 注意事项 |
| --- | --- | --- |
| 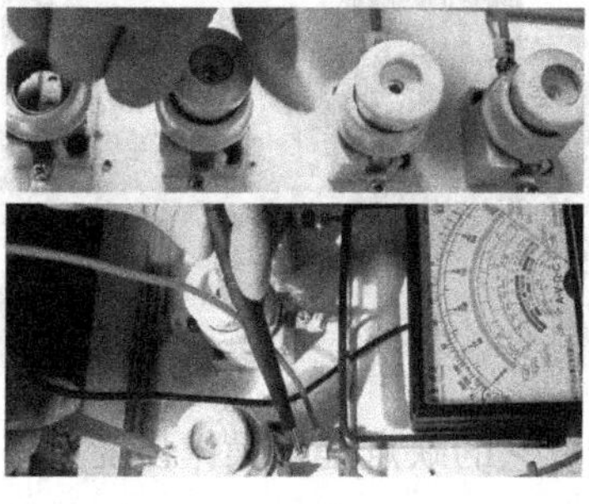 | ［安装熔体］：将3只15A的熔体装入主电路熔断器中，将2只2A熔体装入控制电路熔断器中，同时旋上熔帽 | ①主电路和控制电路的熔体要区分清，不能装错<br>②熔体的熔断指示——小红点要在上面<br>③用万用表确认熔体的好坏 |

（续）

| 实训图片 | 操作方法 | 注意事项 |
|---|---|---|
|  | ［连接电源线］：将三相电源线连接到低压断路器的进线端（1L1、3L2、5L3） | ①连接电源线时应断开电源<br>②学生通电试验时，指导老师必须在现场进行监护 |
|  | ［验电］：合上总电源开关，用万用表500V电压挡，分别测量低压断路器进线端的相间电压，确认三相电源并三相电压平衡 | ①测量前，确认学生是否穿绝缘鞋<br>②测量时，学生操作是否规范<br>③测量时表笔的笔尖不能同时触及两根带电体 |
|  | ［按下按钮试车］：按下电源开关QF，再按下按钮SB，观察接触器的吸合以及电动机的运转情况。手松开按钮SB，观察接触器的断开以及电动机停转情况 | ①按下按钮时不要用力过大<br>②按下按钮后手不要松开，停留较长时间后再松开<br>③按下按钮后如出现故障，应在老师的指导下进行检查 |

**提醒注意**

### 一、布线要求

自动控制电路布线时要遵循先控制电路，其次主电路，再电源电路，最后外接电路的原则，依次布线，有序进行。控制电路、主电路布线时除导线横截面积要求不同外，还要做到层次分明，不杂乱，即控制电路布线要紧贴接线板，主电路布线采用架空形式。

主电路架空布线

### 二、三相异步电动机点动控制的优缺点

点动控制电路的优点是：控制电路简单，使用元器件少。它的缺点是：操作强度大，控

制不便，不能连续运转。对于如何解决控制不便的问题，将在下一个任务中给予改进和完善。

### 三、电动机使用说明

从本任务开始，我们通电试车使用的电动机采用实训室中常用的额定功率为250W的三相交流异步电动机，但我们控制电路元器件的选择仍按实际情况进行选择。

## 检查评价

**任 务 评 价**

| 序　号 | 评价指标 | 评价内容 | 分值 | 个人评价 | 小组评价 | 教师评价 |
|---|---|---|---|---|---|---|
| 1 | 元器件检查 | 元器件是否漏检或错检 | 5 | | | |
| 2 | 安装元器件 | 不按布置图安装 | 5 | | | |
| | | 元器件安装不牢固 | 3 | | | |
| | | 元器件安装不整齐、不合理、不美观 | 2 | | | |
| | | 损坏元器件 | 5 | | | |
| 3 | 布线 | 不按电路图接线 | 10 | | | |
| | | 布线不符合要求 | 5 | | | |
| | | 连接点松动、露铜过长、反圈 | 5 | | | |
| | | 损伤导线绝缘或线芯 | 5 | | | |
| | | 编码套管套装不正确 | 5 | | | |
| | | 未接地线 | 10 | | | |
| 4 | 通电试车 | 熔体选择不合适 | 10 | | | |
| | | 第一次试车不成功 | 10 | | | |
| | | 第二次试车不成功 | 10 | | | |
| 5 | 安全规范 | 是否穿绝缘鞋 | 5 | | | |
| | | 操作是否规范安全 | 5 | | | |
| 总分 | | | 100 | | | |
| 问题记录和解决方法 | | | 记录任务实施过程中出现的问题和采取的解决办法 | | | |

**能 力 评 价**

| 内　容 | | 评　价 | |
|---|---|---|---|
| 学习目标 | 评价项目 | 小组评价 | 教师评价 |
| 应知应会 | 本任务的相关基本概念是否熟悉 | □Yes　□No | □Yes　□No |
| | 是否熟练掌握仪表、工具的使用 | □Yes　□No | □Yes　□No |
| 专业能力 | 元器件的安装、使用是否规范 | □Yes　□No | □Yes　□No |
| | 安装接线是否合理、规范、美观 | □Yes　□No | □Yes　□No |
| | 是否具有相关专业知识的融合能力 | □Yes　□No | □Yes　□No |
| 通用能力 | 组织能力 | □Yes　□No | □Yes　□No |
| | 沟通能力 | □Yes　□No | □Yes　□No |

（续）

| 内容 | | 评价 | |
|---|---|---|---|
| 学习目标 | 评价项目 | 小组评价 | 教师评价 |
| 通用能力 | 解决问题能力 | □Yes □No | □Yes □No |
| | 自我管理能力 | □Yes □No | □Yes □No |
| | 创新能力 | □Yes □No | □Yes □No |
| 态　度 | 敬岗爱业 | □Yes □No | □Yes □No |
| | 态度认真 | □Yes □No | □Yes □No |
| 个人努力方向： | | 老师、同学建议： | |

## 思考与提高

1. 本任务中，为什么主电路的布线要采用架空形式？
2. 针对点动控制电路的缺点，采用何种措施加以改进？
3. 主电路和控制电路的导线横截面积为什么不同？

# 任务十三　三相交流异步电动机连续运转控制电路的安装

## 训练目标

- 掌握三相异步电动机的连续控制原理。
- 熟悉电动机基本控制电路的一般安装步骤和工艺要求。
- 能正确安装电动机连续控制电路。
- 学会用万用表检查线路和排除故障的方法。

## 任务描述

在上一个任务中，我们已经实现了点动控制电路的安装，掌握了其工作原理，知晓了其电路的缺点，那么怎样克服并改进其缺点呢？即怎样改装点动控制电路，使电动机在松开起动按钮后，能保持连续运转呢？本任务就来解决这一问题。

## 任务分析

本任务要实现“三相交流异步电动机连续运转控制电路的安装”，首先应正确绘制其控制电路图，做到按图施工、按图安装、按图接线，并了解其组成，熟悉其工作原理。

1. 三相交流异步电动机连续运转控制的实现

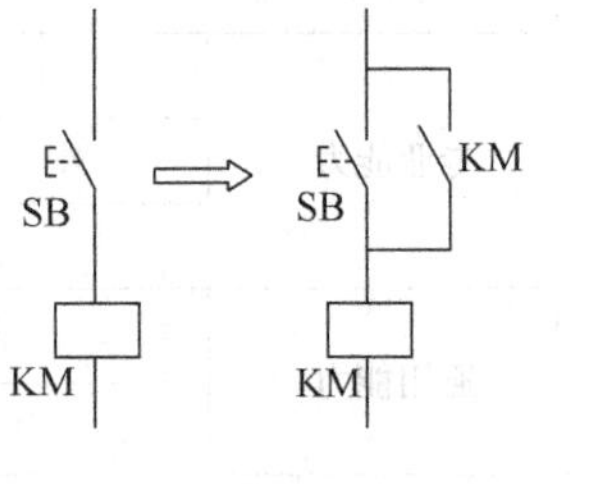


要实现三相异步电动机的连续运转，即松开起动按钮后，电动机能继续运转，也就是要保证接触器线圈不失电，为此我们只需在松开起动按钮前，将此按钮短接，以保证控制电路不断路，而实现短接按钮的，我们往往用起动按钮所控制接触器（或继电器）的常开辅助触头来实现，这样的控制方式叫做自锁控制。

2. 三相交流异步电动机连续运转控制电路图

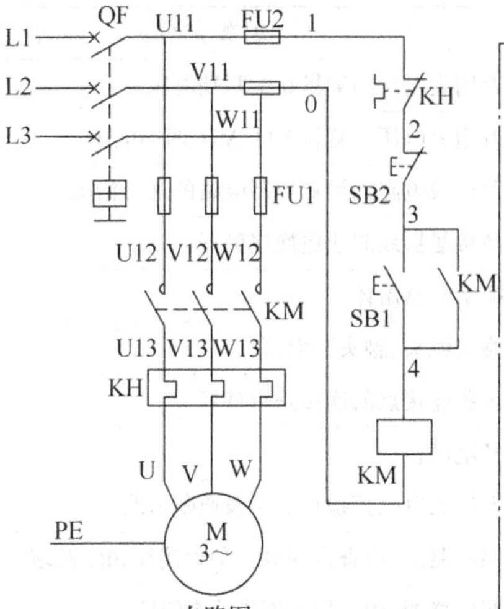

电路图

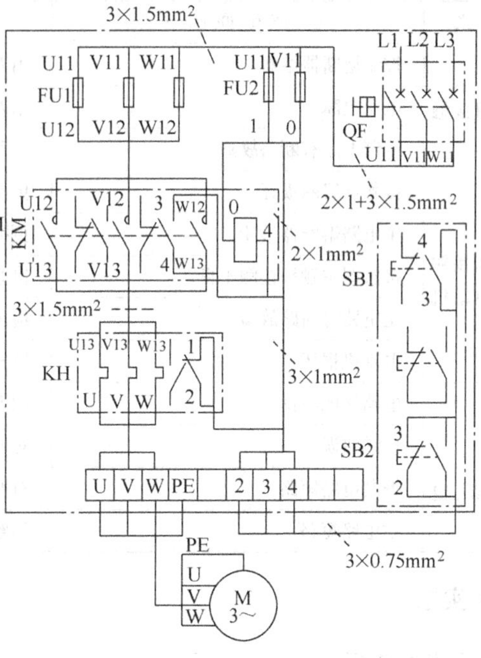

接线图

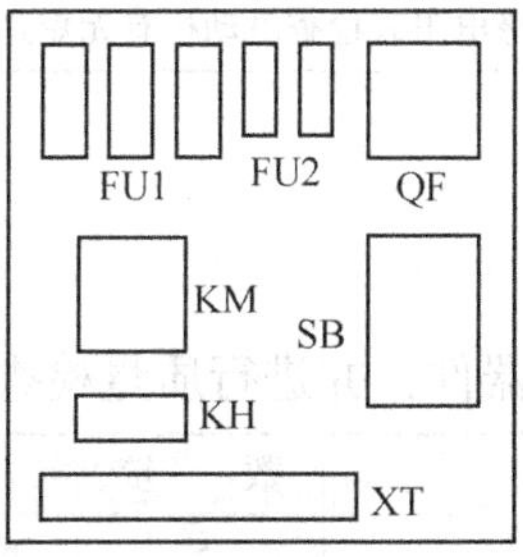

布置图

3. 三相交流异步电动机连续控制的工作原理

三相交流异步电动机连续控制的工作原理如下：

起动：合上低压断路器 QF → 按下按钮 SB1 → KM 线圈得电 → KM 主触头闭合 → 电动机 M 得电旋转

　　　　　　　　　　　　　　　　　　　　　→ KM 常开触头闭合 → 自锁

停止：按下按钮 SB2 → KM 线圈失电 → KM 主触头断开 → 电动机 M 失电停转

　　　　　　　　　　　　　　　　　→ KM 常开触头断开

## 相关知识

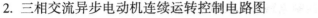

### 一、三相交流异步电动机连续控制电路的保护功能

一个完整的连续控制电路应具有：短路保护、过负荷保护、欠电压（失电压）保护等功能。本线路的短路保护由熔断器实现：FU1 实现主电路短路保护，FU2 实现控制电路短路保护；过负荷保护由热继电器 KH 实现；欠电压（失电压）保护由接触器实现。其保护工作原理如下：

过负荷保护：电动机过负荷 → KH(1～2) 触头断开 → KM 线圈失电 → KM 主触头断开 → 电动机 M 失电停转

　　　　　　　　　　　　　　　　　　　　　　　　→ KM 常开触头断开

欠电压 $U < 85\% U_N$ → 电磁吸力 < 弹簧反作用力 → KM 主触头断开 → 电动机 M 失电停转

　　　　　　　　　　　　　　　　　　　　　　→ KM 常开触头断开 → KM 线圈失电

## 二、三相异步电动机连续运转控制电路常见故障及检修

| 故障现象 | 产生原因 | 检修方法 |
|---|---|---|
| 按下按钮接触器不吸合 | 控制熔断器熔断 | 用万用表电压挡测量 0、1 两端电压 |
| | 电源故障 | 用万用表电压挡测量 U11、V11 两端电压 |
| | 控制电路有断路故障 | 用万用表电阻挡检查控制电路的通断情况 |
| | 接触器线圈损坏 | 更换接触器线圈或更换接触器 |
| 按下按钮接触器吸合但电动机不旋转 | 主电路熔断器熔断 | 更换熔断器熔体 |
| | 接触器主触头接触不良 | 检修主触头、触头压力簧片 |
| | 主电路有断路故障 | 检查各连接点的连接是否良好 |
| | 电动机损坏 | 更换电动机 |
| 无自锁 | 电路接触不良 | 用万用表电阻挡检查 3、4 段通断情况 |
| | 接线错误 | 对照电路图，检查自锁触头是否接在 SB1 两端 |
| 按下按钮，电路短路 | 控制电路短路 | 对照电路图，用万用表逐段检查线路 |
| | 主电路短路 | 用绝缘电阻表检查电动机有无短路情况 |

## 任务实施

### 一、元器件选择

根据电动机的功率，选择合适容量、规格的元器件，并进行质量检查。

| 序　号 | 元器件名称 | 型号、规格 | 数　量 | 备　注 |
|---|---|---|---|---|
| 1 | 螺旋式熔断器 | RL1—15 | 5 | 配熔体 15A3 只，2A2 只 |
| 2 | 低压断路器 | DZ108—20/3 | 1 | |
| 3 | 交流接触器 | CJT1—10/380V | 1 | |
| 4 | 热继电器 | JR36—20 | 1 | |
| 5 | 按钮 | LA4—3H | 1 | |
| 6 | 塑料导线 | BV—1mm$^2$ | 5m | 控制电路用 |
| 7 | 塑料导线 | BV—1.5mm$^2$ | 3m | 主电路用 |
| 8 | 塑料导线 | BVR—0.75mm$^2$ | 1m | 按钮用 |
| 9 | 接线端子排 | TD(AZ1)660V 15A | 2 | |
| 10 | 三相异步电动机 | Y112M—4 4kW 1440r/min | 1 | 8.8A △联结 |
| 11 | 接线板 | 700mm×550mm×30mm | 1 | |

### 二、元器件安装

| 实训图片 | 操作方法 | 注意事项 |
|---|---|---|
|  | [安装热继电器]：用两颗木螺钉将热继电器安装固定在接触器的下方，与接触器在同一轴线上 | ①热继电器的安装方向不能反了<br>②固定木螺钉不能太紧，以免损坏元器件的安装固定脚 |

（续）

| 实训图片 | 操作方法 | 注意事项 |
|---|---|---|
| 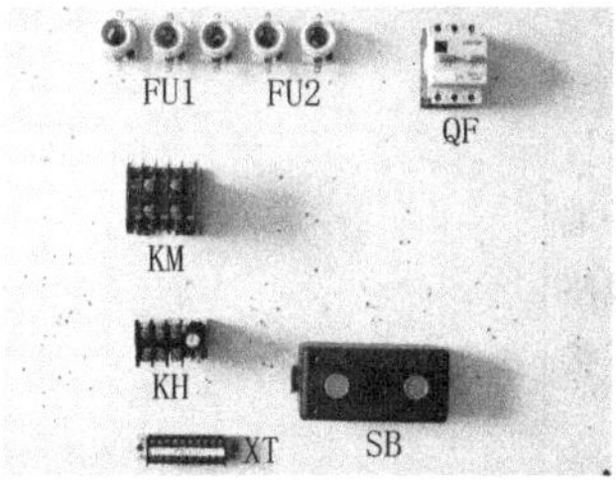 | [其他元器件安装]：其他元器件的安装见上一任务 | ①熔断器下接线座要安装在上方，上接线座安装在下方，熔断器要安装牢固，不摇晃<br>②接触器的散热孔应垂直向上<br>③端子排要安装牢固，无缺件，且绝缘良好 |

## 三、布线

| 实训图片 | 操作方法 | 注意事项 |
|---|---|---|
|  | [布置 1 号线]：截取一段 $1mm^2$ 导线，将其一端弯圈接于第一个控制熔断器的上接线座，弯直角向左向下走线，另一端接于热继电器 95 号接线座 | ①布线时不能损伤导线线芯和绝缘<br>②与接线端子排或接线座连接时，不压绝缘层、不反圈、不能露铜过长 |
| 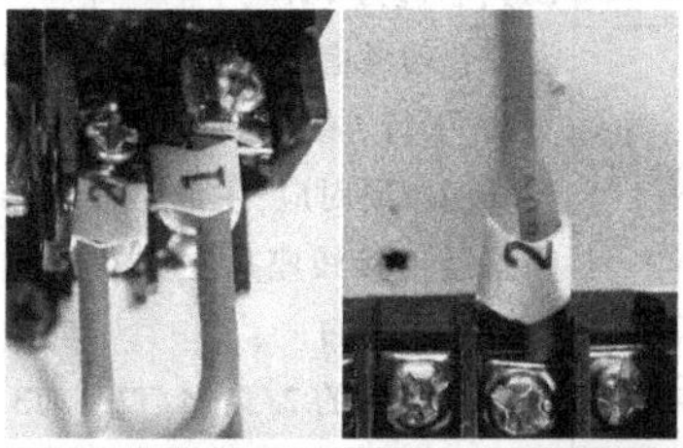 | [布置 2 号线]：截取一段一定长度的 $1mm^2$ 导线，将其一端弯折接于端子排上对应位置，弯直角向上走线，另一端接于热继电器的 96 号接线座上 | |
| 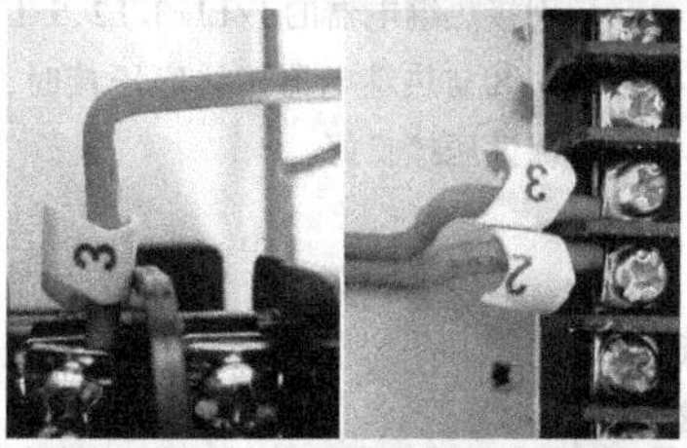 | [布置 3 号线]：截取一段 $1mm^2$ 导线，将其一端接于接触器的 33 号（常开触头）接线座上，弯直角向下走线，另一端接于端子排对应位置 | ①布线时不能损伤导线线芯和绝缘，合理考虑导线走向布局，不交叉，布线美观<br>②3 号线不能与 1 号线交叉<br>③4 号线向下从 1、2 线的外面向下至端子排<br>④与 A2 号线圈接线座连接时，两根线芯压接要牢固，不压绝缘层、不能露铜过长<br>⑤0 号线要在 1 号线的里面（上面）走线，走线时要紧贴面板，横平竖直<br>⑥与接线端子或接线座连接时，不压绝缘层、不反圈、不能露铜过长 |
|  | [布置 4 号线]：截取一段 $1mm^2$ 导线，将其一端接于端子排对应位置，弯直角向上走线，另一端接于接触器的 A2 号线圈接线座，再用一短线将 A2 与 34 号（常开触头）连接起来 | |
| 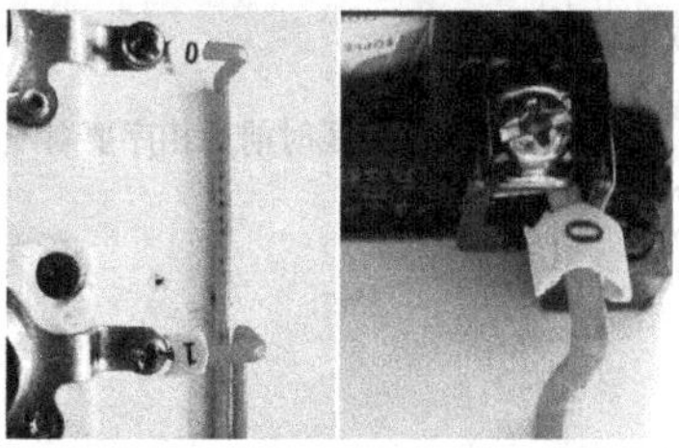 | [布置 0 号线]：截取一段一定长度的 $1mm^2$ 导线，将其一端弯圈接于第二个控制熔断器的上接线座，弯直角走线，另一端接于接触器线圈的 A1 接线座 | |

（续）

<table>
<tr><th>实训图片</th><th>操作方法</th><th>注意事项</th></tr>
<tr><td>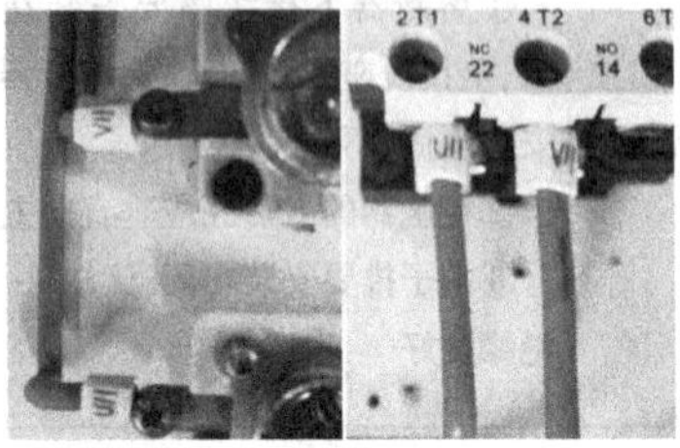</td><td>［布置 U11、V11 控制电路电源线］：截取两段一定长度的 1mm² 导线，一端线芯弯折接于断路器对应的下接线座上，另一端线芯弯圈接于 FU2 的下接线座上</td><td rowspan="4">①主电路布线采用架空形式<br>②同一平面的导线应高低一致或前后一致<br>③同一元器件、同一回路的不同接点的导线间距离应保持一致，导线中间应无接头<br>④断路器下接线座左边为 U11，中间为 V11；控制熔断器左边为 U11，右边为 V11<br>⑤合理考虑线路的走向，做到不交叉，平行走线，合理美观<br>⑥相序要对应，主电路熔断器及断路器下接线座从左到右依次为 U11、V11、W11<br>⑦接触器的 2/T1、4/T2、6/T3 分别接热继电器的 1/L1、3/L2、5/L3<br>⑧与热继电器接线座压接时，要保证压接良好</td></tr>
<tr><td>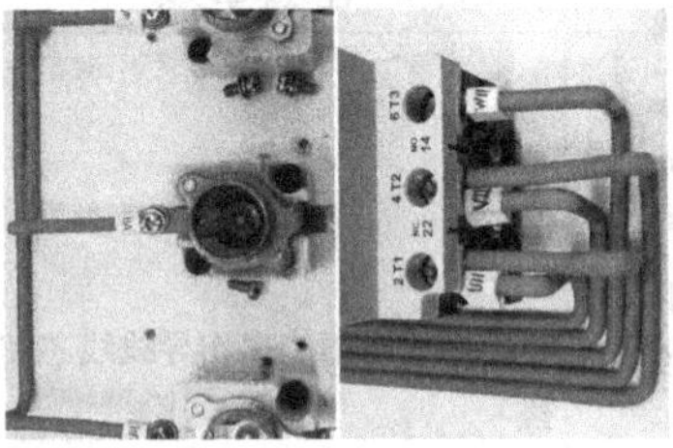</td><td>［布置 U11、V11、W11 主电路电源线］：截取三段一定长度的 2.5mm² 导线，一端线芯弯圈接于主电路熔断器的下接线座，另一端线芯弯折接于断路器的对应下接线座</td></tr>
<tr><td>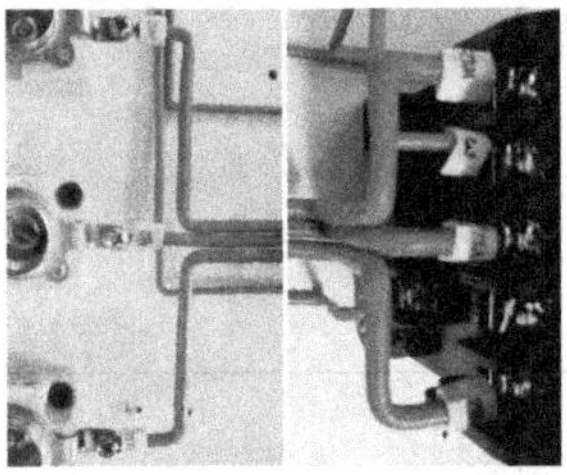</td><td>［布置 U12、V12、W12 主电路线］：截取三段一定长度的 2.5mm² 导线，一端线芯弯圈接于主电路熔断器的上接线座，另一端线芯接于接触器的三个上接线座（1/L1、3/L2、5/L3）</td></tr>
<tr><td>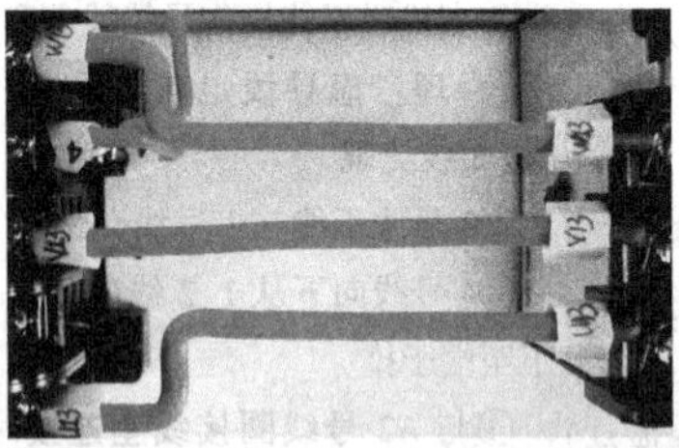</td><td>［布置 U13、V13、W13 主电路线］：截取三段 2.5mm² 导线，一端线芯接于接触器的三个下接线座上，另一端接热继电器三个上接线座上</td></tr>
<tr><td>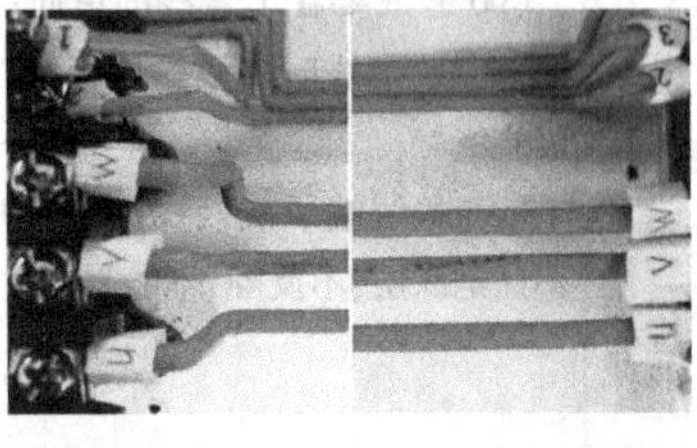</td><td>［布置 U、V、W 主电路线］：截取三段一定长度的 2.5mm² 导线，一端线芯接于热继电器对应的下接线座上，另一端线芯接于接线端子排的接线座上</td><td>主电路接线时前后相序要对应</td></tr>
</table>

（续）

| 实训图片 | 操作方法 | 注意事项 |
| --- | --- | --- |
|   | [布置 2 号按钮线]：截取一段 0.75mm² 软导线，将其一端分别绞合接于端子排上 2 号对应位置，另一端分别绞合弯圈接于停止按钮的一端 | ①软导线连接前其线芯要绞合紧<br>②与接线端子排或接线座连接时，不压绝缘层、不反圈、不能露铜过长<br>③按钮接线时，不可用力过大，防止螺钉打滑<br>④导线中间破绝缘层时不能剪断线芯<br>⑤按钮布线完毕后应盖上按钮盒盖，并加以固定 |
|   | [布置 3 号按钮线]：用 0.75mm² 软导线，将其一端绞合接于端子排对应位置，中间破绝缘层绞合弯圈接于停止按钮另一端，再绞合弯圈接于起动按钮的一端 | |
|   | [布置 4 号按钮线]：截取一段 0.75mm² 软导线，将其一端分别绞合接于端子排上 4 号对应位置，另一端分别绞合弯圈接于起动按钮的另一端 | |

## 四、电路检查

| 实训图片 | 操作方法 | 注意事项 |
| --- | --- | --- |
|  | [目测检查]：根据电路图或接线图从电源端开始，逐段检查核对线号是否正确，有无漏接、错接 | ①检查时要断开电源<br>②要检查导线连接点是否符合要求、压接是否牢固<br>③要注意连接点接触是否良好，以免运行时产生电弧<br>④要用合适的电阻挡位，并“调零”进行检查<br>⑤检查时可用手按下按钮或接触器 |
| 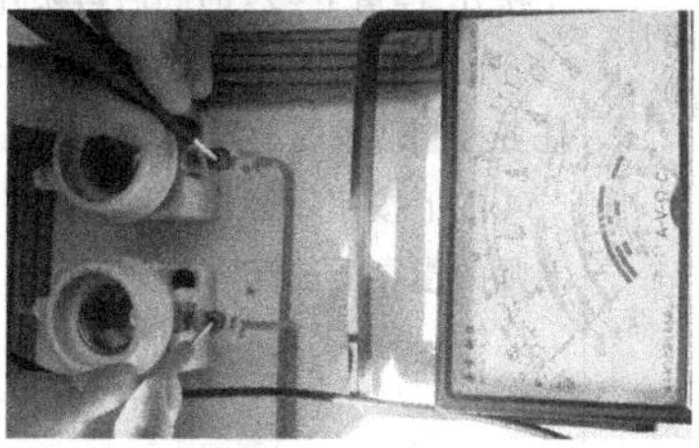 | [万用表检查]：用万用表电阻挡检查电路有无开路、短路情况。将万用表两表笔搭接 0、1 号线，万用表应指示“∞”，按下起动按钮，应指示一定线圈阻值 | |

| 实训图片 | 操作方法 | 注意事项 |
|---|---|---|
| 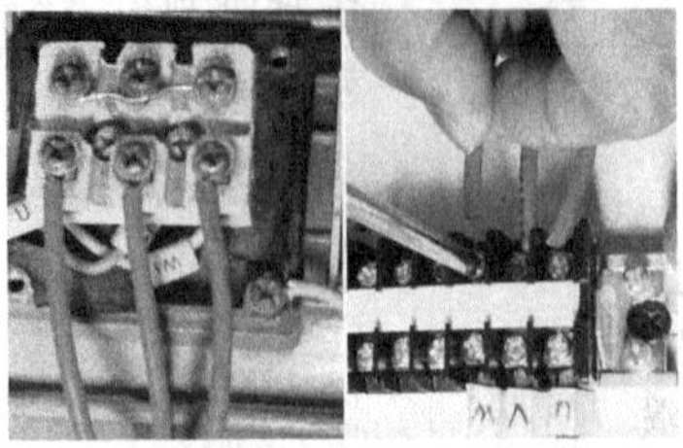 | ［连接电动机］：将电动机定子绕组的三根出线与端子排相应连接点 U、V、W 进行连接 | 电动机的外壳应可靠接地 |

## 五、通电试车

| 实训图片 | 操作方法 | 注意事项 |
|---|---|---|
| 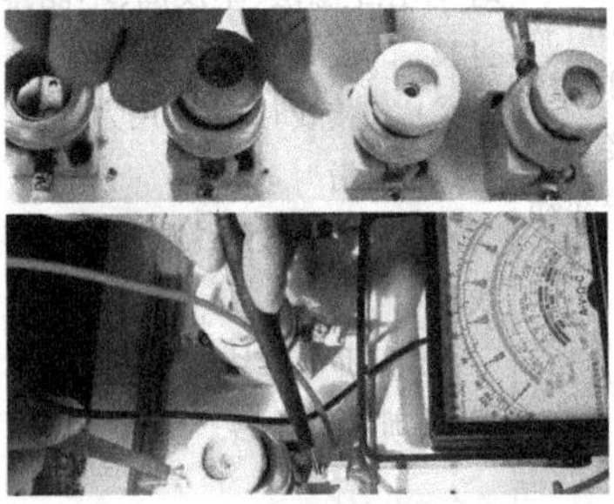 | ［安装熔体］：将 3 只 15A 的熔体装入主电路熔断器中，将 2 只 2A 熔体装入控制电路熔断器中，同时旋上熔帽；并用万用表检测熔断器的好坏 | ①主电路和控制电路的熔体要区分清，不能装错<br>②熔体的熔断指示——小红点要在上面<br>③要确认熔体的好坏 |
| 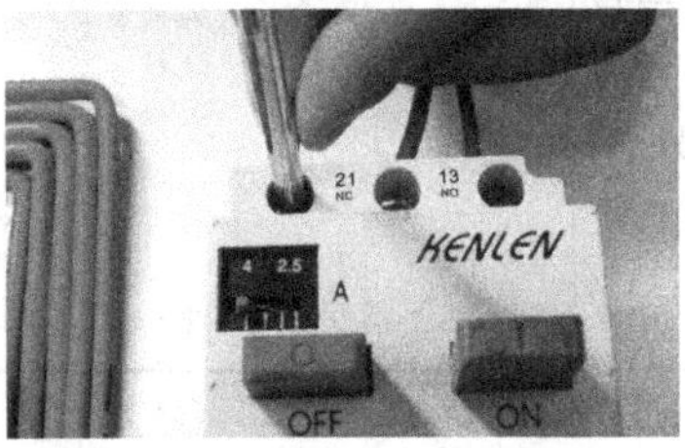 | ［连接电源线］：将三相电源线连接到低压断路器的进线端（1L1、3L2、5L3） | ①连接电源线时应断开电源<br>②由指导老师监护学生接通三相电源<br>③学生通电试验时，指导老师必须在现场进行监护 |
| 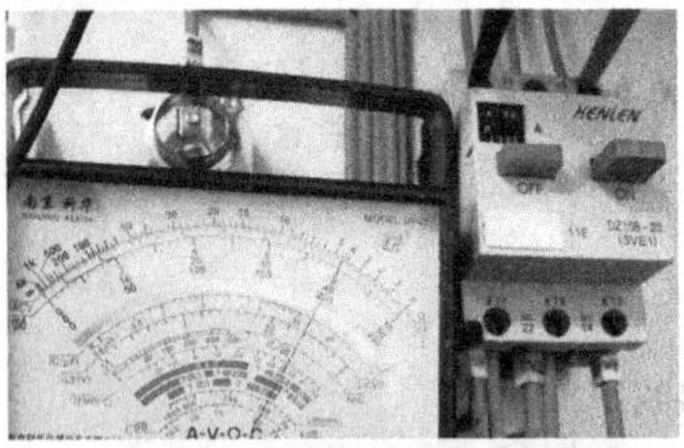 | ［验电］：合上总电源开关，用万用表 500V 电压挡，分别测量低压断路器进线端的相间电压，确认三相电源并三相电压平衡 | ①测量前，确认学生是否穿绝缘鞋<br>②测量时，学生操作是否规范<br>③测量时表笔的笔尖不能同时触及两根带电体 |
|  | ［按下按钮试车］：按下起动按钮 SB1，观察接触器的吸合及电动机的运转情况；按下停止按钮 SB2，观察接触器断开及电动机的停转情况 | ①按下按钮时不要用力过大<br>②按下起动按钮 SB1 后手不要急于松开，停留 1 ~ 2s 时间后再松开<br>③比较此任务的控制现象与上一任务控制现象的不同<br>④按下按钮后如出现故障，应在老师的指导下进行检查 |

## 提醒注意

1）在三相异步电动机控制电路中，熔断器只能作短路保护，不能作过负荷保护；而在照明、电加热等设备中，熔断器既可作短路保护，也可作过负荷保护。

2）热继电器在三相异步电动机控制电路中，只能作过负荷保护，不能作短路保护。

3）热继电器的辅助常闭触头必须串联在控制电路中，而其热元件必须串联在主电路中。

4）自锁触头必须并接在起动按钮两端，停止按钮应串联在控制电路中。

## 检查评价

通电试车完毕，切断电源，先拆除电源线，再拆除电动机线，然后进行综合评价。

**任务评价**

| 序号 | 评价指标 | 评价内容 | 分值 | 个人评价 | 小组评价 | 教师评价 |
|---|---|---|---|---|---|---|
| 1 | 元器件检查 | 元器件是否漏检或错检 | 5 | | | |
| 2 | 安装元器件 | 不按布置图安装 | 5 | | | |
| | | 元器件安装不牢固 | 3 | | | |
| | | 元器件安装不整齐、不合理、不美观 | 2 | | | |
| | | 损坏元器件 | 5 | | | |
| 3 | 布线 | 不按电路图接线 | 10 | | | |
| | | 布线不符合要求 | 5 | | | |
| | | 连接点松动、露铜过长、反圈 | 5 | | | |
| | | 损伤导线绝缘或线芯 | 5 | | | |
| | | 未装或漏装编码套管 | 5 | | | |
| | | 未接地线 | 10 | | | |
| 4 | 通电试车 | 熔体选择不合适 | 10 | | | |
| | | 第一次试车不成功 | 10 | | | |
| | | 第二次试车不成功 | 10 | | | |
| 5 | 安全规范 | 是否穿绝缘鞋 | 5 | | | |
| | | 操作是否规范安全 | 5 | | | |
| 总分 | | | 100 | | | |
| 问题记录和解决方法 | | | 记录任务实施过程中出现的问题和采取的解决办法 | | | |

**能力评价**

| 内容 | | 评价 | |
|---|---|---|---|
| 学习目标 | 评价项目 | 小组评价 | 教师评价 |
| 应知应会 | 本任务的相关基本概念是否熟悉 | □Yes □No | □Yes □No |
| | 是否熟练掌握仪表、工具的使用 | □Yes □No | □Yes □No |
| 专业能力 | 元器件的安装、使用是否规范 | □Yes □No | □Yes □No |
| | 安装接线是否合理、规范、美观 | □Yes □No | □Yes □No |
| | 是否具有相关专业知识的融合能力 | □Yes □No | □Yes □No |
| 通用能力 | 团队合作能力 | □Yes □No | □Yes □No |
| | 沟通协调能力 | □Yes □No | □Yes □No |
| | 解决问题能力 | □Yes □No | □Yes □No |
| | 自我管理能力 | □Yes □No | □Yes □No |
| | 创新能力 | □Yes □No | □Yes □No |
| 态度 | 敬岗爱业 | □Yes □No | □Yes □No |
| | 工作认真 | □Yes □No | □Yes □No |
| | 劳动态度 | □Yes □No | □Yes □No |
| 个人努力方向： | | 老师、同学建议： | |

## 思考与提高

1. 本控制电路在电路突然停电时，电动机将停止运转，如果又突然来电了，问此时电动机能否自行起动？

2. 任务十二、十三分别实现了三相交流异步电动机的点动和连续控制，请设计一个既能点动又能连续控制的电路？

# 任务十四　三相交流异步电动机正反转控制电路的安装

## 训练目标

- 理解三相交流异步电动机反转的工作原理。
- 掌握三相交流异步电动机正反转控制电路的工作原理。
- 能正确安装三相交流异步电动机正反转控制电路。
- 学会用万用表检查线路和排除故障的方法。

## 任务描述

随着城市化进程的加快，我们的居住条件越来越多地得到改善，高层建筑也越来越多，我们的进进出出、迎来送往需不断地在电梯的上升、下降中反复进行，我们的日常生活也越来越依赖电梯。同样，在我们企业的生产实际中，也经常需要生产机械的前进、后退、向上、向下或向左、向右。要实现这些上升、下降、前进、后退、向左、向右的动作，就需要电动机既能正转也能反转，本任务就来实现交流异步电动机正反转这一问题。

## 任务分析

本任务要实现“三相交流异步电动机正反转控制电路的安装”，首先应清楚如何实现电动机的反转，然后掌握如何控制电动机的正反转，进而正确绘制出其控制电路图，做到按图施工、按图安装、按图接线，并了解其组成，熟悉其工作原理。

1. 三相交流异步电动机正反转控制的实现

在以前的任务中，我们已经知道要使三相交流异步电动机反转，只需将三相电源中任意两相对调，即改变旋转磁场的转向，就能使电动机反转。要实现三相交流异步电动机的正反转，显然用一个接触器是不够的，必须使用两个接触器，一个接触器控制正转，不改变电源相序，利用第二个接触器来改变电源相序，实现反转。

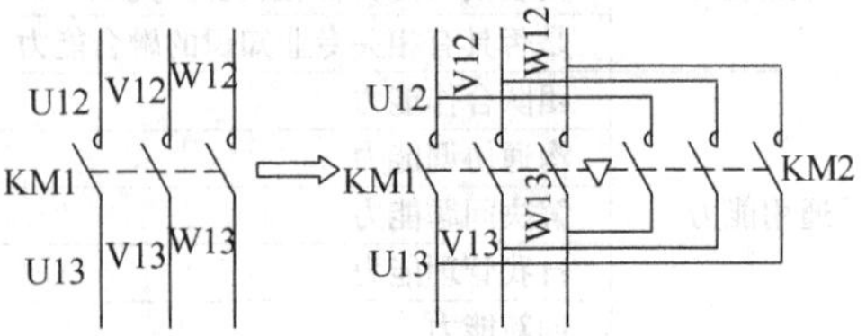


2. 三相交流异步电动机正反转的控制

由任务十三我们知道控制一个交流接触器持续吸合的自锁电路，现在有两个接触器，就需要用两个按钮 SB1、SB2 来控制，并加以自锁。但问题是：如果我们同时按下 SB1、SB2，则接触器 KM1、KM2 就同时得电吸合，其主触头将同时闭合，造成主电路电源相间短路，产生严重的事故。所以在正反转控制电路中，任何时候都只能有一个接触器得电吸合，为此必须加以联锁（互锁）。所谓联锁就是：当一个接触器得电动作时，通过其辅助常闭触头使另一个接触器不能得电动作；即若要求 KM1 吸合时，KM2 就不能吸合，必须在 KM2 的线圈回路中串入 KM1 的常闭辅助触头，反之亦然。

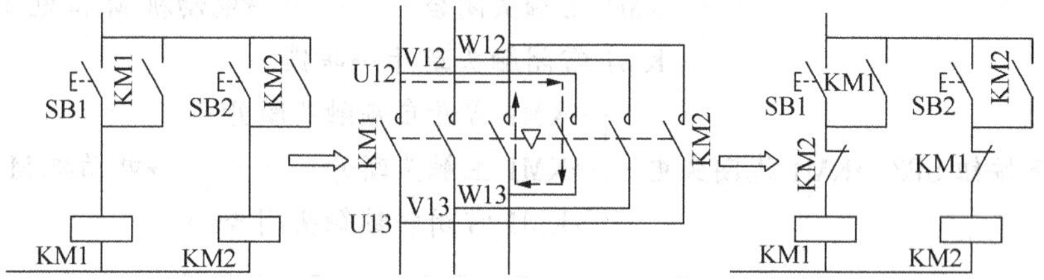


3. 三相交流异步电动机正反转控制电路图

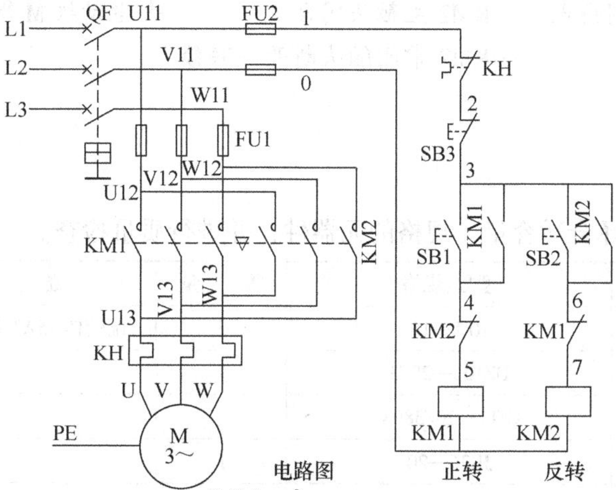


电路图

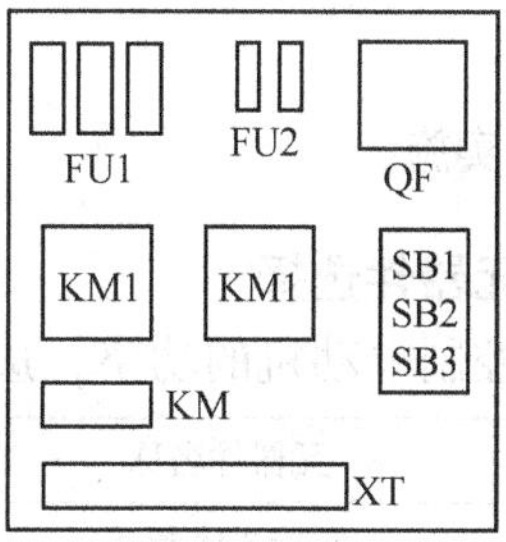


布置图

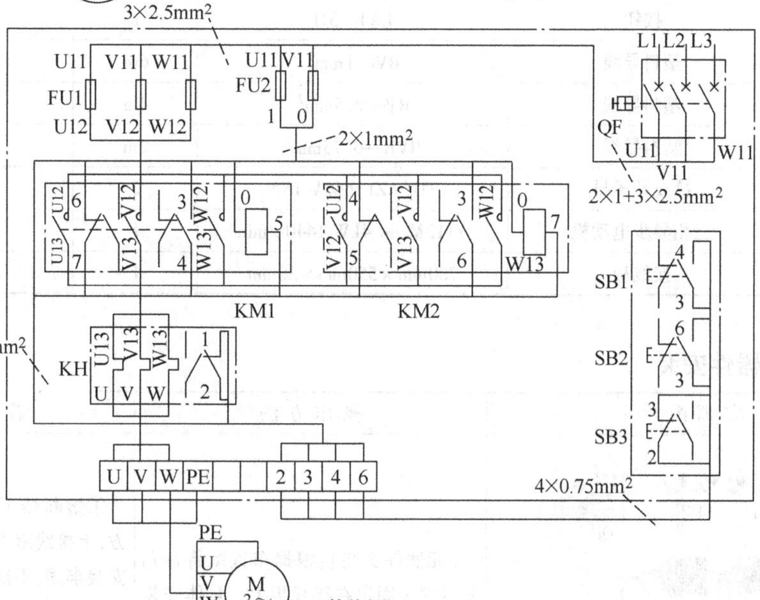


接线图

## 相关知识

三相交流异步电动机正反转控制的工作原理如下：

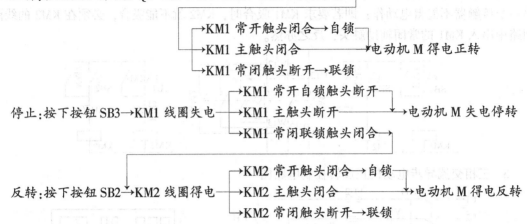

正转：合上低压断路器 QF→按下按钮 SB1→KM1 线圈得电→

→KM1 常开触头闭合→自锁→电动机 M 得电正转

→KM1 主触头闭合→电动机 M 得电正转

→KM1 常闭触头断开→联锁

停止：按下按钮 SB3→KM1 线圈失电→

→KM1 常开自锁触头断开→电动机 M 失电停转

→KM1 主触头断开→电动机 M 失电停转

→KM1 常闭联锁触头闭合→

反转：按下按钮 SB2→KM2 线圈得电→

→KM2 常开触头闭合→自锁→电动机 M 得电反转

→KM2 主触头闭合→电动机 M 得电反转

→KM2 常闭触头断开→联锁

## 任务实施

### 一、元器件选择

根据控制电动机的功率，选择合适容量、规格的元器件，并进行质量检查。

| 序　号 | 元器件名称 | 型号、规格 | 数　量 | 备　注 |
|---|---|---|---|---|
| 1 | 螺旋式熔断器 | RL1—15 | 5 | 配熔体 15A3 只，2A2 只 |
| 2 | 低压断路器 | DZ108—20/3 | 1 | |
| 3 | 交流接触器 | CJT1—10/380V | 2 | |
| 4 | 热继电器 | JR36—20 | 1 | |
| 5 | 按钮 | LA4—3H | 1 | |
| 6 | 塑料导线 | BV—1mm² | 6m | 控制电路用 |
| 7 | 塑料导线 | BV—2.5mm² | 4m | 主电路用 |
| 8 | 塑料导线 | BVR—0.75mm² | 2m | 按钮用 |
| 9 | 接线端子排 | TD(AZ1)660V 15A | 2 | |
| 10 | 三相异步电动机 | Y112M—4 4kW 1440r/min | 1 | 8.8A △联结 |
| 11 | 接线板 | 700mm×550mm×30mm | 1 | |

### 二、元器件安装

| 实 训 图 片 | 操 作 方 法 | 注 意 事 项 |
|---|---|---|
| 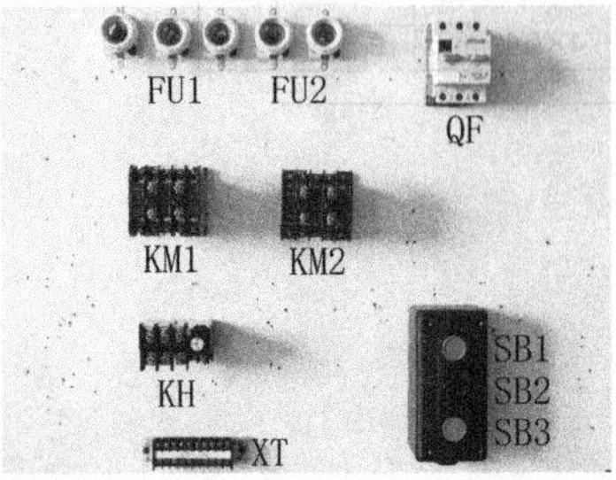 | [元器件安装]：根据布置图将各元器件安装固定在接线板上。具体安装方法见前述任务 | ①熔断器下接线座要安装在上方，上接线座安装在下方，熔断器要安装牢固，不摇晃<br>②接触器的散热孔应垂直向上<br>③端子排要安装牢固，无缺件，且绝缘良好 |

## 三、布线

<table>
<tr><th>实训图片</th><th>操作方法</th><th>注意事项</th></tr>
<tr><td>
</td><td>[布置0号线]：截取一段一定长度的1mm² 导线，将其一端弯圈接于第二个控制熔断器的上接线座，弯直角走线，另一端接于KM2接触器线圈的A1接线座，再用一根短线将KM1和KM2的线圈A1接线座连接起来</td><td rowspan="5">①0号线要走线在最里面（下面），以便为其他线留出空间；走线时要紧贴面板，横平竖直<br>②布线时不能损伤导线线芯和绝缘，合理考虑导线走向布局，不交叉，布线美观<br>③与接线端子排或接线座连接时，不压绝缘层、不反圈、不能露铜过长<br>④3号线不能与1号线交叉<br>⑤与A2号线圈接线座连接时，两根线芯压接要牢固。与接线端子或接线座连接时，不压绝缘层、不反圈、不能露铜过长</td></tr>
<tr><td>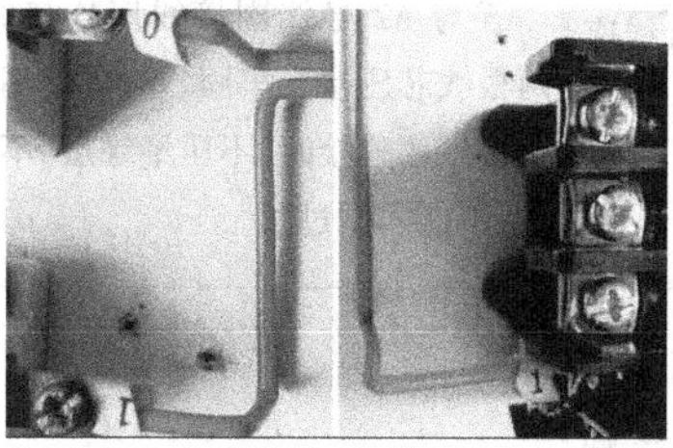</td><td>[布置1号线]：截取一段导线，将其一端弯圈接于第一个控制熔断器的上接线座，弯直角向左向下走线，另一端接于热继电器95号接线座</td></tr>
<tr><td>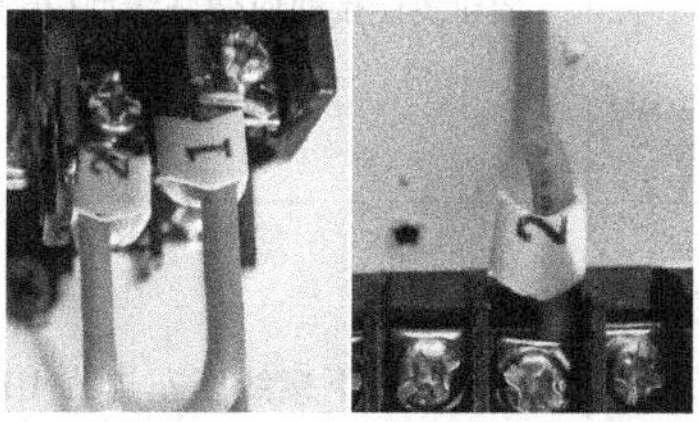</td><td>[布置2号线]：截取一段一定长度的导线，将其一端弯折接于端子排上对应位置，弯直角向上走线，另一端接于热继电器的96号接线座上</td></tr>
<tr><td>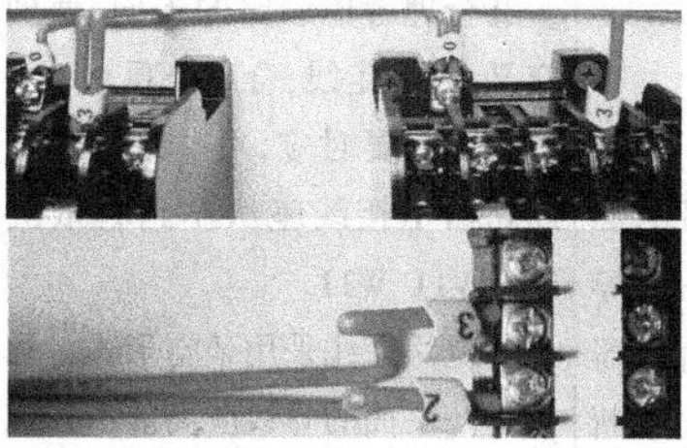</td><td>[布置3号线]：截取一段导线，将其一端接于KM2接触器的33号（常开触头）接线座上，另一端接于KM1的33号接线座上并在其上再并接一个线头，然后弯直角向下走线，另一端接于端子排对应位置</td></tr>
<tr><td>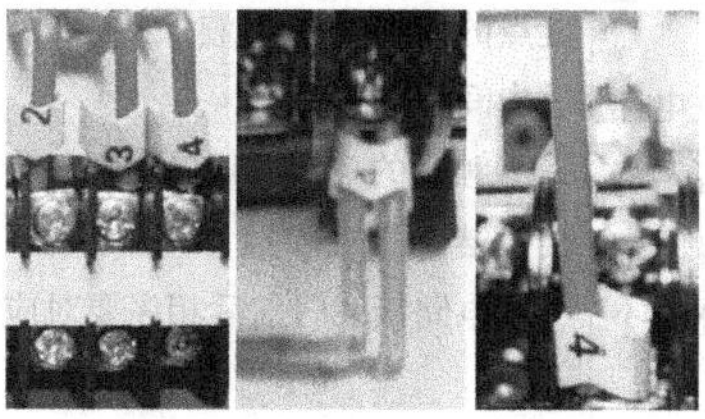</td><td>[布置4号线]：用一段导线将其一端接于端子排对应位置，弯直角向上走线，另一端接于KM1的34号接线座上并在其上再并接一个线头，另一端接于KM2的21号接线座上</td></tr>
</table>

（续）

| 实训图片 | 操作方法 | 注意事项 |
|---|---|---|
| 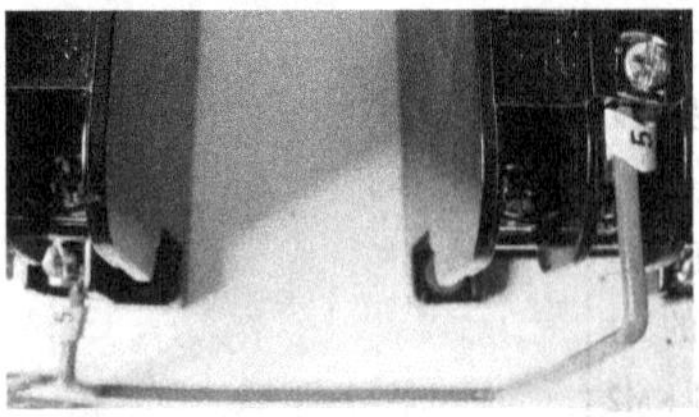 | [布置5号线]：截取一段导线，一端接于KM2接触器的22号接线座（常闭触头）上，另一端接于KM1接触器线圈A2接线座 | ①0号线要走线在最里面（下面），以便为其他线留出空间；走线时要紧贴面板，横平竖直<br>②布线时不能损伤导线线芯和绝缘，合理考虑导线走向布局，不交叉，布线美观<br>③与接线端子排或接线座连接时，不压绝缘层、不反圈、不能露铜过长<br>④3号线不能与1号线交叉<br>⑤与A2号线圈接线座连接时，两根线芯压接要牢固。与接线端子或接线座连接时，不压绝缘层、不反圈、不能露铜过长 |
| 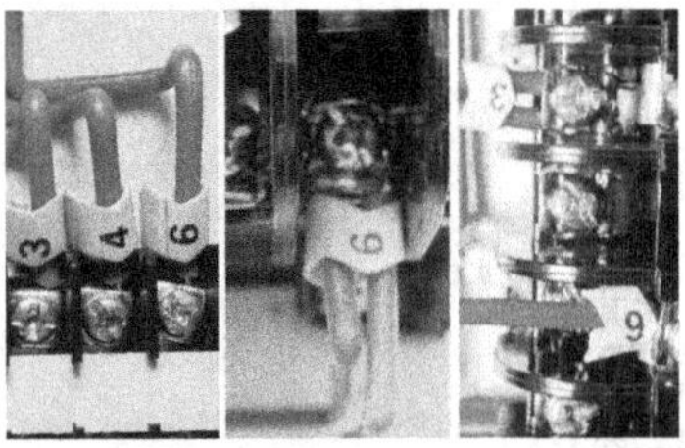 | [布置6号线]：用一段导线，将其一端接于端子排对应位置，弯直角向上走线，另一端接于KM2的34号接线座上并在其上再并接一个线头，另一端接于KM1的21号接线座 | |
| 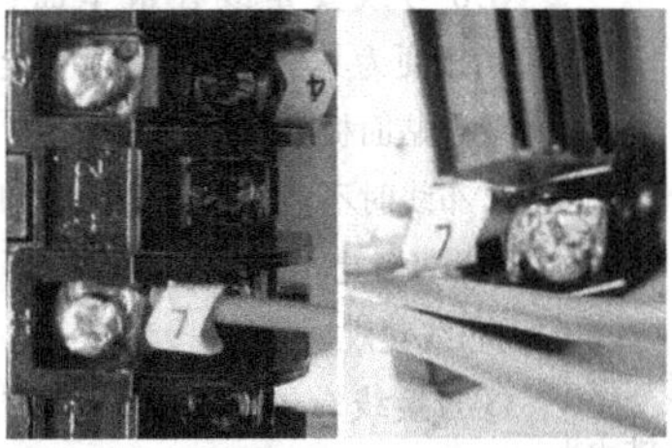 | [布置7号线]：截取一段带线，一端接于KM1接触器的22号接线座（常闭触头）上，另一端接于KM2接触器线圈A2接线座 | ①同一个接线座上接两个线头时，线芯要弯折左右压接<br>②导线连接前应做好线型（模） |
| 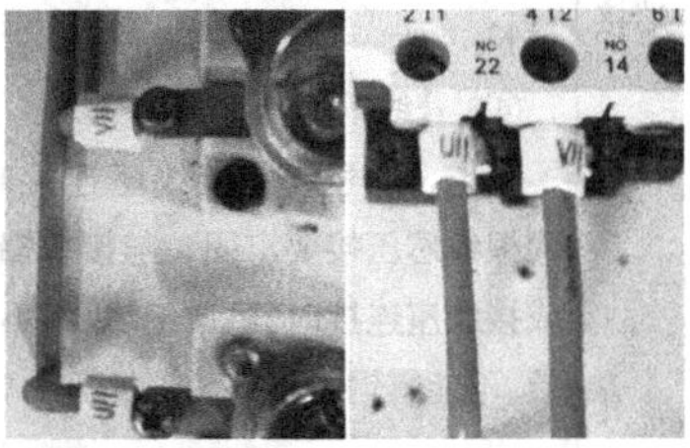 | [布置U11、V11控制电路电源线]：截取两段一定长度的1mm$^2$导线，一端线芯弯折接于断路器对应的下接线座上，另一端线芯弯圈接于FU2的下接线座上 | ①断路器下接线座左边为U11，中间为V11；控制熔断器左边为U11，右边为V11<br>②合理考虑线路的走向，做到不交叉，平行走线，合理美观<br>③相序要对应，主电路熔断器及断路器下接线座从左到右依次为U11、V11、W11<br>④电路布线采用架空形式<br>⑤一平面的导线应高低一致或前后一致<br>⑥同一元器件、同一回路的不同接点的导线间距离应保持一致，导线中间应无接头<br>⑦触器的2/T1、4/T2、6/T3分别接热继电器的1/L1、3/L2、5/L3<br>⑧电路接线时前后相序要对应 |
|  | [布置U11、V11、W11主电路电源线]：截取三段一定长度的2.5mm$^2$导线，一端线芯弯圈接于主电路熔断器的下接线座，另一端线芯弯折接于断路器的对应下接线座 | |
| 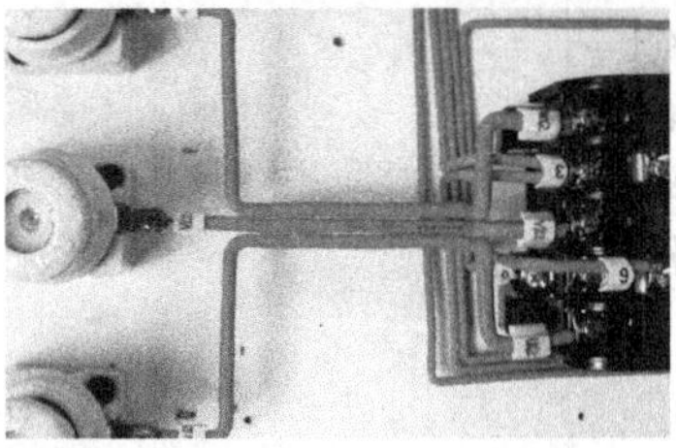 | [布置KM1—U12、V12、W12主电路线]：截取三段一定长度的2.5mm$^2$导线，一端线芯弯圈接于主电路熔断器的上接线座，另一端线芯接于KM1个上接线座（1/L1、3/L2、5/L3） | |

（续）

<table>
<tr><th>实训图片</th><th>操作方法</th><th>注意事项</th></tr>
<tr><td>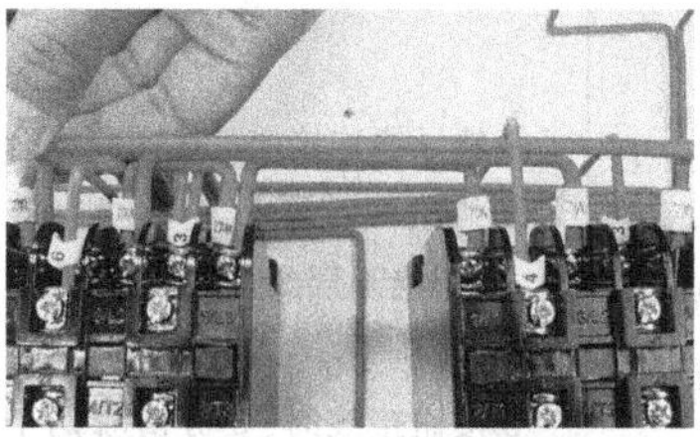</td><td>[布置 KM2—U12、V12、W12 主电路线]：截取三段 2.5mm² 导线，一端线芯并接于 KM1 的 1/L1、3/L2、5/L3 接线座上，另一端接于 KM2 的 1/L1、3/L2、5/L3 接线座上</td><td rowspan="3">①断路器下接线座左边为 U11，中间为 V11；控制熔断器左边为 U11，右边为 V11<br>②合理考虑线路的走向，做到不交叉，平行走线，合理美观<br>③相序要对应，主电路熔断器及断路器下接线座从左到右依次为 U11、V11、W11<br>④电路布线采用架空形式<br>⑤一平面的导线应高低一致或前后一致<br>⑥同一元器件、同一回路的不同接点的导线间距离应保持一致，导线中间应无接头<br>⑦触器的 2/T1、4/T2、6/T3 分别接热继电器的 1/L1、3/L2、5/L3<br>⑧电路接线时前后相序要对应</td></tr>
<tr><td>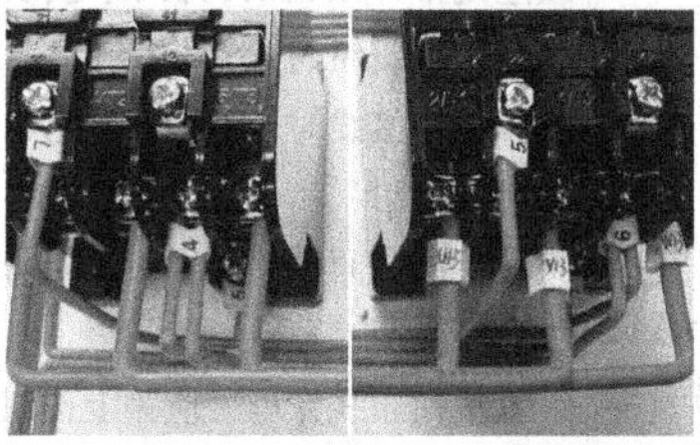</td><td>[布置 KM2—KM1—U13、V13、W13 主电路线]：截取三段 2.5mm² 导线，一端接于 KM2 的 2/T1、4/T2、6/T3 接线座上，另一端接于 KM1 的 2/T1、4/T2、6/T3 接线座上</td></tr>
<tr><td></td><td>[布置 KM1 至热继电器主电路线]：截取三段 2.5mm² 导线，一端线芯并接于 KM1 接触器的 2/T1、4/T2、6/T3 接线座上，另一端接于热继电器的 1/L1、3/L2、5/L3 接线座上</td></tr>
<tr><td>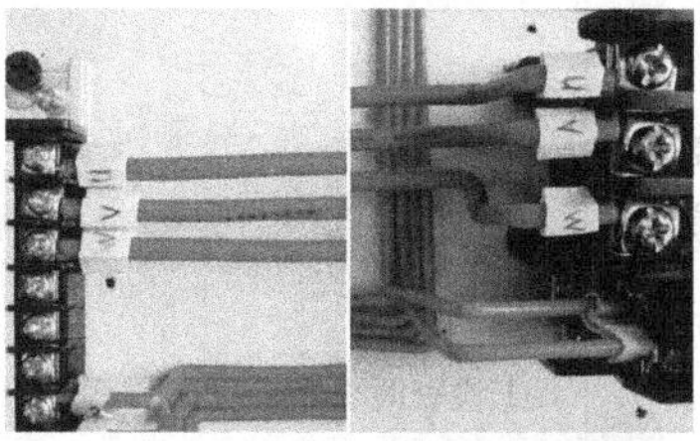</td><td>[布置 U、V、W 主电路线]：截取三段一定长度的 2.5mm² 导线，一端线芯接于热继电器对应的下接线座 2/T1、4/T2、6/T3 上，另一端线芯接于接线端子排的接线座上</td><td>①热继电器接线座压接时，要保证压接良好<br>②本任务的电源相序已在接触器进线侧进线的对调，接触器出线侧则无需再调</td></tr>
<tr><td>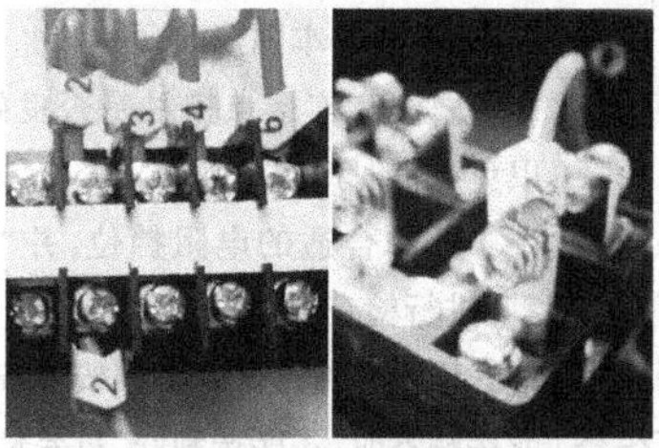</td><td>[布置 2 号按钮线]：截取一段 0.75mm² 软导线，将其一端绞合弯折接于端子排上 2 号对应位置，另一端绞合弯圈接于 SB3 按钮的一端</td><td rowspan="2">①软导线连接前其线芯要绞合紧<br>②与接线端子排或接线座连接时，不压绝缘层、不反圈、不能露铜过长<br>③按钮接线时，要分清哪两个接线座是常开按钮的；哪两个接线座属于常闭按钮的<br>④按钮接线时，不可用力过大，防止螺钉打滑<br>⑤导线中间破绝缘层时不能剪断线芯<br>⑥按钮布线完毕后应盖上按钮盒盖，并加以固定</td></tr>
<tr><td></td><td>[布置 3 号按钮线]：用 0.75mm² 软导线，将其一端绞合弯折接于端子排对应位置，中间破绝缘层绞合弯圈接于 SB3 的一端，再将中间破绝缘层绞合弯圈接于 SB1 的一端，最后再绞合弯圈接于 SB2 的一个接线座</td></tr>
</table>

（续）

| 实训图片 | 操作方法 | 注意事项 |
| --- | --- | --- |
| 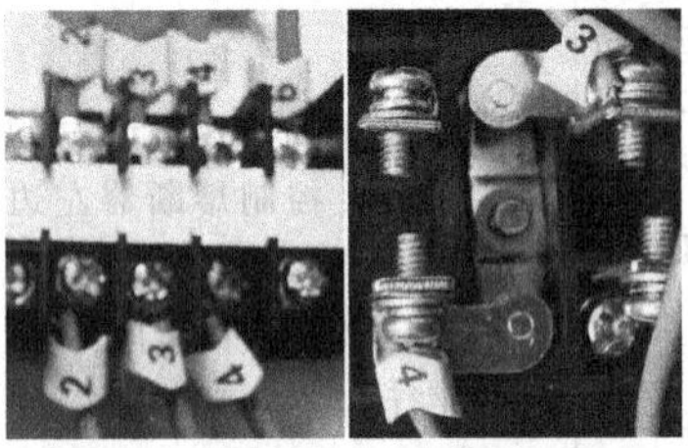 | [布置 4 号按钮线]：截取一段 0.75mm² 软导线，将其一端绞合弯折接于端子排上 4 号对应位置，另一端绞合弯圈接于 SB1 按钮的另一端 | ①软导线连接前其线芯要绞合紧<br>②与接线端子排或接线座连接时，不压绝缘层、不反圈、不能露铜过长<br>③按钮接线时，要分清哪两个接线座是常开按钮的；哪两个接线座属于常闭按钮的<br>④按钮接线时，不可用力过大，防止螺钉打滑<br>⑤导线中间破绝缘层时不能剪断线芯<br>⑥按钮布线完毕后应盖上按钮盒盖，并加以固定 |
| 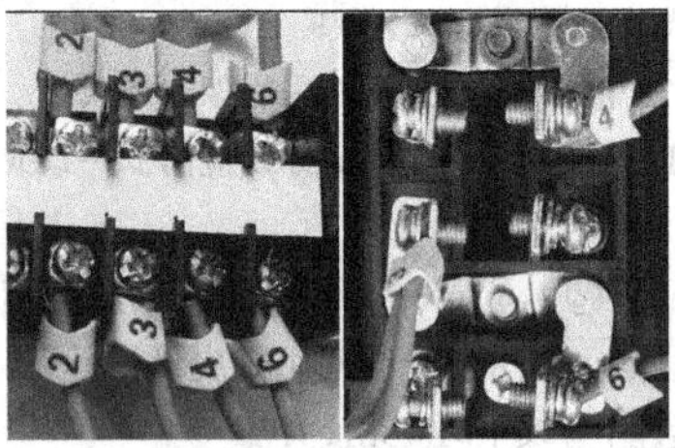 | [布置 6 号按钮线]：截取一段 0.75mm² 软导线，将其一端绞合弯折接于端子排上 6 号对应位置，另一端绞合弯圈接于 SB2 按钮的另一端 | |

## 四、电路检查

| 实训图片 | 操作方法 | 注意事项 |
| --- | --- | --- |
|  | [目测检查]：根据电路图或接线图从电源端开始，逐段检查核对线号是否正确，有无漏接、错接 | ①检查时要断开电源<br>②要检查导线连接点是否符合要求、压接是否牢固<br>③要注意连接点接触是否良好，以免运行时产生电弧<br>④要用合适的电阻挡位，并“调零”进行检查<br>⑤检查时可用手或工具按下按钮或接触器时，不能按到底，只要轻轻按下，使常闭触头断开就可 |
|  | [万用表检查]：用万用表电阻挡检查电路有无开路、短路情况。将万用表两表笔搭接 0、1 号线，万用表应指示“∞”；按下 SB1 按钮，应指示一定线圈阻值，再按下 SB3 或用螺钉旋具按下 KM2 动铁心，应指示“∞”；同理按下 SB2 按钮，应指示一定线圈阻值，再按下 SB3 或用螺钉旋具按下 KM1 动铁心，应指示“∞” | |

## 五、电动机连接

| 实训图片 | 操作方法 | 注意事项 |
| --- | --- | --- |
|   | ［连接电动机］：将电动机定子绕组的三根出线与端子排相应连接点U、V、W进行连接 | 电动机的外壳应可靠接地 |

## 六、通电试车

| 实训图片 | 操作方法 | 注意事项 |
| --- | --- | --- |
| 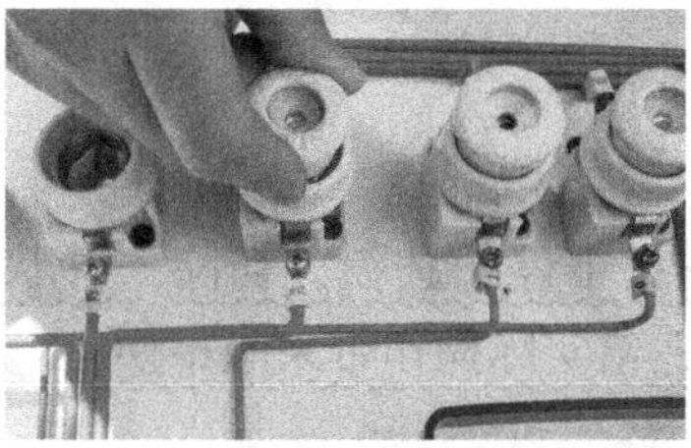 | ［安装熔体］：将3只15A的熔体装入主电路熔断器中，将2只2A熔体装入控制电路熔断器中，同时旋上熔帽；并用万用表检测熔断器的好坏 | ①主电路和控制电路的熔体要区分清，不能装错<br>②熔体的熔断指示——小红点要在上面<br>③要确认熔体的好坏 |
|   | ［连接电源线］：将三相电源线连接到低压断路器的进线端（1L1、3L2、5L3） | ①连接电源线时应断开总电源<br>②由指导老师监护学生接通三相电源<br>③学生通电试验时，指导老师必须在现场进行监护 |
|  | ［验电］：合上总电源开关，用万用表500V电压挡，分别测量低压断路器进线端的相间电压，确认三相电源并三相电压平衡 | ①测量前，确认学生是否穿绝缘鞋<br>②测量时，学生操作是否规范<br>③测量时表笔的笔尖不能同时触及两根带电体 |
|     | ［按下按钮试车］：按下SB1，观察接触器KM1的吸合及电动机的旋转方向，然后按下SB2，观察接触器KM2是否吸合，有无联锁，最后按下SB3，观察电动机的停转情况；同理，按下SB2，观察接触器KM2的吸合及电动机的旋转方向，然后按下SB1，观察接触器KM1是否吸合，有无联锁，最后按下SB3，观察电动机的停转情况 | ①按下按钮时不要用力过大<br>②按下按钮SB1或SB2后手不要急于松开，停留1~2s时间后再松开<br>③按下起动按钮的同时，另一手指放在停止按钮上，发现问题，要迅速按下停止按钮<br>④按下按钮后如出现故障，应在老师的指导下进行检查 |

## 提醒注意

1）三相交流异步电动机的正反转控制电路，也可用倒顺开关来控制。

2）对调三相电源中任意两相的相序，可在接触器上接线座处对调，也可在接触器下接线座处对调。联锁接触器之间必须用符号“▽”表示。

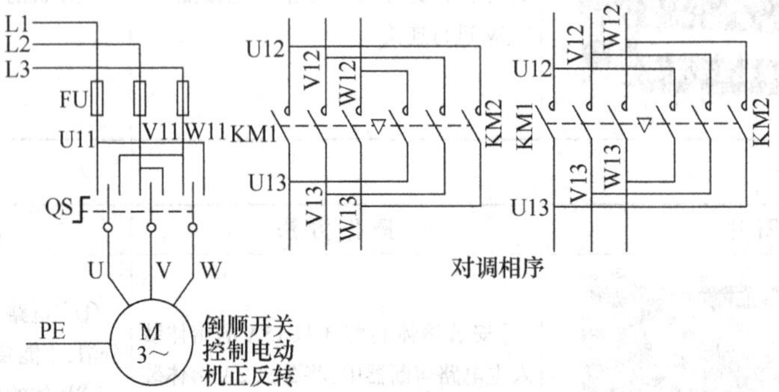


3）本电路的缺点是：要改变电动机的转向时，必须先按下停止按钮，切除一种状态（正转或反转），然后才能转变到另一种状态（反转或正转），给实际操作带来了不便。

## 检查评价

通电试车完毕，切断电源，先拆除电源线，再拆除电动机线，然后进行综合评价。

**任务评价**

| 序号 | 评价指标 | 评价内容 | 分值 | 个人评价 | 小组评价 | 教师评价 |
|---|---|---|---|---|---|---|
| 1 | 元器件检查 | 元器件是否漏检或错检 | 5 | | | |
| 2 | 安装元器件 | 不按布置图安装 | 5 | | | |
| | | 元器件安装不牢固 | 3 | | | |
| | | 元器件安装不整齐、不合理、不美观 | 2 | | | |
| | | 损坏元器件 | 5 | | | |
| 3 | 布线 | 不按电路图接线 | 10 | | | |
| | | 布线不符合要求 | 5 | | | |
| | | 连接点松动、露铜过长、反圈 | 5 | | | |
| | | 损伤导线绝缘或线芯 | 5 | | | |
| | | 未装或漏装编码套管 | 5 | | | |
| | | 未接地线 | 10 | | | |
| 4 | 通电试车 | 电路短路 | 15 | | | |
| | | 第一次试车不成功 | 5 | | | |
| | | 第二次试车不成功 | 10 | | | |
| 5 | 安全规范 | 是否穿绝缘鞋 | 5 | | | |
| | | 操作是否规范安全 | 5 | | | |
| 总分 | | | 100 | | | |
| 问题记录和解决方法 | | | 记录任务实施过程中出现的问题和采取的解决办法 | | | |

**能力评价**

| 内容 | | 评价 | |
|---|---|---|---|
| 学习目标 | 评价项目 | 小组评价 | 教师评价 |
| 应知应会 | 本任务的相关基本概念是否熟悉 | □Yes　□No | □Yes　□No |
| | 是否熟练掌握仪表、工具的使用 | □Yes　□No | □Yes　□No |
| 专业能力 | 元器件的安装、使用是否规范 | □Yes　□No | □Yes　□No |
| | 安装接线是否合理、规范、美观 | □Yes　□No | □Yes　□No |
| | 是否具有相关专业知识的融合能力 | □Yes　□No | □Yes　□No |
| 通用能力 | 团队合作能力 | □Yes　□No | □Yes　□No |
| | 沟通协调能力 | □Yes　□No | □Yes　□No |
| | 解决问题能力 | □Yes　□No | □Yes　□No |
| | 自我管理能力 | □Yes　□No | □Yes　□No |
| | 创新能力 | □Yes　□No | □Yes　□No |
| 态度 | 敬岗爱业 | □Yes　□No | □Yes　□No |
| | 工作认真 | □Yes　□No | □Yes　□No |
| | 劳动态度 | □Yes　□No | □Yes　□No |
| 个人努力方向： | | 老师、同学建议： | |

## 思考与提高

针对本任务的缺点，请设计一个按下正转按钮 SB1，电动机就正转；按下反转按钮 SB2，电动机就反转的控制电路？

# 任务十五　三相交流异步电动机两地控制电路的安装

## 训练目标

- 理解三相交流异步电动机两地控制的方法。
- 掌握三相交流异步电动机两地控制电路的工作原理。
- 能正确安装三相交流异步电动机两地控制电路。

## 任务描述

在纺织企业，有许多生产机械的长度都比较长，短的几米，长的几十米，如印染机、捻纱机、水洗机、丝光机、定型机等，它们有多台电动机拖动布、纱的传输，所以为了操作的方便，一台机械设备有几个操纵盘或按钮站，在机械设备的前部、后部和中部等处都可以进行操作控制，这就是电动机的多地控制。本任务就来实现交流异步电动机多地控制这一问题。

## 任务分析

本任务要实现“三相交流异步电动机多地控制电路的安装”，首先应清楚如何实现电动机的多地控制，然后正确绘制其控制电路图，做到按图施工、按图安装、按图接线，并了解其组成，熟悉其工作原理。

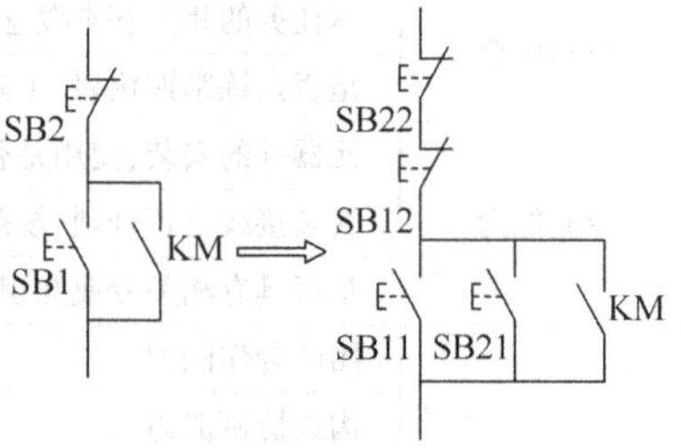


1. 多地控制的实现

在以前的任务中，我们已经知道要实现一台三相交流异步电动机连续正常运转，只需用一个起动按钮和一个停止按钮，再加上自锁电路即可。要实现两地或多地控制一台三相交流异步电动机的连续运转，只要将各地的起动按钮并联、停止按钮串联就可以实现。

2. 三相交流异步电动机两地控制电路图

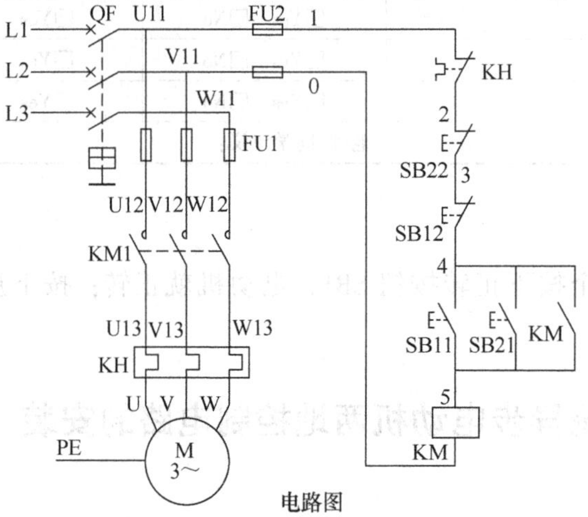


电路图

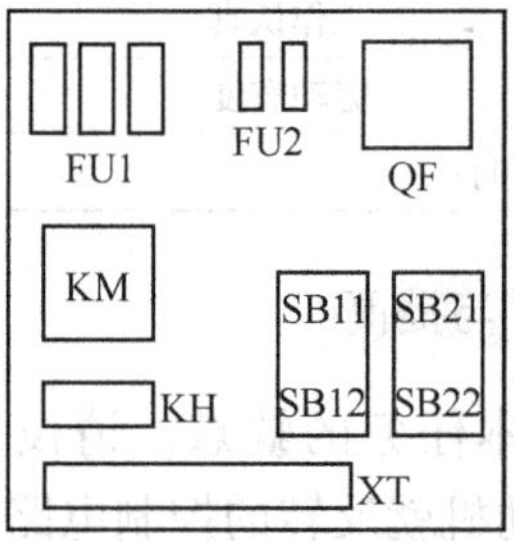


布置图

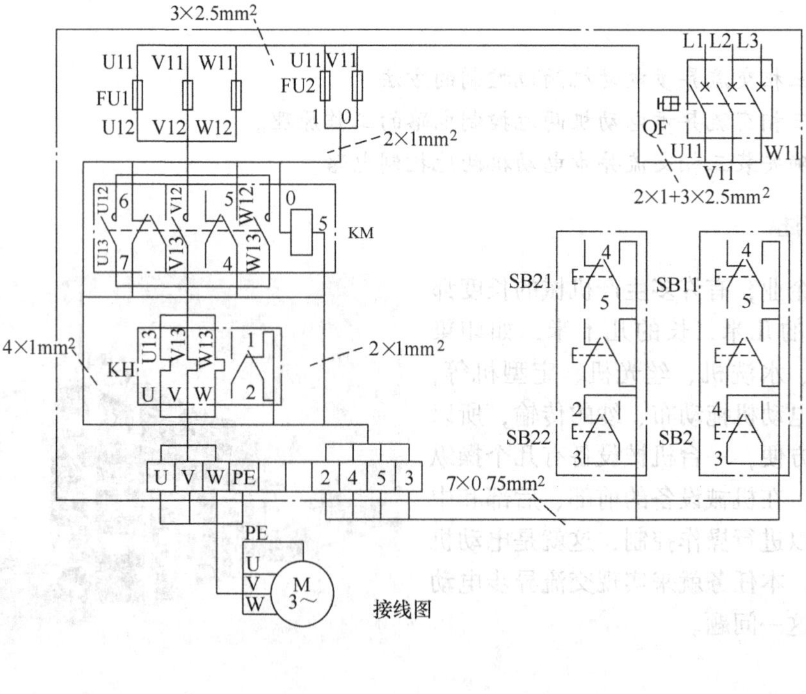


接线图

## 相关知识

三相交流异步电动机两地控制的工作原理如下：

起动运行：

合上低压断路器 QF → 按下按钮 SB11（或按下按钮 SB21）→ KM 线圈得电 → KM(4～5) 闭合 → 自锁；KM 主触头闭合 → 电动机 M 得电运转

停止运行：

按下按钮 SB12（或按下按钮 SB22）→ KM 线圈失电 → KM(4～5) 断开 → 自锁解除；KM 主触头断开 → 电动机 M 失电停转

## 任务实施

### 一、元器件选择

根据控制电动机的功率，选择合适容量、规格的元器件，并进行质量检查。

| 序　号 | 元器件名称 | 型号、规格 | 数量 | 备　注 |
|---|---|---|---|---|
| 1 | 螺旋式熔断器 | RL1—15 | 5 | 配熔体 15A3 只,2A2 只 |
| 2 | 低压断路器 | DZ108—20/3 | 1 | |
| 3 | 交流接触器 | CJT1—10/380V | 1 | |
| 4 | 热继电器 | JR36—20 | 1 | |
| 5 | 按钮 | LA4—3H | 2 | |
| 6 | 塑料导线 | BV—1mm$^2$ | 6m | 控制电路用 |
| 7 | 塑料导线 | BV—2.5mm$^2$ | 4m | 主电路用 |
| 8 | 塑料导线 | BVR—0.75mm$^2$ | 2m | 按钮用 |
| 9 | 接线端子排 | JX3—1012 | 1 | |
| 10 | 三相异步电动机 | Y112M-4 4kW 1440r/min | 1 | 8.8A △联结 |
| 11 | 接线板 | 700mm×550mm×30mm | 1 | |

### 二、元器件安装

| 实训图片 | 操作方法 | 注意事项 |
|---|---|---|
| 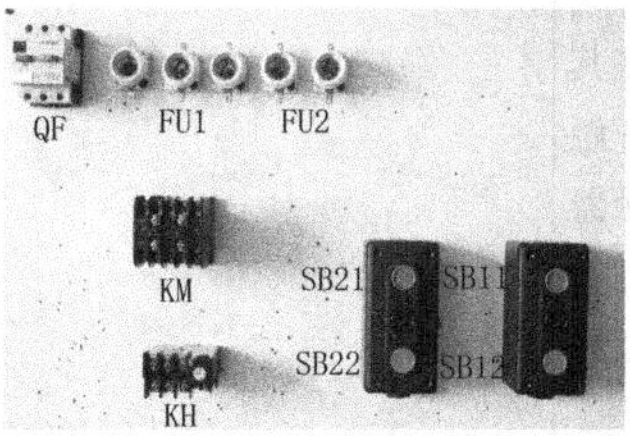 | [元器件安装]：根据布置图将各元器件安装固定在接线板上。具体安装方法见前述任务 | ①熔断器下接线座要安装在上方,上接线座安装在下方,熔断器要安装牢固,不摇晃<br>②接触器的散热孔应垂直向上<br>③按钮的进出线孔应在下方 |

## 三、布线

<table>
<tr><th>实训图片</th><th>操作方法</th><th>注意事项</th></tr>
<tr><td></td><td>［布置 0 号线］：截取一段一定长度的 1mm² 导线，将其一端弯圈接于第二个控制熔断器的上接线座，弯直角走线，另一端接于 KM 接触器线圈的 A1 接线座</td><td>①0 号线要走线在最里面（下面），以便为其他线留出空间；走线时要紧贴面板，横平竖直<br>②布线时不能损伤导线线芯和绝缘，合理考虑导线走向布局，不交叉，布线美观</td></tr>
<tr><td></td><td>［布置 1 号线］：截取一段导线，将其一端弯圈接于第一个控制熔断器的上接线座，弯直角向左向下走线，另一端接于热继电器 95 号接线座</td><td rowspan="4">①布线时不能损伤导线线芯和绝缘，合理考虑导线走向布局，不交叉，布线美观，走线时要紧贴面板，横平竖直<br>②与接线端子排或接线座连接时，不压绝缘层、不反圈、不能露铜过长<br>③4 号线不能与 5 号线交叉<br>④与 A2 号线圈接线座连接时，两根线芯压接要牢固，且要弯折左右压接<br>⑤导线连接前应做好线型（模）</td></tr>
<tr><td>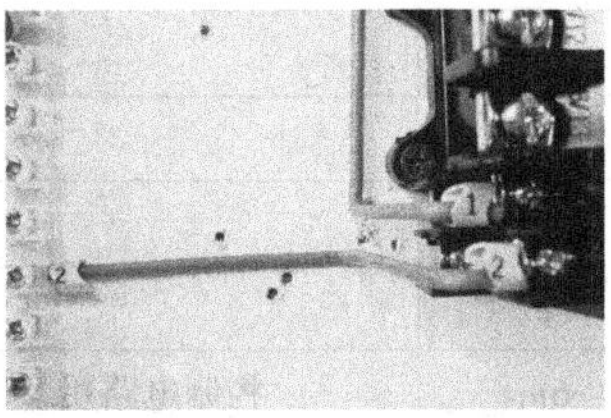</td><td>［布置 2 号线］：截取一段一定长度的导线，将其一端弯折接于端子排上对应位置，弯直角向上走线，另一端接于热继电器的 96 号接线座上</td></tr>
<tr><td></td><td>［布置 4 号线］：截取一段导线，将其一端接于 KM 接触器的 34 号（常开触头）接线座上，然后弯直角向右向下走线，另一端接于端子排对应位置</td></tr>
<tr><td></td><td>［布置 5 号线］：截取一段导线，将其一端接于 KM 接触器的 33 号（常开触头）接线座上，另一端接于 KM 接触器 A2 线圈接线座上并在其上并一线头，弯直角向下走线接于端子排对应位置</td></tr>
</table>

（续）

| 实训图片 | 操作方法 | 注意事项 |
|---|---|---|
|  | ［布置 U11、V11、W11 号电源线］：截取三段一定长度的 2.5mm² 导线，一端线芯弯圈接于主电路熔断器的下接线座，另一端线芯弯折接于断路器的对应下接线座；再截取两段一定长度的 1mm² 导线，一端线芯弯圈并接于 U 相、V 相主熔断器的下接线座上，另一端线芯弯圈接于对应 FU2 的下接线座上 | ①相序要对应，主电路熔断器及断路器下接线座从左到右依次为 U11、V11、W11<br>②合理考虑线路的走向，做到不交叉，平行走线，合理美观 |
| 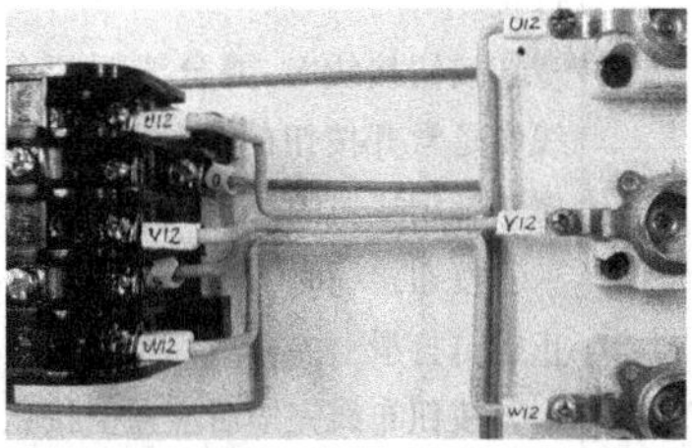 | ［布置 U12、V12、W12 主电路线］：截取三段一定长度的 2.5mm² 导线，一端线芯弯圈接于主电路熔断器的上接线座，另一端线芯接于接触器的三个上接线座（1/L1、3/L2、5/L3） | ①主电路布线采用架空形式<br>②同一平面的导线应高低一致或前后一致<br>③同一元器件、同一回路的不同接点的导线间距离应保持一致，导线中间应无连接头<br>④主电路接线时前后相序要对应<br>⑤与热继电器、接线端子排接线座压接时，要保证压接良好 |
| 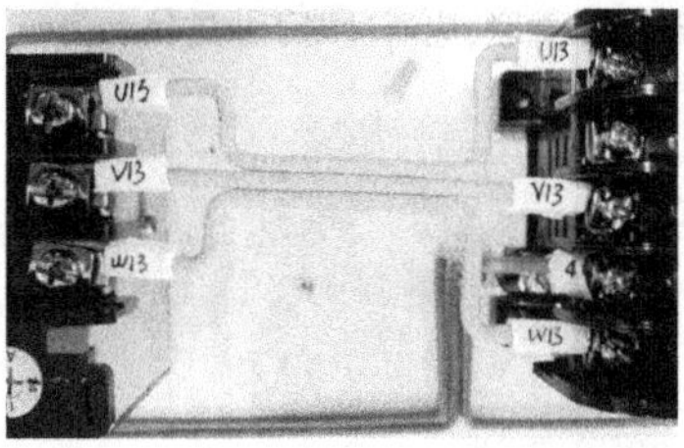 | ［布置 U13、V13、W13 主电路线］：截取三段 2.5mm² 导线，一端线芯接于 KM 接触器的 2/T1、4/T2、6/T3 接线座上，另一端接于热继电器的 1/L1、3/L2、5/L3 接线座上 | |
| 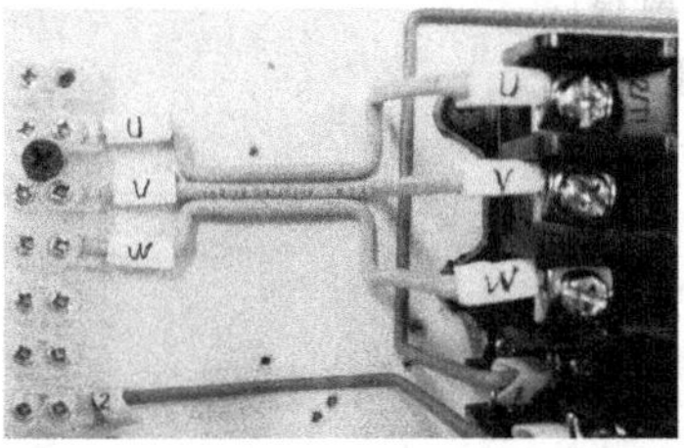 | ［布置 U、V、W 主电路线］：截取三段一定长度的 2.5mm² 导线，一端线芯接于热继电器对应的下接线座 2/T1、4/T2、6/T3 上，另一端线芯接于接线端子排的接线座上 | |

（续）

| 实训图片 | 操作方法 | 注意事项 |
|---|---|---|
| 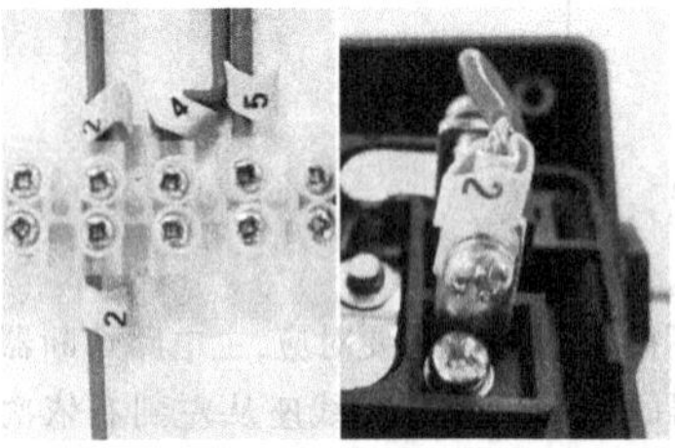 | ［布置2号按钮线］：截取一段0.75mm$^2$软导线，将其一端绞合弯折接于端子排上2号对应位置，另一端绞合做线卡接于SB22按钮的一端 | ①软导线连接前其线芯要绞合紧，线卡要压紧且接触良好<br>②与接线端子排或接线座连接时，不压绝缘层、不反圈、不能露铜过长<br>③按钮接线时，要分清哪两个接线座是常开按钮的；哪两个接线座属于常闭按钮的<br>④按钮接线时，不可用力过大，防止螺钉打滑<br>⑤按钮布线完毕后应盖上按钮盒盖，并加以固定<br>⑥3号按钮线不能在两开关之间并联，应通过端子排连接 |
| 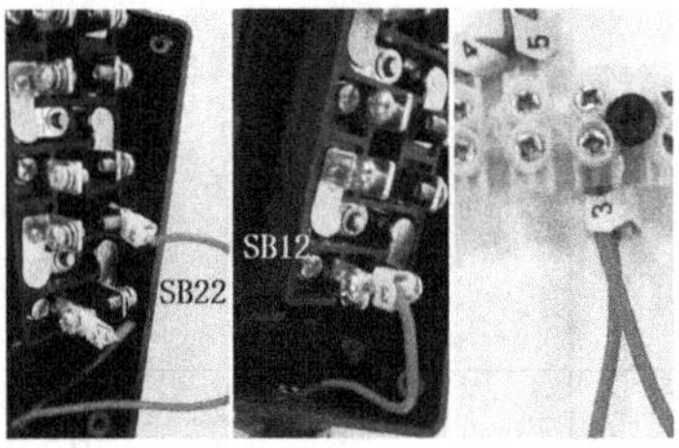 | ［布置3号按钮线］：用两根0.75mm$^2$软导线，一根一端绞合做线卡接于SB22按钮的另一端，另一根一端绞合做线卡接于SB12按钮的一端，另两端绞合接于端子排上 | |
| 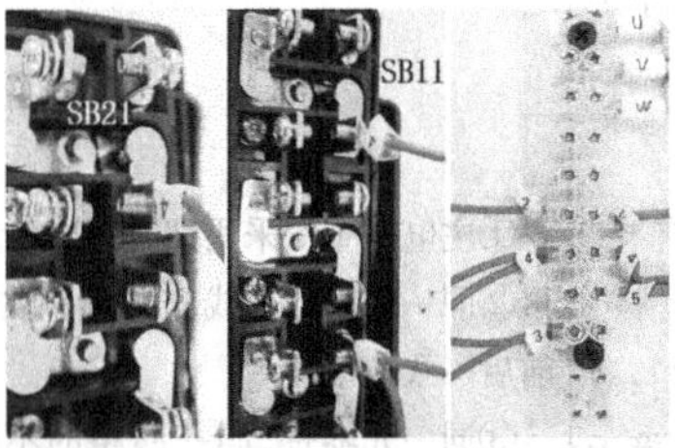 | ［布置4号按钮线］：用两根0.75mm$^2$软导线，一根一端接于按钮SB21的一端；另一根一端接于SB12的另一端并在其上并接一线头，另一端接于SB11一端；另两端绞合接于端子排对应位置 | |
|  | ［布置5号按钮线］：截取两根0.75mm$^2$软导线，将其一端分别接于按钮SB12、SB11的另一端；另一端绞合弯折并接于端子排对应位置 | |

## 四、电路检查

| 实训图片 | 操作方法 | 注意事项 |
| --- | --- | --- |
|  | [目测检查]:根据电路图或接线图从电源端开始,逐段检查核对线号是否正确,有无漏接、错接 | ①检查时要断开电源<br>②要检查导线连接点是否符合要求、压接是否牢固<br>③要注意连接点接触是否良好,以免运行时产生电弧<br>④要用合适的电阻挡位,并“调零”进行检查<br>⑤检查时可用手或工具按下按钮或接触器时,不能按到底,只要轻轻按下,使常闭触头断开就可 |
| <br> | [万用表检查]:用万用表电阻挡检查电路有无开路、短路情况。将万用表两表笔搭接0、1号线,万用表应指示“∞”;按下SB21按钮,应指示一定阻值,再同时按下SB12应指示“∞”;同理按下SB11按钮,应指示一定阻值,再按下SB22按钮应指示“∞” | |

## 五、电动机连接

| 实训图片 | 操作方法 | 注意事项 |
| --- | --- | --- |
| 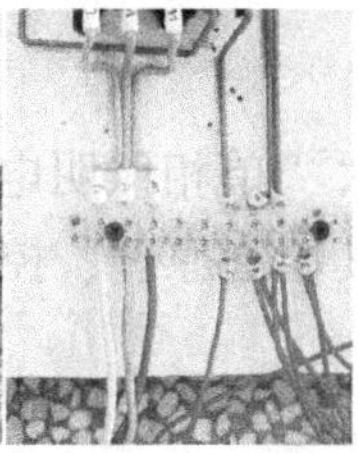 | [连接电动机]:将电动机定子绕组的三根出线与端子排相应连接点U、V、W进行连接 | 电动机的外壳应可靠接地 |

## 六、通电试车

| 实训图片 | 操作方法 | 注意事项 |
| --- | --- | --- |
| 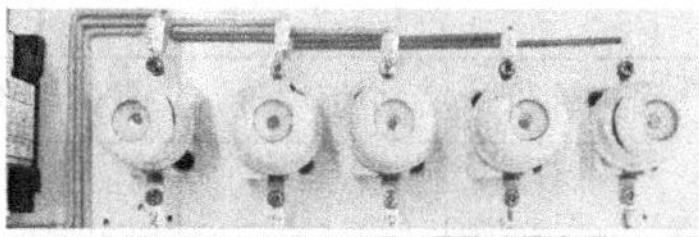<br>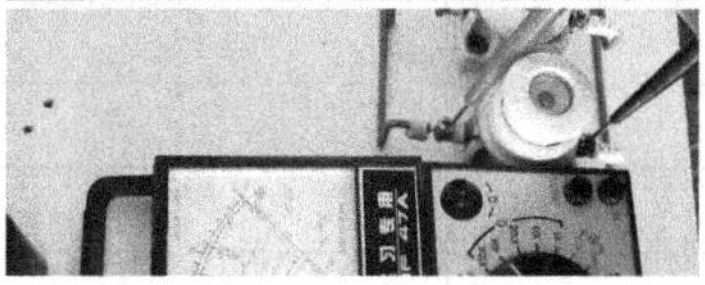 | [安装熔体]:将3只15A的熔体装入主电路熔断器中,将2只2A熔体装入控制电路熔断器中,同时旋上熔帽;并用万用表检测熔断器的好坏 | ①主电路和控制电路的熔体要区分清,不能装错<br>②熔体的熔断指示——小红点要在上面<br>③要确认熔体的好坏 |

| 实训图片 | 操作方法 | 注意事项 |
|---|---|---|
| 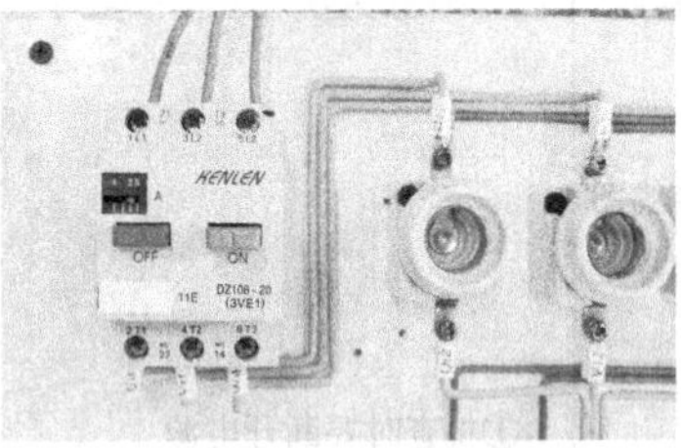 | ［连接电源线］：将三相电源线连接到低压断路器的进线端（1L1、3L2、5L3） | ①连接电源线时应断开总电源<br>②由指导老师监护学生接通三相电源<br>③学生通电试验时，指导老师必须在现场进行监护 |
| 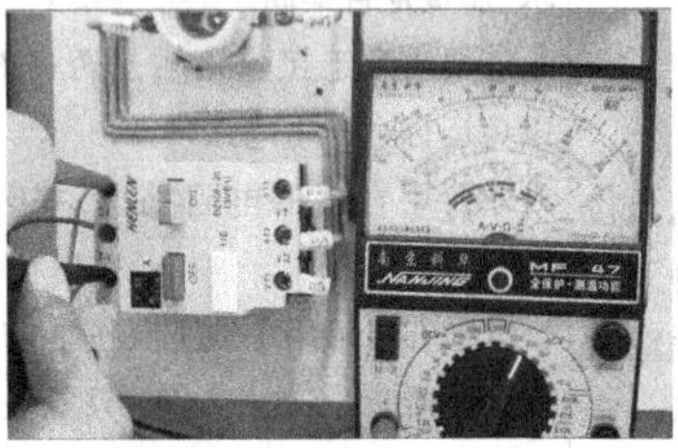 | ［验电］：合上总电源开关，用万用表500V电压挡，分别测量低压断路器进线端的相间电压，确认三相电源并三相电压平衡 | ①测量前，确认学生是否穿绝缘鞋<br>②测量时，学生操作是否规范<br>③测量时表笔的笔尖不能同时触及两根带电体 |
|  | ［按下按钮试车］：按下SB11，观察接触器KM吸合及电动机旋转情况，然后按下SB12，观察接触器是否释放，电动机是否停转；同理按下SB21，电动机是否起动运转，按下SB22，电动机是否停转 | ①按下按钮时不要用力过大，且手不要急于松开<br>②按下起动按钮的同时，另一手指放在停止按钮上，发现问题，要迅速按下停止按钮，并应在老师的指导下进行检查 |

## 提醒注意

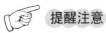

本任务实现的是电动机的两地或多地控制，要与任务六“单相照明电路的安装——两地控制电路”相区别，虽然实现的都是“两地”控制，但其控制原理、控制方法是有本质区别的，不能混为一谈。

## 检查评价

通电试车完毕，切断电源，电动机停转后，先拆除电源线，再拆除电动机线，然后进行综合评价。

**任务评价**

| 序号 | 评价指标 | 评价内容 | 分值 | 个人评价 | 小组评价 | 教师评价 |
|---|---|---|---|---|---|---|
| 1 | 元器件检查 | 元器件是否漏检或错检 | 5 | | | |
| 2 | 安装元器件 | 不按布置图安装 | 5 | | | |
| | | 元器件安装不牢固 | 3 | | | |
| | | 元器件安装不整齐、不合理、不美观 | 2 | | | |
| | | 损坏元器件 | 5 | | | |

（续）

| 序号 | 评价指标 | 评价内容 | 分值 | 个人评价 | 小组评价 | 教师评价 |
|---|---|---|---|---|---|---|
| 3 | 布线 | 不按电路图接线 | 10 | | | |
| | | 布线不符合要求 | 5 | | | |
| | | 连接点松动、露铜过长、反圈 | 5 | | | |
| | | 损伤导线绝缘或线芯 | 5 | | | |
| | | 未装或漏装编码套管 | 5 | | | |
| | | 未接地线 | 10 | | | |
| 4 | 通电试车 | 电路短路 | 15 | | | |
| | | 第一次试车不成功 | 5 | | | |
| | | 第二次试车不成功 | 10 | | | |
| 5 | 安全规范 | 是否穿绝缘鞋 | 5 | | | |
| | | 操作是否规范安全 | 5 | | | |
| 总分 | | | 100 | | | |
| 问题记录和解决方法 | | | 记录任务实施过程中出现的问题和采取的解决办法 | | | |

**能力评价**

| 内容 | | 评价 | |
|---|---|---|---|
| 学习目标 | 评价项目 | 小组评价 | 教师评价 |
| 应知应会 | 本任务的相关基本概念是否熟悉 | □Yes □No | □Yes □No |
| | 是否熟练掌握仪表、工具的使用 | □Yes □No | □Yes □No |
| 专业能力 | 元器件的安装、使用是否规范 | □Yes □No | □Yes □No |
| | 安装接线是否合理、规范、美观 | □Yes □No | □Yes □No |
| | 是否具有相关专业知识的融合能力 | □Yes □No | □Yes □No |
| 通用能力 | 团队合作能力 | □Yes □No | □Yes □No |
| | 沟通协调能力 | □Yes □No | □Yes □No |
| | 解决问题能力 | □Yes □No | □Yes □No |
| | 自我管理能力 | □Yes □No | □Yes □No |
| | 创新能力 | □Yes □No | □Yes □No |
| 态度 | 敬岗爱业 | □Yes □No | □Yes □No |
| | 工作认真 | □Yes □No | □Yes □No |
| | 劳动态度 | □Yes □No | □Yes □No |
| 个人努力方向： | | 老师、同学建议： | |

## 思考与提高

能否采用本任务的控制方法用单联双控开关实现“单相照明电路的两地控制”？为什么？

# 任务十六　三相交流异步电动机Y-Δ减压起动控制电路的安装

## 训练目标

- 了解三相交流异步电动机起动的方法及减压起动的原因。
- 理解三相交流异步电动机减压起动的工作原理。
- 掌握三相交流异步电动机Y-Δ减压起动方法和原理。
- 能正确安装三相交流异步电动机减压起动控制电路。

## 任务描述

同学们，在日常生活中，你们遇到过这种现象吗？“照明灯在正常照明的过程中，突然灯光一暗，然后随即恢复正常”。你们想过产生此现象的原因吗？为什么灯光会一暗呢？本任务就来回答你的这一疑问，进而实现三相交流异步电动机Y-Δ减压起动控制电路的安装。

## 任务分析

1. 三相异步电动机定子绕组的接法

三相交流异步电动机有三相定子绕组，每相绕组都有首尾两个端钮，我们规定为 U1、U2，V1、V2，W1，W2。其三相绕组的接法有两种：一种是星形（Y）联结，就是把三相绕组的尾 U2、V2、W2 并接在一起，三相绕组的首 U1、V1、W1 接三相电源；另一种是三角形（Δ）联结，就是把每相绕组的首与尾相连，然后接三个连接端钮接三相交流电源。

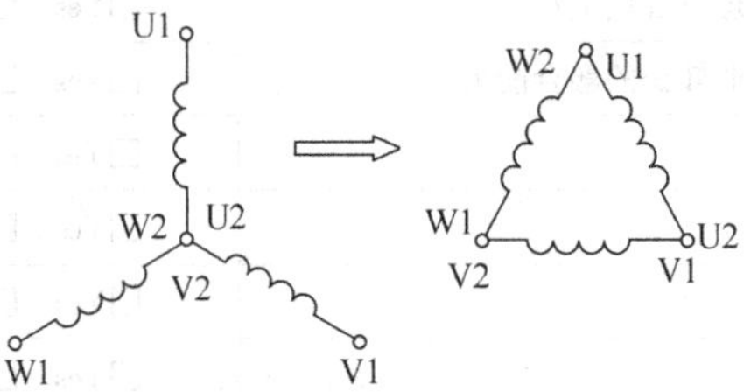


2. 三相交流异步电动机Y-Δ减压起动

所谓三相交流异步电动机Y-Δ减压起动，就是电动机起动时，将三相定子绕组接成Y联结，电动机起动完毕再将电动机三相定子绕组接成Δ联结。因为电动机定子绕组接成Y联结起动时，加在每相定子绕组上的起动电压只有Δ联结起动时的 $1/\sqrt{3}$，起动电流和转矩也只有Δ联结时的 1/3，由此可知，三相交流异步电动机采用Y-Δ减压起动后，起动电流大幅减小了，但同时起动转矩也同时大幅减小，所以Y-Δ减压起动方法只适用于轻载或空载下起动，且正常运行时定子绕组为Δ联结的电动机。

3. 三相交流异步电动机Y-Δ减压起动控制电路

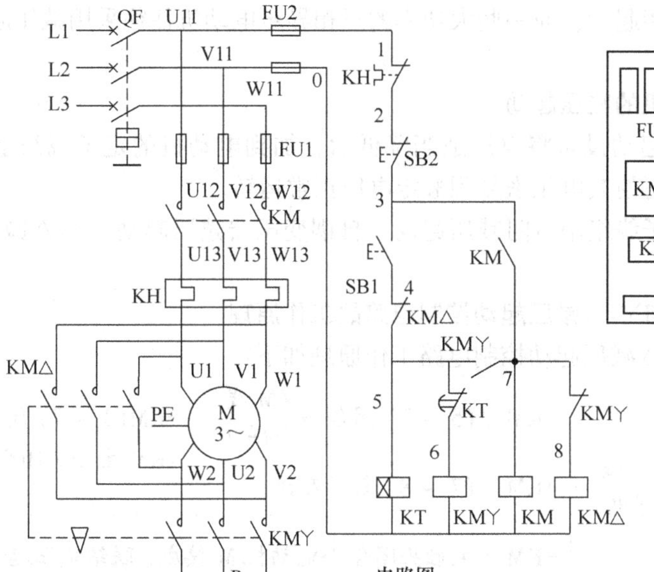

电路图

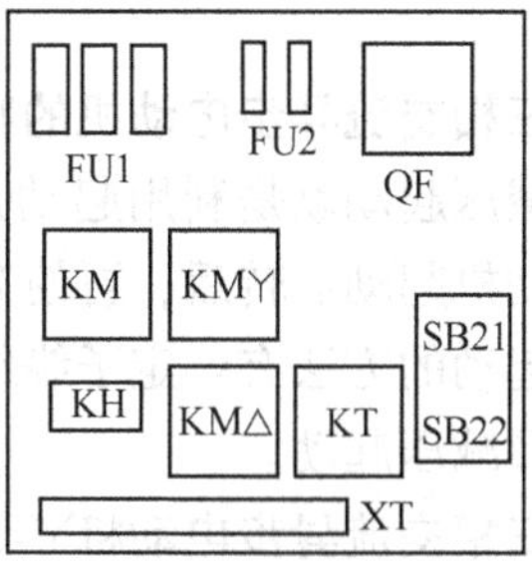

布置图

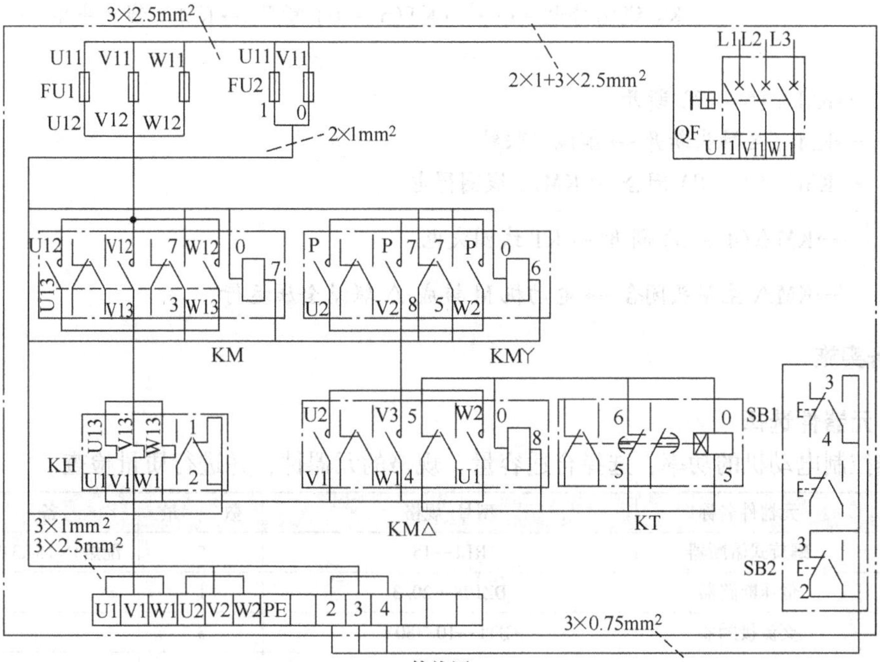

接线图

## 相关知识

### 一、三相交流异步电动机的起动方法

三相交流异步电动机的起动方法有：全压起动（直接起动）和减压起动。

全压起动就是电动机起动时加在电动机定子绕组上的电压为电动机的额定电压。由于电动机全压起动时的电流较大，一般是电动机额定电流的4～7倍，这么大的起动电流会使变压器的输出电压下降，或使电力线路的电压降增大，影响其他设备的工作。这就是本任务描述中照明装置灯光一暗的原因。所以电源容量在180kV·A以上，电动机功率在7kW以下的三相异步电动机可采用直接起动，而一些大功率的三相异步电动机往往采用减压起动的方法。

**二、三相交流异步电动机的减压起动**

所谓减压起动就是利用起动设备将电压适当降低后，加到电动机的定子绕组上进行起动，待电动机起动运转后，再使其电压恢复到额定电压正常运转。

减压起动的方法有：定子绕组串电阻减压起动、自耦变压器减压起动、Y-△减压起动、延边三角形减压起动。

**三、三相交流异步电动机Y-△减压起动控制电路的工作原理**

三相交流异步电动机Y-△减压起动控制电路工作原理如下：

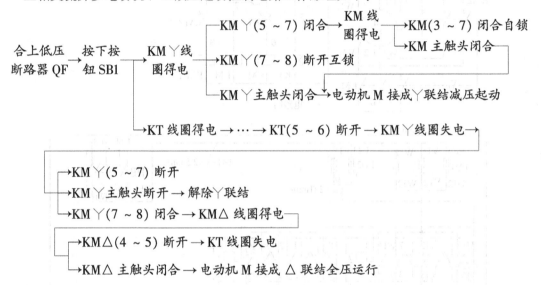

合上低压断路器 QF → 按下按钮 SB1 → KMY线圈得电 →
- KMY(5～7) 闭合 → KM 线圈得电 → KM(3～7) 闭合自锁；→ KM 主触头闭合
- KMY(7～8) 断开互锁
- KMY主触头闭合 → 电动机 M 接成Y联结减压起动

→ KT 线圈得电 → … → KT(5～6) 断开 → KMY线圈失电 →
- KMY(5～7) 断开
- KMY主触头断开 → 解除Y联结
- KMY(7～8) 闭合 → KM△ 线圈得电 →
  - KM△(4～5) 断开 → KT 线圈失电
  - KM△ 主触头闭合 → 电动机 M 接成 △ 联结全压运行

## 任务实施

**一、元器件选择**

根据控制电动机的功率，选择合适容量、规格的元器件，并进行质量检查。

| 序　号 | 元器件名称 | 型号、规格 | 数　量 | 备　注 |
|---|---|---|---|---|
| 1 | 螺旋式熔断器 | RL1—15 | 5 | 配熔体 15A3 只，2A2 只 |
| 2 | 低压断路器 | DZ108—20/3 | 1 | |
| 3 | 交流接触器 | CJT1—10/380V | 3 | |
| 4 | 热继电器 | JR36—20 | 1 | |
| 5 | 时间继电器 | JS7—2A | 1 | |
| 6 | 按钮 | LA4—3H | 2 | |
| 7 | 塑料导线 | BV—1mm$^2$ | 6m | 控制电路用 |
| 8 | 塑料导线 | BV—2.5mm$^2$ | 4m | 主电路用 |
| 9 | 塑料导线 | BVR—0.75mm$^2$ | 2m | 按钮用 |
| 10 | 接线端子排 | JX3—1012 | 1 | |
| 11 | 三相异步电动机 | Y112M—4 4kW 1440r/min 8.8A △联结 | 1 | |
| 12 | 接线板 | 700mm×550mm×30mm | 1 | |

## 二、元器件安装

| 实训图片 | 操作方法 | 注意事项 |
|---|---|---|
| 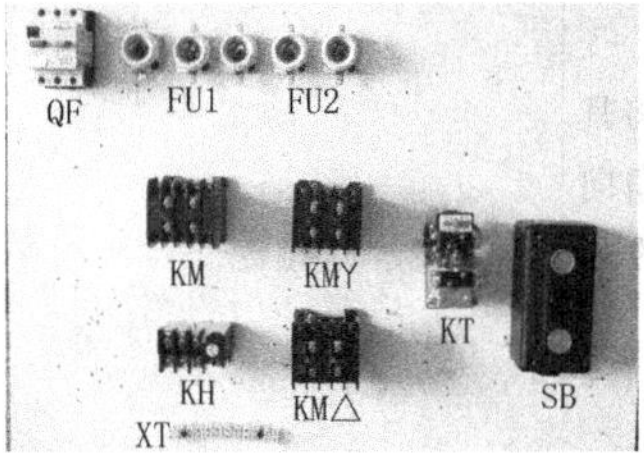 | [元器件安装]：根据布置图将各元器件安装固定在接线板上。具体安装方法见前述任务 | ①熔断器下接线座要安装在上方，上接线座安装在下方<br>②接触器的散热孔应垂直向上<br>③按钮进出线孔应在下方<br>④时间继电器应垂直安装，且断电释放时衔铁应向下运动 |

## 三、布线

| 实训图片 | 操作方法 | 注意事项 |
|---|---|---|
|  | [布置 0 号线]：截取四段的 1mm$^2$ 导线，将其一端弯圈接于第二个控制熔断器的上接线座，弯直角走线，另一端分别并接于 KM、KM Y、KM △线圈的 A1 接线座，最后一段弯圈接于 KT 线圈的一个接线座 | ①0 号线要走线在最里面（下面），以便为其他线留出空间；走线时要紧贴面板，横平竖直<br>②布线时不能损伤导线线芯和绝缘，合理考虑导线走向布局，不交叉，布线美观<br>③与接线端子排或接线座连接时，不压绝缘层、不反圈、不能露铜过长<br>④3 号线和 2 号线与端子排连接时要弯一"U"形，以便为以后主电路接线留出空间<br>⑤与线圈接线座连接时，两根线芯要左右压接牢固 |
|  | [布置 1 号线]：截取一段导线，将其一端弯圈接于第一个控制熔断器的上接线座，弯直角向左向下走线，另一端接于热继电器 96 号接线座 | |
|  | [布置 2 号线]：截取一段一定长度的导线，将其一端弯折接于端子排上对应位置，弯直角向上走线，另一端接于热继电器的 95 号接线座 | |
|  | [布置 3 号线]：截取一段导线，将其一端接于 KM 接触器的 34 号（常开触头）接线座上，然后弯直角向下走线，另一端接于端子排对应位置 | |

（续）

| 实训图片 | 操作方法 | 注意事项 |
|---|---|---|
| 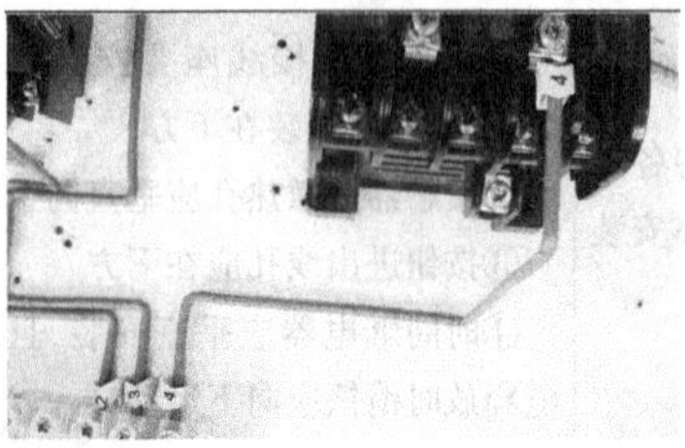 | ［布置 4 号线］：截取一段导线，将其一端接于端子排对应位置，弯直角向上走线，另一端接于 KM△接触器的 42 号（常闭触头）接线座上 | |
|  | ［布置 5 号线］：截取一段导线，连接 KM△接触器的 41 号接线座（常闭）和时间继电器线圈的另一接线座；在 41 号接线座上并一导线，另一端接于时间继电器延时断开接线座；在其上另外并接一导线，另一端接于 KM丫的 34 号接线座 | |
| 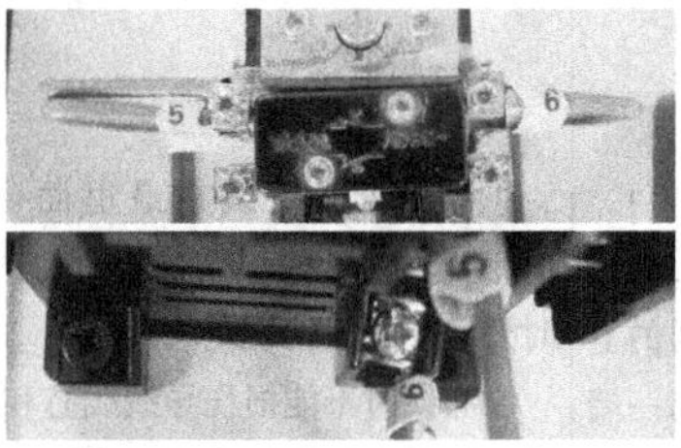 | ［布置 6 号线］：截取一段导线，将其一端接于时间继电器延时断开触头的另接线座，弯直角向下走线，另一端接于 KM丫接触器的 A2 号线圈接线座上 | ①同一个接线座上接两个线头时，线芯要左右压接<br>②导线连接前应做好线型（模）<br>③与时间继电器接线座连接时，线芯要弯圈压接，不能反圈<br>④时间继电器的整定值应在不通电时预先整定好 |
|  | ［布置 7 号线］：截取一段导线，连接 KM丫接触器的 21 号接线座（常闭触头）和 34 号接线座，在 34 号并接一导线，另一端接于 KM 接触器线圈 33 号接线座；在其上并接一导线，另一端接于 KM 接触器的线圈 A2 接线座 | |
| 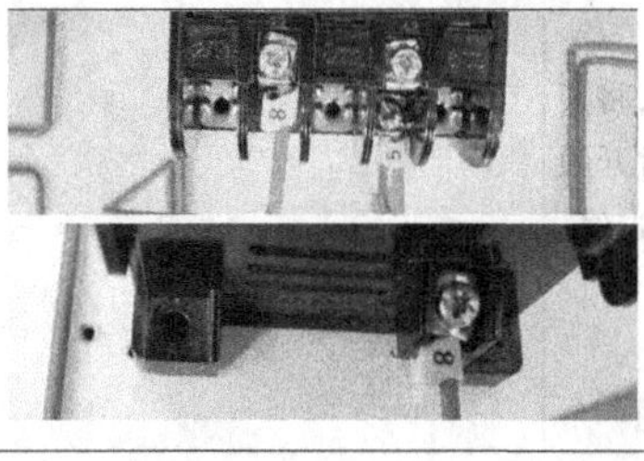 | ［布置 8 号线］：截取一段导线，将其一端接于 KM丫接触器 22 号接线座，弯直角向下走线，另一端接于 KM△接触器的 A2 号线圈接线座 | |

（续）

| 实训图片 | 操作方法 | 注意事项 |
|---|---|---|
| 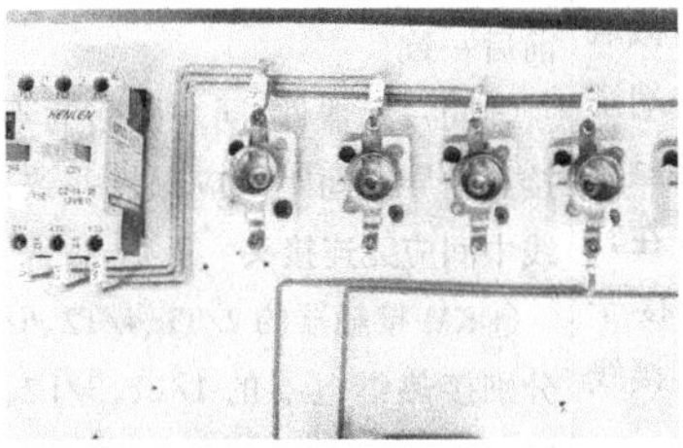 | ［布置U11、V11控制电路电源线］：截取三段2.5$mm^2$导线，一端线芯弯圈接于主电路熔断器的下接线座，另一端线芯弯折接于断路器的对应下接线座；再截取两段1$mm^2$导线，一端线芯弯圈并接于U、V两相主熔断器下接线座上，另一端线芯弯圈接于对应FU2的下接线座 | ①断路器下接线座左边为U11，中间为V11；控制熔断器左边为U11，右边为V11<br>②合理考虑线路的走向，做到不交叉，平行走线，合理美观<br>③相序要对应，主电路熔断器及断路器下接线座从左到右依次为U11、V11、W11 |
| 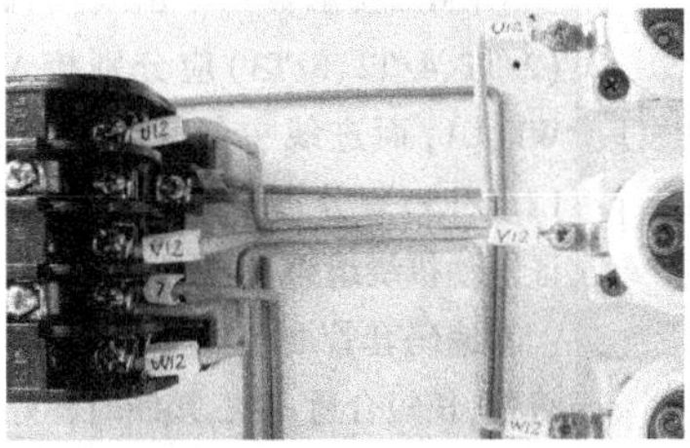 | ［布置U12、V12、W12主电路线］：截取三段一定长度的2.5$mm^2$导线，一端线芯弯圈接于主电路熔断器的上接线座，另一端线芯接于接触器的三个上接线座（1/L1、3/L2、5/L3） | ①主电路布线采用架空形式<br>②同一平面的导线应高低一致或前后一致<br>③同一元器件、同一回路的不同接点的导线间距离应保持一致，导线中间应无连接头<br>④KM接触器的2/T1、4/T2、6/T3分别接热继电器的1/L1、3/L2、5/L3<br>⑤主电路接线时前后相序要对应<br>⑥与热继电器、接触器接线座压接时，要保证压接良好<br>⑦KM△接触器三个出线主触头（2/T1、4/T2、6/T3）应分别接V1、W1、U1，而进线主触头（1/L1、3/L2、5/L3）要分别接U2、V2、W2，保证电动机绕组为△联结<br>⑧编码套管要预先写好，要字迹清楚，长短合适一致，接线时套好编码套管 |
| 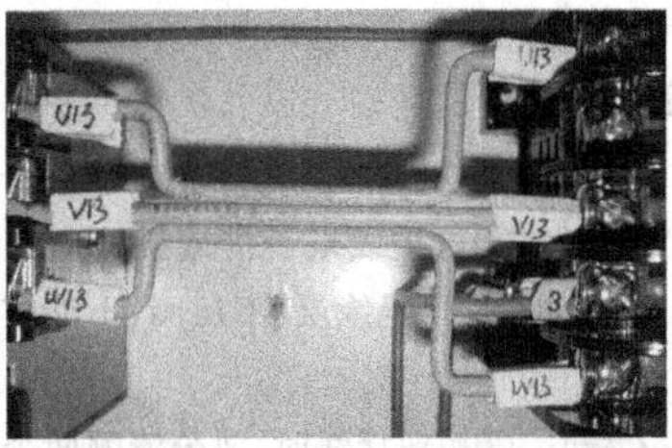 | ［布置U13、V13、W13主电路线］：截取三段2.5$mm^2$导线，一端线芯接于KM接触器的2/T1、4/T2、6/T3接线座上，另一端接于热继电器的1/L1、3/L2、5/L3接线座上 | |
|  | ［布置U1、V1、W1主电路线］：截取三段2.5$mm^2$导线，一端接于热继电器的2/T1、4/T2、6/T3接线座上，另一端接于端子排对应位置。另截取三段2.5$mm^2$导线，一端并接于热继电器的出线端上，另一端接于KM△的三个出线主触头接线座上 | |

（续）

| 实训图片 | 操作方法 | 注意事项 |
| --- | --- | --- |
|  | ［布置 U2、V2、W2 主电路线］：截取三段 $2.5\mathrm{mm}^2$ 导线，一端线芯接于端子排对应位置，另一端接于 KM△接触器的 1/L1、3/L2、5/L3 接线座上，并在其上并接三根导线线芯，另一端接于 KM丫接触器的 2/T1、4/T2、6/T3 接线座上 | ①主电路布线采用架空形式<br>②同一平面的导线应高低一致或前后一致<br>③同一元器件、同一回路的不同接点的导线间距离应保持一致，导线中间应无连接头<br>④KM 接触器的 2/T1、4/T2、6/T3 分别接热继电器的 1/L1、3/L2、5/L3<br>⑤主电路接线时前后相序要对应<br>⑥与热继电器、接触器接线座压接时，要保证压接良好<br>⑦KM△接触器三个出线主触头（2/T1、4/T2、6/T3）应分别接 V1、W1、U1，而进线主触头（1/L1、3/L2、5/L3）要分别接 U2、V2、W2，保证电动机绕组为△联结<br>⑧编码套管要预先写好，要字迹清楚，长短合适一致，接线时套好编码套管 |
|  | ［布置 P 号主电路线］：截取二段 $2.5\mathrm{mm}^2$ 短导线，将 KM丫接触器的 1/L1、3/L2、5/L3 接线座并接起来 | |
| 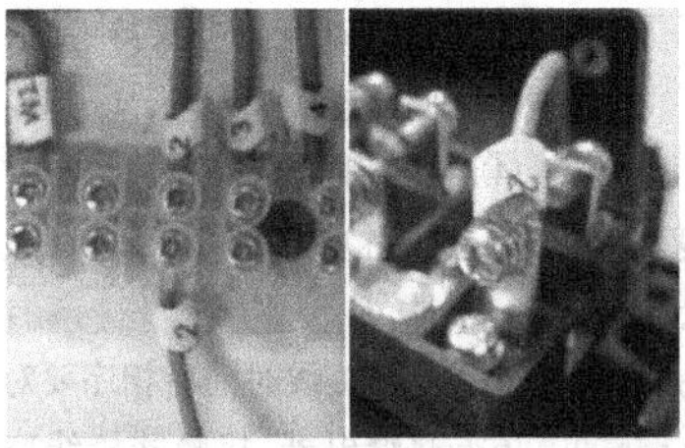 | ［布置 2 号按钮线］：截取一段 $0.75\mathrm{mm}^2$ 软导线，将其一端绞合接于端子排上 2 号对应位置，另一端绞合弯折接于 SB2 停止按钮的一端 | ①软导线连接前其线芯要绞合紧<br>②与接线端子排或接线座连接时，不压绝缘层、不反圈、不能露铜过长<br>③按钮接线时，要分清哪两个接线座是常开按钮的；哪两个接线座属于常闭按钮的<br>④按钮接线时，不可用力过大，防止螺钉打滑<br>⑤导线中间破绝缘层时不能剪断线芯<br>⑥按钮布线完毕后应盖上按钮盒盖，并加以固定 |
| 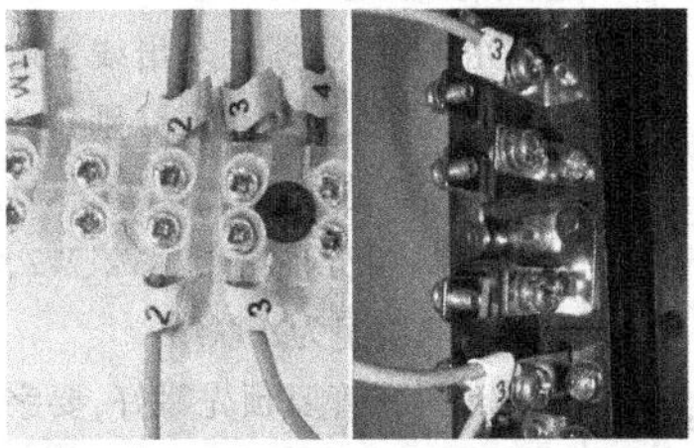 | ［布置 3 号按钮线］：用 $0.75\mathrm{mm}^2$ 软导线，将其一端绞合弯折接于端子排 3 号对应位置，另一端绞合弯圈接于 SB2 停止按钮的另一端，在其上并一线头绞合弯圈接于 SB1 起动按钮的一端 | |
| 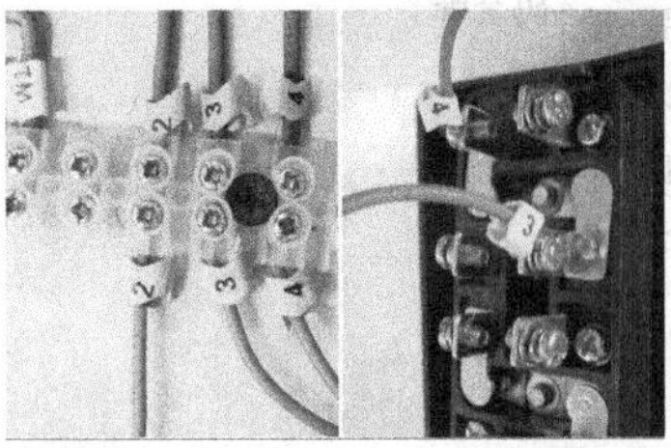 | ［布置 4 号按钮线］：截取一段 $0.75\mathrm{mm}^2$ 软导线，将其一端绞合弯折接于端子排上 4 号对应位置，另一端绞合弯圈接于 SB 起动按钮的另一端 | |

## 四、电路检查

| 实训图片 | 操作方法 | 注意事项 |
|---|---|---|
| 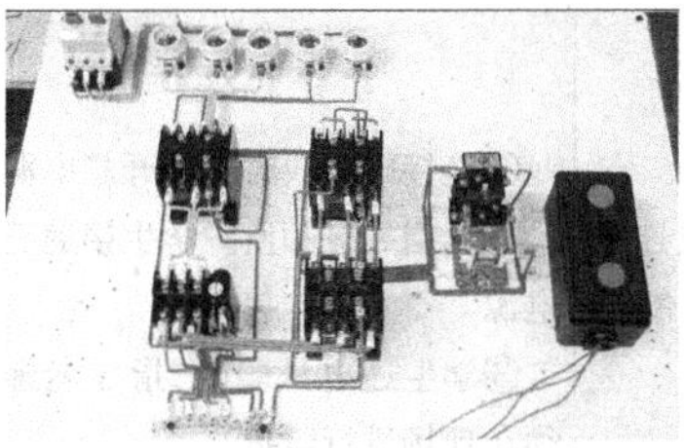 | [目测检查]:根据电路图或接线图从电源端开始,逐段检查核对线号是否正确,有无漏接、错接 | ①检查时要断开电源<br>②要检查导线连接点是否符合要求、压接是否牢固<br>③要注意连接点接触是否良好,以免运行时产生电弧<br>④要用合适的电阻挡位,并“调零”进行检查<br>⑤检查时用手或工具按下按钮或接触器时,不能按到底,只要轻轻按下,使常闭触头断开即可 |
| 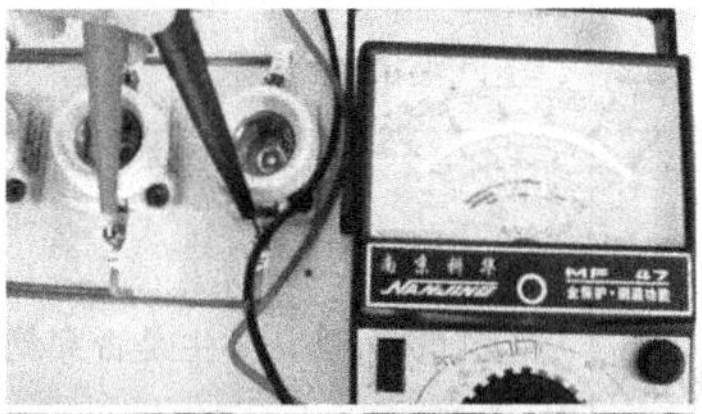<br> | [万用表检查]:用万用表电阻挡检查电路有无开路、短路情况。将万用表两表笔搭接 0、1 号线,万用表应指示“∞”;按下 SB1 按钮或按下 KM,万用表应指示一定线圈阻值。两表笔搭接 0、4 号线,应指示一定阻值,按下 KM△,应指示“∞” | |

## 五、电动机连接

| 实训图片 | 操作方法 | 注意事项 |
|---|---|---|
| 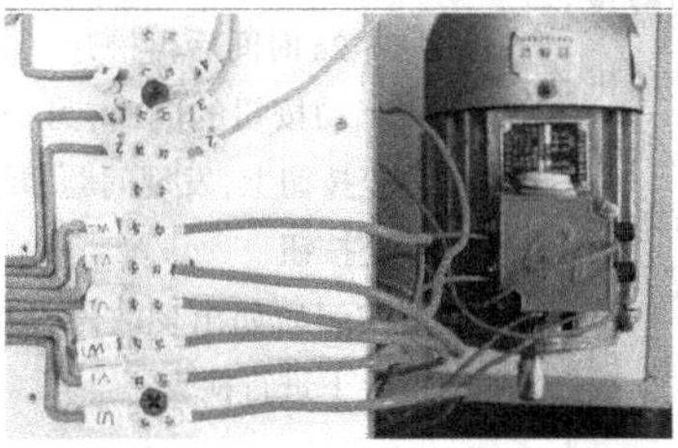 | [连接电动机]:将电动机定子绕组的六根出线与端子排相应接点 U1、V1、W1、U2、V2、W2 进行连接 | ①连接前一定要区分清电动机的 6 个端钮,不能接错<br>②电动机的外壳应可靠接地 |

## 六、通电试车

| 实训图片 | 操作方法 | 注意事项 |
|---|---|---|
|  | [安装熔体]:将 3 只 15A 的熔体装入主电路熔断器中,将 2 只 2A 熔体装入控制电路熔断器中,同时旋上熔帽;并用万用表检测熔断器的好坏 | ①主电路和控制电路的熔体要区分清,不能装错<br>②熔体的熔断指示——小红点要在上面<br>③要确认熔体的好坏 |

（续）

| 实训图片 | 操作方法 | 注意事项 |
| --- | --- | --- |
| 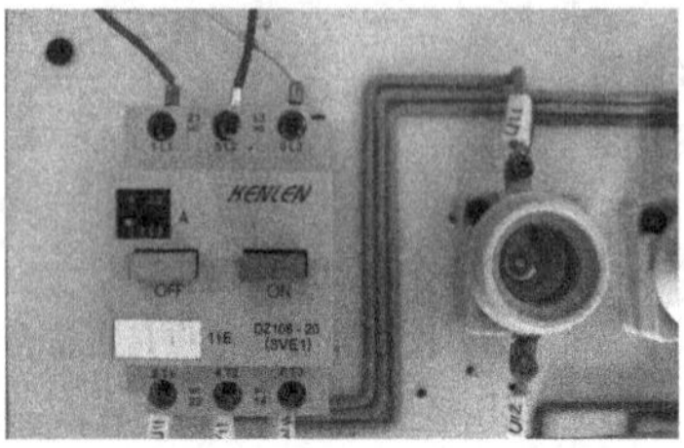 | ［连接电源线］：将三相电源线连接到低压断路器的进线端（1L1、3L2、5L3） | ①连接电源线时应断开总电源<br>②由指导老师监护学生接通三相电源<br>③学生通电试验时，指导老师必须在现场进行监护 |
| 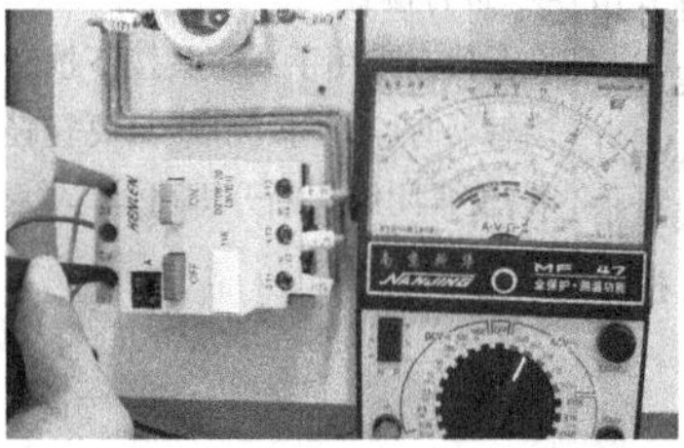 | ［验电］：合上总电源开关，用万用表500V电压挡，分别测量低压断路器进线端的相间电压，确认三相电源并三相电压平衡 | ①测量前，确认学生是否穿绝缘鞋<br>②测量时，学生操作是否规范<br>③测量时表笔的笔尖不能同时触及两根带电体 |
|  | ［按下按钮试车］：按下SB1，观察接触器KM、KM Y、KT的吸合与电动机的起动旋转情况；延时一段时间，观察KT、KM Y释放，KM △吸合情况；最后按下SB2，观察电动机的停转情况 | ①按下按钮时不要用力过大<br>②按下按钮SB1后手不要急于松开，停留1～2s时间后再松开<br>③按下起动按钮的同时，另一手指放在停止按钮上，发现问题，要迅速按下停止按钮<br>④按下按钮后如出现故障，应在老师的指导下进行检查 |

### 提醒注意

减压起动时，虽然起动电流减小了，但同时起动转矩也减小了，所以减压起动需要在空载或轻载下起动。主电路接线时，一定要先区分清电动机6个出线端钮的标记，如果不清楚，可利用电动机绕组首尾端判别的方法进行判断。

### 检查评价

通电试车完毕，切断电源，先拆除电源线，再拆除电动机线，然后进行综合评价。

**任 务 评 价**

| 序号 | 评价指标 | 评 价 内 容 | 分值 | 个人评价 | 小组评价 | 教师评价 |
|---|---|---|---|---|---|---|
| 1 | 元器件检查 | 元器件是否漏检或错检 | 5 | | | |
| 2 | 安装元器件 | 不按布置图安装 | 5 | | | |
| | | 元器件安装不牢固 | 3 | | | |
| | | 元器件安装不整齐、不合理、不美观 | 2 | | | |
| | | 损坏元器件 | 5 | | | |
| 3 | 布线 | 不按电路图接线 | 10 | | | |
| | | 布线不符合要求 | 5 | | | |
| | | 连接点松动、露铜过长、反圈 | 5 | | | |
| | | 损伤导线绝缘或线芯 | 5 | | | |
| | | 未套装或漏装编码套管 | 5 | | | |
| | | 未接地线 | 10 | | | |
| 4 | 通电试车 | 电路短路 | 15 | | | |
| | | 时间继电器延时时间整定太短 | 5 | | | |
| | | 试车不成功 | 10 | | | |
| 5 | 安全规范 | 是否穿绝缘鞋 | 5 | | | |
| | | 操作是否规范安全 | 5 | | | |
| 总分 | | | 100 | | | |
| 问题记录和解决方法 | | | 记录任务实施过程中出现的问题和采取的解决办法 | | | |

**能 力 评 价**

| 内　容 | | 评　价 | |
|---|---|---|---|
| 学习目标 | 评 价 项 目 | 小组评价 | 教师评价 |
| 应知应会 | 本任务的相关基本概念是否熟悉 | □Yes □No | □Yes □No |
| | 是否熟练掌握仪表、工具的使用 | □Yes □No | □Yes □No |
| 专业能力 | 元器件的安装、使用是否规范 | □Yes □No | □Yes □No |
| | 安装接线是否合理、规范、美观 | □Yes □No | □Yes □No |
| | 是否具有相关专业知识的融合能力 | □Yes □No | □Yes □No |
| 通用能力 | 团队合作能力 | □Yes □No | □Yes □No |
| | 沟通协调能力 | □Yes □No | □Yes □No |
| | 解决问题能力 | □Yes □No | □Yes □No |
| | 自我管理能力 | □Yes □No | □Yes □No |
| | 创新能力 | □Yes □No | □Yes □No |
| 态度 | 敬岗爱业 | □Yes □No | □Yes □No |
| | 工作认真 | □Yes □No | □Yes □No |
| | 劳动态度 | □Yes □No | □Yes □No |
| 个人努力方向： | | 老师、同学建议： | |

## 思考与提高

本任务控制电路为什么要 KM丫主触头先闭合，KM 主触头后闭合？

# 单元三　基本电子电路实战训练

三

随着电子技术的飞速发展，各类电子产品广泛应用于各个领域，要生产出性能优良且可靠的电子产品，必须对其进行相应的维修和调试，作为一名维修电工，必须掌握电工电子方面的基本技能和电子电路的安装、调试和维修技能。本单元主要介绍常用电子元器件的使用以及一些简单电路的安装、调试与维修。

**学习目标**

- 掌握电子技术的基本操作技能。
- 掌握电子电路的基本安装与调试技能。
- 掌握电子电路的维修技能。

## 任务十七　常用电子元器件的使用

### 训练目标

- 熟悉分辨各种元器件的外形特征。
- 掌握各种电子元器件的识别技能。
- 能熟练进行电子元器件的测试。

电子元器件是电子元件和器件的总称。电子元件：是指在工厂生产加工时不改变分子结构的成品。例如电阻器、电容器、电感器。因为它本身不产生电子，它对电压、电流无控制和变换作用，所以又称为无源器件。电子器件：是指在工厂生产加工时改变了分子结构的成品。例如晶体管、电子管、集成电路。因为它本身能产生电子，对电压、电流有控制、变换作用（放大、开关、整流、检波、振荡和调制等），所以又称为有源器件。按分类标准，电子器件可分为12个大类，可归纳为真空电子器件和半导体器件两大块。电子元器件发展史其实就是一部浓缩的电子发展史。电子技术是19世纪末、20世纪初发展起来的一门新兴技术，20世纪发展最为迅速，应用也最广泛，成为近代科学技术发展的一个重要标志。

## 相关知识

**常用电子元器件的组成、作用**

| 元器件名称 | 实物图片 | 说　明 | 作　用 |
|---|---|---|---|
| 电阻器 | 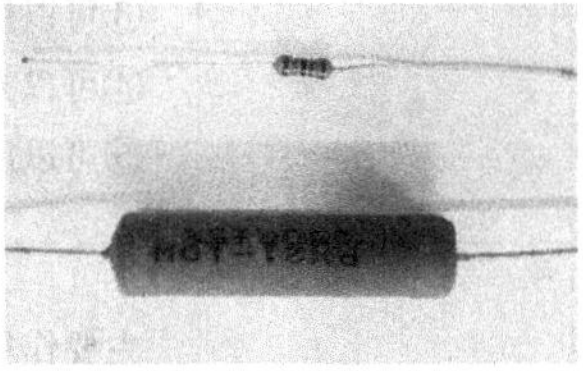 | 单位是欧姆(Ω) | 限止电流的通过量，起到限流的作用 |
| 电容器 |  | 单位是法拉(F) | 充电与放电，隔直流通交流 |
| 电感器 | 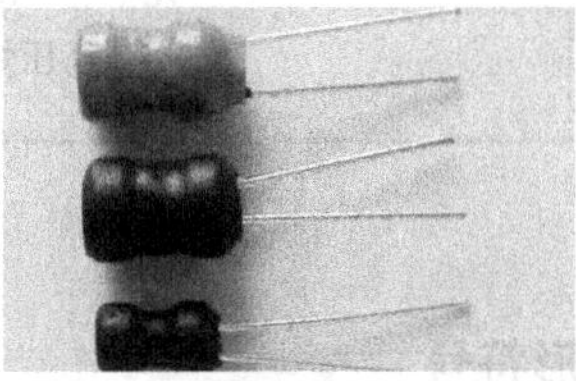 | 单位是亨利(H) | 对交流信号进行隔离、滤波或与电容器、电阻器等组成谐振电路 |
| 变压器 |  | 主要由铁心和绕组组成 | 电压变换，电流变换，阻抗变换，隔离，稳压 |
| 二极管 | 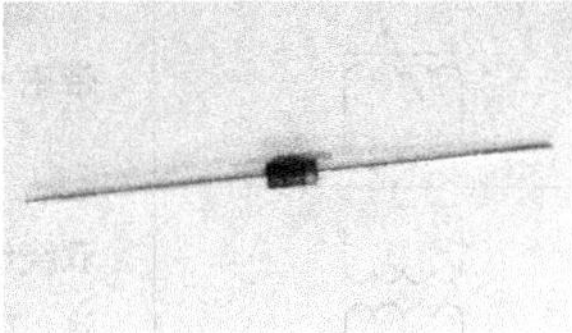 | | ①箝位：是利用二极管导通时其压降基本为恒定值（硅管约 0.7V，锗管约 0.3V）的特性，将输入端的电压（电平）传送到输出端<br>②隔离：是利用二极管反向特性，隔离高电平不会反馈到输入端 |
| 稳压二极管 |  | | 稳压二极管主要有两种，齐纳稳压二极管和基准稳压二极管，用途是输出一个稳定的电压，齐纳二极管电压输出范围宽且电流输出能力强，而基准二极管输出电压非常稳定，用稳压二极管实现稳压输出只要外加一个限流电阻即可，电路简单 |

（续）

| 元器件名称 | 实物图片 | 说　明 | 作　用 |
|---|---|---|---|
| 场效应晶体管 | 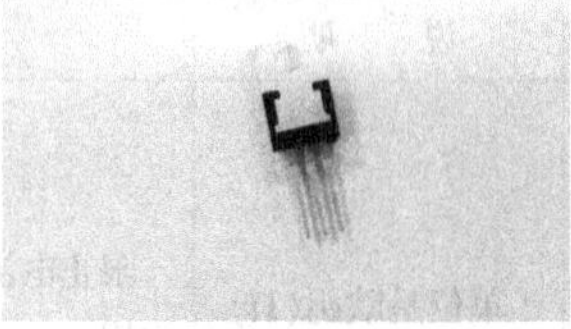 | | ①可应用于放大电路<br>②非常适合作阻抗变换<br>③可以用作可变电阻<br>④可以方便地用作恒流源<br>⑤可以用作电子开关 |
| 晶体管 | 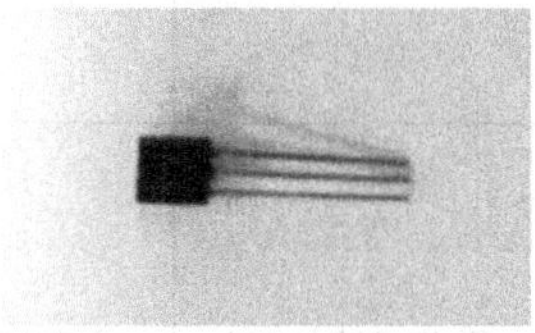 | | 主要作用是电流放大，以共发射极接法为例（信号从基极输入，从集电极输出，发射极接地），晶体管的放大倍数$\beta$一般在几十到几百倍 |
| 整流器 |  | | 把高电压且不稳定的交流电经削波转换成稳定的直流电，给蓄电池充电，并保证电压稳定，以保护电器不被高压烧坏 |

## 知识扩展

### 一、电阻器、电容器、电感器和变压器的图形符号

| 图形符号 | 名称与说明 | 图形符号 | 名称与说明 |
|---|---|---|---|
| 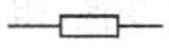 | 电阻器一般符号 |  | 电感器、线圈、绕组或扼流图。<br>注：符号中半圆数不得少于3个，一般为4个 |
| 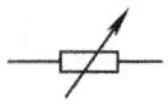 | 可变电阻器或可调电阻器 | 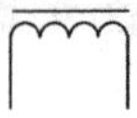 | 带磁心、铁心的电感器 |
| 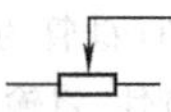 | 滑动触点电位器 |  | 带磁心连续可调的电感器 |
| 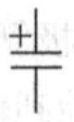 | 极性电容 | 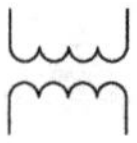 | 双绕组变压器<br>注：可增加绕组数目 |
|  | 可变电容器或可调电容器 |  | 绕组间有屏蔽的双绕组变压器<br>注：可增加绕组数目 |
| 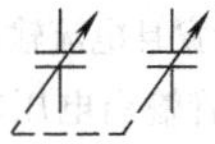 | 双联同调可变电容器<br>注：可增加同调联数 |  | 在一个绕组上有抽头的变压器 |
|  | 微调电容器 | | |

## 二、半导体管的图形符号

| 图 形 符 号 | 名称与说明 | 图 形 符 号 | 名称与说明 |
|---|---|---|---|
|  | 二极管的符号 | 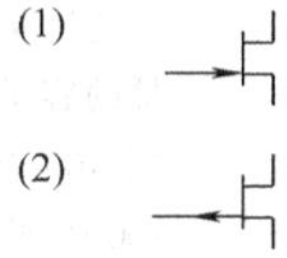  | JFET 结型场效应晶体管<br>(1) N 沟道<br>(2) P 沟道 |
|  | 发光二极管 | | |
|  | 光敏二极管 | 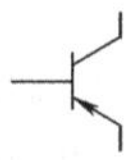 | PNP 型晶体管 |
|  | 稳压二极管 | 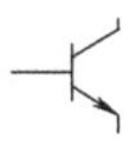 | NPN 型晶体管 |
| 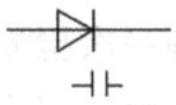 | 变容二极管 | 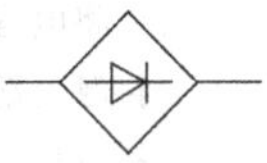 | 全波桥式整流器 |

## 技能训练

## 一、万用表检测电位器的质量和阻值测量

| 实 训 图 片 | 检 测 方 法 | 注 意 事 项 |
|---|---|---|
| 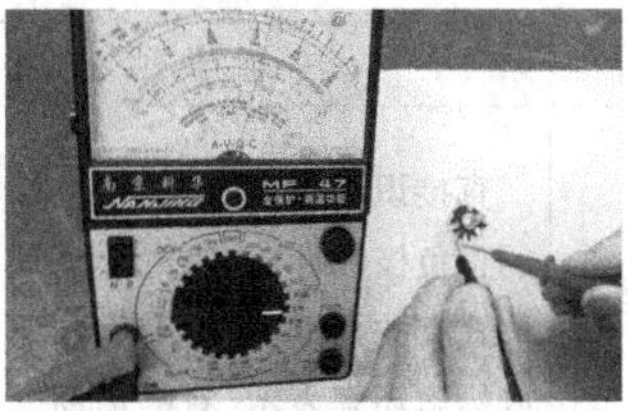 | [检测电位器的标称阻值]：根据电位器阻值的大小，选用万用表合适的电阻挡，两表笔搭接在电位器两定片上，测量电位器两定片之间的阻值，其读数应为电位器的标称阻值 | 如果测量时万用表指针不动或阻值相差很多，则表明该电位器已损坏 |
| 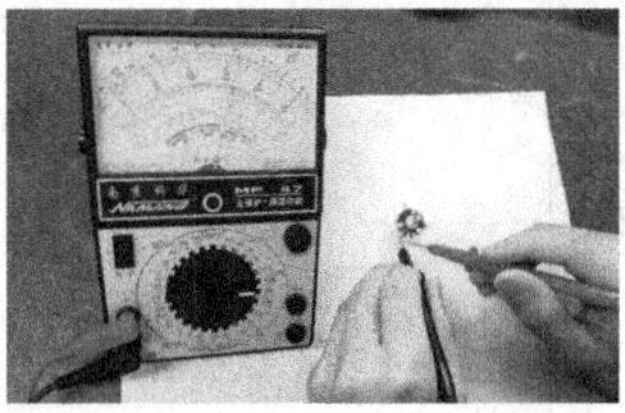 | [检查电位器的动片与电阻体的阻值]：用万用表笔接电位器的动片和任意一定片，并反复缓慢的旋转电位器的旋钮，观察万用表的指针是否连续，均匀的变化，其阻值应在0Ω 到标称阻值之间连续变化，如果变化不连续或变化过程中电阻值不变化，说明电位器接触不良 | 测量过程中如万用表指针平稳移动而无跌落，跳跃或抖动现象，说明电位器正常 |
|  | [检查电位器的绝缘]：检查电位器各引脚与外壳及旋转轴之间的绝缘电阻值，观察是否为正常∞，否则说明有漏电现象 | 检查电位器引脚与万用表的表笔接触是否良好 |

## 二、万用表检测电容器质量

| 实训图片 | 检测方法 | 注意事项 |
| --- | --- | --- |
|  | 选择欧姆挡来识别或估测电解电容器的容量，低于 10μF 时选用 R×10k 挡，10～100μF 时选用 R×1k 挡，大于 100μF 时选用 R×100 挡 | 估测前要把电容器的两引脚短路，以便放掉电容器内的残余电荷 |
| 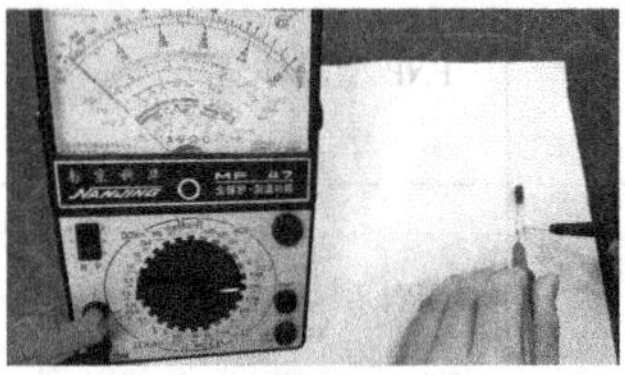 | 将万用表黑表笔接电解电容器的正极，红表笔接负极，检测其正向电阻，表针先向右作大幅度摆动，然后再慢慢回到∞位置 | 上述检测方法还可以用来鉴别电容器的正负极。对失掉正负极标志的电解电容器，可先用万用表两表笔进行一次检测，同时观察并记住表针向右摆动幅度，然后两表笔对调再进行检测，哪一次检测中表针摆动幅度较小，该次万用表黑表笔接触的引脚为正极，另一脚为负极 |
| 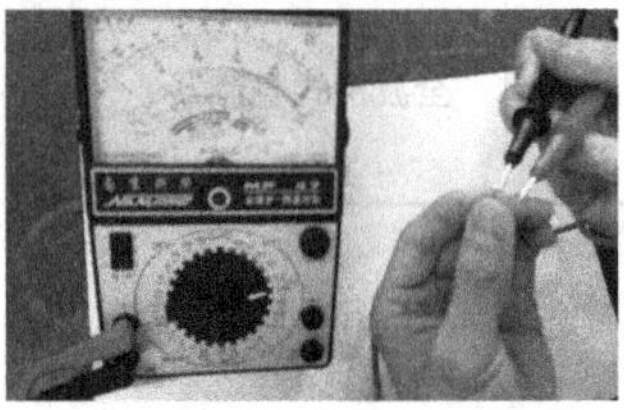 | 将电容器两引脚短路后，将黑表笔接触电解电容器负极，红表笔接正极检测反向电阻，表针先向右摆动，再慢慢返回，但一般不能回到∞的位置。检测过程中如与上述情况不符，则说明电容器已损坏 | |

## 三、二极管检测

| 实训图片 | 检测方法 | 注意事项 |
| --- | --- | --- |
| 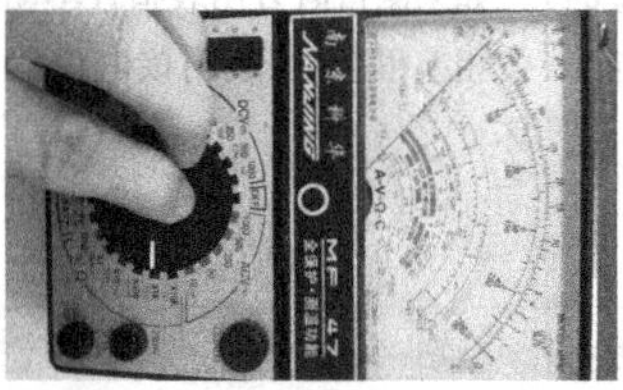 | 用万用表的 R×100 或 R×1k 挡判别二极管的极性，要注意调零 | 直接识别二极管的极性，二极管的正负极都标注在外壳上，其标注形式有的是电路符号，有的用色点或标志环来表示，有的借助二极管的外形特征来识别 |
| 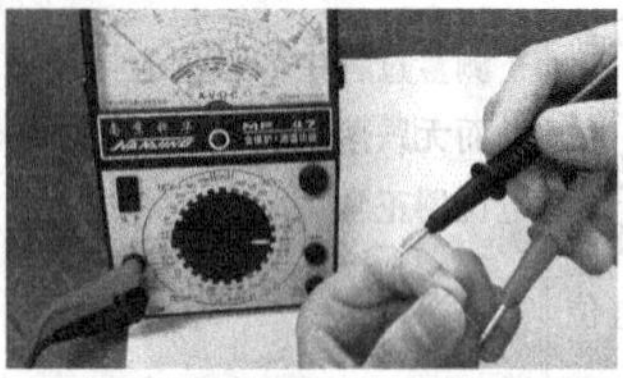 | 用红黑表笔同时接触二极管两极的引线，然后对调表笔重新测量 | 检测小功率二极管的正反向电阻，不宜使用 R×1 或 R×10k 挡，前者流过二极管的正向电流较大，可能烧坏管子，后者加在二极管两端的反向电压太高，易将管子击穿 |
| 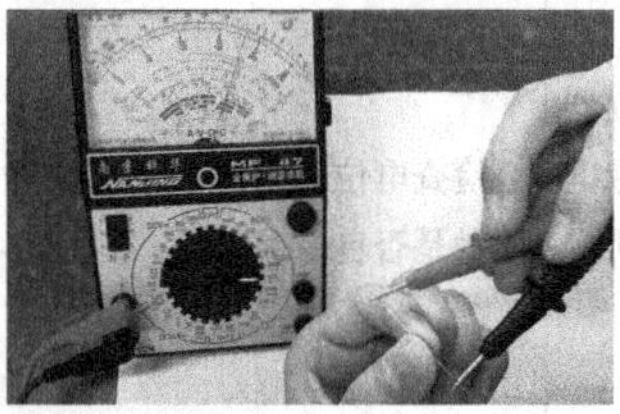 | 在所测阻值小的那次测量中，黑表笔所接的是二极管的正极，红表笔所接的是二极管的负极 | |

（续）

| 实训图片 | 检测方法 | 注意事项 |
|---|---|---|
|  | 晶体二极管正、反向电阻相差越大越好。两者相差越大，表明二极管的单相导电性越好；如果二极管的正、反向电阻值相近，表明管子已坏。若正、反向电阻都很大，则说明管子内部已经断路，不能使用 | 二极管的主要故障有断路、击穿、单向导电性变劣（正向电阻变大或反向电阻变小）及性能变差等 |

## 四、晶体管检测

| 实训图片 | 检测方法 | 注意事项 |
|---|---|---|
| 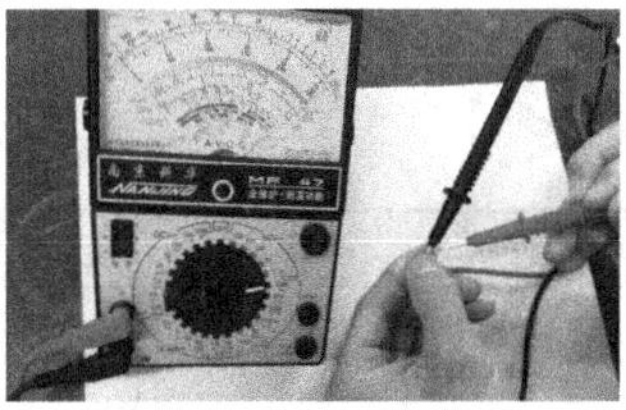 | 将万用表拨到 R×100（或 R×1k）挡，先找基极。用黑表笔接触晶体管的一根引脚，红表笔分别接触另外两根引脚，测得一组电阻值；黑表笔依次换接晶体管其余两根引脚，重复上述操作，再测得两组电阻值。将测得的电阻值进行比较，当某一组中的两个电阻值基本相同时，黑表笔所接的引脚为晶体管的基极。若该组两个电阻值为三组中最小，则说明被测管为 NPN 型；若该组两个电阻值为三组中最大，则说明被测管为 PNP 型 | 晶体管可以看成是两个二极管，以便于判别 |
|  | 在判断出管型和基极 b 的基础上，将万用表拨到 R×1k 挡上，用黑、红表笔接基极之外的两根引脚，再用手同时捏住黑表笔接的电极与基极（手相当于一个电阻器），注意不要使用两表笔相碰，此时注意观察万用表指针向右摆动的幅度。然后，将红黑表笔对调，重复上述步骤，比较两次检测中指针向右摆动的幅度，以后摆动幅度大的为准，黑表笔接的是集电极，红表笔接的是发射极 | |
| 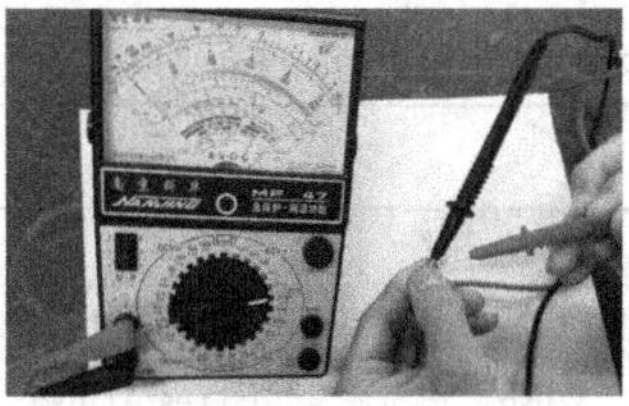 | 将万用表拨到 R×100 或 R×1k 挡，将黑、红表笔接基极之外的两根引脚，再用手同时捏住黑表笔接的电极与基极（手相当于一个电阻器），注意不要使两表笔相碰，此时注意观察万用表指针向右摆动的幅度。然后将红黑表笔对调，重复上述步骤，比较两次检测中指针向右摆动的幅度，以摆动幅度大的为准，黑表笔接的是发射极，红表笔接的是集电极 | 用万用表的 R×1k 挡先确定基极和管型（是 NPN 或 PNP），再确定集电极和发射极 |
|  | 将各引脚插入专用孔内，判断引脚极性 | |

## 五、稳压二极管性能测试

| 实训图片 | 检测方法 | 注意事项 |
|---|---|---|
|  | [稳压二极管极性的识别]：R×10k 挡测出二极管的正、负引脚 | 稳压二极管在反向击穿前的导电特性与一般二极管相似，因而可以通过检测正反向电阻的方法来判别极性 |
|  | [稳压二极管与普通二极管的区别]：将万用表拨至 R×10k 挡上，黑表笔接二极管负极，红表笔接二极管正极，若此时测得反向电阻值变得很小，说明该管为稳压二极管，反之测得的反向电阻值仍很大，说明该二极管为普通二极管 | |

## 检查评价

### 任 务 评 价

| 序号 | 评价指标 | 评 价 内 容 | 分值 | 个人评价 | 小组评价 | 教师评价 |
|---|---|---|---|---|---|---|
| 1 | 操作程序 | 遵循正确完整的操作步骤进行操作 | 10 | | | |
| 2 | 工具使用 | 选择正确的工具 | 10 | | | |
| | | 能够对工具进行微调校准 | 5 | | | |
| | | 避免工具的误操作 | 5 | | | |
| | | 掌握工具的使用方法 | 10 | | | |
| 3 | 元器件的测量 | 能根据不同的元器件选择不同的仪表 | 10 | | | |
| | | 能根据不同的元器件选择仪表的挡位 | 10 | | | |
| | | 能遵循正确的测量方法和测量步骤 | 10 | | | |
| | | 能正确地进行数据的读取 | 5 | | | |
| | | 能正确判断元器件的好坏 | 10 | | | |
| 4 | 安全 | 掌握安全用电的相关理论 | 5 | | | |
| | | 遵循安全用电的相关措施 | 10 | | | |
| | | 总分 | 100 | | | |
| | | 问题记录和解决方法 | 记录任务实施过程中出现的问题和采取的解决办法 | | | |

### 能 力 评 价

| 内 容 | | 评 价 | |
|---|---|---|---|
| 学习目标 | 评 价 项 目 | 小组评价 | 教师评价 |
| 应知应会 | 本任务的相关基本操作程序是否熟悉 | □Yes □No | □Yes □No |
| | 是否熟练掌握工具、仪表的使用注意事项 | □Yes □No | □Yes □No |
| 专业能力 | 是否熟练掌握工具的使用方法 | □Yes □No | □Yes □No |
| | 仪表的使用方法是否正确 | □Yes □No | □Yes □No |
| | 是否能熟练地选择仪表测量各种物理量 | □Yes □No | □Yes □No |
| | 是否能熟练地读取各被测物理量的数值 | □Yes □No | □Yes □No |
| 通用能力 | 团结合作能力 | □Yes □No | □Yes □No |
| | 沟通协调能力 | □Yes □No | □Yes □No |

（续）

| 内　容 | | 评　价 | |
|---|---|---|---|
| 学习目标 | 评 价 项 目 | 小组评价 | 教师评价 |
| 通用能力 | 解决问题能力 | □Yes □No | □Yes □No |
| | 自我管理能力 | □Yes □No | □Yes □No |
| | 安全防护能力 | □Yes □No | □Yes □No |
| 态度 | 敬岗爱业 | □Yes □No | □Yes □No |
| | 职业操守 | □Yes □No | □Yes □No |
| | 工作态度 | □Yes □No | □Yes □No |
| 个人努力方向： | | 老师、同学建议： | |

## 思考与提高

1. 如何用万用表检测电位器的质量？
2. 如何判断二极管的类型、极性和材料？
3. 如何判断晶体管的类型、极性和材料？
4. 如何判别晶闸管的质量？

# 任务十八　单相半波整流电路的安装调试

## 训练目标

- 掌握单相半波整流电路的工作原理。
- 掌握单相半波整流电路的安装方法。
- 掌握单相半波整流电路的调试方法。

将交流电转换为直流电的过程称为整流，单相整流电路整流后得到的是脉动的直流电压，其中含有较多的交流成分，为保证供电质量，需要滤除其中交流的成分，保留直流成分，即将脉动变化的直流电变为平滑的直流电，这就是滤波。单相整流电路用于将电网交流电压220V进行整流，变为脉动的直流电压，然后滤波，输出较为平滑的直流电。常见的整流电路有单相半波整流电路、单相全波整流电路和单相桥式整流电路等几种，这里，我们先研究单相半波整流电路。

## 相关知识

### 一、电路原理图

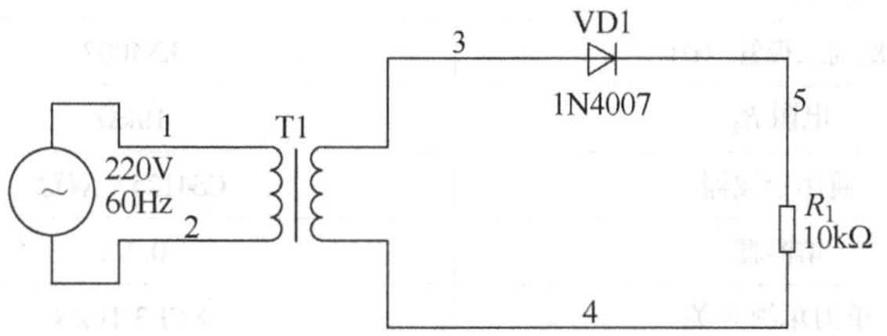

## 二、电路原理与分析

1. 电路结构组成

（1）电源变压器 T1　220V 交流电压变换为整流电路所要求的低压交流电压值。

（2）整流二极管 VD1　利用二极管的单相导电性进行整流。

（3）负载 $R_1$　某一个具体的电子电路或其他性质的负荷。

2. 工作原理

输入整流电路的交流电压来自于电源变压器的二次绕组输出端，在分析整流原理时应将交流电压分成正、负半周两种情况来考虑。另外，为了分析方便，变压器 T1 应假设为无损耗的理想元件，整流二极管 VD1 应为理想二极管，负载为纯电阻性负载。整流过程的核心就是利用整流二极管的单向导电性。此时，当输入交流电压为正半周时，二极管正向导通，回路中有电流流过（可标出电流的流向），电阻两端的电压为 $U$，当输入交流电压为负半周时，二极管反偏截止，回路中没有电流流过，电阻两端的电压为 0。

3. 输入输出波形

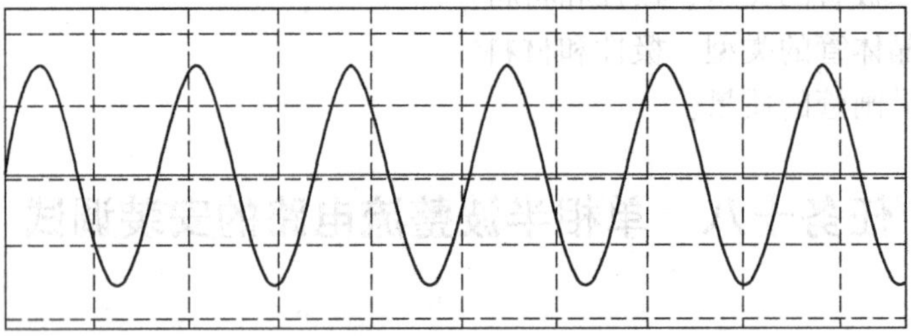

单相半波整流电路输入波形

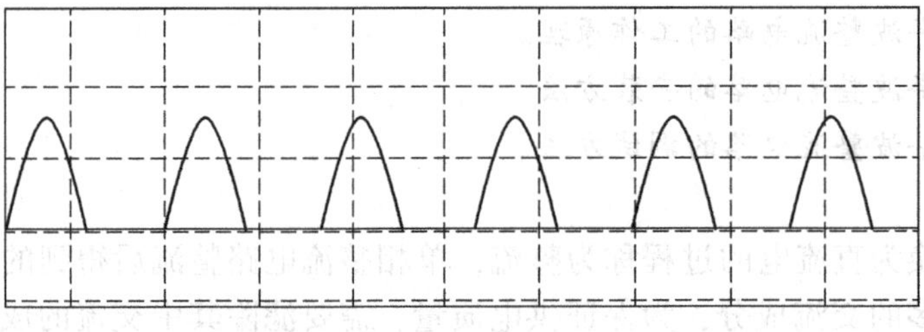

单相半波整流电路输出波形

## 技能训练

### 一、工具、仪器仪表以及材料的准备

根据任务的要求，选择合适容量、规格的元器件，并进行质量检查。

| 序　号 | 名　称 | 型号与规格 | 数　量 |
|---|---|---|---|
| 1 | 电源变压器 T1 | 220V/18V | 1 |
| 2 | 整流二极管 VD1 | 1N4007 | 1 |
| 3 | 电阻 $R_1$ | 10kΩ | 1 |
| 4 | 通用示波器 | CS4125A 双踪 | 1 |
| 5 | 熔断器 | 0. 5A | 1 |
| 6 | 单刀单掷开关 | KCD3 102N | 1 |

（续）

| 序　　号 | 名　　称 | 型号与规格 | 数　　量 |
|---|---|---|---|
| 7 | 万用表 | MF-47 | 1 |
| 8 | 实验板 | 10cm×15cm 单孔 | 1 |
| 9 | 电烙铁 | 恒温 60W | 1 |
| 10 | 焊锡丝 | 0.5mm/75g | 若干 |
| 11 | 常用电子工具 | 套 | 1 |

## 二、电路安装

| 实 训 图 片 | 操 作 方 法 | 注 意 事 项 |
|---|---|---|
| 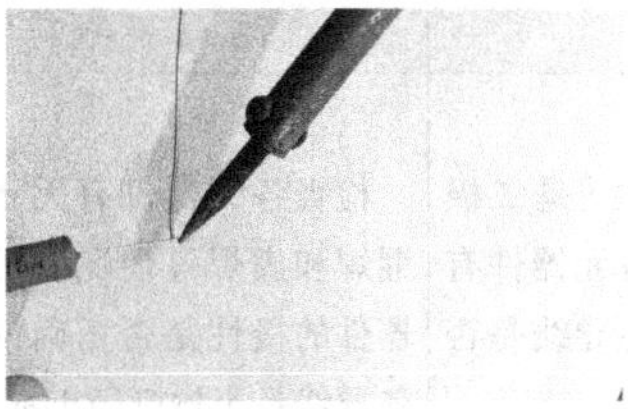 | ［元器件搪锡］：元器件搪锡就是将要锡钎焊的元器件引线或导电的焊接部位预先用焊锡润湿。左手握住一段焊锡丝，右手持电烙铁，先将电烙铁加热，后加焊锡丝，将焊锡均匀地涂抹在引线上 | ①不能把原有的镀层刮掉<br>②不能用力过猛，以防损伤原件 |
| 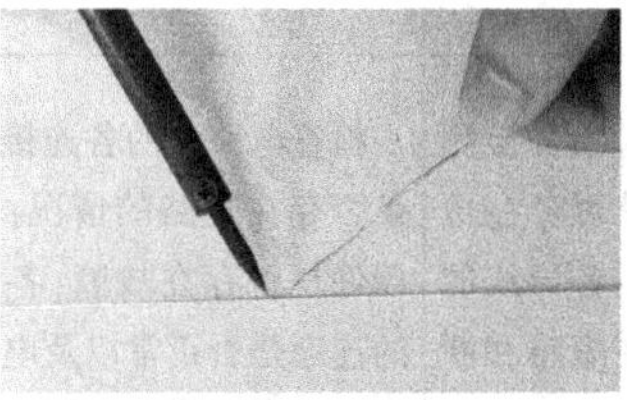 | ［导线搪锡］：导线搪锡是为了防止导线部分氧化影响其导电性能，保证导线导电性能良好。搪锡过程中右手持电烙铁，先将电烙铁加热，后加焊锡丝，将焊锡均匀地涂抹在引线上，应该保证锡在导线上均匀分布 | ①刮好的线需要去毛刺<br>②搪锡从头到尾依次均匀搪锡，时间不宜过长<br>③注意保持通风，避免烫伤 |
| 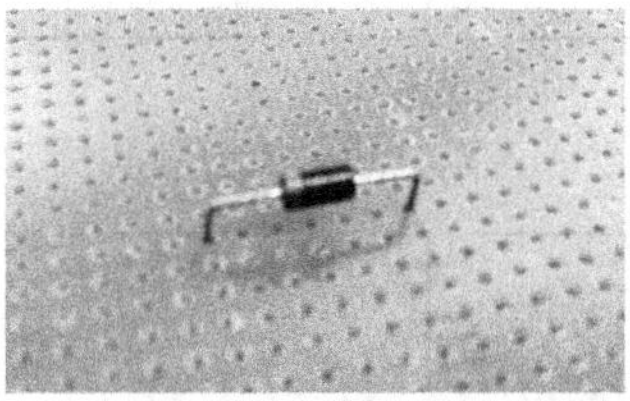 | ［元器件插装］：将二极管两引脚弯直角，然后插装在实验板的插孔内。插装的过程中应该确保元器件极性正确（图中二极管为左正右负），同时元器件的插装位置应该满足整体电路的布局 | ①选择正确元器件<br>②合理布局<br>③分清元器件的极性 |
| 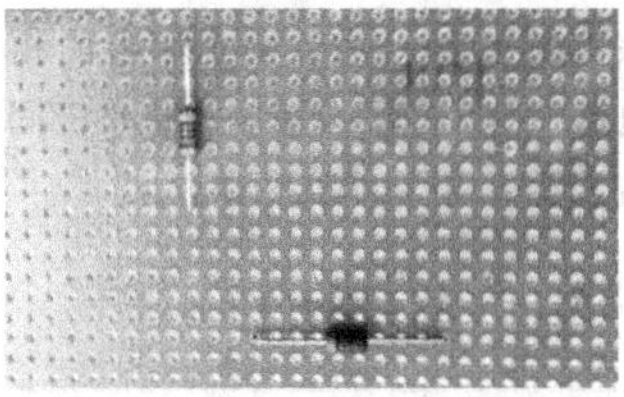 | ［元器件总体排版］：将负荷电阻插装在实验板上。整体规划合理，元器件之间的间距合理，便于导线连接，同时元器件应该留出引脚线便于接线处理 | ①布局合理<br>②选择正确元器件<br>③留出引脚线 |
| 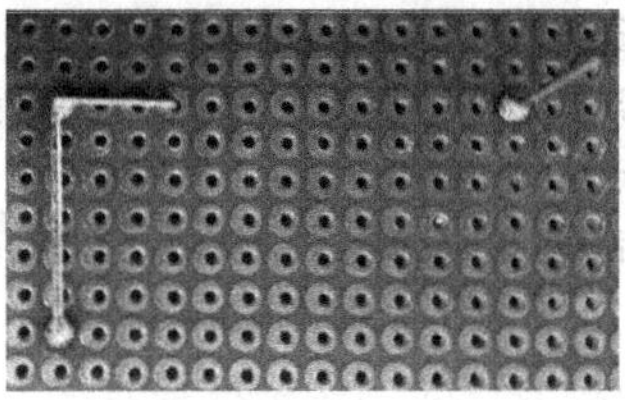 | ［电路连接］：在实验板背面将元器件的引脚焊接在实验板上。焊接点应饱满，避免漏焊和虚焊，焊接点形状应该饱满。连线时应该充分与焊接点接触，防止接触不良 | ①焊接时间不宜过长<br>②焊接点要饱满<br>③按图正确接线 |

（续）

| 实训图片 | 操作方法 | 注意事项 |
| --- | --- | --- |
| 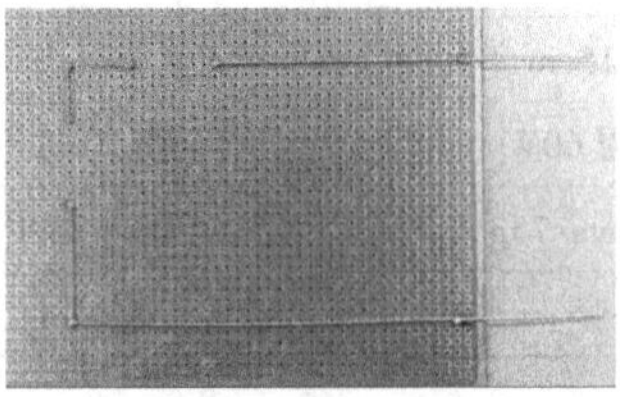 | [电路总体连接]：导线不能有相交的部分，焊接点应该正确分布，防止错焊、漏焊以及虚焊，接线时应该防止接触不良的情况发生 | ①焊接时间不宜过长<br>②焊接点要饱满<br>③按图正确接线 |

## 三、电路检查

| 实训图片 | 操作方法 | 注意事项 |
| --- | --- | --- |
| 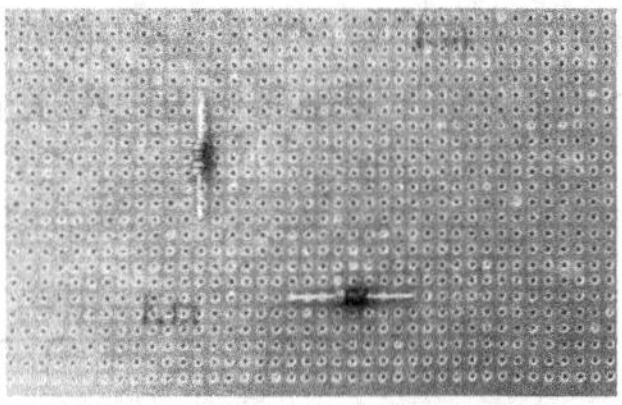 | [目测检查]：检查各元器件（尤其是二极管）的极性和位置是否正确，检查各元器件有无错焊、漏焊和虚焊等情况，检查各导线是否均正常连接，有无漏接的现象 | 检查各元器件有无错焊、漏焊和虚焊等情况，检测元器件的极性是否正确，检查各导线是否均已经正常连接 |
|  | [仪表检查]：将万用表旋至欧姆挡来检测以下内容：电路中的各连接点间是否存在短路的情况；各元器件是否存在故障；各导线的连通是否正常以及电路中是否存在短路和断路的问题 | 检查电路中的各连接点间是否存在短路的情况；各元器件是否存在故障；各导线的连通是否正常以及电路中是否存在短路和断路的问题 |

## 四、电路调试

| 实训图片 | 操作方法 | 注意事项 |
| --- | --- | --- |
| 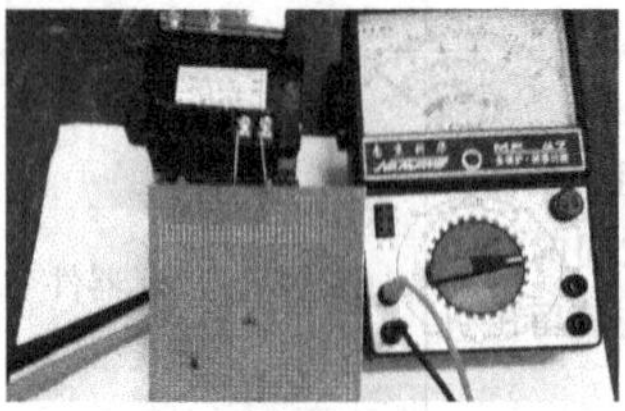 | [接通电源]：接通电源的过程中应该遵循安全用电的相关原则，通电前应该检测各元器件的极性是否正确，同时检测电路中有无短路的情况，同时，电源的正负极应该要分清楚，严禁接错 | 遵循安全用电的相关原则，分清电源正负极同时检测有无短路 |
| 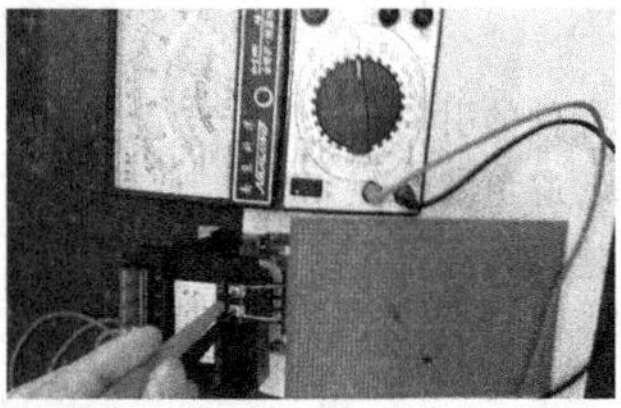 | [验电]：将万用表旋至交流电压挡或直流电压挡检测以下内容：检测变压器的输入电压是否符合电路要求，检测各关键点（如二极管两端、负载电阻两端）电压值是否达到理论要求 | 确定总输入电压是否符合要求；同时检测各关键点电压值是否正确。在检测过程中应该分清是直流电还是交流电并选择正确挡位 |

（续）

| 实训图片 | 操作方法 | 注意事项 |
| --- | --- | --- |
|  | [示波器观察输入和输出的波形]：掌握示波器的基本使用方法，调节正确的挡位来观测波形。对电路输入输出波形的观测一方面是对电路进行调试的依据同时也进一步加深对于电路功能的理解 | 观察输入、输出波形，检验电路实现的功能是否正确，加深对电路功能的理解 |

## 知识扩展

### 一、单相半波整流电路相关要点说明

1）单相半波整流电路广泛应用于电工电子技术中，其整流原理是利用了二极管的单向导电性。

2）由于半波整流电路所采用的元器件较少，所构成的电路简单且成本较低，但是从输出电压的波形上可以看出输出的直流电压低、脉动大，变压器 1/2 的时间未利用，所以效率较低，只适用于对脉动要求不高的场合。

### 二、整流二极管的选择

在电路图中分析可知，整流二极管截止时所承受的最高反向电压为 $u_2$ 的峰值，即$\sqrt{2}U_2$，整流二极管在正向导通时最大的整流电流 $I_{OM}$应大于负载电流 $I_L$，可见选用整流二极管应满足下列条件：$I_{OM} \geqslant I_L$；$U_{RM} \geqslant \sqrt{2}U_2$。

## 检查评价

**任务评价**

| 序号 | 评价指标 | 评价内容 | 分值 | 个人评价 | 小组评价 | 教师评价 |
| --- | --- | --- | --- | --- | --- | --- |
| 1 | 元器件检查 | 元器件是否漏检或错检 | 5 | | | |
| 2 | 电路安装 | 不按布置图安装 | 5 | | | |
| | | 元器件安装不牢固 | 3 | | | |
| | | 元器件安装不整齐、不合理、不美观 | 2 | | | |
| | | 损坏元器件 | 5 | | | |
| 3 | 布线 | 不按电路图接线 | 10 | | | |
| | | 布线不符合要求 | 5 | | | |
| | | 焊接点松动、虚焊 | 5 | | | |
| | | 损伤导线绝缘或线芯 | 5 | | | |
| | | 未接地线 | 10 | | | |
| 4 | 电路测试 | 正确安装交流电源 | 10 | | | |
| | | 测试步骤是否正确规范 | 10 | | | |
| | | 测试结果是否成功 | 10 | | | |

（续）

| 序号 | 评价指标 | 评价内容 | 分值 | 个人评价 | 小组评价 | 教师评价 |
|---|---|---|---|---|---|---|
| 5 | 安全规范 | 操作是否规范安全 | 5 | | | |
| | | 是否穿绝缘鞋 | 5 | | | |
| 总分 | | | 100 | | | |
| 问题记录和解决方法 | | | 记录任务实施过程中出现的问题和采取的解决办法 | | | |

**能力评价**

| 内容 | | 评价 | |
|---|---|---|---|
| 学习目标 | 评价项目 | 小组评价 | 教师评价 |
| 应知应会 | 本任务的相关基本概念是否熟悉 | □Yes □No | □Yes □No |
| | 是否熟练掌握仪表、工具的使用 | □Yes □No | □Yes □No |
| 专业能力 | 元器件的安装、使用是否规范 | □Yes □No | □Yes □No |
| | 安装接线是否合理、规范、美观 | □Yes □No | □Yes □No |
| | 是否具有相关专业知识的融合能力 | □Yes □No | □Yes □No |
| 通用能力 | 团结合作能力 | □Yes □No | □Yes □No |
| | 沟通协调能力 | □Yes □No | □Yes □No |
| | 解决问题能力 | □Yes □No | □Yes □No |
| | 自我管理能力 | □Yes □No | □Yes □No |
| | 创新能力 | □Yes □No | □Yes □No |
| 态度 | 敬岗爱业 | □Yes □No | □Yes □No |
| | 工作态度 | □Yes □No | □Yes □No |
| | 劳动态度 | □Yes □No | □Yes □No |
| 个人努力方向： | | 老师、同学建议： | |

## 思考与提高

1. 焊接二极管和电解电容时应当注意哪些问题？
2. 桥式整流电路的输入、输出电压数值之间有什么关系？
3. 全波整流电路和半波整流电路有什么区别和联系？

# 任务十九　单相全波整流电路的安装调试

## 训练目标

- 掌握单相全波整流电路的工作原理。
- 掌握单相全波整流电路的安装方法。
- 掌握单相全波整流电路的调试方法。

## 任务描述

将交流电转换为直流电的过程称为整流，在前一章节当中，我们学习了单相半波整流电路，如果把半波整流电路的结构作一些调整，可以得到一种能充分利用电能的全波整流电路。由于单相全波整流电路的结构与电桥相似，故又被称作单相桥式整流电路。本任务将完成“单相全波整流电路的安装与调试”。

## 任务分析

本任务要求实现“单相全波整流电路的安装与调试”，要完成此任务，首先应正确绘制其控制电路原理图，做到按图施工、按图安装、按图接线，并要熟悉其控制电路的主要元器件，了解其组成、作用。

### 一、电路原理图

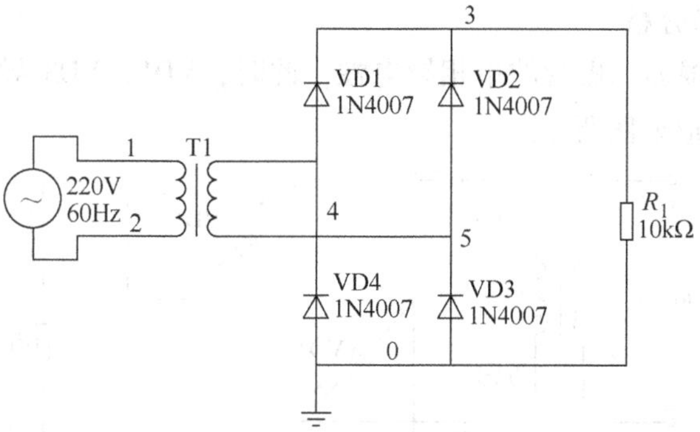


### 二、控制电路主要元器件

| 元件名称 | 外形图 | 作　用 | 注意事项 |
|---|---|---|---|
| 电源变压器 |  | 变压器的功能主要有：电压变换；电流变换，阻抗变换；隔离；稳压 | 注意输入与输出引脚的选择，同时注意输入和输出电压数值的范围 |
| 整流二极管 | 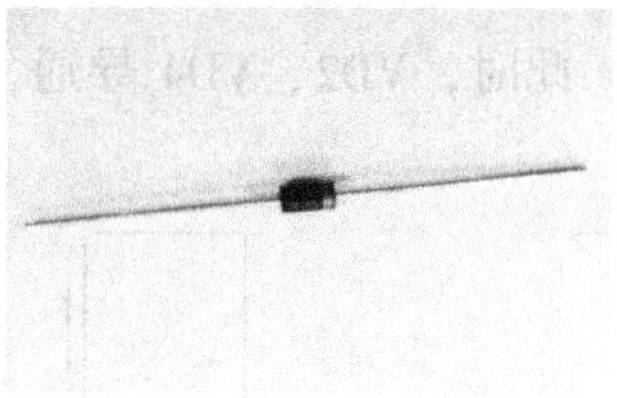 | 二极管导通时其压降基本为恒定值（硅管约 0.7V，锗管约 0.3V）。利用这一特性，将输入端的电压（电平）传送到输出端 | 注意区分整流二极管的正负极，同时注意选择合适型号的整流二极管 |
| 负载 | 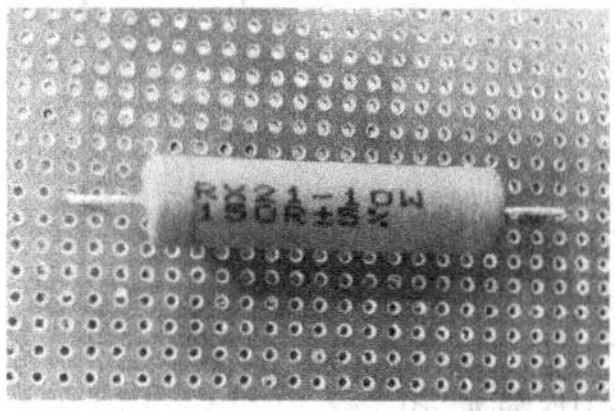 | 限止电流的通过量，起到限流的作用 | 正确选择合适类型的负载，既能够起到限流的作用，同时符合电路带负载的能力 |

## 相关知识

### 一、电路输入波形

输入整流电路的交流电压来自于电源变压器的二次绕组输出端，其输出电源的波形如图所示。

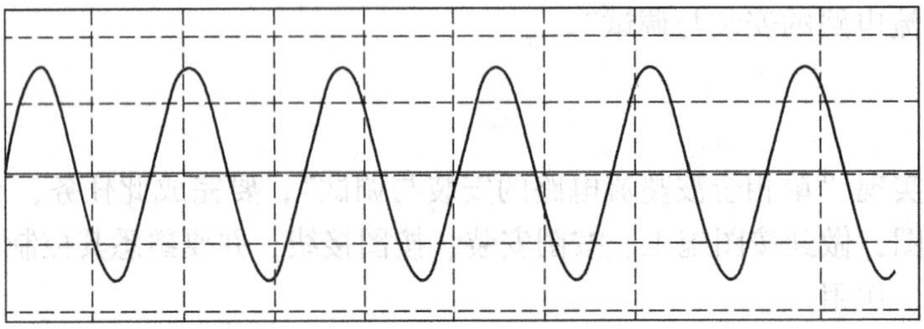

经过变压器输出的电压波形

### 二、电路输出波形分析

当 $u_2$ 为正半周，根据二极管的单相导电性，此时，VD1、VD3 导通，VD2、VD4 截止，在 $R_1$ 上产生的电压波形如图所示。

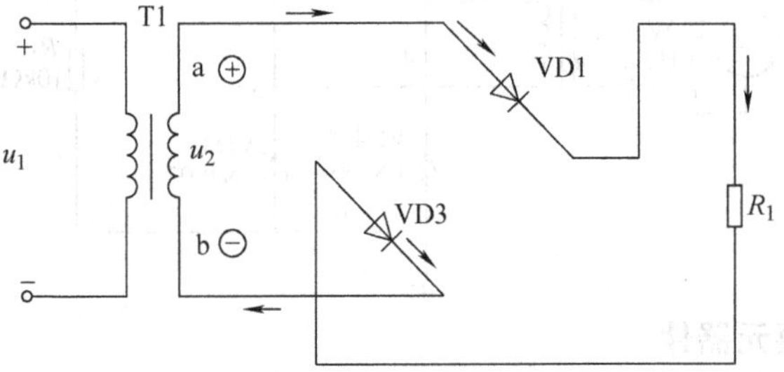


$u_2$ 为正半周时的电流流向

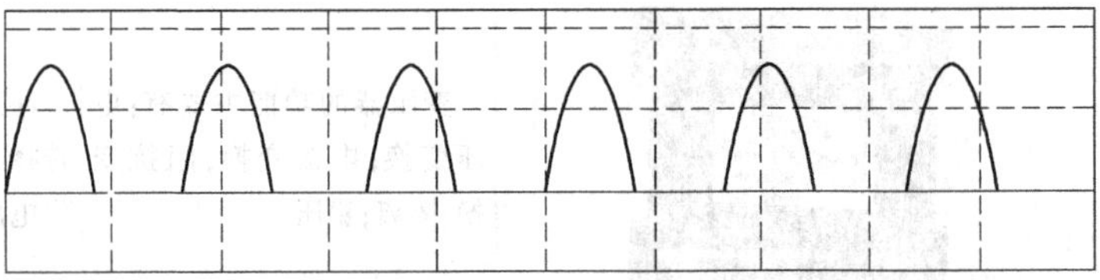

$u_2$ 为正半周时负载 $R_1$ 上产生的电压波形

当 $u_2$ 为负半周，根据二极管的单相导电性，此时，VD2、VD4 导通，VD1、VD3 截止，在 $R_1$ 上产生的电压波形如图所示。

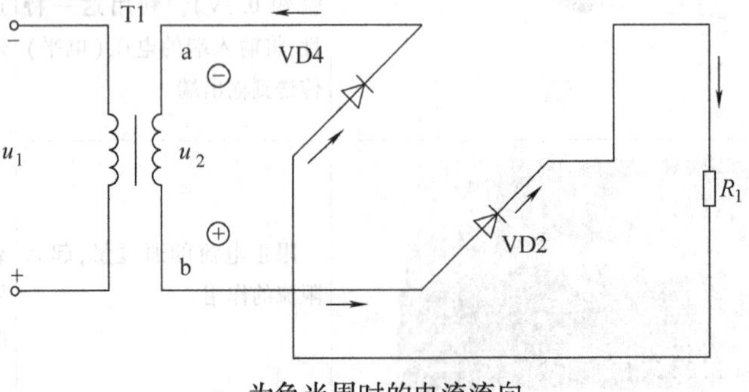


$u_2$ 为负半周时的电流流向

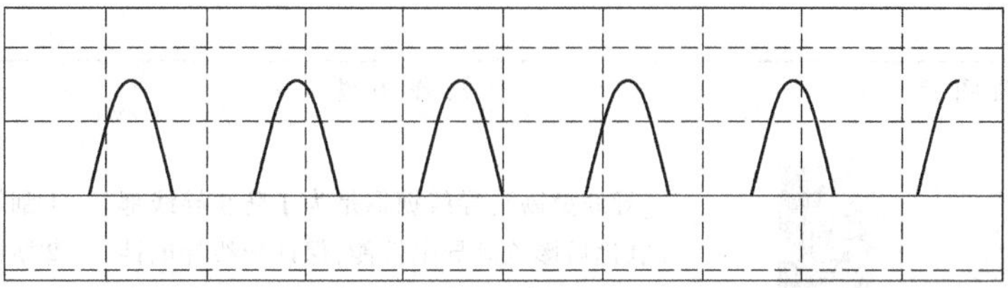

$u_2$ 为负半周时负载 $R_1$ 上产生的电压波形

综上所述，无论是在输入电压的正半周还是负半周，流过负载 $R_1$ 上的电流都是同一方向的，其完整波形见下图，这样就在负载上得到了全波脉动的直流电压和电流。

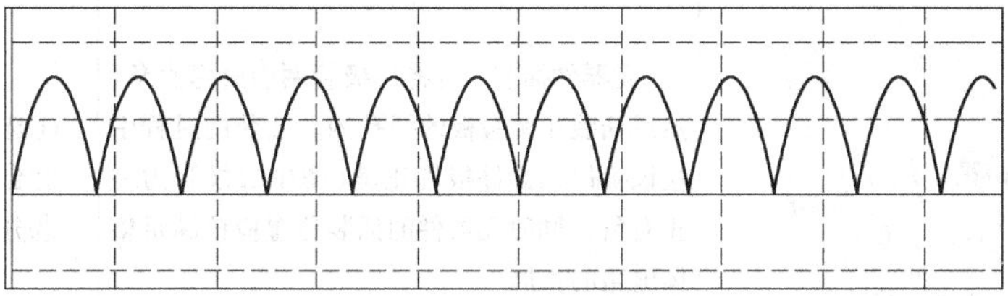

单相全波整流电路输出波形

## 任务实施

### 一、工具、仪器仪表以及材料

| 序　号 | 名　称 | 型号与规格 | 数　量 |
|---|---|---|---|
| 1 | 电源变压器 T1 | 220V/18V | 1 |
| 2 | 整流二极管 VD1 ~ VD4 | 1N4007 | 4 |
| 3 | 电阻 $R_1$ | 10kΩ | 1 |
| 4 | 通用示波器 | CS4125A 双踪 | 1 |
| 5 | 熔断器 | 0.5A | 1 |
| 6 | 单刀单掷开关 | KCD3 102N | 1 |
| 7 | 万用表 | MF47 | 1 |
| 8 | 实验板 | 10cm × 15cm 单孔 | 1 |
| 9 | 电烙铁 | 恒温 60W | 1 |
| 10 | 焊锡丝 | 0.5mm/75g | 若干 |
| 11 | 常用电子工具 | 套 | 1 |

### 二、电路安装

| 实 训 图 片 | 操 作 方 法 | 注 意 事 项 |
|---|---|---|
| 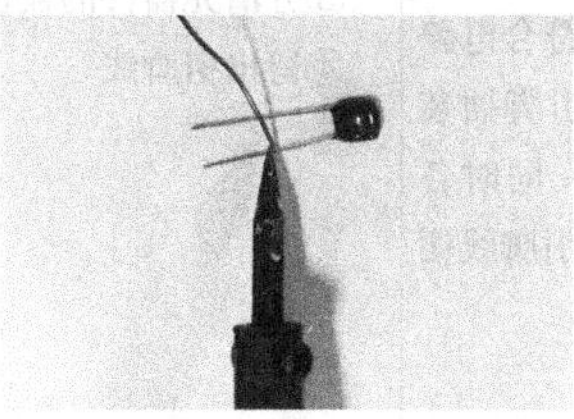 | [元器件搪锡]：元器件搪锡就是将要锡钎焊的元器件引线或导电的焊接部位预先用焊锡润湿。左手握住一段焊锡丝，右手持烙铁，先将电烙铁加热，后加焊锡丝，将焊锡均匀地涂抹在引线上 | ①不能把原有的镀层刮掉<br>②不能用力过猛，以防损伤原件 |

（续）

| 实训图片 | 操作方法 | 注意事项 |
|---|---|---|
| 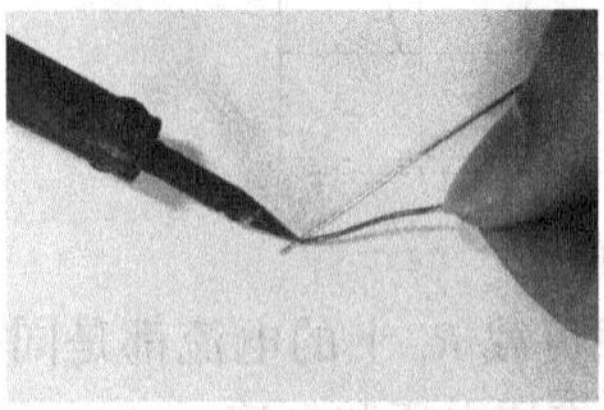 | [导线搪锡]：导线搪锡是为了防止导线部分氧化后影响其导电性能，保证导线导电性能良好。搪锡过程中右手持电烙铁，先将电烙铁加热，后加焊锡丝，将焊锡均匀地涂抹在引线上，应该保证锡在导线上均匀分布 | ①刮好的线需要去毛刺<br>②搪锡从头到尾依次均匀搪锡，时间不宜过长<br>③注意保持通风，避免烫伤 |
| 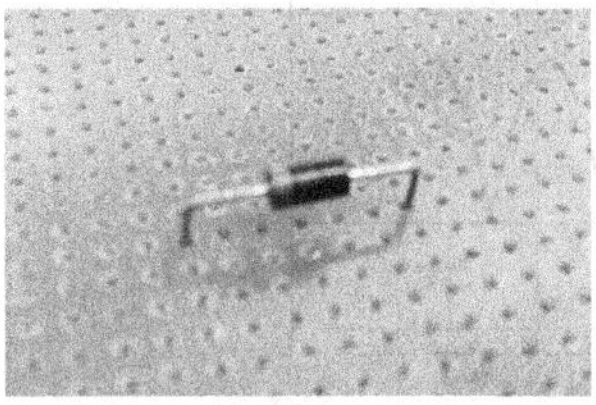 | [元器件插装1]：将二极管两引脚弯直角，然后插装在实验板的插孔内。插装的过程中应该确保元器件极性正确（图中二极管为左正右负），同时元器件的插装位置应该满足整体电路的布局 | ①选择正确元器件<br>②合理布局<br>③分清元器件的极性 |
|  | [元器件插装2]：将第二个二极管平行地插装在第一个二极管的旁边，要选用符合标准的元器件材料，分清元器件的型号以及极性（两个二极管均为下正上负），合理布局 | ①正确选择元器件<br>②两个二极管间要有一定的间距<br>③分清元器件的极性，两个二极管的极性要一致<br>④要合理布局，元器件布置要美观 |
| 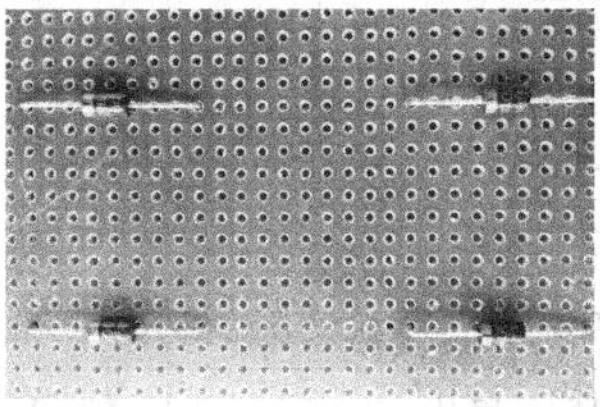 | [元器件插装3]：将四个二极管合理、对称地插装在实验板的插孔内，分清元器件的型号以及极性（四个二极管均为左正右负），合理布局 | |
| 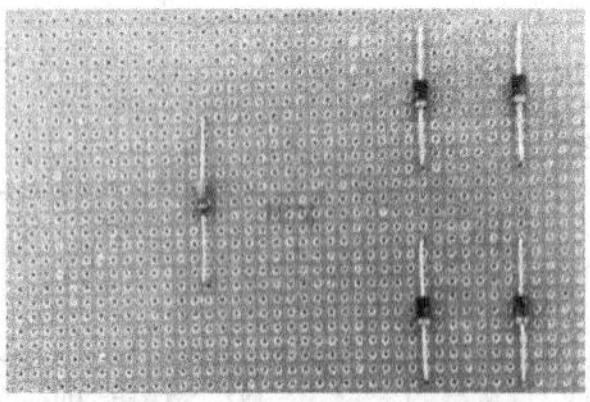 | [元器件插装3]：将负载电阻插装在实验板的插孔内，与二极管电路保持合适的间距以便导线的连接 | ①正确选择元器件<br>②合理布局<br>③分清元器件的极性<br>④留出引脚线 |
| 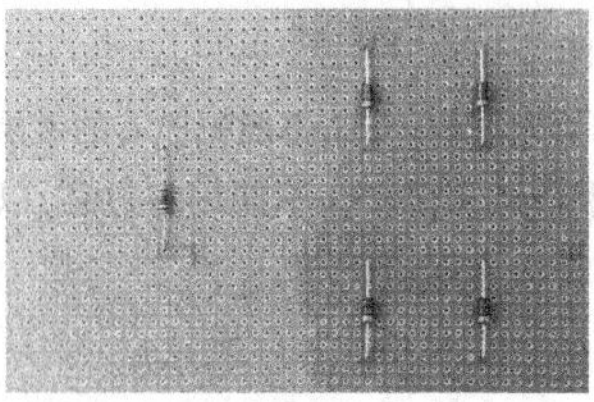 | [电路总体排版]：整体规划合理，符合电路原理图的连接规则，同时各元器件引脚插装正确，预留间距合理，便于导线连接，同时各元器件还应该预留长度为5mm左右引脚线便于接线处理 | |

（续）

| 实训图片 | 操作方法 | 注意事项 |
| --- | --- | --- |
| 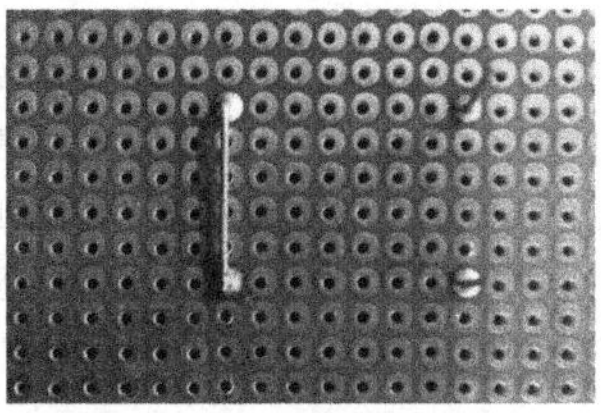 | [电路连接]：在实验板背面将元器件引脚焊接，焊接的过程中应该先用电烙铁预热引脚线，后上锡丝，保证焊接点饱满同时避免漏错焊和虚假焊，连线时导线应该充分与焊接点接触，防止接触不良 | ①焊接时间不宜过长<br>②焊接点要饱满<br>③按图正确接线 |
| 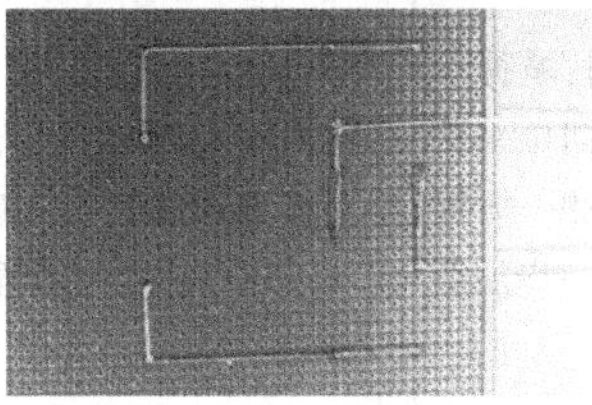 | [电路总体连接]：导线不能有相交的部分，焊接点应该正确分布，防止错焊、漏焊以及虚焊，接线时应该防止接触不良的情况发生 | ①焊接时间不宜过长<br>②焊接点要饱满<br>③按图正确接线 |

## 三、电路检查

| 实训图片 | 操作方法 | 注意事项 |
| --- | --- | --- |
| 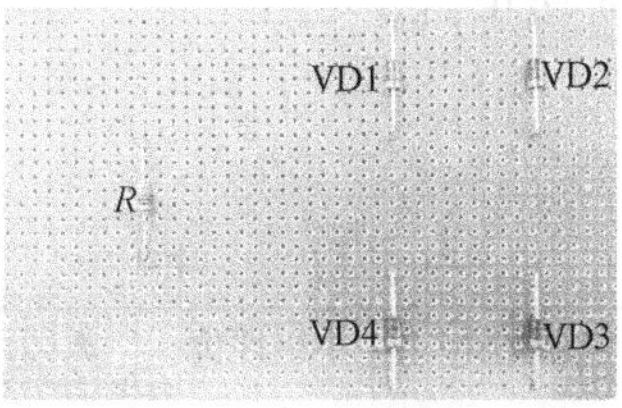 | [目测检查]：检查各元器件（尤其是二极管）的极性和位置是否正确，检查各元器件有无错焊、漏焊和虚焊等情况，检查各导线是否均正常连接，有无漏接的现象 | ①检查各元器件有无错焊、漏焊和虚焊等情况，检测元器件的极性是否正确<br>②可用手轻轻摇动元器件，看元器件是否松动 |
|  | [仪表检查]：用万用表旋至欧姆挡来检测以下内容：电路中的各连接点是否存在短路的情况；各元器件是否存在故障；各导线的连通是否正常以及电路中是否存在短路和断路的问题 | 检查电路中的各连接点是否存在短路的情况；各元器件是否存在故障；各导线的连通是否正常以及电路中是否存在短路和断路的问题 |

## 四、电路调试

| 实训图片 | 操作方法 | 注意事项 |
| --- | --- | --- |
| 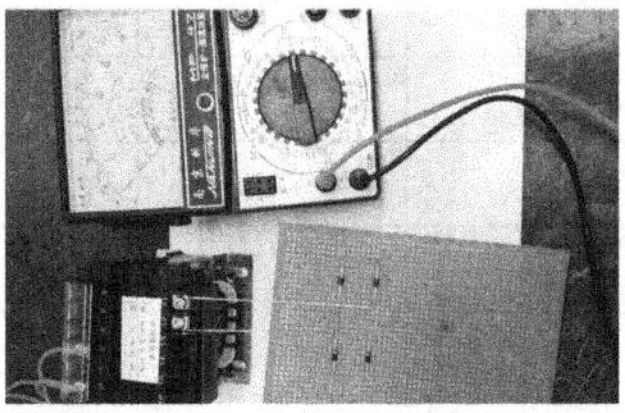 | [接通电源]：接通电源的过程中应该遵循安全用电的相关原则，通电前应该检测各元器件的极性是否正确，同时检测电路中有无短路的情况，同时，电源的正负极应该要分清楚，严禁接错 | 遵循安全用电的相关原则，分清电源正负极同时检测有无短路 |

（续）

| 实训图片 | 操作方法 | 注意事项 |
|---|---|---|
|  | [验电]：将万用表旋至交流电压挡或直流电压挡检测以下内容：检测变压器的输入电压是否符合电路要求，检测各关键点（如二极管两端、负载电阻两端）电压值是否达到理论要求 | 确定总输入电压是否符合要求；同时检测各关键点电压值是否正确。在检测过程中应该分清是直流电还是交流电并选择正确挡位 |
| 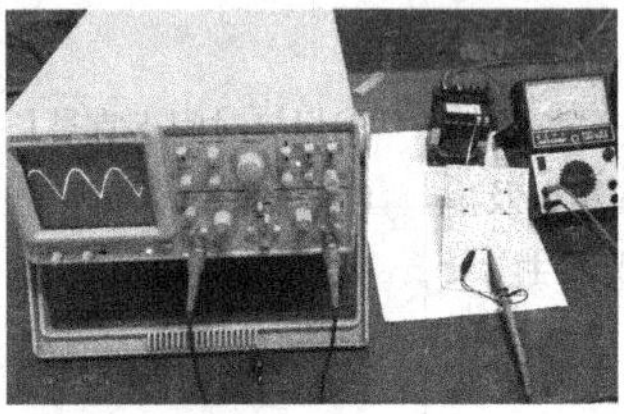 | [示波器观察输入和输出的波形]：掌握示波器的基本使用方法，调节正确的挡位来观测波形。对电路输入输出波形的观测一方面是对电路进行调试的依据同时也进一步加深对于电路功能的理解 | 观察输入、输出波形，检验电路实现功能是否正确，加深对于电路功能的理解 |

## 提醒注意

1）焊接元器件时，应该用镊子捏住被焊件的引线，这样既方便焊接又有利于散热。

2）不可以出现虚假焊以及漏焊的现象，一经发现应该及时纠正。

## 检查评价

**任务评价**

| 序号 | 评价指标 | 评价内容 | 分值 | 个人评价 | 小组评价 | 教师评价 |
|---|---|---|---|---|---|---|
| 1 | 元器件检查 | 元器件是否漏检或错检 | 5 | | | |
| 2 | 电路安装 | 不按布置图安装 | 5 | | | |
| | | 元器件安装不牢固 | 3 | | | |
| | | 元器件安装不整齐、不合理、不美观 | 2 | | | |
| | | 损坏元器件 | 5 | | | |
| 3 | 布线 | 不按电路图接线 | 10 | | | |
| | | 布线不符合要求 | 5 | | | |
| | | 焊接点松动、虚焊 | 5 | | | |
| | | 损伤导线绝缘或线芯 | 5 | | | |
| | | 未接地线 | 10 | | | |
| 4 | 电路测试 | 正确安装交流电源 | 10 | | | |
| | | 测试步骤是否正确规范 | 10 | | | |
| | | 测试结果是否成功 | 10 | | | |
| 5 | 安全规范 | 操作是否规范安全 | 5 | | | |
| | | 是否穿绝缘鞋 | 5 | | | |
| 总分 | | | 100 | | | |
| 问题记录和解决方法 | | | 记录任务实施过程中出现的问题和采取的解决办法 | | | |

**能力评价**

| 内容 | | 评价 | |
|---|---|---|---|
| 学习目标 | 评价项目 | 小组评价 | 教师评价 |
| 应知应会 | 本任务的相关基本概念是否熟悉 | □Yes □No | □Yes □No |
| | 是否熟练掌握仪表、工具的使用 | □Yes □No | □Yes □No |
| 专业能力 | 元器件的安装、使用是否规范 | □Yes □No | □Yes □No |
| | 安装接线是否合理、规范、美观 | □Yes □No | □Yes □No |
| | 是否具有相关专业知识的融合能力 | □Yes □No | □Yes □No |
| 通用能力 | 团队合作能力 | □Yes □No | □Yes □No |
| | 协调沟通能力 | □Yes □No | □Yes □No |
| | 解决问题能力 | □Yes □No | □Yes □No |
| | 自我管理能力 | □Yes □No | □Yes □No |
| | 创新能力 | □Yes □No | □Yes □No |
| 态度 | 敬岗爱业 | □Yes □No | □Yes □No |
| | 工作态度 | □Yes □No | □Yes □No |
| | 劳动态度 | □Yes □No | □Yes □No |
| 个人努力方向： | | 老师、同学建议： | |

### 思考与提高

1. 求解单相全波整流电路输出电压和输入电压的关系表达式是什么？
2. 单相全波整流电路和单相半波整理电路的联系与区别是什么？
3. 单相全波整流电路对于二极管的选择有何要求？

## 任务二十 电池充电电路的安装调试

### 训练目标

- 掌握电池充电电路的工作原理。
- 掌握电池充电电路的安装方法。
- 掌握电池充电电路的调试方法。

### 任务描述

镍镉电池是一种可以反复使用、反复充电的直流电源，它的充电次数一般在500次左右，性价比高。镍镉电池在电能基本释放之前，要进行充电。本任务主要讨论和研究是恒流恒压的可调节电流大小的镍镉电池充电电路。

### 任务分析

本任务要求实现“恒流恒压的可调节电流大小的镍镉电池充电电路的安装调试”，要完成此任务，首先应正确绘制其控制电路原理图，做到按图施工、按图安装、按图接线，并要熟悉其控制电路的主要元器件，了解其组成、作用。

## 相关知识

### 一、电路原理图

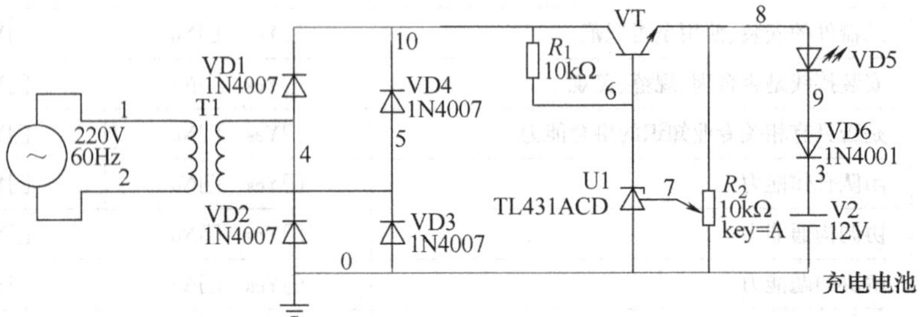


### 二、电路结构组成

由该电路原理图可知，该电路主要由三大部分组成：即变压器降压部分、二极管桥式整流部分以及脉冲充电部分。

1. 变压器降压部分

它的作用是：将220V交流电压变换为整流电路所要求的低压交流电压值。

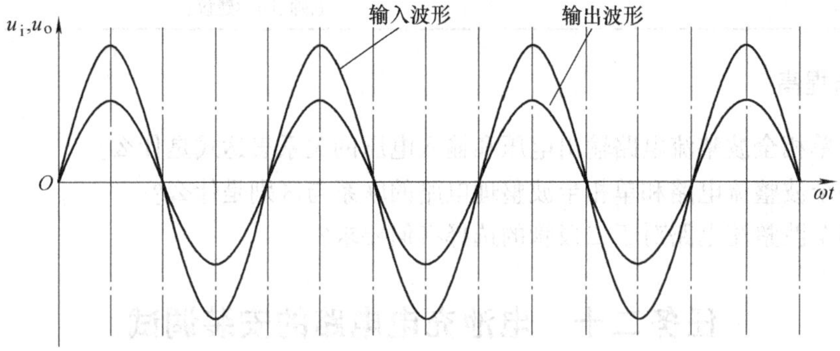


变压器部分输入输出波形

2. 二极管桥式整流部分

它的作用是：将变压器输出的交流电变成输出单向脉动直流电。由镍镉电池性能可知，这种脉动直流电对镍镉电池的充电是非常有利的。

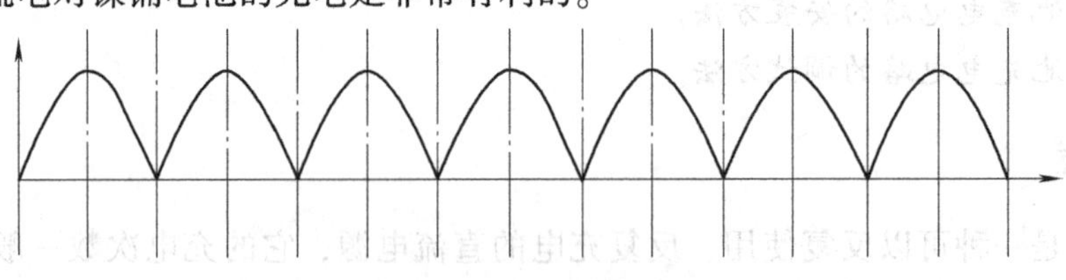

经过桥式整流电路输出波形

3. 脉冲充电部分

它的作用是：晶体管VT的基极接有三端可调式集成恒流源IC（TL431），通过调节IC的门极来调节VT的基极电位。晶体管VT为射极输出器，发射极电位随着基极电压而变化，

这样通过调节 $R_2$ 来调节脉冲电压的高低。发光二极管 VL 为充电指示，二极管 VD5 是停止充电时防止电池反向放电。该部分为充电电路的核心部分，可根据电池性能，调节 $R_2$ 以满足电池的充电电流和电压要求。

**三、工作原理**

电网电压 220V 交流电经变压器降压，在二次侧输出低压交流电，VD1 ~ VD4 构成桥式整流电路，输出单向脉动直流电。由镍镉电池的性能可知，这种脉动直流电对镍镉电池的充电是非常有利的。晶体管 VT 的基极接有三端可调式集成恒流源 IC（TL431），通过调节 IC 的门极来调节 VT 的基极电位。晶体管 VT 为射极输出器，发射极电位随着基极电压而变化，这样通过调节 $R_2$ 来调节脉冲电压的高低。发光二极管 VD6 为充电指示，VD5 是停止充电时防止电池反向放电。该充电电路可根据电池性能，调节 $R_2$ 以满足电池的充电电流和电压要求。

恒流恒压脉冲充电电路依照电子工艺要求焊接安装后，重点调试充电电流。将充电电池、万用表接入充电电流回路中，接通电源，调节 $R_2$ 使充电电流达到电池的要求。

对于 5 号镍镉电池（500mA · h）充电时，调节充电电流，快速充电需要 7h，慢速充电需要 14h；对于 7 号镍镉电池（200mA · h）充电时，调节充电电流，快速充电需要 2.5h，慢速充电需要 7h。

电池充电电路的输出的波形如图所示，从图中可知：通过电池充电电路最终输出的是恒流恒压的脉冲波形，并且通过调节滑动变阻器，输出波形的电压值会有所变化，从而成功实现了给电池进行充电，同时可以调节充电电流的效果。

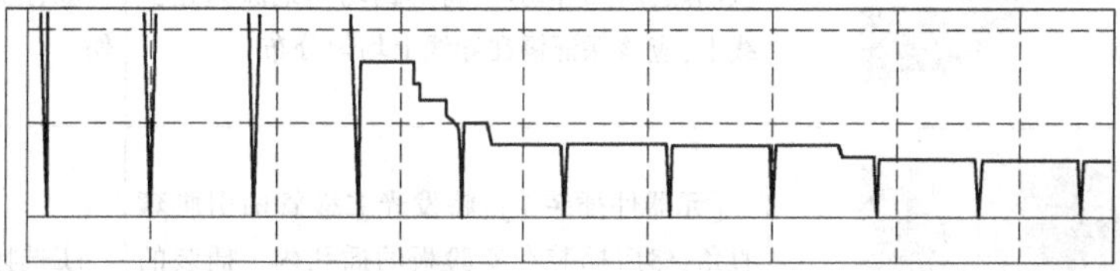

## 任务实施

**一、工具、仪器仪表以及材料**

| 序　号 | 名　称 | 型号与规格 | 数　量 |
|---|---|---|---|
| 1 | 电源变压器 T1 | 220V/18V | 1 |
| 2 | 整流二极管 VD1 ~ VD4 | 1N4007 | 4 |
| 3 | 电阻 $R_1$ | 10kΩ | 1 |
| 4 | IC | TL431 | 1 |
| 5 | 滑动变阻器 $R_2$ | 10kΩ | 1 |
| 6 | 发光二极管 VL | 3mm 直插红色 LED | 1 |
| 7 | 二极管 VD5 | 1N4001 | 1 |
| 8 | 通用示波器 | CS4125A 双踪 | 1 |
| 9 | 熔断器 | 0.5A | 1 |
| 10 | 单刀单掷开关 | KCD3 102N | 1 |
| 11 | 万用表 | MF47 | 1 |

（续）

| 序　号 | 名　称 | 型号与规格 | 数　量 |
|---|---|---|---|
| 12 | 实验板 | 10cm×15cm 单孔 | 1 |
| 13 | 电烙铁 | 恒温 60W | 1 |
| 14 | 焊锡丝 | 0.5mm/75g | 若干 |
| 15 | 常用电子工具 | 套 | 1 |

## 二、电路安装

| 实训图片 | 操作方法 | 注意事项 |
|---|---|---|
| 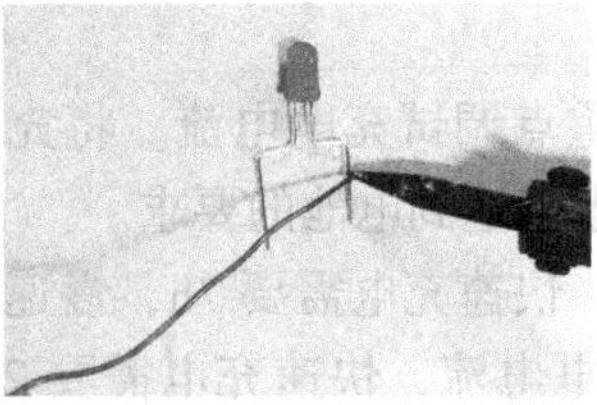 | ［元器件搪锡］：元器件搪锡就是将要锡钎焊的元器件引线或导电的焊接部位预先用焊锡润湿。左手握住一段焊锡丝，右手持烙铁，先将电烙铁加热，后加焊锡丝，将焊锡均匀地涂抹在引线上 | ①平整光滑无毛刺<br>②不能把原有的镀层刮掉<br>③不能用力过猛，以防损伤原件 |
| 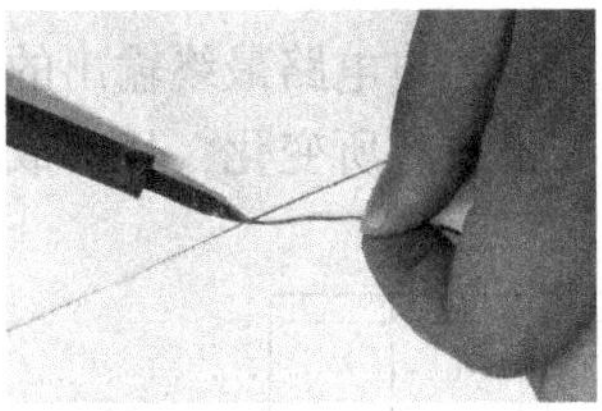 | ［导线搪锡］：导线搪锡是为了防止导线部分氧化影响其导电性能，保证导线导电性能良好。搪锡过程中右手持电烙铁，先将电烙铁加热，后加焊锡丝，将焊锡均匀地涂抹在引线上，应该保证锡在导线上均匀分布 | ①刮好的线需去毛刺<br>②搪锡从头到尾依次均匀搪锡，时间不宜过长<br>③注意保持通风，避免烫伤 |
| 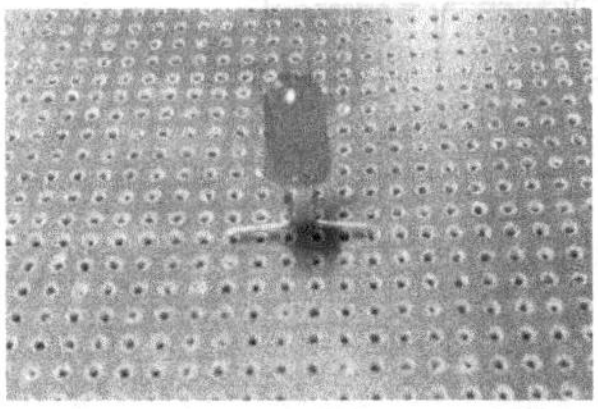 | ［元器件插装 1］：将发光二极管两引脚弯直角，然后插装在实验板的插孔内。插装的过程中应该确保元器件极性正确（图中二极管为左正右负），同时元器件的插装位置应该满足整体电路的布局 | ①选择正确元器件<br>②合理布局<br>③合理分配元器件的引脚 |
|  | ［元器件插装 2］：将晶体管三个引脚均匀地插装在实验板的插孔内。插装过程中应该保证元器件三个引脚的排布正确，符合整体电路的规划要求，各个引脚与电路板的接触要充分 | ①选择正确元器件<br>②合理布局<br>③分清元器件的引脚 |
| 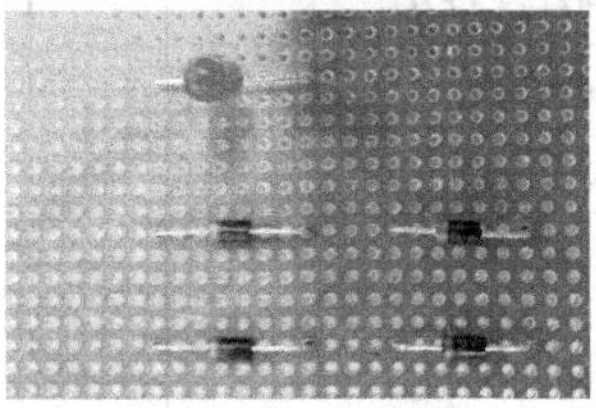 | ［元器件插装 3］：将四个二极管组成的桥式整流电路合理、对称地插装在实验板的插孔内，分清元器件的型号以及极性（四个二极管均为左正右负），合理布局 | ①选择正确元器件<br>②合理布局<br>③分清元器件的极性 |

（续）

| 实训图片 | 操作方法 | 注意事项 |
|---|---|---|
|  | ［电路元件整体布局图］：整体规划合理，符合电路原理图的连接规划，同时各元器件引脚插装正确，预留间距合理，便于导线连接，同时各元器件还应该预留长度为5mm左右引脚线便于接线处理 | ①布局合理<br>②选择正确元器件<br>③合理引出输入输出线 |
|  | ［电路连接］：在实验板背面将元器件引脚焊接，焊接的过程中应该先用电烙铁预热引脚线，后上锡丝，保证焊接点饱满同时避免漏错焊和虚假焊，连线时导线应该充分与焊接点接触，防止接触不良 | ①焊接时间不宜过长<br>②焊接点要饱满<br>③按图正确接线 |
|  | ［电路总体连接］：导线不能有相交的部分，焊接点应该正确分布，防止错焊、漏焊以及虚焊，接线时应该防止接触不良的情况发生 | ①焊接时间不宜过长<br>②焊接点要饱满<br>③按图正确接线 |

## 三、电路检查

| 实训图片 | 操作方法 | 注意事项 |
|---|---|---|
|  | ［目测检查］：检查各元器件（尤其是二极管和晶体管集成电路）的极性和位置是否正确，检查各元器件有无错焊、漏焊和虚焊等情况，检查各导线是否均正常连接，有无漏接的现象 | ①检查各元器件有无错焊、漏焊和虚焊等情况，检测元器件的极性是否正确<br>②可用手轻轻摇动元器件，看元器件是否松动 |
| 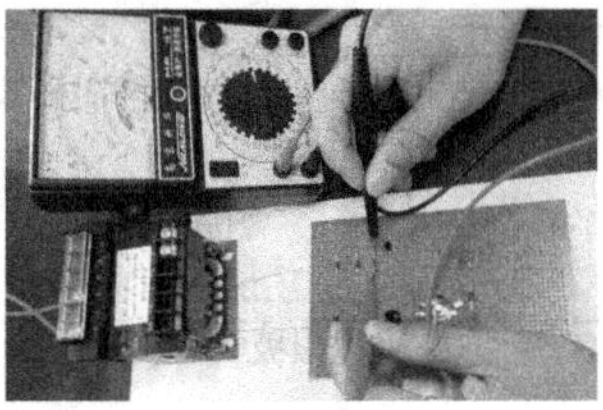 | ［仪表检查］：用万用表旋至欧姆挡来检测以下内容：电路中的各连接点是否存在短路的情况；各元器件是否存在故障；各导线的连通是否正常以及电路中是否存在短路和断路的问题 | 检查电路中的各连接点是否存在短路的情况；各元器件是否存在故障；各导线的连通是否正常以及电路中是否存在短路和断路的问题 |

## 四、电路调试

| 实训图片 | 操作方法 | 注意事项 |
| --- | --- | --- |
|  | [接通电源]:接通电源的过程中应该遵循安全用电的相关原则,通电前应该检测各元器件的极性是否正确,同时检测电路中有无短路的情况,同时,电源的正负极应该要分清楚,严禁接错 | 遵循安全用电的相关原则,分清电源正负极同时检测有无短路 |
| 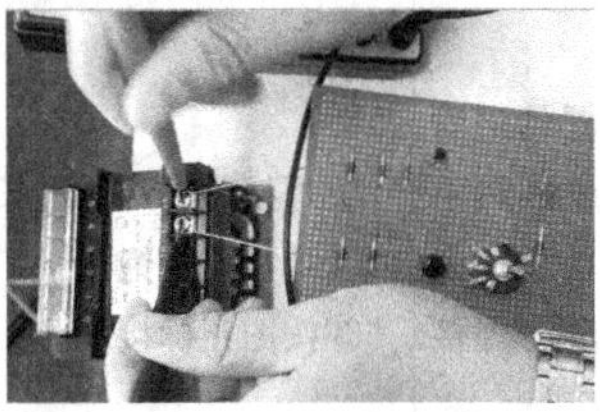 | [验电]:将万用表旋至交流电压挡或直流电压挡检测以下内容:检测变压器的输入电压是否符合电路要求,检测各关键点(如发光二极管两端以及晶体管各引脚)电压值是否达到理论要求 | 确定总输入电压是否符合要求;同时检测各关键点电压值是否正确。在检测过程中应该分清是直流电还是交流电并选择正确挡位 |
| 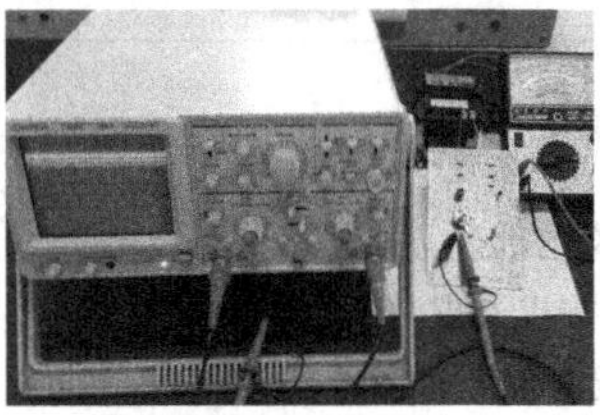 | [示波器观察输入和输出的波形]:掌握示波器的基本使用方法,调节正确的挡位来观测波形。对电路输入输出波形的观测一方面是对电路进行调试的依据同时也进一步加深对于电路功能的理解 | 观察输入、输出波形,检验电路实现功能是否正确,加深对于电路功能的理解 |

### 提醒注意

TL431 是一个有良好的热稳定性能的三端可调式集成恒流源。它的输出电压用两个电阻就可以任意的设置到 2.5～36V 范围内的任何值。该器件的典型动态阻抗为 0.2Ω，在很多应用中用它代替齐纳二极管，例如，数字式电压表、运放电路、可调压电源、开关电源等。

TL431 是一种并联稳压集成电路。因其性能好、价格低，因此广泛应用在各种电源电路中。其封装形式一般采用如图所示的形式。

TL431 的符号以及内部结构如图所示。由图可以看到，其内部有一个 2.5V 的基准源，接在运放的反相输入端。由集成运放的特性可知，只有当参考极（同相端）的电压非常接近 2.5V 时，晶体管中才会有一个稳定的非饱和电流通过，而且随着参考极电压的微小变化，通过晶体管的电流有一个 1～100mA 的变化。当然，该图不是 TL431 的实际内部结构，但可用于分析理解电路。

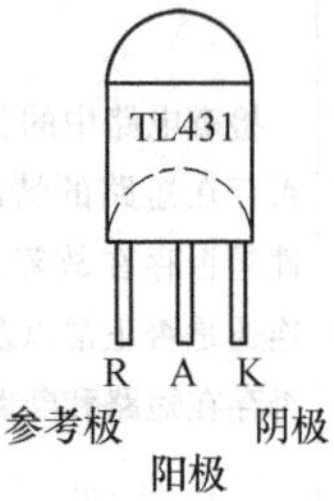


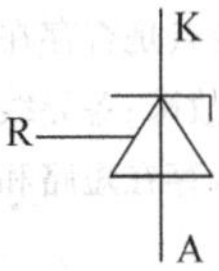


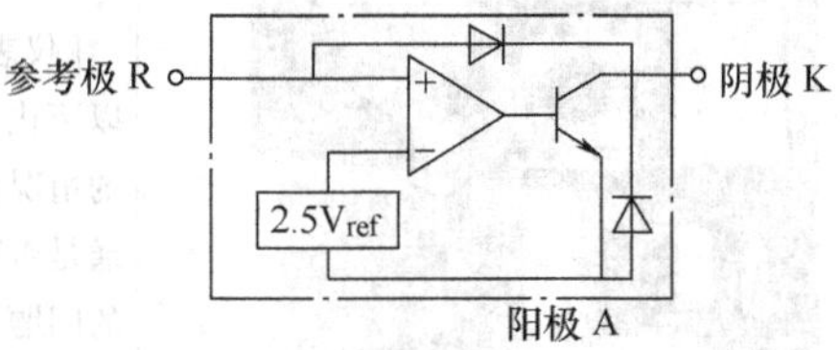

## 检查评价

**任务评价**

| 序号 | 评价指标 | 评价内容 | 分值 | 个人评价 | 小组评价 | 教师评价 |
|---|---|---|---|---|---|---|
| 1 | 元器件检查 | 元器件是否漏检或错检 | 5 | | | |
| 2 | 电路安装 | 不按布置图安装 | 5 | | | |
| | | 元器件安装不牢固 | 3 | | | |
| | | 元器件安装不整齐、不合理、不美观 | 2 | | | |
| | | 损坏元器件 | 5 | | | |
| 3 | 布线 | 不按电路图接线 | 10 | | | |
| | | 布线不符合要求 | 5 | | | |
| | | 焊接点松动、虚焊 | 5 | | | |
| | | 损伤导线绝缘或线芯 | 5 | | | |
| | | 未接地线 | 10 | | | |
| 4 | 电路测试 | 正确安装交流电源 | 10 | | | |
| | | 测试步骤是否正确规范 | 10 | | | |
| | | 测试结果是否成功 | 10 | | | |
| 5 | 安全规范 | 操作是否规范安全 | 5 | | | |
| | | 是否穿绝缘鞋 | 5 | | | |
| 总分 | | | 100 | | | |
| 问题记录和解决方法 | | | 记录任务实施过程中出现的问题和采取的解决办法 | | | |

**能力评价**

| 内容 | | 评价 | |
|---|---|---|---|
| 学习目标 | 评价项目 | 小组评价 | 教师评价 |
| 应知应会 | 本任务的相关基本概念是否熟悉 | □Yes □No | □Yes □No |
| | 是否熟练掌握仪表、工具的使用 | □Yes □No | □Yes □No |
| 专业能力 | 元器件的安装、使用是否规范 | □Yes □No | □Yes □No |
| | 安装接线是否合理、规范、美观 | □Yes □No | □Yes □No |
| | 是否具有相关专业知识的融合能力 | □Yes □No | □Yes □No |
| 通用能力 | 团队合作能力 | □Yes □No | □Yes □No |
| | 协调沟通能力 | □Yes □No | □Yes □No |
| | 解决问题能力 | □Yes □No | □Yes □No |
| | 自我管理能力 | □Yes □No | □Yes □No |
| | 创新能力 | □Yes □No | □Yes □No |
| 态度 | 敬岗爱业 | □Yes □No | □Yes □No |
| | 态度认真 | □Yes □No | □Yes □No |
| 个人努力方向： | | 老师、同学建议： | |

## 思考与提高

1. 理解三端稳压器以及晶体管在整个电路当中起到什么作用。
2. 分析二极管在电路中的作用以及工作原理。
3. 试分析电路工作原理并提出相应的优化调整方案。

# 中级部分

单元一　继电控制电路实战训练
单元二　自动控制电路实战训练
单元三　电子电路实战训练
单元四　机床电气控制电路检修实战训练

# 单元一　继电控制电路实战训练

根据《国家职业技能标准　维修电工》中对中级维修电工的操作技能要求：通过培训，使培训对象能够对较复杂机械设备电气控制电路图进行分析，能够正确使用有关仪器、仪表，能够检修故障电动机，能够对较复杂机械设备的控制电路及电气故障进行分析、检修和排除。在以前的任务中我们已经系统地学习了维修电工的基本操作技能，为了更好地工作，适应工厂企业的需求，必须进行更高层次的学习。本单元主要进行一些较复杂继电控制电路的安装实训。

**学习目标**

- 能进行交流异步电动机顺序起动控制电路的安装。
- 能进行三相交流异步电动机位置控制电路的安装、调试和运行。
- 能进行三相交流异步电动机自动往返控制电路的安装、调试。
- 会进行三相交流异步电动机能耗制动控制电路的安装。
- 会进行三相绕线转子异步电动机起动控制电路的安装。

## 任务一　三台三相交流异步电动机顺序起动控制电路的安装

### 训练目标

- 理解三相交流异步电动机顺序起动的概念。
- 掌握三相交流异步电动机顺序起动控制电路的工作原理。
- 会正确安装三相交流异步电动机顺序起动控制电路。
- 学会用万用表进行线路检查。

### 任务描述

在实际生产过程中，对异步电动机的控制经常会提出很多要求，除自锁、联锁等我们已经学习了的环节外，顺序控制环节也是其中重要的一种。例如在装有多台电动机的设备上，由于各电动机所起的作用不同，有时需要几台电动机配合工作，才能保证操作过程的合理和工作的安全可靠，或一台电动机需要有规律地完成多个动作等，这就需要对这些电动机的起动、停止有一个时间上先后顺序的约定，本任务的目的就是要完成三台交流异步电动机顺序起动和逆序停止的控制。

## 任务分析

本任务要实现“三相交流异步电动机顺序起动和逆序停止控制电路的安装”，首先应掌握如何实现电动机的顺序起动，然后再要求如何实现电动机的逆序停止控制，进而正确绘制出其控制电路图，做到按图施工、按图安装、按图接线，并了解其组成，熟悉其工作原理。

1. 主电路控制的实现

根据本任务的要求，其功能控制是由控制电路来实现的，不是由主电路来实现的，所以主电路控制环节比较简单，只需用三个交流接触器的主触头再加以其他保护元件，来分别控制三台交流异步电动机就行了。

2. 三台三相交流异步电动机顺序起动控制的实现

我们已经知道正常控制三台电动机的起动，只需三个按钮分别控制三个接触器的线圈。要实现顺序控制，即一台电动机起动后，第二台电动机才能起动，然后第三台电动机最后才能起动，只需将前一接触器的常开触头串联在下一个接触器的线圈回路中即可，只有前一个接触器得电吸合了，后一个接触器才能得电吸合。

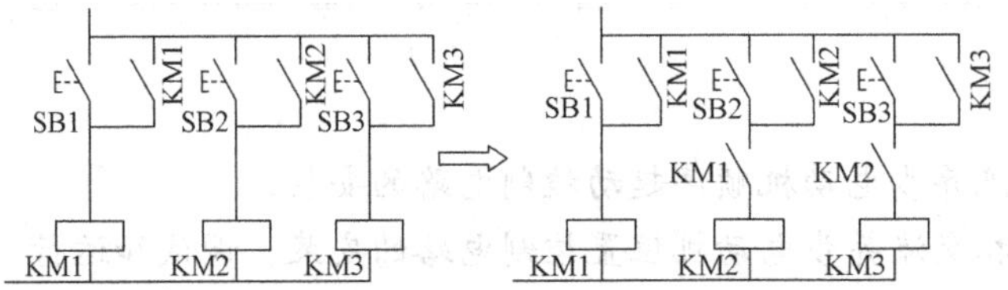


3. 三台三相交流异步电动机逆序停止控制的实现

所谓逆序停止，就是第三台电动机停止后，第二台电动机才能停止，最后第一台电动机才能停止。即后一个接触器失电后，前一个接触器才能失电，要实现此功能，我们可以在控制前一个接触器的停止按钮两端并联上后一个接触器的常开辅助触头，这样只要后一个接触器不失电，按下前一个停止按钮就不起任何作用。

4. 三台三相交流异步电动机顺序起动和逆序停止控制电路图

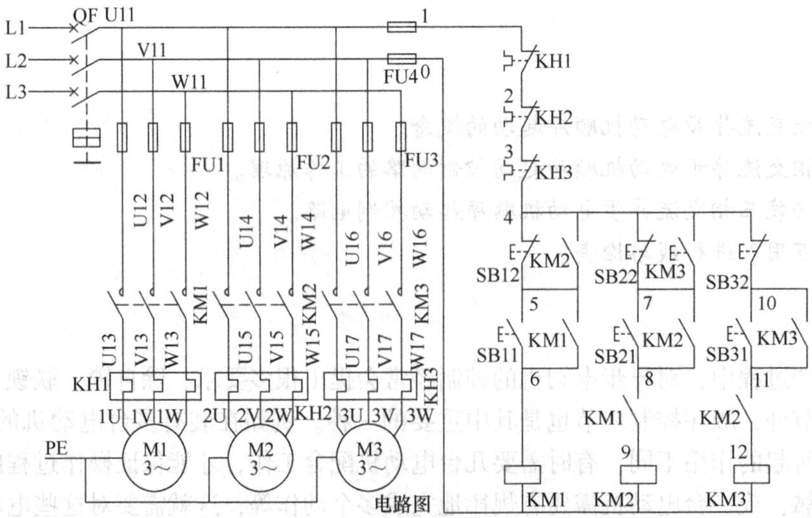

电路图

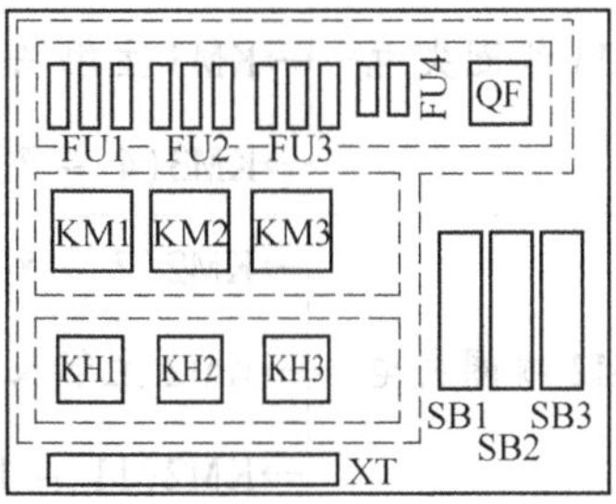


布置图

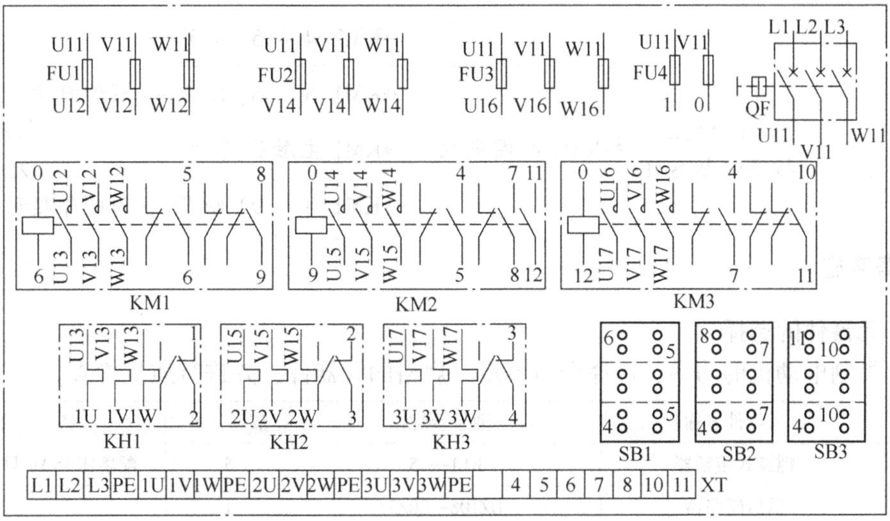


接线图

## 相关知识

三台交流异步电动机顺序起动和逆序停止控制工作原理如下：

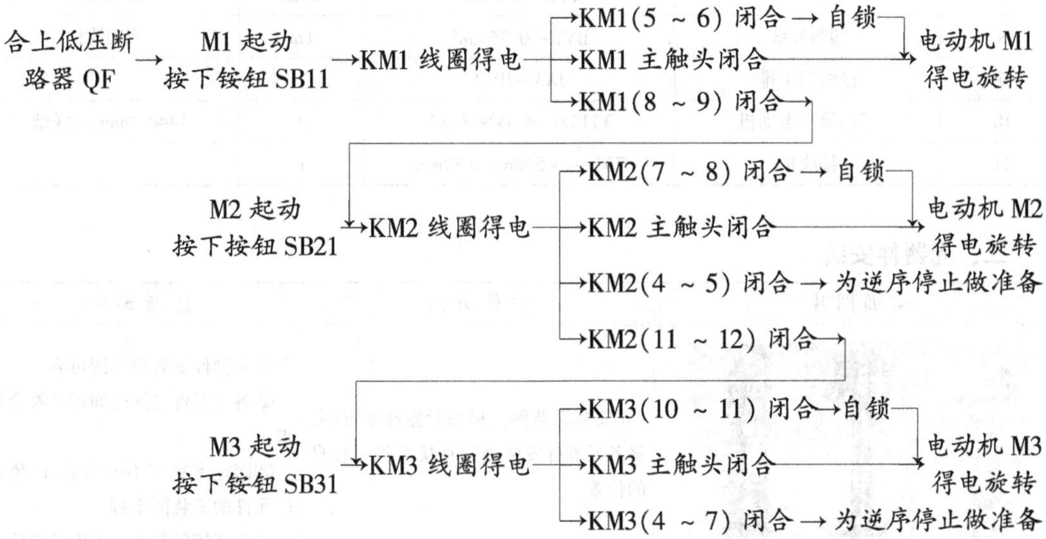

M3 停止 按下按钮 SB32 →KM3 线圈失电
- →KM3(10 ~ 11) 断开 → 解除自锁
- →KM3 主触头断开 → 电动机 M3 失电停转
- →KM3(4 ~ 7) 断开 →

M2 停止 按下按钮 SB22 →KM2 线圈失电
- →KM2(7 ~ 8) 断开 → 解除自锁
- →KM2 主触头断开 → 电动机 M2 失电停转
- →KM2(11 ~ 12) 断开 →为顺序起动做准备
- →KM2(4 ~ 5) 断开 →

M1 停止 按下按钮 SB12 →KM1 线圈失电
- →KM1(5 ~ 6) 断开 → 解除自锁
- →KM1 主触头断开 → 电动机 M1 失电停转
- →KM1(8 ~ 9) 断开 → 为顺序起动做准备

## 任务实施

### 一、元器件的选择

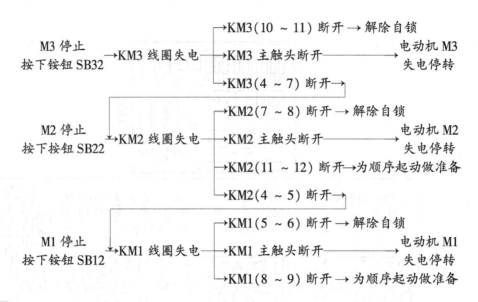

根据控制电动机的功率，选择合适容量、规格的元器件，并进行质量检查。

| 序　号 | 元器件名称 | 型号、规格 | 数　量 | 备　注 |
|---|---|---|---|---|
| 1 | 螺旋式熔断器 | RL1—15 | 5 | 配熔体 15A9 只，2A2 只 |
| 2 | 低压断路器 | DZ108—20/3 | 1 | |
| 3 | 交流接触器 | CJX2—1210/380V | 3 | 配 F4-22、F4-31 辅助触头 |
| 4 | 热继电器 | JR36—20 | 3 | |
| 5 | 按钮 | LA4—3H | 3 | |
| 6 | 塑料导线 | BVR—1mm$^2$ | 8m | 控制电路用 |
| 7 | 塑料导线 | BVR—2. 5mm$^2$ | 10m | 主电路用 |
| 8 | 塑料导线 | BVR—0. 75mm$^2$ | 1m | 按钮用 |
| 9 | 接线端子排 | JX3—1012 | 2 | |
| 10 | 三相异步电动机 | Y112M—4 4kW 8. 8A | 3 | 1440r/min △联结 |
| 11 | 接线板 | 700mm × 550mm × 30mm | 1 | |

### 二、元器件安装

| 实 训 图 片 | 操 作 方 法 | 注 意 事 项 |
|---|---|---|
| 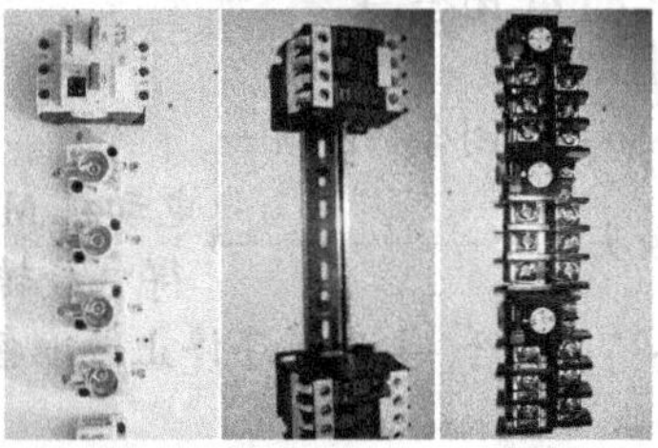 | [安装元器件]：根据元器件布置图，将各元器件安装固定在接线板上各自的位置 | ①元器件安装要牢固可靠<br>②各元器件之间的间距要符合要求<br>③固定木螺钉不能太紧，以免损坏元件的安装固定脚<br>④安装接触器前应先安装卡轨 |

（续）

| 实训图片 | 操作方法 | 注意事项 |
|---|---|---|
|  | [安装走线槽]：根据布置图，根据实际长度将线槽进行切割，然后将线槽用木螺钉安装固定在接线板上 | ①走线槽安装应端正牢固美观<br>②切割走线槽时，切口要垂直整齐<br>③走线槽的两端必须安装封头 |

## 三、布线

<table>
<tr><th>实训图片</th><th>操作方法</th><th>注意事项</th></tr>
<tr><td></td><td>[布置 0 号线]：截取三段 $1mm^2$ 软导线，将其一端接于第二个控制熔断器的上接线座，另一端接于 KM3 接触器线圈的 A1 接线座，另两根分别将 KM1、KM2、KM3 的线圈 A1 接线座连接起来</td><td rowspan="3">①布线前，先用布清除槽内的污物，使线槽内外清洁<br>②导线连接前应先做好线夹，线夹要压紧，使导线与线夹接触良好<br>③线夹与接线座连接时，要压接良好；需垫片时，线夹要插入垫片之下</td></tr>
<tr><td>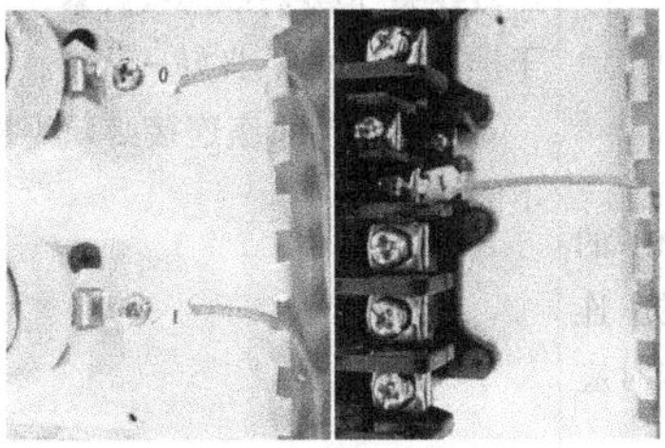</td><td>[布置 1 号线]：截取一段 $1mm^2$ 软导线，将其一端接于第一个控制熔断器的上接线座，另一端接于 KH1 热继电器 96 号接线座</td></tr>
<tr><td></td><td>[布置 2 号线]：用一段 $1mm^2$ 软导线，将其一端接于 KH1 热继电器 95 号接线座，另一端接于 KH2 热继电器 96 号接线座</td></tr>
</table>

（续）

| 实训图片 | 操作方法 | 注意事项 |
| --- | --- | --- |
|  | ［布置 3 号线］：用一段 $1\mathrm{mm}^2$ 软导线，将其一端接于 KH2 热继电器 95 号接线座，另一端接于 KH3 热继电器 96 号接线座 | ①两根软导线并接做线夹时，导线线芯要绞合紧，然后插入线夹孔内，用工具夹紧<br>②线夹与线芯要接触良好，不能露铜过长，也不能压绝缘层<br>③做线夹前要先套入编码套管<br>④KM2 接触器要配 F4-31 辅助触头；其他接触器配 F4-22 辅助触头<br>⑤导线与端子接线排连接时，无需做线夹，但要将线芯绞合紧，与端子排连接要可靠、良好<br>⑥线夹与接线座连接必须牢固，不能松动 |
| 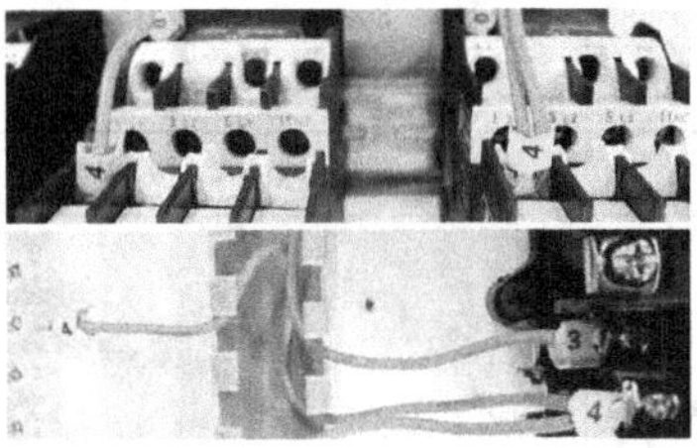 | ［布置 4 号线］：用软导线将 KM2、KM3 的 53 号辅助触头接线座连接起来，由 KM3 的 53 号再并接到 KH3 热继电器的 95 号接线座，再由此并接到接线端子排对应位置 | |
|  | ［布置 5 号线］：用软导线将 KM1 的 53 号辅助触头接线座与 KM2 的 54 号辅助触头接线座连接起来，由此并接到接线端子排对应位置 | |
| 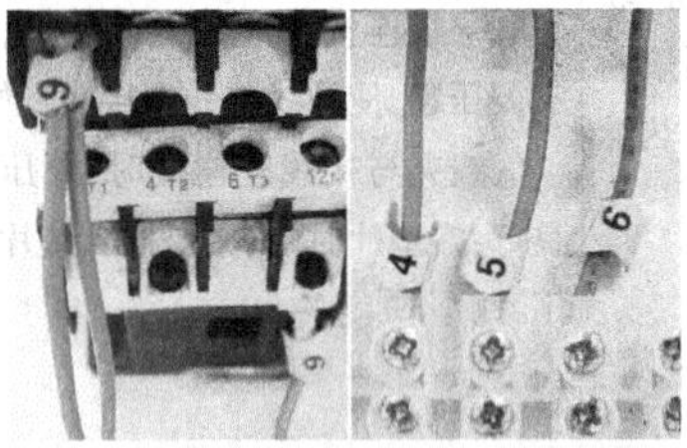 | ［布置 6 号线］：用软导线将 KM1 的 A2 接线座与 54 号辅助触头接线座连接起来，由此并接到接线端子排对应位置 | |
| 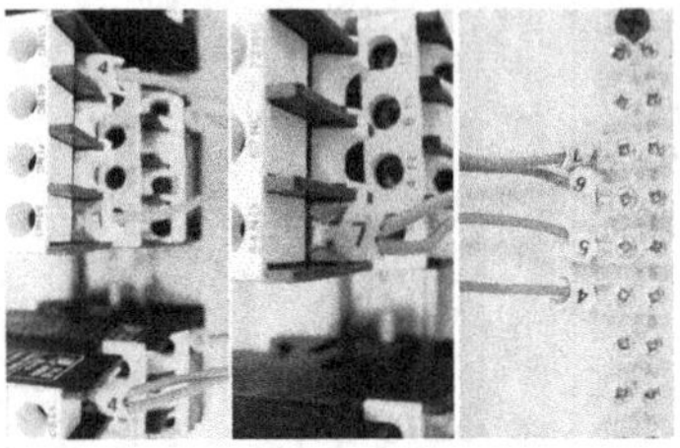 | ［布置 7 号线］：用软导线将 KM2 的 73 号辅助触头接线座与 KM3 的 54 号辅助触头接线座连接起来，由此并接到接线端子排对应位置 | |

（续）

| 实训图片 | 操作方法 | 注意事项 |
| --- | --- | --- |
|  | ［布置8号线］：用软导线将KM1的83号辅助触头接线座与KM2的74号辅助触头接线座连接起来，由此并接到接线端子排对应位置 | ①两根软导线并接做线夹时，导线线芯要绞合紧，然后插入线夹孔内，用工具夹紧<br>②线夹与线芯要接触良好，不能露铜过长，也不能压绝缘层<br>③做线夹前要先套入编码套管<br>④KM2接触器要配F4-31辅助触头；其他接触器配F4-22辅助触头<br>⑤导线与端子接线排连接时，无需做线夹，但要将线芯绞合紧，与端子排连接要可靠、良好<br>⑥线夹与接线座连接必须牢固，不能松动 |
|  | ［布置9号线］：用一根软导线将KM1的84号辅助触头接线座与KM2的A2线圈接线座连接起来 | |
| 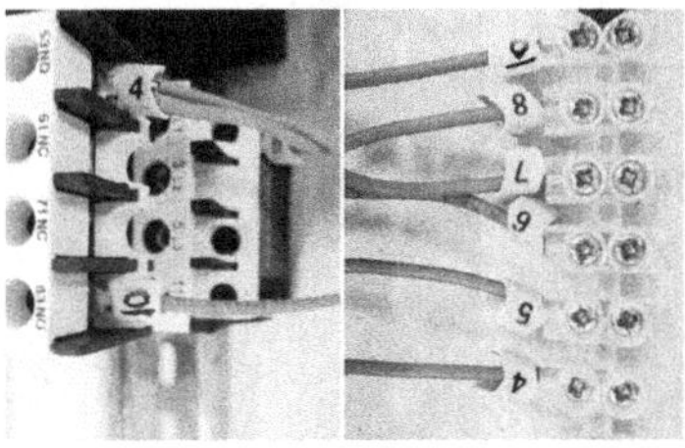 | ［布置10号线］：用一根软导线将KM3的83号接线座和端子接线排对应位置连接起来 | ①布线时不能损伤线芯和导线绝缘<br>②各电器元件接线座上引入或引出的导线，必须经过走线槽进行连接<br>③与元器件接线座连接的导线都不允许从水平方向进入走线槽内<br>④进入走线槽内的导线要完全置于走线槽内，并尽量避免交叉，槽内导线数量不要超过其容量的70% |
|  | ［布置11号线］：用软导线将KM2的83号辅助触头接线座与KM3的84号辅助触头接线座连接起来，由此并接到接线端子排对应位置 | |
|  | ［布置12号线］：用一根软导线将KM2的84号辅助触头接线座与KM3的A2线圈接线座连接起来 | |

（续）

<table>
<tr><th>实训图片</th><th>操作方法</th><th>注意事项</th></tr>
<tr><td>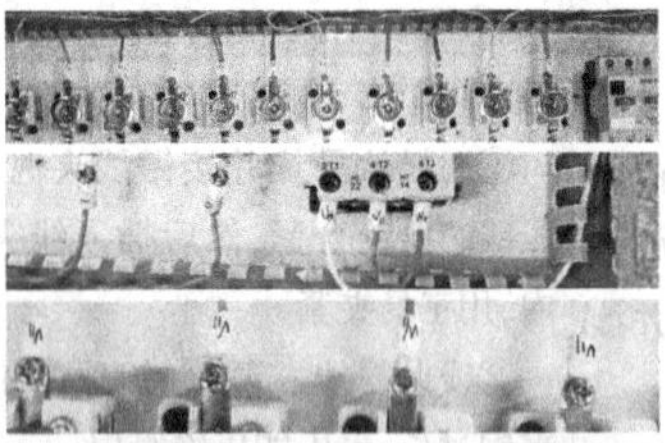</td><td>［布置主控制电路电源线］：U 相：用软导线从左至右将第 1、4、7、10 熔断器下接线座连接起来，然后再连接到低压断路器的 2T1 接线座；同理连接 V 相、W 相</td><td rowspan="4">①V 相：将第 2、5、8、11 熔断器下接线座连接起来，然后再连接到低压断路器的 4T2 接线座；W 相：将第 3、6、9 熔断器下接线座连接起来，然后再连接到低压断路器的 6T3 接线座<br>②第 10、11 熔断器为控制电路的熔断器<br>③主电路接线时前后相序要对应，不能接错</td></tr>
<tr><td>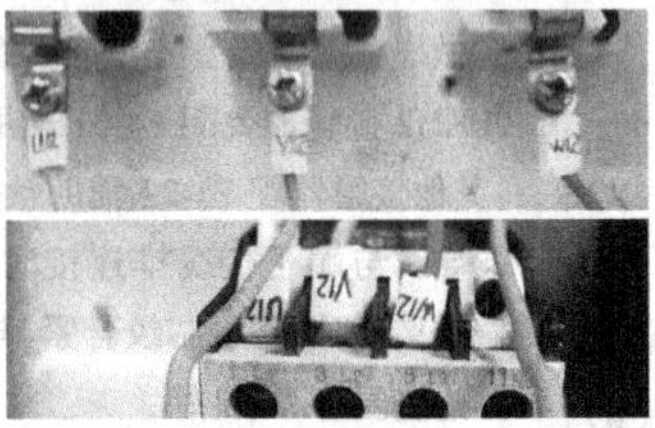</td><td>［布置 U12、V12、W12 号线］：用三根软导线将 1、2、3 熔断器的上接线座分别连接到 KM1 接触器 1L1、3L2、5L3 的接线座上</td></tr>
<tr><td>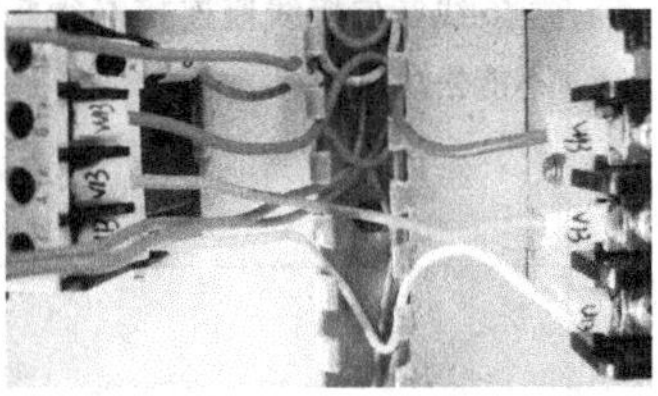</td><td>［布置 U13、V13、W13 号线］：用三根软导线分别将 KM1 接触器 2T1、4T2、6T3 的接线座与 KH1 热继电器的 1L1、3L2、5L3 的接线座连接起来</td></tr>
<tr><td>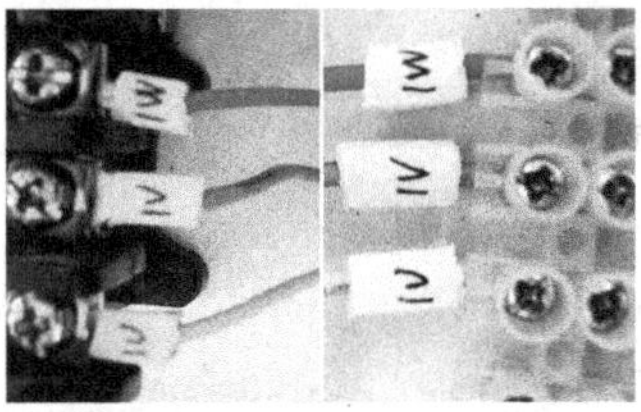</td><td>［布置 1U、1V、1W 号线］：用三根软导线分别将 KH1 热继电器的 2T1、4T2、6T3 接线座连接到端子接线排对应位置</td></tr>
<tr><td></td><td>布置 U14、V14、W14 至 2U、2V、2W 和 U16、V16、W16 至 3U、3V、3W 之间的导线</td><td rowspan="2">①导线连接时要从上到下，一相一相连接或用分色导线连接，以保证从左至右依次为 U、V、W 三相<br>②电源导线连接时三相电源相序要对应，从左至右依次为 L1、L2、L3</td></tr>
<tr><td>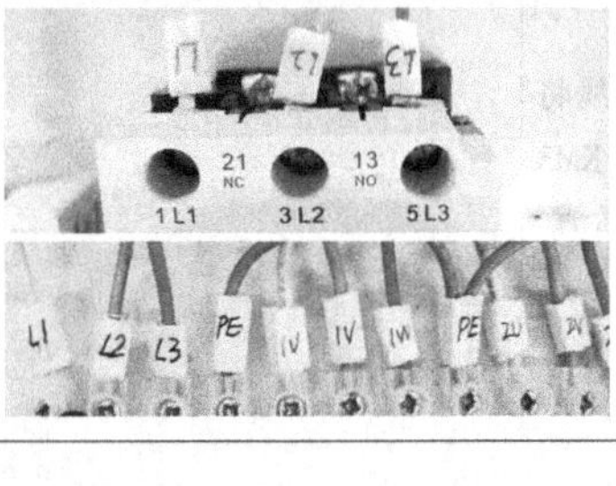</td><td>［布置 L1、L2、L3 电源线］：用三根软导线一端分别连接低压断路器的 1L1、3L2、5L3 接线座，另一端分别与接线端子排连接，并在接线端子排上将 4 个 PE 接线座并接起来</td></tr>
</table>

（续）

| 实训图片 | 操作方法 | 注意事项 |
|---|---|---|
| 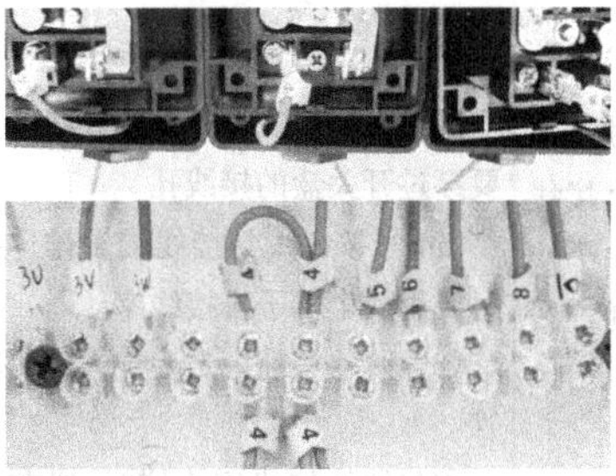 | ［布置 4 号按钮线］：用三根软导线一端分别连接 SB12、SB22、SB32 停止按钮的一个接线座，另一端并接到接线端子排 4 号位置 | ①引接到接线端子排的导线一定要穿过开关盒的接线孔<br>②4 号按钮线与接线端子排连接时要用两个端子排接线座<br>③导线连接前一定要穿入编码套管<br>④与按钮接线座连接时，线芯要绞合紧并弯圈，压接要良好、不反圈或用线夹进行连接<br>⑤与接线端子排接线座连接时，线芯要绞合紧，压接要良好、不反圈，不压绝缘层<br>⑥导线连接完毕检查后，盖上按钮盖，拧上紧固螺钉 |
| 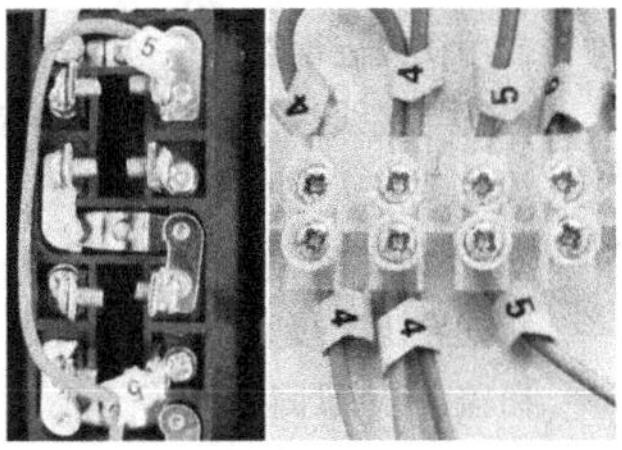 | ［布置 5 号按钮线］：用一根软导线一端连接 SB11 常开按钮的一个接线座，另一端连接 SB12 按钮的另一个接线座，并由此并接一根软导线到接线端子排 5 号位置 | |
| 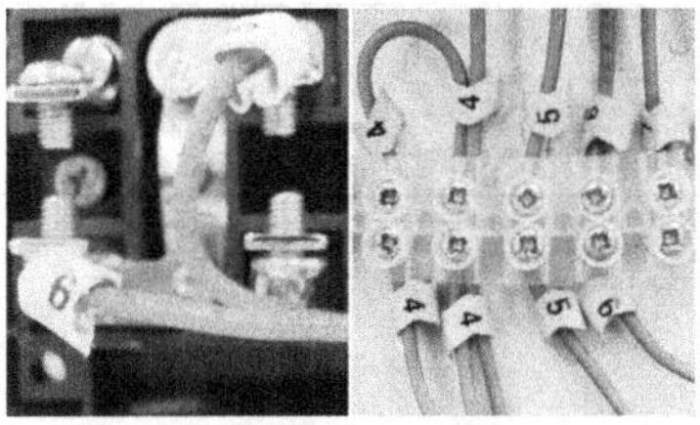 | ［布置 6 号按钮线］：用一根软导线一端连接 SB11 常开按钮的另一个接线座，另一端连接到接线端子排 6 号位置 | |
| 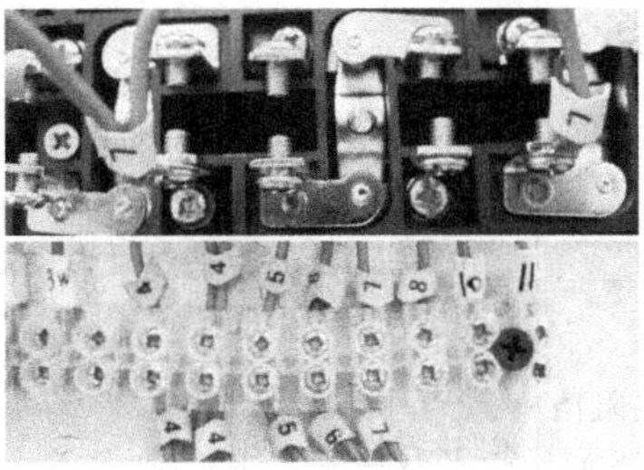 | ［布置 7 号按钮线］：用一根软导线一端连接 SB21 常开按钮的一个接线座，另一端连接 SB22 按钮的另一个接线座，并由此并接一根软导线到接线端子排 7 号位置 | |
|  | ［布置 8 号按钮线］：用一根软导线一端连接 SB21 常开按钮的另一个接线座，另一端连接到接线端子排 8 号位置 | |

（续）

| 实训图片 | 操作方法 | 注意事项 |
| --- | --- | --- |
| 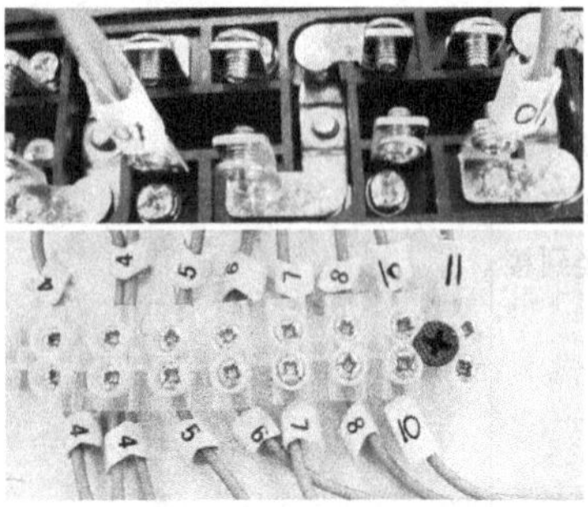 | ［布置10号按钮线］：用一根软导线一端连接SB31常开按钮的一个接线座，另一端连接SB32按钮的另一个接线座，并由此并接一根软导线到接线端子排10号位置 | ①引接到接线端子排的导线一定要穿过开关盒的接线孔<br>②4号按钮线与接线端子排连接时要用两个端子排接线座<br>③导线连接前一定要穿入编码套管<br>④与按钮接线座连接时，线芯要绞合紧并弯圈，压接要良好、不反圈或用线夹进行连接<br>⑤与接线端子排接线座连接时，线芯要绞合紧，压接要良好、不反圈，不压绝缘层<br>⑥导线连接完毕检查后，盖上按钮盖，拧上紧固螺钉 |
| 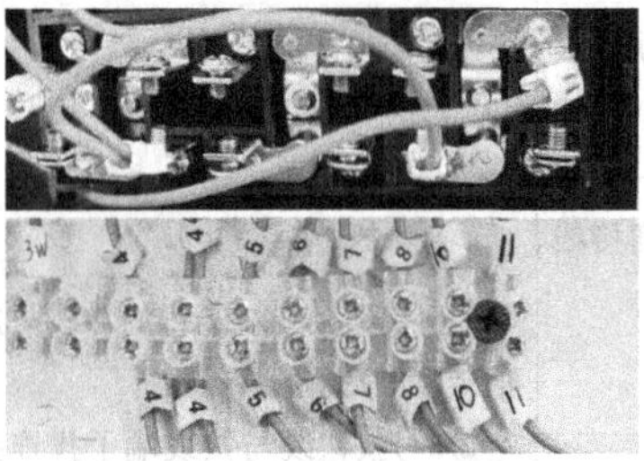 | ［布置11号按钮线］：用一根软导线一端连接SB31常开按钮的另一个接线座，另一端连接到接线端子排11号位置 | |

## 四、电路检查

| 实训图片 | 操作方法 | 注意事项 |
| --- | --- | --- |
| 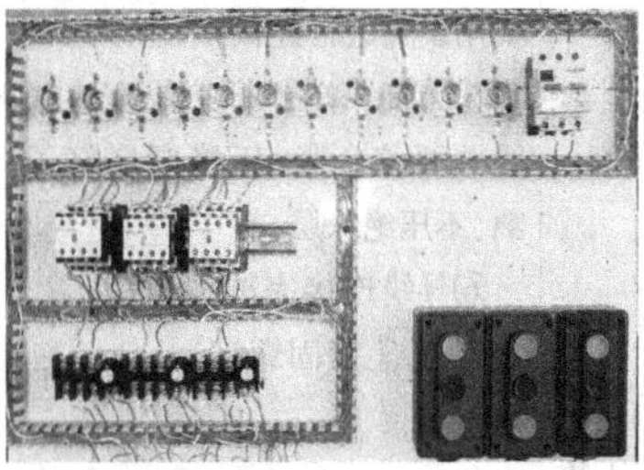 | ［目测检查］：根据电路图或接线图从电源端开始，逐段检查核对线号是否正确，有无漏接、错接，线夹与接线座连接是否松动 | ①检查时要断开电源<br>②要检查导线连接点是否符合要求、压接是否牢固<br>③要注意连接点接触是否良好，以免运行时产生电弧<br>④要用合适的电阻挡位，并“调零”进行检查<br>⑤检查时可用手或工具按下按钮或接触器，不能用力按到底，只要轻轻按下，使常闭触头断开、常开触头闭合就可<br>⑥电路检查后，应盖上线槽板 |
| 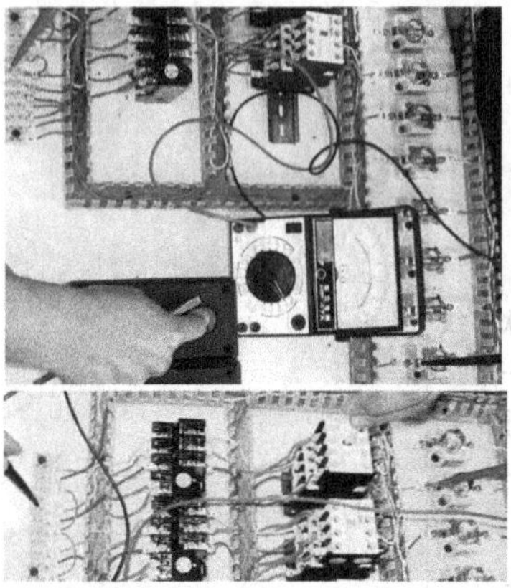 | ［万用表检查］：先用万用表电阻挡检查控制电路：按下SB11，0、1接通；按下SB21，再压下KM1，0、4接通；按下SB31，再压下KM2，0、4接通；按下SB22、压下KM3，4、7不断开；按下SB12、压下KM2，4、5不断开……<br>再用万用表电阻挡检查主电路：分别压下KM1、KM2、KM3，分别测量每个熔断器上接线座与对应端子排间的通断情况 | |

## 五、电动机连接

| 实训图片 | 操作方法 | 注意事项 |
| --- | --- | --- |
| 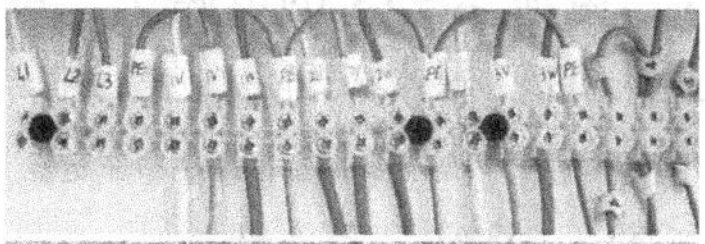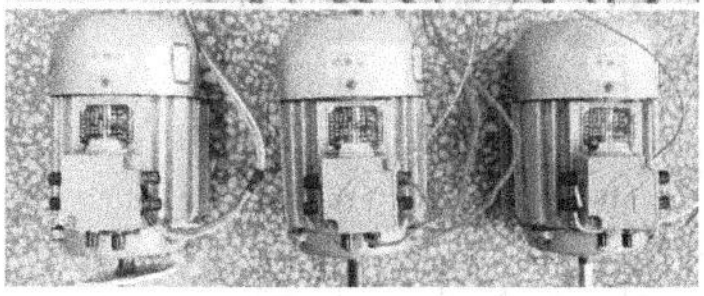 | [连接电动机]:将三台电动机定子绕组的三根出线分别与端子排相应接线座1U、1V、1W,2U、2V、2W,3U、3V、3W进行连接,并将三台电动机的外壳与端子排接线座PE进行连接 | 电动机的外壳应可靠接地 |

## 六、通电试车

| 实训图片 | 操作方法 | 注意事项 |
| --- | --- | --- |
|  | [安装熔体]:将9只15A的熔体装入主电路熔断器中,将2只2A熔体装入控制电路熔断器中,同时旋上熔帽 | ①主电路和控制电路的熔体要区分清,不能装错<br>②熔体的熔断指示——小红点要在上面<br>③用万用表检测熔断器的好坏 |
| 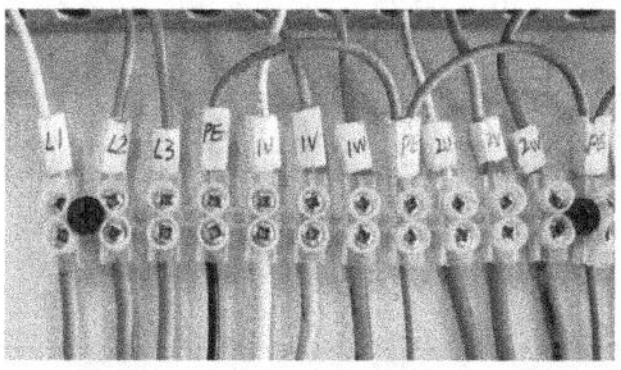 | [连接电源线]:将三相电源线连接到接线端子排的L1、L2、L3对应位置 | ①连接电源线时应断开总电源<br>②由指导老师监护学生接通三相电源<br>③学生通电试验时,指导老师必须在现场进行监护 |
| 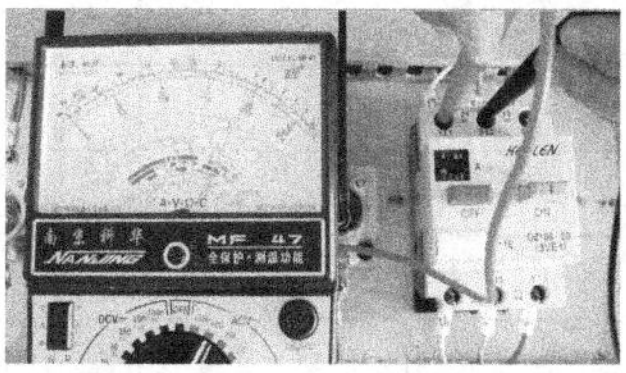 | [验电]:合上总电源开关,用万用表500V电压挡,分别测量低压断路器进线端的相间电压,确认三相电源并三相电压平衡 | ①测量前,确认学生是否穿绝缘鞋<br>②测量时,学生操作是否规范<br>③测量时表笔的笔尖不能同时触及两根带电体 |
|  | [按下按钮试车]:合上低压断路器。先按下SB21和SB31接触器应不吸合,电动机不旋转。然后按下SB11,第一台电动机起动,按下SB21,第二台电动机起动,按下SB31,第三台电动机起动;三台电动机起动后按下SB12或SB22,电动机应不停转,只有依次按下SB32、SB22、SB12三台电动机才能依次停转 | ①通电前,应清理干净接线板上的杂物,特别是零碎的短线芯,以防短路<br>②按下按钮时不要用力过大<br>③按下起动按钮后手不要急于松开,停留1~2s后再松开<br>④按下起动按钮的同时,另一手指放在停止按钮上,发现问题,要迅速按下停止按钮<br>⑤按下按钮后如出现故障,应在老师的指导下进行检查 |

## 提醒注意

CJX2 型交流接触器用于交流 50Hz 或 60Hz，电压至 690V、电流至 95A 的电路中，供远距离接通与分断电路及频繁起动、控制交流电动机，接触器还可加装积木式辅助触头组、机械联锁机构等附件，组成延时接触器、可逆接触器、星三角起动器。

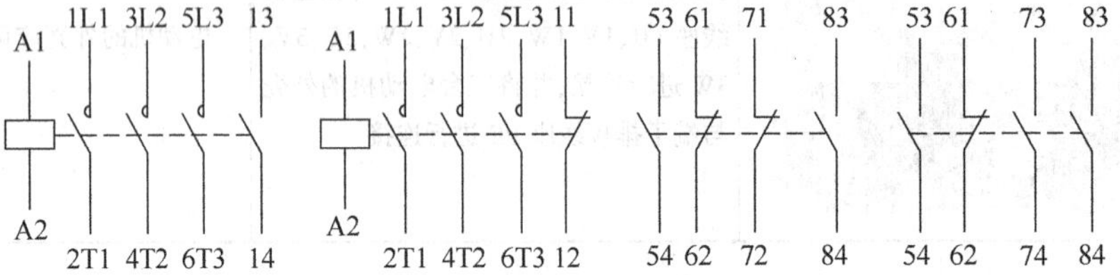


F4–22　　F4–31

接触器本身有三对主触头和一对常开或常闭辅助触头，与其配套的辅助触头组型号有：F4（LA1)-11、20、02、22、40、04、31、13 等，数字前一位代表常开、后一位代表常闭。其中 F4-22 有两对常开和两对常闭辅助触头，F4-31 有三对常开和一对常闭辅助触头。

## 检查评价

通电试车完毕，切断电源，先拆除电源线，再拆除电动机线，然后进行综合评价。

**任务评价**

| 序号 | 评价指标 | 评价内容 | 分值 | 个人评价 | 小组评价 | 教师评价 |
|---|---|---|---|---|---|---|
| 1 | 元器件检查 | 元器件是否漏检或错检 | 5 | | | |
| 2 | 安装元器件 | 不按布置图安装 | 5 | | | |
| | | 元器件安装不牢固 | 3 | | | |
| | | 元器件安装不整齐、不合理、不美观 | 2 | | | |
| | | 线槽安装不符合要求 | 5 | | | |
| 3 | 布线 | 不按电路图接线 | 10 | | | |
| | | 布线不符合要求 | 5 | | | |
| | | 线夹接触不良、连接点松动、露铜过长 | 5 | | | |
| | | 损伤导线绝缘或线芯 | 5 | | | |
| | | 未套装或漏套编码套管 | 5 | | | |
| | | 未接地线 | 10 | | | |
| 4 | 通电试车 | 电路短路 | 15 | | | |
| | | 熔体选择不合适 | 5 | | | |
| | | 试车不成功 | 10 | | | |
| 5 | 安全规范 | 是否穿绝缘鞋 | 5 | | | |
| | | 操作是否规范安全 | 5 | | | |
| 总分 | | | 100 | | | |
| 问题记录和解决方法 | | | 记录任务实施过程中出现的问题和采取的解决办法 | | | |

能力评价

| 内容 | | 评价 | |
|---|---|---|---|
| 学习目标 | 评价项目 | 小组评价 | 教师评价 |
| 应知应会 | 本任务的相关基本概念是否熟悉 | □Yes □No | □Yes □No |
| | 是否熟练掌握仪表、工具的使用 | □Yes □No | □Yes □No |
| 专业能力 | 元器件的安装、使用是否规范 | □Yes □No | □Yes □No |
| | 安装接线是否合理、规范、美观 | □Yes □No | □Yes □No |
| | 是否具有相关专业知识的融合能力 | □Yes □No | □Yes □No |
| 通用能力 | 团队合作能力 | □Yes □No | □Yes □No |
| | 沟通协调能力 | □Yes □No | □Yes □No |
| | 解决问题能力 | □Yes □No | □Yes □No |
| | 自我管理能力 | □Yes □No | □Yes □No |
| | 创新能力 | □Yes □No | □Yes □No |
| 态度 | 敬岗爱业 | □Yes □No | □Yes □No |
| | 工作认真 | □Yes □No | □Yes □No |
| | 劳动态度 | □Yes □No | □Yes □No |
| 个人努力方向： | | 老师、同学建议： | |

## 思考与提高

1. 如何用主电路实现两台电动机的顺序控制？

2. 如果本任务采用CJ10系列接触器，请问仅用三个CJ10系列接触器能否实现本控制任务？

# 任务二 三相交流异步电动机位置控制电路的安装

## 训练目标

- 理解三相交流异步电动机位置控制的概念。
- 掌握三相交流异步电动机位置控制电路的工作原理。
- 会正确安装三相交流异步电动机位置控制电路。
- 学会用万用表进行线路检查。

## 任务描述

车间里的行车，每当走到轨道尽头时，都像长了眼睛一样能自动停下来，而不会朝着墙撞上去。这是为什么呢？

在生产过程中，常常遇到一些生产机械运动部件的行程要受到一定限制，如行车、升降机、摇臂钻床、磨床等就经常有这样的控制要求。本任务就来分析实现这种控制要求的电路。

## 任务分析

行车向前、向后运行，是由电动机正转和反转驱动的，其控制电路的主体就是接触器联锁正、反转控制电路。那如何防止由于操作者失误（未及时按停止按钮），使行车超越两端的极限位置而发生的事故呢？利用什么装置，可以使行车在到达两端的极限位置时自动停下来呢？要实现上述控制要求所依靠的主要电器就是行程开关，这种利用生产机械运动部件上的挡铁与行程开关碰撞，使其触头动作来接通或断开电路，以实现对生产机械运动部件的位置或行程的自动控制的方法称为位置控制。

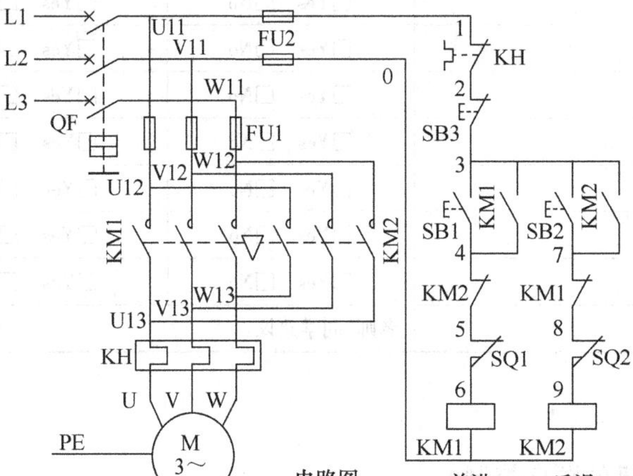


电路图

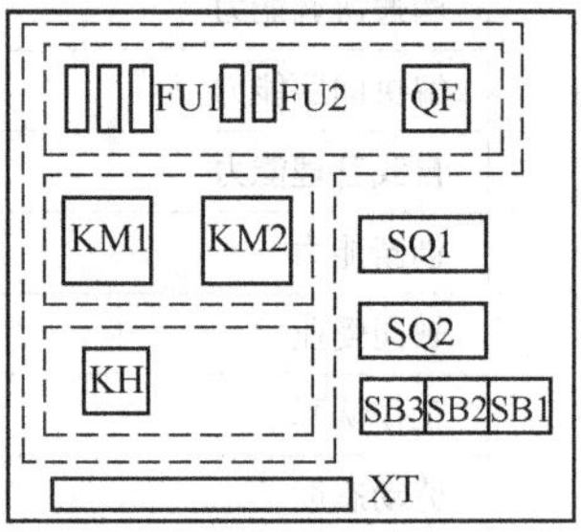


布置图

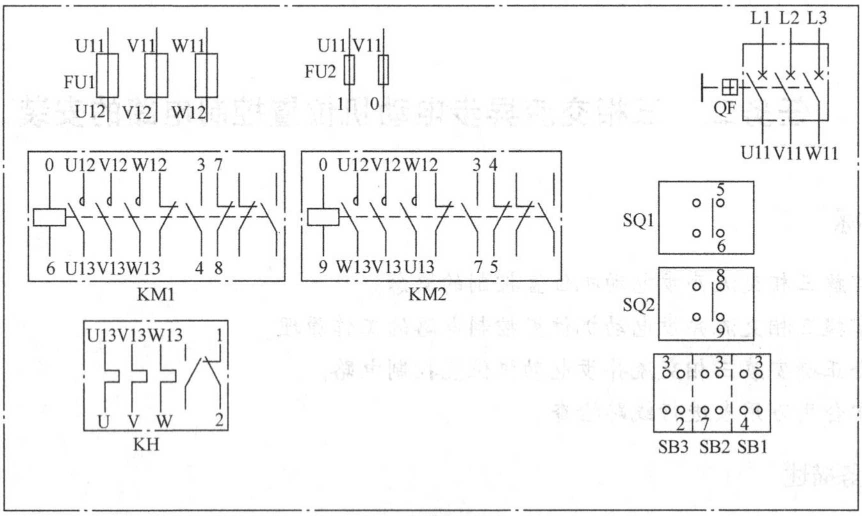


接线图

## 相关知识

三相交流异步电动机位置控制工作原理如下：

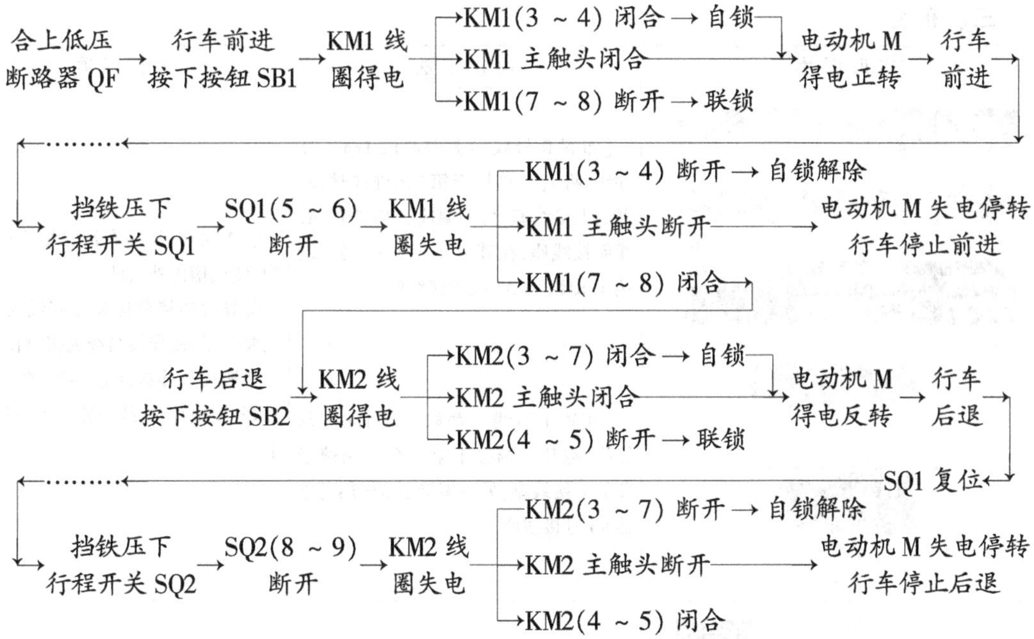


## 任务实施

### 一、元器件选择

根据控制电动机的功率，选择合适容量、规格的元器件，并进行质量检查。

| 序　号 | 元器件名称 | 型号、规格 | 数　量 | 备　注 |
|---|---|---|---|---|
| 1 | 螺旋式熔断器 | RL1—15 | 5 | 配熔体 15A3 只,2A2 只 |
| 2 | 低压断路器 | DZ108—20/3 | 1 | |
| 3 | 交流接触器 | CJX2—1210/380V | 2 | 配 F4—22 辅助触头 |
| 4 | 热继电器 | JR36—20 | 1 | |
| 5 | 按钮 | LA4—3H | 1 | |
| 6 | 行程开关 | JLXK1—211、5A | 2 | |
| 7 | 塑料导线 | BVR—1mm$^2$ | 8m | 控制电路用 |
| 8 | 塑料导线 | BVR—2.5mm$^2$ | 10m | 主电路用 |
| 9 | 塑料导线 | BVR—0.75mm$^2$ | 2m | 按钮用 |
| 10 | 接线端子排 | JX3—1012 | 2 | |
| 11 | 三相异步电动机 | Y112M—4 4kW 8.8A | 1 | 1440r/min △联结 |
| 12 | 接线板 | 700mm × 550mm × 30mm | 1 | |

### 二、元器件安装

| 实训图片 | 操作方法 | 注意事项 |
|---|---|---|
| 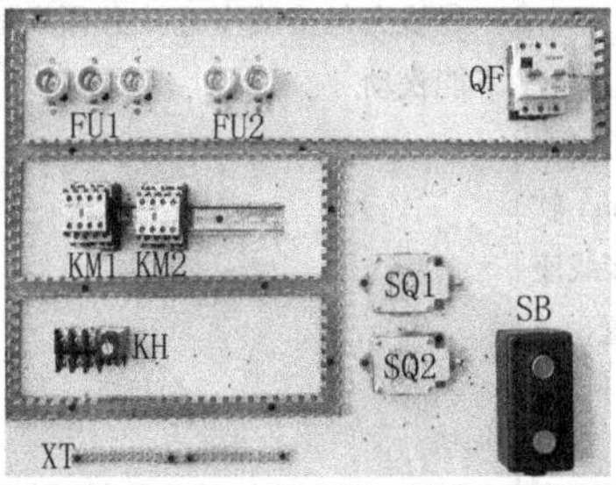 | [安装元器件]:根据元器件布置图,将各元器件安装固定在接线板上各自的位置,并根据实际长度将线槽进行切割,然后将线槽用木螺钉安装固定在接线板上 | ①元器件安装要牢固可靠<br>②各元器件之间的间距要符合要求<br>③固定木螺钉不能太紧,以免损坏元器件的安装固定脚<br>④走线槽安装应端正牢固美观<br>⑤走线槽的两端必须安装封头 |

## 三、布线

<table>
<tr><th>实训图片</th><th>操作方法</th><th>注意事项</th></tr>
<tr><td>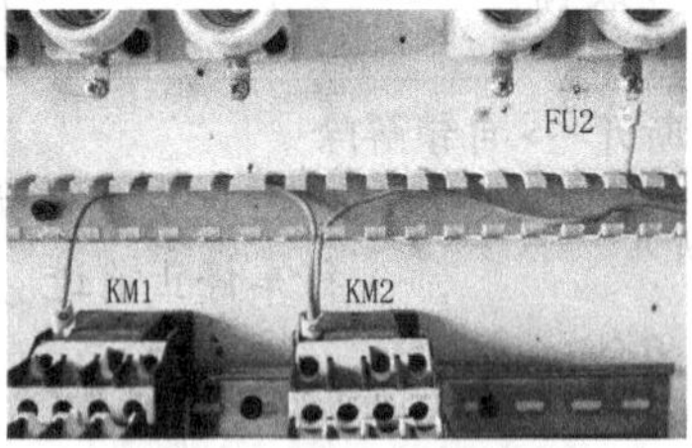</td><td>[布置 0 号线]：截取两段 1mm² 软导线，将其一端接于第二个控制熔断器的上接线座，另一端接于 KM2 的 A1 线圈接线座，在其上并一线头，另一端接于 KM1 的 A1 线圈接线座</td><td rowspan="2">①布线前，先用布清除槽内的污物，使线槽内外清洁<br>②导线连接前应先做好线夹，线夹要压紧，使导线与线夹接触良好<br>③线夹与接线座连接时，要压接良好；需垫片时，线夹要插入垫片之下</td></tr>
<tr><td></td><td>[布置 1 号线]：截取一段 1mm² 软导线，将其一端接于第一个控制熔断器的上接线座，另一端接于 KH 热继电器 96 号接线座</td></tr>
<tr><td></td><td>[布置 2 号线]：截取一段 1mm² 软导线，将其一端接于 KH 热继电器 95 号接线座，另一端接于端子排对应位置</td><td rowspan="4">①布线时不能损伤线芯和导线绝缘<br>②各元器件接线座上引入或引出的导线，必须经过走线槽进行连接<br>③与元器件接线座连接的导线都不允许从水平方向进入走线槽内<br>④进入走线槽内的导线要完全置于走线槽内，并尽量避免交叉，槽内导线数量不要超过其容量的 70%<br>⑤线夹与线芯要接触良好，不能露铜过长，也不能压绝缘层<br>⑥做线夹前要先套入编码套管<br>⑦导线与端子接线排连接时，无需做线夹，但要将线芯绞合紧并弯折，与端子排连接要可靠、良好<br>⑧线夹与接线座连接必须牢固，不能松动</td></tr>
<tr><td>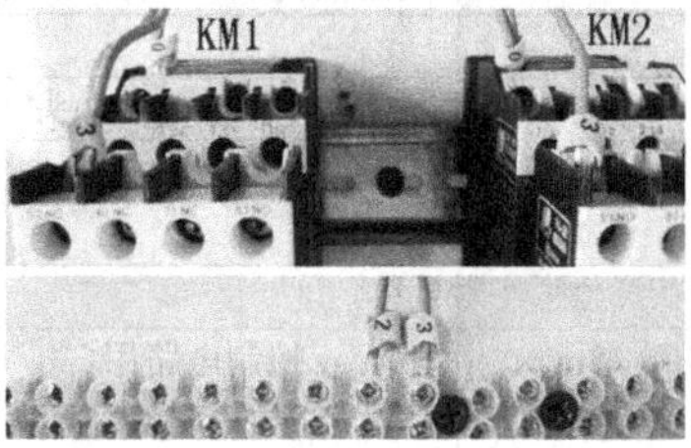</td><td>[布置 3 号线]：截取两段 1mm² 软导线，将 KM1 和 KM2 的 53 号接线座用一段导线连接起来，再在 KM1 的 53 号上并一导线，另一端接于端子排对应位置</td></tr>
<tr><td>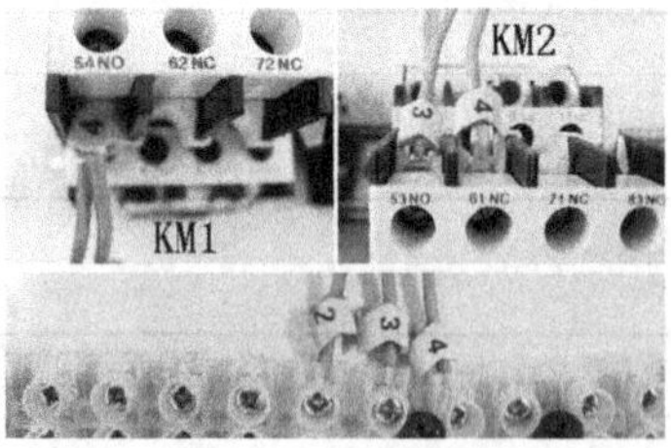</td><td>[布置 4 号线]：截取两段 1mm² 软导线，将 KM1 的 54 号和 KM2 的 61 号接线座用一段导线连接起来，再在 KM1 的 54 号上并一导线，另一端接于端子排对应位置</td></tr>
<tr><td>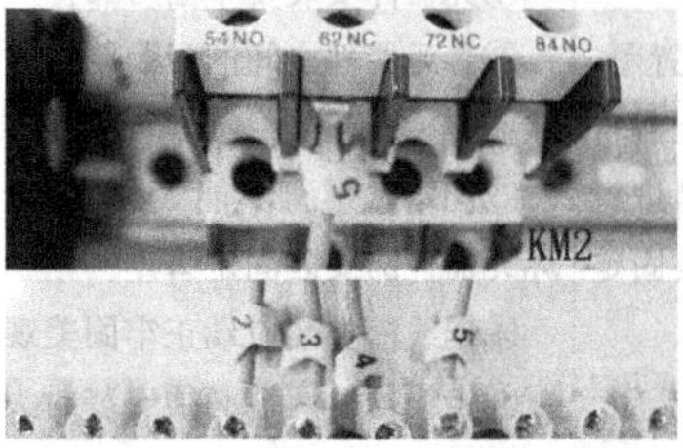</td><td>[布置 5 号线]：截取一段 1mm² 软导线，将其一端与 KM2 的 62 号接线座连接，另一端接于端子排对应位置</td></tr>
</table>

（续）

| 实训图片 | 操作方法 | 注意事项 |
|---|---|---|
| 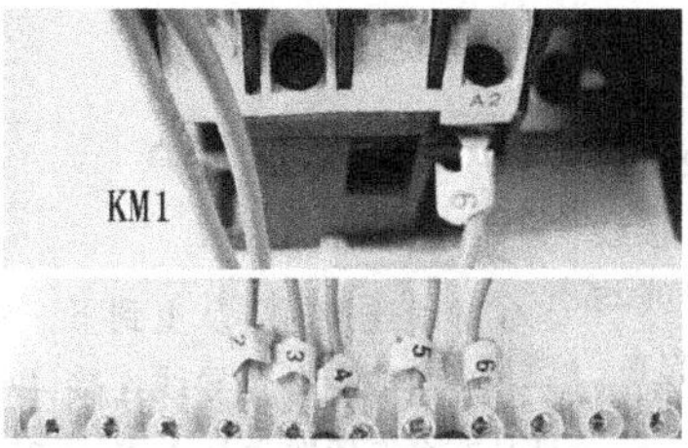 | ［布置 6 号线］：截取一段 $1mm^2$ 软导线，将其一端与 KM1 的 A2 号线圈接线座连接，另一端接于端子排对应位置 | ①布线时不能损伤线芯和导线绝缘<br>②各元器件接线座上引入或引出的导线，必须经过走线槽进行连接<br>③与元器件接线座连接的导线都不允许从水平方向进入走线槽内<br>④进入走线槽内的导线要完全置于走线槽内，并尽量避免交叉，槽内导线数量不要超过其容量的 70%<br>⑤线夹与线芯要接触良好，不能露铜过长，也不能压绝缘层<br>⑥做线夹前要先套入编码套管<br>⑦导线与端子接线排连接时，无需做线夹，但要将线芯绞合紧并弯折，与端子排连接要可靠、良好<br>⑧线夹与接线座连接必须牢固，不能松动 |
| 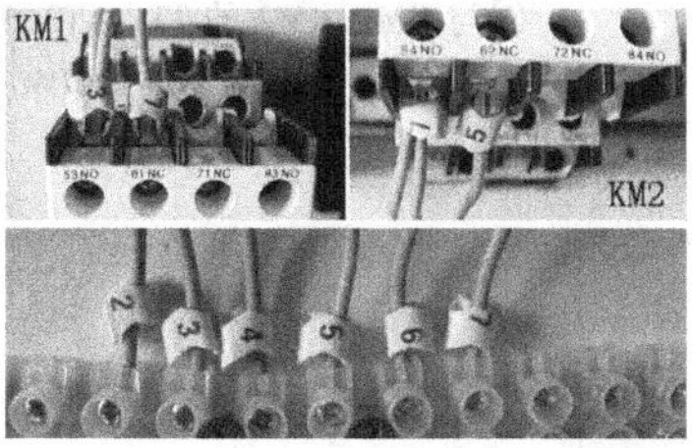 | ［布置 7 号线］：截取两段 $1mm^2$ 软导线，将 KM1 的 61 号和 KM2 的 54 号接线座用一段导线连接起来，再在 KM2 的 54 号上并一导线，另一端接于端子排对应位置 | |
| 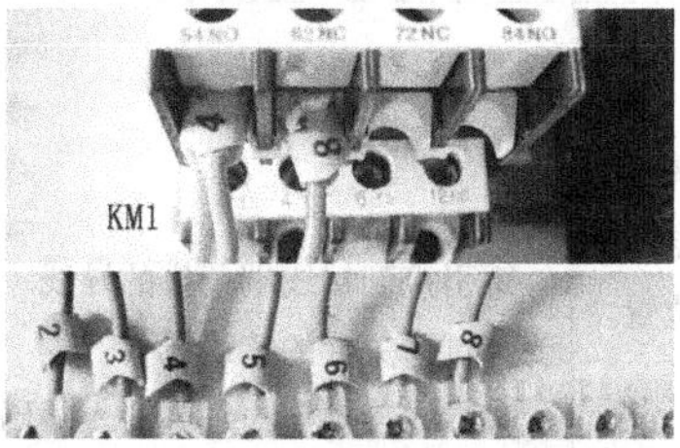 | ［布置 8 号线］：截取一段 $1mm^2$ 软导线，将其一端与 KM1 的 62 号接线座连接，另一端接于端子排对应位置 | |
| 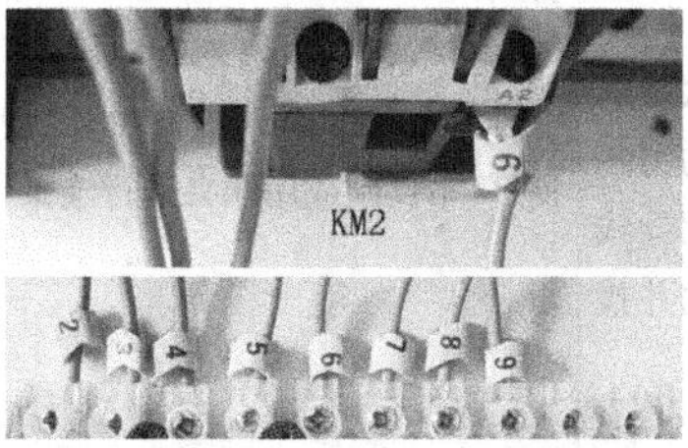 | ［布置 9 号线］：截取一段 $1mm^2$ 软导线，将其一端与 KM2 的 A2 号线圈接线座连接，另一端接于端子排对应位置 | |
| 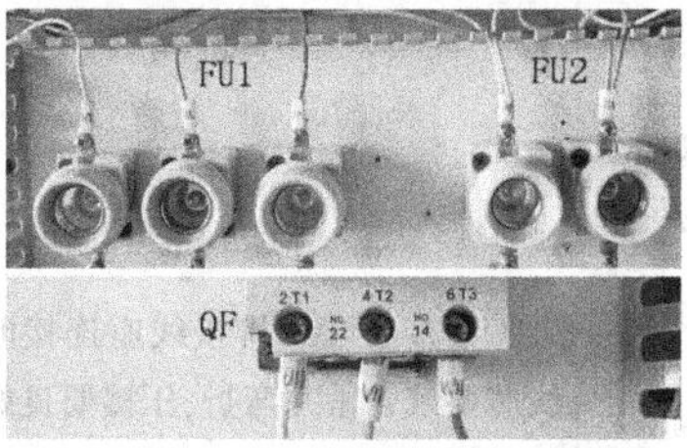 | ［布置主控制电路电源线］：用软导线从左至右分别将 FU1 熔断器下接线座连接到低压断路器的 2T1、4T2、6T3 接线座；中间将 FU2 串联在 U、V 相中 | ①导线连接时要从上到下，一相一相连接或用分色导线连接，以保证从左至右依次为 U、V、W 三相<br>②与 KM1、KM2 的 2T1、4T2、6T3 接线座连接时，要注意对调相序，不能接错 |
| 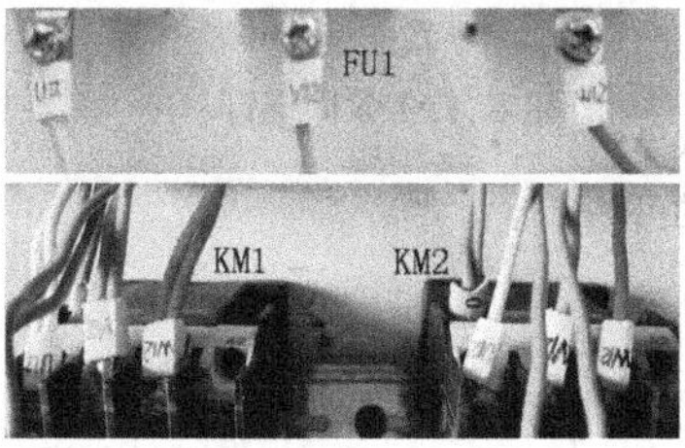 | ［布置 U12、V12、W12 号线］：用三根软导线分别将 FU1 熔断器的上接线座连接到 KM1 接触器 1L1、3L2、5L3 的接线座上，由此再并接三根线到 KM2 接触器 1L1、3L2、5L3 的接线座上 | |

（续）

| 实训图片 | 操作方法 | 注意事项 |
| --- | --- | --- |
|  | ［布置 U13、V13、W13 号线］：用三根软导线分别将 KM2 的 6T3、4T2、2T1 接线座与 KM1 的 2T1、4T2、6T3 接线座连接起来，并由此并接三根导线与 KH 的 1L1、3L2、5L3 接线座连接起来 | ①导线连接时要从上到下，一相一相连接或用分色导线连接，以保证从左至右依次为 U、V、W 三相<br>②与 KM1、KM2 的 2T1、4T2、6T3 接线座连接时，要注意对调相序，不能接错 |
| 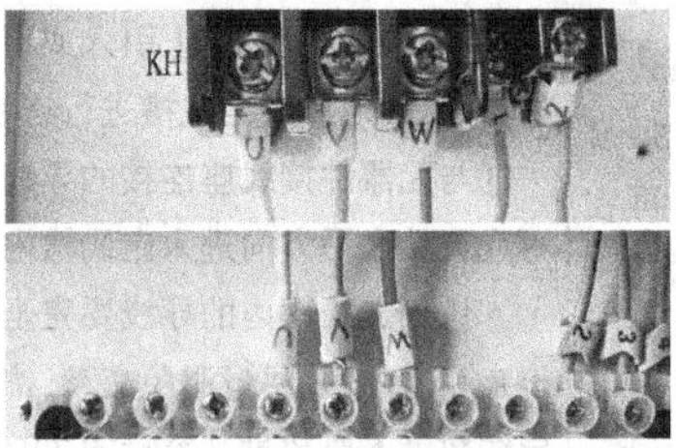 | ［布置 U、V、W 号线］：用三根软导线分别将 KH 热继电器的 2T1、4T2、6T3 接线座连接到接线端子排对应位置 | |
| 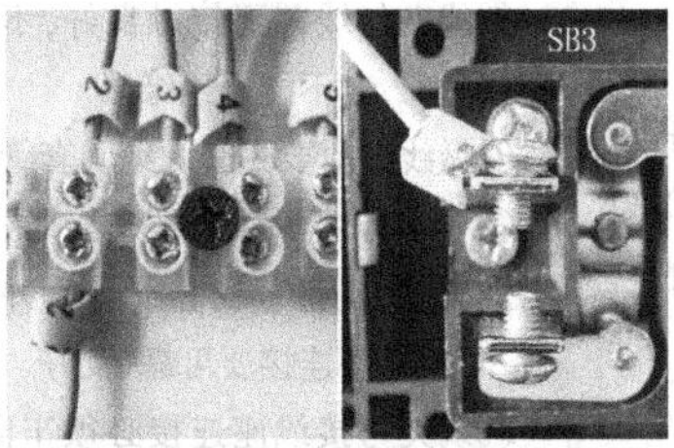 | ［布置 2 号按钮线］：用一根软导线，一端接在停止按钮 SB3 的一个接线座上，另一端接在端子排对应 2 号位置 | ①引接到接线端子排的导线一定要穿过开关盒的接线孔<br>②导线连接前一定要穿入编码套管<br>③与按钮接线座连接时，线芯要绞合紧并弯圈套入螺钉内，压接要良好、不反圈或用线夹进行连接 |
|  | ［布置 3 号按钮线］：用一根软导线将端子排对应 3 号位置与 SB3 的另一个接线座连接起来，再由此用软导线并接到 SB2 一个接线座，再由此并接到 SB1 的一个接线座 | |
|  | ［布置 4 号按钮线］：用一根软导线将端子排对应 4 号位置与 SB1 的另一个接线座连接起来 | ①与接线端子排接线座连接时，线芯要绞合紧并弯折，压接要良好、不压绝缘层<br>②导线连接完毕检查后，盖上按钮盖，拧上紧固螺钉 |
|  | ［布置 7 号按钮线］：用一根软导线将端子排对应 7 号位置与 SB2 的另一个接线座连接起来 | |

（续）

<table>
<tr><th>实训图片</th><th>操作方法</th><th>注意事项</th></tr>
<tr><td>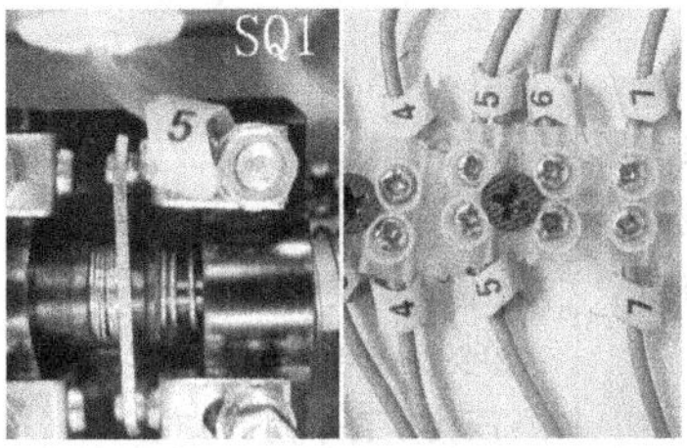
</td><td>[布置5号行程开关线]：用一根软导线将端子排对应5号位置与SQ1的一个常闭接线座连接起来</td><td rowspan="4">①与行程开关接线座连接时，线芯要绞合弯圈，压接要牢固可靠，同时不能使压接常闭静触头的压接螺母松动<br>②与行程开关连接的导线必须穿过行程开关侧面的进出线孔，且6、9号线进入行程开关后，要从下面迂回接到另一个常闭触头接线座<br>③进出行程开关的导线最后应用线扎将其理顺扎紧</td></tr>
<tr><td>
</td><td>[布置6号行程开关线]：用一根软导线将端子排对应6号位置与SQ1的另一个常闭接线座连接起来</td></tr>
<tr><td>
</td><td>[布置8号行程开关线]：用一根软导线将端子排对应8号位置与SQ2的一个常闭接线座连接起来</td></tr>
<tr><td>
</td><td>[布置9号行程开关线]：用一根软导线将端子排对应9号位置与SQ2的另一个常闭接线座连接起来</td></tr>
<tr><td>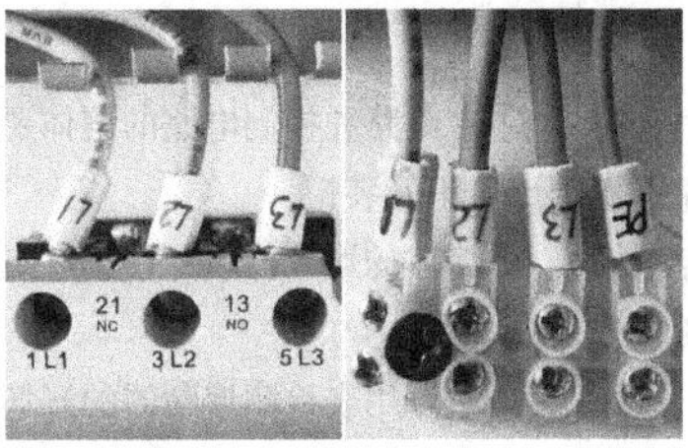
</td><td>[布置L1、L2、L3号电源线]：用三根2.5mm² 软导线从左至右依次将端子排与低压断路器的1L1、3L2、5L3接线座连接起来</td><td>电源导线连接时三相电源相序要对应，从左至右依次为L1、L2、L3</td></tr>
</table>

## 四、电路检查

| 实训图片 | 操作方法 | 注意事项 |
| --- | --- | --- |
|  | [目测检查]：根据电路图或接线图从电源端开始，逐段检查核对线号是否正确，有无漏接、错接，线夹与接线座连接是否松动 | ①检查时要断开电源<br>②要检查导线连接点是否符合要求、压接是否牢固<br>③要注意连接点接触是否良好，以免运行时产生电弧<br>④要用合适的电阻挡位，并“调零”进行检查<br>⑤检查时可用手或工具按下按钮或接触器<br>⑥电路检查后，应盖上线槽板 |
| 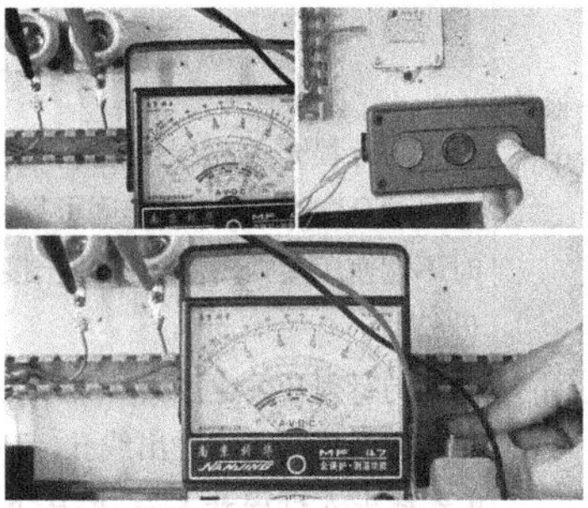 | [万用表检查]：先用万用表电阻挡检查控制电路：两表笔搭接 0、1 号线，按下 SB1（或 SB2），电路通，按下 SQ1（或 SQ2），电路断；再用万用表电阻挡检查主电路：压下 KM1，分别测量每个熔断器上接线座与对应端子排间的通断情况 | |

## 五、电动机连接

| 实训图片 | 操作方法 | 注意事项 |
| --- | --- | --- |
| 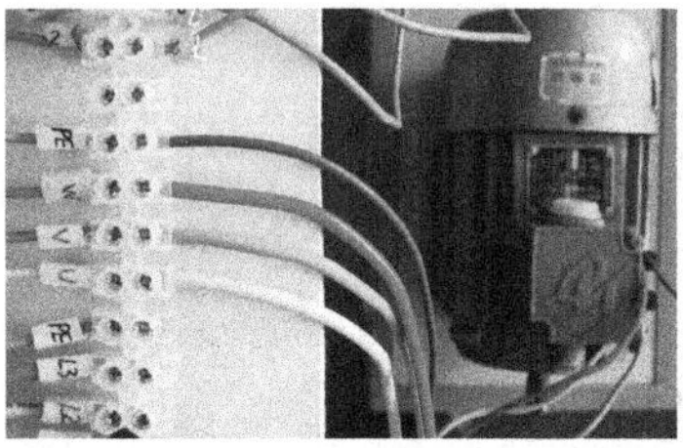 | [连接电动机]：将电动机定子绕组的三根出线分别与端子排相应接线座 U、V、W 进行连接，并将电动机的外壳与端子排接线座 PE 进行连接 | 电动机的外壳应可靠接地 |

## 六、通电试车

| 实训图片 | 操作方法 | 注意事项 |
| --- | --- | --- |
|  | [安装熔体]：将 3 只 15A 的熔体装入主电路熔断器中，将 2 只 2A 熔体装入控制电路熔断器中，同时旋上熔帽 | ①主电路和控制电路的熔体要区分清，不能装错<br>②熔体的熔断指示——小红点要在上面<br>③用万用表检测熔断器的好坏 |

（续）

| 实训图片 | 操作方法 | 注意事项 |
|---|---|---|
| 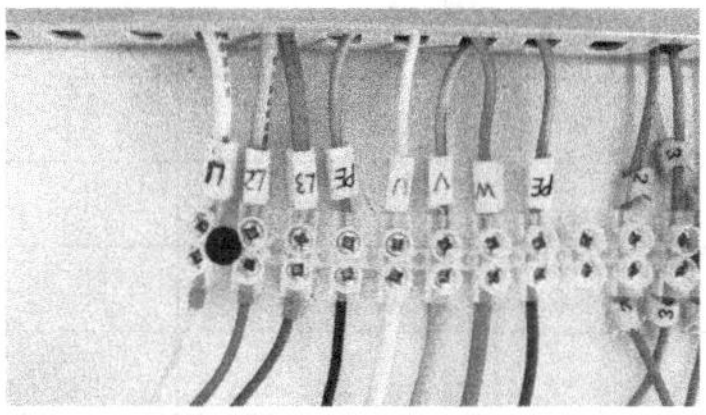 | ［连接电源线］：将三相电源线连接到接线端子排的 L1、L2、L3 对应位置 | ①连接电源线时应断开总电源<br>②由指导老师监护学生接通三相电源<br>③学生通电试验时，指导老师必须在现场进行监护 |
|  | ［验电］：合上总电源开关，用万用表500V 电压挡，分别测量低压断路器进线端的相间电压，确认三相电源并三相电压平衡 | ①测量前，确认学生是否穿绝缘鞋<br>②测量时，学生操作是否规范<br>③测量时表笔的笔尖不能同时触及两根带电体 |
|  | ［按下按钮试车］：合上低压断路器。按下 SB1，KM1 接触器吸合，电动机正转，然后按下 SQ1，电动机停转；按下 SB2，KM2 接触器吸合，电动机反转，然后按下 SQ2，电动机停转 | ①通电前，应清理干净接线板上的杂物，特别是零碎的短线芯，以防短路<br>②按下按钮时不要用力过大<br>③按下起动按钮后手不要急于松开，停留 1～2s 后再松开<br>④按下起动按钮的同时，另一手指放在停止按钮上，发现问题，要迅速按下停止按钮<br>⑤按下按钮后如出现故障，应在老师的指导下进行检查 |

## 提醒注意

SQ1、SQ2 是被用来作终端保护，以防止行车超过两端的极限位置而造成事故的。限位控制的接线是将行程开关的常闭触头串入相应的接触器线圈回路中。未到限位时，行程开关不动作，只有碰撞行程开关时才动作，起到限位保护的作用。挡铁一离开行程开关，行程开关就自动复位。

## 检查评价

通电试车完毕，切断电源，电动机停转后，先拆除电源线，再拆除电动机线，然后进行综合评价。

**任 务 评 价**

| 序号 | 评价指标 | 评 价 内 容 | 分值 | 个人评价 | 小组评价 | 教师评价 |
|---|---|---|---|---|---|---|
| 1 | 元器件检查 | 元器件是否漏检或错检 | 5 | | | |
| 2 | 安装元器件 | 不按布置图安装 | 5 | | | |
| | | 元器件、线槽安装不牢固 | 3 | | | |
| | | 元器件安装不整齐、不合理、不美观 | 2 | | | |
| | | 损坏元器件 | 5 | | | |
| 3 | 布线 | 不按电路图接线 | 10 | | | |
| | | 布线不符合要求 | 5 | | | |
| | | 线夹接触不良、连接点松动、露铜过长 | 5 | | | |
| | | 损伤导线绝缘或线芯 | 5 | | | |
| | | 未装或漏装编码套管 | 5 | | | |
| | | 未接地线 | 10 | | | |
| 4 | 通电试车 | 电路短路 | 15 | | | |
| | | 行程开关不起作用 | 5 | | | |
| | | 试车不成功 | 10 | | | |
| 5 | 安全规范 | 是否穿绝缘鞋 | 5 | | | |
| | | 操作是否规范安全 | 5 | | | |
| | | 总分 | 100 | | | |
| 问题记录和解决方法 | | | 记录任务实施过程中出现的问题和采取的解决办法 | | | |

**能 力 评 价**

| 内　容 | | 评　价 | |
|---|---|---|---|
| 学习目标 | 评 价 项 目 | 小组评价 | 教师评价 |
| 应知应会 | 本任务的相关基本概念是否熟悉 | □Yes □No | □Yes □No |
| | 是否熟练掌握仪表、工具的使用 | □Yes □No | □Yes □No |
| 专业能力 | 元器件的安装、使用是否规范 | □Yes □No | □Yes □No |
| | 安装接线是否合理、规范、美观 | □Yes □No | □Yes □No |
| | 是否具有相关专业知识的融合能力 | □Yes □No | □Yes □No |
| 通用能力 | 团队合作能力 | □Yes □No | □Yes □No |
| | 沟通协调能力 | □Yes □No | □Yes □No |
| | 解决问题能力 | □Yes □No | □Yes □No |
| | 自我管理能力 | □Yes □No | □Yes □No |
| | 创新能力 | □Yes □No | □Yes □No |
| 态度 | 敬岗爱业 | □Yes □No | □Yes □No |
| | 工作认真 | □Yes □No | □Yes □No |
| | 劳动态度 | □Yes □No | □Yes □No |
| 个人努力方向： | | 老师、同学建议： | |

## 思考与提高

1. 在本任务控制电路中，采用是单重联锁控制电路，为什么不采用双重联锁电路？

2. 在实际行车或升降机控制中，有时需点动调整行车或升降机的位置，你如何改进此控制电路？

# 任务三　三相交流异步电动机自动往返控制电路的安装

## 训练目标

- 掌握三相交流异步电动机自动往返控制电路的工作原理。
- 会正确安装三相交流异步电动机自动往返控制电路。
- 学会用万用表进行线路检查。

## 任务描述

在上一任务中我们已经学习并知晓了利用行程开关可以使行车运行到一定位置后自动停止，但在生产实际中，有些生产机械，如万能铣床，要求工作台能在一定的行程内做自动往返运动，以便实现对工件的连续加工，提高生产效率。那么，如何实现这种控制功能呢？用什么元器件来实现这种控制呢？本任务就来分析实现这种控制电路的相关需求。

## 任务分析

要求工作台能在一定的行程内做自动往返运动，即要求工作台到达指定位置时，不但要求工作台停止原方向运动，而且还要求它能自动改变方向，向相反的方向运动，实现自动往返控制，所以其控制电路的主体仍然是接触器联锁正反转控制电路。那么，如何使其停止原方向的运动，并向相反的方向运动呢？要实现上述控制要求所依靠的主要电器仍然是行程开关，我们利用复合行程开关的常闭触头切断原运动方向控制电路，用其常开触头来接通相反方向运动的控制电路，从而实现自动往返的控制。

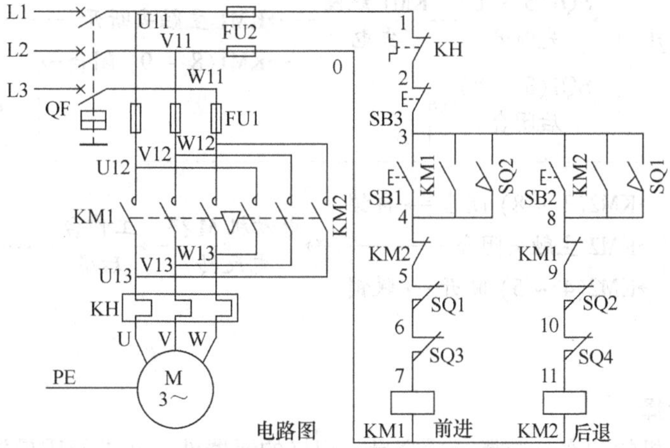

电路图

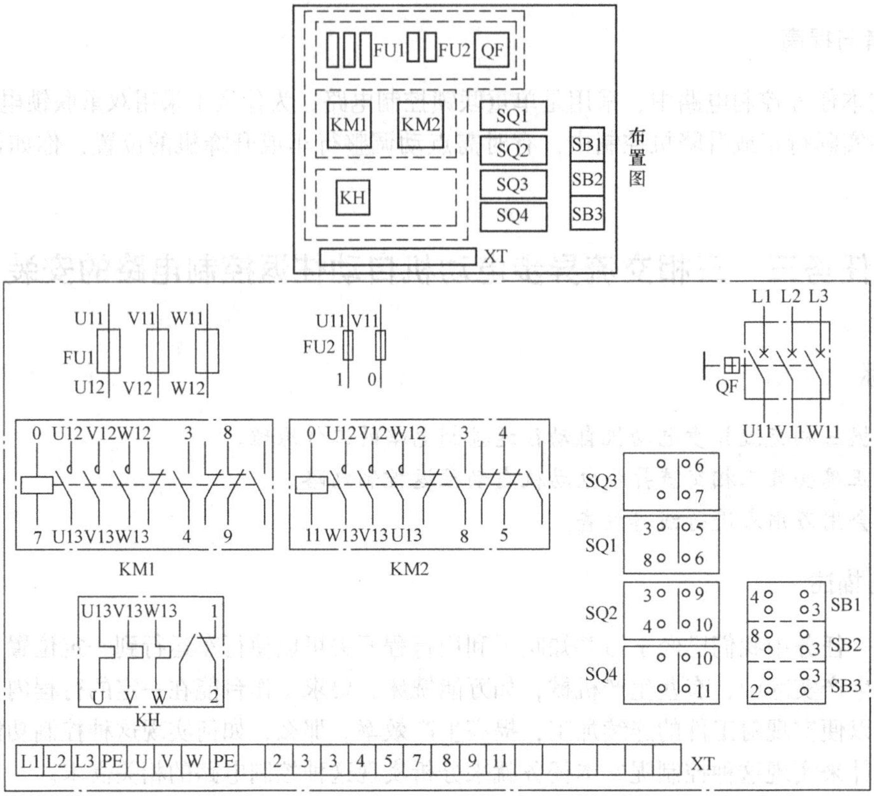


接线图

## 相关知识

三相交流异步电动机自动往返控制工作原理如下：

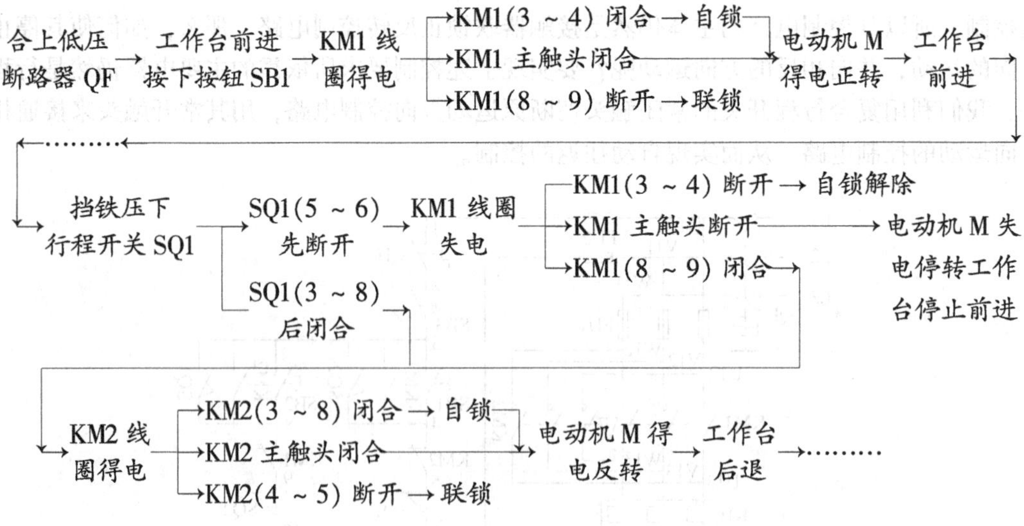


## 任务实施

### 一、元器件选择

根据控制电动机的功率，选择合适容量、规格的元器件，并进行质量检查。

| 序　号 | 元器件名称 | 型号、规格 | 数　量 | 备　注 |
|---|---|---|---|---|
| 1 | 螺旋式熔断器 | RL1—15 | 5 | 配熔体 15A3 只,2A2 只 |
| 2 | 低压断路器 | DZ108—20/3 | 1 | |
| 3 | 交流接触器 | CJX2—1210/380V | 2 | 配 F4-22 辅助触头 |
| 4 | 热继电器 | JR36—20 | 1 | |
| 5 | 按钮 | LA4—3H | 1 | |
| 6 | 行程开关 | JLXK1—211、5A | 4 | |
| 7 | 塑料导线 | BVR—1mm$^2$ | 8m | 控制电路用 |
| 8 | 塑料导线 | BVR—2.5mm$^2$ | 10m | 主电路用 |
| 9 | 塑料导线 | BVR—0.75mm$^2$ | 5m | 按钮、行程开关用 |
| 10 | 接线端子排 | JX3—1012 | 2 | |
| 11 | 三相异步电动机 | Y112M—4 4kW 8.8A | 1 | 1440r/min △联结 |
| 12 | 接线板 | 700mm×550mm×30mm | 1 | |

## 二、元器件安装

<table>
<tr><th>实 训 图 片</th><th>操 作 方 法</th><th>注 意 事 项</th></tr>
<tr><td>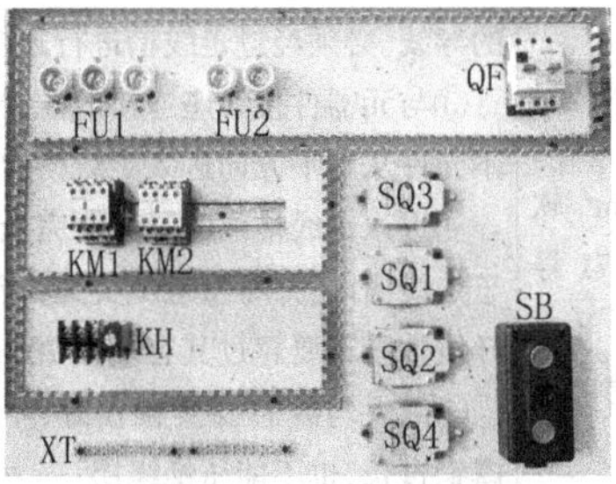
</td><td>[安装元器件]:根据元器件布置图,将各元器件安装固定在接线板上各自的位置,并根据实际长度将线槽进行切割,然后将线槽用木螺钉安装固定在接线板上</td><td>①元器件安装要牢固可靠<br>②各元器件之间的间距要符合要求<br>③固定木螺钉不能太紧,以免损坏元器件的安装固定脚<br>④走线槽安装应端正牢固美观<br>⑤走线槽的两端必须安装封头</td></tr>
</table>

## 三、布线

<table>
<tr><th>实 训 图 片</th><th>操 作 方 法</th><th>注 意 事 项</th></tr>
<tr><td>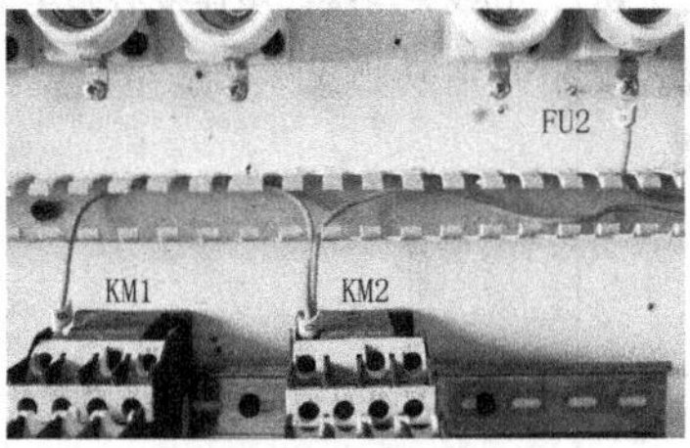
</td><td>[布置 0 号线]:截取两段 1mm$^2$ 软导线,将其一端接于第二个控制熔断器的上接线座,另一端接于 KM2 的 A1 线圈接线座,在其上并一线头,另一端接于 KM1 的 A1 线圈接线座</td><td rowspan="2">①布线前,先用布清除槽内的污物,使线槽内外清洁<br>②导线连接前应先做好线夹,线夹要压紧,使导线与线夹接触良好<br>③线夹与接线座连接时,要压接良好;需垫片时,线夹要插入垫片之下</td></tr>
<tr><td>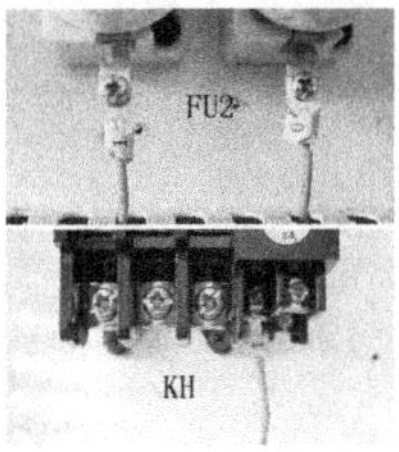
</td><td>[布置 1 号线]:截取一段 1mm$^2$ 软导线,将其一端接于第一个控制熔断器的上接线座,另一端接于 KH 热继电器 96 号接线座</td></tr>
</table>

（续）

<table>
<tr><th>实训图片</th><th>操作方法</th><th>注意事项</th></tr>
<tr><td></td><td>［布置 2 号线］：截取一段 1mm² 软导线，将其一端接于 KH 热继电器 95 号接线座，另一端接于端子排对应位置</td><td rowspan="5">①布线时不能损伤线芯和导线绝缘<br>②各元器件接线座上引入或引出的导线，必须经过走线槽进行连接<br>③与元器件接线座连接的导线都不允许从水平方向进入走线槽内<br>④进入走线槽内的导线要完全置于走线槽内，并尽量避免交叉，槽内导线数量不要超过其容量的 70%<br>⑤线夹与线芯要接触良好，不能露铜过长，也不能压绝缘层<br>⑥做线夹前要先套入编码套管<br>⑦导线与端子接线排连接时，无需做线夹，但要将线芯绞合紧并弯折，与端子排连接要可靠、良好<br>⑧线夹与接线座连接必须牢固，不能松动</td></tr>
<tr><td></td><td>［布置 3 号线］：截取两段 1mm² 软导线，将 KM1 和 KM2 的 53 号接线座用一段导线连接起来，再在 KM1 的 53 号上并一导线，另一端接于端子排对应位置，在端子排上再并接一个 3 号端子排</td></tr>
<tr><td>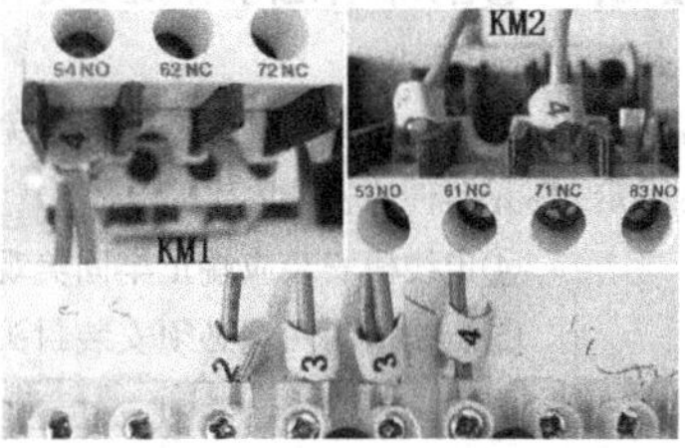</td><td>［布置 4 号线］：截取两段 1mm² 软导线，将 KM1 的 54 号和 KM2 的 71 号接线座用一段导线连接起来，再在 KM1 的 54 号上并一导线，另一端接于端子排对应位置</td></tr>
<tr><td>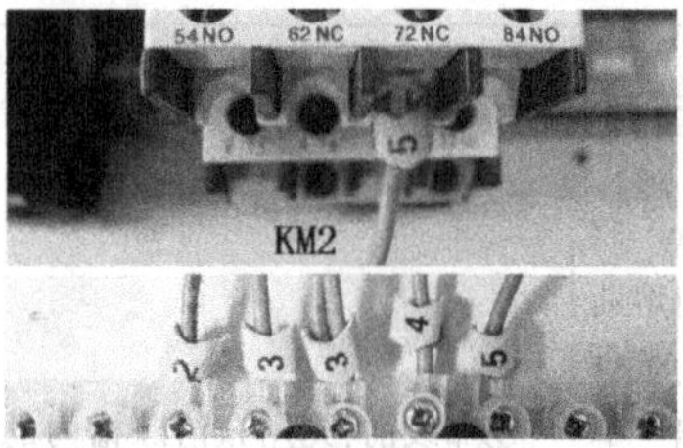</td><td>［布置 5 号线］：截取一段 1mm² 软导线，将其一端与 KM2 的 72 号接线座连接，另一端接于端子排对应位置</td></tr>
<tr><td>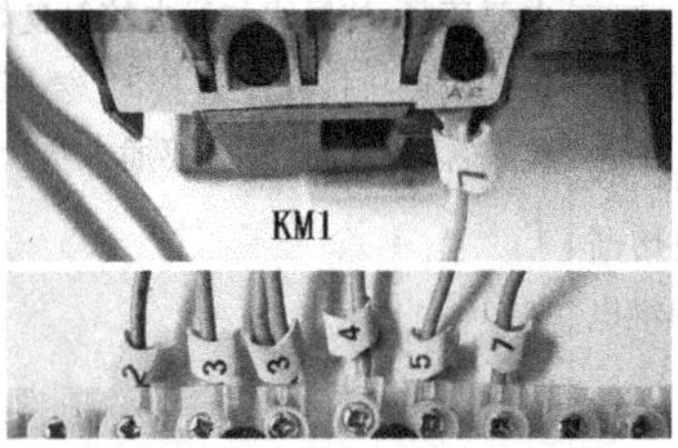</td><td>［布置 7 号线］：截取一段 1mm² 软导线，将其一端与 KM1 的 A2 号线圈接线座连接，另一端接于端子排对应位置</td></tr>
</table>

（续）

| 实训图片 | 操作方法 | 注意事项 |
|---|---|---|
| 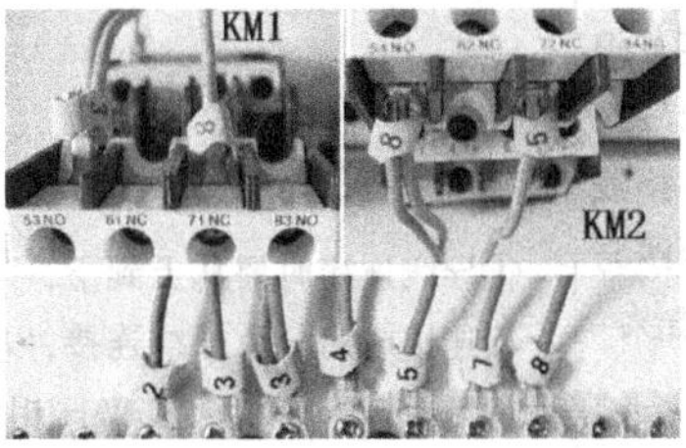 | ［布置 8 号线］：截取两段 $1mm^2$ 软导线，将 KM2 的 54 号和 KM1 的 71 号接线座用一段导线连接起来，再在 KM2 的 54 号上并一导线，另一端接于端子排对应位置 | ①布线时不能损伤线芯和导线绝缘<br>②各元器件接线座上引入或引出的导线，必须经过走线槽进行连接<br>③与元器件接线座连接的导线都不允许从水平方向进入走线槽内<br>④进入走线槽内的导线要完全置于走线槽内，并尽量避免交叉，槽内导线数量不要超过其容量的 70%<br>⑤线夹与线芯要接触良好，不能露铜过长，也不能压绝缘层<br>⑥做线夹前要先套入编码套管<br>⑦导线与端子接线排连接时，无需做线夹，但要将线芯绞合紧并弯折，与端子排连接要可靠、良好<br>⑧线夹与接线座连接必须牢固，不能松动 |
| 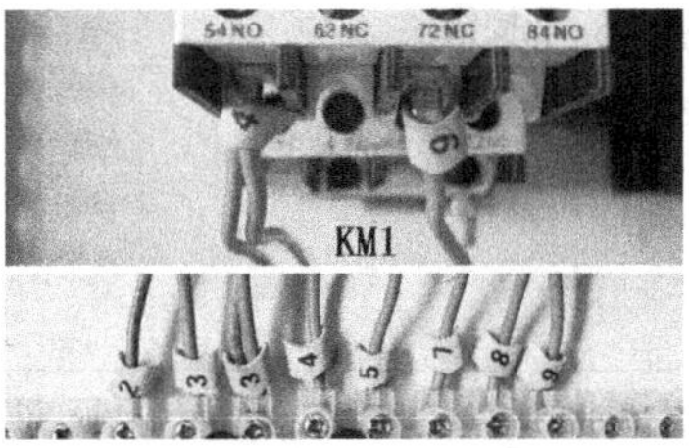 | ［布置 9 号线］：截取一段 $1mm^2$ 软导线，将其一端与 KM1 的 72 号接线座连接，另一端接于端子排对应位置 | |
|  | ［布置 11 号线］：截取一段 $1mm^2$ 软导线，将其一端与 KM2 的 A2 号线圈接线座连接，另一端接于端子排对应位置 | |
| 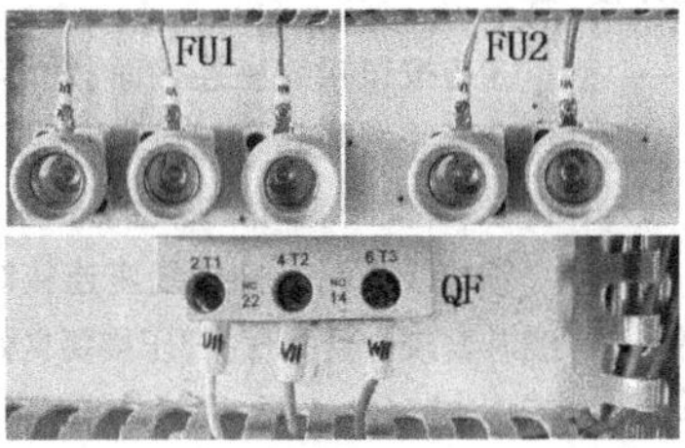 | ［布置 U11、V11、W11 号线］：用软导线从左至右分别将 FU1 熔断器下接线座连接到低压断路器的 2T1、4T2、6T3 接线座；中间将 FU2 串联在 U、V 相中 | ①导线连接时要从上到下，一相一相连接或用分色导线连接，以保证从左至右依次为 U、V、W 三相<br>②与 KM1、KM2 的 2T1、4T2、6T3 接线座连接时，要注意对调相序，不能接错 |
| 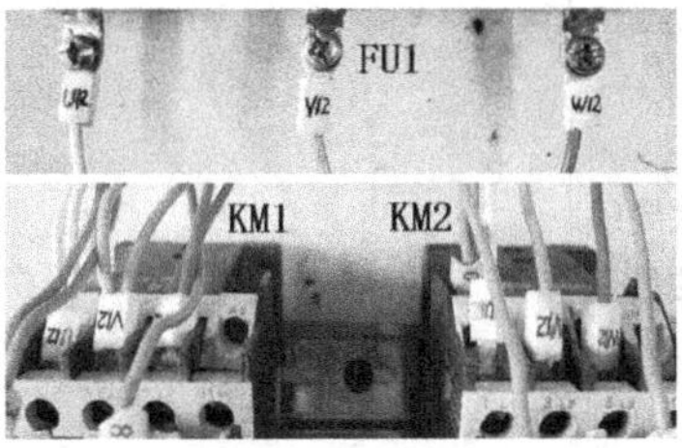 | ［布置 U12、V12、W12 号线］：用三根软导线分别将 FU1 熔断器的上接线座连接到 KM1 接触器 1L1、3L2、5L3 的接线座上，由此再并接三根线到 KM2 接触器 1L1、3L2、5L3 的接线座上 | |

（续）

| 实训图片 | 操作方法 | 注意事项 |
| --- | --- | --- |
|  | ［布置 U13、V13、W13 号线］:用三根软导线分别将 KM2 的 6T3、4T2、2T1 接线座与 KM1 的 2T1、4T2、6T3 接线座连接起来，并由此并接三根导线与 KH 的 1L1、3L2、5L3 接线座连接起来 | ①导线连接时要从上到下，一相一相连接或用分色导线连接，以保证从左至右依次为 U、V、W 三相<br>②与 KM1、KM2 的 2T1、4T2、6T3 接线座连接时，要注意对调相序，不能接错 |
| 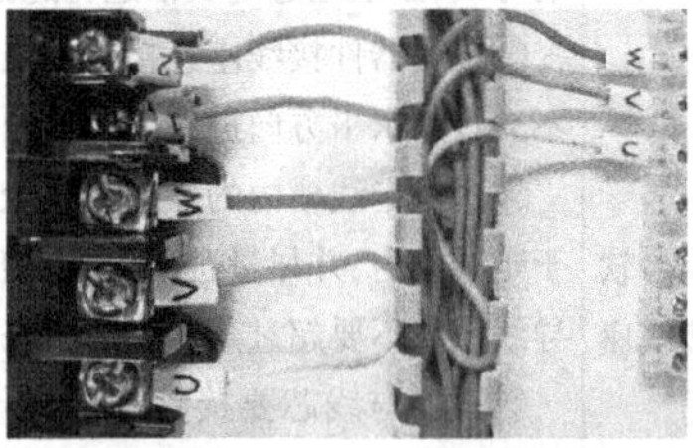 | ［布置 U、V、W 号线］:用三根软导线分别将 KH 热继电器的 2T1、4T2、6T3 接线座连接到接线端子排对应位置 | |
| 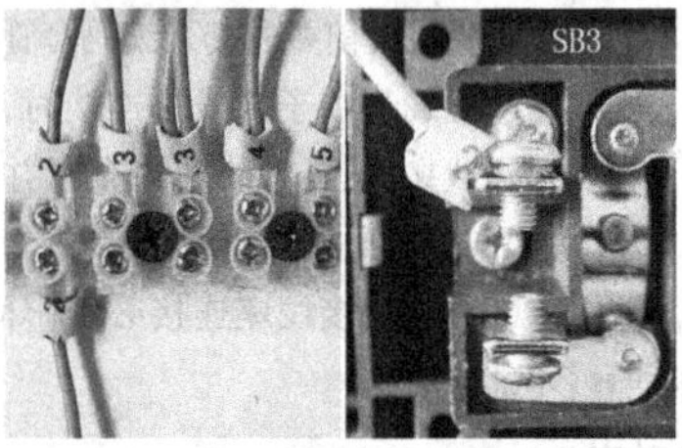 | ［布置 2 号按钮线］:用一根软导线，一端接在停止按钮 SB3 的一个接线座上，另一端接在端子排对应 2 号位置 | ①引接到接线端子排的导线一定要穿过开关盒的接线孔<br>②导线连接前一定要穿入编码套管<br>③与按钮接线座连接时，线芯要绞合紧并弯圈套入螺钉内，压接要良好、不反圈或用线夹进行连接<br>④与接线端子排接线座连接时，线芯要绞合紧并弯折，压接要良好、不压绝缘层<br>⑤导线连接完毕检查后，盖上按钮盖，拧上紧固螺钉 |
|  | ［布置 3 号按钮线］:用一根软导线将端子排对应 3 号位置与 SB3 的另一个接线座连接起来，再由此用软导线并接到 SB2 一个接线座，再由此并接到 SB1 的一个接线座 | |
|  | ［布置 4 号按钮线］:用一根软导线将端子排对应 4 号位置与 SB1 的另一个接线座连接起来 | |
|  | ［布置 8 号按钮线］:用一根软导线将端子排对应 8 号位置与 SB2 的另一个接线座连接起来 | |

（续）

| 实训图片 | 操作方法 | 注意事项 |
|---|---|---|
|  | ［布置 3 号行程开关线］：在另一个 3 号端子排上并接两根软导线，一根接到 SQ1 的一个常开触头接线座上，另一根接到 SQ2 的一个常开触头接线座上 | |
| 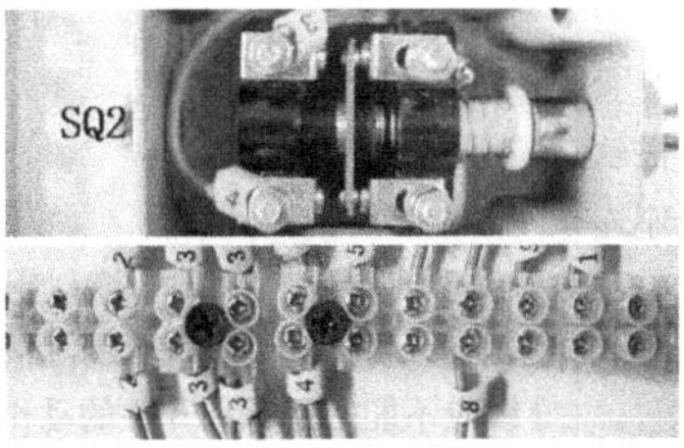 | ［布置 4 号行程开关线］：用一根软导线将 SQ2 的另一个常开触头接线座连接到端子排的 4 号位置 | |
|  | ［布置 5 号行程开关线］：用一根软导线将 SQ1 的一个常闭触头接线座连接到端子排的 5 号位置 | ①由于端子排 3 号出线有三根，所以 3 号要用两个端子排接线座<br>②与行程开关接线座连接时，线芯要绞合弯圈，压接要牢固可靠，同时不能使压接常闭静触头的压接螺母松动<br>③与行程开关连接的导线必须穿过行程开关侧面的进出线孔 |
| 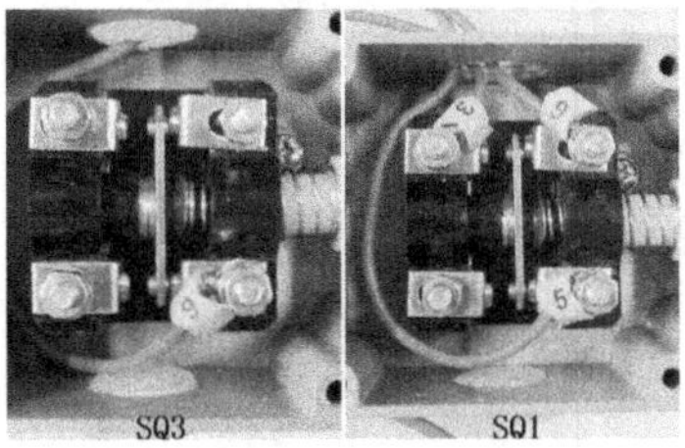 | ［布置 6 号行程开关线］：用一根软导线将 SQ1 的另一个常闭触头接线座连接到 SQ3 的一个常闭触头接线座上 | |
|  | ［布置 7 号行程开关线］：用一根软导线将 SQ3 的另一个常闭触头接线座连接到端子排 7 号位置 | |

（续）

<table>
<tr><th>实训图片</th><th>操作方法</th><th>注意事项</th></tr>
<tr><td>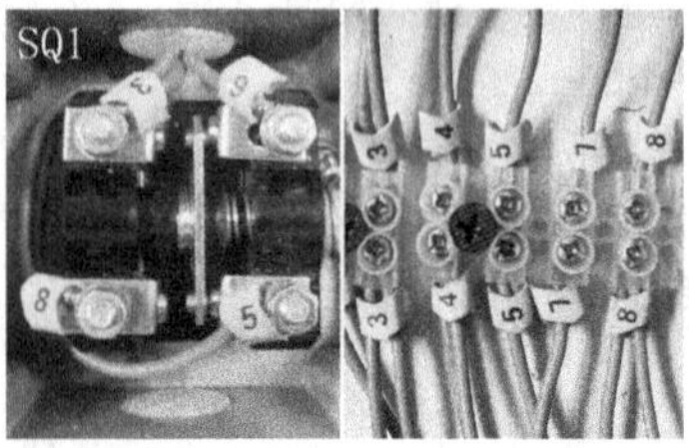
</td><td>[布置 8 号行程开关线]：用一根软导线将 SQ1 的另一个常开触头接线座连接到端子排 8 号位置</td><td rowspan="4">①所有与行程开关接线座连接的导线应不能妨碍行程开关的动作<br>②行程开关内不能有培削下的导线绝缘层、碎线芯等杂物<br>③进出行程开关的导线最后应用线扎将其理顺扎紧</td></tr>
<tr><td>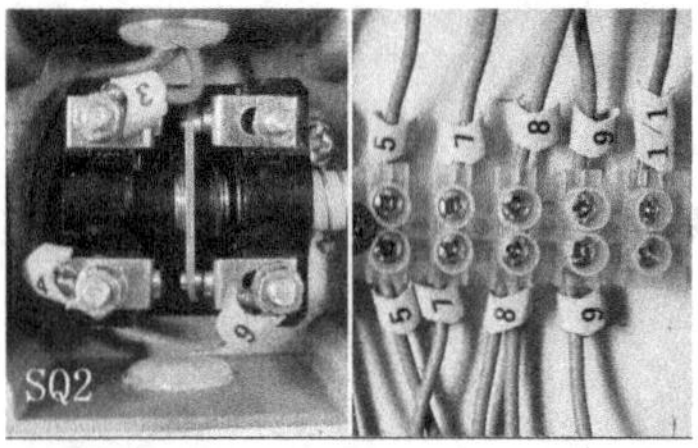
</td><td>[布置 9 号行程开关线]：用一根软导线将 SQ2 的一个常闭触头接线座连接到端子排 9 号位置</td></tr>
<tr><td>
</td><td>[布置 10 号行程开关线]：用一根软导线将 SQ2 的另一个常闭触头接线座连接到 SQ4 的一个常闭触头接线座上</td></tr>
<tr><td></td><td>[布置 11 号行程开关线]：用一根软导线将端子排对应 11 号位置与 SQ4 的另一个常闭接线座连接起来</td></tr>
<tr><td>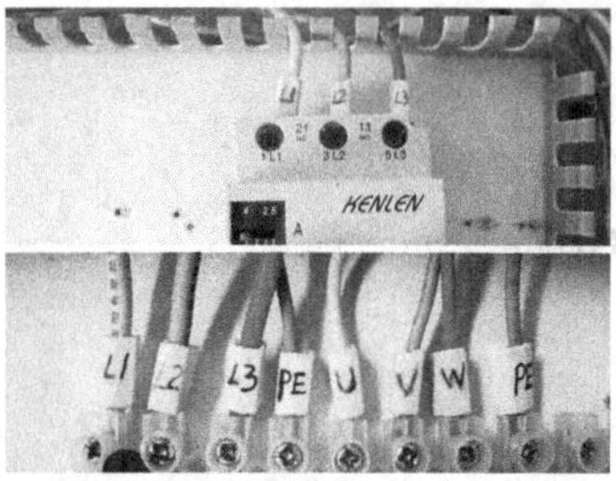
</td><td>[布置 L1、L2、L3 电源线]：用三根 2.5mm$^2$ 软导线从左至右依次将端子排与低压断路器的 1L1、3L2、5L3 接线座连接起来</td><td>电源导线连接时三相电源相序要对应，从左至右依次为 L1、L2、L3</td></tr>
</table>

## 四、电路检查

| 实训图片 | 操作方法 | 注意事项 |
|---|---|---|
| 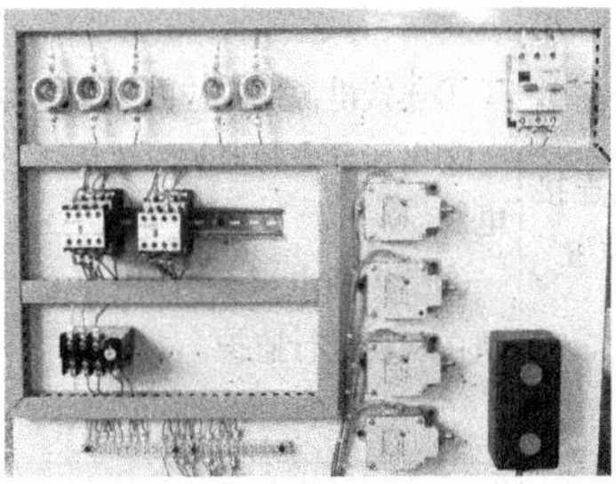 | [目测检查]:根据电路图或接线图从电源端开始,逐段检查核对线号是否正确,有无漏接、错接,线夹与接线座连接是否松动 | ①检查时要断开电源<br>②要检查导线连接点是否符合要求、压接是否牢固<br>③要注意连接点接触是否良好,以免运行时产生电弧<br>④要用合适的电阻挡位,并“调零”进行检查<br>⑤检查时可用手或工具按下按钮或接触器<br>⑥电路检查后,应盖上线槽板 |
| 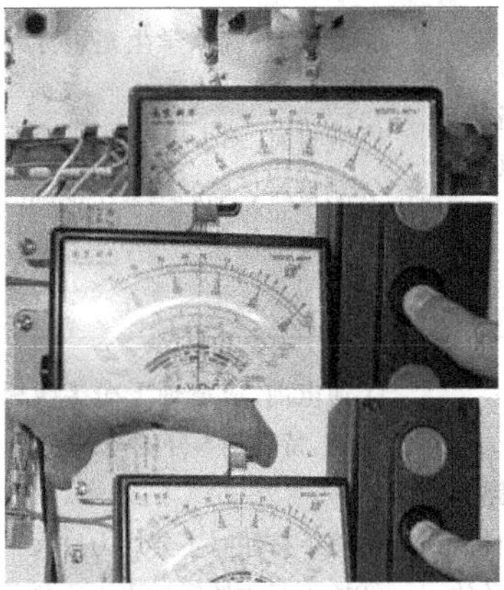 | [万用表检查]:先用万用表电阻挡检查控制电路:两表笔搭接0、1号线,按下SB1(或SB2),电路通,按下SQ1(或SQ2),电路先断后通,按下SQ3(或SQ4),电路断开;再用万用表电阻挡检查主电路:压下KM1,分别测量每个熔断器上接线座与对应端子排间的通断情况 | |

## 五、电动机连接

| 实训图片 | 操作方法 | 注意事项 |
|---|---|---|
| 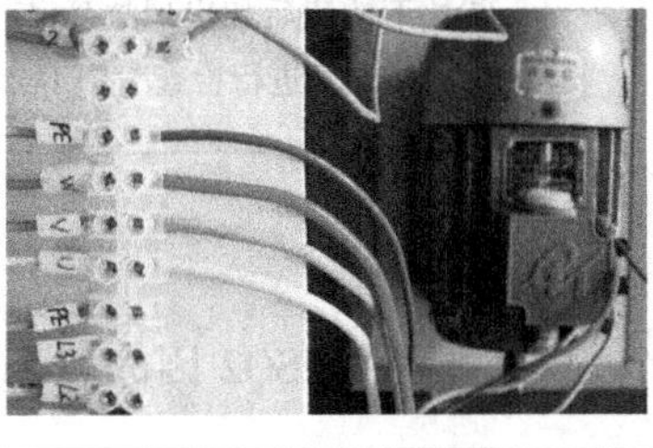 | [连接电动机]:将电动机定子绕组的三根出线分别与端子排相应接线座U、V、W进行连接,并将电动机的外壳与端子排接线座PE进行连接 | 电动机的外壳应可靠接地 |

## 六、通电试车

| 实训图片 | 操作方法 | 注意事项 |
|---|---|---|
| 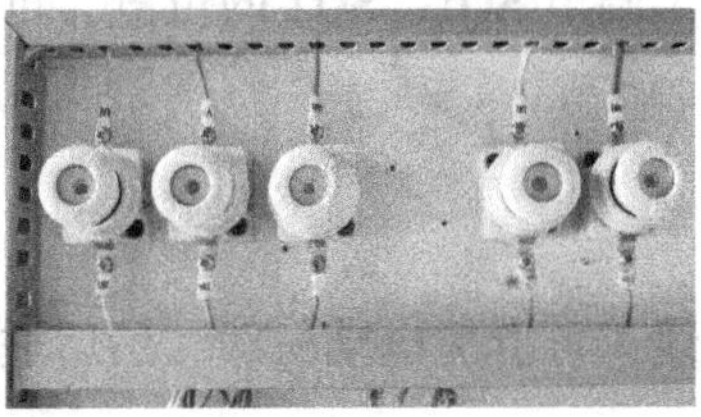 | [安装熔体]:将3只15A的熔体装入主电路熔断器中,将2只2A熔体装入控制电路熔断器中,同时旋上熔帽 | ①主电路和控制电路的熔体要区分清,不能装错<br>②熔体的熔断指示——小红点要在上面<br>③用万用表检测熔断器的好坏 |

（续）

| 实训图片 | 操作方法 | 注意事项 |
|---|---|---|
| 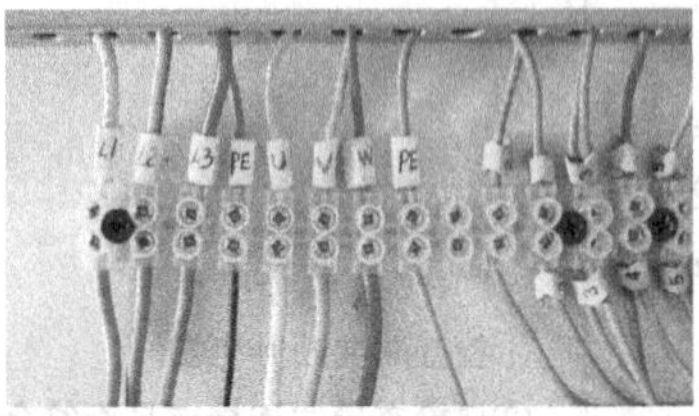 | ［连接电源线］：将三相电源线连接到接线端子排的 L1、L2、L3 对应位置 | ①连接电源线时应断开总电源<br>②由指导老师监护学生接通三相电源<br>③学生通电试验时，指导老师必须在现场进行监护 |
|  | ［验电］：合上总电源开关，用万用表 500V 电压挡，分别测量低压断路器进线端的相间电压，确认三相电源并三相电压平衡 | ①测量前，确认学生是否穿绝缘鞋<br>②测量时，学生操作是否规范<br>③测量时表笔的笔尖不能同时触及两根带电体 |
| 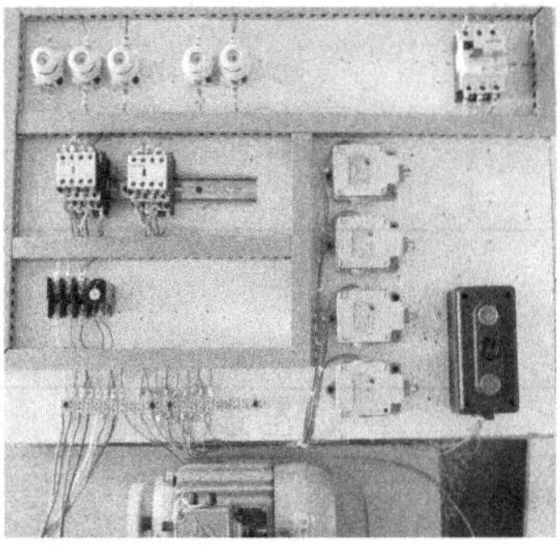 | ［按下按钮试车］：合上低压断路器。按下 SB1，KM1 接触器吸合，电动机正转，然后按下 SQ1，KM1 接触器释放，KM2 接触器吸合，电动机反转；然后按下 SQ4，电动机停转；同理，按下 SB2，电动机反转，按下 SQ2，电动机反转停止，开始正转，按下 SQ3，电动机停转 | ①通电前，应清理干净接线板上的杂物，特别是零碎的短线芯，以防短路<br>②按下按钮时不要用力过大<br>③按下起动按钮后手不要急于松开，停留 1～2s 后再松开<br>④按下起动按钮的同时，另一手指放在停止按钮上，发现问题，要迅速按下停止按钮<br>⑤按下按钮后如出现故障，应在老师的指导下进行检查 |

## 提醒注意

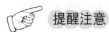

SQ3、SQ4 是被用来作终端保护，以防止工作台超过 SQ1、SQ2（SQ1、SQ2 因故障未动作）继续前进或后退而造成事故。

行程开关具有自动复位功能。当挡铁压下行程开关，行程开关就动作；当挡铁一离开行程开关，行程开关就自动复位。同时 SQ1、SQ2 行程开关的常开触头在电路中充当了常开按钮（起动按钮）的角色。

工作台的行程被限制在 SQ1、SQ2 行程开关之间的区域，调节 SQ1、SQ2 的位置，可调节工作台行程的长短。

## 检查评价

通电试车完毕，切断电源，电动机停转后，先拆除电源线，再拆除电动机线，然后进行综合评价。

**任 务 评 价**

| 序号 | 评价指标 | 评 价 内 容 | 分值 | 个人评价 | 小组评价 | 教师评价 |
|---|---|---|---|---|---|---|
| 1 | 元器件检查 | 元器件是否漏检或错检 | 5 | | | |
| 2 | 安装元器件 | 不按布置图安装 | 5 | | | |
| | | 元器件、线槽安装不牢固 | 3 | | | |
| | | 元器件安装不整齐、不合理、不美观 | 2 | | | |
| | | 损坏元器件 | 5 | | | |
| 3 | 布线 | 不按电路图接线 | 10 | | | |
| | | 布线不符合要求 | 5 | | | |
| | | 线夹接触不良、焊接点松动、露铜过长 | 5 | | | |
| | | 损伤导线绝缘或线芯 | 5 | | | |
| | | 未套装后漏套编码套管 | 5 | | | |
| | | 未接地线 | 10 | | | |
| 4 | 通电试车 | 电路短路 | 15 | | | |
| | | 行程开关不起作用 | 5 | | | |
| | | 不能实现自动往返 | 10 | | | |
| 5 | 安全规范 | 是否穿绝缘鞋 | 5 | | | |
| | | 操作是否规范安全 | 5 | | | |
| 总分 | | | 100 | | | |
| 问题记录和解决方法 | | | 记录任务实施过程中出现的问题和采取的解决办法 | | | |

**能 力 评 价**

| 内　　容 | | 评　　价 | |
|---|---|---|---|
| 学习目标 | 评 价 项 目 | 小组评价 | 教师评价 |
| 应知应会 | 本任务的相关基本概念是否熟悉 | □Yes　□No | □Yes　□No |
| | 是否熟练掌握仪表、工具的使用 | □Yes　□No | □Yes　□No |
| 专业能力 | 元器件的安装、使用是否规范 | □Yes　□No | □Yes　□No |
| | 安装接线是否合理、规范、美观 | □Yes　□No | □Yes　□No |
| | 是否具有相关专业知识的融合能力 | □Yes　□No | □Yes　□No |
| 通用能力 | 团队合作能力 | □Yes　□No | □Yes　□No |
| | 沟通协调能力 | □Yes　□No | □Yes　□No |
| | 解决问题能力 | □Yes　□No | □Yes　□No |
| | 自我管理能力 | □Yes　□No | □Yes　□No |
| | 创新能力 | □Yes　□No | □Yes　□N |
| 态度 | 敬岗爱业 | □Yes　□No | □Yes　□No |
| | 工作认真 | □Yes　□No | □Yes　□No |
| | 劳动态度 | □Yes　□No | □Yes　□No |
| 个人努力方向： | | 老师、同学建议： | |

思考与提高

1. 试继续分析工作台后退以后的工作原理。

2. 根据本电路图，是否工作台在任何位置，电动机都能起动运行？

3. 如果一开始工作台正好压下行程开关 SQ1，那么合上电源开关 QF 后会产生什么现象？

## 任务四　三相交流异步电动机反接制动控制电路的安装

### 训练目标

- 了解制动的概念，理解反接制动的方法及工作原理。
- 了解速度继电器的结构、特点及应用。
- 掌握三相交流异步电动机反接制动控制电路的工作原理。
- 会进行三相交流异步电动机反接制动控制电路的安装。

任务描述

朋友，当你身穿漂亮时尚、休闲得体的各种时装时，你可知道纺织工人的辛劳？她们整天在轰鸣的织机间来回穿梭，忙碌的挑线头、补线头，编织着经纬，编织着希望。为了使纺织工人能尽快地找到并修补断裂的线头，减轻她们的劳动强度，就要求在线头断裂时，机器能尽快地停转。要实现这一控制要求，就需要进行电动机的制动，本任务就来分析实现单向起动反接制动控制电路的安装。

任务分析

**一、单向起动反接制动控制电路图**

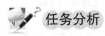

在切断电动机正常运转电路的同时改变电动机定子绕组的电源相序，使之有反转趋势而产生较大的制动力矩的方法叫做反接制动。反接制动的实质就是使电动机欲反转而制动，所以其控制电路的主体仍然是接触器联锁正反转控制电路。但我们控制的目的是制动，即要使电动机尽快地停转，而非反转，因此当电动机的转速接近零时，应立即切断反接转制动电源，否则电动机会继续反转。在实际控制中常采用速度继电器来自动切除制动电源。

## 二、速度继电器

速度继电器是反映转速和转向的继电器，是以旋转速度的快慢为指令信号，与接触器配合实现对电动机的反接制动。JY1 系列速度继电器的结构如图所示。其工作原理为：速度继电器的转轴带动永久磁铁随电动机的转子一起旋转，产生旋转磁场，旋转磁场在速度继电器的定子绕组中产生感应电动势和感应电流，感应电流与旋转磁场相互作用而产生电磁转矩，使定子以及与之相连的胶木摆杆一起偏转。当定子偏转到一定角度时，胶木摆杆推动簧片，使继电器触头动作；当转子转速减小到接近零时，由于定子的电磁转矩减小，胶木摆杆恢复原状，触头随之复位。

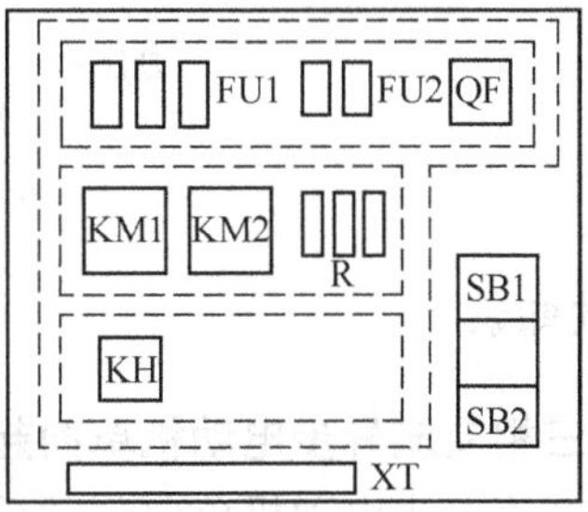


布置图

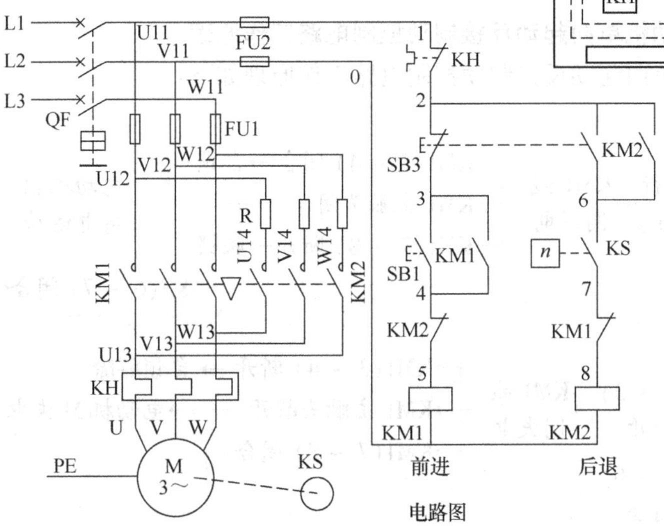


电路图

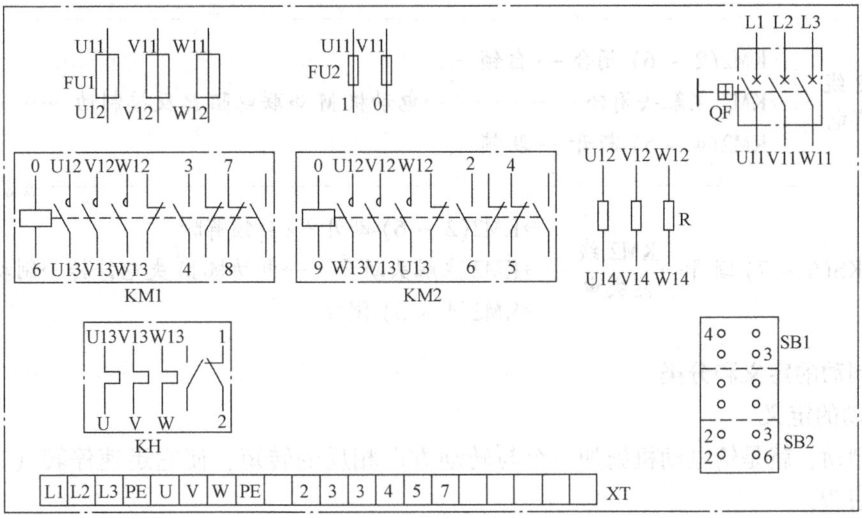


接线图

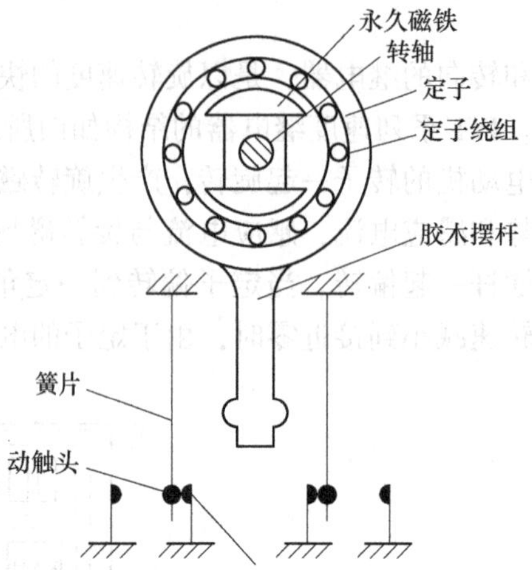


相关知识

## 一、三相交流异步电动机单向起动反接制动控制电路工作原理

三相交流异步电动机单向起动反接制动控制电路工作原理如下：

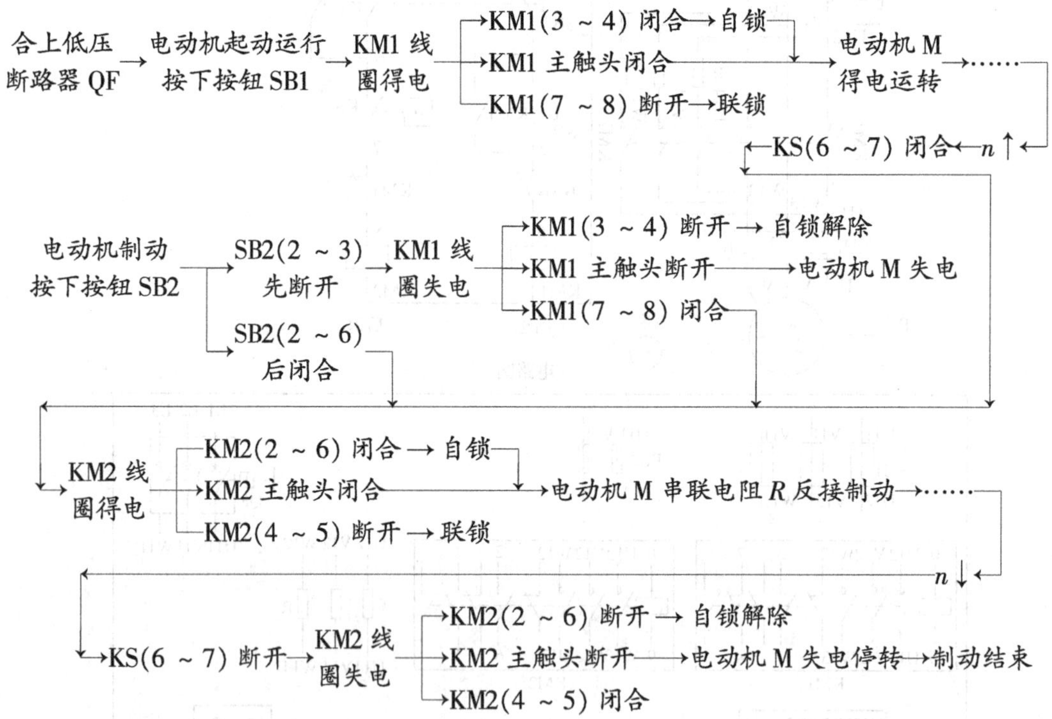


## 二、制动的定义和分类

1. 制动的定义

所谓制动，就是给电动机施加一个与转动方向相反的转矩，使它迅速停转（或限制其转速）的过程。

2. 制动方法的分类

制动的方法一般有两大类：机械制动和电气制动。

机械制动就是利用机械装置使电动机断开电源后迅速停转的方法；电气制动就是在电动机切断电源停转的过程中，产生一个与电动机实际旋转方向相反的电磁转矩（制动转矩）迫使电动机迅速制动停转的方法。其分类如下：

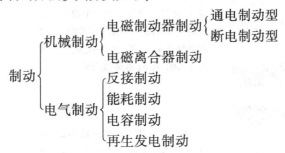

- 制动
  - 机械制动
    - 电磁制动器制动
      - 通电制动型
      - 断电制动型
    - 电磁离合器制动
  - 电气制动
    - 反接制动
    - 能耗制动
    - 电容制动
    - 再生发电制动

## 任务实施

### 一、元器件选择

根据控制电动机的功率，选择合适容量、规格的元器件，并进行质量检查。

| 序　号 | 元器件名称 | 型号、规格 | 数　量 | 备　注 |
|---|---|---|---|---|
| 1 | 螺旋式熔断器 | RL1—15 | 5 | 配熔体 15A3 只，2A2 只 |
| 2 | 低压断路器 | DZ108—20/3 | 1 | |
| 3 | 交流接触器 | CJX2—1210/380V | 2 | 配 F4-22 辅助触头 |
| 4 | 热继电器 | JR36—20 | 1 | |
| 5 | 按钮 | LA4—3H | 1 | |
| 6 | 电阻器 | RX20—16 5.1Ω | 3 | |
| 7 | 塑料导线 | BVR—1mm$^2$ | 8m | 控制电路用 |
| 8 | 塑料导线 | BVR—2.5mm$^2$ | 10m | 主电路用 |
| 9 | 塑料导线 | BVR—0.75mm$^2$ | 3m | 按钮用 |
| 10 | 接线端子排 | JX3—1012 | 2 | |
| 11 | 速度继电器 | JY1 | 1 | |
| 12 | 三相异步电动机 | Y112M—4 4kW 8.8A | 1 | 1440r/min △联结 |
| 13 | 接线板 | 700mm×550mm×30mm | 1 | |

### 二、元器件安装

| 实 训 图 片 | 操 作 方 法 | 注 意 事 项 |
|---|---|---|
| 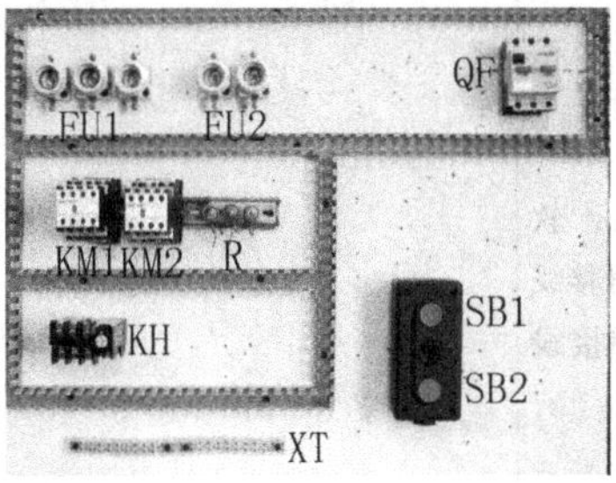 | [安装元器件]：根据元器件布置图，将各元器件安装固定在接线板上各自的位置，并根据实际长度将线槽进行切割，然后将线槽用木螺钉安装固定在接线板上 | ①元器件安装要牢固可靠<br>②各元器件之间的间距要符合要求<br>③固定木螺钉不能太紧，以免损坏元器件的安装固定脚<br>④走线槽安装应端正牢固美观<br>⑤走线槽的两端必须安装封头 |

## 三、布线

| 实训图片 | 操作方法 | 注意事项 |
|---|---|---|
| 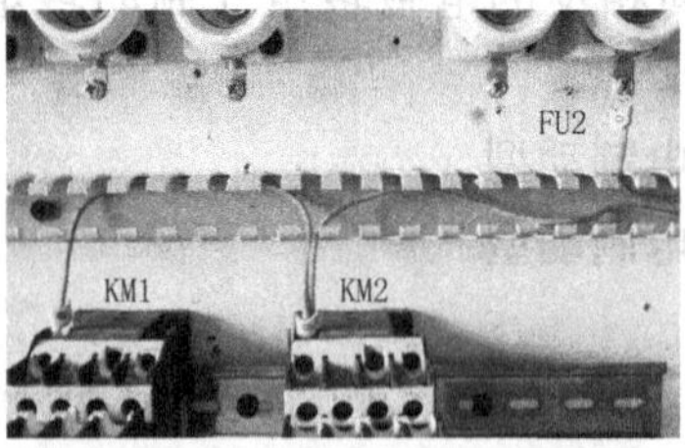 | [布置 0 号线]：截取两段 $1mm^2$ 软导线，将其一端接于第二个控制熔断器的上接线座，另一端接于 KM2 的 A1 线圈接线座，在其上并一线头，另一端接于 KM1 的 A1 线圈接线座 | ①布线时不能损伤线芯和导线绝缘<br>②各元器件接线座上引入或引出的导线，必须经过走线槽进行连接<br>③与元器件接线座连接的导线都不允许从水平方向进入走线槽内<br>④进入走线槽内的导线要完全置于走线槽内，并尽量避免交叉，槽内导线数量不要超过其容量的 70%<br>⑤布线前，先用布清除槽内的污物，使线槽内外清洁<br>⑥导线连接前应先做好线夹，线夹要压紧，使导线与线夹接触良好，且不能露铜过长，也不能压绝缘层<br>⑦做线夹前要先套入编码套管<br>⑧线夹与接线座连接时，要压接牢固、良好，不能松动；需垫片时，线夹要插入垫片之下<br>⑨导线与端子接线排连接时，无需做线夹，但要将线芯绞合紧并弯折，与端子排连接要可靠、良好 |
|  | [布置 1 号线]：截取一段 $1mm^2$ 软导线，将其一端接于第一个控制熔断器的上接线座，另一端接于 KH 热继电器 95 号接线座 | |
| 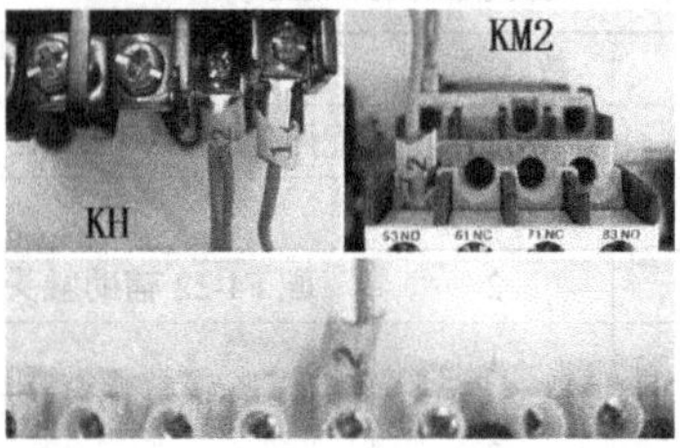 | [布置 2 号线]：截取一段 $1mm^2$ 软导线，将其一端接于 KH 热继电器 96 号接线座，另一端接于端子排对应位置，再在 96 号接线座上并接一线头，连接到 KM2 接触器的 53 号接线座 | |
| 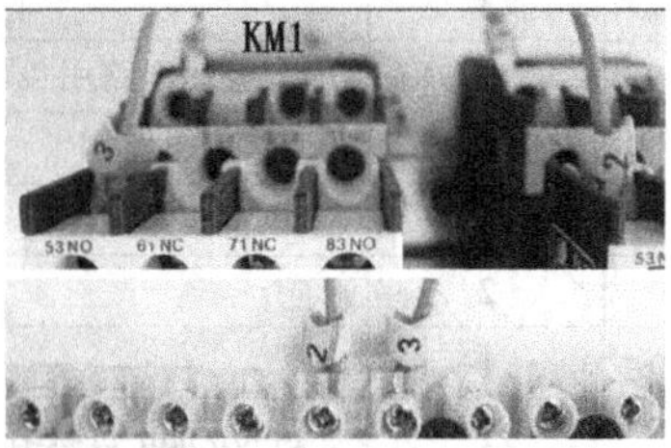 | [布置 3 号线]：截取一段 $1mm^2$ 软导线，一端接于 KM1 的 53 号接线座，另一端接于端子排对应位置 | |
| 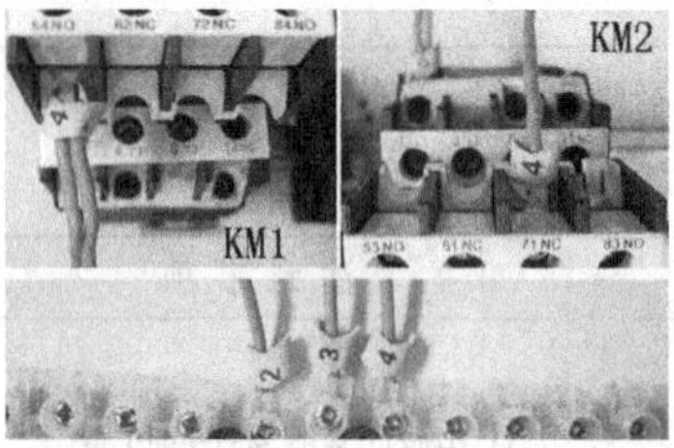 | [布置 4 号线]：截取两段 $1mm^2$ 软导线，将 KM1 的 54 号和 KM2 的 71 号接线座用一段导线连接起来，再在 KM1 的 54 号上并一导线，另一端接于端子排对应位置 | |
| 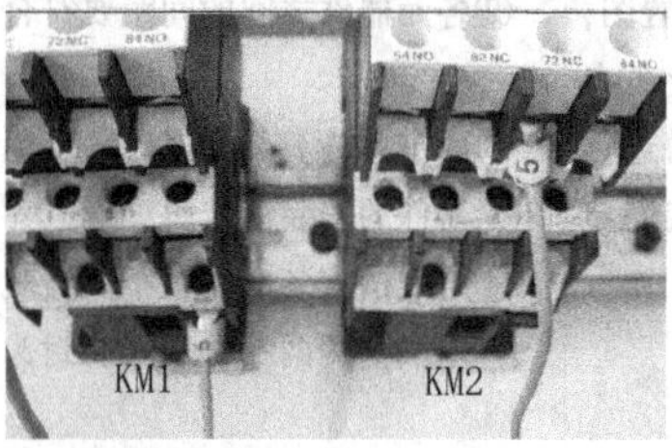 | [布置 5 号线]：截取一段 $1mm^2$ 软导线，将其一端接于 KM2 的 72 号接线座，另一端接于 KM1 的 A2 线圈接线座 | |

（续）

| 实训图片 | 操作方法 | 注意事项 |
| --- | --- | --- |
| 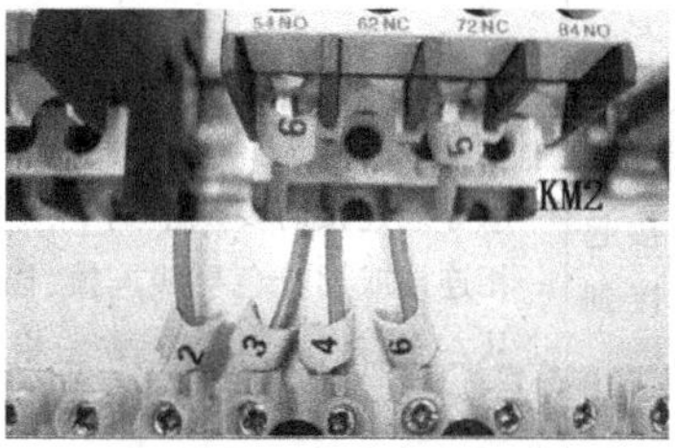 | ［布置 6 号线］：截取一段 $1mm^2$ 软导线，一端接于 KM2 的 54 号接线座，另一端接于端子排对应位置 | ①布线时不能损伤线芯和导线绝缘<br>②各元器件接线座上引入或引出的导线，必须经过走线槽进行连接<br>③与元器件接线座连接的导线都不允许从水平方向进入走线槽内<br>④进入走线槽内的导线要完全置于走线槽内，并尽量避免交叉，槽内导线数量不要超过其容量的 70%<br>⑤布线前，先用布清除槽内的污物，使线槽内外清洁<br>⑥导线连接前应先做好线夹，线夹要压紧，使导线与线夹接触良好，且不能露铜过长，也不能压绝缘层<br>⑦做线夹前要先套入编码套管<br>⑧线夹与接线座连接时，要压接牢固、良好，不能松动；需垫片时，线夹要插入垫片之下<br>⑨导线与端子接线排连接时，无需做线夹，但要将线芯绞合紧并弯折，与端子排连接要可靠、良好 |
| 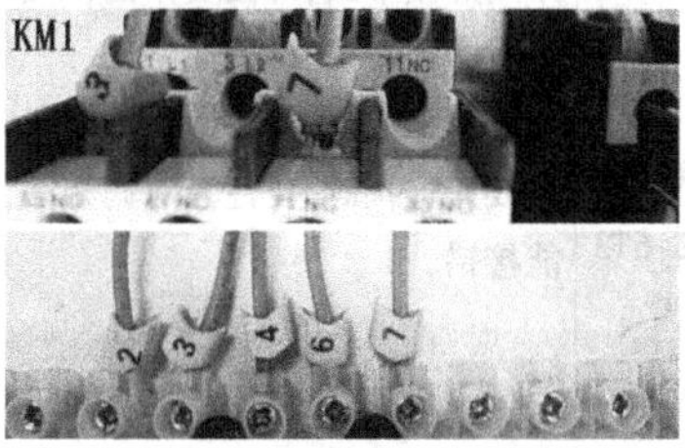 | ［布置 7 号线］：截取一段 $1mm^2$ 软导线，一端接于 KM1 的 71 号接线座，另一端接于端子排对应位置 | |
| 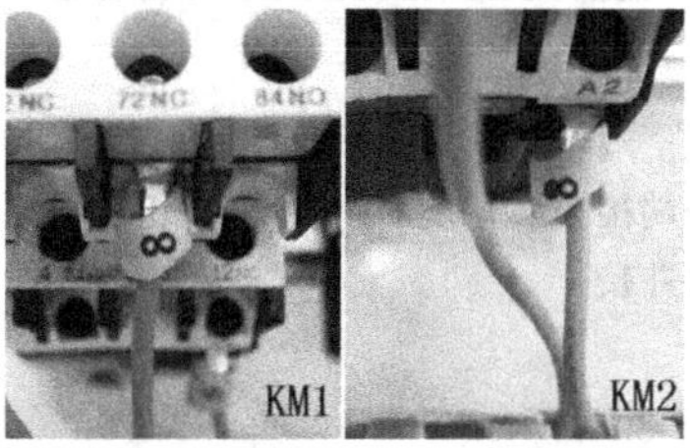 | ［布置 8 号线］：截取一段 $1mm^2$ 软导线，将其一端接于 KM1 的 72 号接线座，另一端接于 KM2 的 A2 线圈接线座 | |
| 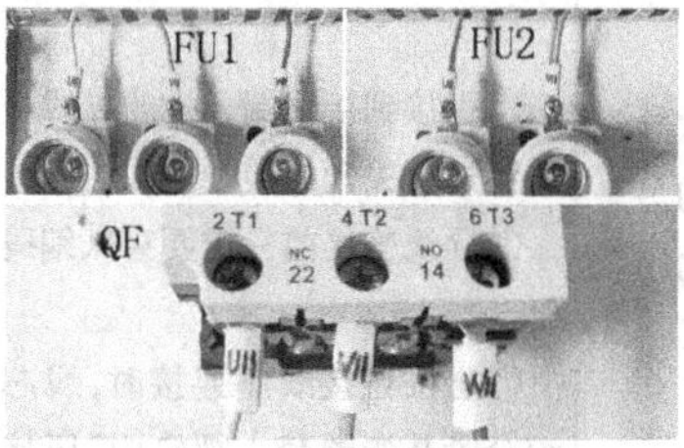 | ［布置 U11、V11、W11 号线］：用软导线从左至右分别将 FU1 熔断器下接线座连接到低压断路器的 2T1、4T2、6T3 接线座；中间将 FU2 串联在 U、V 相中 | ①导线连接时要从上到下，一相一相连接或用分色导线连接，以保证从左至右依次为 U、V、W 三相<br>②与电阻 $R$ 两个接线座的连接采用焊接形式，焊接要牢固，不能虚焊<br>③与 KM1、KM2 的 2T1、4T2、6T3 接线座连接时，要注意对调相序，不能接错 |
| 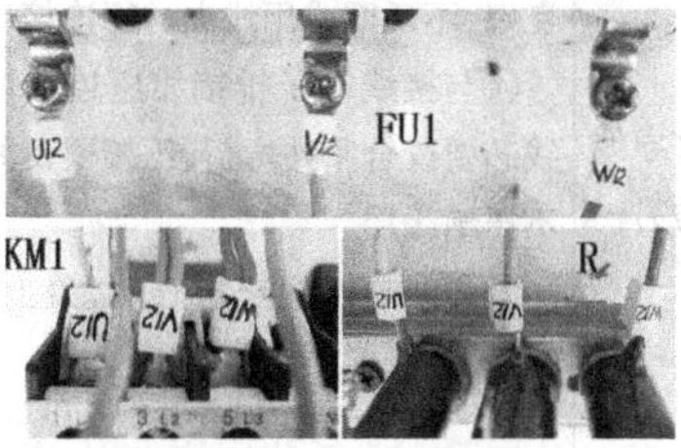 | ［布置 U12、V12、W12 号线］：用三根软导线分别将 FU1 熔断器的上接线座连接到 KM1 的 1L1、3L2、5L3 接线座，并由此并接三根导线到电阻 $R$ 的下面三个接线座上 | |
| 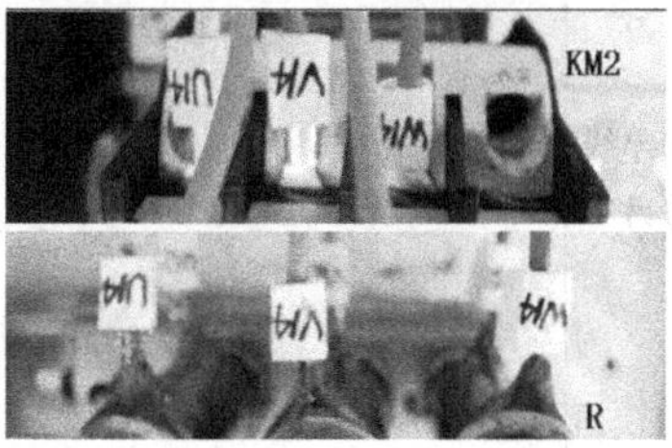 | ［布置 U14、V14、W14 号线］：用三根软导线分别将 KM1 的 1L1、3L2、5L3 接线座连接到电阻 $R$ 的上面三个接线座上 | |

（续）

| 实训图片 | 操作方法 | 注意事项 |
| --- | --- | --- |
| 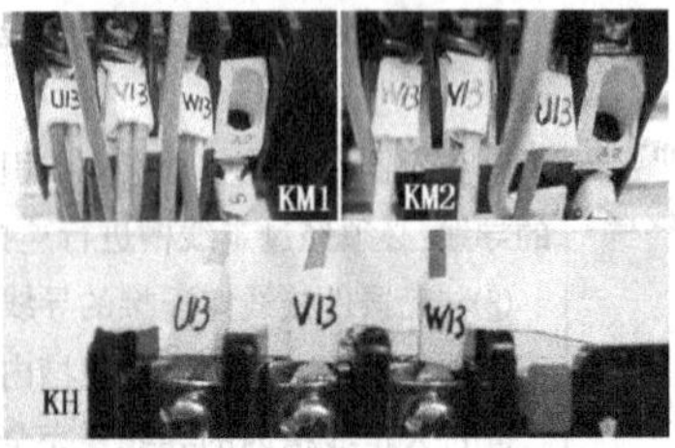 | ［布置U13、V13、W13号线］：用三根软导线分别将KH的1L1、3L2、5L3与KM1的2T1、4T2、6T3接线座连接起来；并由此并接三根导线分别接到KM2的6T3、4T2、2T1接线座 | ①导线连接时要从上到下，一相一相连接或用分色导线连接，以保证从左至右依次为U、V、W三相<br>②与电阻 *R* 两个接线座的连接采用焊接形式，焊接要牢固，不能虚焊<br>③与KM1、KM2的2T1、4T2、6T3接线座连接时，要注意对调相序，不能接错 |
|  | ［布置U、V、W号线］：用三根软导线分别将KH热继电器的2T1、4T2、6T3接线座连接到接线端子排对应位置 | |
| 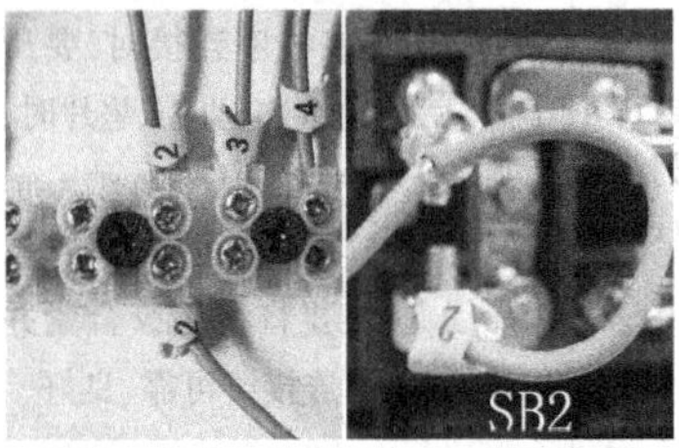 | ［布置2号按钮线］：用软导线一端接在端子排对应2号位置，另一端接在SB2的一个常闭接线座上，再并接到SB2的一个常开接线座 | ①引接到接线端子排的导线一定要穿过开关盒的接线孔<br>②导线连接前一定要穿入编码套管<br>③与按钮接线座连接时，线芯要绞合紧并弯圈套入螺钉内，压接要良好，不反圈或用线夹进行连接<br>④与接线端子排接线座连接时，线芯要绞合紧并弯折，压接要良好、不压绝缘层<br>⑤导线连接完毕检查后，盖上按钮盖，拧上紧固螺钉 |
|  | ［布置3号按钮线］：用一根软导线将端子排对应3号位置与SB2的另一个常闭接线座连接起来，再由此用软导线并接到SB1一个常开接线座 | |
|  | ［布置4号按钮线］：用一根软导线将端子排对应4号位置与SB1的另一个常开接线座连接起来 | |
| 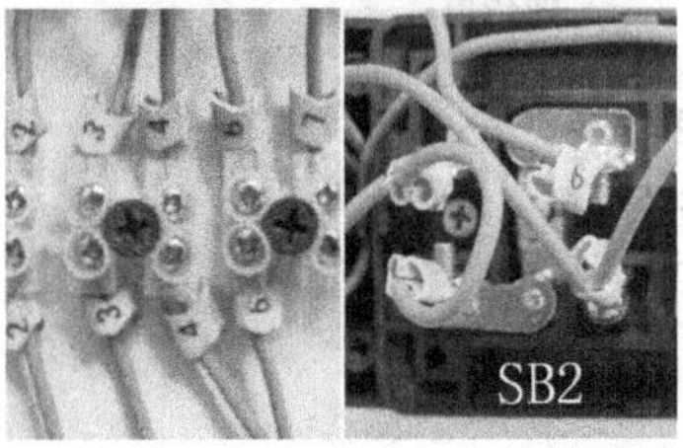 | ［布置6号按钮线］：用一根软导线将端子排对应6号位置与SB2的另一个常开接线座连接起来 | |

（续）

| 实训图片 | 操作方法 | 注意事项 |
|---|---|---|
| 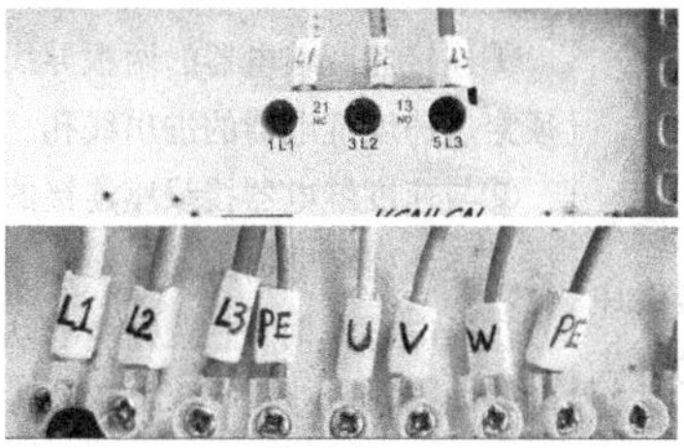 | ［布置 L1、L2、L3 电源线］：用三根 $2.5mm^2$ 软导线从左至右依次将端子排与低压断路器的 1L1、3L2、5L3 接线座连接起来 | ①电源导线连接时三相电源相序要对应，从左至右依次为 L1、L2、L3<br>②将两个端子排用 PE 导线连接起来 |

## 四、电路检查

| 实训图片 | 操作方法 | 注意事项 |
|---|---|---|
| 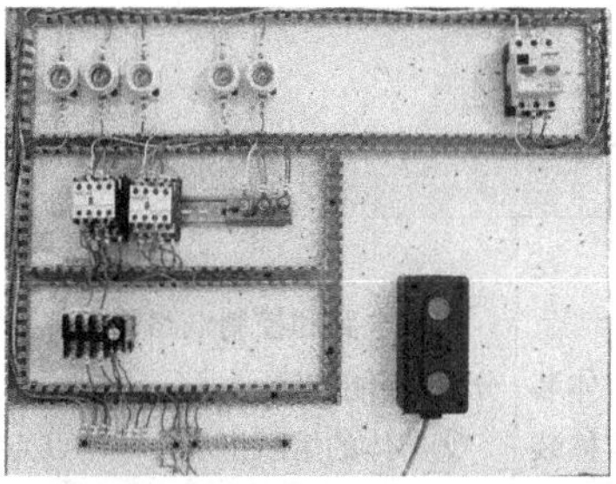 | ［目测检查］：根据电路图或接线图从电源端开始，逐段检查核对线号是否正确，有无漏接、错接，线夹与接线座连接是否松动 | ①检查时要断开电源<br>②要检查导线连接点是否符合要求、压接是否牢固<br>③要注意连接点接触是否良好，以免运行时产生电弧 |
|  | ［万用表检查］：先用万用表电阻挡检查控制电路：两表笔搭接 0、1 号线，按下 SB1，电路通，按下 SB2，电路先断后通；再用万用表电阻挡检查主电路：压下 KM1、KM2 分别测量每个熔断器上接线座与对应端子排间的通断情况 | ①要用合适的电阻挡位，并“调零”进行检查<br>②检查时可用手或工具按下按钮或接触器<br>③电路检查后，应盖上线槽板 |

## 五、电动机连接

| 实训图片 | 操作方法 | 注意事项 |
|---|---|---|
| 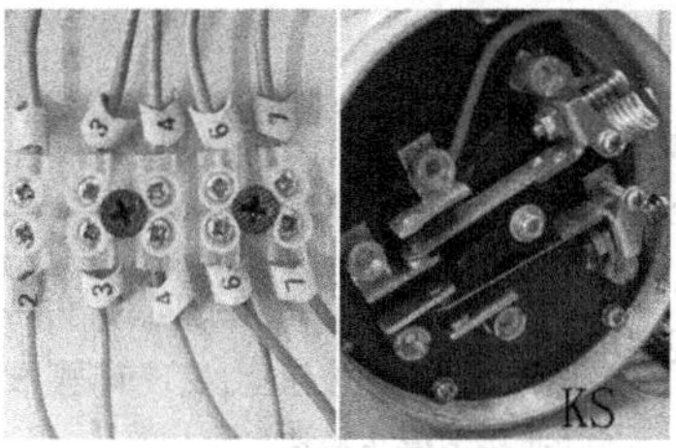 | ［连接速度继电器］：用两根软导线将速度继电器的一个常开触头接线座分别连接到端子排 6、7 号位置 | ①连接速度继电器的两根导线必须穿过速度继电器的进出线孔<br>②与速度继电器接线座连接的导线不能妨碍继电器的动作<br>③通电试车时，注意观察电动机的转向，若速度继电器常开触头不闭合，应对调任意两相电源相序，以改变电动机的转向<br>④电动机的外壳应可靠接地 |

（续）

| 实训图片 | 操作方法 | 注意事项 |
| --- | --- | --- |
| 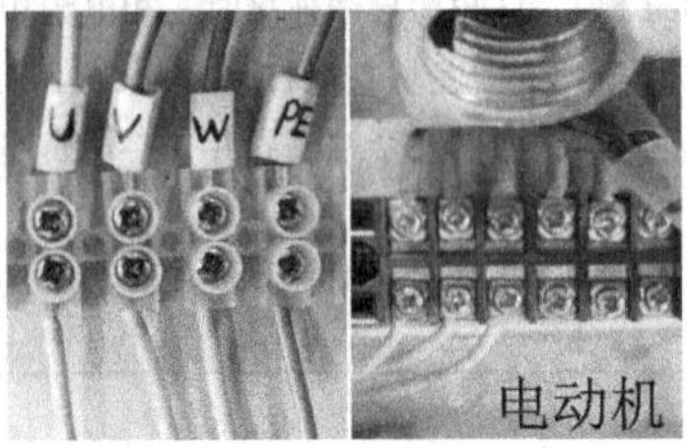 | ［连接电动机］：将电动机定子绕组的三根出线分别与端子排相应接线座U、V、W进行连接，并将电动机的外壳与端子排接线座PE进行连接 | ①连接速度继电器的两根导线必须穿过速度继电器的进出线孔<br>②与速度继电器接线座连接的导线不能妨碍继电器的动作<br>③通电试车时，注意观察电动机的转向，若速度继电器常开触头不闭合，应对调任意两相电源相序，以改变电动机的转向<br>④电动机的外壳应可靠接地 |

## 六、通电试车

| 实训图片 | 操作方法 | 注意事项 |
| --- | --- | --- |
| 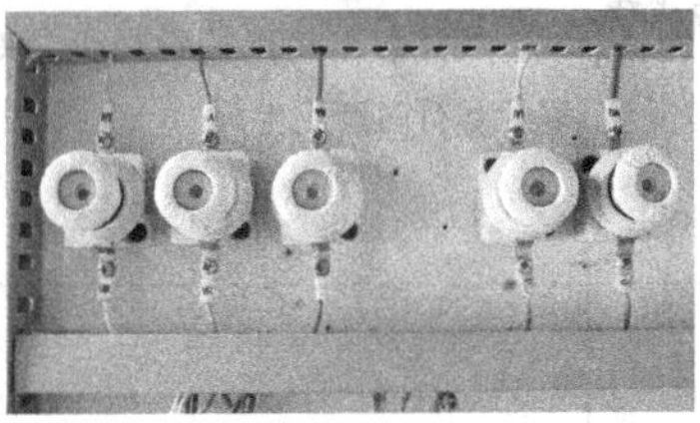 | ［安装熔体］：将3只15A的熔体装入主电路熔断器中，将2只2A熔体装入控制电路熔断器中，同时旋上熔帽 | ①主电路和控制电路的熔体要区分清，不能装错<br>②熔体的熔断指示——小红点要在上面<br>③用万用表检测熔断器的好坏 |
|  | ［连接电源线并验电］：将三相电源线连接到接线端子排的L1、L2、L3对应位置；合上总电源开关，用万用表500V电压挡，分别测量低压断路器进线端的相间电压，确认三相电源并三相电压平衡 | ①连接电源线时应断开总电源<br>②由指导老师监护学生接通三相电源<br>③测量前，确认学生是否穿绝缘鞋<br>④测量时，学生操作是否规范<br>⑤测量时表笔的笔尖不能同时触及两根带电体 |
| 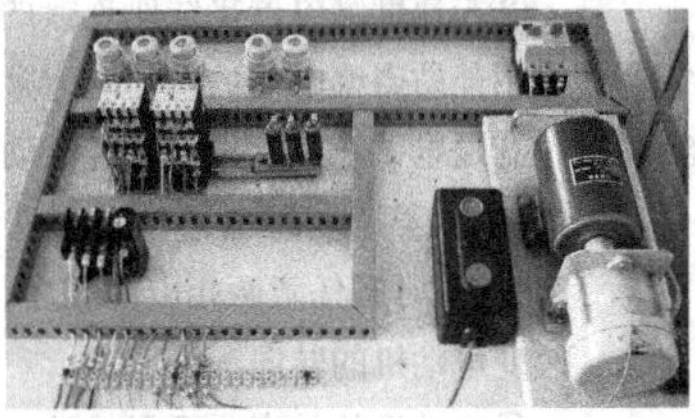 | ［按下按钮试车］：合上低压断路器。按下SB1，电动机旋转，然后轻轻按下SB2，观察电动机自然停转时间；重新起动，然后按下SB2且按到底，观察电动机反接制动停转时间 | ①通电前，应清理干净接线板上的杂物，特别是零碎的短线芯，以防短路<br>②按下起动按钮的同时，另一手指放在停止按钮上，发现问题，要迅速按下停止按钮 |

### 提醒注意

**一、限流电阻**

反接制动时，由于旋转磁场与转子的相对转速很高，所以转子绕组中的感应电流很大，致使定子绕组中的电流也很大，一般约为电动机额定电流的 10 倍。因此对 4.5kW 以上的电动机进行反接制动，需在定子绕组回路中串入限流电阻，以限制反接制动电流。

限流电阻的大小可通过下列公式进行估算：

若 $I_{zd}=\frac{I_{st}}{2}$，则 $R\approx1.5\times\frac{220}{I_{st}}V$；若 $I_{zd}=I_{st}$，则 $R\approx1.3\times\frac{220}{I_{st}}V$。式中，$I_{zd}$ 为反接制动电流；$I_{st}$ 为电动机起动电流；$R$ 为每相串入的电阻。

**二、反接制动的优缺点**

反接制动具有制动力强，制动迅速等优点，但也具有制动准确性差，制动时冲击力大，容易损坏传动部件，制动中能量消耗大等缺点，所以一般适用于 10kW 以下的小功率电动机，且要求制动迅速，系统惯性较大，不经常起动与制动的场合。

### 检查评价

通电试车完毕，切断电源后，先拆除电源线，再拆除电动机线，然后进行综合评价。

**任 务 评 价**

| 序号 | 评价指标 | 评 价 内 容 | 分值 | 个人评价 | 小组评价 | 教师评价 |
|---|---|---|---|---|---|---|
| 1 | 元器件检查 | 元器件是否漏检或错检 | 5 | | | |
| 2 | 安装元器件 | 不按布置图安装 | 5 | | | |
| | | 元器件、线槽安装不牢固 | 3 | | | |
| | | 元器件安装不整齐、不合理、不美观 | 2 | | | |
| | | 损坏元器件 | 5 | | | |
| 3 | 布线 | 不按电路图接线 | 10 | | | |
| | | 布线不符合要求 | 5 | | | |
| | | 焊接点松动、露铜过长、反圈 | 5 | | | |
| | | 损伤导线绝缘或线芯 | 5 | | | |
| | | 编码套管套装不正确 | 5 | | | |
| | | 未接地线 | 10 | | | |
| 4 | 通电试车 | 电路短路 | 15 | | | |
| | | 速度继电器不起作用 | 5 | | | |
| | | 试车不成功 | 10 | | | |
| 5 | 安全规范 | 是否穿绝缘鞋 | 5 | | | |
| | | 操作是否规范安全 | 5 | | | |
| 总分 | | | 100 | | | |
| 问题记录和解决方法 | | | 记录任务实施过程中出现的问题和采取的解决办法 | | | |

能 力 评 价

| 内容 | | 评价 | |
|---|---|---|---|
| 学习目标 | 评价项目 | 小组评价 | 教师评价 |
| 应知应会 | 本任务的相关基本概念是否熟悉 | □Yes □No | □Yes □No |
| | 是否熟练掌握仪表、工具的使用 | □Yes □No | □Yes □No |
| 专业能力 | 元器件的安装、使用是否规范 | □Yes □No | □Yes □No |
| | 安装接线是否合理、规范、美观 | □Yes □No | □Yes □No |
| | 是否具有相关专业知识的融合能力 | □Yes □No | □Yes □No |
| 通用能力 | 团队合作能力 | □Yes □No | □Yes □No |
| | 沟通协调能力 | □Yes □No | □Yes □No |
| | 解决问题能力 | □Yes □No | □Yes □No |
| | 自我管理能力 | □Yes □No | □Yes □No |
| | 创新能力 | □Yes □No | □Yes □No |
| 态度 | 敬岗爱业 | □Yes □No | □Yes □No |
| | 工作认真 | □Yes □No | □Yes □No |
| | 劳动态度 | □Yes □No | □Yes □No |
| 个人努力方向： | | 老师、同学建议： | |

### 思考与提高

1. 试分析叙述反接制动的工作原理。
2. 根据本电路图，能否增加一个中间继电器，使之实现单向起动反接制动的要求？
3. 本任务中的限流电阻，能否作为起动电阻？为什么？

## 任务五　三相交流异步电动机能耗制动控制电路的安装

### 训练目标

- 理解能耗制动的工作原理。
- 掌握三相交流异步电动机能耗制动控制电路的工作原理。
- 会进行三相交流异步电动机能耗制动控制电路的安装。

### 任务描述

在上一任务中我们已经知道，制动的方法有多种，每一种制动方法都有其优点和缺点，也有其不同的适用范围，所以对不同的生产机械应采取不同的制动方法。在纺织企业中，一些纺织机械上就采用了能耗制动的方法。本任务就来分析实现单相半波整流能耗制动控制电路的安装。

## 任务分析

### 一、直流电源的供给

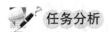

所谓能耗制动，就是当电动机脱离三相交流电源后，在任意两相定子绕组上加一个直流电源，利用转子感应电流与静止磁场的相互作用达到制动的目的。直流电源的供给通常有两种形式，一种是通过单相半波整流供给，其设备少，电路简单，成本低；另一种是通过单相桥式整流供给，其设备较多，成本较高。本任务将采用单相半波整流形式。

### 二、单相半波整流能耗制动控制电路图

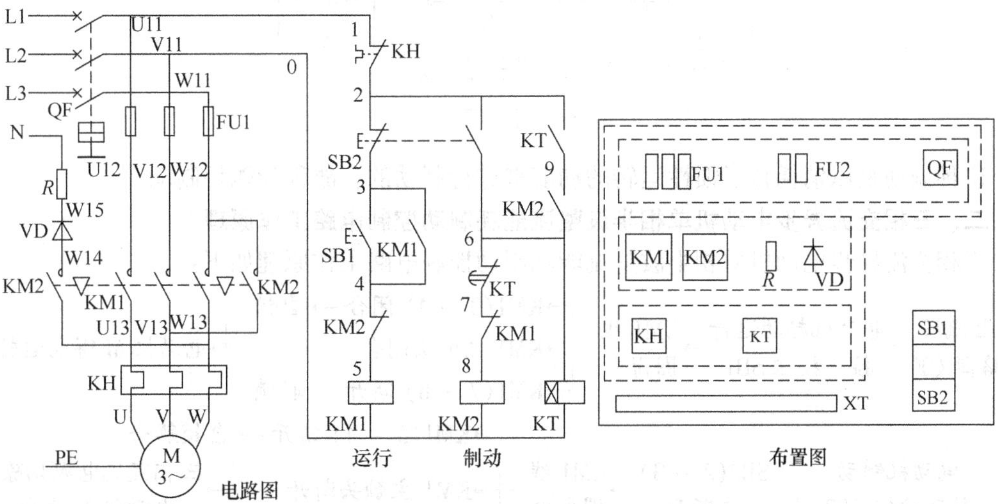


电路图　　运行　　制动　　布置图

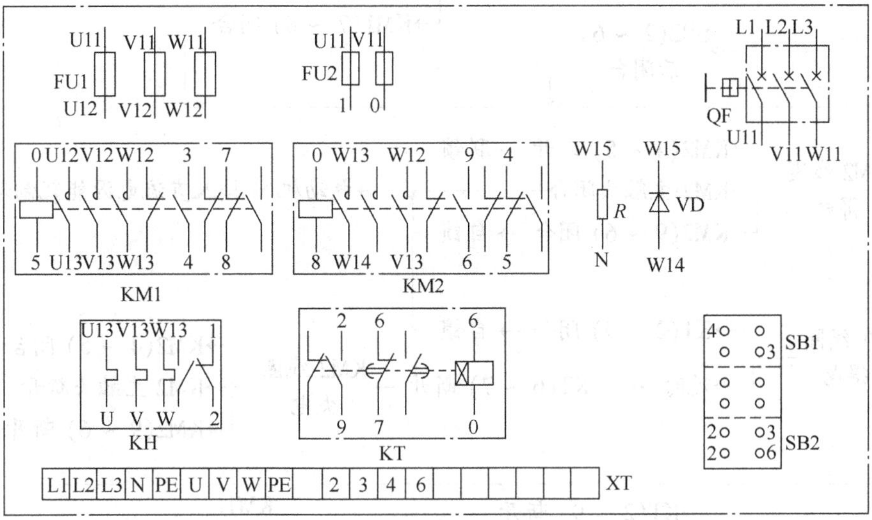


接线图

## 相关知识

### 一、能耗制动原理

制动时，断开三相交流电源开关 QS1，并向下合闸，同时合上直流电源开关 QS2，在电

动机任意两相定子绕组中加入直流电源，该直流电在电动机定子绕组中产生一恒定的磁场，转子由于惯性继续旋转，切割恒定磁场，产生一与旋转方向相反的电磁转矩，使电动机受制动迅速停转。

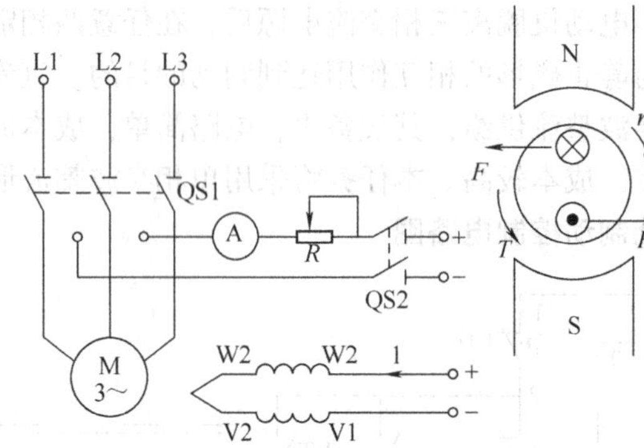


这种制动是以消耗转子惯性运转的动能来进行制动的，故称为能耗制动。

**二、三相交流异步电动机单相半波整流能耗制动控制电路工作原理**

三相交流异步电动机单相半波整流能耗制动控制电路工作原理如下：

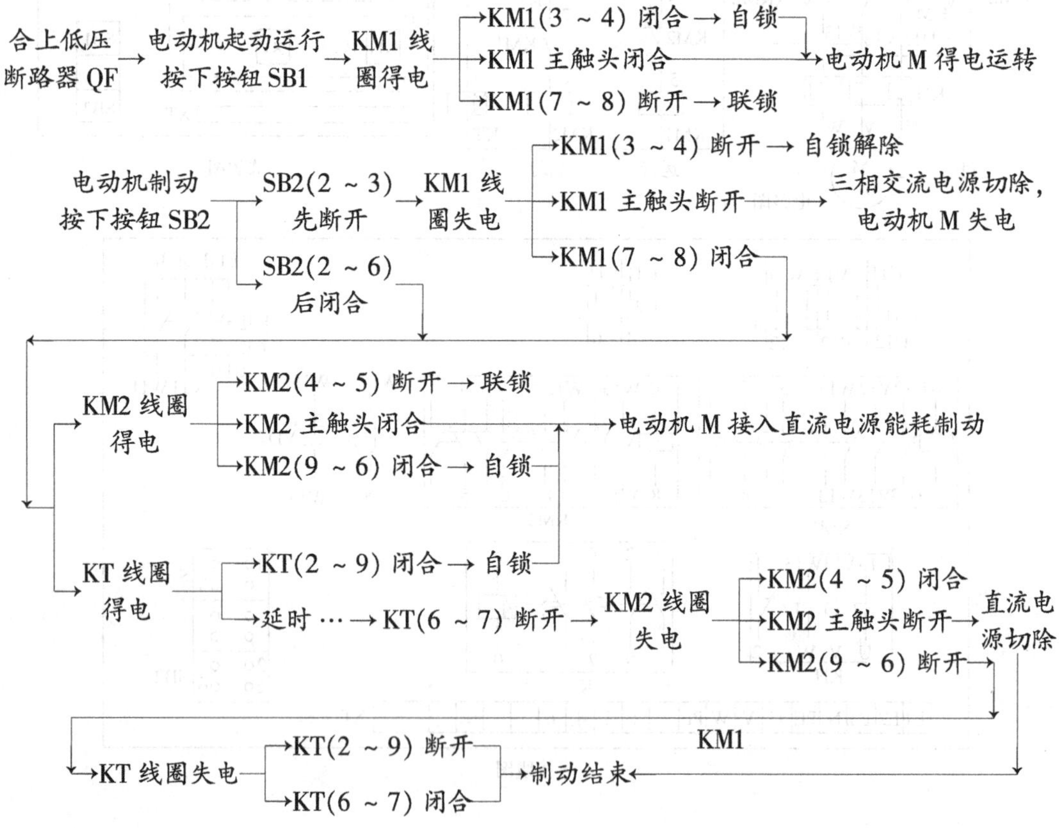


## 任务实施

**一、元器件选择**

根据控制电动机的功率，选择合适容量、规格的元器件，并进行质量检查。

| 序　号 | 元器件名称 | 型号、规格 | 数　量 | 备　注 |
|---|---|---|---|---|
| 1 | 螺旋式熔断器 | RL1—15 | 5 | 配熔体 15A3 只,2A2 只 |
| 2 | 低压断路器 | DZ108—20/3 | 1 | |
| 3 | 交流接触器 | CJX2—1210/380V | 2 | 配 F4-22 辅助触头 |
| 4 | 热继电器 | JR36—20 | 1 | |
| 5 | 按钮 | LA4—3H | 1 | |
| 6 | 时间继电器 | JS7—2A | 1 | |
| 7 | 电阻器 | RX20—16 5.1Ω | 1 | |
| 8 | 二极管 | ZP10 | 1 | |
| 9 | 塑料导线 | BVR—1mm² | 8m | 控制电路用 |
| 10 | 塑料导线 | BVR—2.5mm² | 10m | 主电路用 |
| 11 | 塑料导线 | BVR—0.75mm² | 3m | 按钮用 |
| 12 | 接线端子排 | JX3—1012 | 2 | |
| 13 | 三相异步电动机 | Y112M—4 4kW 8.8A | 1 | 1440r/min △联结 |
| 14 | 接线板 | 700mm×550mm×30mm | 1 | |

## 二、元器件安装

| 实训图片 | 操作方法 | 注意事项 |
|---|---|---|
| 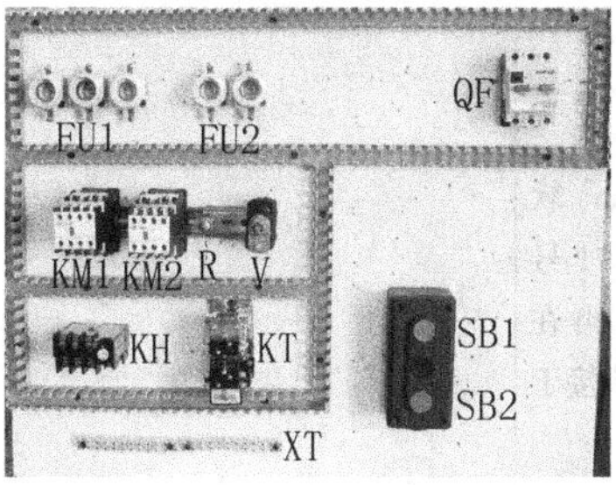 | [安装元器件]:根据元器件布置图,将各元器件安装固定在接线板上各自的位置,并根据实际长度将线槽进行切割,然后将线槽用木螺钉安装固定在接线板上 | ①元器件安装要牢固可靠<br>②各元器件之间的间距要符合要求<br>③固定木螺钉不能太紧,以免损坏元器件的安装固定脚<br>④走线槽安装应端正牢固美观<br>⑤走线槽的两端必须安装封头 |

## 三、布线

| 实训图片 | 操作方法 | 注意事项 |
|---|---|---|
| 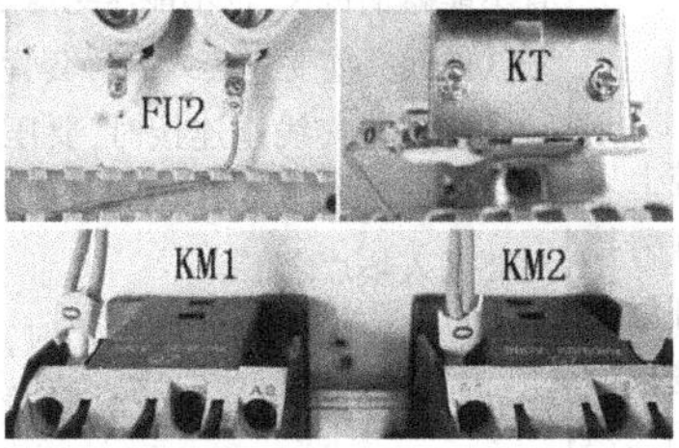 | [布置 0 号线]:用 1mm² 软导线,将其一端接于第二个控制熔断器的上接线座,另一端接于 KM1 的 A1 线圈接线座,再并接到 KM2 的 A1 线圈接线座,再并接到 KT 的一个线圈接线座 | ①布线时不能损伤线芯和导线绝缘<br>②各元器件接线座上引入或引出的导线,必须经过走线槽进行连接<br>③与元器件接线座连接的导线都不允许从水平方向进入走线槽内<br>④进入走线槽内的导线要完全置于走线槽内,并尽量避免交叉,槽内导线数量不要超过其容量的 70% |

（续）

<table>
<tr><th>实训图片</th><th>操作方法</th><th>注意事项</th></tr>
<tr><td>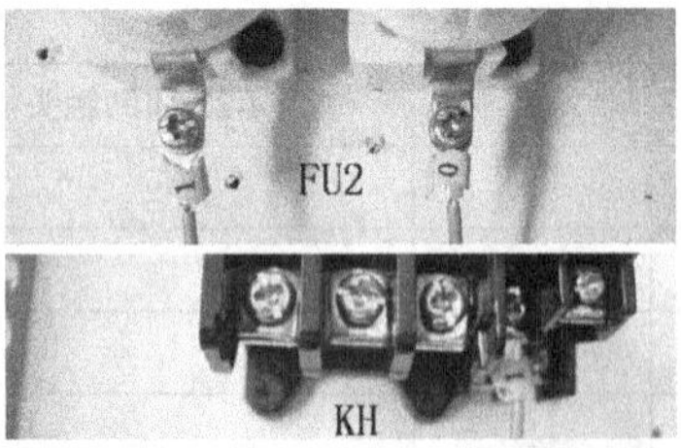</td><td>［布置 1 号线］：截取一段 $1mm^2$ 软导线，将其一端接于第一个控制熔断器的上接线座，另一端接于 KH 热继电器 96 号接线座</td><td rowspan="4">①布线时不能损伤线芯和导线绝缘<br>②各元器件接线座上引入或引出的导线，必须经过走线槽进行连接<br>③与元器件接线座连接的导线都不允许从水平方向进入走线槽内<br>④进入走线槽内的导线要完全置于走线槽内，并尽量避免交叉，槽内导线数量不要超过其容量的 70%</td></tr>
<tr><td>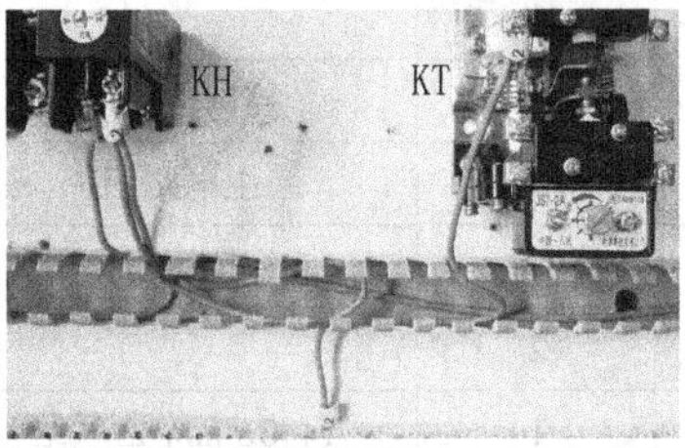</td><td>［布置 2 号线］：截取一段 $1mm^2$ 软导线，将其一端接于 KH 热继电器 95 号接线座，另一端接于端子排对应位置，再在 95 号接线座上并接一线头，连接到时间继电器的瞬时常开触头的一个接线座</td></tr>
<tr><td>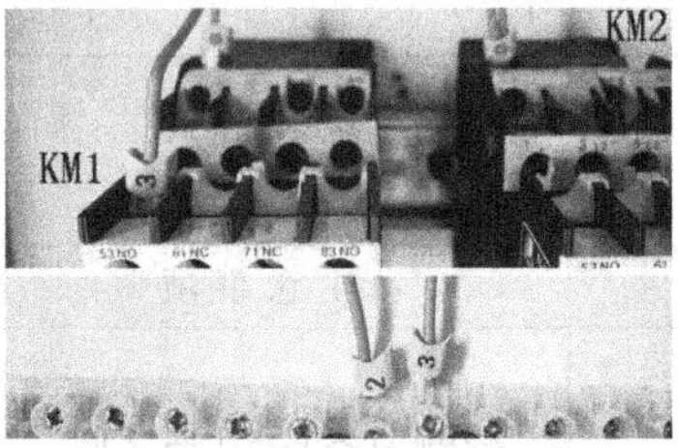</td><td>［布置 3 号线］：截取一段 $1mm^2$ 软导线，一端接于 KM1 的 53 号接线座，另一端接于端子排对应位置</td></tr>
<tr><td>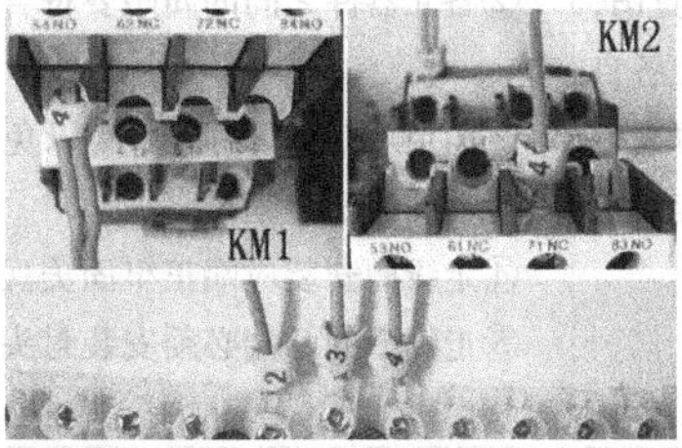</td><td>［布置 4 号线］：截取两段 $1mm^2$ 软导线，将 KM1 的 54 号和 KM2 的 71 号接线座用一段导线连接起来，再在 KM1 的 54 号上并一导线，另一端接于端子排对应位置</td></tr>
<tr><td></td><td>［布置 5 号线］：截取一段 $1mm^2$ 软导线，将其一端接于 KM2 的 72 号接线座，另一端接于 KM1 的 A2 线圈接线座</td><td rowspan="2">①布线前，先用布清除槽内的污物，使线槽内外保持清洁<br>②导线连接前应先做好线夹，线夹要压紧，使导线与线夹接触良好，且不能露铜过长，也不能压绝缘层<br>③做线夹前要先套入编码套管<br>④线夹与接线座连接时，要压接牢固、良好，不能松动；需垫片时，线夹要插入垫片之下<br>⑤导线与端子接线排连接时，无需做线夹，但要将线芯绞合紧并弯折，与端子排连接要可靠、良好</td></tr>
<tr><td>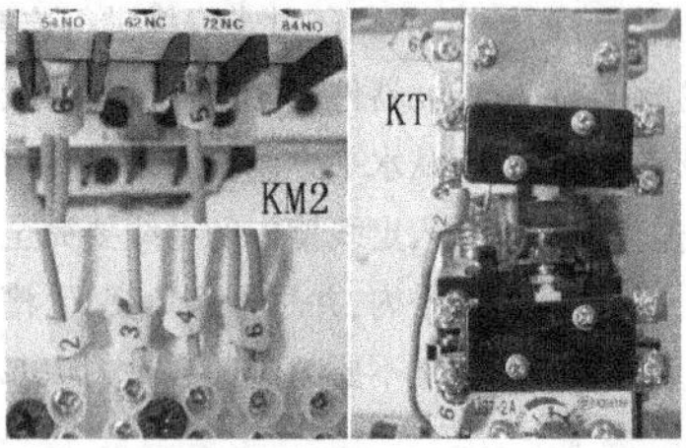</td><td>［布置 6 号线］：在 6 号端子排上并接两根导线，一根接到 KM2 的 54 号接线座，另一根接到 KT 的延时断开触头的一个接线座；在 KM2 的 54 号接线座并接一根导线，另一端接于 KT 的一个线圈接线座</td></tr>
</table>

（续）

| 实训图片 | 操作方法 | 注意事项 |
| --- | --- | --- |
| 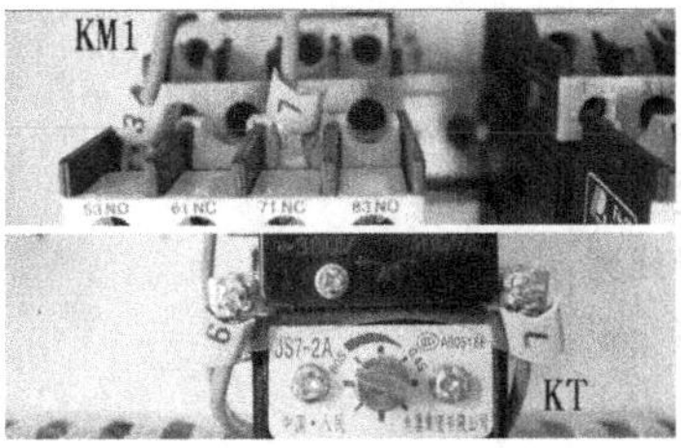 | ［布置 7 号线］：截取一段 1mm² 软导线，将其一端与 KM1 的 71 号接线座连接，另一端与 KT 的延时断开触头另一个接线座连接 | ①布线前，先用布清除槽内的污物，使线槽内外保持清洁<br>②导线连接前应先做好线夹，线夹要压紧，使导线与线夹接触良好，且不能露铜过长，也不能压绝缘层<br>③做线夹前要先套入编码套管<br>④线夹与接线座连接时，要压接牢固、良好，不能松动；需垫片时，线夹要插入垫片之下<br>⑤导线与端子接线排连接时，无需做线夹，但要将线芯绞合紧并弯折，与端子排连接要可靠、良好 |
|  | ［布置 8 号线］：截取一段 1mm² 软导线，将其一端接于 KM1 的 72 号接线座，另一端接于 KM2 的 A2 线圈接线座 | |
|  | ［布置 9 号线］：截取一段 1mm² 软导线，将其一端接于 KM2 的 53 号接线座，另一端接于 KT 的瞬时常开触头的另一个接线座 | |
| 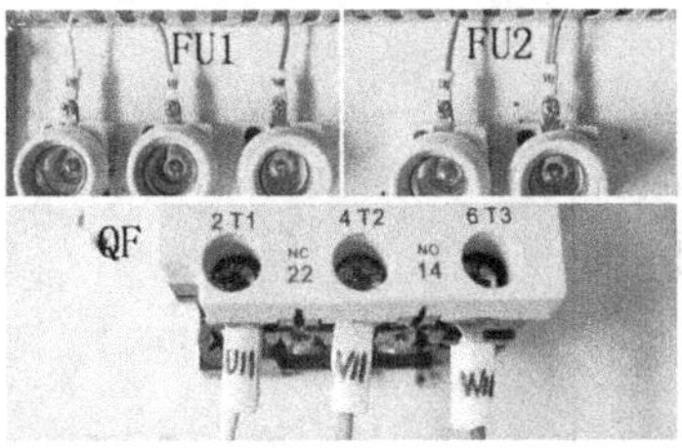 | ［布置 U11、V11、W11 号线］：用软导线从左至右分别将 FU1 熔断器下接线座连接到低压断路器的 2T1、4T2、6T3 接线座；中间将 FU2 串联在 U、V 相中 | ①导线连接时要从上到下，一相一相连接或用分色导线连接，以保证从左至右依次为 U、V、W 三相<br>② KM1 的 5L3→KM2 的 3L2（W12） |
| 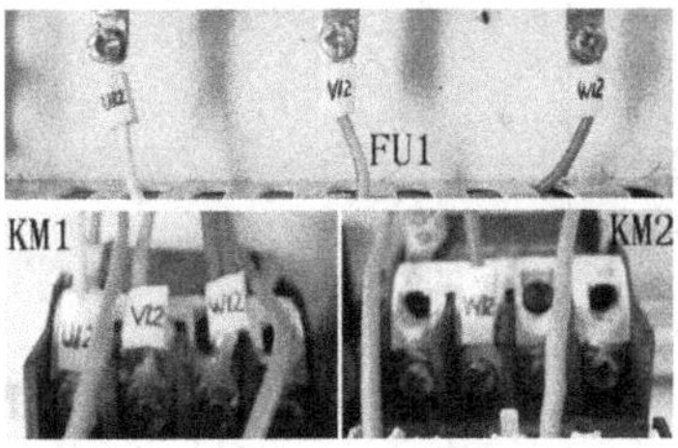 | ［布置 U12、V12、W12 号线］：用三根软导线分别将 FU1 熔断器的上接线座连接到 KM1 的 1L1、3L2、5L3 接线座，并由 KM1 的5L3 接线座上并接一根导线到 KM2 的 3L2 接线座上 | |

（续）

| 实训图片 | 操作方法 | 注意事项 |
|---|---|---|
| 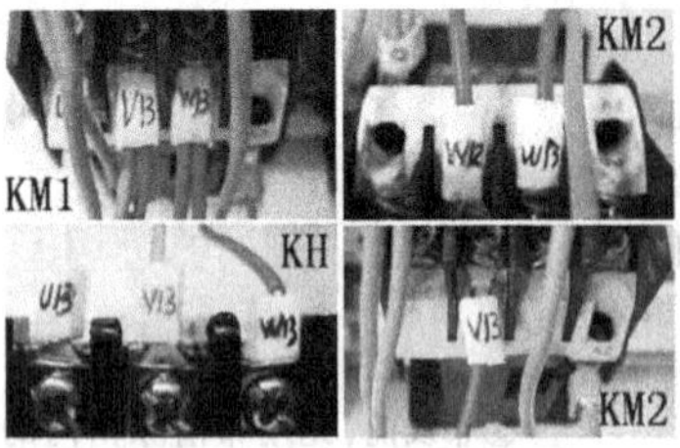 | [布置 U13、V13、W13 号线]：用三根软导线分别将 KM1 的 2T1、4T2、6T3 与 KH 的 1L1、3L2、5L3 接线座连接起来；并由 KM1 的 4T2 并接一根导线到 KM2 的 4T2，由 KM1 的 6T3 并接一根导线到 KM2 的 5L3 接线座 | |
| 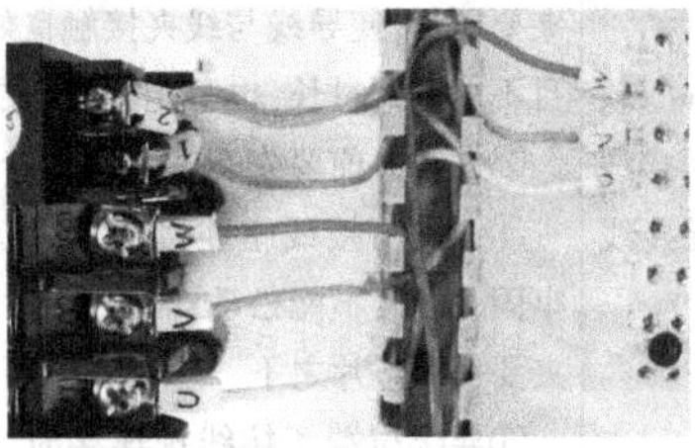 | [布置 U、V、W 号线]：用三根软导线分别将 KH 热继电器的 2T1、4T2、6T3 接线座连接到接线端子排对应位置 | |
|  | [布置 W14 号线]：用一根软导线将 KM2 的 6T3 接线座连接到二极管 VD 正极接线座位置 | ① KM1 的 4T2 → KM2 的 4T2（V13）<br>② KM1 的 6T3 → KM2 的 5L3（W13）<br>③KM2 的 6T3→二极管 VD<br>④二极管必须安装散热片<br>⑤与电阻 *R* 两个接线座的连接采用焊接形式，焊接要牢固、不能虚焊 |
|  | [布置 W15 号线]：用一根软导线将二极管 VD 的阴极接线座连接到电阻 *R* 的一个接线座上 | |
| 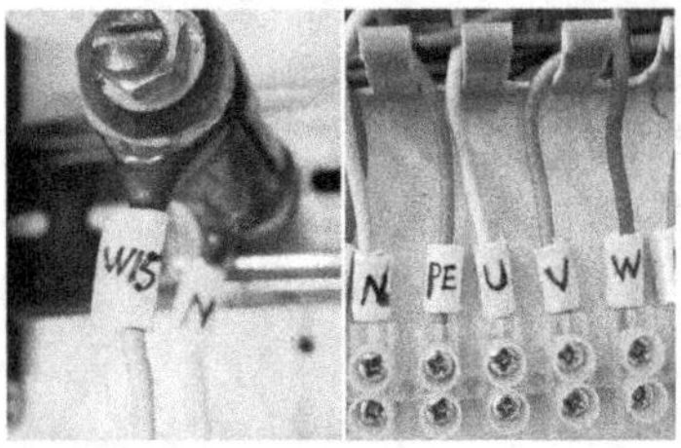 | [布置 N 号线]：用一根软导线将电阻 *R* 的另一个接线座连接到端子排对应位置 | |

（续）

<table>
<tr><th>实训图片</th><th>操作方法</th><th>注意事项</th></tr>
<tr><td>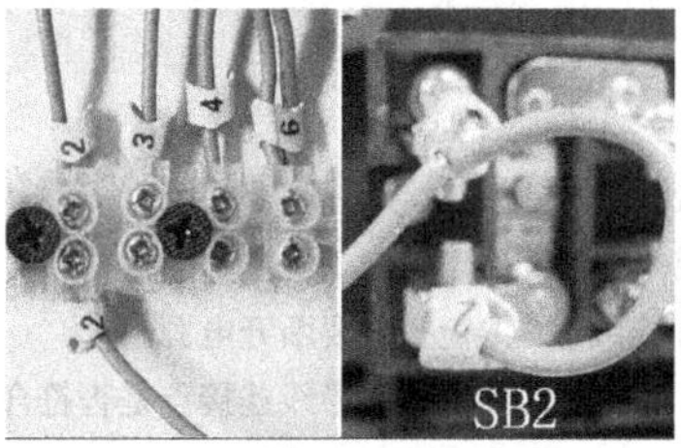
</td><td>［布置2号按钮线］：用软导线一端接在端子排对应2号位置，另一端接在SB2的一个常闭接线座上，再并接到SB2的一个常开接线座</td><td rowspan="4">①引接到接线端子排的导线一定要穿过开关盒的接线孔<br>②导线连接前一定要穿入编码套管<br>③与按钮接线座连接时，线芯要绞合紧并弯圈套入螺钉内，压接要良好、不反圈或用线夹进行连接<br>④与接线端子排接线座连接时，线芯要绞合紧并弯折，压接要良好、不压绝缘层<br>⑤导线连接完毕检查后，盖上按钮盖，拧上紧固螺钉</td></tr>
<tr><td>
</td><td>［布置3号按钮线］：用一根软导线将端子排对应3号位置与SB2的另一个常闭接线座连接起来，再由此用软导线并接到SB1一个常开接线座</td></tr>
<tr><td>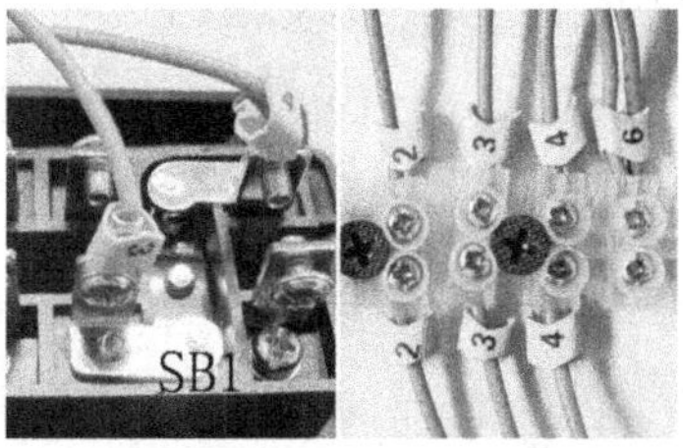
</td><td>［布置4号按钮线］：用一根软导线将端子排对应4号位置与SB1的另一个常开接线座连接起来</td></tr>
<tr><td>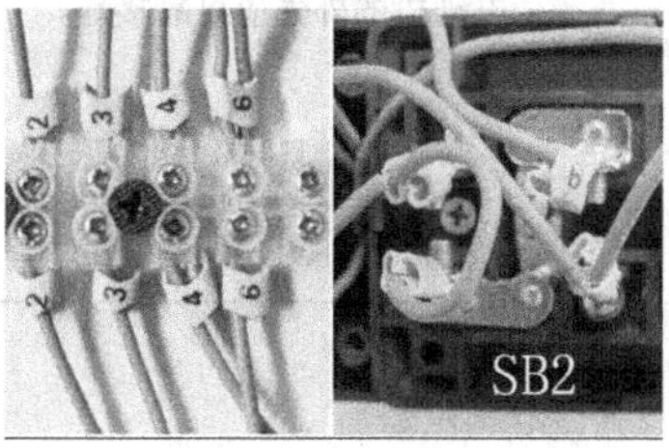
</td><td>［布置6号按钮线］：用一根软导线将端子排对应6号位置与SB2的另一个常开接线座连接起来</td></tr>
<tr><td>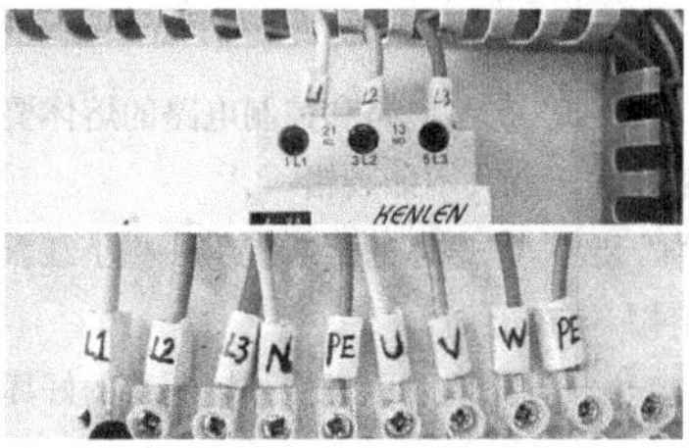
</td><td>［布置L1、L2、L3电源线］：用三根2.5mm² 软导线从左至右依次将端子排与低压断路器的1L1、3L2、5L3接线座连接起来</td><td>①电源导线连接时三相电源相序要对应，从左至右依次为L1、L2、L3<br>②将两个端子排用PE导线连接起来</td></tr>
</table>

## 四、电路检查

| 实训图片 | 操作方法 | 注意事项 |
| --- | --- | --- |
|  | [目测检查]：根据电路图或接线图从电源端开始，逐段检查核对线号是否正确，有无漏接、错接，线夹与接线座连接是否松动 | ①检查时要断开电源<br>②要检查导线连接点是否符合要求、压接是否牢固<br>③要注意连接点接触是否良好，以免运行时产生电弧<br>④要用合适的电阻挡位，并“调零”进行检查<br>⑤检查时可用手或工具按下按钮或接触器<br>⑥电路检查后，应盖上线槽板<br>⑦调整时间继电器 KT 的延时时间，动作时间不能太长 |
|  | [万用表检查]：先用万用表电阻挡检查控制电路：两表笔搭接 0、1 号线，按下 SB1，电路通，按下 SB2，电路先断后通；再用万用表电阻挡检查主电路：压下 KM1，分别测量每个熔断器上接线座与对应端子排间的通断情况 | |
|  | [连接电动机]：将电动机定子绕组的三根出线分别与端子排相应接线座 U、V、W 进行连接，并将电动机的外壳与端子排接线座 PE 进行连接 | 电动机的外壳应可靠接地 |

## 五、通电试车

| 实训图片 | 操作方法 | 注意事项 |
| --- | --- | --- |
| 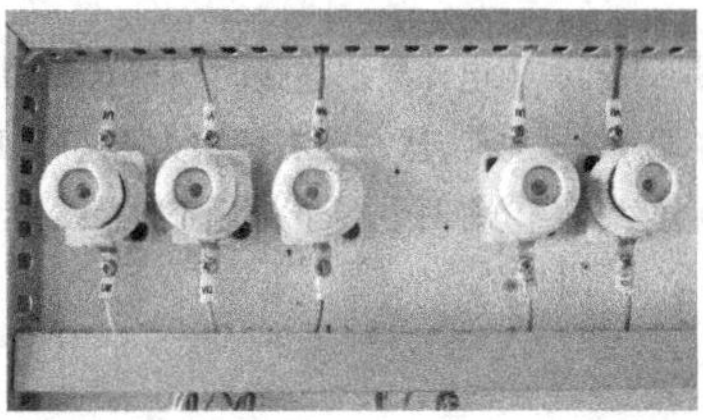 | [安装熔体]：将 3 只 15A 的熔体装入主电路熔断器中，将 2 只 2A 熔体装入控制电路熔断器中，同时旋上熔帽 | ①主电路和控制电路的熔体要区分清，不能装错<br>②熔体的熔断指示——小红点要在上面<br>③用万用表检测熔断器的好坏 |

（续）

| 实训图片 | 操作方法 | 注意事项 |
|---|---|---|
| 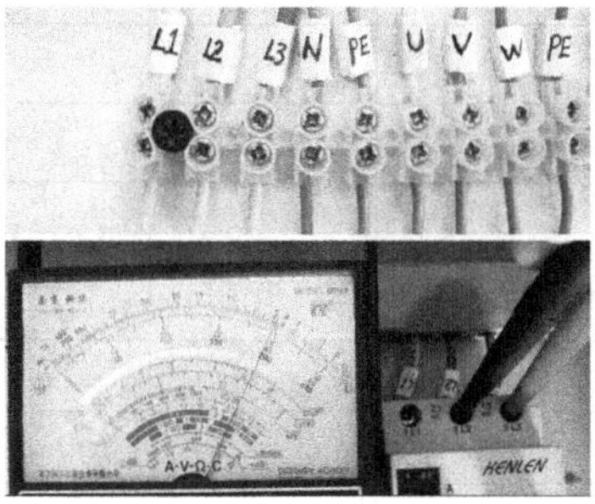 | ［连接电源线并验电］：将三相电源线连接到接线端子排的 L1、L2、L3 对应位置；合上总电源开关，用万用表 500V 电压挡，分别测量低压断路器进线端的相间电压，确认三相电源并三相电压平衡 | ①连接电源线时应断开总电源<br>②由指导老师监护学生接通三相电源<br>③测量前，确认学生是否穿绝缘鞋<br>④测量时，学生操作是否规范<br>⑤测量时表笔的笔尖不能同时触及两根带电体 |
|  | ［按下按钮试车］：合上低压断路器。按下 SB1，KM1 吸合及电动机旋转，然后轻轻按下 SB2，观察电动机自然停转时间；重新起动，然后按下 SB2 且按到底，观察 KM2、KT 吸合情况并观察电动机能耗制动停转时间 | ①通电前，应清理干净接线板上的杂物，特别是零碎的短线芯，以防短路<br>②按下起动按钮的同时，另一手指放在停止按钮上，发现问题，要迅速按下停止按钮<br>③按下按钮后如出现故障，应在老师的指导下进行检查 |

## 提醒注意

能耗制动时，制动力的大小与制动电阻 $R$ 有关。电阻 $R$ 值越大，制动电流越小，制动力越弱，制动时间就越长；电阻 $R$ 值越小，制动时间就越短。

## 检查评价

通电试车完毕，切断电源后，先拆除电源线，再拆除电动机线，然后进行综合评价。

**任务评价**

| 序号 | 评价指标 | 评价内容 | 分值 | 个人评价 | 小组评价 | 教师评价 |
|---|---|---|---|---|---|---|
| 1 | 元器件检查 | 元器件是否漏检或错检 | 5 | | | |
| 2 | 安装元器件 | 不按布置图安装 | 5 | | | |
| | | 元器件、线槽安装不牢固 | 3 | | | |
| | | 元器件安装不整齐、不合理、不美观 | 2 | | | |
| | | 损坏元器件 | 5 | | | |

（续）

| 序号 | 评价指标 | 评价内容 | 分值 | 个人评价 | 小组评价 | 教师评价 |
|---|---|---|---|---|---|---|
| 3 | 布线 | 不按电路图接线 | 10 | | | |
| | | 布线不符合要求 | 5 | | | |
| | | 接点松动、露铜过长、反圈 | 5 | | | |
| | | 损伤导线绝缘或线芯 | 5 | | | |
| | | 未套装或漏装编码套管 | 5 | | | |
| | | 未接地线 | 10 | | | |
| 4 | 通电试车 | 电路短路 | 15 | | | |
| | | 时间继电器整定时间过长 | 5 | | | |
| | | 试车不成功 | 10 | | | |
| 5 | 安全规范 | 是否穿绝缘鞋 | 5 | | | |
| | | 操作是否规范安全 | 5 | | | |
| 总分 | | | 100 | | | |
| 问题记录和解决方法 | | | 记录任务实施过程中出现的问题和采取的解决办法 | | | |

**能力评价**

| 内容 | | 评价 | |
|---|---|---|---|
| 学习目标 | 评价项目 | 小组评价 | 教师评价 |
| 应知应会 | 本任务的相关基本概念是否熟悉 | □Yes □No | □Yes □No |
| | 是否熟练掌握仪表、工具的使用 | □Yes □No | □Yes □No |
| 专业能力 | 元器件的安装、使用是否规范 | □Yes □No | □Yes □No |
| | 安装接线是否合理、规范、美观 | □Yes □No | □Yes □No |
| | 是否具有相关专业知识的融合能力 | □Yes □No | □Yes □No |
| 通用能力 | 团队合作能力 | □Yes □No | □Yes □No |
| | 沟通协调能力 | □Yes □No | □Yes □No |
| | 解决问题能力 | □Yes □No | □Yes □No |
| | 自我管理能力 | □Yes □No | □Yes □No |
| | 创新能力 | □Yes □No | □Yes □No |
| 态度 | 敬岗爱业 | □Yes □No | □Yes □No |
| | 工作认真 | □Yes □No | □Yes □No |
| | 劳动态度 | □Yes □No | □Yes □No |
| 个人努力方向： | | 老师、同学建议： | |

## 思考与提高

1. 在本任务控制电路中为什么加一时间继电器的瞬时常开触头 KT（2～9）？
2. 如果时间继电器的整定时间过长，请观察时间继电器动作情况和电动机的情况。

# 任务六　三相绕线转子异步电动机串电阻起动控制电路的安装（时间继电器自动控制）

## 训练目标

- 了解三相绕线转子异步电动机的优点及起动的方法。
- 理解三相绕线转子异步电动机串电阻起动的工作原理。
- 掌握三相绕线转子异步电动机串电阻起动时间继电器控制电路的工作原理。
- 会进行三相绕线转子异步电动机串电阻起动时间继电器控制电路的安装。

## 任务描述

同学们，你们见过桥式起重机吗？在我们许多大型的工矿企业、桥梁施工、港口运输、船舶制造等地方常见到它的身影，那你又知道它是靠什么动力将大型（重型）物件吊放自如的呢？本任务就来解答你的疑问。

## 任务分析

### 一、电动机的选择

在需要重载起动设备如桥式起重机、卷扬机、龙门起重机等场合，由于需要比较大的起动转矩，同时起动电流要小，用我们以前所接触到的三相笼型交流异步电动机显然是不行的，所以在这些场合需要采用三相绕线转子异步电动机。三相绕线转子异步电动机与三相笼型交流异步电动机的主要区别是三相绕线转子异步电动机的转子采用三相对称绕组，通过集电环在转子绕组中串接电阻来改善电动机的机械特性，从而达到减小起动电流，增大起动转矩以及调速的目的。三相绕线转子异步电动机起动时通常采用转子串电阻起动，或者是采用频敏变阻器起动。本任务重点将实施三相绕线转子异步电动机串电阻起动时间继电器控制电路的安装。

### 二、三相绕线转子异步电动机串电阻起动控制电路图

根据本任务的要求：转子串电阻起动控制，所以其主电路需要一个接触器控制其定子绕

组；又因为转子是串三级电阻起动，要分三次将电阻切除，所以需要三个接触器分级将电阻切除；因为三次切除电阻的时间有先后之分，所以其控制电路又需要三个时间继电器，遵循时间控制的原则来分别延时接通三个接触器，具体电路图如下。

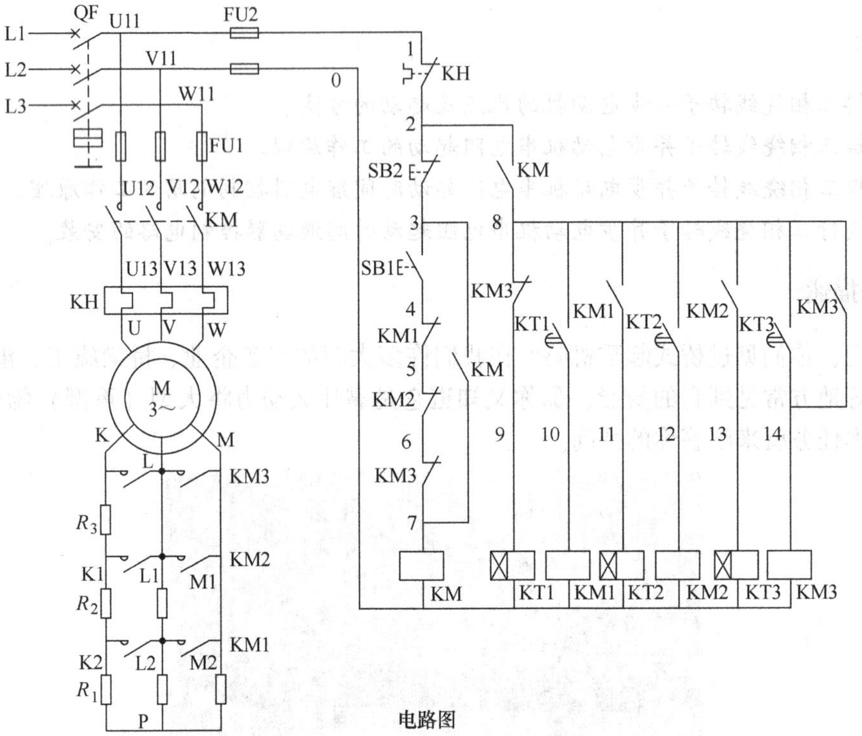


电路图

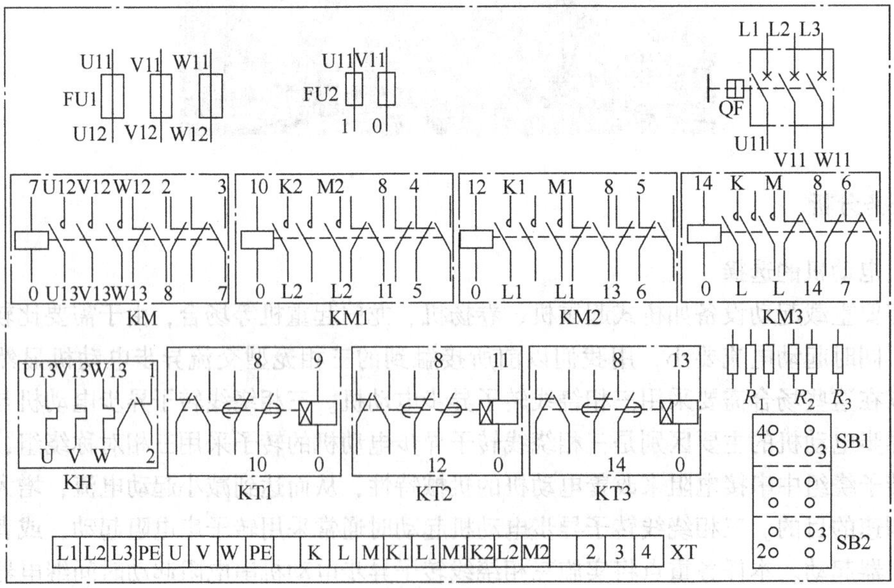


接线图

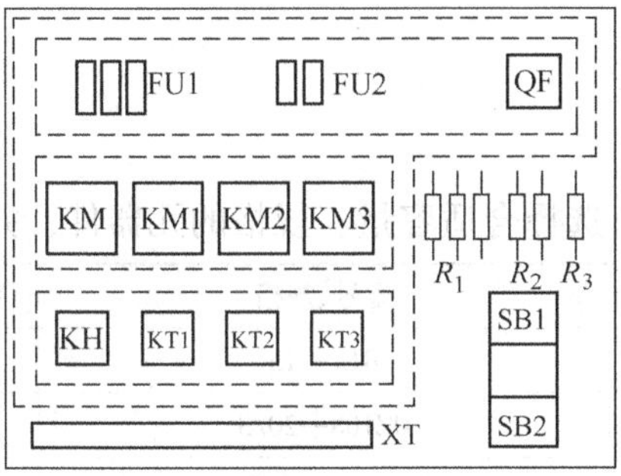

布置图

## 相关知识

### 一、三相绕线转子异步电动机转子串电阻起动原理

根据三相异步电动机运行原理，产生最大转矩 $T_m$ 时的临界转差率 $s_c$ 与电源电压 $U_1$ 无关，与转子电路的总电阻 $R_2$ 有关，故改变转子电路电阻 $R_2$，即可改变产生最大转矩时的临界转差率 $s_c$；如果使 $R_2=X_{20}\Rightarrow s_c=1\Rightarrow n_c=0\Rightarrow T_{st}=T_m$，所以绕线转子异步电动机可以在转子回路中串入适当的电阻，从而使起动时能获得最大的转矩。

起动时，在绕线转子异步电动机的转子回路中串入合适的三相对称电阻，如果正确选取电阻器的电阻值，使转子回路最大转矩产生在电动机起动瞬间，从而缩短起动时间，达到减小起动电流增大起动转矩的目的。随着电动机转速的升高，可逐级减小电阻。起动完毕后，电阻减小到零，转子绕组被直接短接，电动机便在额定状态下运行。

### 二、三相绕线转子异步电动机串电阻起动控制电路工作原理

三相绕线转子异步电动机串电阻起动控制电路工作原理如下：

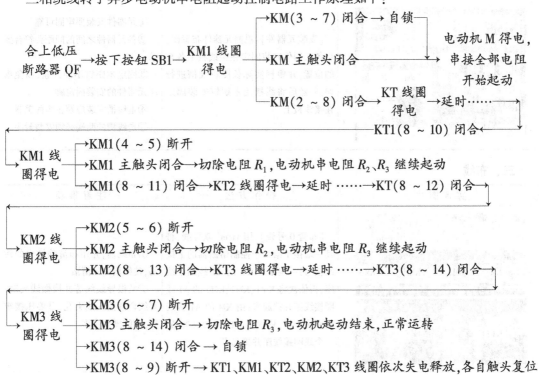

合上低压断路器 QF →按下按钮 SB1→ KM1 线圈得电
- →KM(3～7) 闭合→自锁
- →KM 主触头闭合→电动机 M 得电，串接全部电阻开始起动
- →KM(2～8) 闭合→ KT 线圈得电 →延时……→ KT1(8～10) 闭合→

KM1 线圈得电
- →KM1(4～5) 断开
- →KM1 主触头闭合→切除电阻 $R_1$，电动机串电阻 $R_2$、$R_3$ 继续起动
- →KM1(8～11) 闭合→KT2 线圈得电→延时……→KT(8～12) 闭合→

KM2 线圈得电
- →KM2(5～6) 断开
- →KM2 主触头闭合→切除电阻 $R_2$，电动机串电阻 $R_3$ 继续起动
- →KM2(8～13) 闭合→KT3 线圈得电→延时……→KT3(8～14) 闭合→

KM3 线圈得电
- →KM3(6～7) 断开
- →KM3 主触头闭合→切除电阻 $R_3$，电动机起动结束，正常运转
- →KM3(8～14) 闭合→自锁
- →KM3(8～9) 断开→KT1、KM1、KT2、KM2、KT3 线圈依次失电释放，各自触头复位

## 任务实施

### 一、元器件选择

根据控制电动机的功率，选择合适容量、规格的元器件，并进行质量检查。

| 序　　号 | 元器件名称 | 型号、规格 | 数　　量 | 备　　注 |
|---|---|---|---|---|
| 1 | 螺旋式熔断器 | RL1—15 | 5 | 配熔体 15A3 只,2A2 只 |
| 2 | 低压断路器 | DZ108—20/3 | 1 | |
| 3 | 交流接触器 | CJT1—10/380V | 4 | |
| 4 | 热继电器 | JR36—20 | 1 | |
| 5 | 按钮 | LA4—3H | 1 | |
| 6 | 时间继电器 | JS7—2A | 3 | |
| 7 | 电阻器 | RT01—6/1B | 6 | 用 RX20-16 5.1Ω 代替 |
| 8 | 塑料导线 | BVR—1mm$^2$ | 10m | 控制电路用 |
| 9 | 塑料导线 | BVR—2.5mm$^2$ | 10m | 主电路用 |
| 10 | 塑料导线 | BVR—0.75mm$^2$ | 10m | 按钮、外加电阻用 |
| 11 | 接线端子排 | JX3—1012 | 2 | |
| 12 | 三相异步电动机 | YR132S1—4 2.2kW 1440r/min 5.3A | 1 | 转子:190V 7.9A |
| 13 | 接线板 | 700mm×550mm×30mm | 1 | |

### 二、元器件安装

| 实 训 图 片 | 操 作 方 法 | 注 意 事 项 |
|---|---|---|
| 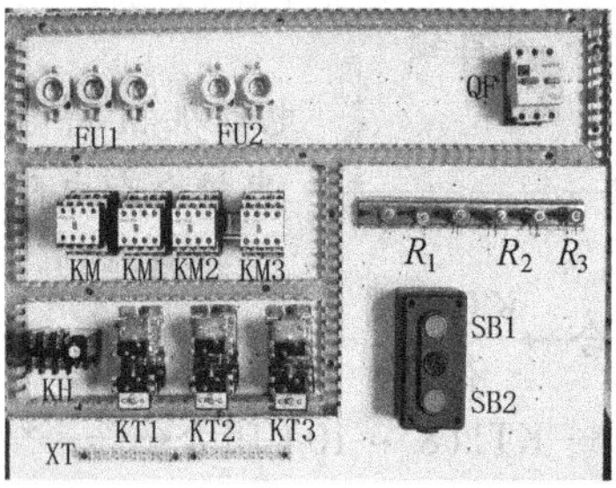 | [安装元器件]:根据元器件布置图,将各元器件安装固定在接线板上各自的位置,并根据实际长度将线槽进行切割,然后将线槽用木螺钉安装固定在接线板上 | ①元器件安装要牢固可靠<br>②各元器件之间的间距要符合要求<br>③固定木螺钉不能太紧,以免损坏元器件的安装固定脚<br>④走线槽安装应端正牢固美观<br>⑤走线槽的两端必须安装封头 |

### 三、布线

| 实 训 图 片 | 操 作 方 法 | 注 意 事 项 |
|---|---|---|
|  | [布置 0 号线]:用 1mm$^2$ 软导线,将其一端接于第二个控制熔断器的上接线座,另一端接于 KM 的 A1 线圈接线座,再依次将 KM1、KM2、KM3 的 A1 线圈接线座并接起来;由 KM 的 A1 接线座并接导线,依次将 KT1、KT2、KT3 的一个线圈接线座并接起来 | ①布线前,先用布清除槽内的污物,使线槽内外清洁<br>②两根导线线芯并接做线夹时,要绞合紧插入线夹孔,且要压接牢固,不能露铜过多 |

（续）

<table>
<tr><th>实训图片</th><th>操作方法</th><th>注意事项</th></tr>
<tr><td>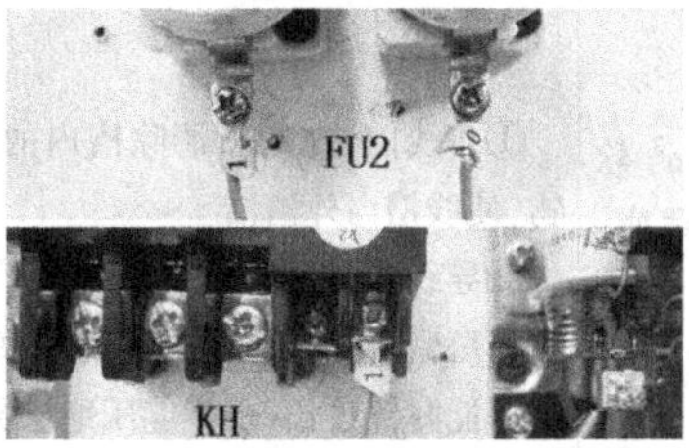</td><td>［布置1号线］：截取一段1mm² 软导线，将其一端接于第一个控制熔断器的上接线座，另一端接于KH热继电器95号接线座</td><td rowspan="5">①布线前，先用布清除槽内的污物，使线槽内外清洁<br>②导线连接前应先做好线夹，线夹要压紧，使导线与线夹接触良好，且不能露铜过长，也不能压绝缘层<br>③做线夹前要先套入编码套管<br>④线夹与接线座连接时，要压接牢固、良好，不能松动；需垫片时，线夹要插入垫片之下<br>⑤导线与端子接线排连接时，无需做线夹，但要将线芯绞合紧并弯折，与端子排连接要可靠、良好</td></tr>
<tr><td>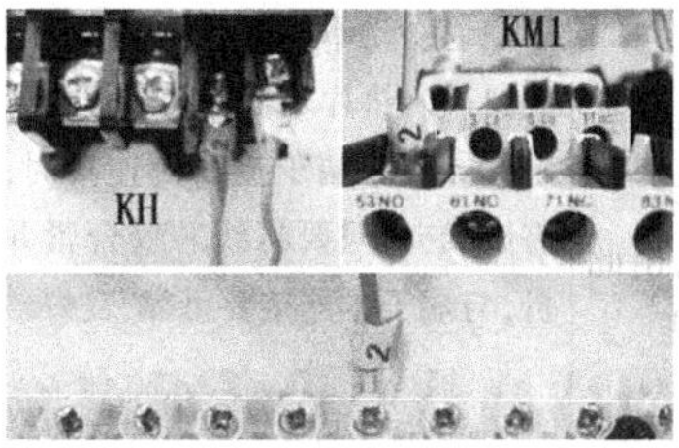</td><td>［布置2号线］：截取一段1mm² 软导线，将其一端接于KH热继电器96号接线座，另一端接于端子排对应位置，再在96号接线座上并接一线头，连接到KM接触器的53号接线座</td></tr>
<tr><td>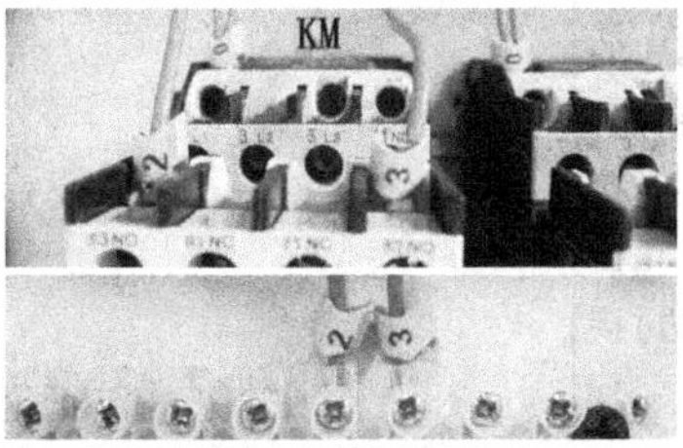</td><td>［布置3号线］：截取一段1mm² 软导线，一端接于KM的83号接线座，另一端接于端子排对应位置</td></tr>
<tr><td>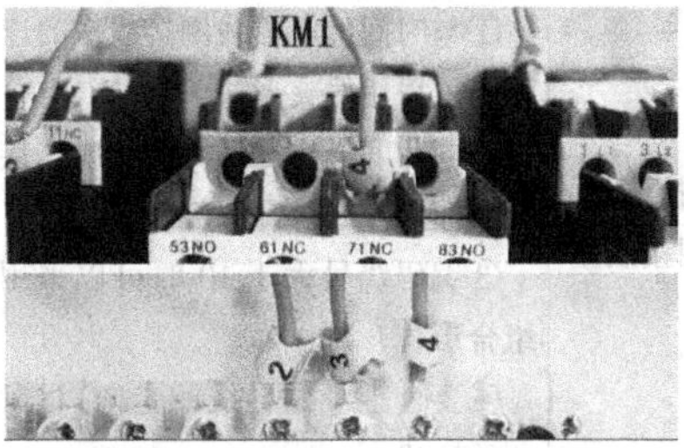</td><td>［布置4号线］：截取一段1mm² 软导线，一端接于KM1的71号接线座，另一端接于端子排对应位置</td></tr>
<tr><td>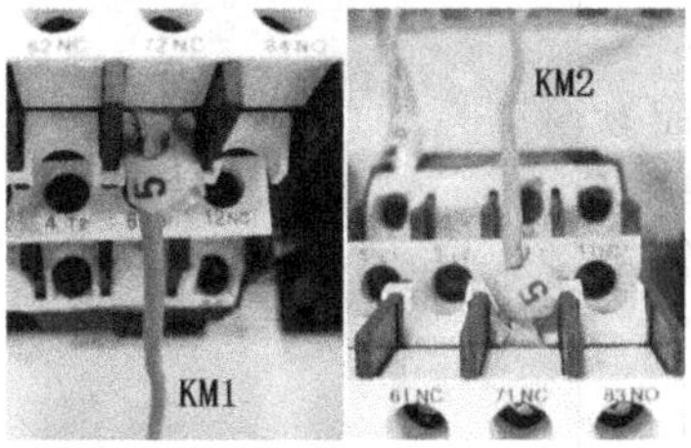</td><td>［布置5号线］：截取一段1mm² 软导线，一端接于KM1的72号接线座，另一端接于KM2的71号接线座</td></tr>
</table>

（续）

| 实训图片 | 操作方法 | 注意事项 |
|---|---|---|
| 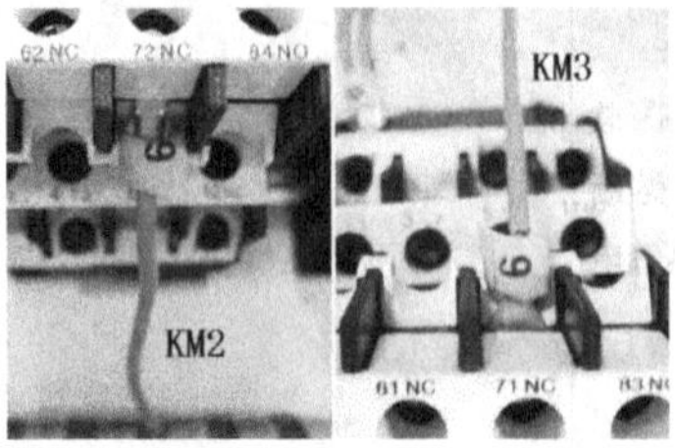 | [布置6号线]：截取一段1mm$^2$软导线，一端接于KM2的72号接线座，另一端接于KM3的71号接线座 | ①布线前，先用布清除槽内的污物，使线槽内外清洁<br>②导线连接前应先做好线夹，线夹要压紧，使导线与线夹接触良好，且不能露铜过长，也不能压绝缘层<br>③做线夹前要先套入编码套管<br>④线夹与接线座连接时，要压接牢固、良好，不能松动；需垫片时，线夹要插入垫片之下<br>⑤导线与端子接线排连接时，无需做线夹，但要将线芯绞合紧并弯折，与端子排连接要可靠、良好 |
| 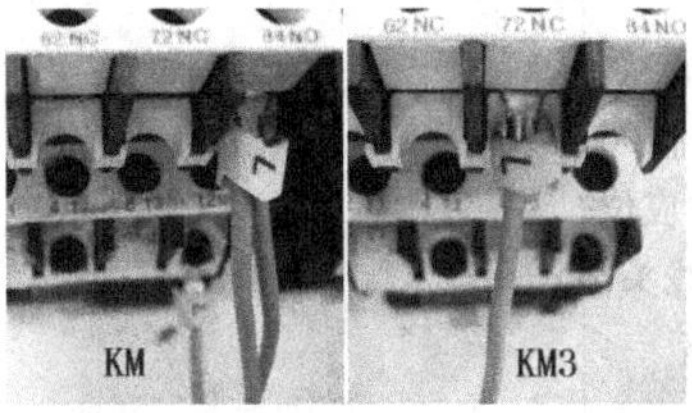 | [布置7号线]：截取一段1mm$^2$软导线，一端接于KM3的72号接线座，另一端接于KM的84号接线座，由此再并一根导线到KM的A2接线座 | |
| 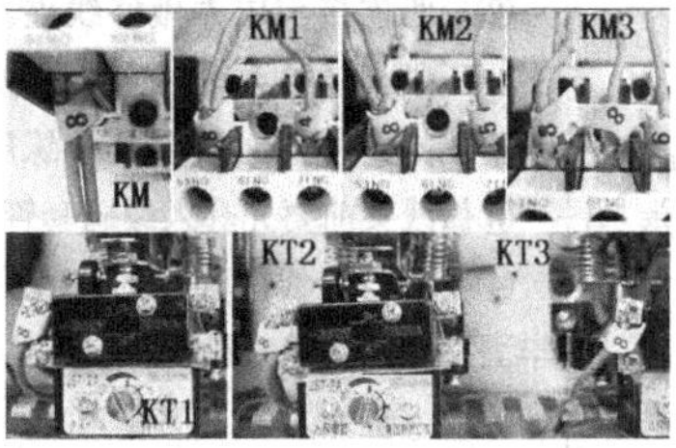 | [布置8号线]：用软导线从KM的54号接线座开始，一路依次并接KM1的53、KM2的53、KM3的53、61号接线座，另一路依次并接KT1、KT2、KT3的常开延时闭合触头的一个（左边）接线座 | ①与时间继电器线圈接线座的连接可以采用线夹形式<br>②与时间继电器触头接线座连接时，线芯要绞合弯圈<br>③编码线号大于10时可以采用组合形式<br>④要合理考虑导线的走向，尽量节约导线 |
| 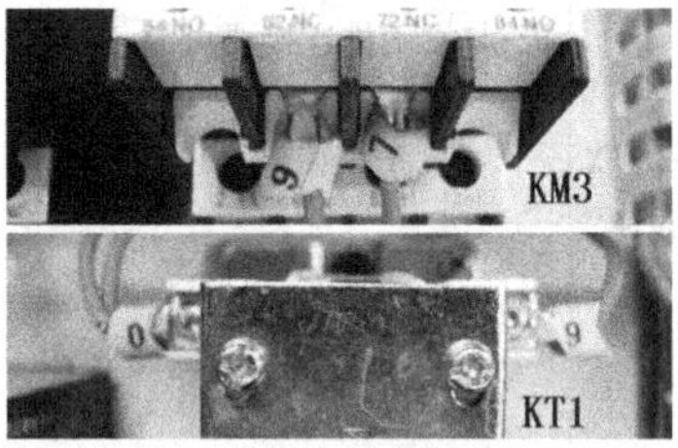 | [布置9号线]：截取一段1mm$^2$软导线，一端接于KM3的62号接线座，另一端接于KT1的另一个线圈接线座 | |
|  | [布置10号线]：截取一段1mm$^2$软导线，一端接于KM1的A2号线圈接线座，另一端接于KT1的另一个（右边）常开延时闭合触头接线座 | |

（续）

| 实训图片 | 操作方法 | 注意事项 |
| --- | --- | --- |
|  | ［布置 11 号线］：截取一段 1mm$^2$ 软导线，一端接于 KM1 的 54 号接线座，另一端接于 KT2 的另一个线圈接线座 | ①与时间继电器线圈接线座的连接可以采用线夹形式<br>②与时间继电器触头接线座连接时，线芯要绞合弯圈<br>③编码线号大于 10 时可以采用组合形式<br>④要合理考虑导线的走向，尽量节约导线 |
|  | ［布置 12 号线］：截取一段 1mm$^2$ 软导线，一端接于 KM2 的 A2 号线圈接线座，另一端接于 KT2 的另一个（右边）常开延时闭合触头接线座 | |
|  | ［布置 13 号线］：截取一段 1mm$^2$ 软导线，一端接于 KM2 的 54 号接线座，另一端接于 KT3 的另一个线圈接线座 | |
|  | ［布置 14 号线］：在 KM3 的 54 号接线座上并接两个线头，一个连接到 KM3 的 A2 线圈接线座，另一个连接到 KT3 的另一个（右边）常开延时闭合触头接线座 | |
| 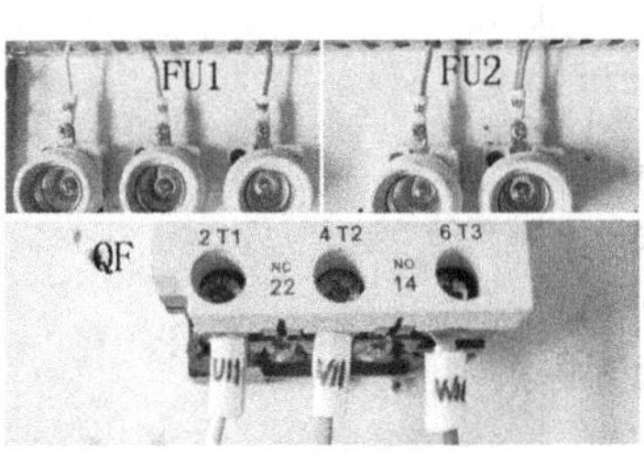 | ［布置 U11、V11、W11 号线］：用软导线从左至右分别将 FU1 熔断器下接线座连接到低压断路器的 2T1、4T2、6T3 接线座；中间将 FU2 串联在 U、V 相中 | 导线连接时要从上到下，一相一相连接或用分色导线连接，以保证从左至右依次为 U、V、W 三相 |

（续）

<table>
<tr><th>实训图片</th><th>操作方法</th><th>注意事项</th></tr>
<tr><td></td><td>［布置 U12、V12、W12 号线］：用三根软导线分别将 FU1 熔断器的上接线座连接到 KM 的 1L1、3L2、5L3 接线座</td><td rowspan="3">导线连接时要从上到下，一相一相连接或用分色导线连接，以保证从左至右依次为 U、V、W 三相</td></tr>
<tr><td></td><td>［布置 U13、V13、W13 号线］：用三根软导线分别将 KM 的 2T1、4T2、6T3 与 KH 的 1L1、3L2、5L3 接线座连接起来</td></tr>
<tr><td></td><td>［布置 U、V、W 号线］：用三根软导线分别将 KH 热继电器的 2T1、4T2、6T3 接线座连接到接线端子排对应位置</td></tr>
<tr><td>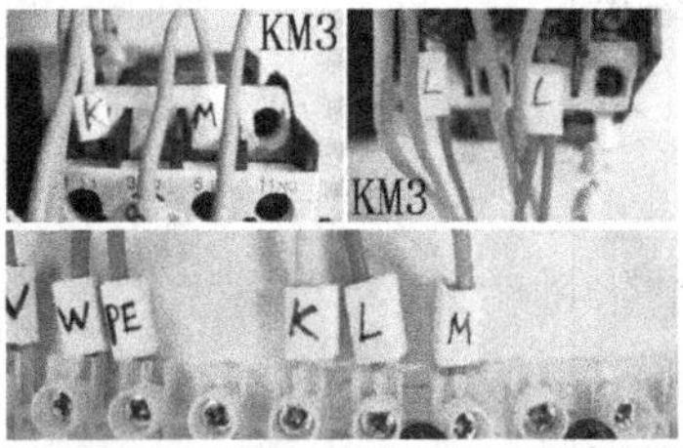</td><td>［布置 K、L、M 号线］：用两根软导线分别将 KM3 的 1L1、5L3 接线座连接到对应端子排；将 KM3 的 2T1、6T3 接线座并接起来并连接到接线端子排对应位置</td><td rowspan="3">在端子排上接线座将 L、L1 用短线连接起来，将 M、M1、M2 用短导线连接起来</td></tr>
<tr><td>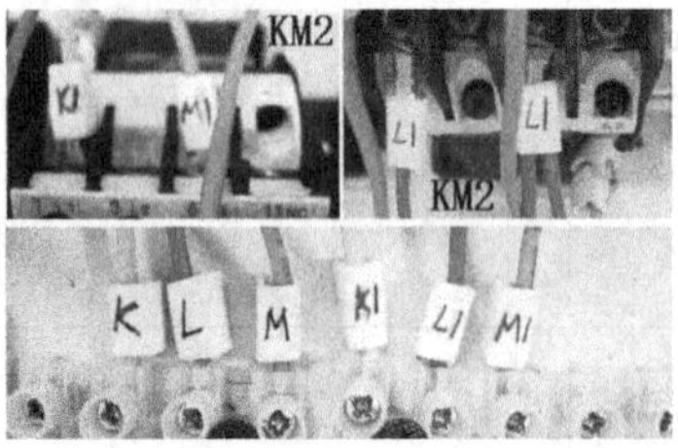</td><td>［布置 K1、L1、M1 号线］：用两根软导线分别将 KM2 的 1L1、5L3 接线座连接到对应端子排；将 KM2 的 2T1、6T3 接线座并接起来并连接到接线端子排对应位置</td></tr>
<tr><td>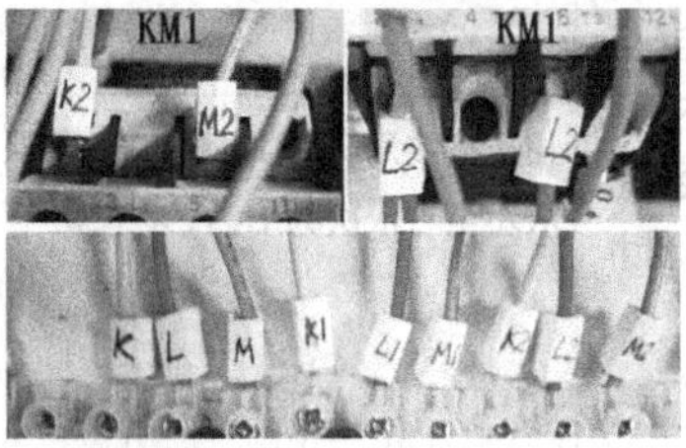</td><td>［布置 K2、L2、M2 号线］：用两根软导线分别将 KM1 的 1L1、5L3 接线座连接到对应端子排；将 KM1 的 2T1、6T3 接线座并接起来并连接到接线端子排对应位置</td></tr>
</table>

（续）

| 实训图片 | 操作方法 | 注意事项 |
| --- | --- | --- |
|  | ［布置按钮线］：同前述任务一样，用软导线将常闭按钮的两个接线座连接到端子排 2、3 号位置；将常开按钮的两个接线座连接到端子排 3、4 号位置 | 与按钮接线座连接时导线线芯要绞合弯圈或用线夹连接，且所有导线要穿过按钮盒的进出线孔 |
| 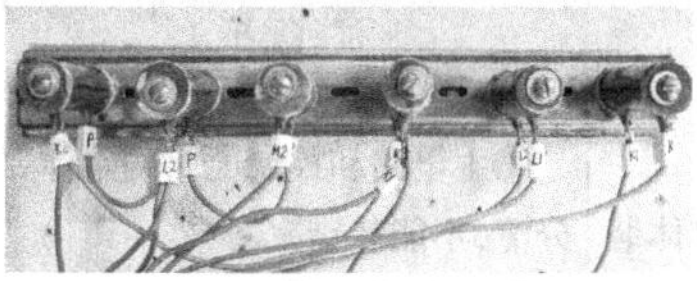 | ［布置外接电阻线］：用软导线将 5 个外接不平衡电阻分别与对应的端子排进行连接 | 与电阻连接时采用焊接形式，焊接要牢固，不能虚焊 |
| 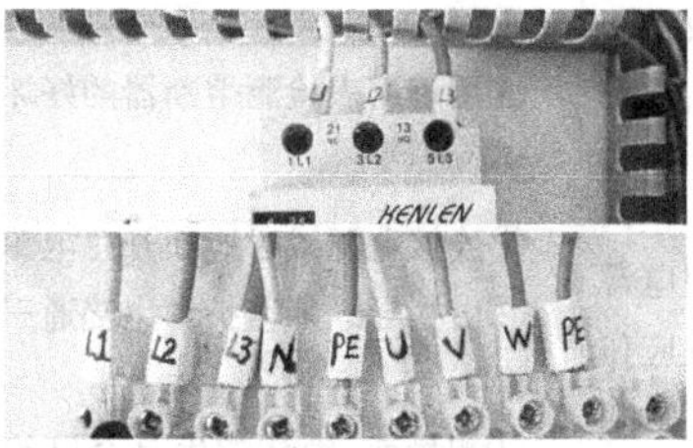 | ［布置 L1、L2、L3 电源线］：用三根 $2.5mm^2$ 软导线从左至右依次将端子排与低压断路器的 1L1、3L2、5L3 接线座连接起来 | ①电源导线连接时三相电源相序要对应，从左至右依次为 L1、L2、L3<br>②将两个端子排用 PE 导线连接起来 |

## 四、电路检查

| 实训图片 | 操作方法 | 注意事项 |
| --- | --- | --- |
|  | ［目测检查］：根据电路图或接线图从电源端开始，逐段检查核对线号是否正确，有无漏接、错接，线夹与接线座连接是否松动 | ①检查时要断开电源<br>②要检查导线连接点是否符合要求、压接是否牢固<br>③要注意连接点接触是否良好，以免运行时产生电弧<br>④要用合适的电阻挡位，并“调零”进行检查<br>⑤检查时可用手或工具按下按钮或接触器<br>⑥电路检查后，应盖上线槽板<br>⑦调整三个时间继电器的延时时间，动作时间不能太长 |
| 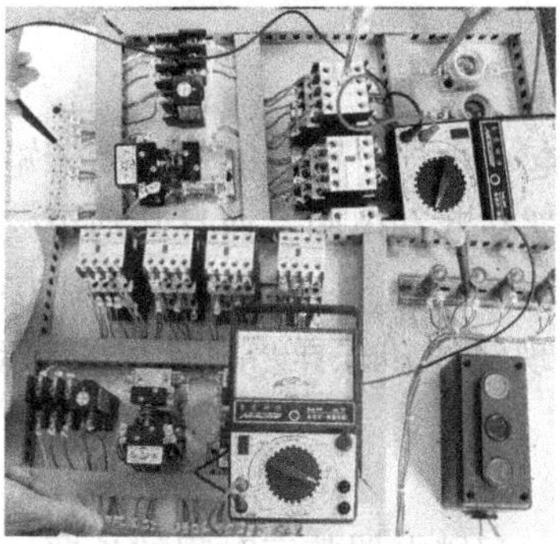 | ［万用表检查］：用万用表电阻挡逐段检查电路的通断情况；特别要检查外接电阻电路的情况，不能接错 | |

| 实训图片 | 操作方法 | 注意事项 |
|---|---|---|
| 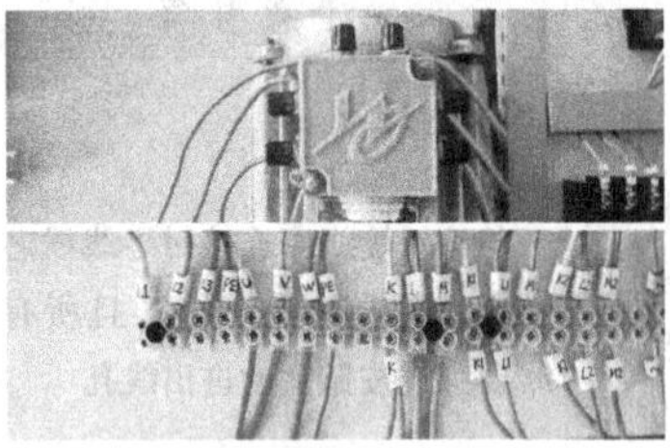 | ［连接电动机］：将电动机定子绕组的三根出线分别与端子排U、V、W连接，将转子绕组的三根出线与端子排K、L、M连接，并将电动机的外壳与端子排PE连接 | ①电动机的外壳应可靠接地<br>②定子绕组和转子绕组的三根出线要区分清楚，不能接错 |

## 五、通电试车

| 实训图片 | 操作方法 | 注意事项 |
|---|---|---|
| 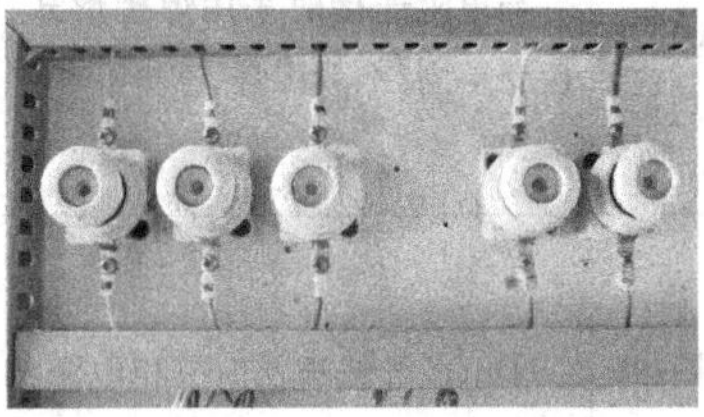 | ［安装熔体］：将3只15A的熔体装入主电路熔断器中，将2只2A熔体装入控制电路熔断器中，同时旋上熔帽 | ①主电路和控制电路的熔体要区分清，不能装错<br>②熔体的熔断指示——小红点要在上面<br>③用万用表检测熔断器的好坏 |
| 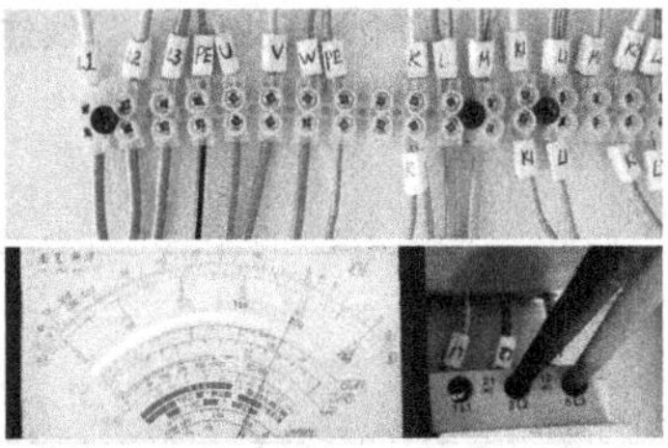 | ［连接电源线并验电］：将三相电源线连接到端子排的L1、L2、L3对应位置；合上总电源开关，用万用表500V电压挡，分别测量低压断路器进线端的相间电压，确认三相电源并三相电压平衡 | ①连接电源线时应断开总电源<br>②由指导老师监护学生接通三相电源<br>③测量前，确认学生是否已绝缘鞋<br>④测量时表笔的笔尖不能同时触及两根带电体 |
|  | ［按下按钮试车］：合上低压断路器。按下SB1，KM吸合及电动机旋转，观察KT1、KM1、KT2、KM2、KT3、KM3依次吸合情况并观察电动机转速的变化 | ①通电前，应清理干净接线板上的杂物，特别是零碎的短线芯，以防短路<br>②按下起动按钮的同时，另一手指放在停止按钮上，发现问题，要迅速按下停止按钮<br>③按下按钮后如出现故障，应在老师的指导下进行检查 |

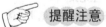

**提醒注意**

### 一、绕线转子异步电动机串电阻起动的优缺点

绕线转子异步电动机串电阻起动的优点是不仅能够减少起动电流，而且能使起动转矩保持较大范围，其缺点是所需的起动设备较多，一部分能量消耗在起动电阻，而且起动级数较少，不能实现平滑起动。因此，在工矿企业中对于不频繁起动的设备，一般采用转子串接频敏变阻器起动；在桥式起重机中，常常采用凸轮控制器来实现绕线转子异步电动机的起动、调速、正反转控制，以简化操作。

### 二、时间继电器整定时间的调整

本任务的电动机起动控制采用了时间控制的原则，三个时间继电器整定时间的长短，要根据电动机切换转矩的间隔时间来计算整定。

## 检查评价

通电试车完毕，切断电源后，先拆除电源线，再拆除电动机线，然后进行综合评价。

**任务评价**

| 序号 | 评价指标 | 评价内容 | 分值 | 个人评价 | 小组评价 | 教师评价 |
|---|---|---|---|---|---|---|
| 1 | 元器件检查 | 元器件是否漏检或错检 | 5 | | | |
| 2 | 安装元器件 | 不按布置图安装 | 5 | | | |
| | | 元器件、线槽安装不牢固 | 3 | | | |
| | | 元器件安装不整齐、不合理、不美观 | 2 | | | |
| | | 损坏元器件 | 5 | | | |
| 3 | 布线 | 不按电路图接线 | 10 | | | |
| | | 布线不符合要求 | 5 | | | |
| | | 接点松动、露铜过长、反圈 | 5 | | | |
| | | 损伤导线绝缘或线芯 | 5 | | | |
| | | 未套装或漏装编码套管 | 5 | | | |
| | | 未接地线 | 10 | | | |
| 4 | 通电试车 | 电路短路 | 15 | | | |
| | | 外接电阻不起作用 | 5 | | | |
| | | 试车不成功 | 10 | | | |
| 5 | 安全规范 | 是否穿绝缘鞋 | 5 | | | |
| | | 操作是否规范安全 | 5 | | | |
| 总分 | | | 100 | | | |
| 问题记录和解决方法 | | | 记录任务实施过程中出现的问题和采取的解决办法 | | | |

**能力评价**

| 内容 | | 评价 | |
|---|---|---|---|
| 学习目标 | 评价项目 | 小组评价 | 教师评价 |
| 应知应会 | 本任务的相关基本概念是否熟悉 | □Yes □No | □Yes □No |
| | 是否熟练掌握仪表、工具的使用 | □Yes □No | □Yes □No |
| 专业能力 | 元器件的安装、使用是否规范 | □Yes □No | □Yes □No |
| | 安装接线是否合理、规范、美观 | □Yes □No | □Yes □No |
| | 是否具有相关专业知识的融合能力 | □Yes □No | □Yes □No |
| 通用能力 | 团队合作能力 | □Yes □No | □Yes □No |
| | 沟通协调能力 | □Yes □No | □Yes □No |
| | 解决问题能力 | □Yes □No | □Yes □No |
| | 自我管理能力 | □Yes □No | □Yes □No |
| | 创新能力 | □Yes □No | □Yes □No |
| 态度 | 敬岗爱业 | □Yes □No | □Yes □No |
| | 工作认真 | □Yes □No | □Yes □No |
| | 劳动态度 | □Yes □No | □Yes □No |
| 个人努力方向： | | 老师、同学建议： | |

思考与提高

1. 在本任务控制电路中为什么要将KM1、KM2、KM3的常闭辅助触头与常开按钮SB1串联？

2. 在本任务控制电路中为什么要在KT1的线圈回路中串入KM3的常闭辅助触头？由此得出在控制电路设计时的什么设计思想理念？

## 任务七　三相绕线转子异步电动机串电阻起动控制电路的安装（电流继电器自动控制）

### 训练目标

- 了解欠电流继电器的工作原理、继电特性、返回系数等内容。
- 理解电动机电流控制原则。
- 掌握三相绕线转子异步电动机串电阻起动电流继电器控制电路的工作原理。
- 会进行三相绕线转子异步电动机串电阻起动电流继电器控制电路的安装。

### 任务描述

在上一任务中，我们已经分析了绕线转子异步电动机串电阻起动用时间继电器控制的方法，另外从电动机运行原理知道，转子回路的电流是与转子转速成反比的，刚开始起动瞬间，转子回路电流最大，随着转子转速的升高，转子回路电流逐渐减小。我们试想能否利用转子回路电流随转速升高而减小的特性，来控制绕线转子异步电动机的起动呢？本任务就来分析实施这种控制。

### 任务分析

**一、控制电器的选择**

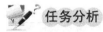

要利用转子回路电流随转速升高而减小的特性，来控制绕线转子异步电动机的起动，用普通的接触器、中间继电器、电压继电器等是不行的，因为它检测的是电流，是利用电流大小的变化来实现电器的动作的，所以应该使用电流继电器，而电流继电器又有过电流继电器和欠电流继电器之分，很显然本任务是利用电流减小而动作的，故应该选用欠电流继电器来进行控制。本任务将重点实施三相绕线转子异步电动机串电阻起动电流继电器控制电路的安装。

**二、三相绕线转子异步电动机串电阻起动电流继电器控制电路图**

根据本任务的要求：转子串电阻起动控制，其主电路仍然需要一个接触器控制其定子绕组；其转子电路也需要三个接触器分级将电阻切除；因为分级切除电阻是依靠转子回路电流的减小使欠电流继电器动作的，所以需要将三个欠电流继电器的线圈串接在转子回路中。当电动机起动时，转子回路电流最大，使三个欠电流继电器同时得电吸合，然后随着转子转速的升高，转子电流逐步减小，三个欠电流继电器依次释放，故在控制电路中用三个欠电流继电器的常闭辅助触头来分别接通三个接触器，来依次切除电阻，使电动机逐级起动。具体电路图如下。

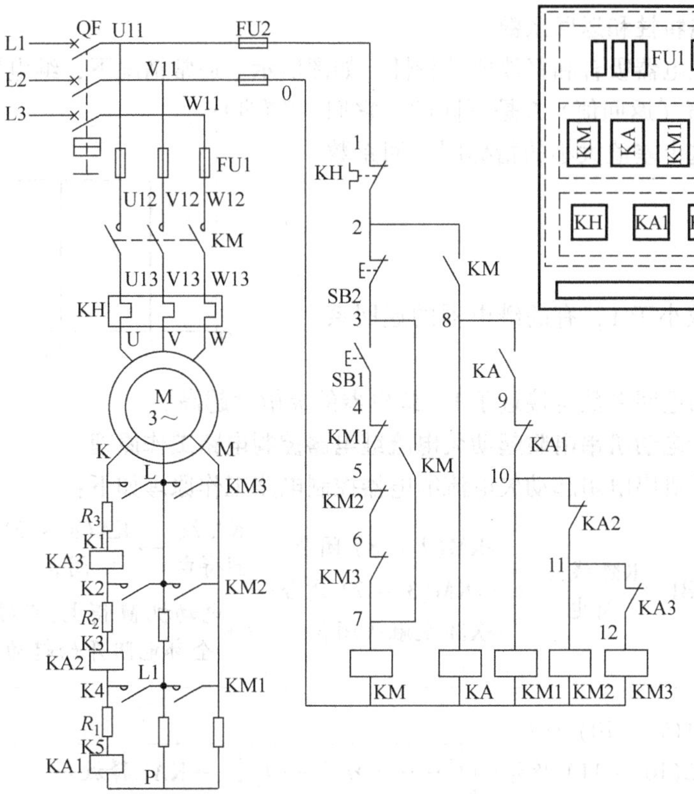
L1
L2
L3
QF
U11
V11
W11
FU2
0
FU1
U12 V12 W12
KM
U13 V13 W13
KH
U V W
M 3~
K L M
KM3
R3
K1
KA3
K2
KM2
R2
K3
KA2
K4
L1
KM1
R1
K5
KA1
P
1
2
SB2
3
SB1
4
KM1
5
KM2
6
KM3
7
8
KA
9
KA1
10
KA2
11
KA3
12
KM KA KM1 KM2 KM3

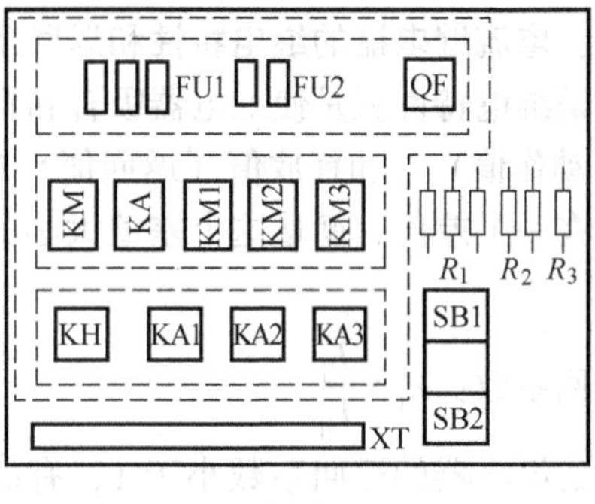
FU1
FU2
QF
KM KA KM1 KM2 KM3
R1 R2 R3
KH KA1 KA2 KA3
SB1
SB2
XT

布置图

电路图

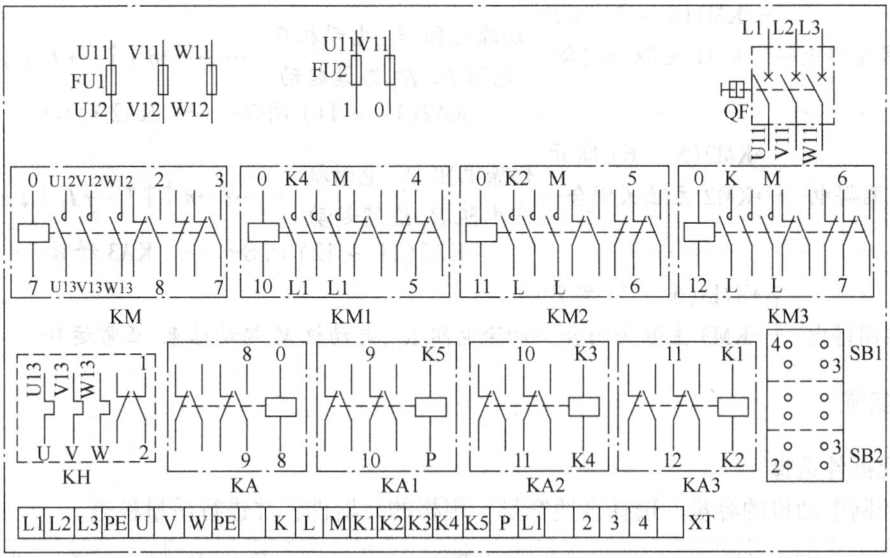
U11 V11 W11
FU1
U12 V12 W12
U11 V11
FU2
1 0
L1 L2 L3
QF
U11 V11 W11
0 U12 V12 W12 2 3
7 U13 V13 W13 8 7
KM
0 K4 M 4
10 L1 L1 5
KM1
0 K2 M 5
11 L L 6
KM2
0 K M 6
12 L L 7
KM3
U13 V13 W13 1
U V W 2
KH
8 0
9 8
KA
9 K5
10 P
KA1
10 K3
11 K4
KA2
11 K1
12 K2
KA3
4 3
SB1
2 3
SB2
L1 L2 L3 PE U V W PE K L M K1 K2 K3 K4 K5 P L1 2 3 4
XT

接线图

## 相关知识

### 一、电流继电器的继电特性和返回系数

所谓继电特性就是使继电器吸合和释放值的特性，如图所示。通常情况下，继电器的吸合值（动作值）$I_{dj}$和释放值（返回值）$I_{fj}$是不同的，它们之间存在一个差值，衡量这个差值大小的指标叫返回系数$K_f$，即

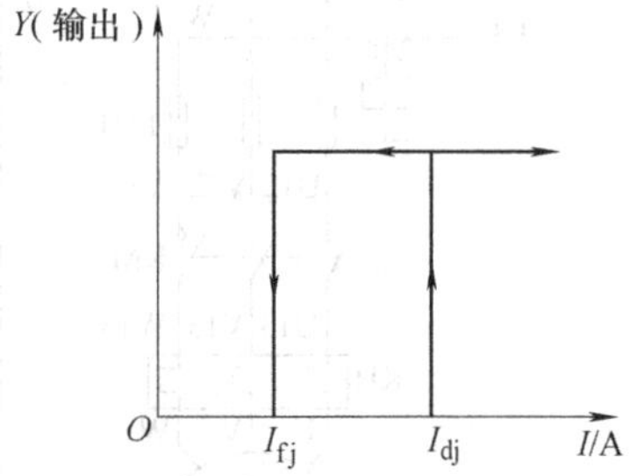


返回系数：$K_f = \frac{I_{fj}}{I_{dj}}$

有的继电器的返回系数小于1，有的继电器的返回系数大于1。

一般情况下，继电器的返回系数越接近于1，继电器的灵敏度越高。

### 二、三相绕线转子异步电动机串电阻起动欠电流继电器控制电路工作原理

三相绕线转子异步电动机串电阻起动欠电流继电器控制电路工作原理如下：

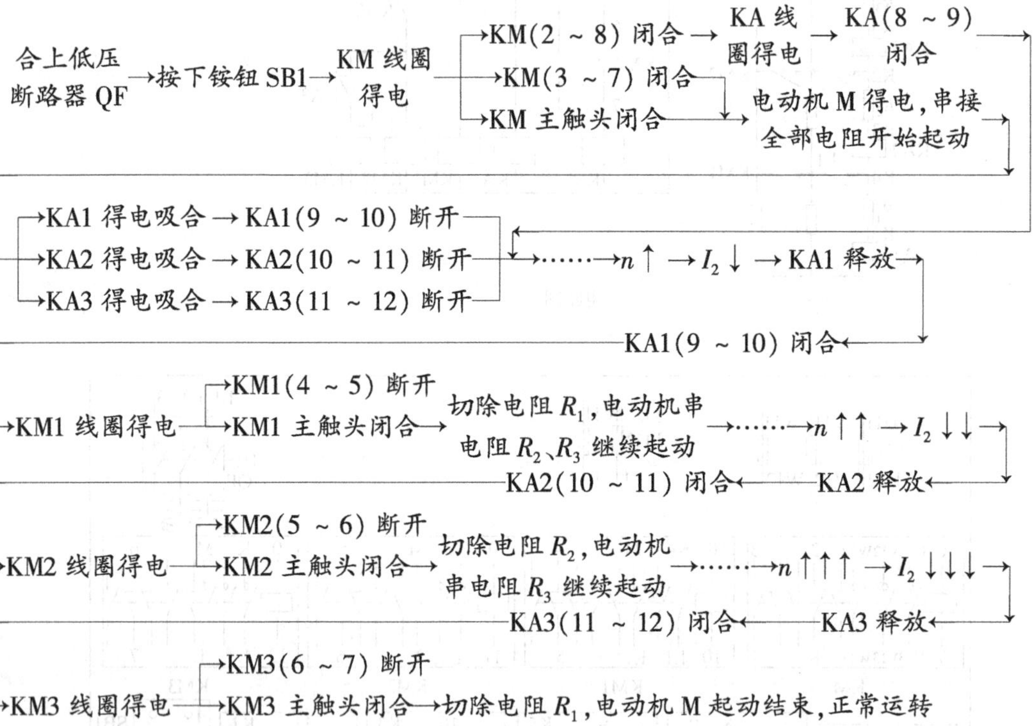


## 任务实施

### 一、元器件选择

根据控制电动机的容量，选择合适容量、规格的元器件，并进行质量检查。

| 序　号 | 元器件名称 | 型号、规格 | 数　量 | 备　注 |
|---|---|---|---|---|
| 1 | 螺旋式熔断器 | RL1—15 | 5 | 配熔体15A3只，2A2只 |
| 2 | 低压断路器 | DZ108—20/3 | 1 | |

（续）

| 序　　号 | 元器件名称 | 型号、规格 | 数　　量 | 备　　注 |
|---|---|---|---|---|
| 3 | 交流接触器 | CJT1—10/380V | 5 | 配 F4-22 辅助触头 |
| 4 | 热继电器 | JR36—20 | 1 | |
| 5 | 按钮 | LA4—3H | 1 | |
| 6 | 欠电流继电器 | JL14—11JG | 3 | |
| 7 | 电阻器 | RT01—6/1B | 6 | 用 RX20-16 5.1Ω 代替 |
| 8 | 塑料导线 | BVR—1mm$^2$ | 10m | 控制电路用 |
| 9 | 塑料导线 | BVR—2.5mm$^2$ | 10m | 主电路用 |
| 10 | 塑料导线 | BVR—0.75mm$^2$ | 10m | 按钮、外加电阻用 |
| 11 | 接线端子排 | JX3—1012 | 2 | |
| 12 | 三相异步电动机 | YR132S1—4 2.2kW 1440r/min 5.3A | 1 | 转子：190V 7.9A |
| 13 | 接线板 | 700mm×550mm×30mm | 1 | |

## 二、元器件安装

| 实训图片 | 操作方法 | 注意事项 |
|---|---|---|
| 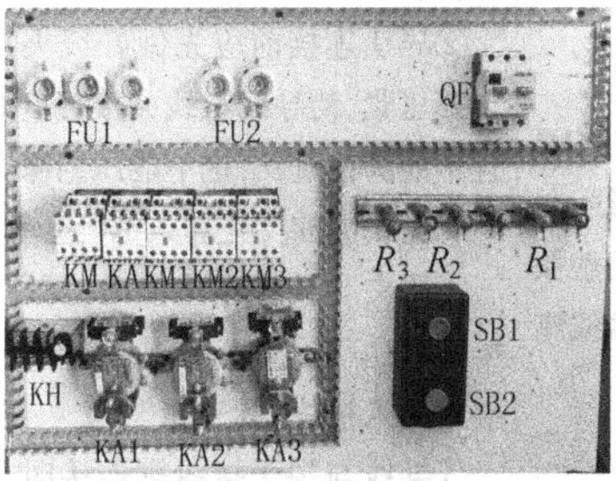  | [安装元器件]：根据元器件布置图，将各元器件安装固定在接线板上各自的位置，并根据实际长度将线槽进行切割，然后将线槽用木螺钉安装固定在接线板上 | ①元器件安装要牢固可靠<br>②各元器件之间的间距要符合要求<br>③固定木螺钉不能太紧，以免损坏元器件的安装固定脚<br>④走线槽安装应端正牢固美观<br>⑤走线槽的两端必须安装封头 |

## 三、布线

| 实训图片 | 操作方法 | 注意事项 |
|---|---|---|
|   | [布置 0 号线]：用软导线，将其一端接于第二个控制熔断器的上接线座，另一端接于 KM 的 A1 线圈接线座，再依次将 KA、KM1、KM2、KM3 的 A1 线圈接线座并接起来 | ①布线前，先用布清除槽内的污物，使线槽内外清洁<br>②两根导线线芯并接做线夹时，要绞合紧插入线夹孔，且要压接牢固，不能露铜过多 |
| 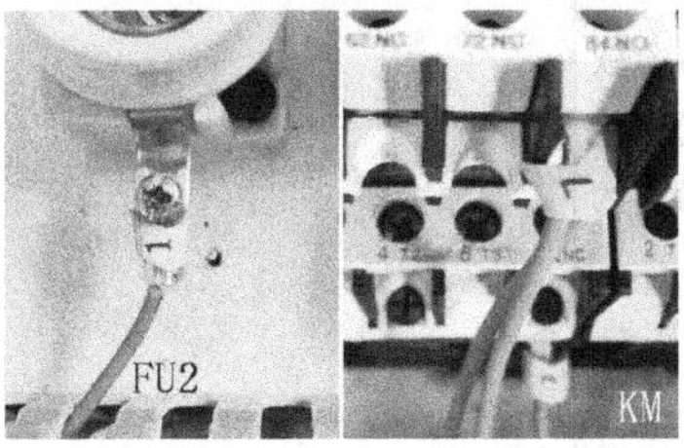  | [布置 1～7 号线]：用软导线按电路原理图和接线图所示，一步一步地进行导线连接 | ①1～7 号线的布置完全同于上一任务（任务六）<br>②所有导线接头的连接均采用线夹连接<br>③不能遗漏编码套管 |

（续）

<table>
<tr><th>实训图片</th><th>操作方法</th><th>注意事项</th></tr>
<tr><td>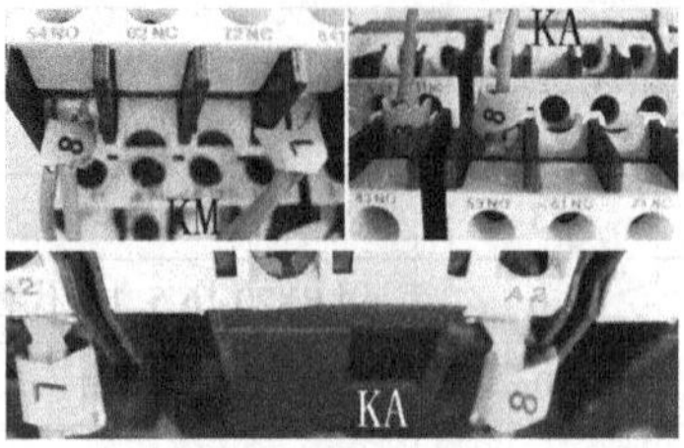</td><td>[布置8号线]：用软导线在KM的54号接线座并接两根导线，一根另一端接于KA的53号接线座，另一根另一端接于KA的A2线圈接线座</td><td rowspan="5">①布线前，先用布清除槽内的污物，使线槽内外清洁<br>②导线连接前应先做好线夹，线夹要压紧，使导线与线夹接触良好，且不能露铜过长，也不能压绝缘层<br>③做线夹前要先套入编码套管<br>④线夹与接线座连接时，要压接牢固、良好，不能松动；需垫片时，线夹要插入垫片之下<br>⑤导线与端子接线排连接时，无需做线夹，但要将线芯绞合紧并弯折，与端子排连接要可靠、良好</td></tr>
<tr><td>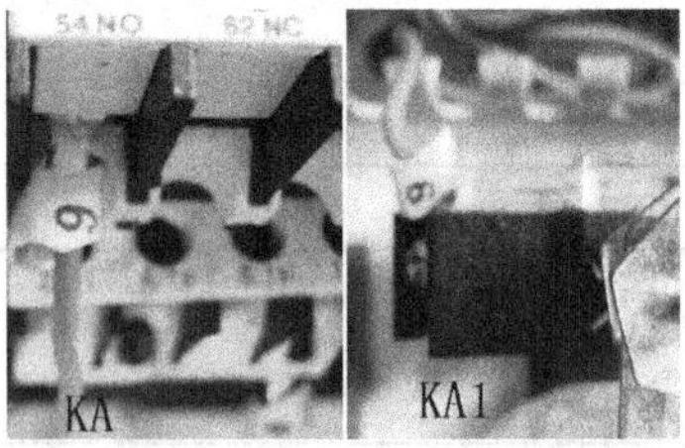</td><td>[布置9号线]：截取一段$1mm^2$软导线，一端接于KA的54号接线座，另一端接于KA1的常闭触头的一个接线座</td></tr>
<tr><td>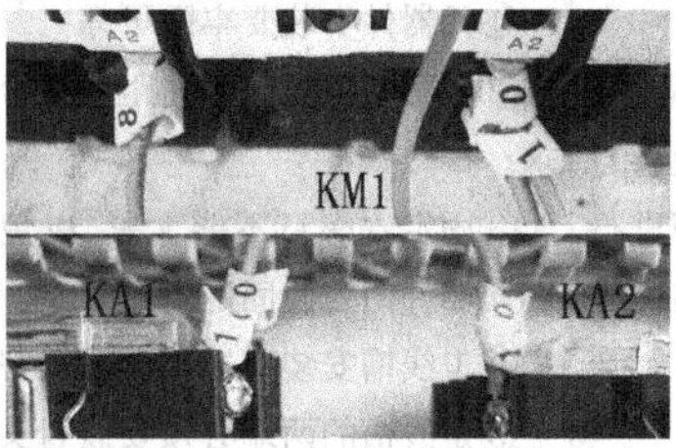</td><td>[布置10号线]：用软导线在KM1的A2号线圈接线座并接两根导线，另一端分别接于KA1的另一个常闭触头接线座和KA2的一个常闭触头接线座</td></tr>
<tr><td></td><td>[布置11号线]：用软导线在KM2的A2号线圈接线座并接两根导线，另一端分别接于KA2的另一个常闭触头接线座和KA3的一个常闭触头接线座</td></tr>
<tr><td></td><td>[布置12号线]：截取一段$1mm^2$软导线，一端接于KM3的A2号线圈接线座，另一端接于KA3的常闭触头的另一个接线座</td></tr>
</table>

（续）

| 实训图片 | 操作方法 | 注意事项 |
|---|---|---|
| 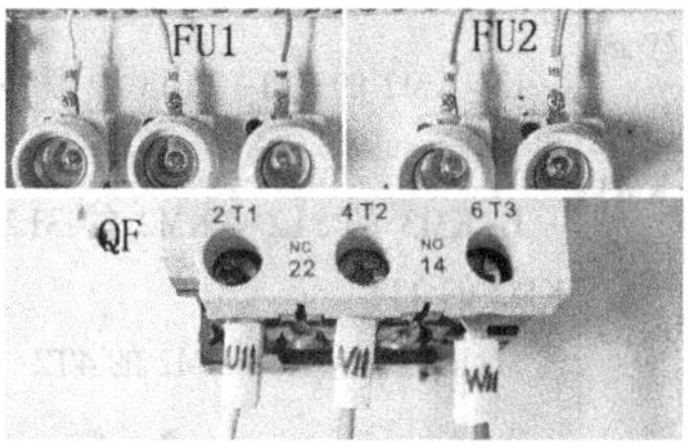 | ［布置 U11、V11、W11 号线］：用软导线从左至右分别将 FU1 熔断器下接线座连接到低压断路器的 2T1、4T2、6T3 接线座；中间将 FU2 串联在 U、V 相中 | ①导线连接时要从上到下，一相一相连接或用分色导线连接，以保证从左至右依次为 U、V、W 三相<br>②具体分步连接步骤见前述任务 |
| 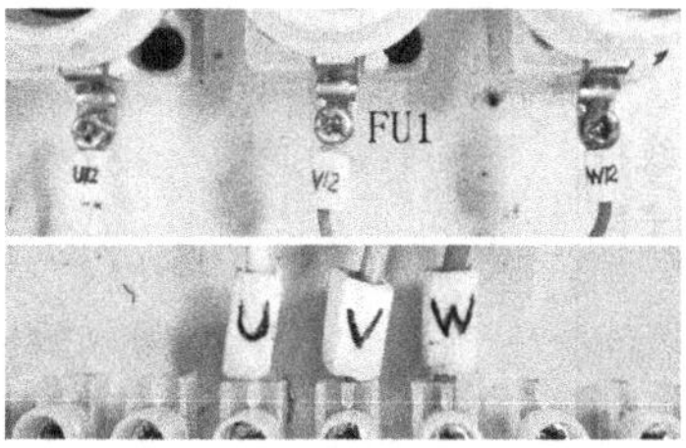 | ［布置 U12、V12、W12 至 U、V、W 号线］：用软导线从左至右依次将 FU1 下接线座、KM 的主触头接线座、KH 主触头接线座、端子排连接起来 | |
| 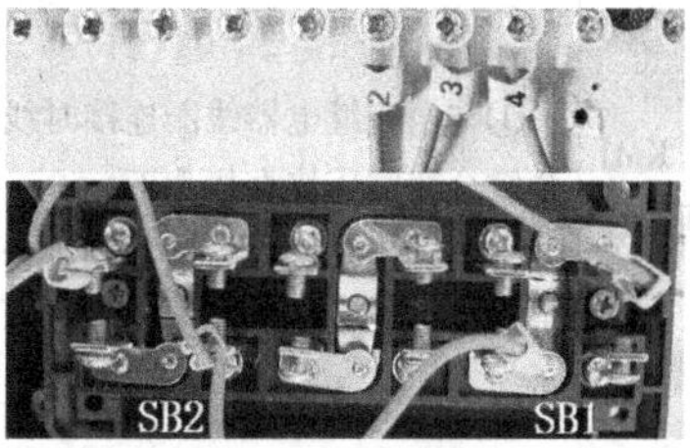 | ［布置按钮线］：同前述任务一样，用软导线将常闭按钮的两个接线座连接到端子排 2、3 号位置；将常开按钮的两个接线座连接到端子排 3、4 号位置 | ①与按钮接线座连接时导线线芯要绞合弯圈或用线夹连接，且所有导线要穿过按钮盒的进出线孔<br>②具体分步连接步骤见前述任务 |
| 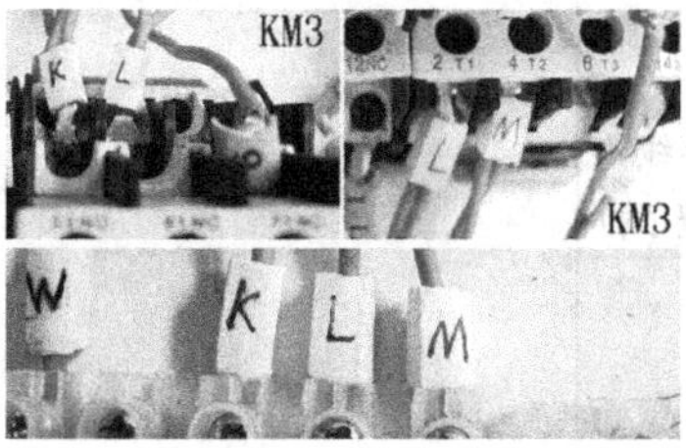 | ［布置 K、L、M 号线］：用软导线将 KM3 的 1L1 连接到对应端子排；将 3L2 连接到 2T1 再并接到端子排；将 4T2 连接到接线端子排对应位置 | K：1L1→端子排 K<br>L：3L2→2T1→端子排 L<br>M：4T2→端子排 M |
| 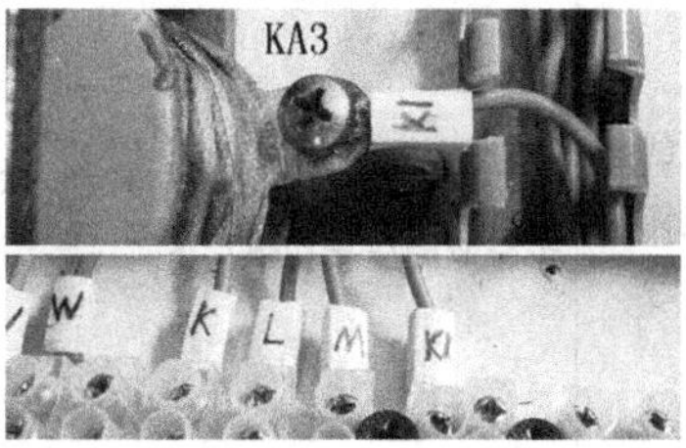 | ［布置 K1 号线］：用一根软导线将 KA3 的一个线圈接线座连接到端子排对应位置 | 与电流继电器线圈连接时线芯要绞合弯圈压接在垫片下 |

（续）

<table>
<tr><th>实训图片</th><th>操作方法</th><th>注意事项</th></tr>
<tr><td>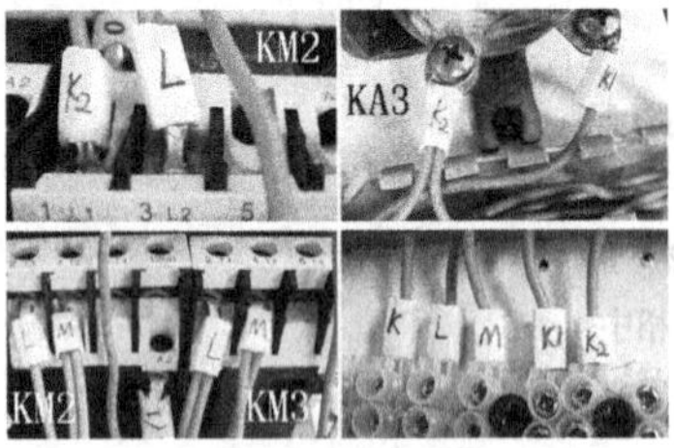
</td><td>［布置 K2、L、M 号线］：用软导线将 KM2 的 1L1 连接到 KA 的另一个线圈接线座，再并接到对应端子排；将 KM3 的 3L2 连接到 KM2 的 3L2 再并接到 2T1；将 KM3 的 4T2 连接到 KM2 的 4T2</td><td>K2：KM2 的 1L1→KA3 线圈→端子排 K2<br>L：KM3 的 3L2→KM2 的 3L2→KM2 的 2T1<br>M：KM3 的 4T2→KM2 的 4T2</td></tr>
<tr><td>
</td><td>［布置 K3 号线］：用一根软导线将 KA2 的一个线圈接线座连接到端子排对应位置</td><td rowspan="3">①与电流继电器线圈连接时线芯要绞合弯圈压接在垫片下<br>②与端子排连接时线芯要绞合弯折</td></tr>
<tr><td>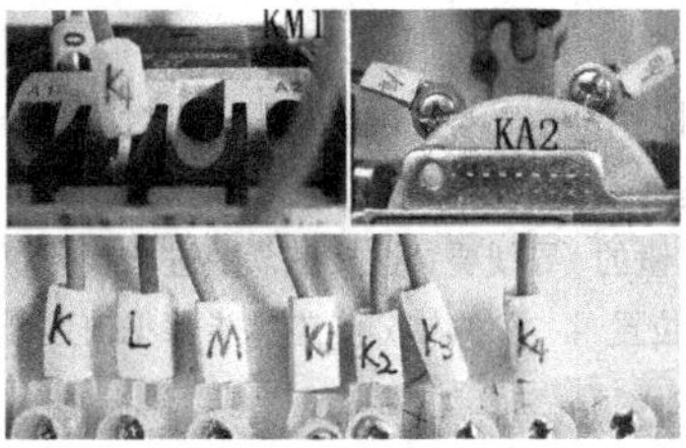
</td><td>［布置 K4 号线］：用软导线将 KM1 的 1L1 连接到 KA2 的另一个线圈接线座再并接到端子排对应位置</td></tr>
<tr><td>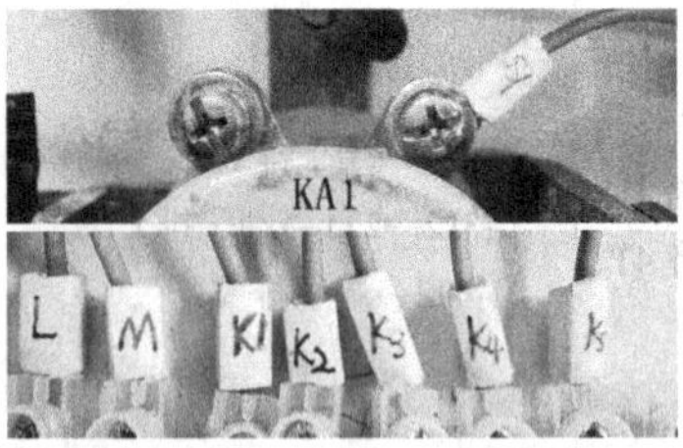
</td><td>［布置 K5 号线］：用一根软导线将 KA1 的一个线圈接线座连接到端子排对应位置</td></tr>
<tr><td>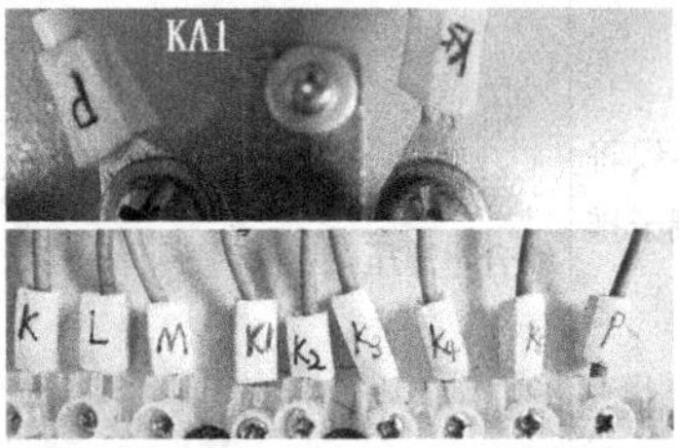
</td><td>［布置 P 号线］：用一根软导线将 KA1 的另一个线圈接线座连接到端子排对应位置</td><td>与电流继电器线圈连接时线芯要绞合弯圈压接在垫片下</td></tr>
</table>

（续）

| 实训图片 | 操作方法 | 注意事项 |
|---|---|---|
| 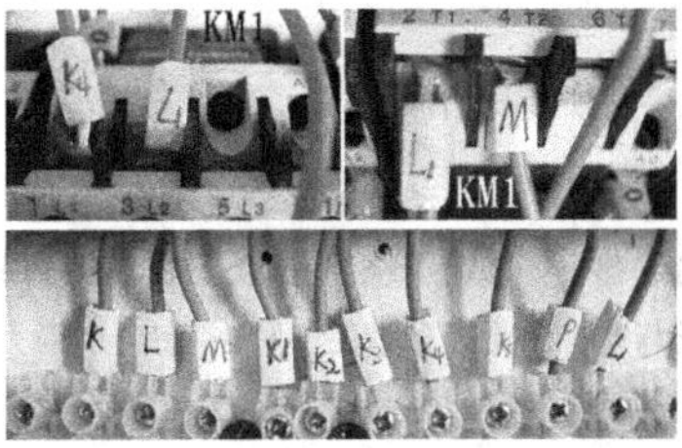 | ［布置 L1 号线］：用软导线将 KM1 的 3L2 连接到 2T1，再并接到对应端子排；将 KM2 的 4T2 连接到 KM1 的 4T2 | L1：3L2→2T1→端子排 L1<br>M：KM2 的 4T2→KM1 的 4T2 |
|  | ［布置外接电阻线］：用软导线将 5 个外接不平衡电阻分别与对应端子排进行连接 | 与电阻连接时采用焊接形式，焊接要牢固，不能虚焊 |
| 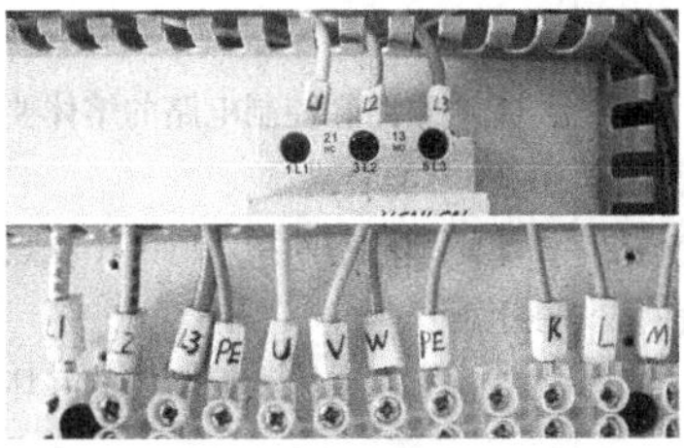 | ［布置 L1、L2、L3 电源线］：用三根 2.5mm$^2$ 软导线从左至右依次将端子排与低压断路器的 1L1、3L2、5L3 接线座连接起来 | ①电源导线连接时三相电源相序要对应，从左至右依次为 L1、L2、L3<br>②将两个端子排用 PE 导线连接起来 |

## 四、电路检查、电动机连接

| 实训图片 | 操作方法 | 注意事项 |
|---|---|---|
| 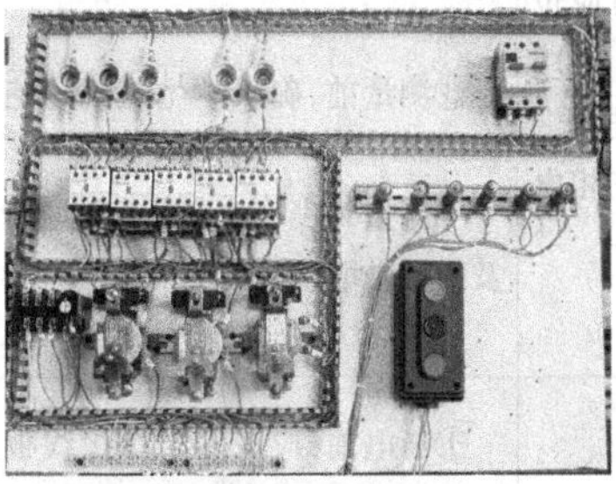 | ［目测检查］：根据电路图或接线图从电源端开始，逐段检查核对线号是否正确，有无漏接、错接，线夹与接线座连接是否松动 | ①检查时要断开电源<br>②要检查导线连接点是否符合要求、压接是否牢固<br>③要注意连接点接触是否良好，以免运行时产生电弧<br>④要用合适的电阻挡位，并“调零”进行检查<br>⑤检查时可用手或工具按下按钮或接触器<br>⑥电路检查后，应盖上线槽板<br>⑦调整三个时间继电器的延时时间，动作时间不能太长 |
| 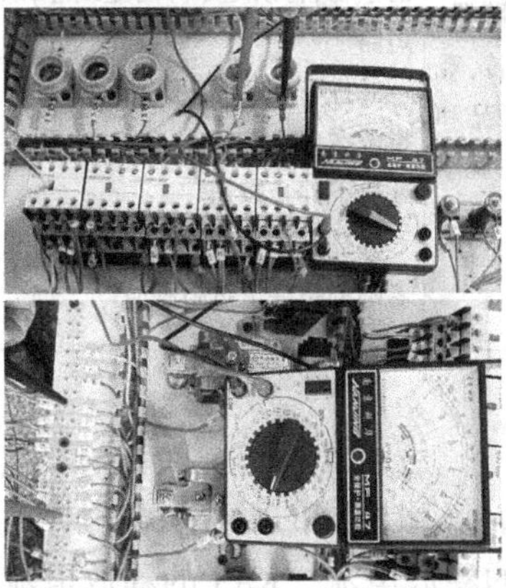 | ［万用表检查］：用万用表电阻挡逐段检查电路的通断情况；特别要检查外接电阻电路的情况，不能接错 | |

（续）

| 实训图片 | 操作方法 | 注意事项 |
|---|---|---|
|  | [连接电动机]：将电动机定子绕组的三根出线分别与端子排 U、V、W 连接，将转子绕组的三根出线与端子排 K、L、M 连接，并将电动机的外壳与端子排 PE 连接 | ①电动机的外壳应可靠接地<br>②定子绕组和转子绕组的三根出线要区分清楚，不能接错 |

## 五、通电试车

| 实训图片 | 操作方法 | 注意事项 |
|---|---|---|
| 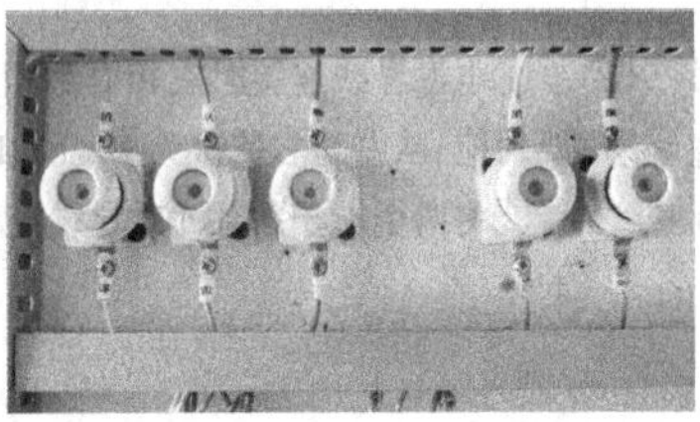 | [安装熔体]：将 3 只 15A 的熔体装入主电路熔断器中，将 2 只 2A 熔体装入控制电路熔断器中，同时旋上熔帽 | ①主电路和控制电路的熔体要区分清，不能装错<br>②熔体的熔断指示——小红点要在上面<br>③用万用表检测熔断器的好坏 |
| 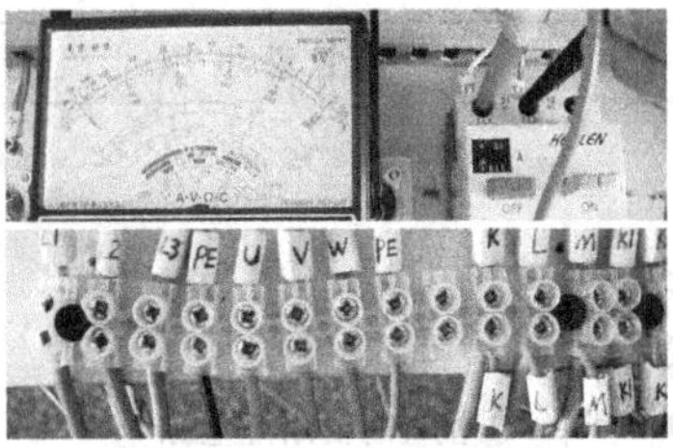 | [连接电源线并验电]：将三相电源线连接到端子排的 L1、L2、L3 对应位置；合上总电源开关，用万用表 500V 电压挡，分别测量低压断路器进线端的相间电压，确认三相电源并三相电压平衡 | ①连接电源线时应断开总电源<br>②由指导老师监护学生接通三相电源<br>③测量前，确认学生是否穿绝缘鞋<br>④测量时表笔的笔尖不能同时触及两根带电体 |
| 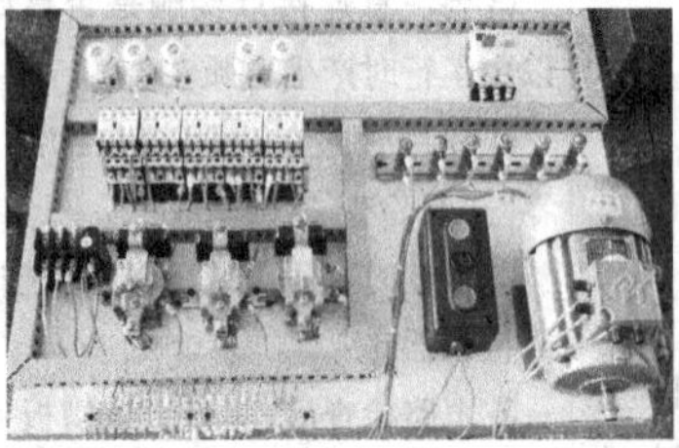 | [按下按钮试车]：合上低压断路器。按下 SB1，KM 吸合及电动机旋转，观察 KA1、KA2、KA3 依次释放情况和 KM1、KM2、KM3 依次吸合情况并观察电动机转速的变化 | ①通电前，应清理干净接线板上的杂物，特别是零碎的短线芯，以防短路<br>②按下起动按钮的同时，另一手指放在停止按钮上，发现问题，要迅速按下停止按钮<br>③按下按钮后如出现故障，应在老师的指导下进行检查 |

**提醒注意**

本任务的控制过程是按电流原则来进行控制的，三个欠电流继电器的吸合值都一样，但它们的释放值不一样，KA1 的释放电流最大，其次是 KA2 的释放电流，KA3 的释放电流最小，电流整定时要引以注意。

## 检查评价

通电试车完毕，切断电源后，先拆除电源线，再拆除电动机线，然后进行综合评价。

**任务评价**

| 序号 | 评价指标 | 评价内容 | 分值 | 个人评价 | 小组评价 | 教师评价 |
|---|---|---|---|---|---|---|
| 1 | 元器件检查 | 元器件是否漏检或错检 | 5 | | | |
| 2 | 安装元器件 | 不按布置图安装 | 5 | | | |
| | | 元器件、线槽安装不牢固 | 3 | | | |
| | | 元器件安装不整齐、不合理、不美观 | 2 | | | |
| | | 损坏元器件 | 5 | | | |
| 3 | 布线 | 不按电路图接线 | 10 | | | |
| | | 布线不符合要求 | 5 | | | |
| | | 接点松动、露铜过长、反圈 | 5 | | | |
| | | 损伤导线绝缘或线芯 | 5 | | | |
| | | 未套装或漏装编码套管 | 5 | | | |
| | | 未接地线 | 10 | | | |
| 4 | 通电试车 | 电路短路 | 15 | | | |
| | | 欠电流继电器不起作用 | 5 | | | |
| | | 试车不成功 | 10 | | | |
| 5 | 安全规范 | 是否穿绝缘鞋 | 5 | | | |
| | | 操作是否规范安全 | 5 | | | |
| 总分 | | | 100 | | | |
| 问题记录和解决方法 | | | 记录任务实施过程中出现的问题和采取的解决办法 | | | |

**能力评价**

| 内容 | | 评价 | |
|---|---|---|---|
| 学习目标 | 评价项目 | 小组评价 | 教师评价 |
| 应知应会 | 本任务的相关基本概念是否熟悉 | □Yes □No | □Yes □No |
| | 是否熟练掌握仪表、工具的使用 | □Yes □No | □Yes □No |
| 专业能力 | 元器件的安装、使用是否规范 | □Yes □No | □Yes □No |
| | 安装接线是否合理、规范、美观 | □Yes □No | □Yes □No |
| | 是否具有相关专业知识的融合能力 | □Yes □No | □Yes □No |
| 通用能力 | 团队合作能力 | □Yes □No | □Yes □No |
| | 沟通协调能力 | □Yes □No | □Yes □No |
| | 解决问题能力 | □Yes □No | □Yes □No |
| | 自我管理能力 | □Yes □No | □Yes □No |
| | 创新能力 | □Yes □No | □Yes □No |

（续）

| 内容 | | 评价 | |
|---|---|---|---|
| 学习目标 | 评价项目 | 小组评价 | 教师评价 |
| 态度 | 敬岗爱业 | □Yes □No | □Yes □No |
| | 工作认真 | □Yes □No | □Yes □No |
| | 劳动态度 | □Yes □No | □Yes □No |
| 个人努力方向： | | 老师、同学建议： | |

## 思考与提高

1. 在本任务控制电路中为什么要增加一个中间继电器 KA？
2. 本任务控制电路中有什么缺点？如何改进？

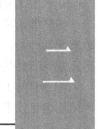

# 单元二　自动控制电路实战训练

二

## 任务八　传感器的识别与安装调试

**学习目标**

- 了解各种传感器的识别方法。
- 熟悉各种传感器的安装方法。
- 学会对各种传感器进行调试。

### 任务描述

在日常生活中，人们是通过人的“五官”——眼、耳、鼻、舌、皮肤直接感受周围事物变化。人的大脑对“五官”感受到的信息进行加工、处理，从而调节人的行为活动。人们在研究自然现象、规律以及生产活动中，有时为了定性了解某一事物，需要进行大量的实验测量以确定对象的量值的确切数据，而单靠人的自身感觉器官的功能是远远不够的，需要借助于某种仪器设备来完成，这种仪器设备就是传感器。传感器是人类“五官”的延伸，是信息采集系统的首要部件。

### 任务分析

本任务要求实现“传感器的识别、安装、调试”，要完成此任务，首先应认识传感器，并根据其作用和地位，从而确定传感器的定义、分类、工作原理及传感器的识别。

1. 传感器的定义

中华人民共和国国家标准（GB/T 7665—2005《传感器通用术语》）中，传感器定义为“能感受（或响应）规定的被测量并按照一定的规律转换成可用输出信号的器件或装置”。

2. 传感器的分类

传感器种类繁多，分类方法也有多种，可以按被测物理量分类，如：位移传感器、压力传感器、温度传感器、湿度传感器、液位传感器、力传感器等。还可以按传感器的工作原理分类，如电学式传感器、磁学式传感器、光电式传感器、电势型传感器、电荷型传感器、半导体型传感器、谐振式传感器及电化学式传感器。

3. 传感器的构成及工作原理

传感器通常是由敏感元器件、转换元器件、测量转换电路及辅助电源四部分组成。其中敏感元器件是指传感器中能感受到或感应到被测量的元器件，转换元器件是指传感器中将敏感元器件所感受到或感应到的被测量转换为适用于测量的电信号。

传感器的工作原理是：通过传感器将被测量（非电量）转化成与其有一定关系的电量，再使用电工仪表和电子仪器进行测量的过程。其工作原理组成框图如下图所示。

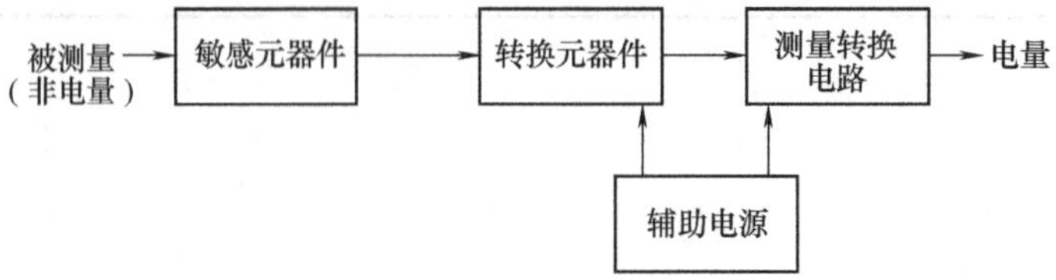


相关知识

## 一、传感器的静态特性

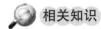

传感器的静态特性是指当被测量处于稳定状态下，传感器的输入值与输出值之间的关系。传感器静态特性的主要技术指标有：线性度、灵敏度、迟滞和重复性等。

1. 线性度

传感器的线性度是指传感器实际输出—输入特性曲线与理论直线之间的最大偏差与输出满度值之比，即

$$\gamma_L = \pm \frac{\Delta_{max}}{y_{FS}} \times 100\% \tag{8-1}$$

式中 $\gamma_L$——线性度；

$\Delta_{max}$——实际曲线与拟合曲线之间的最大偏差；

$y_{FS}$——输出满度值。

2. 灵敏度

传感器的灵敏度是指传感器在稳定标准条件下，输出量的变化量与输入量的变化量之比，即

$$S_0 = \frac{\Delta y}{\Delta x} \tag{8-2}$$

式中 $S_0$——灵敏度；

$\Delta y$——输出量的变化量；

$\Delta x$——输入量的变化量。

对于线性传感器来说，其灵敏度是个常数。

3. 迟滞

传感器在正向（输入量增大）和反向（输入量减小）行程间输出—输入特性曲线不一致的程度称为迟滞，迟滞误差一般以正反行程间输出值的最大差值 $\Delta H_m$ 满量程输出 $y_{FS}$ 的百分比表示，即

$$\gamma_H = \pm \frac{\Delta H_m}{\Delta y_{FS}} \times 100\% \tag{8-3}$$

式中 $\Delta H_m$——输出值在正、反行程间的最大差值。

迟滞特性一般由实验方法确定。

4. 重复性

传感器在同一条件下，被测输入量按同一方向作全量程连续多次重复测量时，所得输出—输入曲线的不一致程度，称重复性。重复性误差用输出最大误差与满量程输出的百分比表示，即

（1）近似计算

$$\gamma_R = \pm \frac{\Delta R_{max}}{\Delta y_{FS}} \times 100\% \tag{8-4}$$

（2）精确计算

$$\gamma_R = \pm \frac{2 \sim 3}{y_{FS}} \sqrt{\Sigma (y_i - \bar{y})^2 / (n-1)} \tag{8-5}$$

式中　$\Delta R_{max}$——输出最大不重复误差；

$y_i$——第 $i$ 次测量值；

$\bar{y}$——测量值的算术平均值；

$n$——测量次数。

重复性特性也用实验方法确定，常用绝对误差表示。

5. 分辨力

传感器能检测到的最小输入增量称为分辨力，在输入零点附近的分辨力称为阈值。

6. 零漂

传感器在零输入状态下，输出值的变化称为零漂，零漂可用相对误差表示，也可用绝对误差表示。

**二、传感器的动态特性**

传感器动态特性的性能指标可以通过时域、频域以及试验分析的方法确定，其动态特性参数如：最大超调量、上升时间、调整时间、频率响应范围、临界频率等。

动态特性好的传感器，其输出量随时间的变化规律将再现输入量随时间的变化规律，即它们具有同一时间函数。但是，除了理想情况以外，实际传感器的输出信号与输入信号不会具有相同的时间函数，由此引起动态误差。

## 任务实施

**一、传感器的识别**

在日常生活中我们离不开传感器，那这么多的传感器，我们如何识别呢？

按照传感器的图片进行识别。

| 名称 | 外　形　图 | 系列型号 | 使　用　场　合 |
|---|---|---|---|
| 光电式传感器 |  | ITR8307<br>ITR8307/L24<br>ITR8307/TR8<br>8ITR8307/F43 | 可用作物位检测、液位控制、产品计数、宽度判别、速度检测、定长剪切、孔洞识别、信号延时、自动门传感、色标检出、冲床和剪切机以及安全防护等诸多领域。此外，利用红外线的隐蔽性，还可在银行、仓库、商店、办公室以及其他需要的场合作为防盗警戒之用 |

（续）

| 名称 | 外 形 图 | 系列型号 | 使 用 场 合 |
|---|---|---|---|
| 霍尔接近开关 | 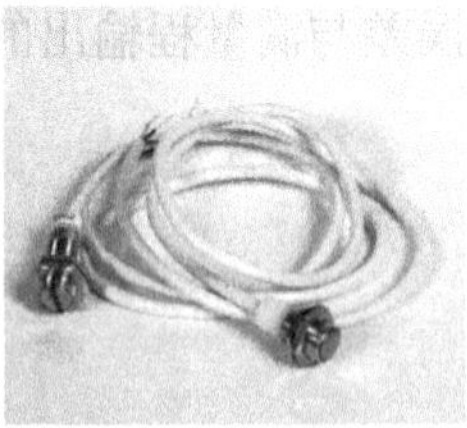 | MH281、282、283 系列<br>MH248、249、250 系列<br>MH182、187 系列 | 在航空、航天技术以及工业生产中都有广泛的应用。在日常生活中，如在宾馆的自动门和自动热风机上都有应用。在安全防盗方面，如资料档案、金库等重地，通常都装有由各种接近开关组成的防盗装置。在测量技术中，如长度的测量；在控制技术中，如位移的测量和控制，也都使用着大量的接近开关 |
| 编码器 |  | FRE38 系列<br>GL1-OVW2-2-2<br>MHT 系列<br>PB10-1024Z5 系列<br>Easydic 系列 | 广泛应用于轻工行业，尤其是在印刷包装行业控制应用中更为突出。分辨力达到 2500，兼顾了体积小、重量轻和精度高的现代化轻工业要求。通过对轴长进行改变，可适应更多的应用环境 |
| 电容式传感器 | 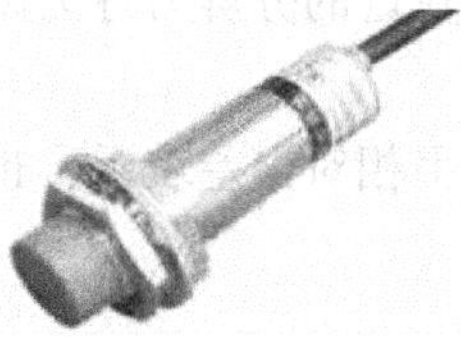 | 1151 系列<br>cecc 系列<br>dx1151/3351 系列 | 可用来测量直线位移、角位移和振动振幅（可测至 0.05μm 的微小振幅），尤其适合测量高频振动振幅、精密轴系回转精度、加速度等机械量，还可用来测量压力、差压力、液位、料面、粮食中的水分含量、非金属材料的涂层、油膜厚度，以及测量电介质的湿度、密度、厚度等到。在自动检测和控制系统中也常常用来作为位置信号发生器 |

## 二、传感器的安装

以电容式传感器为例，对其进行安装并观察。

| 实 训 图 片 | 操 作 方 法 | 注 意 事 项 |
|---|---|---|
| 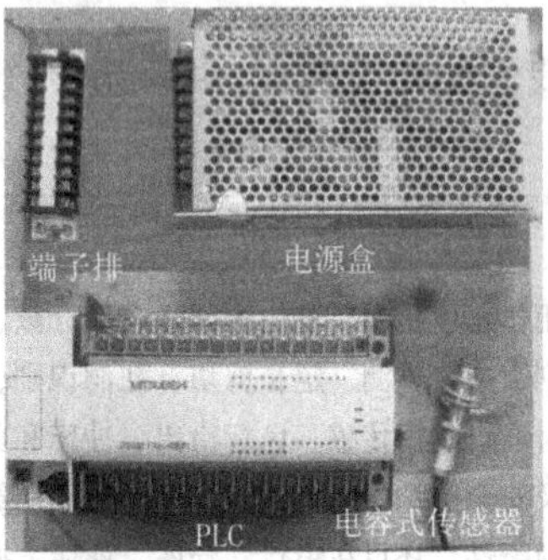 | ［安装各元器件］：将 220V/24V 电源盒、PLC 模块、端子排按要求安装在接线板上 | ①安装时，应清除触头表面尘污<br>②安装处的环境温度应与电动机所处环境温度基本相同<br>③元器件安装要牢固，且不能损坏元器件 |

（续）

| 实训图片 | 操作方法 | 注意事项 |
|---|---|---|
| 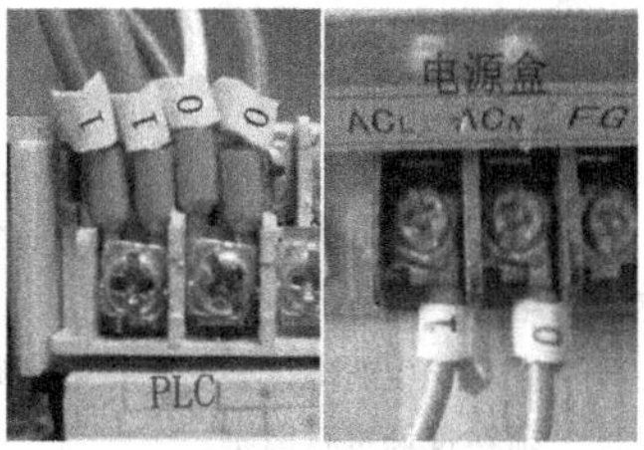 | ［连接1号线］：用软导线将电源盒的 $AC_L$ 与PLC模块中的L端相连接 | 电源盒的出线端 $AC_L$ 与PLC的L端相连，$AC_N$ 与PLC的N端相连 |
| | ［连接0号线］：用软导线将电源盒的 $AC_N$ 端与PLC模块中的N端相连接 | |
| 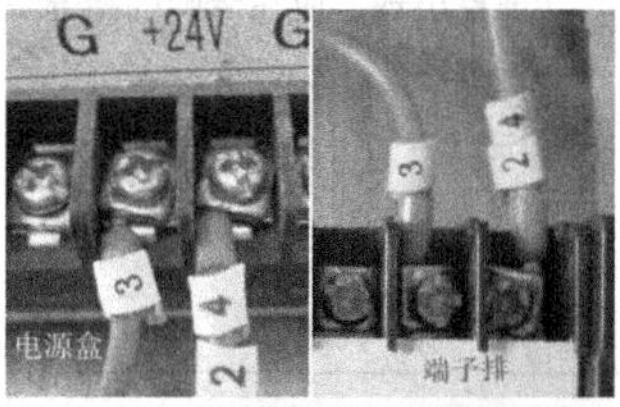 | ［连接24号线和3号线］：用软导线将电源盒的24V端、G端、PLC模块COM与端子排连接 | 安装时，应清除触头表面尘污 |
|  | ［连接5号线］：用软导线将PLC模块的X0与端子排连接 | |
|  | ［连接传感器］：用软导线将电容式传感器与端子排连接 | 电容式传感器有棕色、蓝色、黑色三种颜色连接线，其中棕色接电源盒的24V（正极）、蓝色接电源盒的G端（负极），黑色PLC模块的X0（信号线） |
| 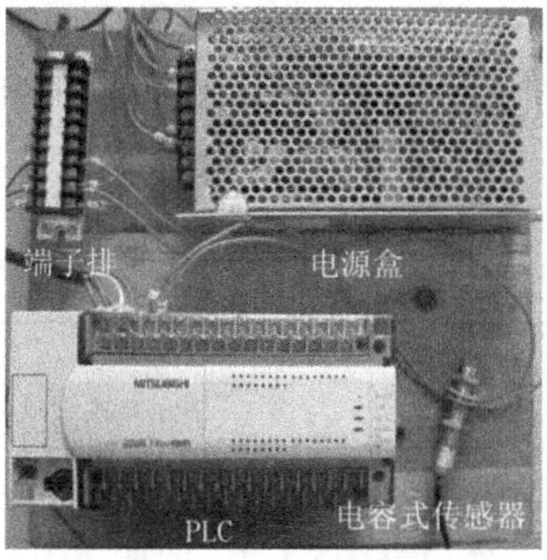 | 连接电源线 | PLC模块中的接地端、N端、L端依次与电源的对应点相连接 |

### 三、通电调试

| 实 训 图 片 | 操 作 方 法 | 注 意 事 项 |
|---|---|---|
|  | ［通电测试］：当三相交流电源接入时，当手慢慢靠近电容式传感器，开始无任何现象，当靠近一定距离时，PLC 模块中输入 X0 指示灯亮，同时传感器指示灯亮 | ①由指导老师指导学生接通交流电源<br>②学生通电试验时，指导老师必须在现场进行监护<br>③当手靠近电容式传感器时没有现象出现，应在老师的指导下进行检查 |

## 提醒注意

### 一、传感器命名

一般传感器产品的名称，应由主题词及 4 级修饰语构成。

（1）主题词　传感器。

（2）第 1 级修饰词　被测量，包括修饰被测量的定语。

（3）第 2 级修饰词　转换原理，一般可后续以“式”字。

（4）第 3 级修饰词　特征描述，指必须强调的传感器结构、性能、材料特征、敏感元器件及其他必需的性能特征，一般可后续以“型”字。

（5）第 4 级修饰词　主要技术指标（量程、精确度、灵敏度等）。

### 二、传感器代号的标记方法

一般规定用大写汉字拼音字母和阿拉伯数字构成传感器的完整代号。传感器的完整代号应包括以下的 4 个部分：主称（传感器）、被测量、转换原理和序号。

## 检查评价

任 务 评 价

| 序号 | 评价指标 | 评 价 内 容 | 分值 | 个人评价 | 小组评价 | 教师评价 |
|---|---|---|---|---|---|---|
| 1 | 安装检查 | 传感器安装是否正确 | 30 | | | |
| 2 | 通电操作 | 传感器调试接线是否正确 | 30 | | | |
| | | 第一次试车不成功 | 10 | | | |
| | | 第二次试车不成功 | 10 | | | |
| 3 | 安全规范 | 是否穿绝缘鞋 | 10 | | | |
| | | 操作是否规范安全 | 10 | | | |
| 总分 | | | 100 | | | |
| 问题记录和解决方法 | | | 记录任务实施过程中出现的问题和采取的解决办法 | | | |

能力评价

| 内容 | | 评价 | |
|---|---|---|---|
| 学习目标 | 评价项目 | 小组评价 | 教师评价 |
| 应知应会 | 本任务的相关基本概念是否熟悉 | □Yes □No | □Yes □No |
| | 是否熟练掌握传感器的使用 | □Yes □No | □Yes □No |
| 专业能力 | 传感器的安装是否正确 | □Yes □No | □Yes □No |
| | 是否具有相关专业知识的融合能力 | □Yes □No | □Yes □No |
| 通用能力 | 团队合作能力 | □Yes □No | □Yes □No |
| | 协调沟通能力 | □Yes □No | □Yes □No |
| | 解决问题能力 | □Yes □No | □Yes □No |
| | 自我管理能力 | □Yes □No | □Yes □No |
| | 创新能力 | □Yes □No | □Yes □No |
| 态度 | 敬岗爱业 | □Yes □No | □Yes □No |
| | 工作态度 | □Yes □No | □Yes □No |
| | 劳动态度 | □Yes □No | □Yes □No |
| 个人努力方向： | | 老师、同学建议： | |

## 思考与提高

1. 传感器的静态性能指标有哪些？其含义是什么？
2. 电容式传感器中三根不同颜色的导线在电路中分别接什么？

# 任务九　三相交流异步电动机 PLC 控制连续运转电路的安装调试

## 训练目标

- 了解 PLC 内部软元件及工作方式。
- 掌握逻辑取及线圈驱动指令。
- 掌握触点串联、并联指令。
- 学会应用 SWOPC-FXGP/WIN-C 软件。

## 任务描述

在日常生活中，人们经常会看到这样的现象：用手按下某一个东西（或器件），就产生一个动作，手一旦松开，这个动作还持续运行。比如工厂里天天用的机床，用手按一下起动按钮，机床就开始工作，手松开按钮后，机床仍继续运转。这种使机床里的电动机在松开起动按钮 SB 后，还能保持连续运转的控制方式叫做连续控制。本任务我们将通过 PLC 模块来实现对三相异步电动机连续运转的控制及监控。

## 任务分析

本任务要求实现“三相异步电动机PLC控制连续运转电路的安装”，首先应正确绘制三相异步电动机连续运转控制电路图，理解其工作原理，根据其控制电路图，确定PLC输入/输出地址表、PLC接线图、编写梯形图及指令表。

### 一、输入/输出点的确定

为了将三相异步电动机连续运转控制电路用PLC控制并实现相应功能，PLC需要3个输入点，1个输出点，输入/输出点的分配见下表。

| 输　入 | | | 输　出 | | |
|---|---|---|---|---|---|
| 输入继电器 | 输入元件 | 作用 | 输出继电器 | 输出元件 | 作　用 |
| X0 | SB1 | 停止按钮 | Y1 | KM | 运行用交流接触器 |
| X1 | SB2 | 起动按钮 | | | |
| X2 | KH | 过载保护 | | | |

### 二、PLC接线图、PLC梯形图、指令表

该电路的工作过程如下：当SB1、KH不动作即X0、X2不接通时，按下起动按钮SB2，X1接通，X1的常开触点闭合，驱动Y1线圈得电，电动机开始运行。同时梯形图中的常开触点Y1接通自锁，使Y1持续得电，电动机连续运行。

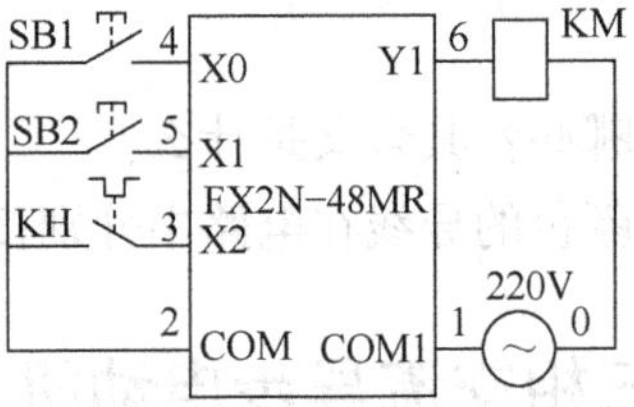


PLC接线图

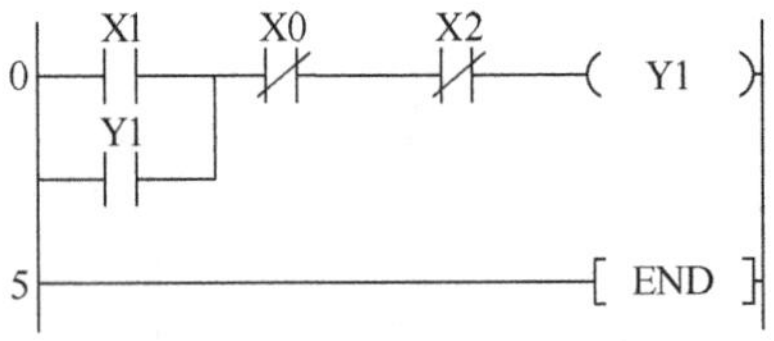


梯形图

| | | |
|---|---|---|
| 0 | LD | X1 |
| 1 | OR | Y1 |
| 2 | ANI | X0 |
| 3 | ANI | X2 |
| 4 | OUT | Y1 |
| 5 | END | |

指令表

## 相关知识

### 一、PLC内部软元件

FX系列PLC内部软元件有输入继电器［X］、输出继电器［Y］、辅助继电器［M］、状态继电器［S］、定时器［T］、计数器［C］、数据寄存器［D］和变址寄存器［V、Z］八大类。

1. 输入继电器［X］和输出继电器［Y］

输入继电器是专门用来接收PLC外部开关信号的元件。它必须由外部信号驱动，不能

由内部编程指令驱动，所以在 PLC 编程时不可能出现其线圈。

输出继电器是 PLC 向外部负载发送信号的窗口。它的作用是用来将 PLC 内部信号输出传送给外部负载。它可以由外部信号驱动，也可以由 PLC 内部程序驱动。在梯形图中，每一个输出继电器的常开触点和常闭触点都可以多次使用。

输入输出继电器都以八进制进行编号，FX2N 输入继电器的编号范围为 X000 ~ X007，X010 ~ X017，…，基本单元中输入继电器最多可达 128 点，加上扩展单元及扩展模块，最多可达 184 点；输出继电器的编号范围为 Y000 ~ Y007，Y010 ~ Y017，…，最多可达 184 点。

2. PLC 的工作方式

PLC 在执行程序中，采用了循环扫描工作方式。在每一个运行过程中，PLC 分为输入处理（输入采样）、程序处理（程序执行）和输出处理（输出刷新）三个阶段。

## 二、指令

PLC 基本逻辑指令是 PLC 对程序进行逻辑运算并以规定的助记符表示的一种指令。

1. 逻辑取及线圈驱动指令

| 符号（名称） | 功　能 | 程　序　步 |
|---|---|---|
| LD（取） | 逻辑运算开始的常开触点 | 1 |
| LDI（取反） | 逻辑运算开始的常闭触点 | 1 |
| OUT（输出） | 线圈驱动指令 | Y、M：1 步；S、特 M：2 步；T：3 步；C：3 ~5 步 |

指令 LD、LDI、OUT 的编程例子，如下图所示。

梯形图

0　LD　X1
1　OUT　Y1

指令表

［三相异步电动机点动控制电路梯形图］，工作过程是：按下起动按钮即 X1 接通，驱动线圈 Y1 得电，松开起动按钮即 X1 断开，使 Y1 线圈失电。

2. 触点串联、并联指令

| 符号（名称） | 功　能 | 程序步 |
|---|---|---|
| AND（与） | 串联一常开触点 | 1 |
| ANI（与非） | 串联一常闭触点 | 1 |
| OR（或） | 并联一常开触点 | 1 |
| ORI（或非） | 并联一常闭触点 | 1 |

指令 AND、ANI、OR、ORI 的编程例子，如下图所示。

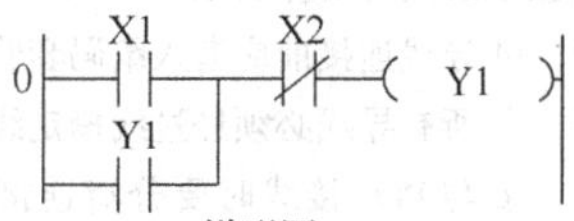


梯形图

0　LD　X1
1　OR　Y1
2　ANI　X2
3　OUT　Y1

指令表

［三相异步电动机连续正转控制电路梯形图］，工作过程是：当停止按钮不动作即 X2 不接通时，按下起动按钮即 X1 接通，驱动线圈 Y1 得电，电动机开始运行。同时梯形图中的自锁触点 Y1 接通，使 Y1 持续得电，电动机连续运行。

若梯形图中还要表现出热继电器，则梯形图和指令表如下：

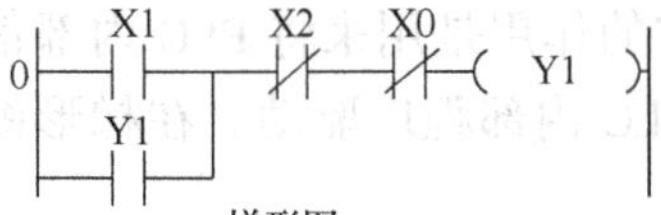


梯形图

| | | |
|---|---|---|
| 0 | LD | X1 |
| 1 | OR | Y1 |
| 2 | ANI | X2 |
| 3 | ANI | X0 |
| 4 | OUT | Y1 |

指令表

## 任务实施

### 一、PLC 控制电路接线

| 实训图片 | 操作方法 | 注意事项 |
|---|---|---|
| 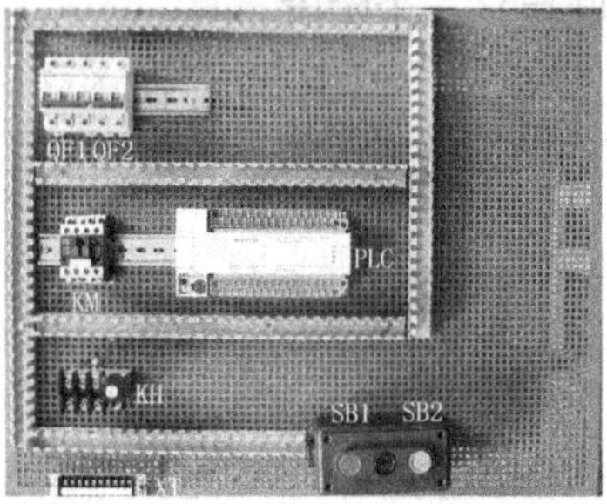 | [安装各元器件]：将低压断路器、接触器、PLC 模块、热继电器、按钮、端子排、线槽按要求安装在接线板上 | ①安装时，应清除触头表面尘污<br>②安装处的环境温度应与电动机所处环境温度基本相同<br>③安装按钮的金属板或金属按钮盒必须可靠接地<br>④元器件安装要牢固，且不能损坏元器件 |
| 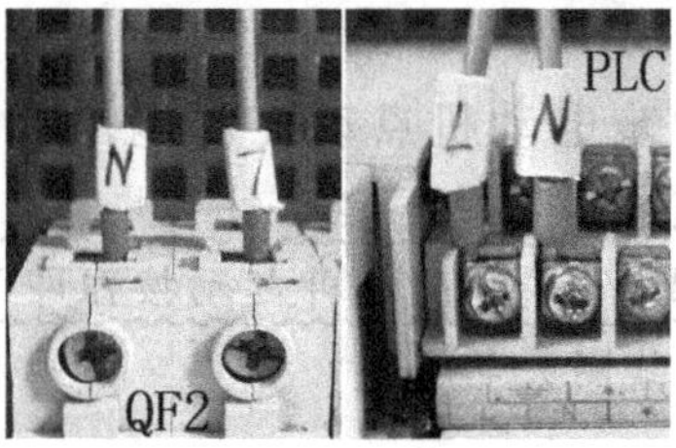 | [PLC 模块电源连接]：将低压断路器 QF2 的输出端与 PLC 模块中的 L、N 端相连接 | ①PLC 模块的电源要由单独的断路器控制<br>②QF2 出线端左为 L，右为 N |
|  | [连接 1 号线]：用软导线将 PLC 输入端 COM 连接到端子排上，再由端子排并接到 KH 的 97 号接线座 | ①导线连接前，要事先做好线夹<br>②线芯与线夹要压接牢固，不能松动，不能露铜过多<br>③线夹与接线座连接时，要压入垫片之下，压接要牢固，不能压绝缘层，特别是连接双线夹时要左右压接<br>④导线连接前应套入编码套管<br>⑤所有导线必须经过线槽走线<br>⑥与 PLC 接线时要分清连接点，不能接错 |
| 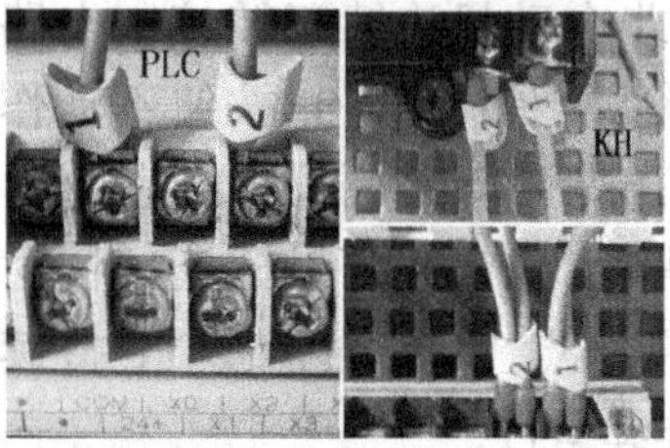 | [连接 2 号线]：用软导线将 PLC 输入端 X2 连接到端子排上，再由端子排并接到 KH 的 98 号接线座 | |

（续）

| 实训图片 | 操作方法 | 注意事项 |
| --- | --- | --- |
| 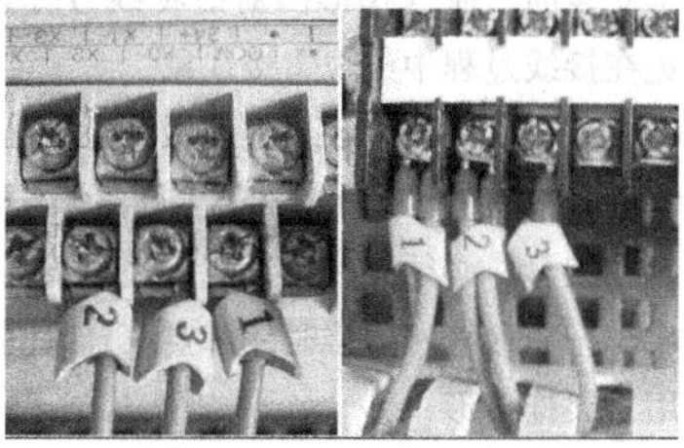 | ［连接3号线］：用软导线将PLC输入端X0连接到端子排上 | ①导线连接前，要事先做好线夹<br>②线芯与线夹要压接牢固，不能松动，不能露铜过多<br>③线夹与接线座连接时，要压入垫片之下，压接要牢固，不能压绝缘层，特别是连接双线夹时要左右压接<br>④导线连接前应套入编码套管<br>⑤所有导线必须经过线槽走线<br>⑥与PLC接线时要分清连接点，不能接错 |
| 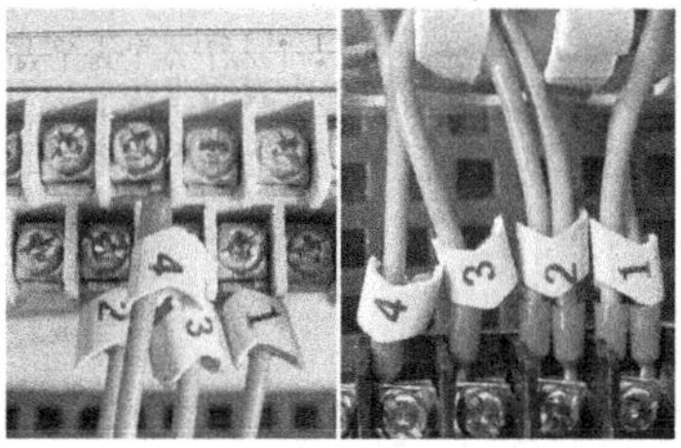 | ［连接4号线］：用软导线将PLC输入端X1连接到端子排上 | |
|   | ［PLC输出接线1］：用软导线将PLC输出端COM1连接到QF2的左边出线接线座上 | |
| 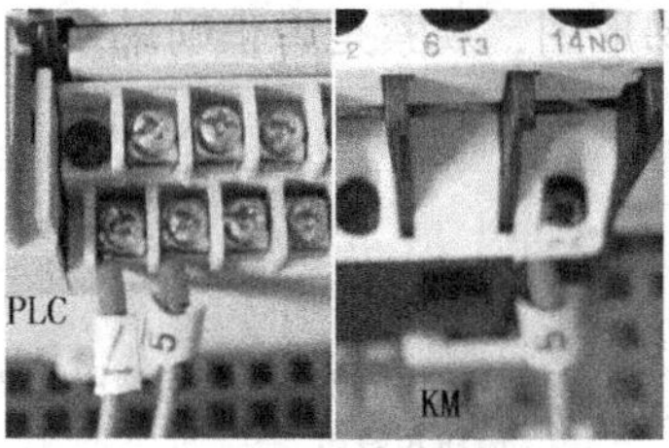  | ［PLC输出接线2］：用软导线将PLC输出端Y1连接到KM的A2线圈接线座上 | ①安装前，应与梯形图对照将线号标好，以免在接线过程中出现错接现象<br>②安装时，应清除触头表面尘污<br>③进入按钮的导线一律外接，经过端子排接入按钮盒，必须穿过按钮盒的进出线孔<br>④与按钮接线座连接时线芯要绞合弯圈或采用线夹连接形式 |
| 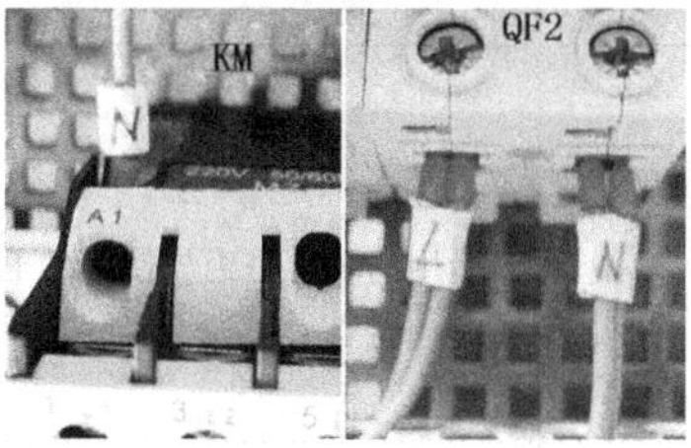  | ［PLC输出接线3］：用软导线将KM的A1线圈接线座连接到QF2的右边出线接线座上 | |

（续）

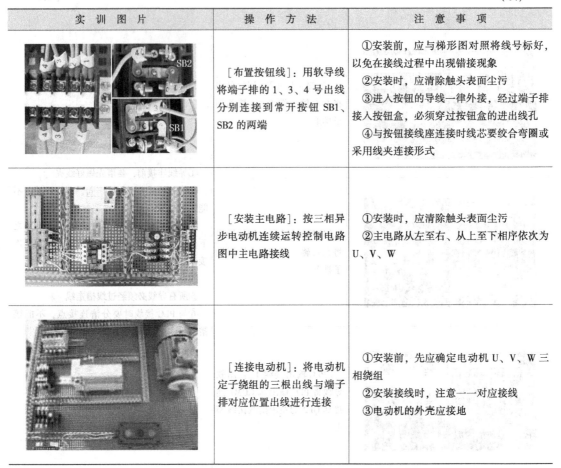

| 实训图片 | 操作方法 | 注意事项 |
| --- | --- | --- |
| 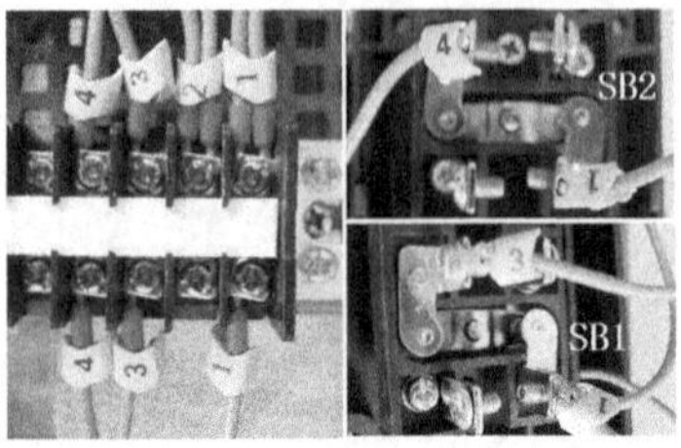 | ［布置按钮线］：用软导线将端子排的1、3、4号出线分别连接到常开按钮SB1、SB2的两端 | ①安装前，应与梯形图对照将线号标好，以免在接线过程中出现错接现象<br>②安装时，应清除触头表面尘污<br>③进入按钮的导线一律外接，经过端子排接入按钮盒，必须穿过按钮盒的进出线孔<br>④与按钮接线座连接时线芯要绞合弯圈或采用线夹连接形式 |
|  | ［安装主电路］：按三相异步电动机连续运转控制电路图中主电路接线 | ①安装时，应清除触头表面尘污<br>②主电路从左至右、从上至下相序依次为U、V、W |
| 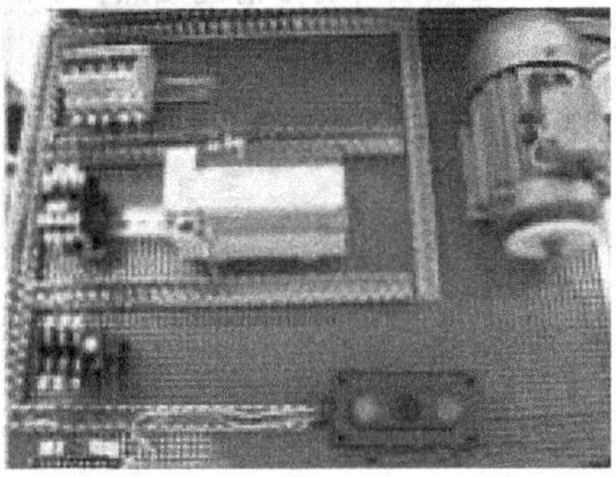 | ［连接电动机］：将电动机定子绕组的三根出线与端子排对应位置出线进行连接 | ①安装前，先应确定电动机U、V、W三相绕组<br>②安装接线时，注意一一对应接线<br>③电动机的外壳应接地 |

## 二、程序录入

用SWOPC-FXGP/WIN-C编程软件录入相对应的指令或梯形图，观察是否正确录入。

| 实训图片 | 操作方法 | 注意事项 |
| --- | --- | --- |
| 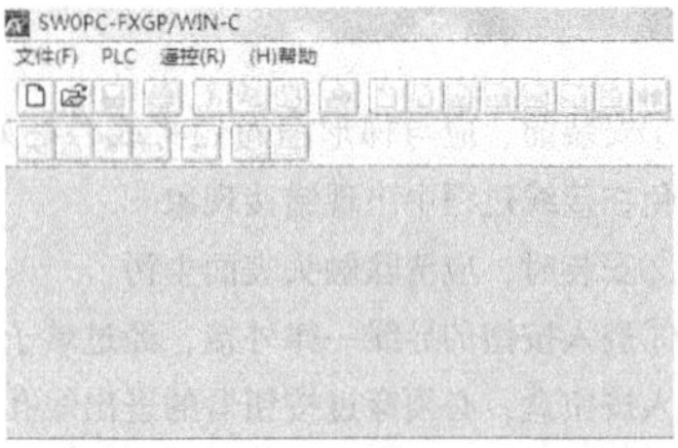 | ［运行软件］：开启计算机，双击FXGP WIN-C图标，出现SWOPC-FXGP/WIN-C屏幕 | 运用的软件是否与使用的PLC模块相对应 |
|  | ［新建一个程序文件］：单击“文件”菜单，单击“新文件”命令，或单击图标 | 运用的软件是否与使用的PLC模块相对应 |

（续）

| 实 训 图 片 | 操 作 方 法 | 注 意 事 项 |
|---|---|---|
| 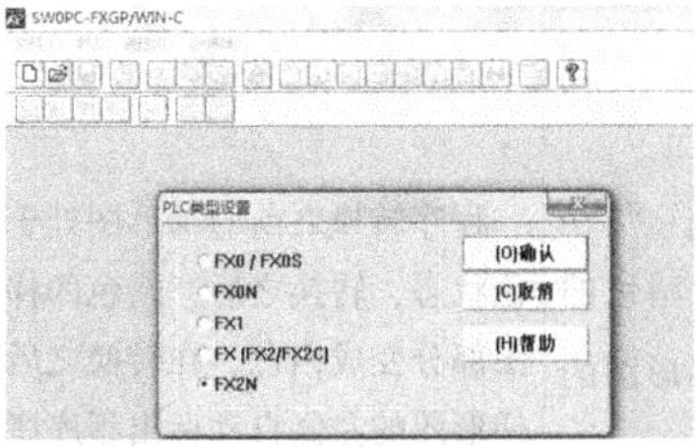  | [选择机型]：单击“新文件”命令后，出现“PLC类型设置”，选择相对应的机型，例如选择“FX2N”，单击确认 | 选择PLC类型时应与使用的PLC模块相对应 |
| 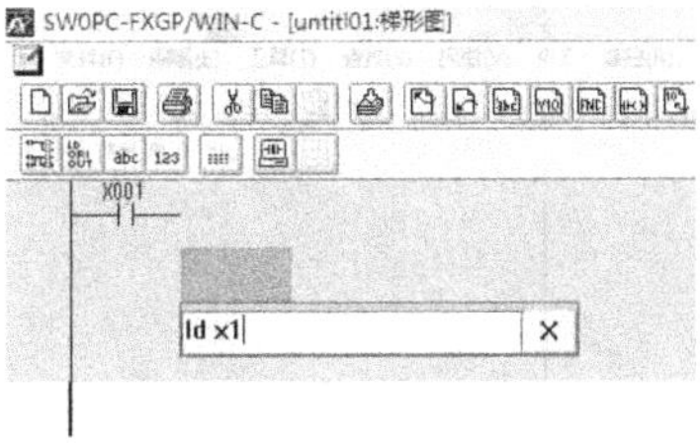  | [程序输入1]：在图光标位置上输入X1常开触点，即在键盘上键入LD X1，回车，则在光标位置处，出现与左母线相连的X1常开触点 | |
| 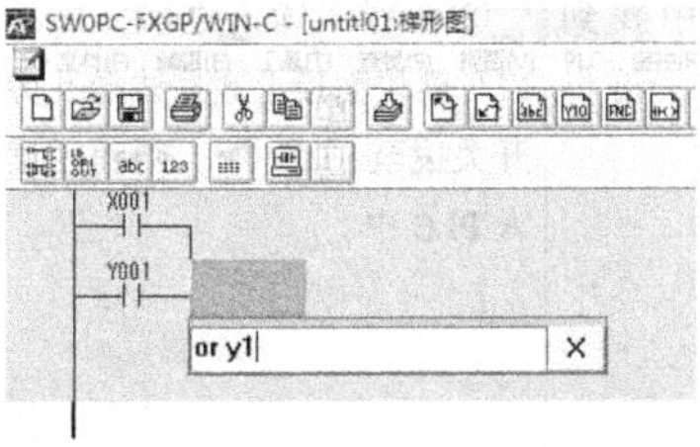  | [程序输入2]：在图光标位置上输入Y1常开触点，即在键盘上键入OR Y1，回车，则在光标位置处，出现与X1并联的Y1常开触点 | 程序输入时，在键盘上键入一个指令如ANI X0，就需要回车一次，再进行下一次键入 |
| 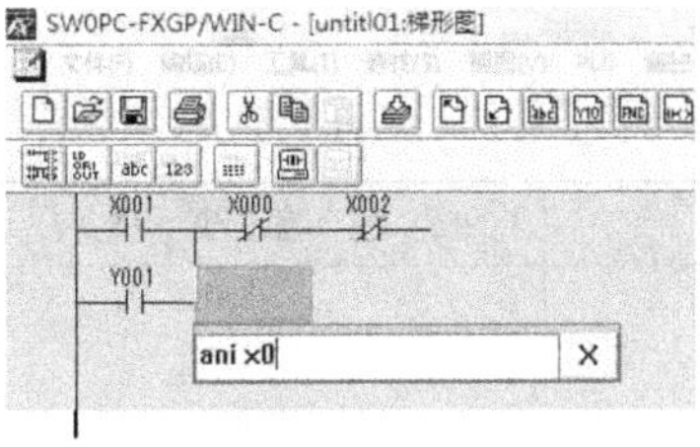  | [程序输入3]：在图光标位置上输入X0、X2常闭触点，即在键盘上键入ANI X0和ANI X2，回车，则在光标位置处，出现串联的X0、X2常闭触点 | |
| 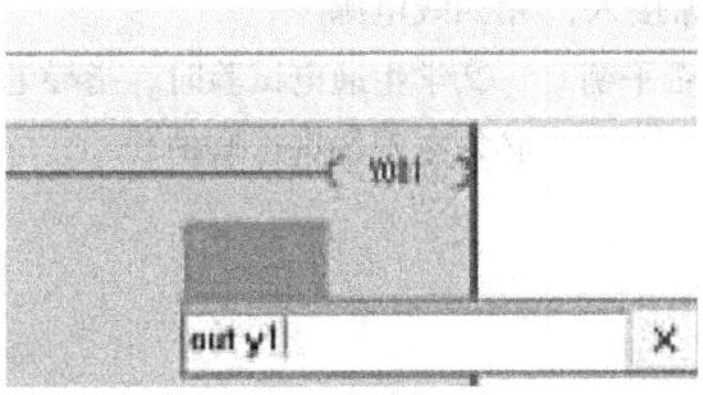  | [程序输入4]：在图光标位置上输入Y1线圈，即在键盘上键入OUT Y1，回车，则在光标位置处，出现与右母线相连的Y1线圈 | |

（续）

| 实训图片 | 操作方法 | 注意事项 |
| --- | --- | --- |
| 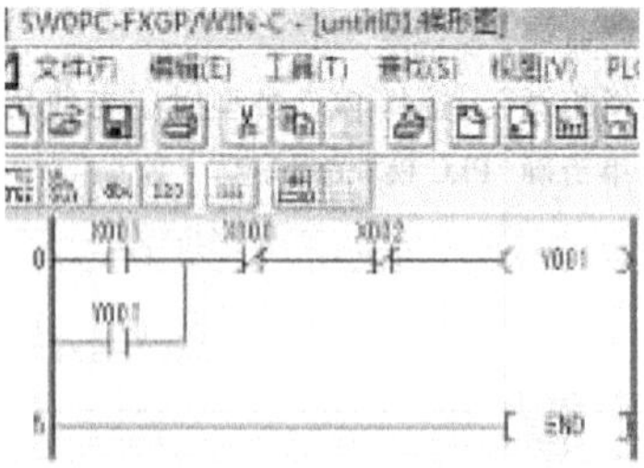 | [程序转换]：梯形图编写之后，将光标移到工具栏命令，单击，暗色的梯形图部分变成白色，同时在梯形图的左侧标出程序序号 | 程序转换之前的梯形图处于暗色状态，转换之后，暗色的梯形图部分变成白色。在转换之后的梯形图的左侧自动标出程序序号 |
| <br>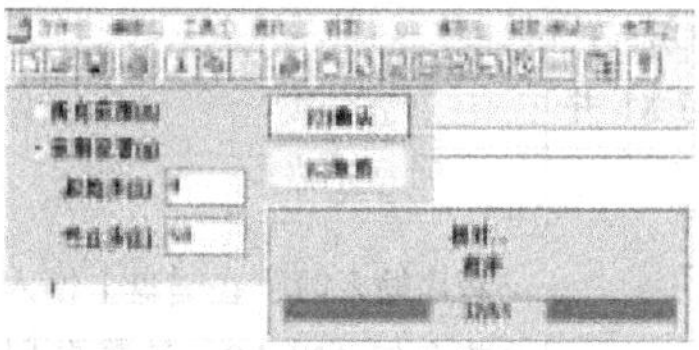 | [程序下载]：先将PLC模块面板上拨至STOP处，再将在“PLC”中找到“传送——读入”。读入完毕后，再将PLC模块面板上开关拨至RUN | ①将数据线与PLC和计算机进行连接<br>②在程序读入之前，如不将PLC模块面板上数据线插孔旁的开关拨至STOP处，则程序读不入PLC中 |

## 三、通电试验

| 实训图片 | 操作方法 | 注意事项 |
| --- | --- | --- |
|  | [接通电源]：将三相四线电源接入，并用万用表检测三相电源电压是否平衡 | ①由指导老师指导学生接通三相四线电源<br>②学生通电试验时，指导老师必须在现场进行监护 |

（续）

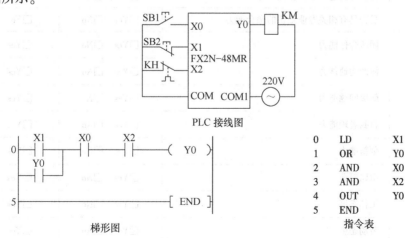

| 实 训 图 片 | 操 作 方 法 | 注 意 事 项 |
| --- | --- | --- |
| 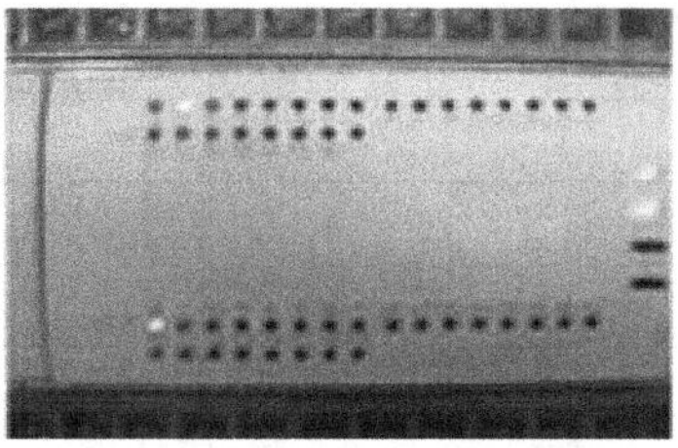 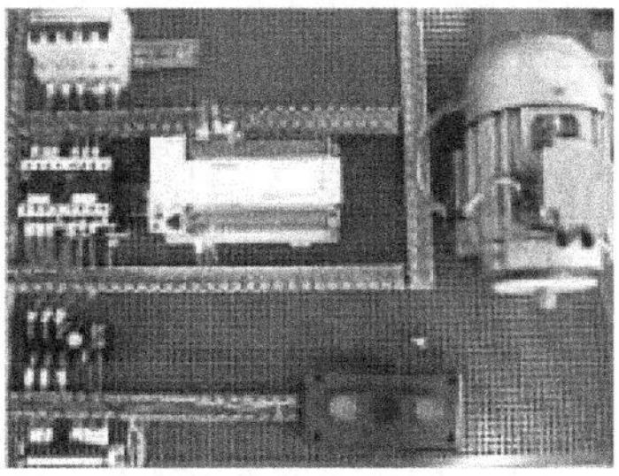 | ［通电测试］：<br>①接通 PLC 模块电源断路器 QF3 后，按下起动按钮，观察 PLC 模块输入、输出对应的指示灯是否正确，若不正确，加以改正<br>②当上面的测试过程正确运行后，再接通主电路电源断路器 QF1、QF2，按下起动按钮，观察接触器吸合及电动机的运行情况 | 按下按钮后如出现故障，应在老师的指导下进行检查 |

## 提醒注意

根据输入/输出点分配，画出 PLC 的接线图，接线不同时，设计出的梯形图也是不同的。这里有两种方案实现任务。

1）PLC 控制系统中的触点类型沿用继电控制系统中的触点类型，即继电器中的起动按钮在系统中使用常开触点，继电器中的停止按钮和热继电器的过载保护在系统中使用常闭触点，如图所示。

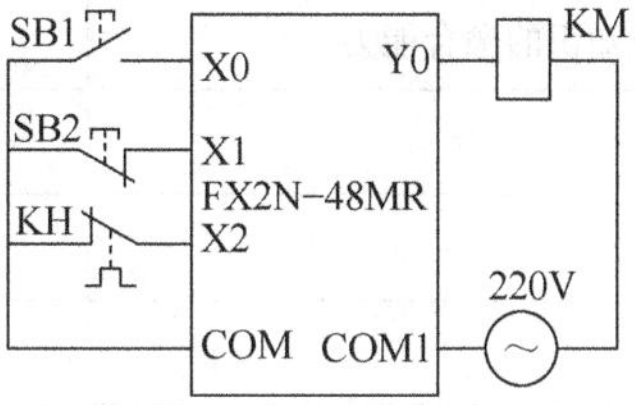


PLC 接线图

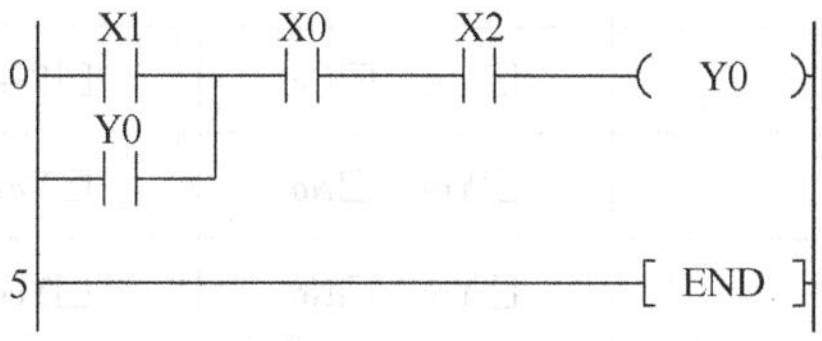


梯形图

| | | |
| --- | --- | --- |
| 0 | LD | X1 |
| 1 | OR | Y0 |
| 2 | AND | X0 |
| 3 | AND | X2 |
| 4 | OUT | Y0 |
| 5 | END | |

指令表

2）PLC 控制系统中的触点类型全部采用常开触点。如本节的第一个图。

## 检查评价

### 任务评价

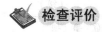

| 序号 | 评价指标 | 评价内容 | 分值 | 个人评价 | 小组评价 | 教师评价 |
|---|---|---|---|---|---|---|
| 1 | 程序编写 | 能正确画出 PLC 接线图 | 10 | | | |
| | | 能正确分配 PLC 输入/输出点 | 10 | | | |
| | | 能熟练正确编写 PLC 梯形图、指令 | 10 | | | |
| 2 | 布线 | 能正确连接 PLC 的输入输出点 | 15 | | | |
| | | 能正确进行 PLC 外部导线的连接 | 10 | | | |
| | | 布线美观、连接点牢固可靠 | 5 | | | |
| 3 | 调试通电 | 会正确熟练地开机调入程序 | 5 | | | |
| | | 能正确地将程序写入和输出 | 5 | | | |
| | | 会正确进行 PLC 程序的调试 | 10 | | | |
| | | 试车不成功 | 10 | | | |
| 4 | 安全规范 | 是否穿绝缘鞋 | 5 | | | |
| | | 操作是否规范安全 | 5 | | | |
| 总分 | | | 100 | | | |
| 问题记录和解决方法 | | | 记录任务实施过程中出现的问题和采取的解决办法 | | | |

### 能力评价

| 内容 | | 评价 | |
|---|---|---|---|
| 学习目标 | 评价项目 | 小组评价 | 教师评价 |
| 应知应会 | 本任务的相关基本概念是否熟悉 | □Yes □No | □Yes □No |
| | 是否熟练掌握 PLC 模块的使用 | □Yes □No | □Yes □No |
| 专业能力 | 元器件的连接是否正确 | □Yes □No | □Yes □No |
| | 是否具有相关专业知识的融合能力 | □Yes □No | □Yes □No |
| 通用能力 | 团队合作能力 | □Yes □No | □Yes □No |
| | 协调沟通能力 | □Yes □No | □Yes □No |
| | 解决问题能力 | □Yes □No | □Yes □No |
| | 自我管理能力 | □Yes □No | □Yes □No |
| | 创新能力 | □Yes □No | □Yes □No |
| 态度 | 敬岗爱业 | □Yes □No | □Yes □No |
| | 工作态度 | □Yes □No | □Yes □No |
| | 劳动态度 | □Yes □No | □Yes □No |
| 个人努力方向： | | 老师、同学建议： | |

## 思考与提高

1. 简述输入继电器、输出继电器的用途。
2. 画出图示中 Y0、Y1 的时序图，并写出指令表。

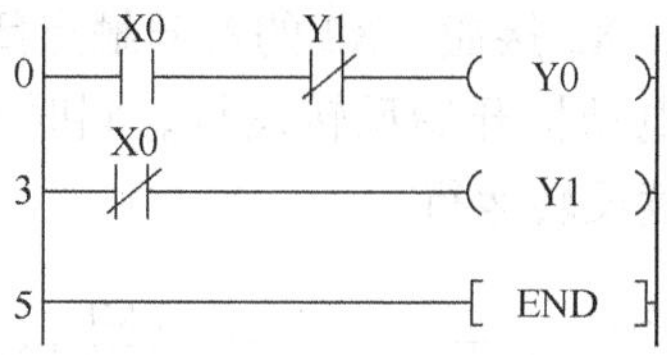


# 任务十　三相交流异步电动机 PLC 控制正反转电路的安装调试

## 训练目标

- 掌握电路块串、并联指令
- 掌握多重输出指令。
- 学会应用 SWOPC-FXGP/WIN-C 软件。

## 任务描述

在实际生产中，机床工作台需要前进与后退；万能铣床的主轴需要正转与反转；起重机的吊钩需要上升与下降，而正转控制电路只能使电动机朝一个方向旋转，带动生产机械的运动部件朝一个方向运动。要满足生产机械运动部件能向正、反两个方向运动，就要求电动机能实现正、反转控制。我们需要用 PLC 模块进行对正反转电路进行控制和监控。

## 任务分析

本任务要求实现"三相异步电动机 PLC 控制正反转电路的安装"，要完成此任务，首先应正确绘制三相异步电动机正反转控制电路图、理解其工作原理，根据其控制电路图，确定 PLC 输入/输出地址表、PLC 接线图、编写梯形图及指令表。

### 一、输入/输出点的确定

为了将三相异步电动机正反转控制电路用 PLC 控制并实现相应功能，PLC 需要 4 个输入点，2 个输出点，输入/输出点分配表见下表。

| 输　入 | | | 输　出 | | |
|---|---|---|---|---|---|
| 输入继电器 | 输入元件 | 作用 | 输出继电器 | 输出元件 | 作　用 |
| X0 | KH | 过载保护 | Y1 | KM1 | 正转运行用交流接触器 |
| X1 | SB1 | 起动按钮 | Y2 | KM2 | 反转运行用交流接触器 |
| X2 | SB2 | 起动按钮 | | | |
| X3 | SB3 | 停止按钮 | | | |

## 二、PLC 接线图、PLC 梯形图、指令表

工作过程如下：当 SB3、KH 不动作即 X3、X0 不接通时，按下正转起动按钮 SB1，X1 接通，X1 的常开触点闭合，驱动 Y1 线圈得电，使 Y1 常闭触点分断对 Y2 线圈联锁，电动机开始正转运行。同时梯形图中的常开触点 Y1 接通自锁，使 Y1 持续得电，电动机连续正转运行；按下反转起动按钮 SB2，X2 接通，X2 的常开触点闭合，驱动 Y2 线圈得电，使 Y2 常闭触点分断对 Y1 线圈联锁，电动机开始反转运行。同时梯形图中的常开触点 Y2 接通自锁，使 Y2 持续得电，电动机连续反转运行。

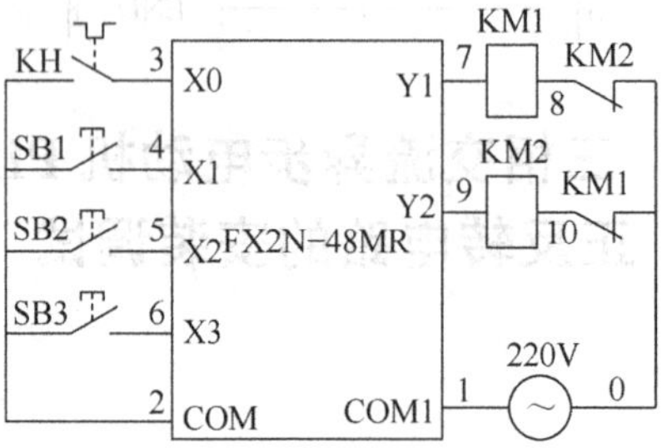


PLC 接线图

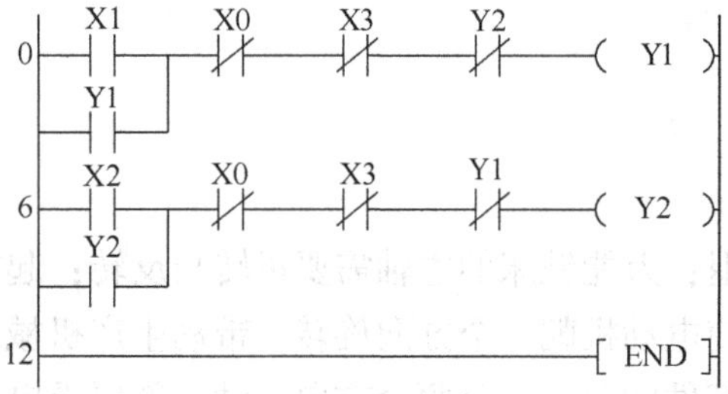


梯形图

| | | |
|---|---|---|
| 0 | LD | X1 |
| 1 | OR | Y1 |
| 2 | ANI | X0 |
| 3 | ANI | X3 |
| 4 | ANI | Y2 |
| 5 | OUT | Y1 |
| 6 | LD | X2 |
| 7 | OR | Y2 |
| 8 | ANI | X0 |
| 9 | ANI | X3 |
| 10 | ANI | Y1 |
| 11 | OUT | Y2 |
| 12 | END | |

指令表

## 相关知识

### 一、电路块串、并联（ANB、ORB）指令

| 符号（名称） | 功　能 | 程序步 |
|---|---|---|
| ANB（电路块与） | 并联电路块的串联连接 | 1 |
| ORB（电路块或） | 串联电路块的并联连接 | 1 |

### 二、多重输出（MPS、MRD、MPP）指令

| 符号（名称） | 功　能 | 程序步 |
|---|---|---|
| MPS（进栈） | 记忆到 MPS 指令为止的状态 | 1 |
| MRD（读栈） | 读出到 MPS 指令为止的状态，从这点输出 | 1 |
| MPP（出栈） | 读出到 MPS 指令为止的状态，从这点输出并清除此状态 | 1 |

三相异步电动机正反转控制电路除了通过上述梯形图来实现控制外，还可以用电路块串并联指令和多重输出指令构成的梯形图来实现正反转控制，其梯形图和指令表如下图所示。

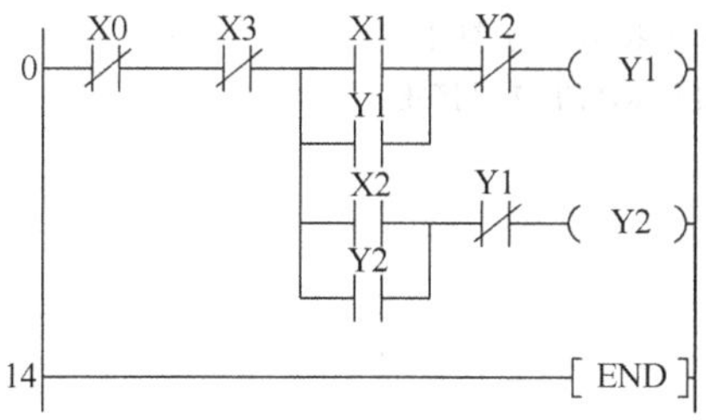


梯形图

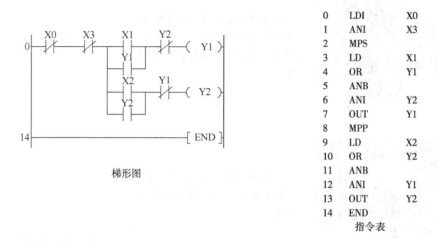

| | | |
|---|---|---|
| 0 | LDI | X0 |
| 1 | ANI | X3 |
| 2 | MPS | |
| 3 | LD | X1 |
| 4 | OR | Y1 |
| 5 | ANB | |
| 6 | ANI | Y2 |
| 7 | OUT | Y1 |
| 8 | MPP | |
| 9 | LD | X2 |
| 10 | OR | Y2 |
| 11 | ANB | |
| 12 | ANI | Y1 |
| 13 | OUT | Y2 |
| 14 | END | |

指令表

## 任务实施

### 一、PLC 控制电路接线

按照 PLC 接线图用导线将各元器件和 PLC 模块相连接。

| 实 训 图 片 | 操 作 方 法 | 注 意 事 项 |
|---|---|---|
| 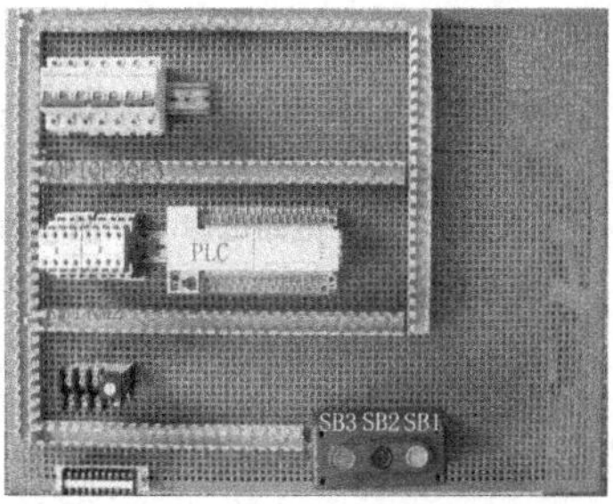 | [安装各元器件]：将低压断路器、接触器、PLC 模块、热继电器、按钮、端子排、线槽按要求安装在接线板上 | ①安装时，应清除触头表面尘污<br>②安装处的环境温度应与电动机所处环境温度基本相同<br>③安装按钮的金属板或金属按钮盒必须可靠接地<br>④元器件安装要牢固，且不能损坏元器件 |
| 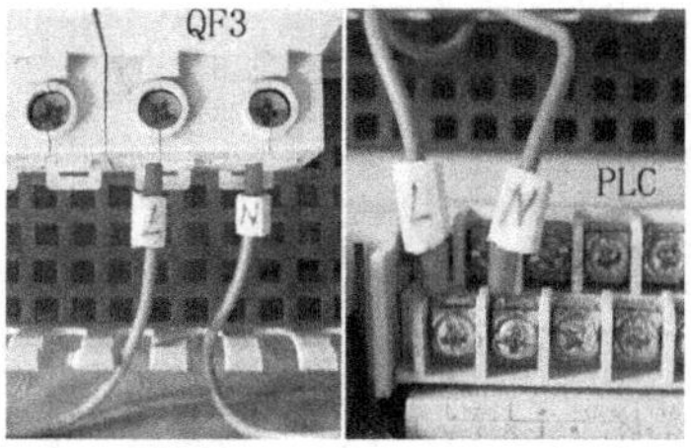 | [布置 PLC 电源线]：用两根软导线将 QF3 的两出线端连接到 PLC 的输入端 L、N | ①PLC 模块的电源要由单独的断路器控制<br>②QF3 出线端左为 L，右为 N |

（续）

| 实训图片 | 操作方法 | 注意事项 |
|---|---|---|
|   | ［连接2号线］：用软导线将PLC的输入端COM连接到端子排上，再由端子排并接到KH的97号接线座上 | ①导线连接前，要事先做好线夹<br>②线芯与线夹要压接牢固，不能松动，不能露铜过多<br>③线夹与接线座连接时，要压入垫片之下，压接要牢固，不能压绝缘层，特别是连接双线夹时要左右压接<br>④导线连接前应套入编码套管<br>⑤所有导线必须经过线槽走线<br>⑥与PLC接线时要分清连接点，不能接错，且要分清PLC的输入端与输出端<br>⑦PLC输出电路电源（控制接触器线圈的电压）由单独断路器QF2控制 |
|   | ［连接3号线］：用软导线将PLC的输入端X0连接到KH的98号接线座上 | |
|   | ［连接4号线］：用软导线将PLC的输入端X1连接到端子排上 | |
| 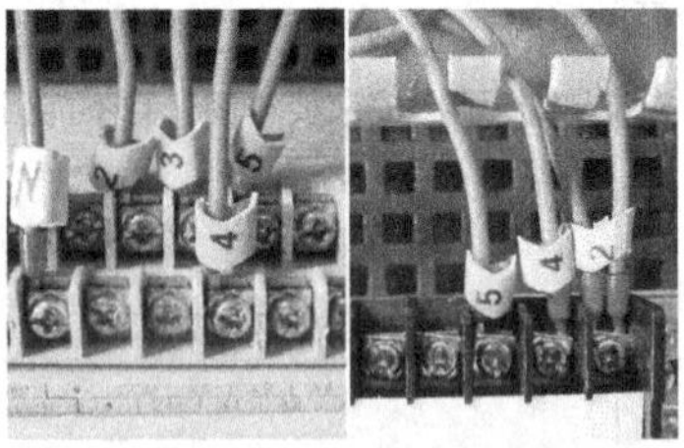 | ［连接5号线］：用软导线将PLC的输入端X2连接到端子排上 | |
| 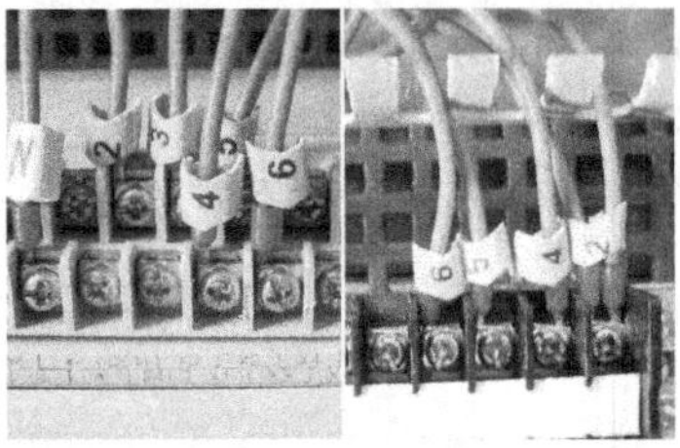 | ［连接6号线］：用软导线将PLC的输入端X3连接到端子排上 | |

（续）

| 实训图片 | 操作方法 | 注意事项 |
| --- | --- | --- |
| 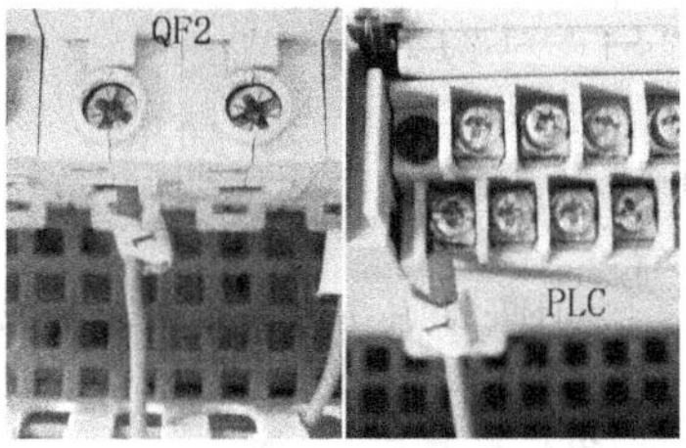 | ［布置1号线］：用软导线将PLC的输出端COM1连接到QF2的左边出线接线座上 | ①导线连接前，要事先做好线夹<br>②线芯与线夹要压接牢固，不能松动，不能露铜过多<br>③线夹与接线座连接时，要压入垫片之下，压接要牢固，不能压绝缘层，特别是连接双线夹时要左右压接<br>④导线连接前应套入编码套管<br>⑤所有导线必须经过线槽走线<br>⑥与PLC接线时要分清连接点，不能接错，且要分清PLC的输入端与输出端<br>⑦PLC输出电路电源（控制接触器线圈的电压）由单独断路器QF2控制 |
| 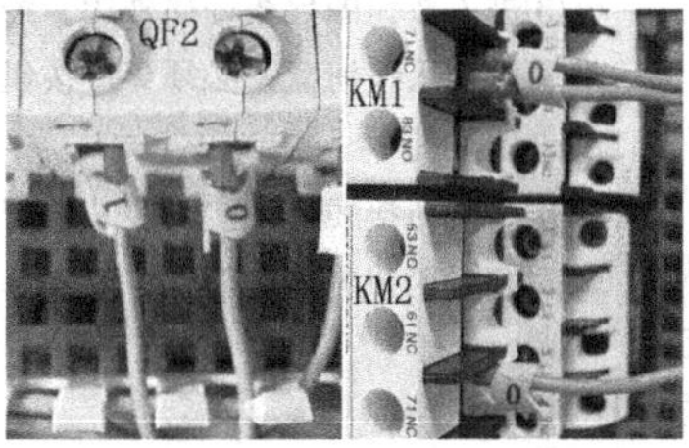 | ［布置0号线］：用软导线将QF2的右边出线接线座连接到KM1的71号接线座，再由此并接到KM2的71号接线座上 | |
| 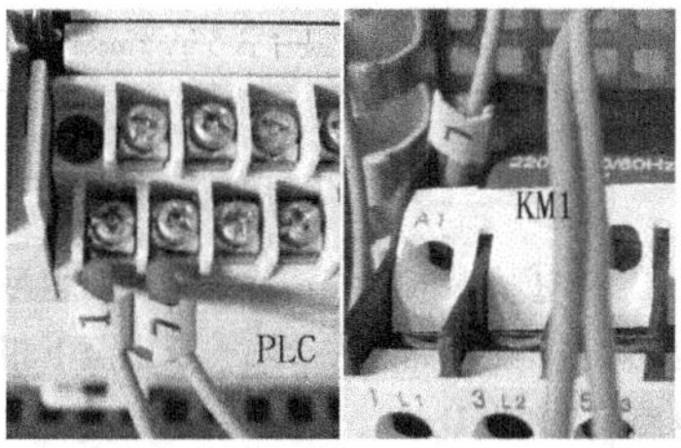 | ［布置7号线］：用软导线将PLC的输出端Y1连接到KM1的A1线圈接线座上 | |
| 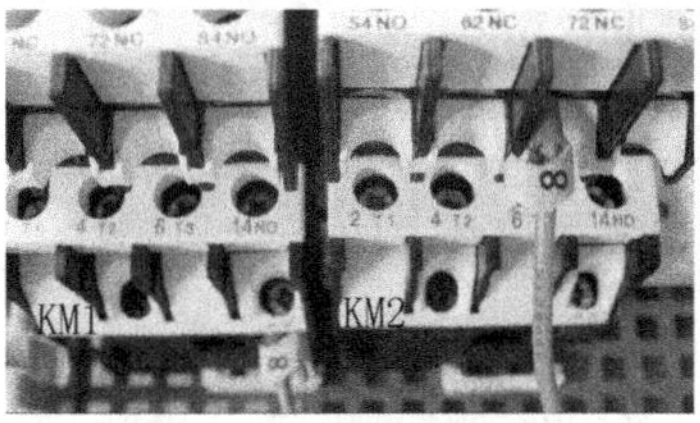 | ［布置8号线］：用软导线将KM2的72号接线座与KM1的A2线圈接线座相连接 | |
| 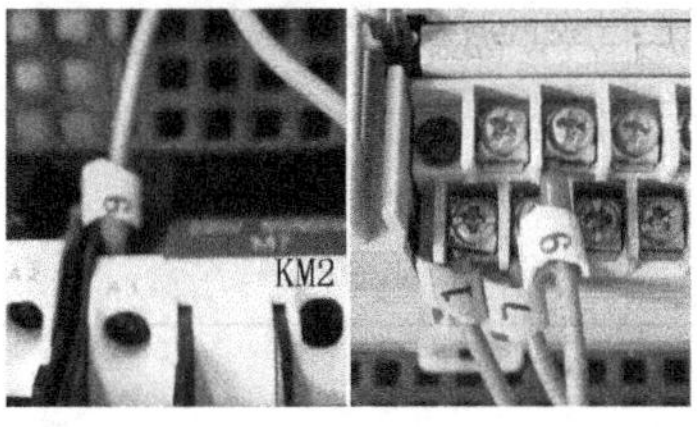 | ［布置9号线］：用软导线将PLC的输出端Y2连接到KM2的A1线圈接线座上 | ①安装前，应与梯形图对照将线号标好，以免在接线过程中出现错接现象<br>②安装时，应清楚触头表面尘污<br>③进入按钮的导线一律外接，经过端子排接入按钮盒，必须穿过按钮盒的进出线孔<br>④与按钮接线座连接时线芯要绞合弯圈或采用线夹连接形式 |

（续）

| 实训图片 | 操作方法 | 注意事项 |
| --- | --- | --- |
| 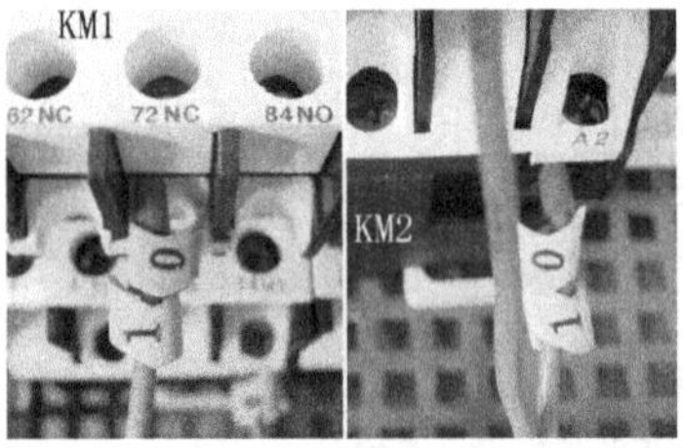 | ［布置10号线］：用软导线将KM1的72号接线座与KM2的A2线圈接线座相连接 | ①安装前，应与梯形图对照将线号标好，以免在接线过程中出现错接现象<br>②安装时，应清楚触头表面尘污<br>③进入按钮的导线一律外接，经过端子排接入按钮盒，必须穿过按钮盒的进出线孔<br>④与按钮接线座连接时线芯要绞合弯圈或采用线夹连接形式 |
|  | ［布置按钮线］：用软导线将端子排的2、4、5、6号出线分别连接到常开按钮SB1、SB2、SB3的两端 | |
|  | ［安装主电路］：按三相异步电动机正反转运转控制电路图对主电路进行接线 | ①安装时，应清除触头表面尘污<br>②主电路从左至右、从上至下相序依次为U、V、W<br>③KM1、KM2接触器的主电路出线侧要对调相序 |
| 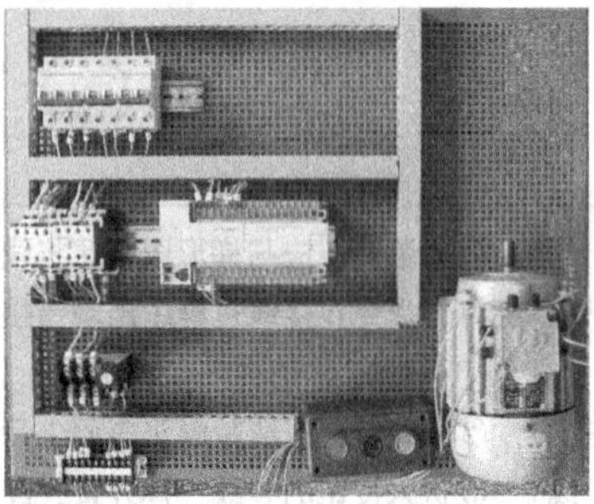 | ［连接电动机］：将电动机定子绕组的三根出线与端子排对应位置出线进行连接 | ①安装前，先应确定电动机U、V、W三相绕组<br>②安装接线时，注意一一对应接线<br>③电动机的外壳应接地 |

## 二、程序录入

用SWOPC-FXGP/WIN-C编程软件录入相对应的指令或梯形图，观察是否正确录入。

| 实　训　图　片 | 操　作　方　法 | 注　意　事　项 |
| --- | --- | --- |
| 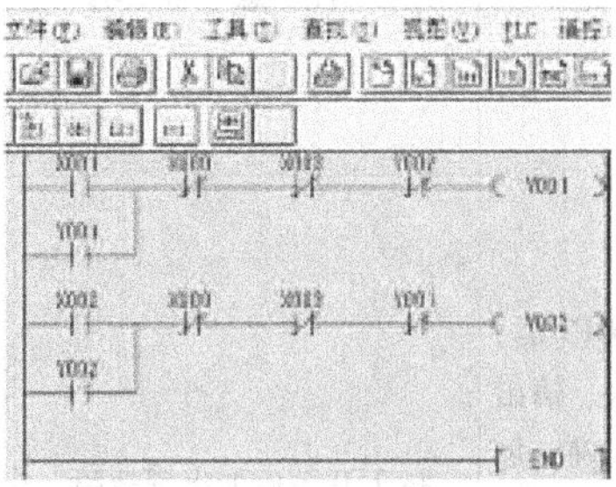 | ［程序输入］：在图光标位置上分别输入 X0、X1、X2、X3 触点、Y0、Y1 线圈，则可在键盘上键入相应的指令，回车，则在光标位置处，出现与指令所对应的梯形图 | 程序输入时，在键盘上键入一个指令如 ANI X0，就需要回车一次，再进行下一次键入 |
| 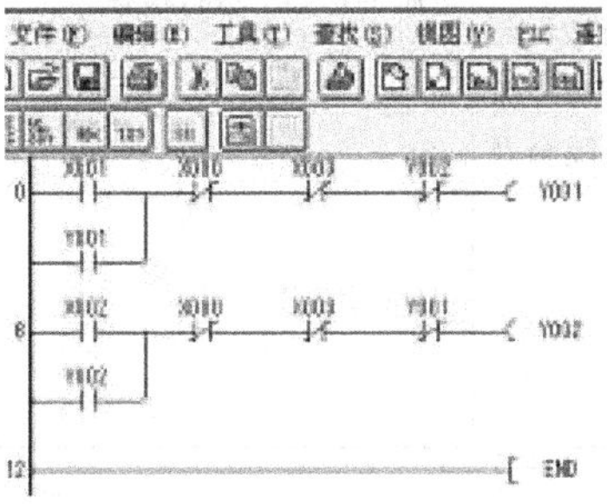 | ［程序转换］：梯形图编写之后，将光标移到工具栏命令，单击，暗色的梯形图部分变成白色，同时在梯形图的左侧标出程序序号 | 程序转换之前的梯形图处于暗色状态，转换之后，暗色的梯形图部分变成白色。在转换之后的梯形图的左侧自动标出程序序号 |
|  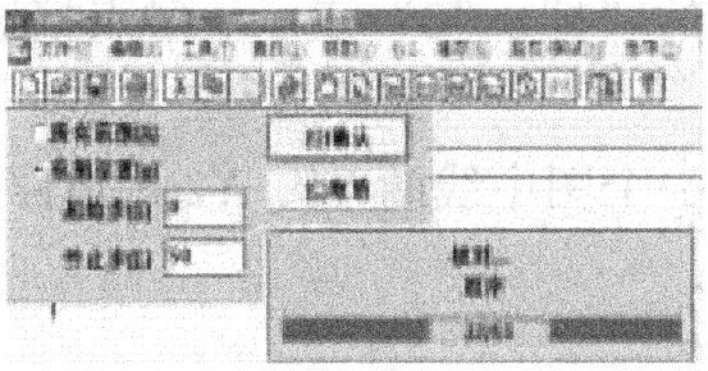 | ［程序下载］：先将 PLC 模块面板上拨至 STOP 处，再将在“PLC”中找到“传送——读入”。读入完毕后，再将 PLC 模块面板上开关拨至 RUN | ①将数据线与 PLC 和计算机进行连接<br>②在程序读入之前，如不将 PLC 模块面板上数据线插孔旁的开关拨至 STOP 处，则程序读不入 PLC 中 |

## 三、通电试验

| 实　训　图　片 | 操　作　方　法 | 注　意　事　项 |
| --- | --- | --- |
|  | ［接通电源］：将三相四线电源接入，并用万用表检测三相电源电压是否平衡 | ①由指导老师指导学生接通三相四线电源<br>②学生通电试验时，指导老师必须在现场进行监护 |

（续）

| 实训图片 | 操作方法 | 注意事项 |
|---|---|---|
| 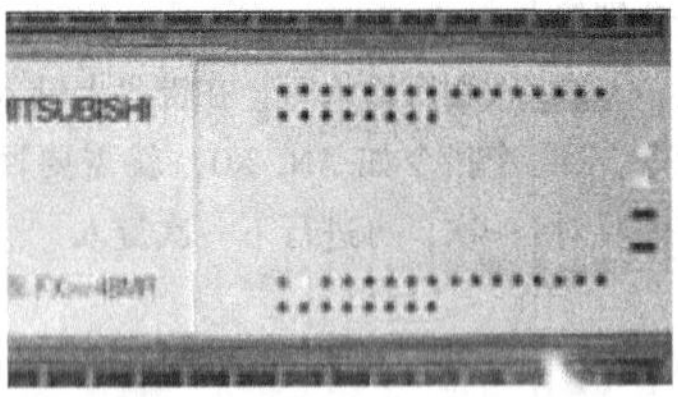<br>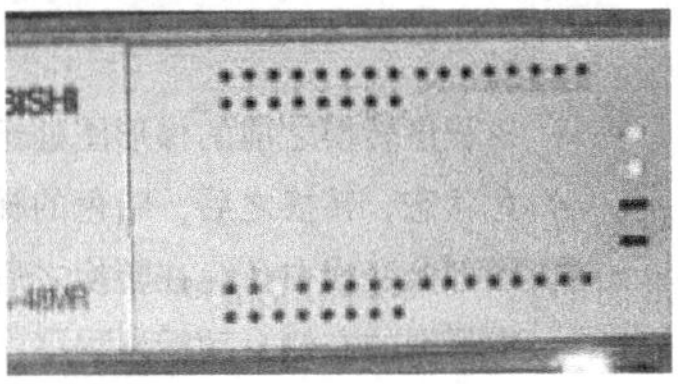 | [通电测试]：<br>①接通 PLC 模块电源断路器 QF3 后，按下各按钮，观察 PLC 模块输入、输出对应的指示灯是否正确，若不正确，加以改正<br>②当上面的测试过程正确运行后，再接通主电路电源断路器 QF1、QF2，按下 SB1、SB2 按钮，观察接触器吸合及电动机的运行情况 | 按下开关后如出现故障，应在老师的指导下进行检查 |

## 提醒注意

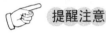

PLC 是依靠执行程序来实现对工业过程的控制的。它工作时由连接于输入单元的按钮、限位开关等输入元件输入通、断的信号。经过 PLC 对这些信息按程序顺序进行逻辑代数运算。

逻辑代数又叫做布尔代数或开关代数。在逻辑代数中，它的变量都只有“1”或“0”两种。触点的通、断，线圈的得电、失电，可用逻辑代数中的“1”、“0”表示。触点接通、线圈得电为“1”，触点断开、线圈失电为“0”。

PLC 是按梯形图或指令表进行逻辑运算的，例如本节第一个图中线圈 Y1、Y2 的电路逻辑为

$$Y1=(X1+Y1)\cdot\overline{X0}\cdot\overline{X3}\cdot\overline{Y2}$$

$$Y2=(X2+Y2)\cdot\overline{X0}\cdot\overline{X3}\cdot\overline{Y1}$$

当起动按钮闭合，此时线圈 Y1 和线圈 Y2 的逻辑为

$$Y1=(1+0)\cdot\overline{0}\cdot\overline{0}\cdot\overline{0}=1$$

$$Y2=(0+0)\cdot\overline{0}\cdot\overline{0}\cdot\overline{1}=0$$

## 检查评价

**任务评价**

| 序号 | 评价指标 | 评价内容 | 分值 | 个人评价 | 小组评价 | 教师评价 |
|---|---|---|---|---|---|---|
| 1 | 程序编写 | 能正确画出 PLC 接线图 | 10 | | | |
| | | 能正确分配 PLC 输入/输出点 | 10 | | | |
| | | 能熟练正确编写 PLC 梯形图、指令 | 10 | | | |

（续）

| 序号 | 评价指标 | 评 价 内 容 | 分值 | 个人评价 | 小组评价 | 教师评价 |
|---|---|---|---|---|---|---|
| 2 | 布线 | 能正确连接 PLC 的输入/输出点 | 15 | | | |
| | | 能正确进行 PLC 外部导线的连接 | 10 | | | |
| | | 布线美观、连接点牢固可靠 | 5 | | | |
| 3 | 调试通电 | 会正确熟练地开机调入程序 | 5 | | | |
| | | 能正确地将程序写入和输出 | 5 | | | |
| | | 会正确进行 PLC 程序的调试 | 10 | | | |
| | | 试车不成功 | 10 | | | |
| 4 | 安全规范 | 是否穿绝缘鞋 | 5 | | | |
| | | 操作是否规范安全 | 5 | | | |
| 总分 | | | 100 | | | |
| 问题记录和解决方法 | | | 记录任务实施过程中出现的问题和采取的解决办法 | | | |

**能 力 评 价**

| 内 容 | | 评 价 | |
|---|---|---|---|
| 学习目标 | 评 价 项 目 | 小组评价 | 教师评价 |
| 应知应会 | 本任务的相关基本概念是否熟悉 | □Yes □No | □Yes □No |
| | 是否熟练掌握 PLC 模块的使用 | □Yes □No | □Yes □No |
| 专业能力 | 元器件的连接是否正确 | □Yes □No | □Yes □No |
| | 是否具有相关专业知识的融合能力 | □Yes □No | □Yes □No |
| 通用能力 | 团队合作能力 | □Yes □No | □Yes □No |
| | 协调沟通能力 | □Yes □No | □Yes □No |
| | 解决问题能力 | □Yes □No | □Yes □No |
| | 自我管理能力 | □Yes □No | □Yes □No |
| | 创新能力 | □Yes □No | □Yes □No |
| 态度 | 敬岗爱业 | □Yes □No | □Yes □No |
| | 工作态度 | □Yes □No | □Yes □No |
| | 劳动态度 | □Yes □No | □Yes □No |
| 个人努力方向： | | 老师、同学建议： | |

## 思考与提高

1. 将下图所示的梯形图改写成指令表程序，并进行调试。

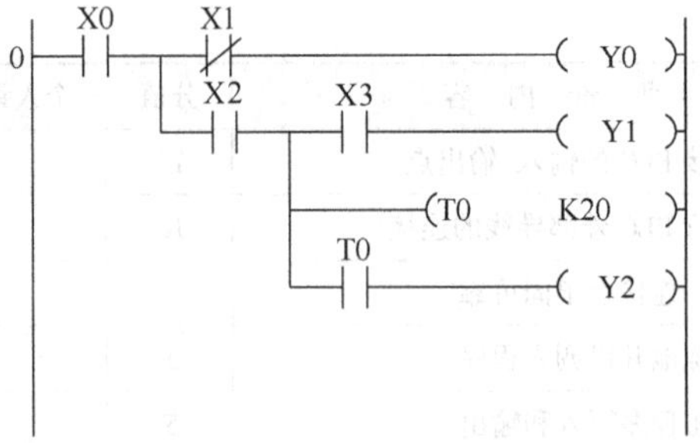


2. 有一台龙门刨床需要在一定距离内实行自动往复运行，以使工件能得到连续的加工，如下图所示，工作台在 SQ1 和 SQ2 之间自动往复运行，SQ1 和 SQ2 行程开关起限位作用，SQ3 和 SQ4 行程开关起限位保护作用，设计梯形图。

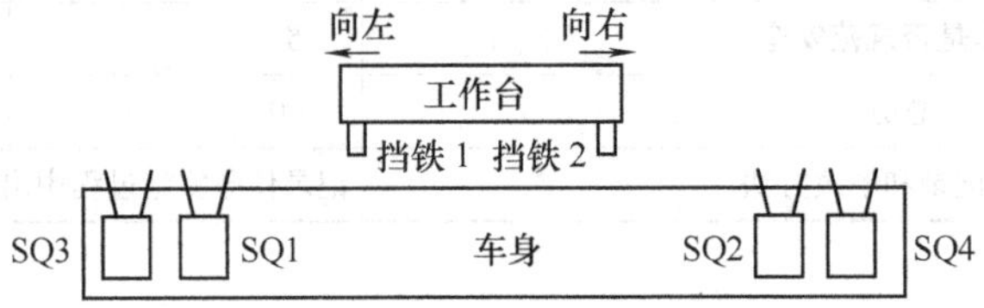


# 任务十一　三相交流异步电动机 PLC 控制Y-△减压起动电路的安装调试

## 训练目标

- 了解定时器、计数器、辅助继电器的工作原理及分类。
- 学会应用 SWOPC-FXGP/WIN-C 软件。

## 任务描述

在实际生产中，许多电动机采用直接起动，而直接起动时的起动电流较大，一般为额定电流的 4 ~7 倍。因此，较大功率的电动机起动时，需要采用减压起动的方法。

减压起动是指利用起动设备将电压适当降低后，加到电动机的定子绕组上进行起动，待电动机起动运转后，再使其电压恢复到额定电压正常运转。

常用的减压起动的方法有定子绕组串接电阻减压起动、自耦变压器减压起动、Y-△减压起动、延边三角形减压起动等。

## 任务分析

本任务要求实现“三相异步电动机 PLC 控制Y-△减压起动电路的安装”，要完成此任务，首先应正确绘制三相异步电动机Y-△减压起动控制电路图、理解其工作原理，根据其控制电路图，确定 PLC 输入/输出地址表、PLC 接线图、编写梯形图及指令表。

### 一、输入/输出点的确定

为了将Y-△减压起动控制电路用 PLC 控制并实现相应功能，PLC 需要 3 个输入点，3 个输出点，输入/输出点分配表见下表。

| 输　入 | | | 输　出 | | |
|---|---|---|---|---|---|
| 输入继电器 | 输入元件 | 作用 | 输出继电器 | 输出元件 | 作用 |
| X0 | KH | 过载保护 | Y1 | KM1 | 运行用交流接触器 |
| X1 | SB1 | 起动按钮 | Y2 | KM2 | Y联结运行用交流接触器 |
| X2 | SB2 | 停止按钮 | Y3 | KM3 | △联结运行用交流接触器 |

## 二、PLC 接线图、梯形图和指令表

工作过程如下：合上电源 QF，当 SB2、KH 不动作即 X2、X0 不接通时，按下正转起动按钮 SB1，X1 接通，X1 的常开触点闭合，驱动 Y1 线圈得电，同时梯形图中的两个常开触点 Y1 接通，使 T0、Y2 线圈得电且 Y1 线圈持续得电，电动机 M 按Y联结减压起动。T0 延时时间一到，T0 常闭触点分断，使 Y2 线圈失电，Y2 联锁触点恢复闭合，T0 常开触点闭合，Y3 线圈得电，Y3 自锁触点闭合，电动机 M 按△联结全压运行。按下停止按钮 SB2 即 X2 接通，X2 常闭触点分断，使 Y1、Y3 线圈失电，电动机停转。

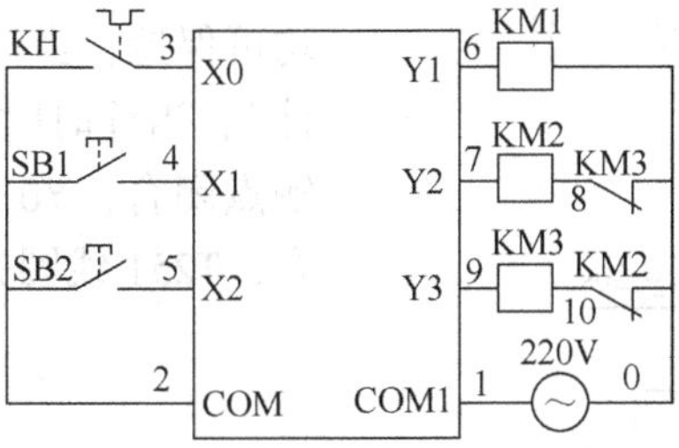


PLC 接线图

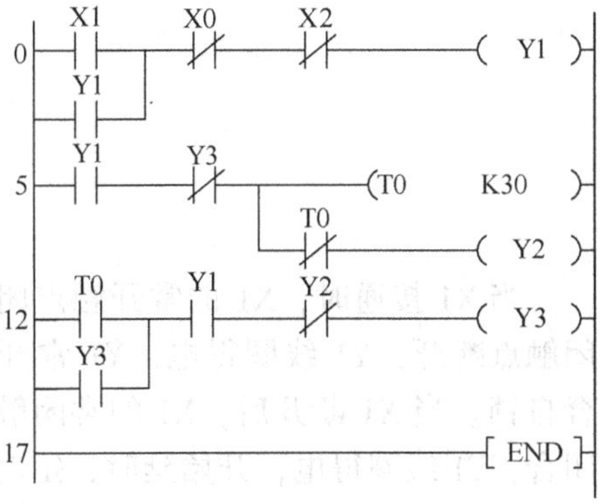


梯形图

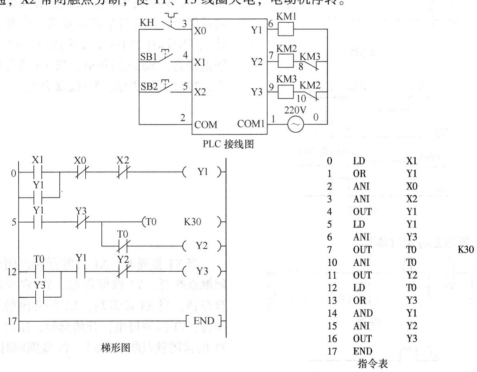

| | | | |
|---|---|---|---|
| 0 | LD | X1 | |
| 1 | OR | Y1 | |
| 2 | ANI | X0 | |
| 3 | ANI | X2 | |
| 4 | OUT | Y1 | |
| 5 | LD | Y1 | |
| 6 | ANI | Y3 | |
| 7 | OUT | T0 | K30 |
| 10 | ANI | T0 | |
| 11 | OUT | Y2 | |
| 12 | LD | T0 | |
| 13 | OR | Y3 | |
| 14 | AND | Y1 | |
| 15 | ANI | Y2 | |
| 16 | OUT | Y3 | |
| 17 | END | | |

指令表

## 相关知识

定时器相当于继电控制电路中的时间继电器，可在程序中用于延时控制。FX 系列 PLC 的定时器分为通用定时器和积算定时器，都采用十进制进行编号。可编程序控制器的定时器是对 1ms、10ms、100ms 的时钟脉冲累加计时的。当累积的时间与设定值相同时，定时器的触点动作。定时器除了占有自己编号常数 K 可以作为定时器的设定值，也可以用数据寄存器 D 的内容作为定时器的设定值。

1. 通用定时器

通用定时器的动作原理如图所示。

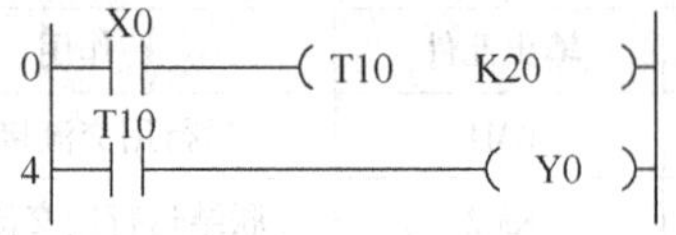


梯形图

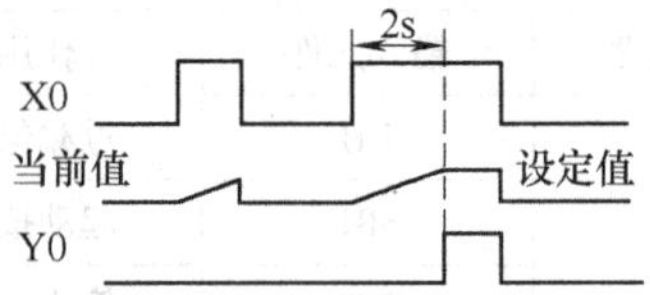


时序图

当 X0 接通，T10 线圈得电，开始延时。当延时时间等于设定值 2s（t = 0.1s × 20 = 2s）时，T10 常开触点闭合，驱动 Y0 线圈得电。

2. 积算定时器

[积算定时器的动作原理]

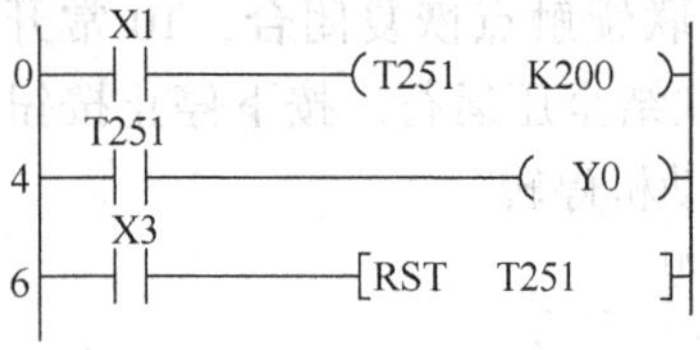


梯形图

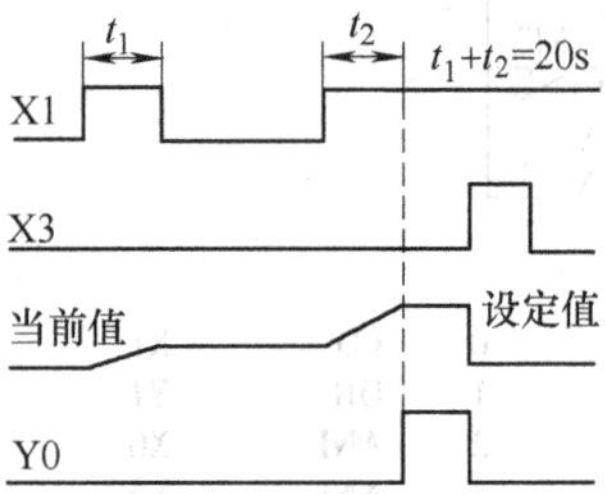


时序图

当 X0 接通时定时器 T251 得电，开始计时。积算定时器 T251 在计时条件失去或 PLC 失电时，其当前值寄存器的内容及触点状态均可保持，当计时条件恢复或来电时可“累计”，当计时时间等于设定值时，T251 常开触点闭合，Y0 线圈得电。当 X3 常开触点闭合，T251 线圈失电，Y0 线圈失电。

[断电延时定时器]

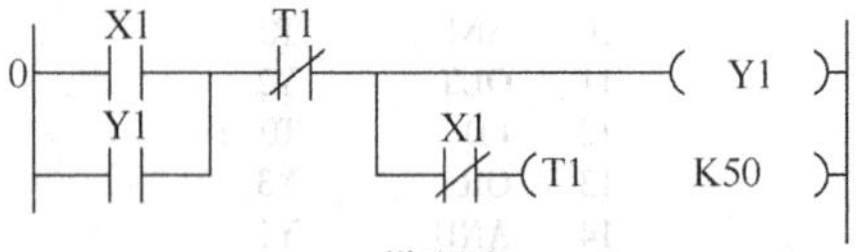


梯形图

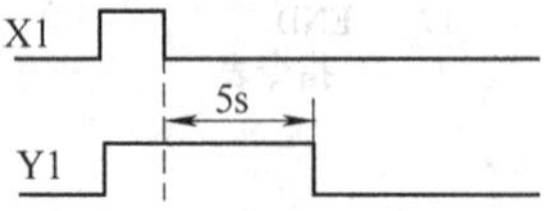


时序图

当 X1 接通时，X1 的常开触点闭合，常闭触点断开，Y1 线圈得电，Y1 常开触点闭合自锁。当 X1 断开后，X1 的常闭触点恢复闭合，T1 线圈得电，开始延时，定时 5s 后，T1 的常闭触点断开，Y1、T1 线圈同时失电。

## 任务实施

### 一、PLC 控制电路接线

按照 PLC 接线图用导线将各元器件和 PLC 模块相连接。

| 实训图片 | 操作方法 | 注意事项 |
| --- | --- | --- |
| 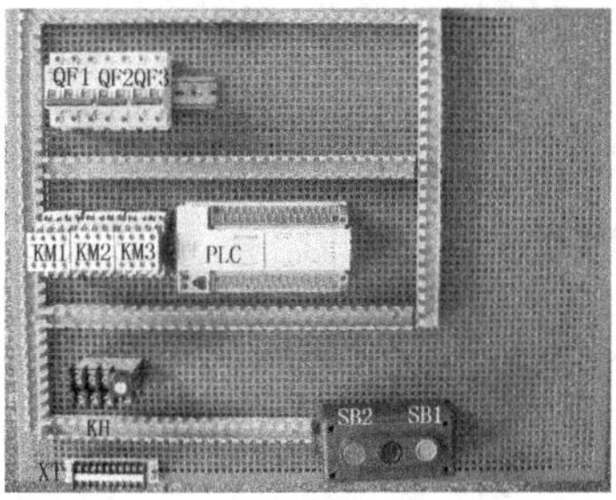  | ［安装各元器件］：将低压断路器、接触器、PLC 模块、热继电器、按钮、端子排、线槽按要求安装在接线板上 | ①安装时，应清除触头表面尘污<br>②安装处的环境温度应与电动机所处环境温度基本相同<br>③安装按钮的金属板或金属按钮盒必须可靠接地<br>④元器件安装要牢固，且不能损坏元器件 |
| 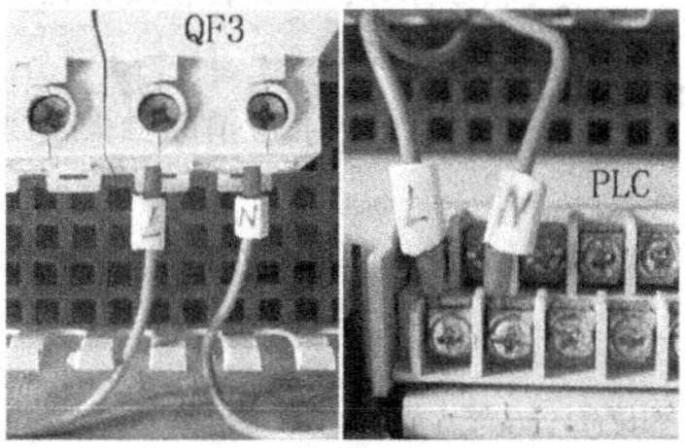  | ［布置 PLC 电源线］：用两根软导线将 QF3 的两出线端连接到 PLC 的输入端 L、N | ①PLC 模块的电源要由单独的断路器控制<br>②QF3 出线端左为 L、右为 N |
| 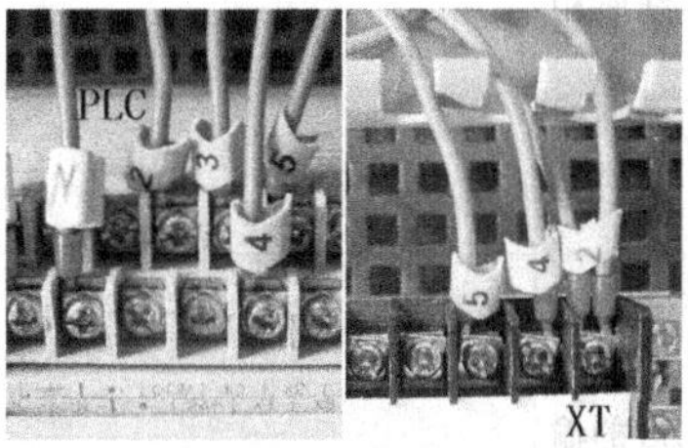  | ［布置 2～5 号线］：将 PLC 模块的输入端 COM、X0、X1、X2 分别与端子排和 KH 的接线座相连接 | PLC 的 COM→端子排 2 号→KH 的 97 号<br>PLC 的 X0→KH 的 98 号<br>PLC 的 X1→端子排 4 号<br>PLC 的 X2→端子排 5 号 |
| 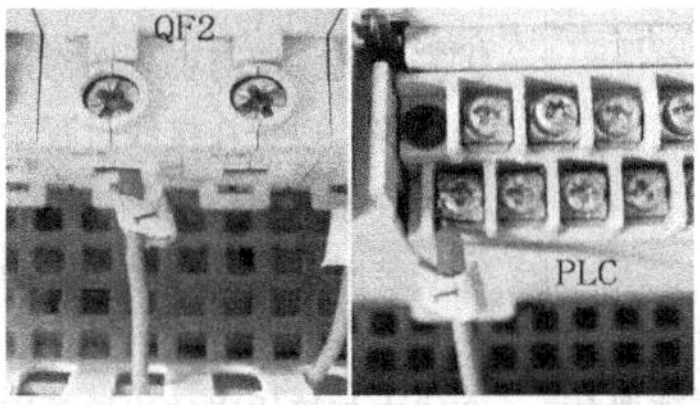  | ［布置 1 号线］：用软导线将 PLC 的输出端 COM1 连接到 QF2 的左边出线接线座上 | 断路器的左边出线端接相线 |
| 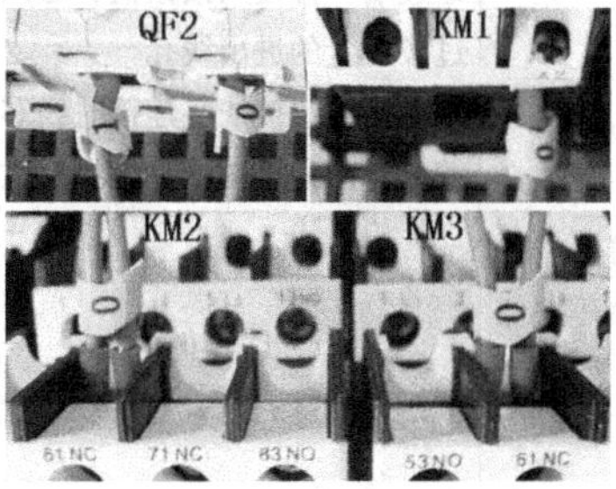  | ［布置 0 号线］：用软导线将 QF2 的右边出线接线座连接到 KM3 的 61 号接线座，再并接到 KM2 的 61 号接线座，再并接到 KM1 的 A2 线圈接线座 | QF2 右出线→KM3 的 61 号→KM2 的 61 号→KM1 的 A2 号 |

（续）

| 实训图片 | 操作方法 | 注意事项 |
|---|---|---|
| 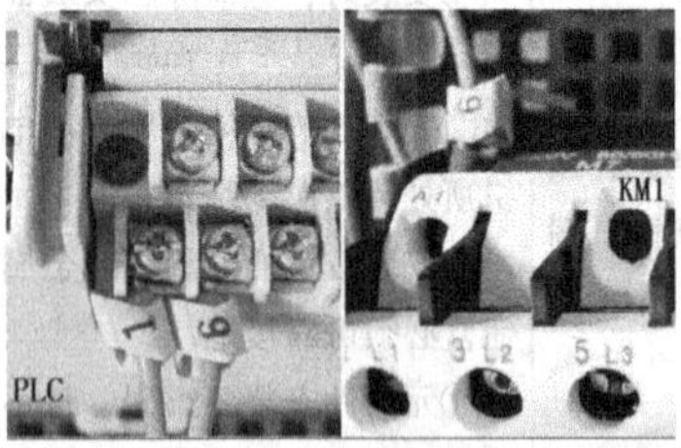 | [布置 6 号线]：用软导线将 PLC 的输出端 Y1 连接到 KM1 的 A1 线圈接线座上 | ①安装前，应与梯形图对照将线号标好，以免在接线过程中出现错接现象<br>②安装时，应清除触头表面尘污<br>③线夹与接线座的连接要牢固 |
| 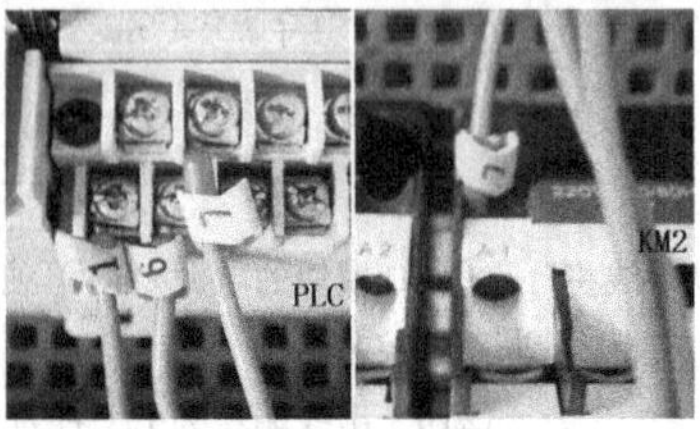 | [布置 7 号线]：用软导线将 PLC 的输出端 Y2 连接到 KM2 的 A1 线圈接线座上 | |
| 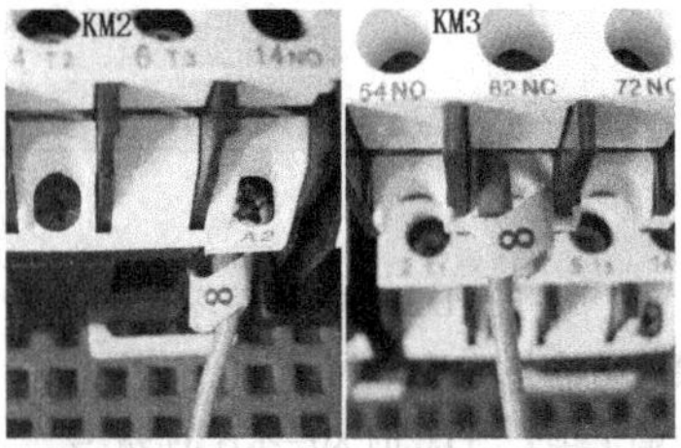 | [布置 8 号线]：用软导线将 KM2 的 A2 线圈接线座与 KM3 的 62 号接线座相连接 | |
| 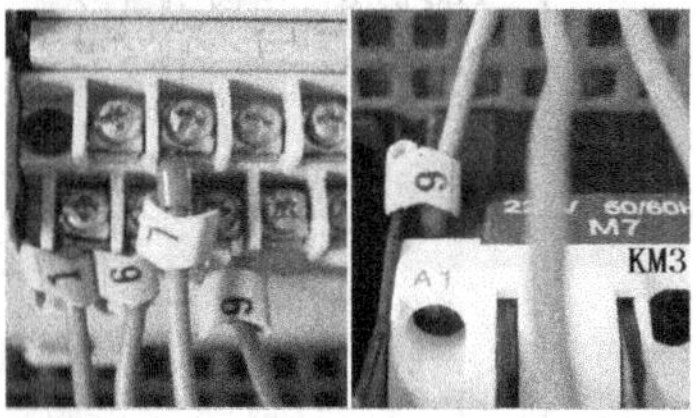 | [布置 9 号线]：用软导线将 PLC 的输出端 Y3 连接到 KM3 的 A1 线圈接线座上 | ①安装前，应与梯形图对照将线号标好，以免在接线过程中出现错接现象<br>②安装时，应清除触头表面尘污<br>③线夹与接线座的连接要牢固<br>④进入按钮的导线一律外接，经过端子排接入按钮盒，必须穿过按钮盒的进出线孔<br>⑤与按钮接线座连接时线芯要绞合弯圈或采用线夹连接形式 |
| 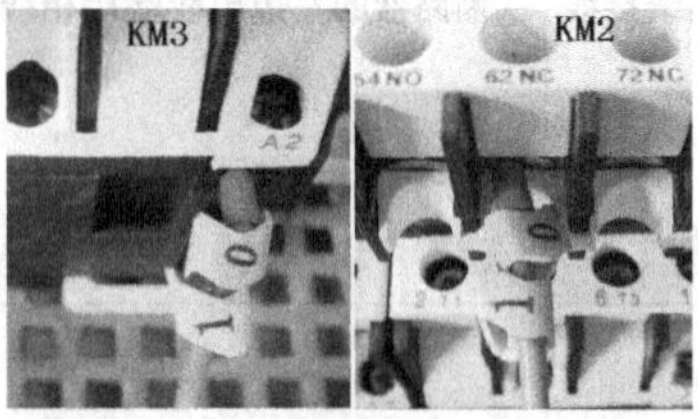 | [布置 10 号线]：用软导线将 KM3 的 A2 线圈接线座与 KM2 的 62 号接线座相连接 | |
| 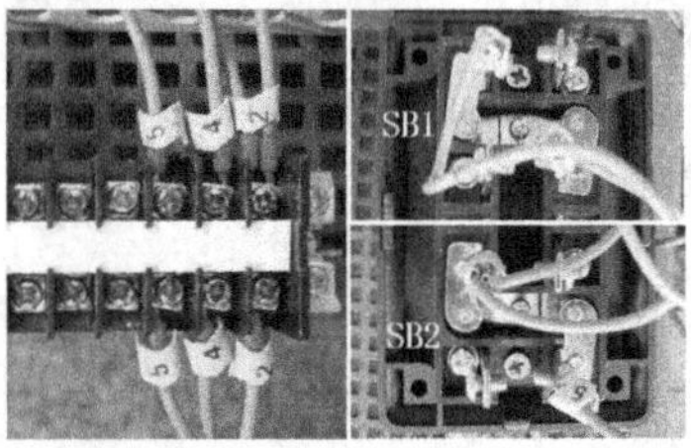 | [布置按钮线]：用软导线将端子排的 2、4、5、号出线分别连接到常开按钮 SB1、SB2 的两端 | |

（续）

| 实 训 图 片 | 操 作 方 法 | 注 意 事 项 |
| --- | --- | --- |
|  | ［安装主电路］：按三相异步电动机正反转运转控制电路图对主电路进行接线 | ①安装时，应清除触头表面尘污<br>②主电路从左至右、从上至下相序依次为 U、V、W<br>③KM1、KM2 接触器的出线侧要对调相序 |
|  | ［连接电动机］：将电动机定子绕组的三根出线与端子排对应位置出线进行连接 | ①安装前，先应确定电动机 U、V、W 三相绕组<br>②安装接线时，注意一一对应接线<br>③电动机的外壳应接地 |

## 二、程序录入

用 SWOPC-FXGP/WIN-C 编程软件录入相对应的指令或梯形图，观察是否正确录入。

| 实 训 图 片 | 操 作 方 法 | 注 意 事 项 |
| --- | --- | --- |
| 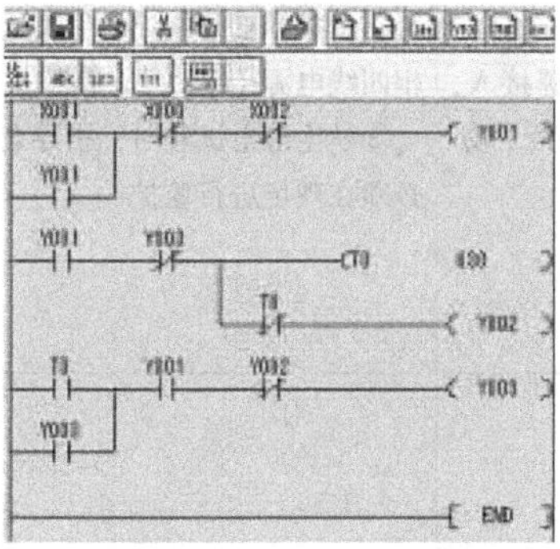 | ［程序输入］：在图光标位置上输入各触点、各线圈，则可在键盘上键入相应的指令，回车，则在光标位置处，出现相应的梯形图 | 程序输入时，在键盘上键入一个指令如 ANI X0，就需要回车一次，再进行下一次键入 |
| 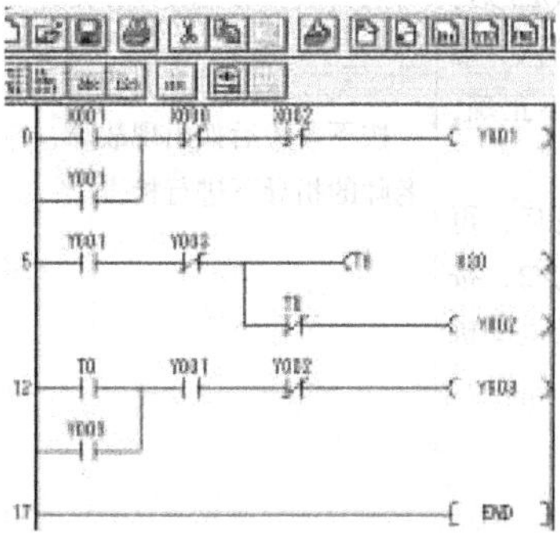 | ［程序转换］：梯形图编写之后，将光标移到工具栏命令，单击，暗色的梯形图部分变成白色，同时在梯形图的左侧标出程序序号 | 程序转换之前的梯形图处于暗色状态，转换之后，暗色的梯形图部分变成白色。在转换之后的梯形图的左侧自动标出程序序号 |

（续）

| 实 训 图 片 | 操 作 方 法 | 注 意 事 项 |
| --- | --- | --- |
| <br>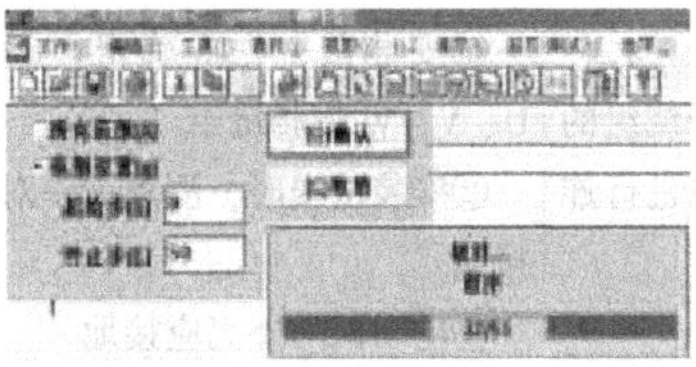 | [程序下载]：先将 PLC 模块面板上拨至 STOP 处，再将在“PLC”中找到“传送——读入”。读入完毕后，再将 PLC 模块面板上开关拨至 RUN | ①将数据线与 PLC 和计算机进行连接<br>②在程序读入之前，如不将 PLC 模块面板上数据线插孔旁的开关拨至 STOP 处，则程序读不入 PLC 中 |

## 三、通电试验

| 实 训 图 片 | 操 作 方 法 | 注 意 事 项 |
| --- | --- | --- |
|  | [接通电源]：将三相四线电源接入，并用万用表检测三相电源电压是否平衡 | ①由指导老师指导学生接通三相四线电源<br>②学生通电试验时，指导老师必须在现场进行监护 |
| 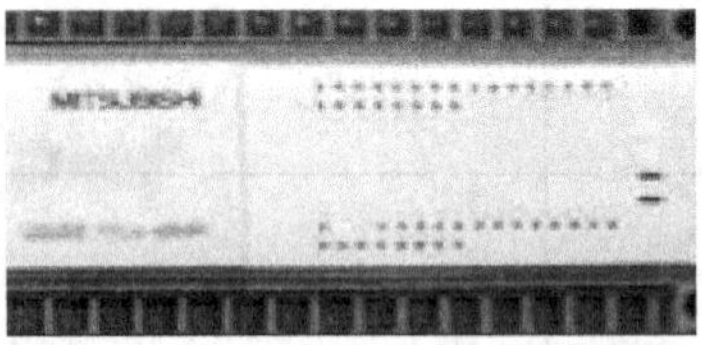<br> | [通电测试]：<br>①接通 PLC 模块电源断路器 QF3 后，按下起动按钮，观察 PLC 模块输入、输出对应的指示灯是否正确，若不正确，加以改正<br>②当上面的测试过程正确运行后，再接通主电路电源断路器 QF1、QF2，按下 SB1 按钮，观察接触器吸合及电动机的运行情况 | 按下开关后如出现故障，应在老师的指导下进行检查 |

## 提醒注意

将继电控制电路改换成 PLC 控制方式时，注意以下问题：

1）在编制 PLC 程序时，不是所有的继电控制电路都可以采用“直译”的方法，例如：点连混合控制电路、Y-△减压起动控制电路就不能采用“直译”方法。因此，在编写程序时，要先写出电路逻辑，再进行简化。

2）对继电控制电路的常闭触点，在 I/O 分配图中可以接成常开形式，也可以接成常闭形式。

3）对电路中联锁的器件，不仅要在梯形图中实现电气联锁，在 I/O 分配图中也要实现电气联锁。

## 检查评价

**任务评价**

| 序号 | 评价指标 | 评价内容 | 分值 | 个人评价 | 小组评价 | 教师评价 |
| --- | --- | --- | --- | --- | --- | --- |
| 1 | 程序编写 | 能正确画出 PLC 接线图 | 10 | | | |
| | | 能正确分配 PLC 输入/输出点 | 10 | | | |
| | | 能熟练正确编写 PLC 梯形图、指令 | 10 | | | |
| 2 | 布线 | 能正确连接 PLC 的输入/输出点 | 15 | | | |
| | | 能正确进行 PLC 外部导线的连接 | 10 | | | |
| | | 布线美观、连接点牢固可靠 | 5 | | | |
| 3 | 调试通电 | 会正确熟练地开机调入程序 | 5 | | | |
| | | 能正确地将程序写入和输出 | 5 | | | |
| | | 会正确进行 PLC 程序的调试 | 10 | | | |
| | | 试车不成功 | 10 | | | |
| 4 | 安全规范 | 是否穿绝缘鞋 | 5 | | | |
| | | 操作是否安全规范 | 5 | | | |
| 总分 | | | 100 | | | |
| 问题记录和解决方法 | | | 记录任务实施过程中出现的问题和采取的解决办法 | | | |

**能力评价**

| 内容 | | 评价 | |
| --- | --- | --- | --- |
| 学习目标 | 评价项目 | 小组评价 | 教师评价 |
| 应知应会 | 本任务的相关基本概念是否熟悉 | □Yes　□No | □Yes　□No |
| | 是否熟练掌握 PLC 模块的使用 | □Yes　□No | □Yes　□No |
| 专业能力 | 元器件的连接是否正确 | □Yes　□No | □Yes　□No |
| | 是否具有相关专业知识的融合能力 | □Yes　□No | □Yes　□No |

（续）

| 内　　容 | | 评　　价 | |
|---|---|---|---|
| 学习目标 | 评　价　项　目 | 小组评价 | 教师评价 |
| 通用能力 | 团队合作能力 | □Yes　□No | □Yes　□No |
| | 协调沟通能力 | □Yes　□No | □Yes　□No |
| | 解决问题能力 | □Yes　□No | □Yes　□No |
| | 自我管理能力 | □Yes　□No | □Yes　□No |
| | 创新能力 | □Yes　□No | □Yes　□No |
| 态度 | 敬岗爱业 | □Yes　□No | □Yes　□No |
| | 工作态度 | □Yes　□No | □Yes　□No |
| | 劳动态度 | □Yes　□No | □Yes　□No |
| 个人努力方向： | | 老师、同学建议： | |

## 思考与提高

1. 为何通用定时器的控制触点在定时器工作过程中一直闭合，而计数器的控制触点在计数器工作过程中不能一直闭合？

2. 辅助继电器为什么不能驱动外部负载？

3. X0 外接自锁按钮，当按下自锁按钮后，Y0、Y1、Y2 外接的灯循环点亮，每过 1s 点亮一盏灯，点亮一盏灯的同时熄灭另一盏灯，试设计程序并加以调试。

# 任务十二　交流变频器的一般接线、简单设置操作与使用

## 训练目标

- 了解交流变频器的一般接线方法。
- 了解交流变频器的简单设置操作。
- 熟悉交流变频器的使用。

## 任务描述

在前一任务中介绍的三相异步电动机Y-△减压起动电路，在此电路中，电动机按Y联结减压起动时，电动机的转速较慢，当电动机按△联结全压运行时，电动机的转速较快。那么，为什么在上述电路中电动机的转速会发生变化呢？

由三相异步电动机的转速公式 $n=(1-s)\dfrac{60f}{p}$ 可知，交流异步电动机的调速方法有三种：变极调速、变频调速、变转差率调速。而上述所介绍的电路则是采用变极调速的方法来改变转速的。

变频调速是通过改变交流异步电动机的供电频率进行调速的。变频器可以通过改变电源的频率来达到改变电源电压的目的，根据电动机的实际需要来提供其所需要的电源电压，进

而达到节能、调速的目的。

## 任务分析

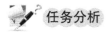

本任务要求实现“交流变频器的一般接线、简单设置操作与使用”，要完成此任务，我们以 FR—A700 系列的变频器为例，首先应认识交流变频器，再介绍其操作面板。

1. 变频器的外形和结构

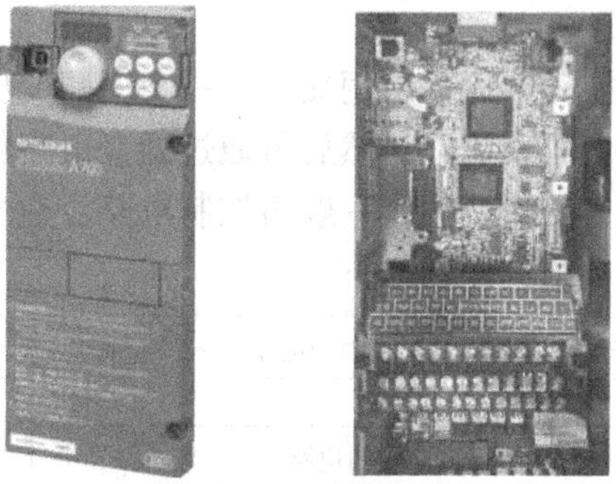

R—A700 系列变频器的外形

2. 变频器的操作面板

变频器的操作面板及控制端子可对电动机的起动、调速、停机、制动、运行参数设定及外围设备等进行控制。以 FR—A700 系列通用变频器为例，其操作面板上设有 6 个按键、一个旋钮以及各状态指示灯。

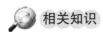

## 相关知识

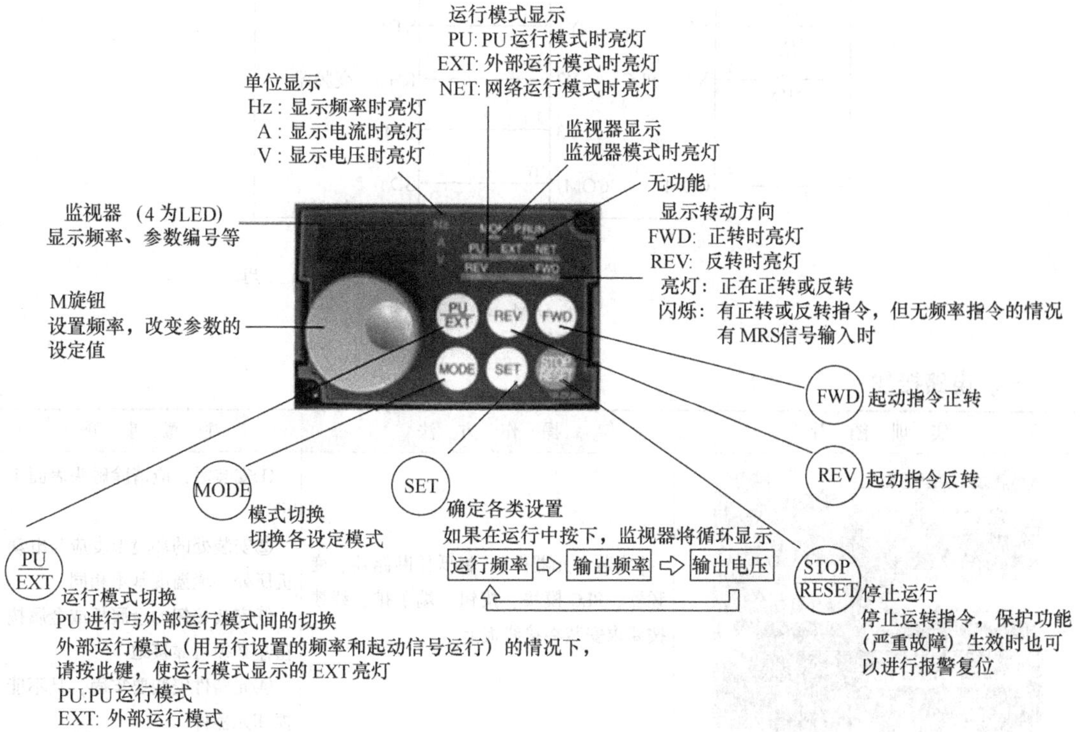

## 相关知识

### 一、变频器的概念

变频器是利用电力半导体器件的通断作用将工频电源变换为另一频率的电能控制装置，能实现对交流异步电动机的软起动、变频调速、提高运转精度、改变功率因数、过电流/过电压/过载保护等功能。

### 二、变频器的基本结构

目前，交流变频器的变换环节大多采用交—直—交变频变压方式。交—直—交变频器是先把工频交流电通过整流器变成直流电，然后再通过逆变电路将直流电逆变成频率和电压可调的交流电的变频器。所以，交流变频器一般由控制电路、逆变电路、整流电路、直流中间电路等四大部分构成，其基本结构框图如下：

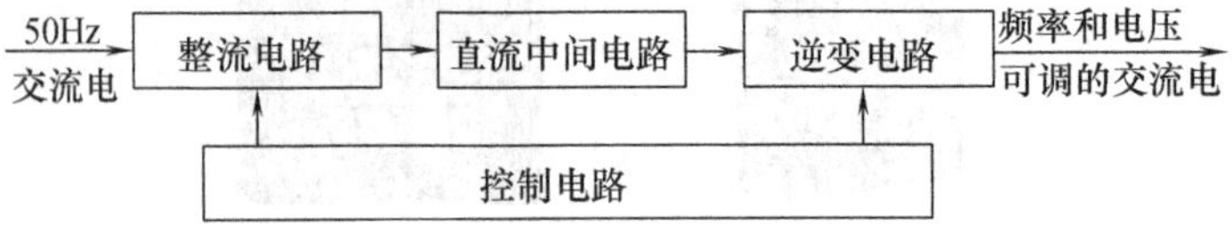


## 任务实施

下面以 PLC + 变频器控制电动机高低速正反转为例，介绍其接线和变频器的参数设置及使用调试方法。

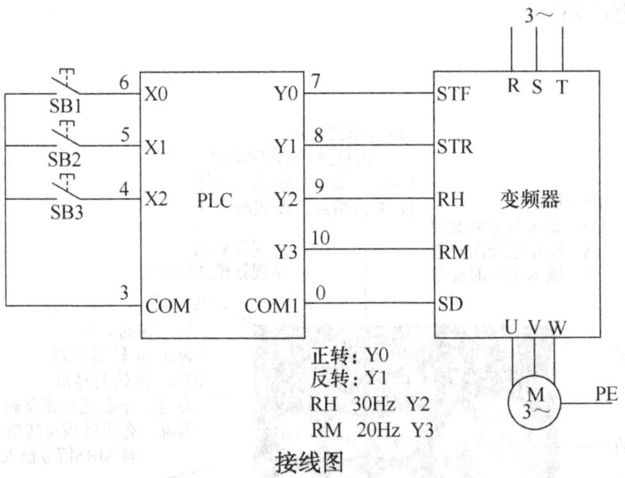


接线图

### 一、电路接线

| 实 训 图 片 | 操 作 方 法 | 注 意 事 项 |
|---|---|---|
| 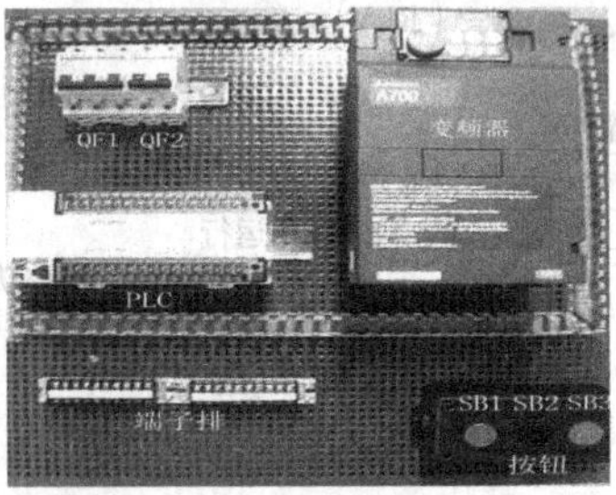 | [安装各元器件]：将低压断路器、变频器、PLC 模块、按钮、端子排、线槽按要求安装在接线板上 | ①安装时，应清除触头表面尘污<br>②安装处的环境温度应与电动机所处环境温度基本相同<br>③安装按钮的金属板或金属按钮盒必须可靠接地<br>④元器件安装要牢固，且不能损坏元器件 |

（续）

| 实训图片 | 操作方法 | 注意事项 |
|---|---|---|
|  | [PLC模块电源连接]：将低压断路器QF2的出线端与PLC模块的L、N端相连接 | ①PLC模块的电源要由单独的断路器控制<br>②QF2出线端左为L，右为N |
|  | [PLC输入端导线连接]：用软导线分别将PLC的输入端COM、X2、X1、X0连接到端子排3、4、5、6号位置 | ①导线连接前，要事先做好线夹<br>②线芯与线夹要压接牢固，不能松动，不能露铜过多<br>③导线连接前应套入编码套管<br>④与PLC接线时要分清连接点，不能接错，且要分清PLC的输入端与输出端 |
| 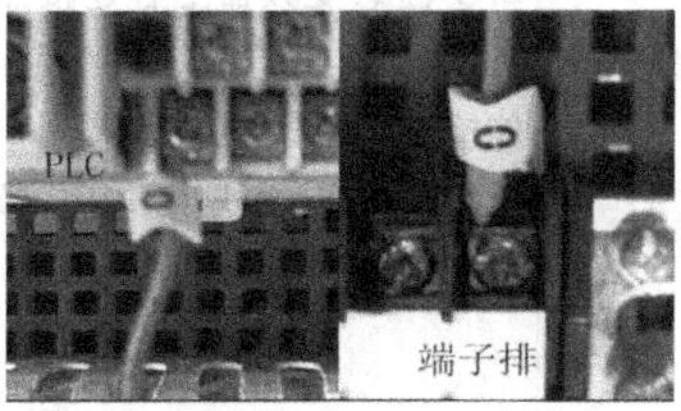 | [连接0号线]：用软导线将PLC的输出端COM1连接到端子排上 | |
| 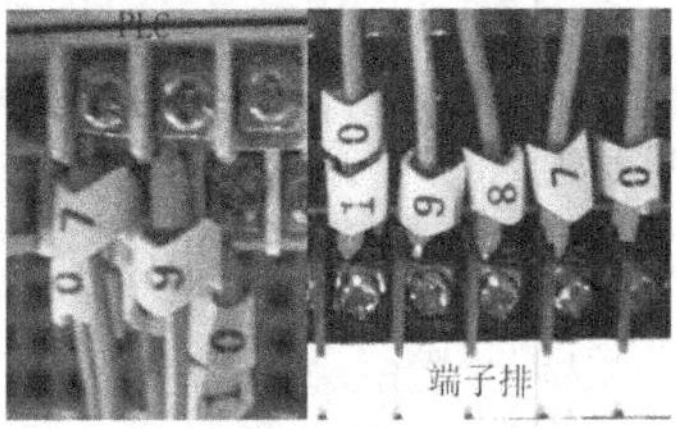 | [PLC输出端导线连接]：用软导线分别将PLC的输出端Y0、Y1、Y2、Y3连接到端子排7、8、9、10号位置 | 与PLC接线时要分清连接点，不能接错，且要分清PLC的输入端与输出端 |
| 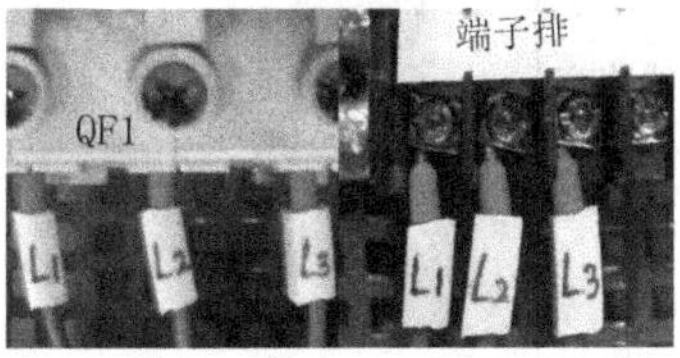 | [布置电源线]：用软导线将QF1的出线端分别连接到端子排 | 与断路器、端子排接线座的连接要压接牢固、接触良好 |

（续）

| 实训图片 | 操作方法 | 注意事项 |
| --- | --- | --- |
|  | ［布置变频器 7 号线］：用软导线将变频器的 STF 点与端子排相对应 7 号点相连接 | |
|  | ［布置变频器 8 号线］：用软导线将变频器的 STR 点与端子排相对应 8 号点相连接 | |
|  | ［布置变频器 9 号线］：用软导线将变频器的 RH 点与端子排相对应 9 号点相连接 | ①注意变频器上各连接点与 PLC 上各连接点的对应关系，不能接错<br>②各连接点要压接牢固、接触良好 |
| 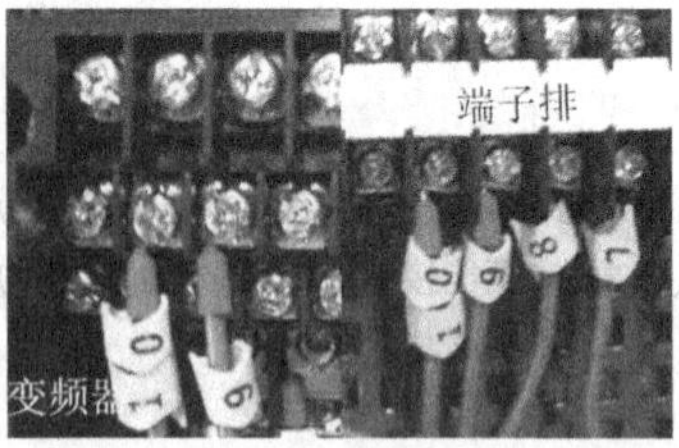 | ［布置变频器 10 号线］：用软导线将变频器的 RM 点与端子排相对应 10 号点相连接 | |
| 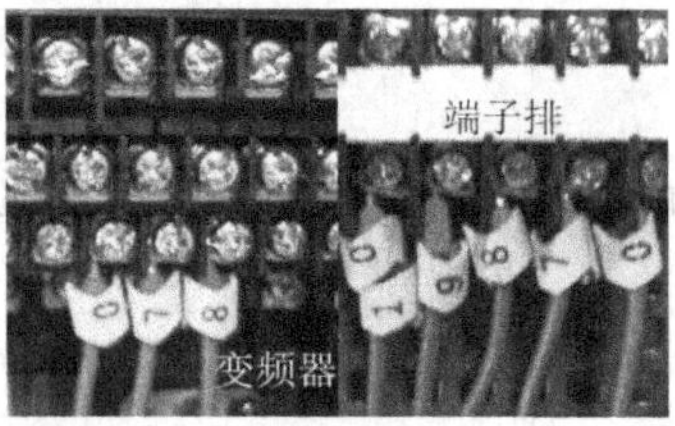 | ［布置变频器 0 号线］：用软导线将变频器的 SD 点与端子排相对应 0 号点相连接 | |

（续）

| 实训图片 | 操作方法 | 注意事项 |
| --- | --- | --- |
| 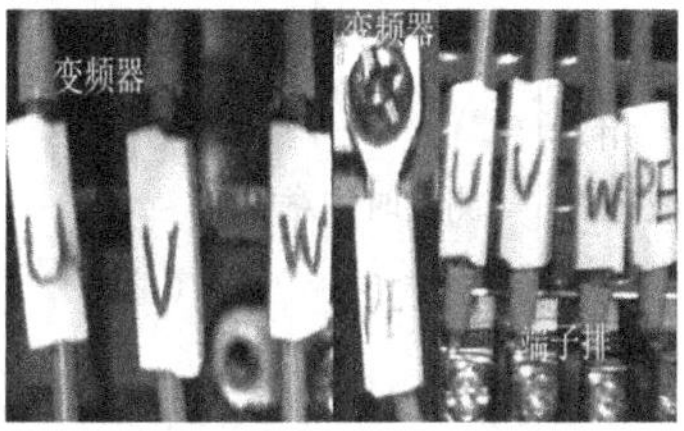 | ［连接变频器的电动机进线］：用软导线将变频器的电动机进线 U、V、W、PE 与端子排相对应点相连接 | 与变频器、端子排接线座的连接要压接牢固、接触良好 |
|  | ［布置按钮线］：用软导线将端子排的 3、4、5、6 号出线分别连接到常开按钮 SB1、SB2、SB3 的两端 | ①进入按钮的导线一律外接，经过端子排接入按钮盒，必须穿过按钮盒的进出线孔<br>②与按钮接线座连接时线芯要绞合弯圈或采用线夹连接形式 |
| 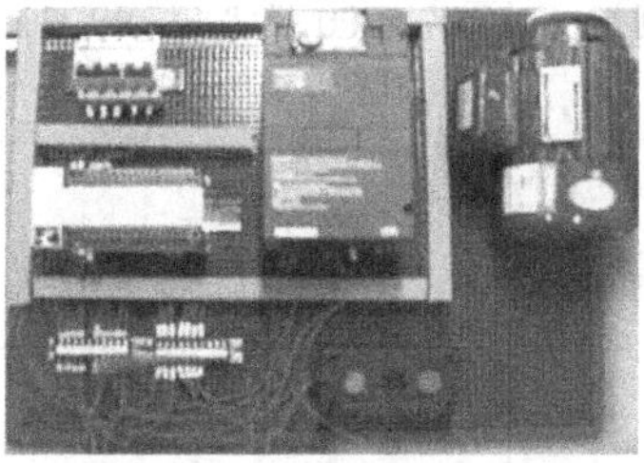 | ［连接电动机］：将电动机定子绕组的三根出线与端子排对应位置出线进行连接 | ①安装前，先应确定电动机 U、V、W 三相绕组<br>②安装接线时，注意一一对应接线<br>③电动机的外壳应接地 |

## 二、交流变频器的简单设置操作

按照要求将交流变频器进行简单设置操作，PLC 程序的编制、输入、输出同前述任务。

| 实训图片 | 操作方法 | 注意事项 |
| --- | --- | --- |
|  | ［连接变频器的电源进线］：用软导线将变频器的电源进线 L1、L2、L3 与端子排相对应点相连接 | 导线连接时要关闭电源进线总开关 |

（续）

| 实训图片 | 操作方法 | 注意事项 |
|---|---|---|
|  | [电源检查]：合上总电源开关，用万用表交流 500V 挡，检查三相交流电源电压是否平衡，然后合上 QF1 | 测量时注意安全 |
|  | [初始画面]：变频器通入电源后，出现图示初始画面 | 供给电源时的画面监视器显示 |
| 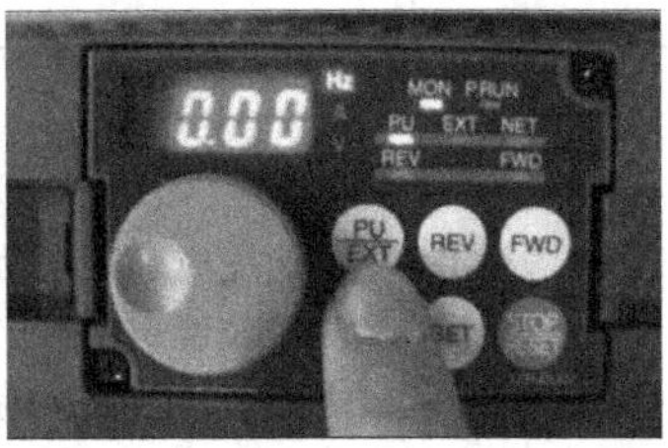 | [调模式]：按下“PU/EXT”键切换到 PU 模式 | 若在 PU 模式上，PU 显示灯亮，则不需要调 |
|  | [清零]：先按下“MODE”键，出现“P.0”，然后旋转旋钮到“ALLC”，再按“SET”键后，出现“0”，再将旋钮旋至“1”，再按“SET”键确认，出现“1”与“ALLC”互闪 | 通过设定 Pr. CL 参数清除，ALLC 参数全部清除 = “1”，使参数将恢复为初始值 |
| 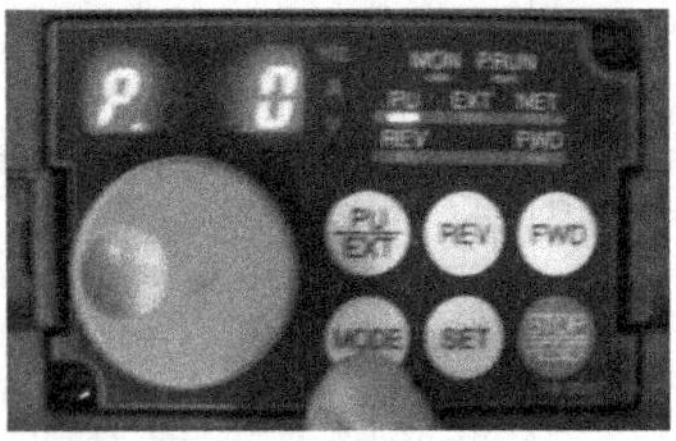 | [参数模式]：先按下“MODE”键，出现“P.0”，然后旋转旋钮来选择改变参数的设定值 | 将旋转旋钮从 P.0 旋至 P.1 为变更上限频率；若旋至 P.2 为变更下限频率；若旋至 P.7 为变更加速时间；若旋至 P.8 为变更减速时间 |

（续）

| 实训图片 | 操作方法 | 注意事项 |
| --- | --- | --- |
| 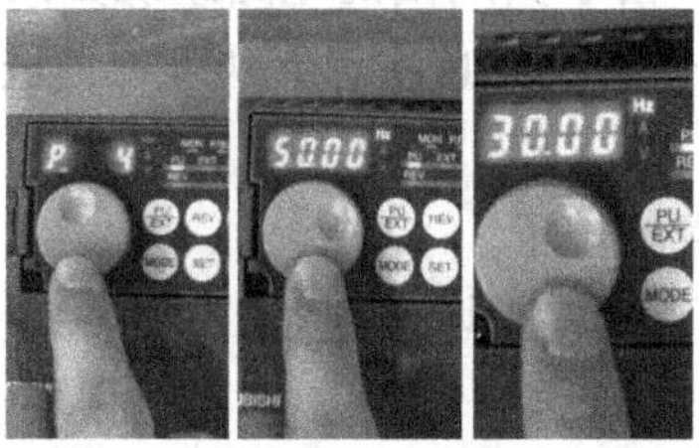 | ［正转参数设定］：将旋钮旋至“P.4”，按下“SET”键，出现“50.00Hz”，然后旋转旋钮至“30.00Hz”，最后长按“SET”键，出现“P.4”与“30.00Hz”互闪 | 端子 RH、RM、RL 的初始值分别为 50Hz、30Hz、10Hz，可以通过 P.4、P.5、P.6 进行更改 |
| 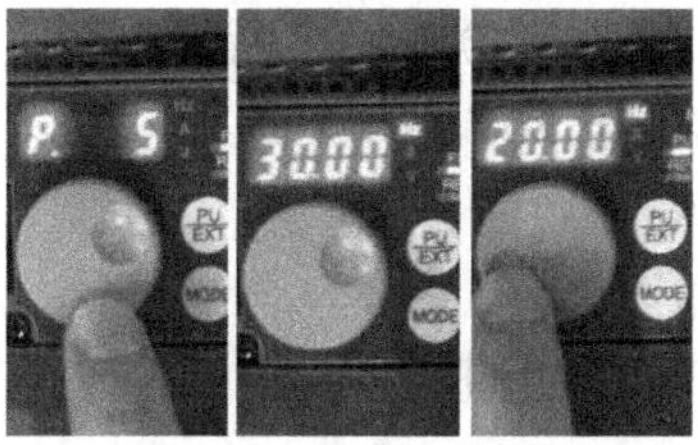 | ［反转参数设定］：将旋钮旋至“P.5”，按下“SET”键，出现“30.00Hz”，然后旋转旋钮至“20.00Hz”，最后长按“SET”键，出现“P.5”与“20.00Hz”互闪 | PU 运行模式下，输出频率监视器 |
| 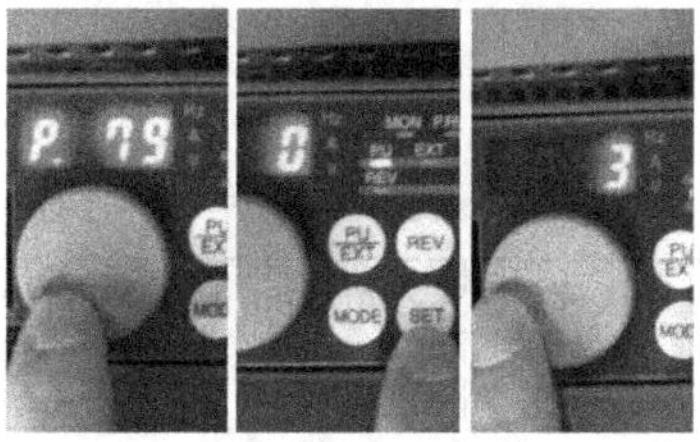 | ［外部模式参数设置］：将旋钮旋至“P.79”，按下“SET”键，出现“0”，然后旋转旋钮至“3”，最后长按“SET”键，出现“P.79”与“3”互闪 | |

## 三、通电试验

用交流变频器控制电动机，观察过程是否正确。

| 实训图片 | 操作方法 | 注意事项 |
| --- | --- | --- |
| 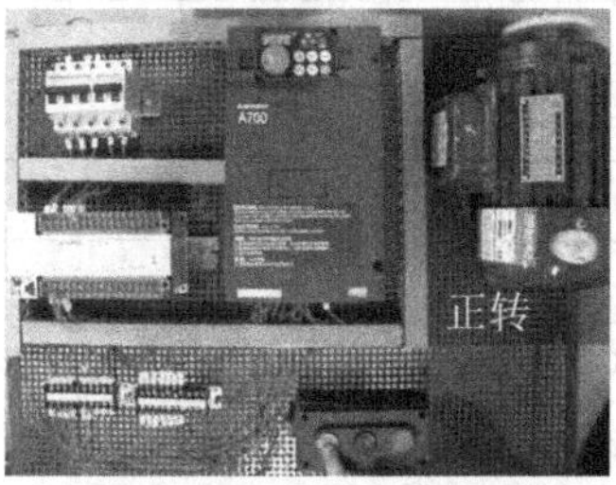 <br>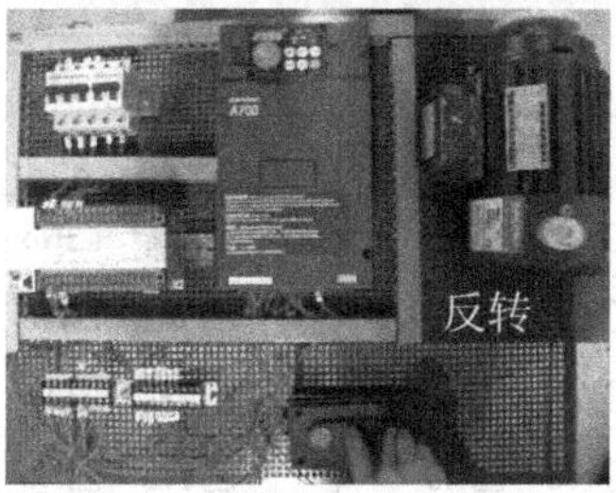  | ［电动机运行］：按下 SB1 按钮，电动机以 30Hz 的频率正转运行；按下 SB3 按钮，电动机停转；按下 SB2 按钮，电动机以 20Hz 的频率反转运行 | 电动机正转运行时，变频器面板显示频率为 30.00Hz<br>电动机反转运行时，变频器面板显示频率为 20.00Hz |

## 提醒注意

FR—A700系列变频器是可信度很高的一种产品。但是，由于其周围的电路组织方式或操作方法不同，该产品可能会导致寿命缩短或破损。所以操作时请务必注意下列事项，进行再次确认后使用。

1）电源及电动机接线的压着端子，请使用带有绝缘套管的端子。

2）电源一定不能接到变频器输出端（U、V、W）上，否则将损坏变频器。

3）接线后，零碎线头必须清除干净。

4）为了使线路压降在2%以内，请选用适当型号的导线接线。

5）断开电源后不久，平波电容上仍然剩余有高电压，当进行检查时，断开电源，过10min后用万用表等确认变频器主电路P/+和N/−间电压在直流30V以下后进行。

6）变频器输出端的短路或接地会引起变频器模块的损坏。

7）不要使用变频器输入侧的电磁接触器起动与停止变频器。

8）变频器的输入/输出信号回路上不要接上超过最大允许值的电压。

9）要充分确认规格和定额符合系统要求。

## 检查评价

**任 务 评 价**

| 序号 | 评价指标 | 评　价　内　容 | 分值 | 个人评价 | 小组评价 | 教师评价 |
|---|---|---|---|---|---|---|
| 1 | 接线检查 | 变频器接线是否正确 | 20 | | | |
| 2 | 通电操作 | 变频器运行时监视各种运行参数切换是否正确 | 10 | | | |
| | | 变频器的面板控制运行操作是否正确 | 10 | | | |
| | | 变频器的外部开关运行操作是否正确 | 10 | | | |
| | | 变频器的外部按钮运行操作是否正确 | 10 | | | |
| | | 第一次操作不成功 | 10 | | | |
| | | 第二次操作不成功 | 10 | | | |
| 3 | 安全规范 | 是否穿绝缘鞋 | 10 | | | |
| | | 操作是否规范安全 | 10 | | | |
| 总分 | | | 100 | | | |
| 问题记录和解决方法 | | | 记录任务实施过程中出现的问题和采取的解决办法 | | | |

**能 力 评 价**

| 内　　容 | | 评　　价 | |
|---|---|---|---|
| 学习目标 | 评　价　项　目 | 小组评价 | 教师评价 |
| 应知应会 | 本任务的相关基本概念是否熟悉 | □Yes　□No | □Yes　□No |
| | 是否熟练掌握变频器的使用 | □Yes　□No | □Yes　□No |
| 专业能力 | 元器件的连接是否正确 | □Yes　□No | □Yes　□No |
| | 是否具有相关专业知识的融合能力 | □Yes　□No | □Yes　□No |

（续）

| 内　　容 | | 评　　价 | |
|---|---|---|---|
| 学习目标 | 评　价　项　目 | 小组评价 | 教师评价 |
| 通用能力 | 团队合作能力 | □Yes　□No | □Yes　□No |
| | 协调沟通能力 | □Yes　□No | □Yes　□No |
| | 解决问题能力 | □Yes　□No | □Yes　□No |
| | 自我管理能力 | □Yes　□No | □Yes　□No |
| | 创新能力 | □Yes　□No | □Yes　□No |
| 态度 | 敬岗爱业 | □Yes　□No | □Yes　□No |
| | 工作态度 | □Yes　□No | □Yes　□No |
| | 劳动态度 | □Yes　□No | □Yes　□No |
| 个人努力方向： | | 老师、同学建议： | |

## 思考与提高

1. Er　1 ~ Er　4 显示了，是什么原因？
2. Er　1 变为 Er　4 后闪烁，为什么？

# 单元三　电子电路实战训练

本单元的目的是使我们对电子元器件及电路安装有一定的感性和理性认识；培养和锻炼我们的实际动手能力，使我们的理论知识与工作实践充分相结合，做到不仅具有专业知识，而且还具有较强的实践动手能力，让我们成为应用型技术人才，为以后的顺利就业做好准备。

**学习目标**

- 掌握电工电子的常用测量方法和分析方法。
- 掌握复杂电子电路的调试步骤。
- 掌握电工电子测量设备及其工作原理。

## 任务十三　惠斯顿电桥、开尔文（双）电桥的使用

### 训练目标

- 掌握惠斯顿电桥、开尔文（双）电桥的工作原理和它们的不同特点。
- 学习利用惠斯顿电桥测量中值电阻。
- 学习利用开尔文（双）电桥测量中值电阻。
- 掌握电桥的相关应用。

### 任务描述

早在1833年就有人提出基本的电桥网络，但是一直未引起注意，直到1843年惠斯顿才加以应用，后人称之为惠斯顿电桥，即单臂。单臂电桥是最基本的直流电桥，主要由比例臂、比较臂、检流计等构成。测量时将被测量与已知量进行比较而得到测量结果。另外，还有一种是开尔文（双）电桥，它是在单臂电桥的基础上发展起来的，它可以减小附加电阻对测量的影响，因此常用来测量低值电阻。本任务单元我们将对惠斯顿电桥、开尔文（双）电桥的工作原理以及使用方法进行相应的学习研究。

### 任务分析

惠斯顿电桥、开尔文（双）电桥的组成、作用及测量范围

| 实物图片 | 作用 | 测量范围 |
| --- | --- | --- |
|  | 惠斯顿电桥是用比较法测量电阻的仪器。主要由比例臂、比较臂、检流计三部分构成。测量时将被测量与已知量进行比较而得到测量结果，因而测量精度高。由于它的测量方法十分巧妙，使用方便，所以应用十分广泛 | $1\sim10^6\Omega$ |
|  | 开尔文（双）电桥是在单臂电桥的基础上发展起来的，它使用了四端钮电阻，可以消除附加电阻对测量结果的影响 | 1Ω以下的低值电阻 |

## 相关知识

### 一、惠斯顿电桥的工作原理

惠斯顿电桥是用比较法测量电阻的仪器。主要由比例臂、比较臂、检流计三部分构成。测量时将被测量与已知量进行比较而得到测量结果，因而测量精度高。由于它的测量方法十分巧妙，使用方便，所以应用十分广泛。

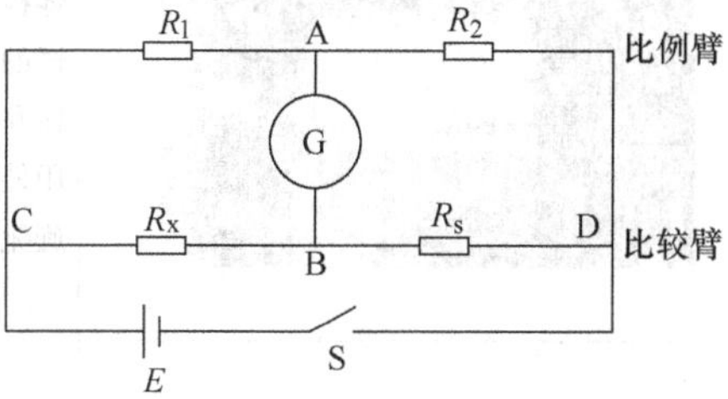


惠斯顿电桥的电路如上图所示，被测电阻 $R_x$ 和标准电阻 $R_s$ 及电阻 $R_1$、$R_2$ 构成电桥的四个臂。在CD端加上直流电压，AB间串接检流计G，用来检测其间有无电流（A、B两点有无电位差）。“桥”指AB这段电路，它的作用是将A、B两点电位直接进行比较。当A、B两点电位相等时，检流计中无电流通过，称电桥达到了平衡。这时，电桥四个臂上电阻的关系为

$$\frac{R_1}{R_2}=\frac{R_x}{R_s}$$

上式称为电桥平衡条件。若 $R_s$ 的阻值和 $R_1$、$R_2$ 的阻值（或 $R_1/R_2$ 的比值）已知，即可由上式求出 $R_x$。

调节电桥平衡方法有两种：一种是保持 $R_s$ 不变，调节 $R_1/R_2$ 的比值；另一种是保持 $R_1/R_2$ 不变，调节电阻 $R_s$。

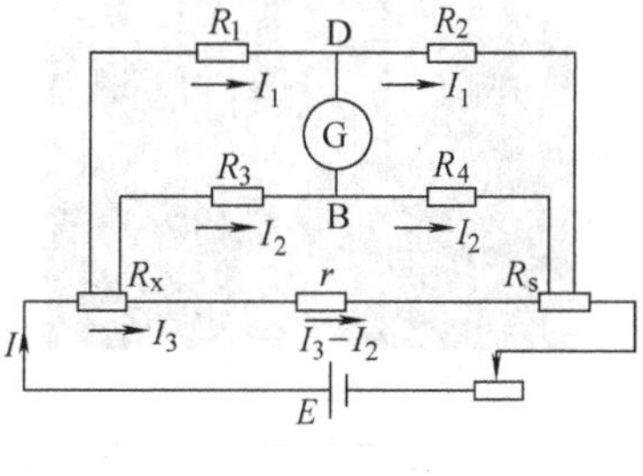


### 二、开尔文（双）电桥的工作原理

开尔文（双）电桥一般用来测1Ω以下的低值电阻。当被测电阻较小（1Ω以下）时，测量电路中连接导线的

电阻和各接线端钮的接触电阻的影响不能忽略。双臂电桥在设计上克服了附加电阻对测量结果的影响，能够测量 $10^{-5}\sim1\Omega$ 的低值电阻。

利用 BD 两端电位相等的条件：$I_1R_1=I_3R_x+I_2R_3$，$I_1R_2=I_3R_s+I_2R_4$，$I_2(R_3+R_4)=(I_3-I_2)r$，若满足 $R_1/R_2=R_3/R_4$，则有双臂电桥的平衡公式为

$$R_x=\frac{R_1}{R_2}R_s$$

## 任务实施

### 一、利用惠斯顿电桥测量电阻

| 实训图片 | 操作步骤 | 注意事项 |
|---|---|---|
|  | [前期总体检查]：整体查看单臂电桥的结构是否完整，各旋钮是否能够正常工作，各接口处的金属切片是否发生氧化，检流计的指针是否能够正常转动 | 若接口处的金属切片氧化或者腐蚀程度较重，可以用锉刀将其表面氧化层锉去，确保测试结构准备良好 |
|  | [内外接电源调整]：在进行完前期总体检查之后，根据实际情况调整电桥测试的电源选择，无外接电源则将内接旋钮和电源选择旋钮用金属片相连，若使用外接电源，则将外接旋钮和电源选择旋钮相连，同时连接外接电源 | 根据实际情况需要选择内接电源触发还是外接电源触发 |
| 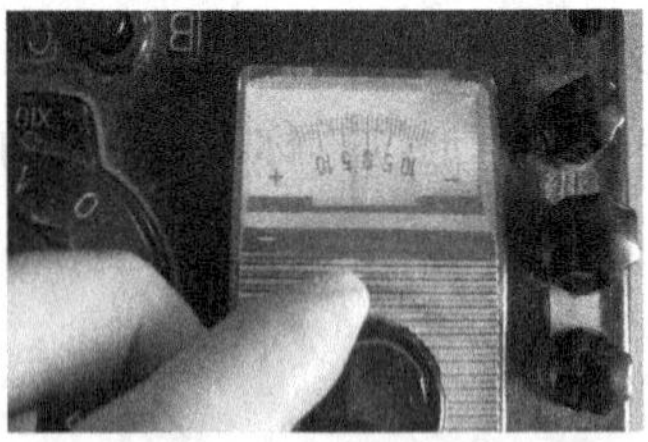 | [检流表调零]：对检流表进行调零是保证测量准确性的重要前期步骤，在未接任何负载的状态下，将各功能挡位均置于空挡，调节检流表的调零旋钮进行调零处理，左右旋转调零旋钮使得指针正对于刻度零的位置 | 调零过程中不能外接测量负载，同时各挡位应置于空挡，调零过程中视线应该正对检流计的面板，保障调零的准确性 |
| 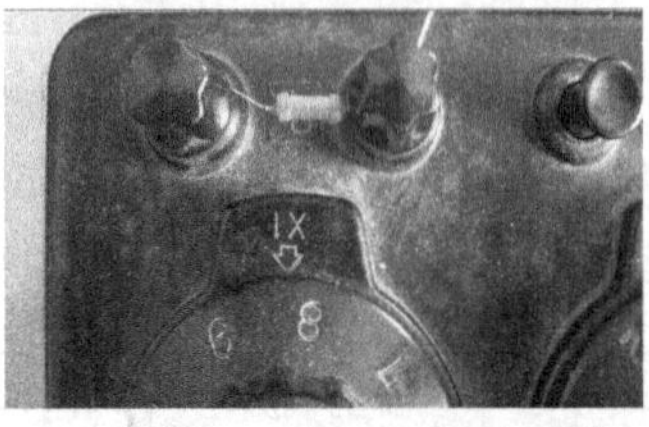 | [连接测量负载]：将待测量的负载同电阻测量旋钮相连，连接之前先要检测待测负载的连接线是否有氧化层，若存在氧化层应该先用锉刀将其氧化层除去，同时连接时应该保证待测负载与电阻测量旋钮接触良好 | 连接之前检测待测负载连接线是否存在氧化层，存在氧化层应该除去，连接过程中应该保证负载和测量旋钮接触良好 |

（续）

| 实训图片 | 操作步骤 | 注意事项 |
|---|---|---|
|  | ［选择合适的倍率］：估计所测负载的电阻值，选择合适的倍率，调节倍率旋钮选择合适的倍率，旋钮上的数字表示倍率的大小，分别有 0.001、0.01、0.1、1、10、100、1000 这 7 个倍率挡位可供选择 | 预估所测电阻的阻值大小，选择合适的倍率 |
|  | ［调节电阻数值旋钮］：单臂电桥一共存在四位可供调节的电阻数值旋钮，分别为个位钮、十位钮、百位钮和千位钮。根据预估数值，调节相应的旋钮至合适的数值刻度位置 | 根据预估电阻数值，合理调节四个电阻数值旋钮至合适的数值位置 |
| <br> | ［检测设置的电阻值是否正确］：前期，根据对于待测负载的电阻值的预估，我们调整出了相应的倍率、个位、十位、百位、千位旋钮，调整后，我们通过检流表对于我们所预估电阻值的正确性进行判断，并通过检流表来对我们的各个旋钮进行调整，不断修正电阻值，在用检流计进行检测的时候，首先我们应该按下 G 键，再按下 B 键，完成一次检测后，我们先松开 B 键，后松开 G 键 | 注意用检流表进行检测的时候，首先应该按下 G 键，再按下 B 键，完成一次检测后，我们先松开 B 键，后松开 G 键。这个测试的先后按键次序不能弄错 |
| <br> | ［根据检流计的指针旋转情况来对应地调整旋钮刻度的大小］：若指针向左旋转（正对检流计方向上），就应该适当地调小数值选择按钮对应的刻度数值，若向右旋转，则应该适当地调大数值选择按钮对应的刻度数值。调节数值旋钮的程度应该根据检流计上指正摆动的幅度来确定，摆动的幅度越大应该从最高位开始大幅地调整数位旋钮 | 根据检流计上指针摆动的方向以及摆动的幅度来对应地调整旋钮的刻度 |

（续）

| 实训图片 | 操作步骤 | 注意事项 |
|---|---|---|
|  | [调整数位旋钮刻度的大小]：根据检流计上指针摆动的方向以及摆动的幅度来对应地调整旋钮的刻度 | |
|  | [重复上面三个步骤进行相应地操作]：最终当检流计的指针正对于零刻度的位置时，可以停止调整，此时，电桥达到平衡状态，此时各旋钮刻度对应的电阻数值便是我们待测负载的电阻数值 | 重复上面三个步骤直至检流计的指针不再旋转并且指向零刻度的位置，此时便可以进行读数 |
|  | [根据电桥平衡后各旋钮的刻度数值进行读数]：读数时应该正确读出各个挡位对应的刻度值，同时应该分清各挡位的具体倍率。最终依据数位旋钮读出的数值还应该乘以倍率旋钮对应的数值 | 正确读取各挡位的刻度值，同时最终的数值旋钮的刻度应该乘以倍率选择旋钮所选的倍率 |

## 二、利用开尔文（双）电桥测量电阻

| 实训图片 | 操作方法 | 注意事项 |
|---|---|---|
|  | [前期总体检查]：整体查看双臂电桥的结构是否完整，各旋钮是否能够正常工作，各接口处的金属切片是否发生氧化，检流计的指针是否能够正常转动 | 若接口处的金属切片氧化或者腐蚀程度较重，可以用锉刀将其表面氧化层锉去，确保测试结构准备良好 |
| 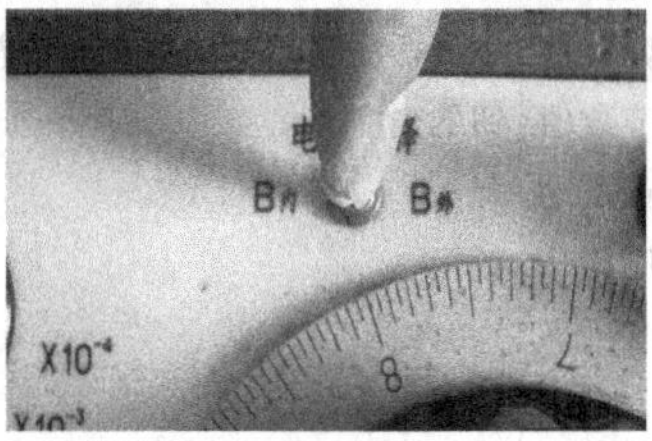 | [内外接电源调整]：在进行完前期总体检查之后，根据实际情况调整电桥测试的电源选择，无外接电源则将电源选择开关置于 B 内挡位，若使用外接电源，则将电源选择开关置于 B 外挡位 | 根据实际情况需要选择内接电源触发还是外接电源触发 |

（续）

| 实 训 图 片 | 操 作 方 法 | 注 意 事 项 |
| --- | --- | --- |
| 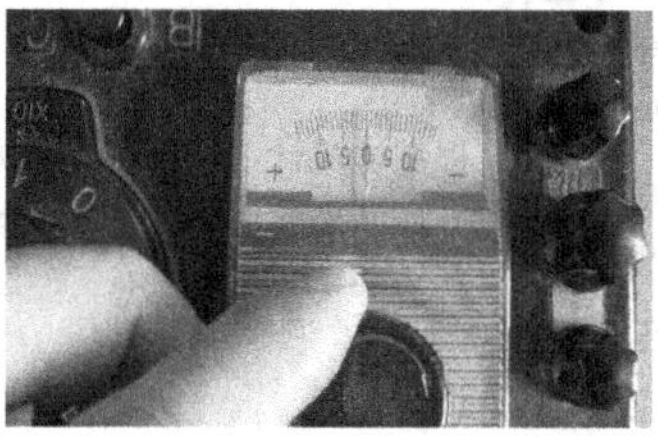 | [检流表调零]：对检流表进行调零是保证测量准确性的重要前期步骤，在未接任何负载的状态下，将各功能挡位均置于空挡，调节检流表的调零旋钮进行调零处理，左右旋转调零旋钮使得指针正对于刻度零的位置 | 调零过程中不能外接测量负载，同时各挡位应置于空挡，调零过程中视线应该正对检流计的面板，保障调零的准确性 |
| 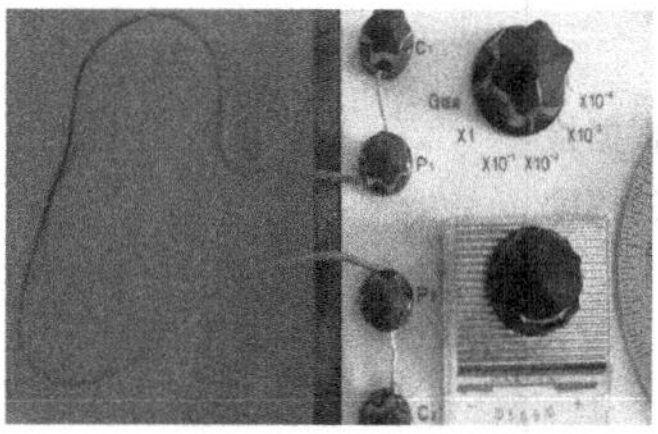 | [连接测量负载]：将待测量的负载同电阻测量旋钮相连，连接之前先要检测待测负载的连接线是否有氧化层，若存在氧化层应该先用锉刀将其氧化层除去，同时连接时应该保证待测负载与电阻测量旋钮接触良好 | 连接之前检测待测负载连接线是否存在氧化层，存在氧化层应该除去，连接过程中应该保证负载和测量旋钮接触良好 |
| 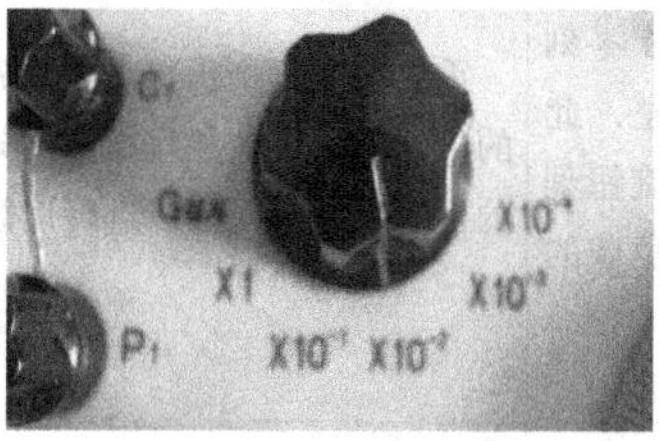 | [选择合适的倍率]：估计所测负载的电阻值，将倍率开关旋转到相应的位置上。旋钮上的数字表示倍率的大小，分别有×1、×0.1、×0.01、×0.001、×0.0001 这 5 个倍率挡位可供选择 | 预估所测电阻的阻值大小，选择合适的倍率 |
| 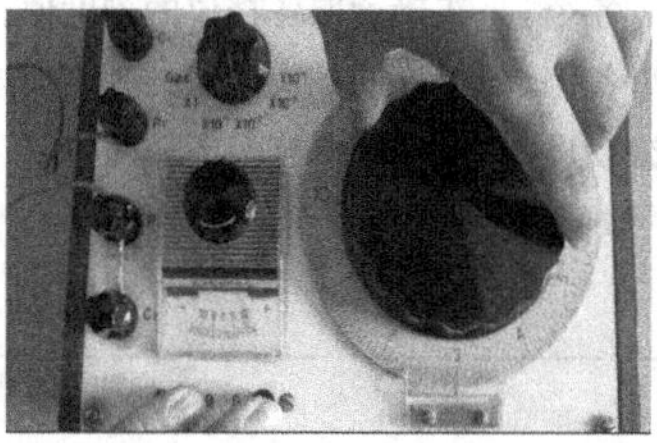 | [调节电阻数值调节旋钮]：双臂电桥只存在一个可供调节的电阻数值选择旋钮（如右图所示）。根据预估数值，调节旋钮至合适的数值刻度位置 | 根据预估电阻数值，合理调节数值旋钮至合适的数值位置 |
|  | 通过检流表对于我们所预估电阻值的正确性进行判断，并通过检流表来对我们的各个旋钮进行调整，不断修正我们的电阻值，在用检流计进行检测的时候，首先按下 G 键，再按下 B 键，完成检测后，我们先松开电源键 B，后松开电计键 G | 用检流表进行检测时，首先应该按下 G 键，再按下 B 键，完成一次检测后，我们先松开电源 B 键，后松开 G 键。次序不能弄错 |

（续）

| 实 训 图 片 | 操 作 方 法 | 注 意 事 项 |
|---|---|---|
|  | [根据检流计的指针旋转情况来对应地调整旋钮刻度的大小]：若指针向左旋转，就应该适当地调小数值选择按钮对应的刻度数值，若向右旋转，则应该适当地调大对应的刻度数值。调节数位旋钮的程度应该根据检流计上指正摆动的幅度来确定，摆动的幅度越大应该越大幅地调整数位旋钮 | 根据检流计上指针摆动的方向以及摆动的幅度来对应地调整旋钮的刻度 |
| 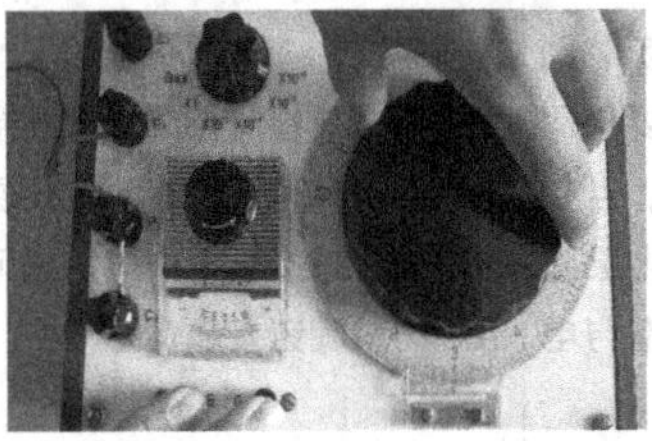 | [调整数位旋钮刻度的大小]：根据检流计上指针摆动的方向以及摆动的幅度来对应地调整旋钮的刻度 | |
|  | [重复上面三个步骤进行相应地操作]：最终当检流计的指针正对于零刻度的位置时，我们可以停止调整，此时，电桥达到平衡状态，此时各旋钮刻度对应的电阻数值便是我们待测负载的电阻数值 | 重复上面三个步骤直至检流计的指针不再旋转并且指向零刻度的位置，此时便可以进行读数 |
| 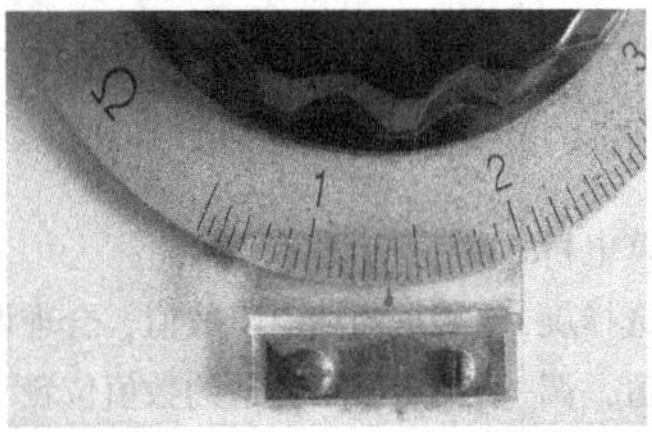 | [根据电桥平衡后各旋钮的刻度数值进行读数]：读数时应该正确读出各个挡位对应的刻度值，同时应该分清各挡位的具体倍率。最终依据数值旋钮读出的数值还应该乘以倍率选钮对应的数值 | 正确读取各挡位的刻度值，同时最终的数值旋钮的刻度应该乘以倍率选择旋钮所选的倍率 |

## 提醒注意

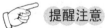

测量中等阻值的电阻时，采用伏安法是比较容易的，而惠斯顿电桥法是一种精密的测量方法，但是采用这两种方法测量低电阻时都发生了困难。这是因为引线本身的电阻和引线端点接触电阻的存在。采用伏安法测电阻时，待测电阻 $R_x$ 两侧的接触电阻和导线电阻以等效电阻 $r_1$、$r_2$、$r_3$、$r_4$ 表示，通常电压表内阻较大，$r_1$ 和 $r_4$ 对测量的影响不大，而 $r_2$ 和 $r_3$ 与 $R_x$ 串联在一起，被测电阻实际应为 $r_2+R_x+r_3$，若 $r_2$ 和 $r_3$ 数值与 $R_x$ 为同一数量级，或超过 $R_x$，显然不能用此电路来测量 $R_x$。

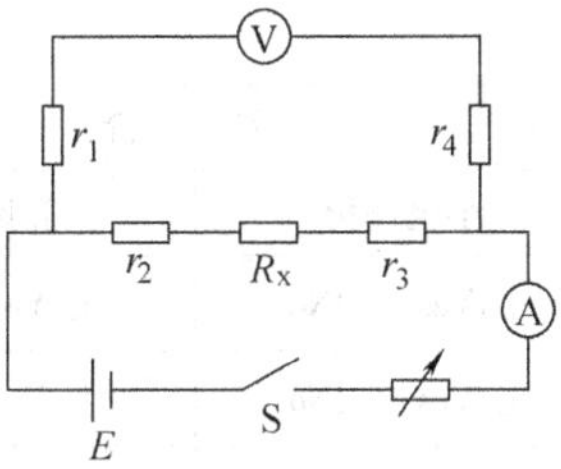

伏安法测电阻

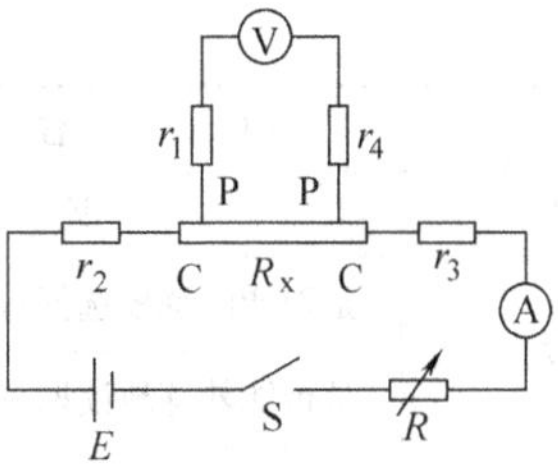

开尔文(双)电桥测低电阻

开尔文（双）电桥所以能测量低电阻，而单臂电桥：

1）惠斯顿电桥测量小电阻之所以误差大，是因为用惠斯顿电桥测出的值，包含有桥臂间的引线电阻和接触电阻，当接触电阻与 $R_x$ 相比不能忽略时，测量结果就会有很大的误差。

2）开尔文（双）电桥的接线电阻与接触电阻包含在电阻 $r$ 里面，当满足 $R_3/R_1=R_4/R_2$ 条件时，也就基本上消除了 $r$ 的影响。

## 检查评价

**任 务 评 价**

| 序号 | 评价指标 | 评　价　内　容 | 分值 | 个人评价 | 小组评价 | 教师评价 |
|---|---|---|---|---|---|---|
| 1 | 操作程序 | 遵循正确完整的操作步骤进行操作 | 10 | | | |
| 2 | 仪表使用 | 根据测量对象选择正确的仪表 | 10 | | | |
| | | 能够对仪表进行微调校准 | 5 | | | |
| | | 避免工具的误操作 | 5 | | | |
| | | 掌握仪表的使用方法 | 10 | | | |
| 3 | 元器件的测量 | 能根据不同的对象使用正确测量方法 | 10 | | | |
| | | 能根据测量对象选择仪表的挡位 | 10 | | | |
| | | 能遵循正确的测量方法和测量步骤 | 10 | | | |
| | | 能正确地进行数据的读取 | 5 | | | |
| | | 能正确判断元器件的好坏 | 10 | | | |
| 4 | 安全 | 掌握安全用电的相关理论 | 5 | | | |
| | | 遵循安全用电的相关措施 | 10 | | | |
| 总分 | | | 100 | | | |
| 问题记录和解决方法 | | | 记录任务实施过程中出现的问题和采取的解决办法 | | | |

**能 力 评 价**

| 内　容 | | 评　价 | |
|---|---|---|---|
| 学习目标 | 评　价　项　目 | 小组评价 | 教师评价 |
| 应知应会 | 本任务的相关基本操作程序是否熟悉 | □Yes　□No | □Yes　□No |
| | 是否熟悉工具、仪表的使用注意事项 | □Yes　□No | □Yes　□No |
| 专业能力 | 是否熟练掌握仪表的使用方法 | □Yes　□No | □Yes　□No |
| | 仪表的使用方法是否正确 | □Yes　□No | □Yes　□No |

（续）

| 内容 | | 评价 | |
|---|---|---|---|
| 学习目标 | 评价项目 | 小组评价 | 教师评价 |
| 专业能力 | 是否能熟练地选择仪表测量各种物理量 | □Yes □No | □Yes □No |
| | 是否能熟练地读取各被测物理量的数值 | □Yes □No | □Yes □No |
| 通用能力 | 团结合作能力 | □Yes □No | □Yes □No |
| | 沟通协调能力 | □Yes □No | □Yes □No |
| | 解决问题能力 | □Yes □No | □Yes □No |
| | 自我管理能力 | □Yes □No | □Yes □No |
| | 安全防护能力 | □Yes □No | □Yes □No |
| 态度 | 敬岗爱业 | □Yes □No | □Yes □No |
| | 职业操守 | □Yes □No | □Yes □No |
| | 工作态度 | □Yes □No | □Yes □No |
| 个人努力方向： | | 老师、同学建议： | |

## 思考与提高

利用四端引线法和电桥的平衡比较法进行电阻测量

如右图中，$R_1$、$R_2$、$R_3$、$R_4$ 为桥臂电阻。$R_N$ 为比较用的已知标准电阻，$R_x$ 为被测电阻。$R_N$ 和 $R_x$ 是采用四端引线的接线法，电流接点为 $C_1$、$C_2$，位于外侧；电位接点是 $P_1$、$P_2$ 位于内侧。

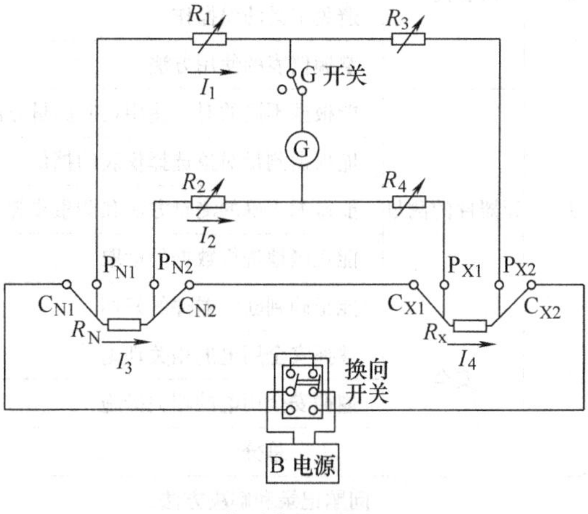

四端引线法测电阻

测量时，接上被测电阻 $R_x$，然后调节各桥臂电阻值，使检流计指示逐步为零，则 $I_G=0$，这时 $I_3=I_4$ 时，根据基尔霍夫定律可写出以下三个回路方程。

$$I_1R_1=I_3R_N+I_2R_2$$
$$I_1R_3=I_3R_x+I_2R_4$$
$$(I_3-I_2)r=I_2(R_2+R_4)$$

式中 $r$ 为 $C_{N2}$ 和 $C_{x1}$ 之间的线电阻。将上述三个方程联立求解，可得

$$R_x=\frac{R_3}{R_1}R_N+\frac{rR_2}{R_3+R_2+r}\left(\frac{R_3}{R_1}-\frac{R_4}{R_2}\right)$$

由此可见，用开尔文（双）电桥测电阻，$R_x$ 的结果由等式右边的两项来决定，其中第一项与惠斯顿电桥相同，第二项称为更正项。

# 任务十四　*RC* 阻容放大电路的安装调试

## 训练目标

- 掌握 *RC* 阻容放大电路的工作原理。
- 掌握 *RC* 阻容放大电路的安装方法。
- 掌握 *RC* 阻容放大电路的调试方法。

## 任务描述

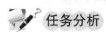

用电子元器件把微弱的电信号（电压、电流、功率）增强到所需值的电路称为放大电路。把几个单级放大电路连接起来，使信号逐级得到放大，在输出端获得必要的电压幅值或足够的功率。由几个单级放大电路连接起来的电路称为多级放大电路。在多级放大电路中，每两个单级放大电路之间的连接方式叫做耦合；如耦合电路是采用电阻、电容进行耦合的，则叫做“阻容耦合”。阻容耦合交流放大电路是低频放大电路中应用得最多、最为常见的电路。其特点是各级静态工作点互不影响，不适合传送缓慢变化信号。而在两级阻容耦合放大电路的基础上，加接一个反馈电阻就成反馈放大电路。若负反馈电路中的反馈量取自输出电压，则反馈信号为电压量，若将其与输入电压求差而获得净输入电压，则引入电压串联负反馈。

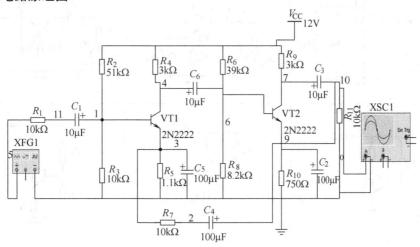

## 任务分析

### 一、电路原理图

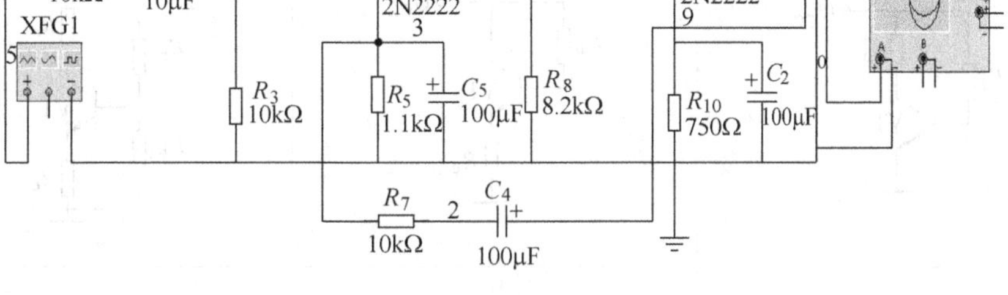


*RC* 阻容耦合放大电路

### 二、电路原理与分析

（1）放大的概念　放大的目的是将微弱的变化信号放大成较大的信号。

（2）放大的实质　用小能量的信号通过晶体管的电流控制作用，将放大电路中直流电源的能量转化成交流能量输出。

（3）直流通路和交流通路　因为电容器对交流、直流的作用不同。在放大电路中如果电容器的容量足够大，可以认为它对交流分量不起作用，即对交流短路。而对直流可以看成开路。这样，交直流所走的通路是不同的。

1）直流通路：无信号时电流（直流电流）的通路，用来计算静态工作点。

2）交流通路：有信号时交流分量（变化量）的通路，用来计算电压放大倍数、输入电阻、输出电阻等动态参数。

（4）放大电路的静态分析

1）静态：放大电路无信号输入（$u_i=0$）时的工作状态。

2）静态分析：确定放大电路的静态值。

3）分析方法：估算法、图解法。

4）分析对象：各极电压电流的直流分量。

5）所用电路：放大电路的直流通路。

6）设置 $Q$ 点的目的：使放大电路的放大信号不失真；使放大电路工作在较佳的工作状态，静态是动态的基础。

## 相关知识

1. 三种基本组态的晶体管放大电路

| | 共发射极放大电路 | 共集电极放大电路 | 共基极放大电路 |
|---|---|---|---|
| 电路形式 | 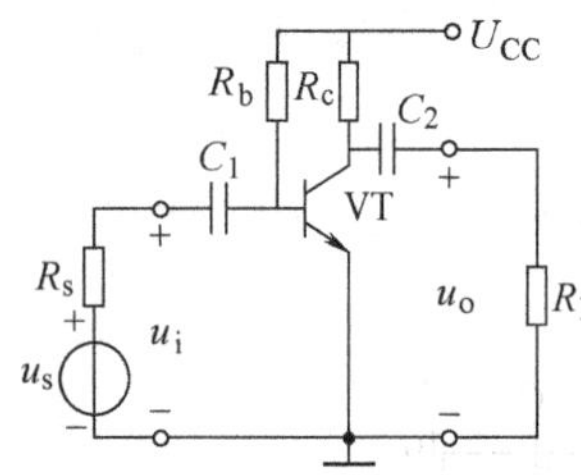 | 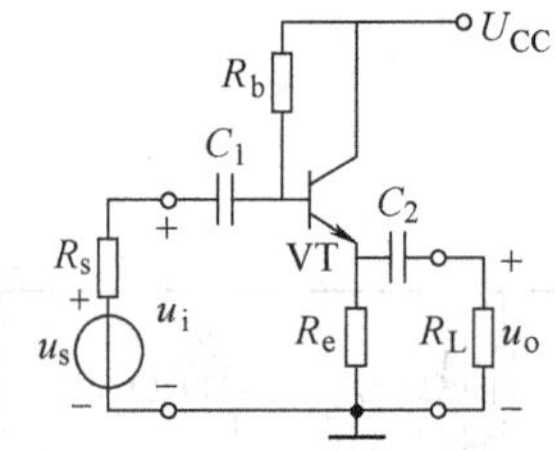 | 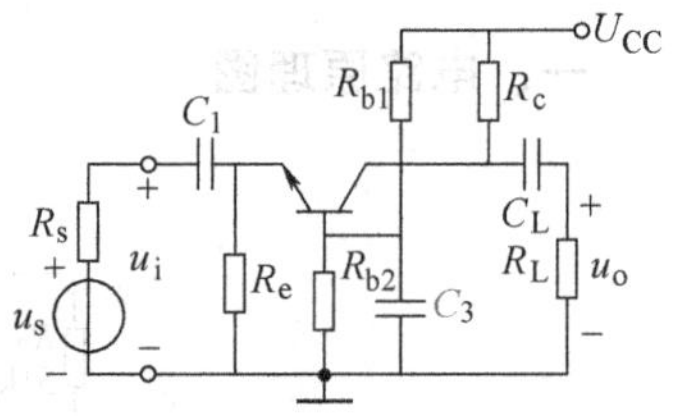 |
| 直流通道 | 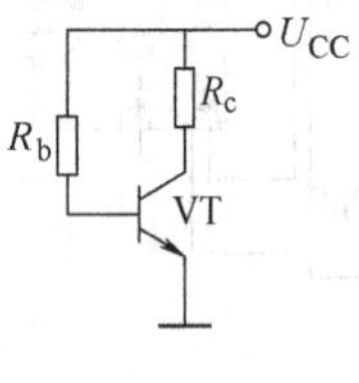 | 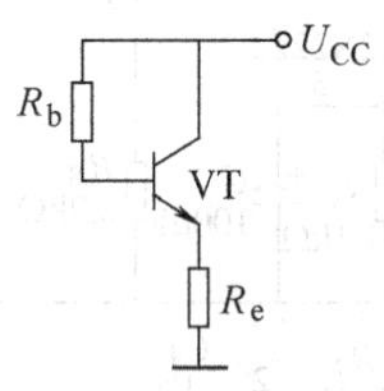 | 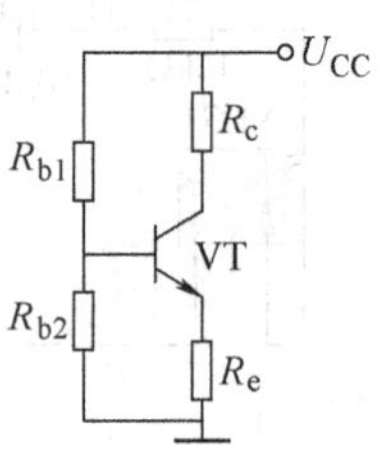 |
| 静态工作点 | $I_B=\frac{U_{CC}}{R_b}$<br>$I_C=\beta I_B$<br>$U_{CE}=U_{CC}-I_C R_c$ | $I_B=\frac{U_{CC}}{R_b+(1+\beta)R_e}$<br>$I_C=\beta I_B$<br>$U_{CE}=U_{CC}-I_C R_e$ | $U_B=\frac{R_{b2}}{R_{b1}+R_{b2}}U_{CC}$<br>$I_C=I_E=\frac{U_B-0.7}{R_e}$<br>$U_{CE}=U_{CC}-I_C(R_c+R_e)$ |

（续）

| | 共发射极放大电路 | 共集电极放大电路 | 共基极放大电路 |
|---|---|---|---|
| 交流通道 | 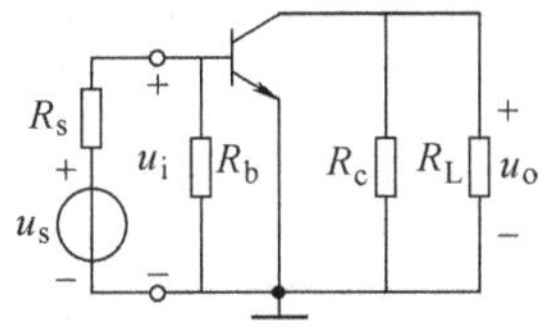 | 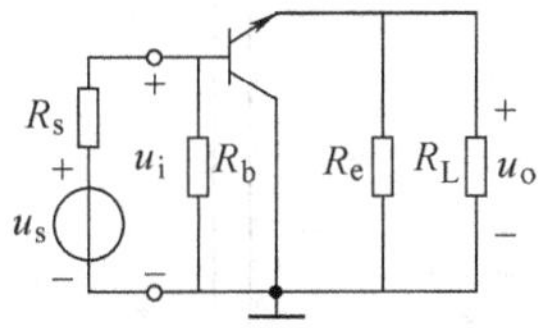 | 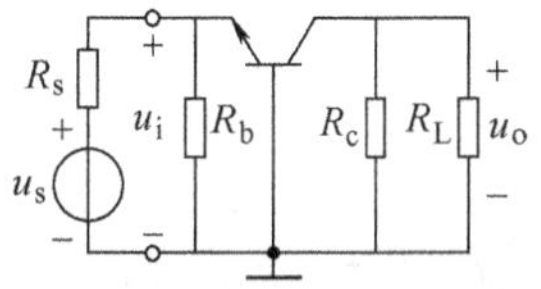 |
| 微变等效电路 | 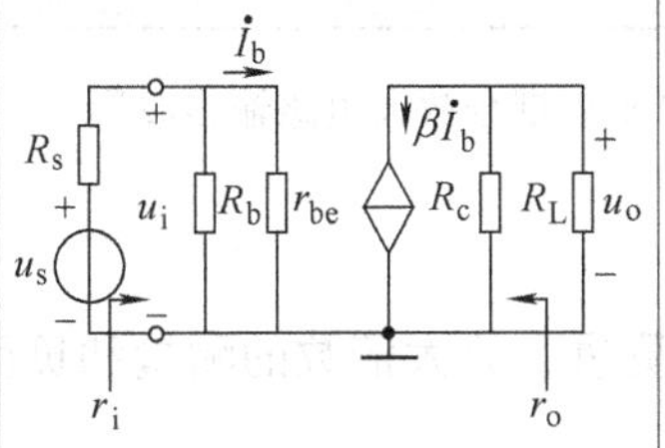 | 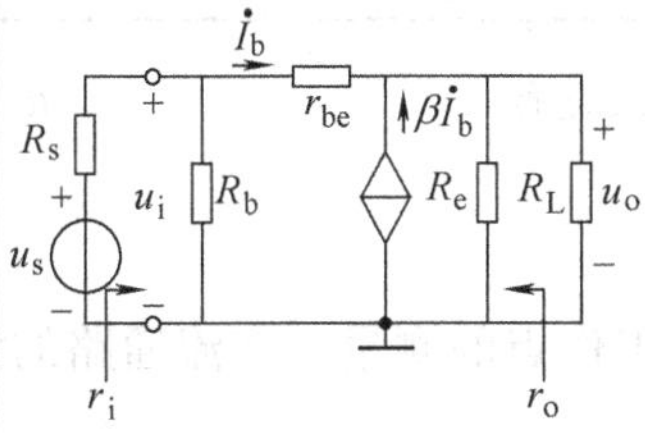 | 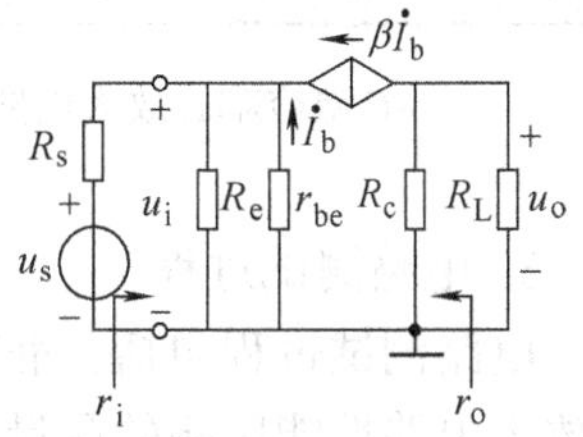 |
| $\dot{A}_u$ | $-\dfrac{\beta R_L'}{r_{be}}$ | $\dfrac{(1+\beta)R_L'}{r_{be}+(1+\beta)R_L'}$ | $\dfrac{\beta R_L'}{r_{be}}$ |
| $r_i$ | $R_b // r_{be}$ | $R_b // (r_{be}+(1+\beta)R_L')$ | $R_e // \dfrac{r_{be}}{1+\beta}$ |
| $r_o$ | $R_c$ | $R_e // \dfrac{r_{be}+R_s'}{1+\beta}, R_s' = R_b // R_s$ | $R_c$ |
| 用途 | 多级放大电路的中间级 | 输入、输出级或缓冲级 | 高频电路或恒流源电路 |

2. 输入输出波形

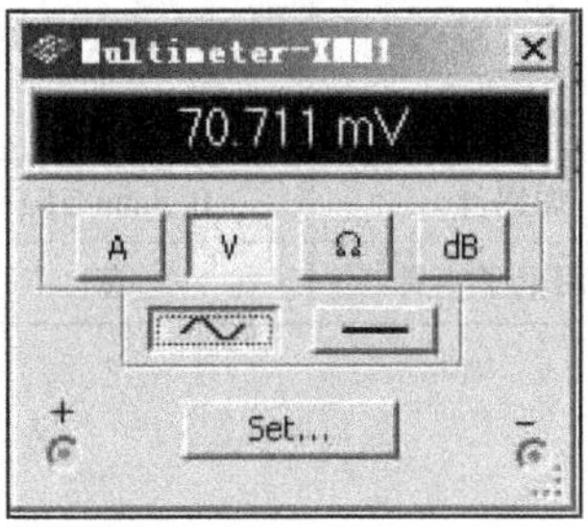


*RC* 阻容耦合放大电路输入电压值

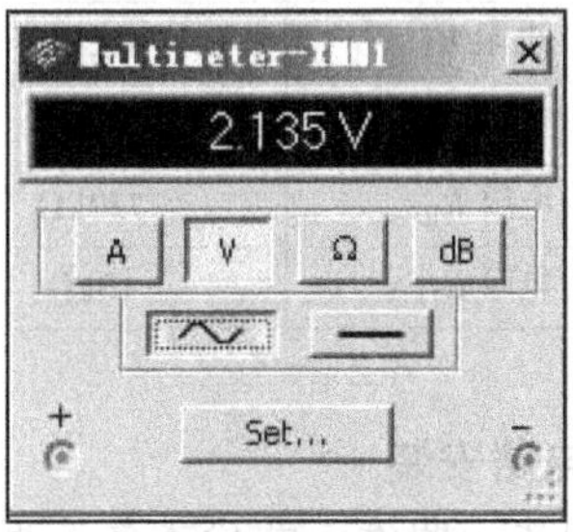


*RC* 阻容耦合放大电路输出电压值

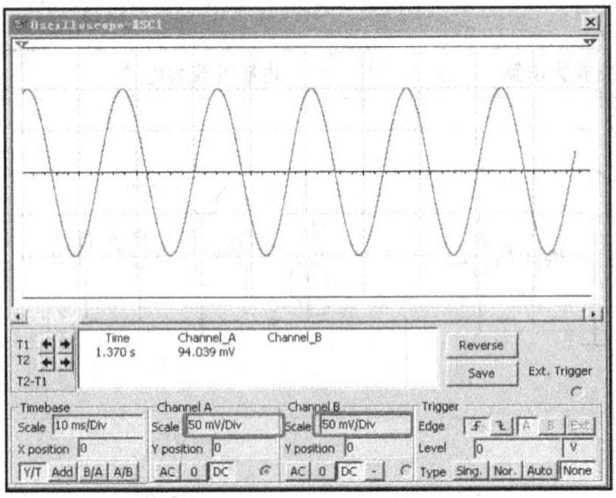


RC 阻容耦合放大电路输入波形

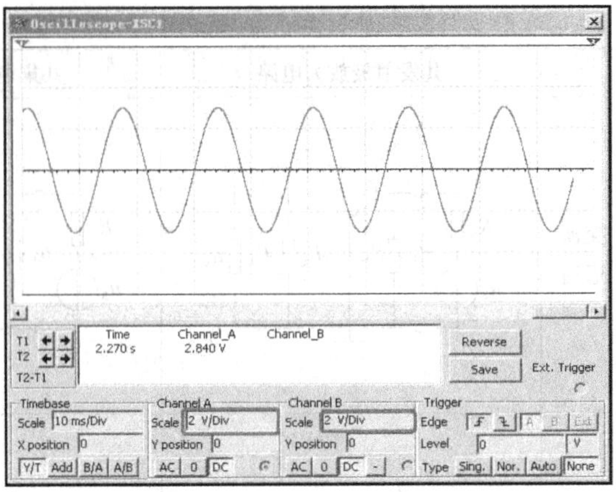


RC 阻容耦合放大电路输出波形

3. 电路测试过程

电路测试过程包括：静态工作点的测量、交流通路的测量、放大倍数的测量和负反馈对于放大电路性能影响的测量。

## 任务实施

### 一、工具、仪器仪表以及材料准备

根据任务要求，选择合适容量、规格的元器件，并进行质量检查。

| 序号 | 名　称 | 型号与规格 | 数量 | 序号 | 名　称 | 型号与规格 | 数量 |
|---|---|---|---|---|---|---|---|
| 1 | 低频信号发生器 | EM1634 2MHz | 1 | 14 | 电容 $C_1$ | 10μF | 1 |
| 2 | 通用示波器 | CS4125A 双踪 | 1 | 15 | 电容 $C_2$ | 100μF | 1 |
| 3 | 电阻 $R_1$ | 10kΩ | 1 | 16 | 电容 $C_3$ | 10μF | 1 |
| 4 | 电阻 $R_2$ | 51kΩ | 1 | 17 | 电容 $C_4$ | 10μF | 1 |
| 5 | 电阻 $R_3$ | 10kΩ | 1 | 18 | 电容 $C_5$ | 100μF | 1 |
| 6 | 电阻 $R_4$ | 3kΩ | 1 | 19 | 电容 $C_6$ | 10μF | 1 |
| 7 | 电阻 $R_5$ | 1. 1kΩ | 1 | 20 | 晶体管 | 2N222 | 2 |
| 8 | 电阻 $R_6$ | 39kΩ | 1 | 21 | 单刀单掷开关 | KCD3 102N | 1 |
| 9 | 电阻 $R_7$ | 10kΩ | 1 | 22 | 万用表 | MF47 | 1 |
| 10 | 电阻 $R_8$ | 8. 2kΩ | 1 | 23 | 实验板 | 10cm×15cm 单孔 | 1 |
| 11 | 电阻 $R_9$ | 3kΩ | 1 | 24 | 电烙铁 | 恒温 60W | 1 |
| 12 | 电阻 $R_{10}$ | 750kΩ | 1 | 25 | 焊锡丝 | 0. 5mm/75g | 若干 |
| 13 | 电阻 $R_{11}$ | 10kΩ | 1 | 26 | 常用电子工具 | 套 | 1 |

### 二、电路安装

1）配齐元器件，并检查各元器件的性能及好坏。

2）清除元器件表面的氧化层，并进行搪锡处理。

3）剥去电源连接线以及负载连接线的线端绝缘层，并清除氧化层及进行搪锡处理。

4）各元器件的正负极应连接准确。

5）插装完元器件，经检查无误后，用硬铜导线根据电路的电气连接关系进行布线并焊接固定。

<table>
<tr><th>实 训 图 片</th><th>操 作 方 法</th><th>注 意 事 项</th></tr>
<tr><td>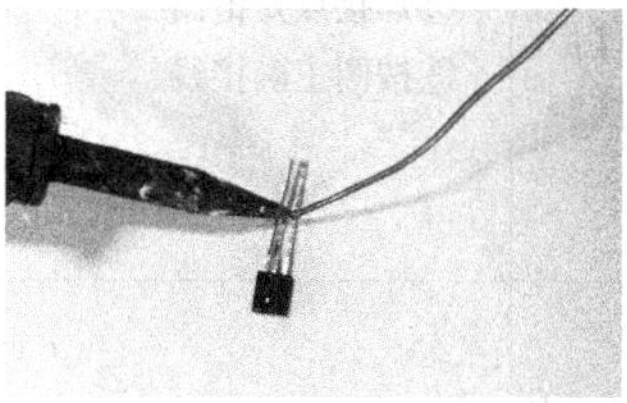</td><td>[元器件搪锡]：元器件搪锡就是将要锡钎焊的元器件引线或导电的焊接部位预先用焊锡润湿。左手握住一段焊锡丝，右手持电烙铁，先将电烙铁加热，后加焊锡丝，将焊锡均匀地涂抹在引线上</td><td rowspan="2">①不能把原有的镀层刮掉，不能用力过猛，以防损伤原件<br>②搪锡从头到尾依次均匀搪锡，时间不宜过长<br>③刮好的线需要去毛刺<br>④注意保持通风，避免烫伤</td></tr>
<tr><td>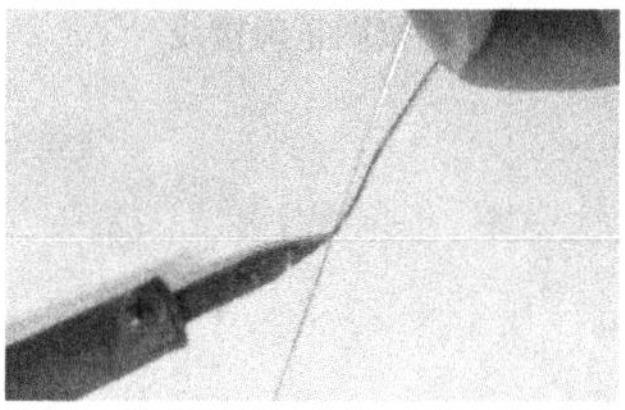</td><td>[线搪锡]：导线搪锡是为了防止导线部分氧化影响其导电性能，保证导线导电性能良好。搪锡过程中先将电烙铁加热，后加焊锡丝，将焊锡均匀地涂抹在引线上</td></tr>
<tr><td>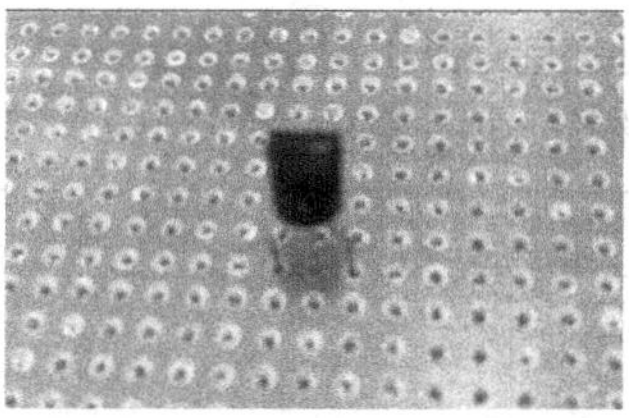</td><td>[元器件插装 1]：查阅对应元器件的引脚分布图，插装的过程中应该确保元器件极性正确，同时元器件的插装位置应该满足整体电路的布局需要，确保在接线时不会出现连接线交叉的情况</td><td>①选择正确元器件<br>②合理布局<br>③分清晶体管的引脚</td></tr>
<tr><td>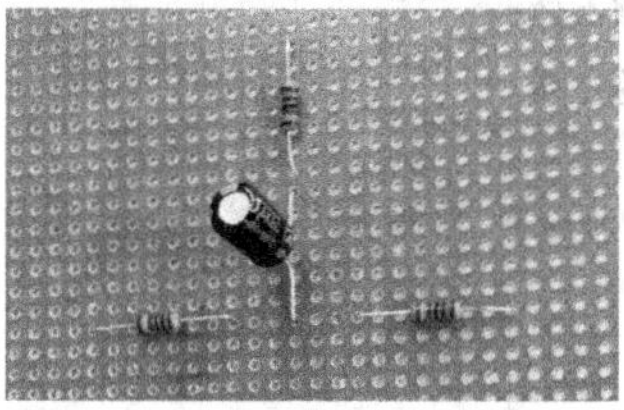</td><td>[元器件插装 2]：选用符合标准的元器件材料，分清元器件的型号以及极性，按照元器件正确的极性并遵循电路图整体的布局安排进行插装，元器件之间留有足够的空隙以便进行导线的连接</td><td>①选择正确元器件<br>②合理布局<br>③分清元器件的极性</td></tr>
<tr><td>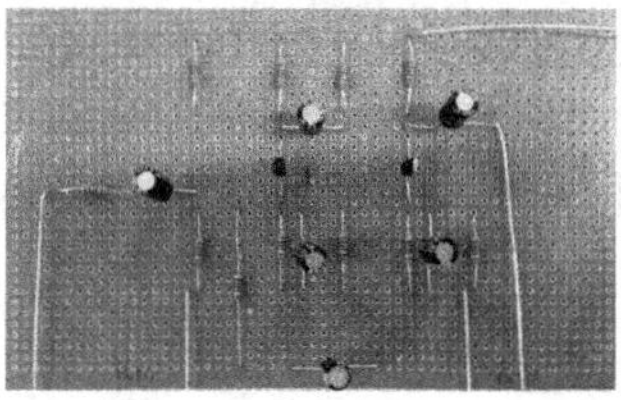</td><td>[电路总体元器件布局]：整体规划合理，符合电路原理图的连接规则，同时各元器件引脚插装正确，预留间距合理，便于导线连接，同时各元器件还应该预留长度为5mm左右引脚线便于接线处理</td><td>①布局合理<br>②选择正确元器件<br>③留出引脚线</td></tr>
</table>

（续）

| 实 训 图 片 | 操 作 方 法 | 注 意 事 项 |
| --- | --- | --- |
| 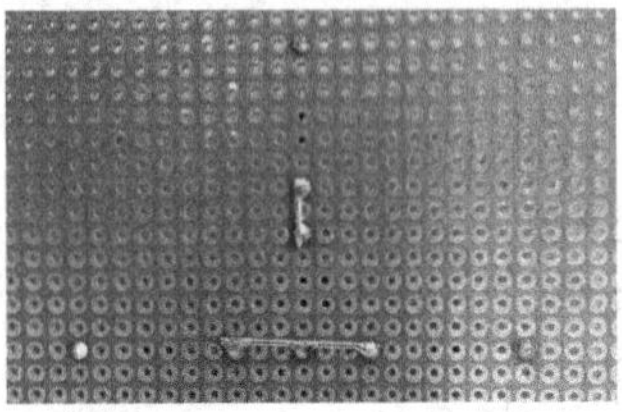 | [电路连接1]：焊接点应该饱满，避免漏错焊和虚假焊，焊接的过程中应该现用电烙铁预热引脚线，后上锡丝，从而保证焊接点的形状饱满同时不过量。连线时连接线应该充分与焊接点接触，防止接触不良 | ①焊接时间不宜过长<br>②焊接点要饱满<br>③按图正确接线 |
| 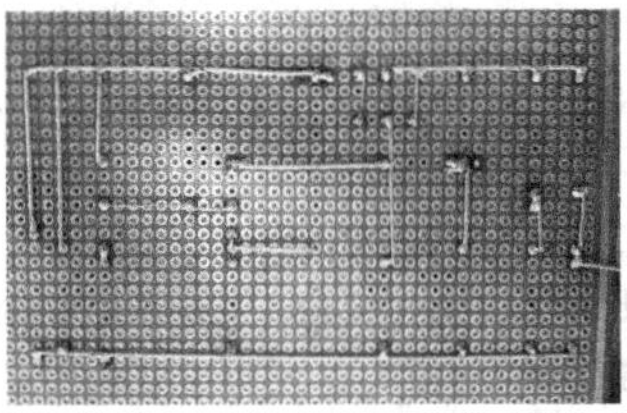 | [电路连接整体示意图]：导线不能有相交叉的部分，导线与连接的焊接点之间应充分接触，接线后应该用万用表进行测量防止接触不良。在保证上述条件的基础上，连线走型要美观 | ①焊接时间不宜过长<br>②焊接点要饱满<br>③按图正确接线 |

## 三、电路测试

1）在胶木板上安装变压器、开关、熔断器等元器件。同时，要求做好电源引线的连接和电路板交流输入端的连接。

2）检查各元器件有无错焊、漏焊和虚焊等情况，并判断接线是否正确。

3）接通电源，观察有无异常情况，同时利用示波器观察输入和输出的波形。

| 实 训 图 片 | 操 作 方 法 | 注 意 事 项 |
| --- | --- | --- |
| 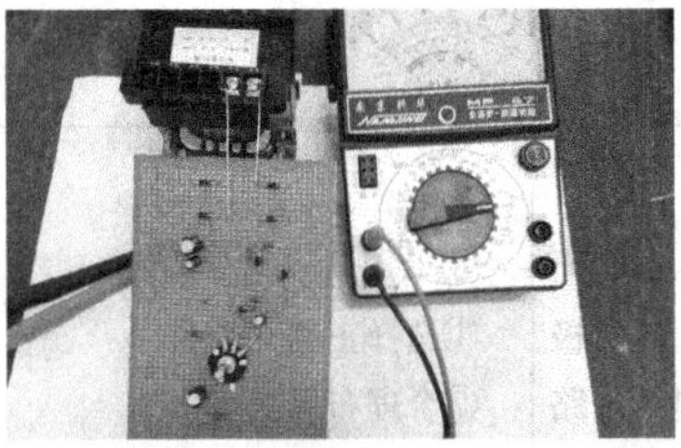 | [接通电源]：接通电源时应该遵循安全用电的相关原则，通电前应该检测各元器件的极性是否正确，同时检测电路中有无短路的情况，同时，电源的正负极应该要分清楚，严禁接错 | 遵循安全用电的相关原则，分清电源正负极同时检测有无短路 |
|  | [验电]：将万用表旋至交流电压挡或直流电压挡检测以下内容：检测变压器的输入电压是否符合电路要求，检测各关键点（如滤波电容两端、稳压管的两端）电压值是否达到理论要求 | 确定总输入电压是否符合要求；同时检测各关键点电压值是否正确。在检测过程中应该分清是直流电还是交流电并选择正确挡位 |

（续）

| 实训图片 | 操作方法 | 注意事项 |
| --- | --- | --- |
|  | ［示波器观察输入和输出的波形］：掌握示波器的基本使用方法，调节正确的挡位来观测波形。对电路输入和输出波形的观测一方面是对电路进行调试的依据，同时也进一步加深对于电路功能的理解 | 观察输入和输出波形，检验电路实现功能是否正确 |

## 提醒注意

1. 晶体管实现放大的条件

1）晶体管必须工作在放大区。发射结正偏，集电结反偏。

2）正确设置静态工作点，使晶体管工作于放大区。

3）输入回路将变化的电压转化成变化的基极电流。

4）输出回路将变化的集电极电流转化成变化的集电极电压，经电容耦合只输出交流信号。

2. 对放大电路的基本要求

要有足够的放大倍数（电压、电流、功率），尽可能小的波形失真。另外，还有输入电阻、输出电阻、通频带等其他技术指标。

## 检查评价

**任务评价**

| 序号 | 评价指标 | 评价内容 | 分值 | 个人评价 | 小组评价 | 教师评价 |
| --- | --- | --- | --- | --- | --- | --- |
| 1 | 元器件检查 | 元器件是否漏检或错检 | 5 | | | |
| 2 | 电路安装 | 不按布置图安装 | 5 | | | |
| | | 元器件安装不牢固 | 3 | | | |
| | | 元器件安装不整齐、不合理、不美观 | 2 | | | |
| | | 损坏元器件 | 5 | | | |
| 3 | 布线 | 不按电路图接线 | 10 | | | |
| | | 布线不符合要求 | 5 | | | |
| | | 焊接点松动、露铜过长、虚焊 | 5 | | | |
| | | 损伤导线绝缘或线芯 | 5 | | | |
| | | 未接地线 | 10 | | | |
| 4 | 电路测试 | 正确安装交流电源 | 10 | | | |
| | | 测试步骤是否正确规范 | 10 | | | |
| | | 测试结果是否成功 | 10 | | | |

（续）

| 序号 | 评价指标 | 评 价 内 容 | 分值 | 个人评价 | 小组评价 | 教师评价 |
|---|---|---|---|---|---|---|
| 5 | 安全规范 | 操作是否规范安全 | 5 | | | |
| | | 是否穿绝缘鞋 | 5 | | | |
| 总分 | | | 100 | | | |
| 问题记录和解决方法 | | | 记录任务实施过程中出现的问题和采取的解决办法 | | | |

**能 力 评 价**

| 内 容 | | 评 价 | |
|---|---|---|---|
| 学习目标 | 评 价 项 目 | 小组评价 | 教师评价 |
| 应知应会 | 本任务的相关基本概念是否熟悉 | □Yes □No | □Yes □No |
| | 是否熟练掌握仪表、工具的使用 | □Yes □No | □Yes □No |
| 专业能力 | 元器件的安装、使用是否规范 | □Yes □No | □Yes □No |
| | 安装接线是否合理、规范、美观 | □Yes □No | □Yes □No |
| | 是否具有相关专业知识的融合能力 | □Yes □No | □Yes □No |
| 通用能力 | 团结合作能力 | □Yes □No | □Yes □No |
| | 沟通协调能力 | □Yes □No | □Yes □No |
| | 解决问题能力 | □Yes □No | □Yes □No |
| | 自我管理能力 | □Yes □No | □Yes □No |
| | 创新能力 | □Yes □No | □Yes □No |
| 态度 | 敬岗爱业 | □Yes □No | □Yes □No |
| | 职业操守 | □Yes □No | □Yes □No |
| | 工作态度 | □Yes □No | □Yes □No |
| 个人努力方向： | | 老师、同学建议： | |

## 思考与提高

1. 如何利用动静态分析法计算晶体管各极电压的理论数值？
2. 如何利用万用表测量放大电路中晶体管各极的电压并同理论数值进行比较？
3. 请尝试用晶体管连接成共基极和共集电极组态的放大电路。

# 任务十五　三端稳压集成电路的安装调试

## 训练目标

- 掌握三端稳压集成电路的工作原理。
- 掌握三端稳压集成电路的安装方法。
- 掌握三端稳压集成电路的调试方法。

## 任务描述

三端稳压集成电路有正电压输出的78××系列和负电压输出的79××系列。故名思义，三端是指这种稳压用的集成电路只有三条引脚输出：输入端、接地端和输出端。用78/79系列三端稳压器IC来组成稳压电源所需的外围元器件极少，电路内部还有过电流、过热及调整管的保护电路，使用起来可靠、方便，而且价格便宜。该系列稳压器IC型号中的78或79后面的数字代表输出电压，如7806表示输出电压为+6V，而7909表示输出电压为-9V。本任务即要学习这种类型电路的安装与调试。

## 任务分析

### 一、电路原理图

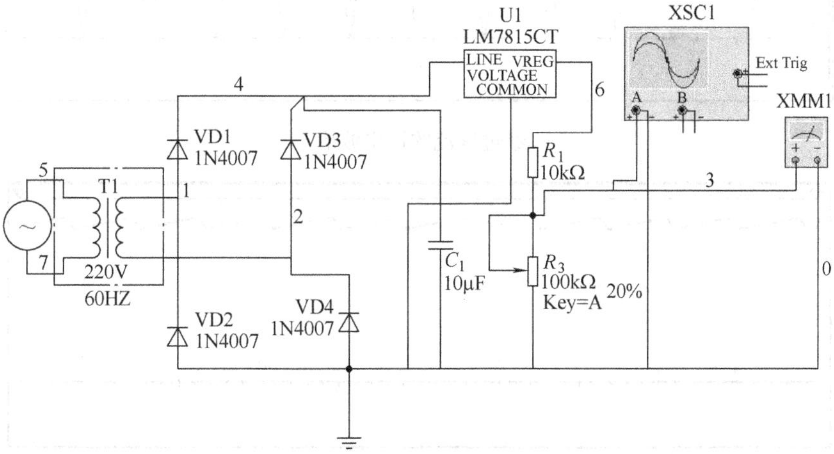


### 二、电路原理与分析

1. 电路结构组成

如原理图所示，本电路主要由四大部分组成：即变压器降压部分、二极管桥式整流滤波部分、稳压电路以及线性调压部分。

（1）变压器降压部分　将220V交流电压变换为整流电路所要求的低压交流电压。

（2）二极管桥式整流滤波部分　整流电路将变压器输出的交流电变成输出单向脉动直流电，再经过电容滤波后形成波动的直流电。

（3）稳压电路部分　由三端稳压集成电路模块LM7815构成，将经过整流滤波的波动的直流电压输入到LM7815的输入端，由输出端可以得到稳定的直流电压。

（4）线性调压部分　由串联的电阻和电位器构成，实现输出电压的电压值在一定范围内可调。

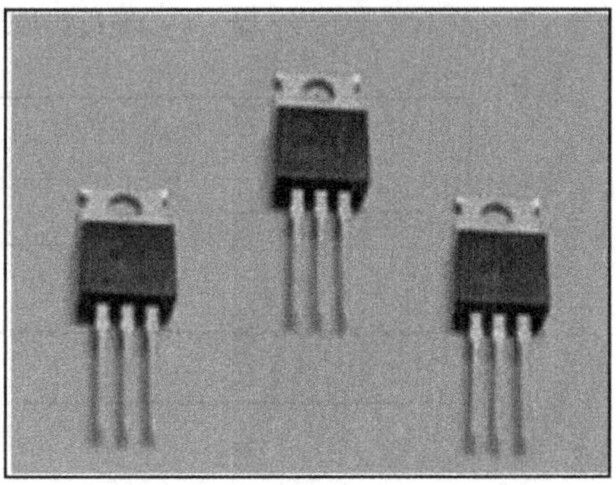

2. 工作原理

（1）LM7815　电子产品中，常见的三端稳压集成电路有正电压输出的78××系列和负电压输出的79××系列。顾名思义，三端IC是指这种稳压用的集成电路，只有三条引脚输出，分别是输入端、接地端和输出端。它的样子像是普通的晶体管，TO-220 的标准封装，也有类似于 9013 的 TO-92 封装。

用 78/79 系列三端稳压 IC 来组成稳压电源所需的外围元器件极少，电路内部还有过电流、过热及调整管的保护电路，使用起来可靠、方便，而且价格便宜。该系列集成稳压 IC 型号中的 78 或 79 后面的数字代表该三端集成稳压电路的输出电压，如 7806 表示输出电压为正 6V，7909 表示输出电压为负 9V。

（2）输入/输出波形

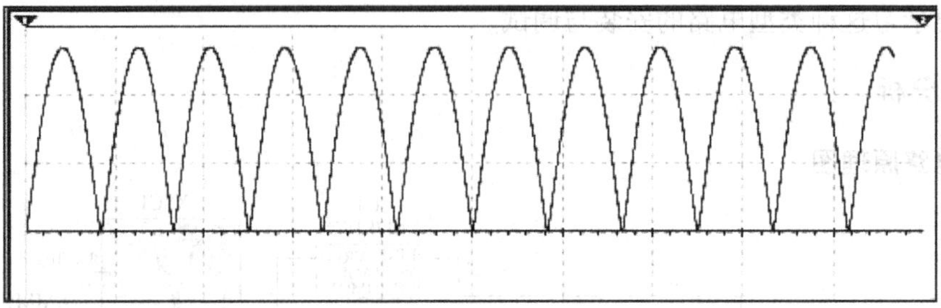

经过整流的输出波形

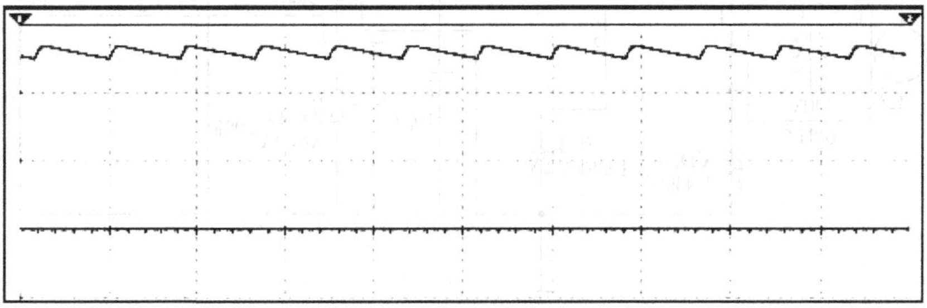

经过电容滤波的输出波形

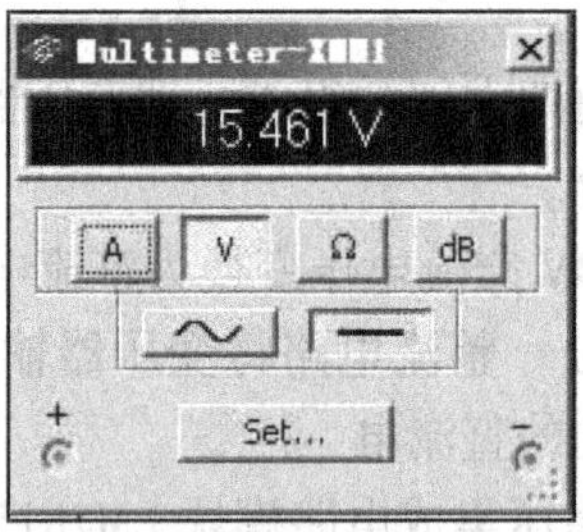


经过集成块 LM7815 的输出电压值

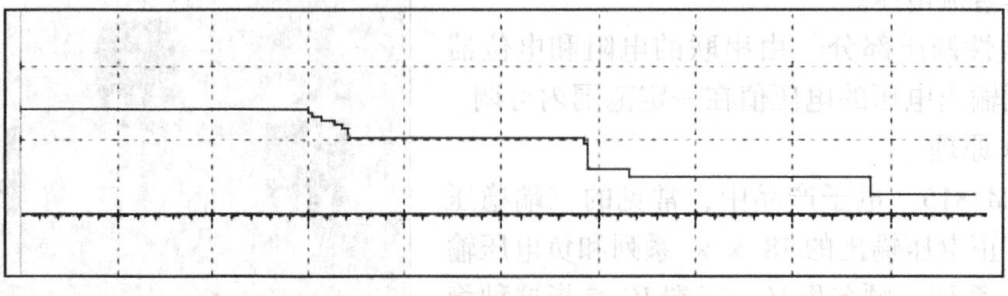

最终输出波形

## 相关知识

LM7815 相关电参数

| 参　数 | 符号 | 测 试 条 件 | 最小值 | 典型值 | 最大值 |
|---|---|---|---|---|---|
| 输出电压/V | $U_o$ | $T_j=25℃$ | 14.8 | 15.0 | 15.2 |
| 线性调整率/mV | $\Delta U_{o1}$ | $T_j=25℃$，$17.5V\leq U_i\leq 25V$ |  | 4.0 | 100 |
|  |  | $T_j=25℃$，$8V\leq U_i\leq 12V$ |  | 1.6 | 50 |
| 负载调整率/mV | $\Delta U_{o2}$ | $T_j=25℃$，$5.0mA\leq I_o\leq 1.5A$ |  | 9 | 100 |
|  |  | $T_j=25℃$，$250mA\leq I_o\leq 750mA$ |  | 4 | 50 |
| 静态电流/mA | $I_Q$ | $T_j=25℃$ |  | 5.0 | 8 |
| 静态电流变化率/mA | $\Delta I_Q$ | $5mA\leq I_o\leq 1.0A$ |  | 0.03 | 0.5 |
|  |  | $17.5V\leq U_i\leq 25V$ |  | 0.3 | 0.8 |
| 输出电压温漂/mV/℃ | $\Delta U_o/\Delta T$ | $I_o=5mA$ |  | 0.8 |  |
| 输出噪声电压/μV | $U_N$ | $10Hz\leq f\leq 100kHz$，$T_a=25℃$ |  | 42 |  |
| 纹波抑制比/dB | RR | $f=120Hz$，$8V\leq U_i\leq 18V$ | 62 | 73 |  |
| 输入输出电压差/V | $U_{drop}$ | $I_o=1.0A$，$T_j=25℃$ |  | 2 |  |
| 输出阻抗/mΩ | $R_{out}$ | $f=1kHz$ |  | 15 |  |
| 短路电流/mA | $I_{os}$ | $U_i=35V$，$T_j=25℃$ |  | 230 |  |
| 峰值电流/A | $I_{peak}$ | $T_j=25℃$ |  | 2.2 |  |

## 任务实施

### 一、工具、仪器仪表以及材料准备

根据任务的要求，选择合适容量、规格的元器件，并进行质量检查。

| 序号 | 名称 | 型号与规格 | 数量 | 序号 | 名称 | 型号与规格 | 数量 |
|---|---|---|---|---|---|---|---|
| 1 | 电源变压器 T1 | 220V/18V | 1 | 8 | 熔断器 | 0.5A | 1 |
| 2 | 整流二极管 D1 | 1N4007 | 4 | 9 | 单刀单掷开关 | KCD3 102N | 1 |
| 3 | 电阻 R1 | 10kΩ | 1 | 10 | 万用表 | MF47 | 1 |
| 4 | IC | LM7815 | 1 | 11 | 实验板 | 10cm×15cm 单孔 | 1 |
| 5 | 滑动变阻器 RP | 10kΩ | 1 | 12 | 电烙铁 | 恒温 60W | 1 |
| 6 | 电容 | 10μF | 1 | 13 | 焊锡丝 | 0.5mm/75g | 若干 |
| 7 | 通用示波器 | CS4125A 双踪 | 1 | 14 | 常用电子工具 | 套 | 1 |

### 二、电路安装

1）配齐元器件，并用检查各元器件的性能及好坏。

2）清除元器件的氧化层，并进行搪锡处理。

3）剥去电源连接线以及负载连接线的线端绝缘层，并清除氧化层，均加以搪锡处理。

4）插装元器件，各元器件的正负极应连接准确；经检查无误后，用硬铜导线根据电路的电气连接关系进行布线并焊接固定。

| 实训图片 | 操作方法 | 注意事项 |
|---|---|---|
| 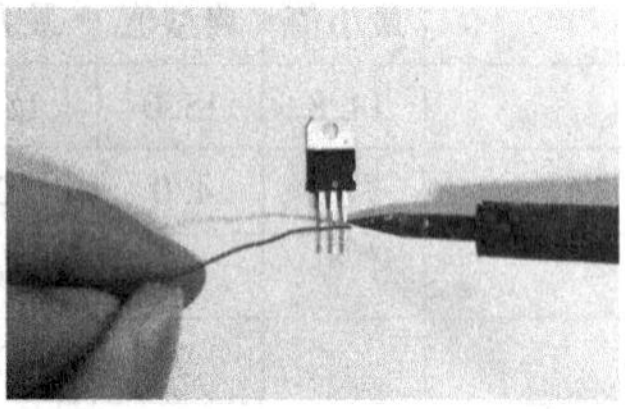 | [元器件搪锡]：元器件搪锡就是将要锡钎焊的元器件引线或导电的焊接部位预先用焊锡润湿。左手握住一段焊锡丝，右手持电烙铁，先将电烙铁加热，后加焊锡丝，将焊锡均匀地涂抹在引线上 | ①不能把原有的镀层刮掉<br>②不能用力过猛，以防损伤原件 |
| 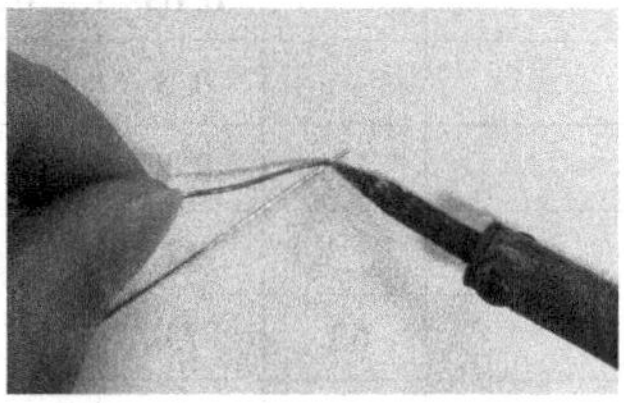 | [导线搪锡]：导线搪锡是为了防止导线部分氧化后影响其导电性能，保证导线导电性能良好。搪锡过程中右手持电烙铁，先将电烙铁加热，后加焊锡丝，将焊锡均匀地涂抹在引线上，应该保证锡在导线上均匀分布 | ①刮好的线需去毛刺<br>②搪锡从头到尾依次均匀搪锡，时间不宜过长<br>③注意保持通风，避免烫伤 |
|  | [元器件插装 1]：首先应该查阅对应元器件的引脚分布图，插装的过程中应该确保元器件极性正确，同时元器件的插装位置应该满足整体电路的布局要求，确保在接线时不会出现连接线交叉的情况 | |
|  | [元器件插装 2]：选用符合标准的元器件材料，分清元器件的型号以及极性，按照元器件正确的极性并遵循电路图整体的布局安排进行插装，元器件之间留有足够的空隙以便进行导线的连接 | ①选择正确元器件<br>②要布局合理<br>③分清元器件的引脚<br>④要合理分配器件的引脚<br>⑤要合理引出输入输出线 |
| 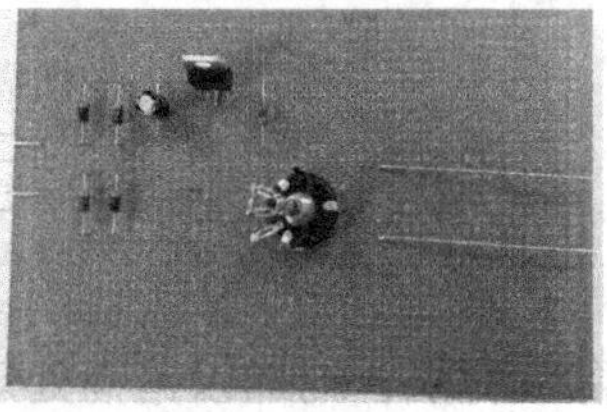 | [电路元件整体布局图]：整体规划合理，符合电路原理图的连接规则，同时各元器件引脚插装正确，预留间距合理，便于导线连接，同时各元器件还应该预留长度为5mm左右引脚线便于接线处理 | |

（续）

| 实 训 图 片 | 操 作 方 法 | 注 意 事 项 |
|---|---|---|
| 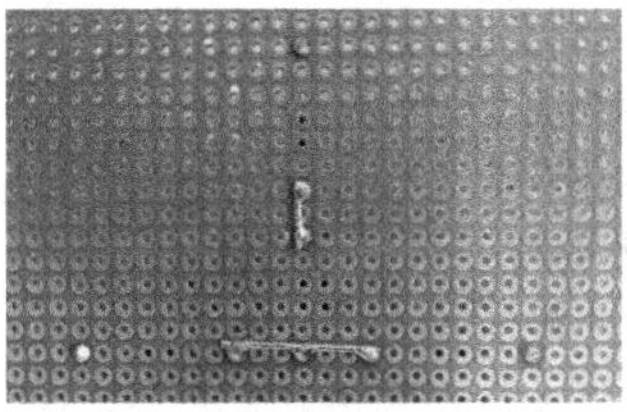 | ［电路连接］：焊接点应该饱满，避免漏错焊和虚假焊，焊接的过程中应该先用电烙铁预热引脚线，后上锡丝，从而保证焊接点的形状饱满同时不过量。连线时连接线应该充分与焊接点接触，防止接触不良 | ①焊接时间不宜过长<br>②焊接点要饱满<br>③按图正确接线 |
| 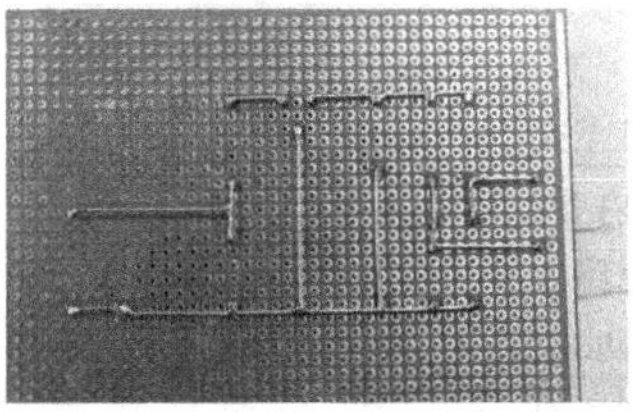 | ［电路总体连接］：导线不能有相交叉的部分，导线与连接的焊接点之间应充分接触，接线后应该用万用表进行测量防止接触不良。在保证上述条件的基础上，连线走向要美观 | |

## 三、电路测试

1）在胶木板上安装变压器、开关、熔断器等元器件。同时，要求做好电源引线的连接和电路板交流输入端的连接。

2）检查各元器件有无错焊、漏焊和虚焊等情况，并判断接线是否正确。

3）接通电源，观察有无异常情况，同时利用示波器观察输入和输出的波形。

| 实 训 图 片 | 操 作 方 法 | 注 意 事 项 |
|---|---|---|
|  | ［目测检查］：检查各元器件（尤其是二极管和电解电容）的极性和位置是否正确，检查各元器件有无错焊、漏焊和虚焊等情况，检查各导线是否均正常连接，有无漏接的现象 | 检查各元器件有无错焊、漏焊和虚焊等情况，检测元器件的极性是否正确，检查各导线是否均已经正常连接 |
|  | ［仪表检查］：用万用表旋至欧姆挡来检测以下内容：电路中的各连接点是否存在短路的情况；各元器件是否存在故障；各导线的连通是否正常以及电路中是否存在短路和断路的问题 | 检查电路中的各连接点是否存在短路的情况；各元器件是否存在故障；各导线的连通是否正常以及电路中是否存在短路和断路的问题 |

## 四、电路调试

| 实训图片 | 操作方法 | 注意事项 |
|---|---|---|
|  | [接通电源]：接通电源的过程中应该遵循安全用电的相关原则，通电前应该检测各元器件的极性是否正确，同时检测电路中有无短路的情况，同时，电源的正负极应该要分清楚，严禁接错 | 遵循安全用电的相关原则，分清电源正负极同时检测有无短路 |
|  | [验电、电路检查]：将万用表旋至交流电压挡或直流电压挡检测以下内容：检测变压器的输入电压是否符合电路要求，检测各关键点（如滤波电容两端、稳压管的两端）电压值是否达到理论要求 | 确定总输入电压是否符合要求；同时检测各关键点电压值是否正确。在检测过程中应该分清是直流电还是交流电并选择正确挡位 |
| 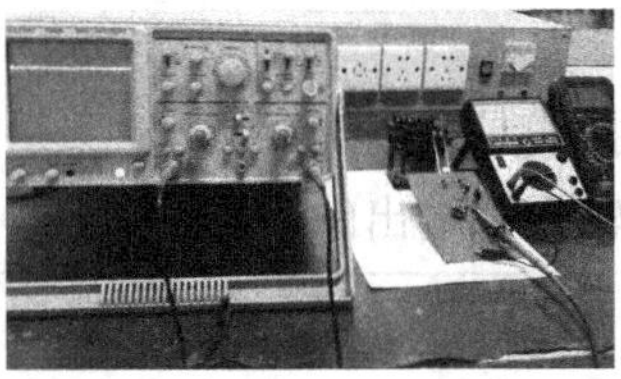 | [示波器观察输入和输出的波形]：掌握示波器的基本使用方法，调节正确的挡位来观测波形。对电路输入输出波形的观测一方面是对电路进行调试的依据同时也进一步加深对于电路功能的理解 | 观察输入、输出波形，检验电路实现功能是否正确，加深对于电路功能的理解 |

### 提醒注意

1）分清稳压二极管的引脚并正确连接。

2）不可出现虚假焊接以及漏焊的现象，一经发现应该及时纠正。

### 检查评价

**任务评价**

| 序号 | 评价指标 | 评价内容 | 分值 | 个人评价 | 小组评价 | 教师评价 |
|---|---|---|---|---|---|---|
| 1 | 元器件检查 | 元器件是否漏检或错检 | 5 | | | |
| 2 | 电路安装 | 不按布置图安装 | 5 | | | |
| | | 元器件安装不牢固 | 3 | | | |
| | | 元器件安装不整齐、不合理、不美观 | 2 | | | |
| | | 损坏元器件 | 5 | | | |

（续）

| 序号 | 评价指标 | 评 价 内 容 | 分值 | 个人评价 | 小组评价 | 教师评价 |
|---|---|---|---|---|---|---|
| 3 | 布线 | 不按电路图接线 | 10 | | | |
| | | 布线不符合要求 | 5 | | | |
| | | 焊接点松动、露铜过长、虚焊 | 5 | | | |
| | | 损伤导线绝缘或线芯 | 5 | | | |
| | | 未接地线 | 10 | | | |
| 4 | 电路测试 | 正确安装交流电源 | 10 | | | |
| | | 测试步骤是否正确规范 | 10 | | | |
| | | 测试结果是否成功 | 10 | | | |
| 5 | 安全规范 | 操作是否规范安全 | 5 | | | |
| | | 是否穿绝缘鞋 | 5 | | | |
| 总分 | | | 100 | | | |
| 问题记录和解决方法 | | | 记录任务实施过程中出现的问题和采取的解决办法 | | | |

**能 力 评 价**

| 内 容 | | 评 价 | |
|---|---|---|---|
| 学习目标 | 评 价 项 目 | 小组评价 | 教师评价 |
| 应知应会 | 本任务的相关基本概念是否熟悉 | □Yes □No | □Yes □No |
| | 是否熟练掌握仪表、工具的使用 | □Yes □No | □Yes □No |
| 专业能力 | 元器件的安装、使用是否规范 | □Yes □No | □Yes □No |
| | 安装接线是否合理、规范、美观 | □Yes □No | □Yes □No |
| | 是否具有相关专业知识的融合能力 | □Yes □No | □Yes □No |
| 通用能力 | 团结合作能力 | □Yes □No | □Yes □No |
| | 沟通协调能力 | □Yes □No | □Yes □No |
| | 解决问题能力 | □Yes □No | □Yes □No |
| | 自我管理能力 | □Yes □No | □Yes □No |
| | 创新能力 | □Yes □No | □Yes □No |
| 态度 | 敬岗爱业 | □Yes □No | □Yes □No |
| | 职业操守 | □Yes □No | □Yes □No |
| | 工作态度 | □Yes □No | □Yes □No |
| 个人努力方向： | | 老师、同学建议： | |

## 思考与提高

1. 思考电路当中的电容 $C_1$ 应该采用电解电容还是瓷片电容？
2. 尝试对于电路进行功能扩展，实现更广范围的正负可调直流电压。

# 任务十六　晶闸管调光电路的安装调试

## 训练目标

- 掌握晶闸管调光电路的工作原理。
- 掌握晶闸管调光电路的安装方法。
- 掌握晶闸管调光电路的调试方法。

## 任务描述

晶闸管是一种大功率的半导体器件，可以用于可控整流，也就是把交流电变换成输出电压可调的直流电，单结晶体管触发的调光电路可以使灯泡两端的电压在 0 至几伏范围内变化，调光作用十分明显。本任务我们就有关晶闸管调光电路进行相应地学习与研究。

## 任务分析

### 一、电路原理图

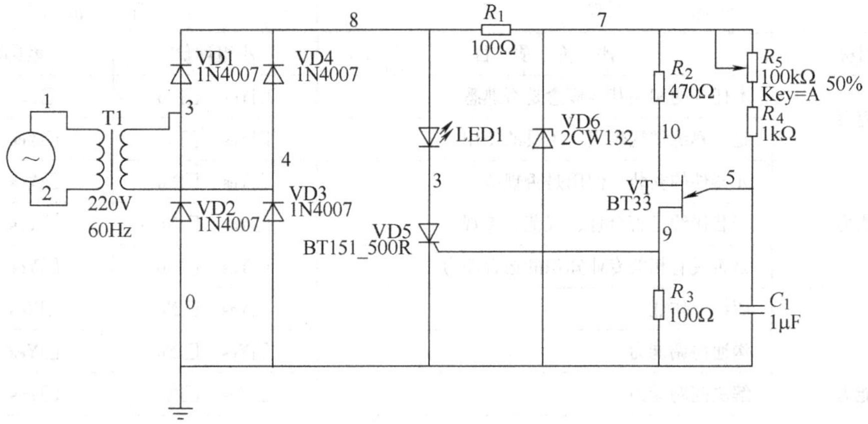


### 二、电路原理与分析

由电路原理图可知，单结晶体管 BT33、电阻 $R_2 \sim R_5$ 以及电容 $C$ 构成单结晶体管的张弛振荡器，在接通电源前，电容 $C_1$ 上的电压为 0；接通电源后，电容经过 $R_4$、$R_5$ 充电使得电压 $U_e$ 逐渐升高。当 $U_e$ 达到峰点电压的时候，e-b1 之间变为导通，电容上的电压经过 e-b1 向电阻 $R_3$ 放电，在 $R_3$ 上输出一个脉冲电压。由于 $R_4$、$R_5$ 供给的电流小于谷点电流，不能满足导通要求，于是单结晶体管恢复阻断状态。此后，电容又重新充电，重复上述过程，结果在电容上形成锯齿状电压，在 $R_3$ 上形成脉冲电压。在交流电压的每个半周期内，单结晶体管都将输出一组脉冲，起作用的第一个脉冲去触发 BT33 的门极，使得晶闸管导通，指示灯发光。改变 $R_5$ 的电阻值，可以改变电容充电的快慢程度，进而改变锯齿波的振荡频率，从而改变晶闸管导通角的大小，即改变了可控整流电路的直流平均输出电压，达到调节指示灯亮度的目的。

## 相关知识

1. 单结晶体管 BT33

单结晶体管又叫做双基极二极管，它的符号和外形如图所示。

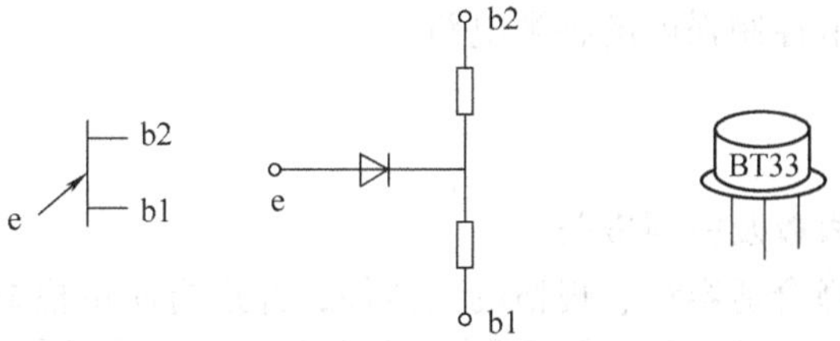


e—发射极　　b1—第一基极　　b2—第二基极

单结晶体管有两个基极，仅有一个 PN 结，故称为双基极二极管或单结晶体管。右图所示是单结晶体管的图形符号，发射极箭头倾斜指向 b1，表示经 PN 结的电流只流向 bl 极。国产单结晶体管有 BT31、BT32、BT33、BT35 等型号。单结晶体管在一定条件下具有负阻特性，即当发射极电流增加时，发射极电压反而减小。利用单结晶体管的负阻特性和 *RC* 充放电电路，可制作脉冲振荡器。

单结晶体管的主要参数有基极直流电阻 $R_{bb}$ 和分压比。$R_{bb}$ 是射极开路时 b1、b2 间的直流电阻，其值为 2 ~ 10kΩ，$R_{bb}$ 阻值过大或过小均不宜使用。另外一个是 b1、b2 间的分压比，其大小由管内工艺结构决定，一般为 0.3 ~ 0.8。

判断单结晶体管发射极 e 的方法是：把万用表置于 R × 100 挡或 R × 1k 挡，黑表笔接假设的发射极，红表笔接另外两极，当出现两次低电阻时，黑表笔接的就是单结晶体管的发射极。

单结晶体管 b1 和 b2 的判断方法是：把万用表置于 R × 100 挡或 R × 1k 挡，用黑表笔接发射极，红表笔分别接另外两极，两次测量中，电阻大的一次，红表笔接的就是 b1 极。

应当说明的是，上述判别 b1、b2 的方法，不一定对所有的单结晶体管都适用，有个别管子的 e-b1 间的正向电阻值较小。不过准确地判断哪极是 b1，哪极是 b2 在实际使用中并不特别重要。即使 b1、b2 用颠倒了，也不会使管子损坏，只影响输出脉冲的幅度（单结晶体管多作脉冲发生器使用），当发现输出的脉冲幅度偏小时，只要将原来假定的 b1、b2 对调过来就可以了。

2. 单向晶闸管 BT151

晶体闸流管简称晶闸管。它广泛应用于无触点开关电路及可控整流设备。晶闸管有三个电极：阳极 A、阴极 K 和门极 G。如图所示是其电路符号和内部结构。

单向晶闸管有以下三个工作特点：

①晶闸管导通必须具备两个条件：一是晶闸管阳极 A 与阴极 K 间必须接正向电压。二是门极与阴极之间也要接正向电压。

②晶闸管一旦导通后，降低或去掉门极电压，晶闸管仍

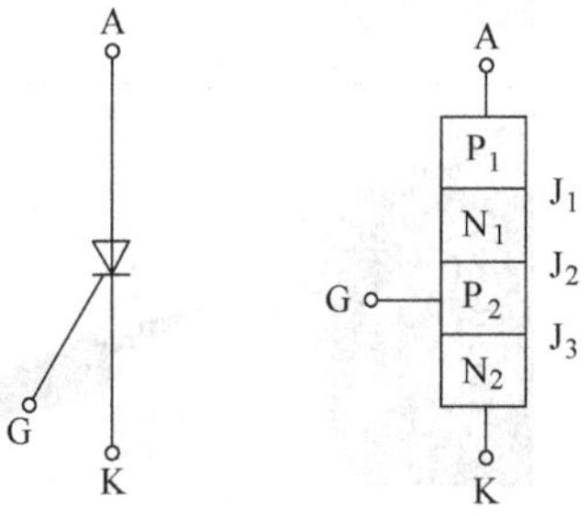

然导通。

③晶闸管导通后要关断时，必须减小其阳极电流使其小于晶闸管的导通维持电流。

晶闸管的控制电压和控制电流都较小，即控制电压仅几伏，控制电流只有几十至几百毫安，但被控制的电压或电流却可以很大，可达数千伏、几百安培。可见晶闸管是一种可控单向导电开关，常用于弱电控制强电的各类电路。

## 任务实施

### 一、工具、仪器仪表以及材料准备

根据任务要求，选择合适容量、规格的元器件，并进行质量检查。

| 序号 | 名　称 | 型号与规格 | 数量 | 序号 | 名　称 | 型号与规格 | 数量 |
|---|---|---|---|---|---|---|---|
| 1 | 电源变压器 T1 | 220V/18V | 1 | 10 | 电容 | 1μF | 1 |
| 2 | 整流二极管 | 1N4007 | 4 | 11 | 通用示波器 | CS4125A 双踪 | 1 |
| 3 | 电阻 | 1kΩ | 1 | 12 | 熔断器 | 0.5A | 1 |
| 4 | 电阻 | 470Ω | 1 | 13 | 单刀单掷开关 | KCD3 102N | 1 |
| 5 | 电阻 | 100Ω | 2 | 14 | 万用表 | MF47 | 1 |
| 6 | IC | BT33 | 1 | 15 | 实验板 | 10cm×15cm 单孔 | 1 |
| 7 | IC | BT151 | 1 | 16 | 电烙铁 | 恒温 60W | 1 |
| 8 | IC | 2CW132 | 1 | 17 | 焊锡丝 | 0.5mm/75g | 若干 |
| 9 | 滑动变阻器 | 100kΩ | 1 | 18 | 常用电子工具 | 套 | 1 |

### 二、电路安装

1）配齐元器件，并检查各元器件的性能及好坏。

2）清除元器件的氧化层，并进行搪锡处理。

3）剥去电源连接线以及负载连接线的线端绝缘层，并清除氧化层，均加以搪锡处理。

4）插装元器件，各元器件的正负极应连接准确；经检查无误后，用硬铜导线根据电路的电气连接关系进行布线并焊接固定。

| 实　训　图　片 | 操　作　方　法 | 注　意　事　项 |
|---|---|---|
| 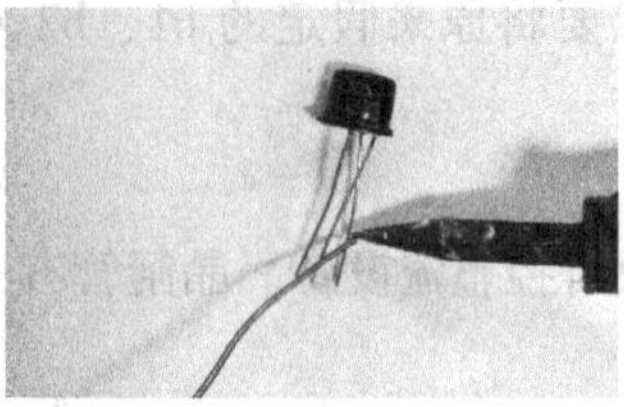 | [元器件搪锡]：元器件搪锡就是将要锡钎焊的元器件引线或导电的焊接部位预先用焊锡润湿。左手握住一段焊锡丝，右手持电烙铁，先让电烙铁加热，后加焊锡丝，将焊锡均匀地涂抹在引线上 | ①平整光滑无毛刺<br>②不能把原有的镀层刮掉<br>③不能用力过猛，以防损伤原件 |
| 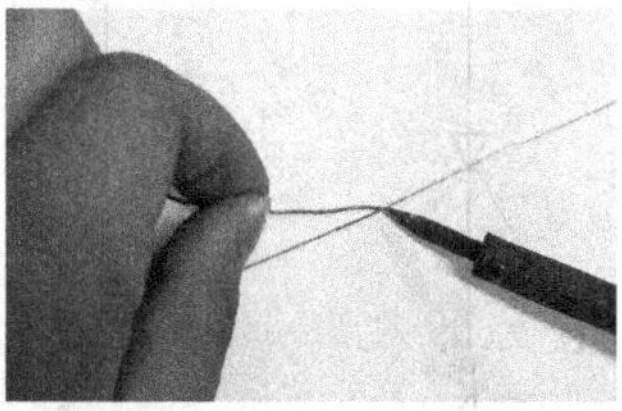 | [导线搪锡]：导线搪锡是为了防止导线部分氧化后影响其导电性能，保证导线导电性能良好。搪锡过程中右手持电烙铁，先将电烙铁加热，后加焊锡丝，将焊锡均匀地涂抹在引线上，应该保证锡在导线上均匀分布 | ①刮好的线需去毛刺<br>②搪锡从头到尾依次均匀搪锡，时间不宜过长<br>③注意保持通风，避免烫伤 |

（续）

| 实训图片 | 操作方法 | 注意事项 |
|---|---|---|
| 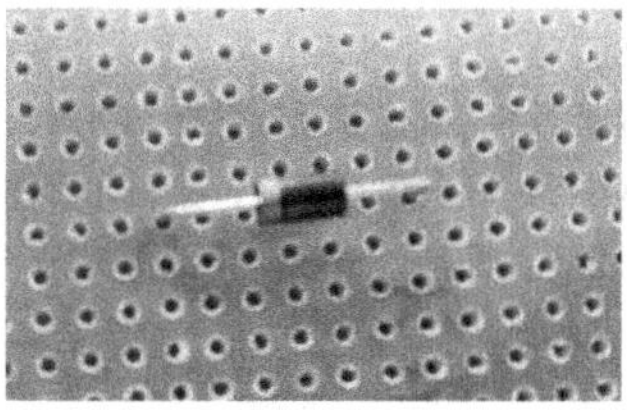 | ［元器件插装1］：首先查阅对应元器件的引脚分布图，插装的过程中应该确保元器件极性正确（图中二极管为左正右负），在同时元器件的插装位置应该满足整体电路的布局要求，确保在接线时不会出现连接线交叉的情况 | ①正确选择元器件<br>②要合理布局<br>③分清元器件的引脚<br>④合理引出输入输出线<br>⑤合理连接负载电灯 |
| 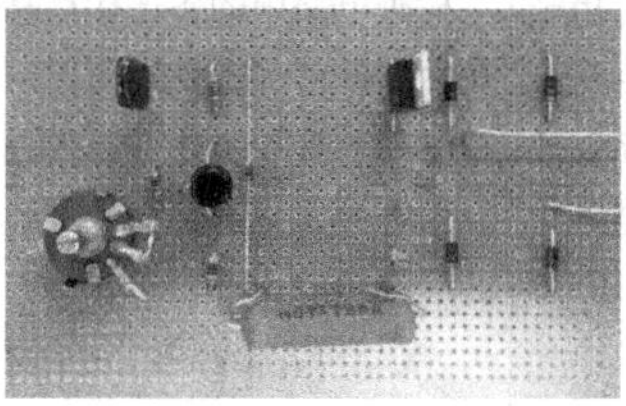 | ［电路总体元器件布局］：整体规划合理，符合电路原理图的连接规则，同时各元器件引脚插装正确，预留间距合理，便于导线连接，同时各元器件还应该预留长度为5mm左右引脚线便于接线处理 | |
| 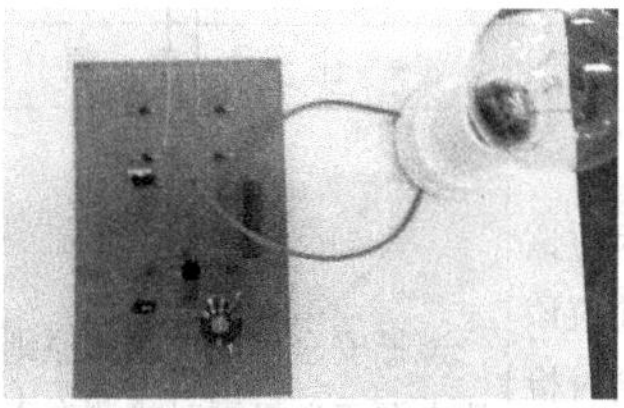 | ［电路总体元器件布局］：整体规划合理，元器件之间的间距合理，便于导线连接，同时元器件应该留出引脚线便于接线处理，同时引出输入输出线并正确地连接负载 | |
|  | ［电路连接］：焊接点应该饱满，避免漏错焊和虚假焊，焊接的过程中应该先用电烙铁预热引脚线，后上锡丝，从而保证焊接点的形状饱满同时不过量。连线时连接线应该充分与焊接点接触，防止接触不良 | ①焊接时间不宜过长<br>②焊接点要饱满<br>③按图正确接线 |
| 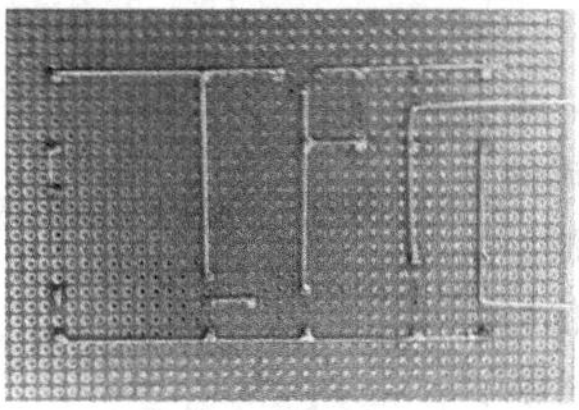 | ［电路连接整体示意图］：导线不能有相交叉的部分，导线与连接的焊接点之间应充分接触，接线后应该用万用表进行测量防止接触不良。在保证上述条件的基础上，连线走向要美观 | |

## 三、电路检查

| 实 训 图 片 | 操 作 方 法 | 注 意 事 项 |
|---|---|---|
| 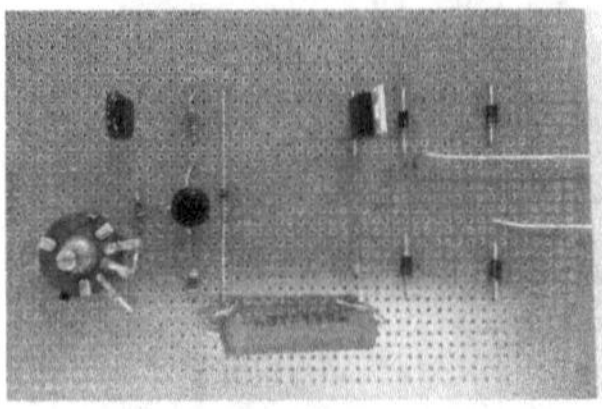 | ［目测检查］：检查各元器件（尤其是二极管和电解电容）的极性和位置是否正确，检查各元器件有无错焊、漏焊和虚焊等情况，检查各导线是否均正常连接，有无漏接的现象 | 检查各元器件有无错焊、漏焊和虚焊等情况，检测元器件的极性是否正确 |
|  | ［仪表检查］：用万用表旋至欧姆挡来检测以下内容：电路中的各连接点是否存在短路的情况；各元器件是否存在故障；各导线的连通是否正常以及电路中是否存在短路和断路的问题 | 检查电路中的各连接点是否存在短路的情况；各元器件是否存在故障；各导线的连通是否正常以及电路中是否存在短路和断路的问题 |

## 四、电路调试

| 实 训 图 片 | 操 作 方 法 | 注 意 事 项 |
|---|---|---|
| 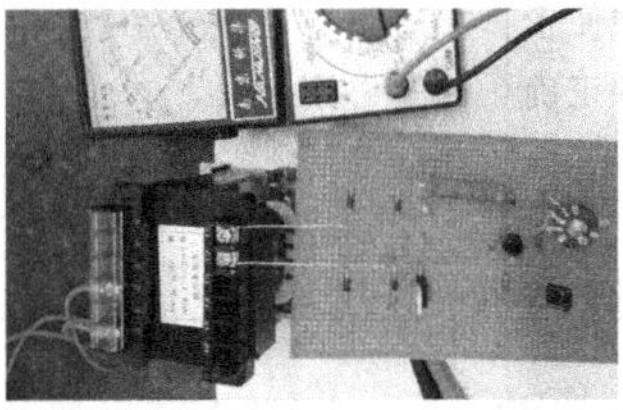 | ［接通电源］：接通电源的过程中应该遵循安全用电的相关原则，通电前应该检测各元器件的极性是否正确，同时检测电路中有无短路的情况，同时，电源的正负极应该要分清楚，严禁接错 | 遵循安全用电的相关原则，分清电源正负极同时检测有无短路 |
|  | ［验电、电路检查］：将万用表旋至交流电压挡或直流电压挡检测以下内容：检测变压器的输入电压是否符合电路要求，检测各关键点（如滤波电容两端、稳压管的两端）电压值是否达到理论要求 | 确定总输入电压是否符合要求；同时检测各关键点电压值是否正确。在检测中应分清是直流电还是交流电并选择正确挡位 |
| 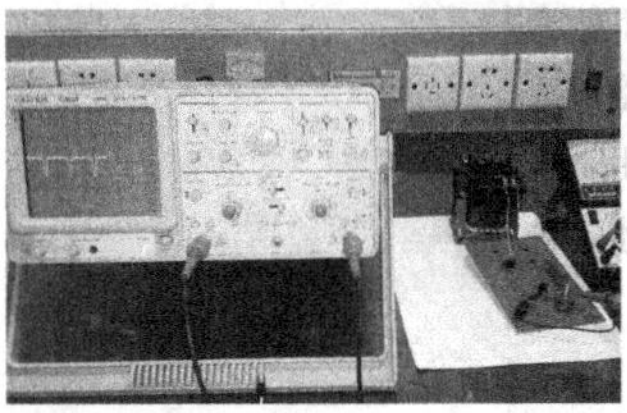 | ［示波器观察输入和输出的波形］：掌握示波器的基本使用方法，调节正确的挡位来观测波形。对电路输入输出波形的观测一方面是对电路进行调试的依据同时也进一步加深对于电路功能的理解 | 观察输入、输出波形，检验电路实现功能是否正确 |

（续）

| 实 训 图 片 | 操 作 方 法 | 注 意 事 项 |
|---|---|---|
| 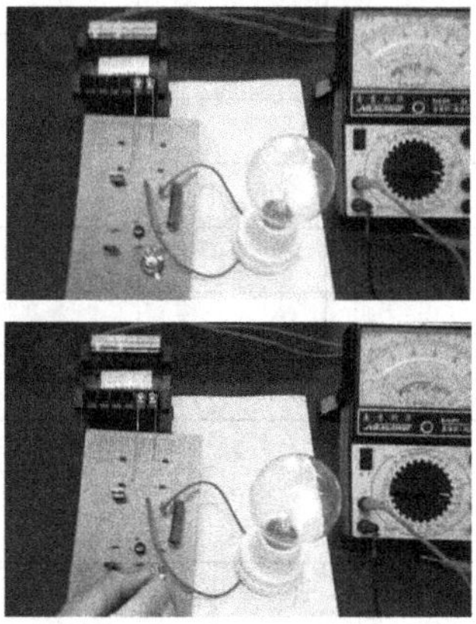 | ［实际调光测试］：通过示波器观察之后，连接白炽灯泡，在实际电路中检测调光电路的实际效果，观测方法：缓慢地调动电路中的滑动变阻器，观测灯泡的亮度是否随着滑动变阻器阻值的变化而发生相应地变化 | 接通灯泡负载进行实际地调光操作，有些滑动变阻器由于制造工艺的原因阻值分布不均匀，所以调试时应该缓慢均匀地调动滑动变阻器 |

## 提醒注意

1. 电路调试的基本操作步骤

测试前准备→观察负载电压波形→观察灯的亮度→清理现场

2. 电路调试的注意事项

1）调试前应认真、仔细检查各元器件的安装情况，最后接上指示灯，进行调试。由于电路直接接于220V交流电源，调试时应当注意安全，防止触电。

2）由于BT33组成的单结晶体管张弛振荡电路停振，可能造成指示灯不亮，或者指示灯不可调光，其原因可能是BT33或者电容 $C$ 损坏。

3）电位器顺时针旋转时，指示灯逐渐变暗，可能是电位器中心抽头接错位置。

4）如当调节电位器至最小时，指示灯突然熄灭，则应该适当增大电阻 $R_4$ 的阻值。

## 检查评价

**任 务 评 价**

| 序号 | 评价指标 | 评 价 内 容 | 分值 | 个人评价 | 小组评价 | 教师评价 |
|---|---|---|---|---|---|---|
| 1 | 元器件检查 | 元器件是否漏检或错检 | 5 | | | |
| 2 | 电路安装 | 不按布置图安装 | 5 | | | |
| | | 元器件安装不牢固 | 3 | | | |
| | | 元器件安装不整齐、不合理、不美观 | 2 | | | |
| | | 损坏元器件 | 5 | | | |
| 3 | 布线 | 不按电路图接线 | 10 | | | |
| | | 布线不符合要求 | 5 | | | |
| | | 焊接点松动、露铜过长、虚焊 | 5 | | | |
| | | 损伤导线绝缘或线芯 | 5 | | | |
| | | 未接地线 | 10 | | | |

（续）

| 序号 | 评价指标 | 评 价 内 容 | 分值 | 个人评价 | 小组评价 | 教师评价 |
|---|---|---|---|---|---|---|
| 4 | 电路测试 | 正确安装交流电源 | 10 | | | |
| | | 测试步骤是否正确规范 | 10 | | | |
| | | 测试结果是否成功 | 10 | | | |
| 5 | 安全规范 | 操作是否规范安全 | 5 | | | |
| | | 是否穿绝缘鞋 | 5 | | | |
| | | 总分 | 100 | | | |
| | | 问题记录和解决方法 | 记录任务实施过程中出现的问题和采取的解决办法 | | | |

**能 力 评 价**

| 内 容 | | 评 价 | |
|---|---|---|---|
| 学习目标 | 评 价 项 目 | 小组评价 | 教师评价 |
| 应知应会 | 本任务的相关基本概念是否熟悉 | □Yes □No | □Yes □No |
| | 是否熟练掌握仪表、工具的使用 | □Yes □No | □Yes □No |
| 专业能力 | 元器件的安装、使用是否规范 | □Yes □No | □Yes □No |
| | 安装接线是否合理、规范、美观 | □Yes □No | □Yes □No |
| | 是否具有相关专业知识的融合能力 | □Yes □No | □Yes □No |
| 通用能力 | 组织能力 | □Yes □No | □Yes □No |
| | 沟通能力 | □Yes □No | □Yes □No |
| | 解决问题能力 | □Yes □No | □Yes □No |
| | 自我管理能力 | □Yes □No | □Yes □No |
| | 创新能力 | □Yes □No | □Yes □No |
| 态度 | 敬岗爱业 | □Yes □No | □Yes □No |
| | 态度认真 | □Yes □No | □Yes □No |
| 个人努力方向： | | 老师、同学建议： | |

## 思考与提高

1. 明确晶闸管调光电路具体的制作流程以及调试过程中的注意事项。

2. 若将电路中的钨丝灯泡换成发光二极管或者其他类型的灯泡，还能不能正常实现调光的功能？

3. 在实际调试过程中会出现什么问题以及相对应的解决方案有哪些？

# 单元四　机床电气控制电路检修实战训练

电气设备在运行的过程中，由于各种原因难免会产生各种故障，致使生产机械不能正常工作，这不但影响生产效率，严重时还会造成人身设备事故。因此，电气设备发生故障后，维修电工应能够及时、熟练、准确、迅速、安全地查出故障，并加以排除，尽早恢复生产机械的正常运行是非常重要的。本单元将通过对卧式车床、摇臂钻床、平面磨床等具有代表性的常用生产机械的电气控制电路的维修进行分析和研究，以提高在实际工作中综合分析和解决问题的能力。

**学习目标**

- 能进行 CA6140 型卧式车床电气控制电路的故障检查、分析及排除。
- 能进行 Z3040 型摇臂钻床电气控制电路的故障检查、分析及排除。
- 能进行 M7130 型平面磨床电气控制电路的故障检查、分析及排除。

## 任务十七　CA6140 型车床电气控制电路的故障分析与检修

### 训练目标

- 了解 CA6140 型车床电力拖动控制的特点及要求。
- 掌握 CA6140 型车床电气控制电路的工作原理。
- 掌握 CA6140 型车床电气控制电路的故障检查、分析及排除。

### 任务描述

某年某月某日的上午九点多钟，某企业电工小崔正在值班室值班，突然电话铃声大作，小崔拿起电话，“喂，你是电工值班室吗？我是机修车间的老王，我的车床坏了，电动机不转了，麻烦你们安排人来修一下，快！”。小崔放下电话，拿上工具及相关图样，就朝机修车间跑去。小崔能修理好车床吗？本任务就是来解决如何修理 CA6140 型车床电气控制电路故障这一问题。

## 任务分析

本任务要实现对“CA6140型车床电气控制电路的故障检修”，首先应了解其电力拖动控制的特点和要求，并正确识读控制电路图，熟悉其控制电路的工作原理，做到按图分析、按图检修。

CA6140型车床的切削运动包括工件旋转的主运动和刀具的直线进给运动。车床的进给运动是刀架带动刀具的直线运动。车床的辅助运动为车床上除切削运动以外的其他一切必需的运动。

### 一、CA6140型车床电力拖动特点及控制要求

1）主拖动电动机，采用三相笼型异步电动机，齿轮箱有级调速，无电气调速。

2）主拖动电动机的起动、停止，用按钮操作。

3）在车削螺纹时，正、反转用机械方法实现。

4）车削加工时需要冷却泵电动机。

5）当主拖动电动机停止时，冷却泵电动机应立即停止。

6）有过载、短路、欠电压、失电压保护。

7）具有安全的局部照明装置。

### 二、CA6140型车床电气控制电路分析

1. 主电路分析

主电路共有三台电动机：M1为主轴电动机，带动主轴旋转和刀架作进给运动；M2为冷却泵电动机，用以输送切削液；M3为刀架快速移动电动机。

将钥匙开关SA4向右旋转，再扳动断路器QF0将三相电源引入。主轴电动机M1由接触器KM1控制，由QF1作过载、短路保护，接触器KM1作失电压和欠电压保护。冷却泵电动机M2由接触器KM7控制，由QF2进行保护。刀架快速移动电动机M3由接触器KM3控制，实现点动控制，由QF1进行保护。控制电路、照明灯、刻度盘照明灯分别由QF5、QF6、QF7控制。

2. 控制电路分析

控制电路的电源由控制变压器TC二次侧输出110V电压提供。在正常工作时，位置开关SQ1的常开触头闭合。打开床头传动带罩后，SQ1断开，切断控制电路电源，以确保人身安全。钥匙开关SA4和位置开关SQ2在正常工作时是断开的，QF0线圈不通电，断路器QF0能合闸。打开配电盘壁龛门时，SQ2闭合，QF0线圈获电，断路器QF0自动断开。

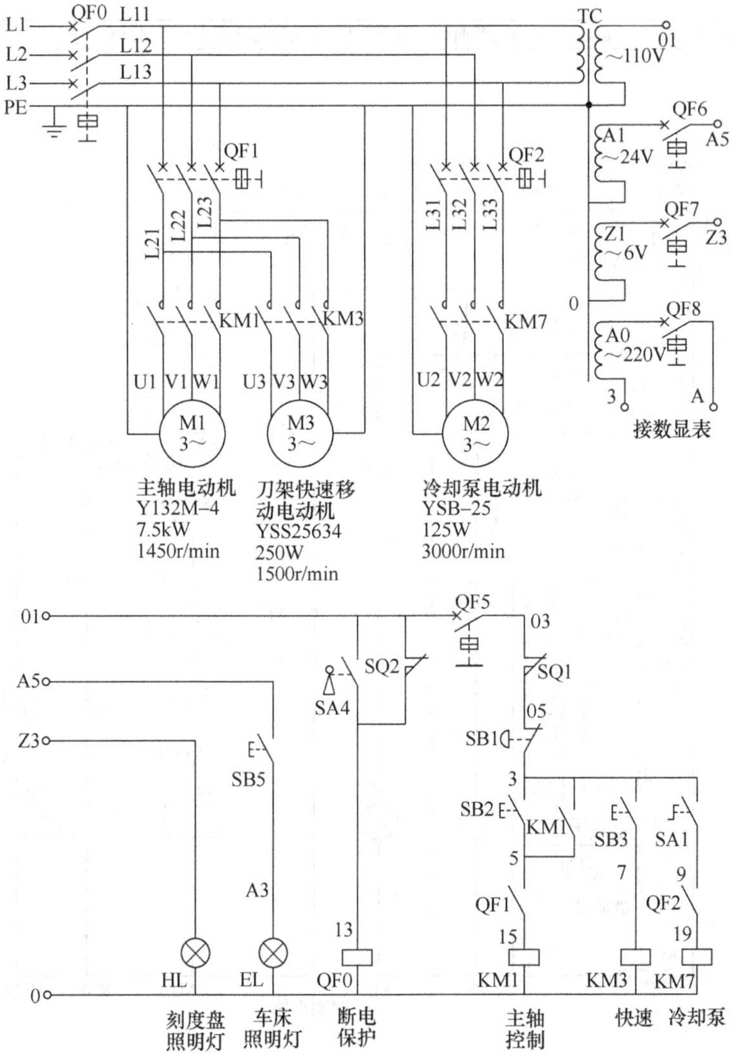


（1）主轴电动机 M1 的控制

合上 QF1→QF1（4 ～ 15）闭合→按下 SB2→KM1 线圈得电→KM1（3 ～ 5）闭合 / KM1 主触头闭合→电动机 M1 得电起动运转

注：主轴的正、反转采用多片摩擦离合器实现的。

（2）冷却泵电动机 M2 的控制　合上 QF2，QF2（9～19）闭合，再合上旋钮开关 SA1，接触器 KM7 得电吸合，冷却泵电动机 M2 起动运转。

（3）刀架快速移动电动机 M3 的控制　刀架快速移动电动机 M3 的起动是由安装在进给操作手柄顶端的按钮 SB3 控制，它与接触器 KM3 组成点动控制电路。刀架移动方向（前、后、左、右）的改变，是由进给操作手柄配合机械装置实现的。如需要快速移动，按下 SB3 即可。

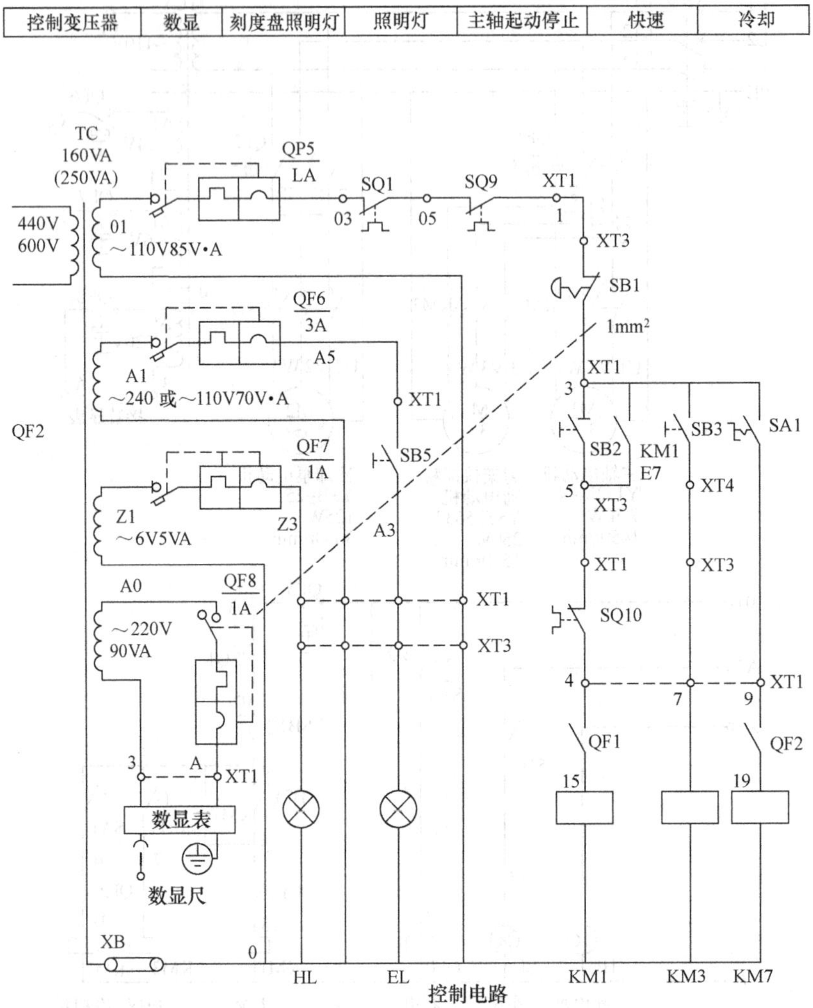


控制电路

3. 照明、信号电路分析

控制变压器 TC 的二次侧分别输出 24V 和 6V 电压，作为车床低压照明灯和信号灯的电源。EL 作为车床的低压照明灯，由开关 QF6 和 SB5 控制；HL 为刻度盘照明灯，由 QF7 控制。

相关知识

## 一、故障调查分析

检修前的调查，也就是我们所说的“问、看、听、摸”四个方面。

“问”：是向机床的操作人员询问故障发生前后情况，如询问故障发生时是否有烟雾、跳火、异常声音和气味，有无误操作等。

“看”：是观察熔断器内的熔体是否熔断，其他电器有无烧毁，元器件和导线连接螺钉是否松动。

“听”：试听电动机、变压器、接触器及各种继电器，通电后运行时的声音是否正常。

“摸”：将机床电气设备通电运行一段时间后切断电源，然后用手触摸电动机、变压器及线圈有无明显的温升，是否有局部过热现象。

**二、故障检查方法**

根据对故障原因及故障现象的分析，可有针对性地采用电压法、电阻法、短路法等措施，对电路进行检查，以便准确地排除故障点。为保证安全，本单元任务主要介绍用电阻法检查电路故障。

电阻测量法就是利用仪表测量电路上某点或某个元器件的通和断，来确定机床电气故障点的方法叫做电阻测量法。

这种方法主要用万用表电阻挡对电路通断或元器件好坏进行判断。其方法有分阶电阻测量和分段电阻测量法。

①分阶测量法：当测量某相邻两阶的电阻值突然增大时，则说明该跨接点为故障点。

②分段测量法：当测量到某相邻两点的电阻值很大时，则说明该两点间即为故障点。

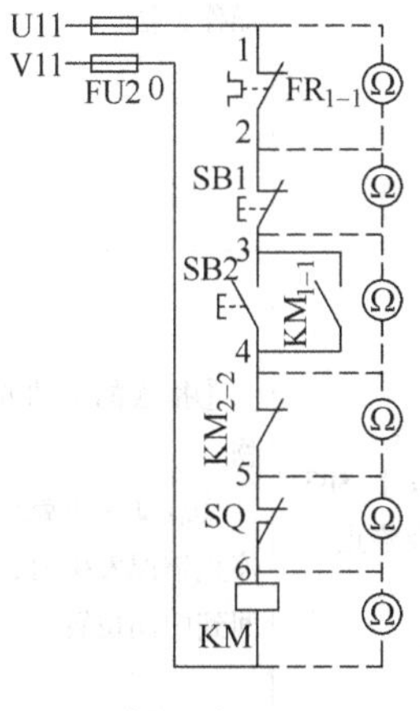

分段测量法

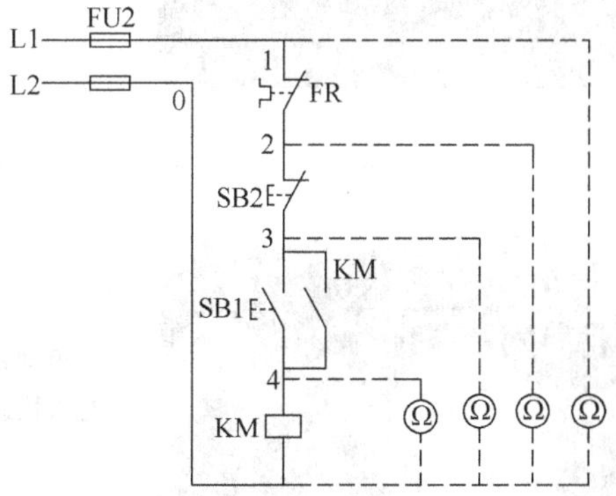

分阶测量法

**三、生产机械电气设备维修的一般要求**

1）采取的维修步骤和方法必须正确，切实可行。

2）不得损坏完好的元器件。

3）不得随意更换元器件及连接导线的型号规格。

4）不得擅自改动电路。

5）损坏的电气装置应尽量修复使用，但不得降低其固有性能。

6）电气设备的各种保护性能必须满足使用要求。

7）绝缘电阻合格，通电试车能满足电路的各种功能，控制环节的动作程序符合要求。

8）修理后的电气设备必须满足其质量标准要求。

**任务实施**

**一、“照明灯 EL 不亮**（电源指示灯 HL 亮，主轴电动机 M1、快速移动电动机 M3 和冷却泵电动机 M2 工作正常）**”的检修**

| 实 训 图 片 | 操 作 方 法 | 注 意 事 项 |
|---|---|---|
|  | 合上电源开关，检查照明灯 | ①安全防护措施要齐全到位<br>②要有老师监护 |
|  | 按下 SB2，主轴旋转正常；按下 SB1，主轴停止旋转 | 操作时注意操作人员的位置和操作方法 |
| 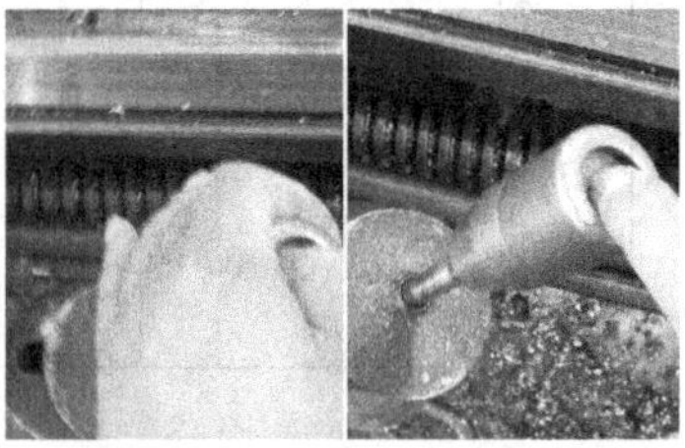 | 扳动快速移动方向手柄，按下 SB3，拖板快速移动；松开 SB3，拖板停止 | ①拖板的运动方向上没有障碍物<br>②点动一下就可以，遇到不能停止情况发生时，立即将手柄扳回到中间位置 |
|  | 接通按钮 SA1，切削液流出；切断按钮 SA1，切削液停流 | 要逐渐地达到能够根据切削液流出情况，判断电动机工作是否正常 |
| 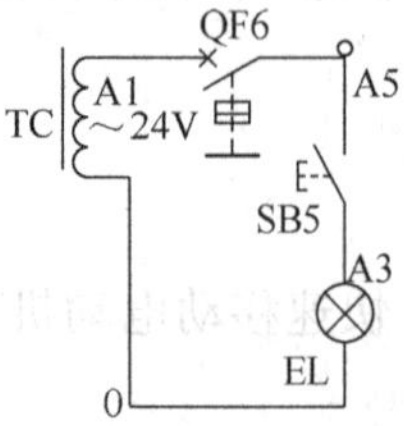 | 根据以上现象，可以确定故障范围 | 要根据电气原理图确定故障范围 |

（续）

| 实训图片 | 操作方法 | 注意事项 |
|---|---|---|
|  | 切断总电源，分断 QF5；检查 A1 与 A5 间的电阻（断路器侧），电阻为“∞” | 利用 TC 构成的回路进行检查 |
|  | 检查 A1 与 A5 间的（SB5 侧）电阻<br>电阻为“∞” | 逐点检查的方法是基础 |
|  | 检查 A1 与 A3 间的（SB5 侧）电阻<br>电阻为“∞” | 检查时注意检测的手法 |
| 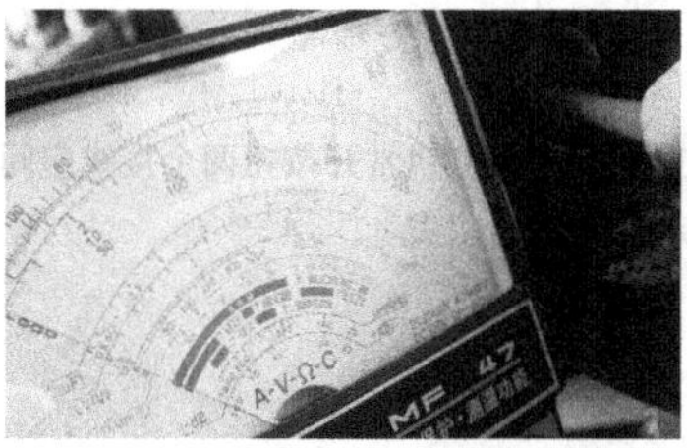 | 检查 A1 与 A3 间的（EL 侧）电阻<br>电阻为“∞” | 该点的位置可以通过分析确定 |
|  | 检查 A1 与 PE（EL 侧）间的电阻，电阻为“0”，发现故障点，说明照明灯 EL 进线端与出线端之间发生故障。此故障多为灯泡损坏或灯座接触不良造成 | 检查时如果需要拆开部分零件，故障排除结束后要完全恢复到原来的状况 |

**二、“主轴电动机 M1 不能起动，快速移动电动机 M3 及冷却泵电动机 M2 工作正常”的检修**

| 实训图片 | 操作方法 | 注意事项 |
|---|---|---|
|  | 合上电源开关 QF0；合上工作灯开关 SB5 | ①检查电源指示灯 HL 是否亮<br>②检查工作灯 EL 是否亮 |
|  | 按下 SB2，主轴不转，检查 KM 是否吸合（没有吸合）；按下 SB3，刀架有快速移动，松开 SB3，刀架停止移动；合上 SA1，有切削液流出来 | ①发现可能是故障主轴电动机 M1 不能起动<br>②检查相关电路，以便缩小故障范围 |
|  | 确定故障范围<br>由以上现象可以判断故障发生在 0 ~ 3 号线范围内 | ①准备好测量工具<br>②考虑用电阻法检查时，一定要切断电源；调好万用表的挡位<br>③可以通过指示灯和工作灯的状态来简单判定，最好用验电器进行测量 |
|  | 打开按钮盒，在按钮上检查 3 ~ 5 号线的电阻，电阻为“∞”，按钮完好 | 测量常开按钮两个接线座间的电阻 |
| 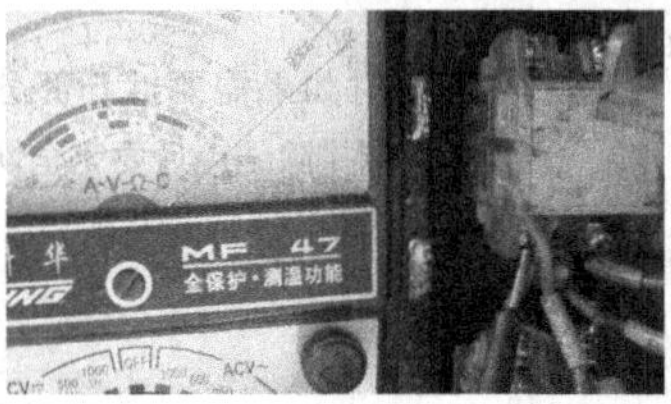 | 检查接线端子上 3 号与按钮接线座 3 号线间电阻，电阻为“0”，此段导线完好 | ①利用外部电源回路，用电阻法进行测量<br>②注意万用表的挡位<br>③一定要在确定故障位置或必须拆开连接点的情况下才能拆开连接点 |

（续）

| 实训图片 | 操作方法 | 注意事项 |
|---|---|---|
|  | 检查接线端子上5号与按钮接线座5号线间电阻，电阻为“∞”，此段导线故障。检查出故障点并更换导线进行修复；修复后再用万用表检查是否故障排除；然后通电试车 | ①利用外部电源回路，用电阻法进行测量<br>②注意万用表的挡位<br>③一定要在确定故障位置或必须拆开连接点的情况下才能拆开连接点 |

## 提醒注意

用电阻法测量电路中故障点的方法简单、直观。但特别要注意的是，测量前一定要切断机床电源，否则会烧坏万用表；另外被测电路不应有其他支路并联；适时调整万用表的电阻挡，每次换挡要调零，避免判断错误，万用表的指针尽可能让其偏转到中间位置。

## 检查评价

设置的故障检查出来并修复完毕后，通电试车正确，切断电源，然后进行综合评价。

**任务评价**

| 序号 | 评价指标 | 评价内容 | 分值 | 个人评价 | 小组评价 | 教师评价 |
|---|---|---|---|---|---|---|
| 1 | 故障检查 | 能根据现象正确判断故障范围 | 10 | | | |
| | | 检查步骤、方法正确 | 10 | | | |
| | | 第一个错误检查成功 | 20 | | | |
| | | 第二个错误检查成功 | 20 | | | |
| | | 扩大故障范围 | 20 | | | |
| 2 | 安全规范 | 是否穿绝缘鞋 | 5 | | | |
| | | 操作是否安全规范 | 5 | | | |
| 3 | 文明操作 | 拆开的原件未完全恢复 | 10 | | | |
| 总分 | | | 100 | | | |
| 问题记录和解决方法 | | | 记录任务实施过程中出现的问题和采取的解决办法 | | | |

**能力评价**

| 内容 | | 评价 | |
|---|---|---|---|
| 学习目标 | 评价项目 | 小组评价 | 教师评价 |
| 应知应会 | 本任务的相关基本概念是否熟悉 | □Yes □No | □Yes □No |
| | 是否熟练掌握仪表、工具的使用 | □Yes □No | □Yes □No |

（续）

| 内　　容 | | 评　　价 | |
|---|---|---|---|
| 学习目标 | 评　价　项　目 | 小组评价 | 教师评价 |
| 专业能力 | 操作过程是否规范 | □Yes　□No | □Yes　□No |
| | 能否合理确定故障范围 | □Yes　□No | □Yes　□No |
| | 检测过程是否合理 | □Yes　□No | □Yes　□No |
| 通用能力 | 团队合作分析原理图能力 | □Yes　□No | □Yes　□No |
| | 沟通协调操作过程中的调整能力 | □Yes　□No | □Yes　□No |
| | 解决问题的效率能力 | □Yes　□No | □Yes　□No |
| | 操作过程中自我管理能力 | □Yes　□No | □Yes　□No |
| | 创新能力 | □Yes　□No | □Yes　□No |
| 安全文明 | 规范操作 | □Yes　□No | □Yes　□No |
| | 安全操作 | □Yes　□No | □Yes　□No |
| | 文明操作 | □Yes　□No | □Yes　□No |
| 个人努力方向： | | 老师、同学建议： | |

### 思考与提高

1. 设置故障时为什么不允许对调接线点？
2. 什么样的故障对设备不会造成永久性故障？
3. 如何人为设置以防止对设备造成永久性故障？

# 任务十八　Z3040 型摇臂钻床电气控制电路的故障分析与检修

## 训练目标

- 了解 Z3040 型摇臂钻床电力拖动控制的特点及要求。
- 掌握 Z3040 型摇臂钻床电气控制电路的工作原理。
- 掌握 Z3040 型摇臂钻床电气控制电路的故障分析及检修方法。

### 任务描述

电工小崔正在机修车间维修车床，钻床操作工来说：“我开的摇臂钻床摇臂不能夹紧了，请你帮我修一下好吗？”，小崔说：“你把机床电源关掉了没有？”，钻床操作工说：“没有”。小崔说：“你快去把机床的电源关掉，我这边修好了，去拿一下图样，马上就到，好吗？”。本任务就来解决如何修理 Z3040 型摇臂钻床电气控制电路故障这一问题。

### 任务分析

本任务要实现对“Z3040 型摇臂钻床电气控制电路故障检修”，首先应了解其电力拖动控制的特点和要求，并正确识读其电路图，熟悉其控制电路的工作原理，做到按图分析、按图检修。

**一、Z3040 型摇臂钻床电力拖动控制的特点及要求**

1）摇臂钻床运动部件较多，为简化传动装置，采用多电动机拖动。

2）摇臂钻床为适应多种形式的加工，要求主轴及进给有较大的调速范围。主轴一般转速下的钻削加工常为恒功率负载，而低速时主要用于扩孔、铰孔、攻螺纹等加工，这时则为恒转矩负载。

3）摇臂钻床的主运动与进给运动皆为主轴的运动，为此这两种运动由一台主轴电动机拖动，分别经主轴传动机构、进给传动机构实现主轴旋转和进给。所以主轴变速机构与进给变速机构都装在主轴箱内。

4）为加工螺纹，主轴要求正、反转。摇臂钻床主轴的正、反转一般采用机械方法来实现，这样主轴电动机只需单方向旋转。

5）摇臂的升降由升降电动机拖动，要求电动机能正、反转。

6）内外立柱的夹紧与放松、主轴箱与摇臂的夹紧与放松采用电气—液压装置来实现。

7）摇臂的移动严格按照摇臂松开→移动→夹紧的程序进行。因此，摇臂的夹紧、放松与升降按自动控制进行。

8）根据钻削加工的需要，应有冷却泵电动机拖动冷却泵，提供切削液进行刀具的冷却。

9）具有机床安全照明和信号指示。

10）具有必要的联锁和保护环节。

**二、Z3040 摇臂钻床电气控制原理图**

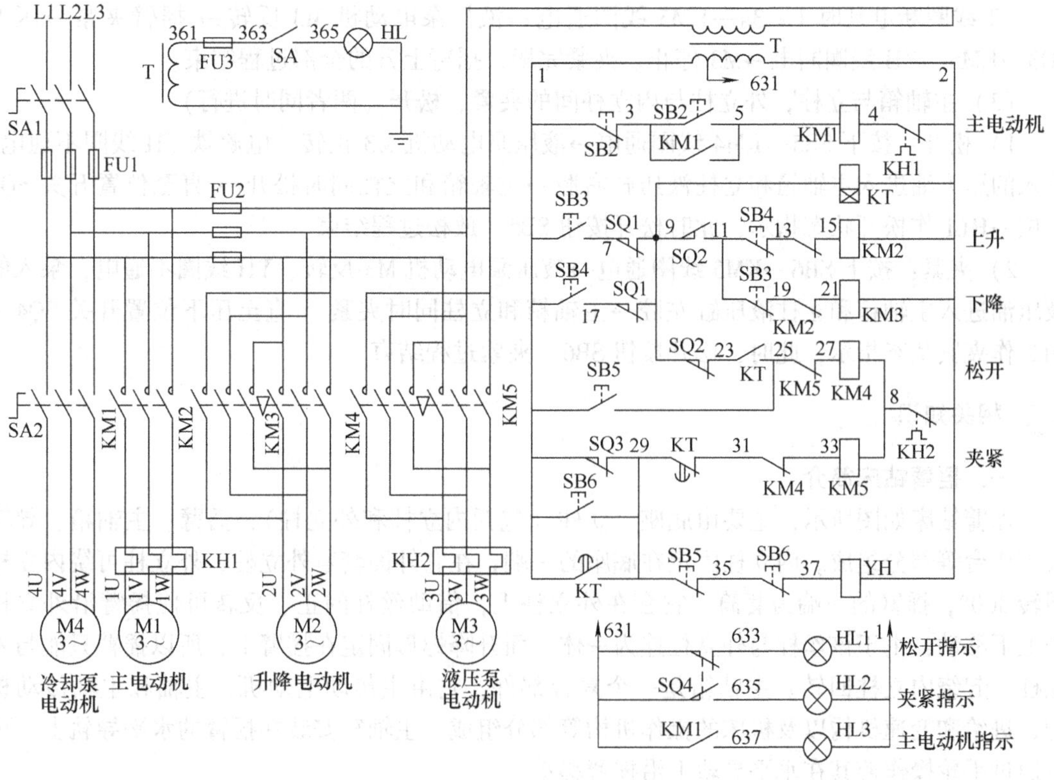

### 三、Z3040 型摇臂钻床电气控制电路分析

Z3040 型摇臂钻床在机械上有两种结构形式，相应的电气控制也有两种形式，下面以沈阳生产的 Z3040 型摇臂钻床为例进行分析。

1. 主电路

（1）主电动机 M1　它为一个“单向运转主电路”，由接触器 KM1 进行控制，热继电器 KH1 作过载保护。

（2）摇臂升降电动机 M2　它是一个“正、反转控制主电路”，由接触器 KM2 控制其正转，接触器 KM3 控制其反转。

（3）液压泵电动机 M3　它是一个“正、反转（夹/松）控制”电路，由接触器 KM4 液压泵电动机 M3 正转，接触器 KM5 控制液压泵电动机 M3 反转。

（4）冷却泵电动机 M4　由组合开关 SA2 单向手动控制。

2. 控制电路

（1）主电动机控制　SB1、SB2、KM1 构成主轴电动机的起停控制电路，HL3 用作运行指示。

（2）摇臂上升过程分析（夹紧时压下 SQ3）

按下 SB3→KT 通电→电磁阀 YH 线圈通电、KM4 线圈通电→ 液压泵电动机 M3 正转、液压油进入摇臂夹紧液压缸右腔→ 摇臂松开→压下 SQ2→KM4 线圈断电→M3 停止放松（此时 SQ3 恢复为常态，YH 线圈仍通电）。

压下的 SQ2 →KM2 线圈通电→摇臂升降电动机 M2 正转→摇臂上升→升至需要高度时，松开 SB3 或摇臂压下限位开关 SQ1 时→ KT 线圈断电延时、KM2 线圈断电→M2 停止上升。

KT 线圈断电延时 1～3s→KM5 线圈通电→液压泵电动机 M3 反转→ 摇臂夹紧→压下 SQ3→KM5、YH 线圈断电→M3 停止。夹紧完毕，摇臂上升的全部过程结束。

（3）主轴箱与立柱，外立柱与内立柱间的夹紧、松开（两者同时进行）

1）松开：按下 SB5→KM4 线圈通电→液压泵电动机 M3 正转，电磁铁 YH 线圈不通电，泵入的压力油进入主轴箱和立柱液压缸右腔→主轴箱和立柱同时松开→ 直至位置开关 SQ4 复位→HL1 作松开状态指示，此时松开按钮 SB5，放松过程结束。

2）夹紧：按下 SB6→KM5 线圈通电→液压泵电动机 M3 反转、YH 线圈不通电，泵入的液压油进入主轴箱和立柱液压缸左腔→主轴箱和立柱同时夹紧→ 直至压下位置开关 SQ4→HL2 作夹紧状态指示，此时，松开按钮 SB6，夹紧过程结束。

## 相关知识

### 一、摇臂钻床简介

摇臂钻床如图所示，主要由底座、立柱（包括内立柱和外立柱）、摇臂、主轴箱、导轨及工作台等部分组成。内立柱固定在底座的一端，在它外面套着外立柱，外立柱可绕内立柱回转 360°，摇臂的一端为套筒，它套在外立柱上，借助丝杠的正、反转可使摇臂沿外立柱作上下移动，由于该丝杠与外立柱连为一体，而升降螺母固定在摇臂上，所以摇臂只能与外立柱一起绕内立柱回转。主轴箱是一个复合部件，它由主传动电动机、主轴和主轴传动机构、进给和变速机构以及机床的操作机构等部分组成。主轴箱安装在摇臂的水平导轨上，可以通过手轮操作使其在水平导轨上沿摇臂移动。

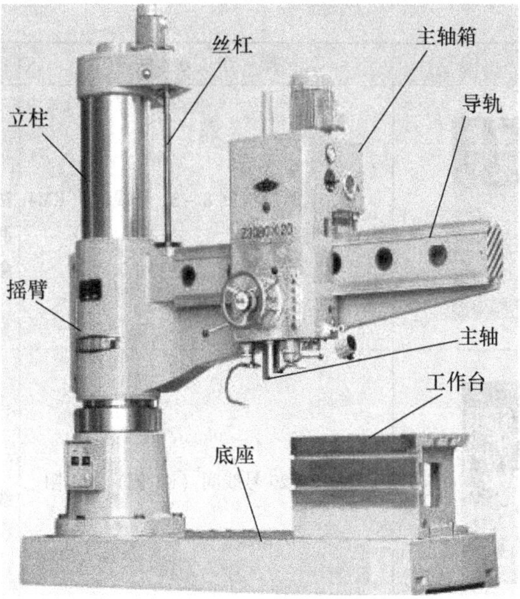


## 二、摇臂钻床的运动形式

当摇臂钻床进行加工时，由特殊的夹紧装置将主轴箱紧固在摇臂导轨上，而外立柱紧固在内立柱上，摇臂紧固在外立柱上，然后进行钻削加工。其钻头一边进行旋转切削，一边进行纵向进给。其运动形式主要有：

1）主运动为主轴的旋转运动。

2）进给运动为主轴的纵向进给。

3）辅助运动有：摇臂沿外立柱垂直移动，主轴箱沿摇臂长度方向的移动，摇臂与外立柱一起绕内立柱的回转运动。

## 任务实施

### 一、“摇臂不能夹紧，其他动作正常”的检修

| 实训图片 | 操作方法 | 注意事项 |
|---|---|---|
| 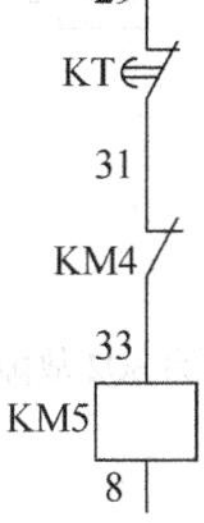 | 根据故障现象，发现 KM5 不能吸合，分析出故障范围 | 在确定故障范围过程中要画出其电路图 |

（续）

| 实 训 图 片 | 操 作 方 法 | 注 意 事 项 |
|---|---|---|
|  | 切断电源后检测 8～31 号线间（KM4 侧）的电阻 | 检查时可采用对半检查的方法，以提高检查的效率。根据检测结果说明该部分有没有开路现象 |
|  | 检测 8～29 号线间（KT 侧）的电阻 | 根据检测结果说明在 8～29 号线之间有没有开路现象 |
|  | 检测 8～31 号线间（KT 侧）的电阻 | 根据检测结果说明 KT 和 KM4 连接的 31 号线是否开路 |
|  | 发现故障点，排除故障 | 拧紧螺钉 |

## 二、“横臂不能下降，其他动作正常”的检修

| 实 训 图 片 | 操 作 方 法 | 注 意 事 项 |
|---|---|---|
| 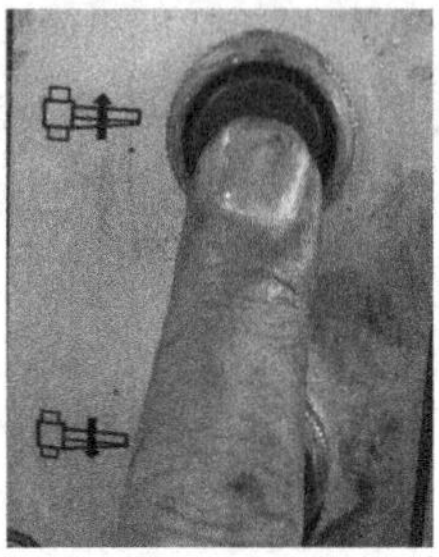 | 检查上升动作（按下 SB3）能正常上升 | 排除 SQ2 故障的可能性 |

（续）

| 实训图片 | 操作方法 | 注意事项 |
|---|---|---|
|  | 检查 SQ1 上 9 号线的接线方式，要求线路完好，导线压接良好 | 线路的接线方式的检查为缩小故障范围做好准备 |
|  | 按下 SB4，发现 KM3 不能吸合 | 进一步缩小范围 |
| 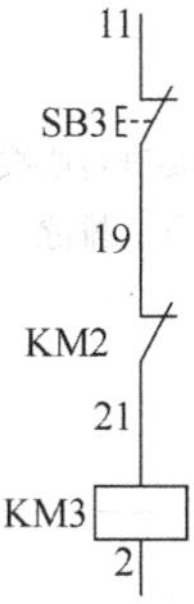 | 根据上述现象确定故障点在 2～11 号线间 | 检测故障点应在故障范围内 |
|  | 切断电源 | 使用电阻法检查之前必须要切断电源 |
|  | 检查 2～19 号线间（接线端子上）的电阻，电阻为“∞” | 说明故障在 2～19 号线间（接线端子上） |

（续）

| 实训图片 | 操作方法 | 注意事项 |
|---|---|---|
|  | 检查2～21号线间（接触器上）的电阻，此段线路正常 | 说明故障在2～21号线间（接触器上） |
|  | 检查2～19号线间（接触器上）的电阻，此段线路正常 | 说明故障在2～19号线间（接线端子与接触器的连接上） |
|  | 排除故障后，重新检查，证明故障排除 | 需要进行必要的验证，以确定故障点已排除 |

## 提醒注意

1）排除故障前应根据故障现象，先在电气控制原理图中正确标出最小故障范围的线段，然后采用正确的检查和排除故障的方法。

2）排除故障时，必须修复故障点，不得采用更换元器件、借用触点及改动电路的方法。

3）检修时，严禁扩大故障范围或产生新的故障，并不得损坏元器件。

4）要在指导教师的指导下操作，安全第一。设备通电后，严禁在电器侧随意扳动电气元件。排除故障时，尽量采用不带电检修。若带电检修，则必须有指导教师在现场监护。

## 检查评价

设置的故障检查出来并修复完毕后，通电试车正确，切断电源，然后进行综合评价。

**任 务 评 价**

| 序号 | 评价指标 | 评 价 内 容 | 分值 | 个人评价 | 小组评价 | 教师评价 |
|---|---|---|---|---|---|---|
| 1 | 故障检查 | 能根据现象正确判断故障范围 | 10 | | | |
| | | 检查步骤、方法正确 | 10 | | | |
| | | 第一个错误检查成功 | 20 | | | |
| | | 第二个错误检查成功 | 20 | | | |
| | | 扩大故障范围 | 20 | | | |
| 2 | 安全规范 | 是否穿绝缘鞋 | 5 | | | |
| | | 操作是否安全规范 | 5 | | | |
| 3 | 文明操作 | 拆开的原件未完全恢复 | 10 | | | |
| 总分 | | | 100 | | | |
| 问题记录和解决方法 | | | 记录任务实施过程中出现的问题和采取的解决办法 | | | |

**能 力 评 价**

| 内　　容 | | 评　　价 | |
|---|---|---|---|
| 学习目标 | 评 价 项 目 | 小组评价 | 教师评价 |
| 应知应会 | 本任务的相关基本概念是否熟悉 | □Yes　□No | □Yes　□No |
| | 是否熟练掌握仪表、工具的使用 | □Yes　□No | □Yes　□No |
| 专业能力 | 操作过程是否规范 | □Yes　□No | □Yes　□No |
| | 能否合理确定故障范围 | □Yes　□No | □Yes　□No |
| | 检测过程是否合理 | □Yes　□No | □Yes　□No |
| 通用能力 | 团队合作分析原理图能力 | □Yes　□No | □Yes　□No |
| | 沟通协调操作过程中的调整能力 | □Yes　□No | □Yes　□No |
| | 解决问题的效率能力 | □Yes　□No | □Yes　□No |
| | 操作过程中自我管理能力 | □Yes　□No | □Yes　□No |
| | 创新能力 | □Yes　□No | □Yes　□No |
| 安全文明 | 规范操作 | □Yes　□No | □Yes　□No |
| | 安全操作 | □Yes　□No | □Yes　□No |
| | 文明操作 | □Yes　□No | □Yes　□No |
| 个人努力方向： | | 老师、同学建议： | |

### 思考与提高

1. 摇臂的升降控制电路为什么要采用双重联锁正、反转控制形式？
2. 试分析摇臂下降过程的工作原理。

## 任务十九　M7130型平面磨床电气控制电路的故障分析与检修

### 训练目标

- 了解M7130型平面磨床电力拖动控制的特点及要求。

● 掌握 M7130 型平面磨床电气控制电路的工作原理。
● 掌握 M7130 型平面磨床电气控制电路的故障分析及检修方法。

## 任务描述

电工小崔在机修车间维修好机床和摇臂钻床后，正准备离去，看见老陈师傅正在磨床上加工工件，好奇心驱使小崔走上前去认真看起来，看见在老陈师傅的熟练操作下，将一个个表面粗糙度值较高的工件加工成表面光滑、精度较高的工件，不仅啧啧称奇，同时也暗暗记下了老陈师傅加工工件的操作步骤。想起自己对平面磨床的电气控制原理还不太熟悉，小崔自语到“我得回去把平面磨床的图样好好研究研究”。小崔离开机修车间，健步向值班室走去。本任务就来解决如何修理 M7130 型平面磨床电气控制电路故障这一问题。

## 任务分析

本任务要实现对“M7130 型平面磨床电气控制电路故障检修”，首先应了解其电力拖动控制的特点和要求，并正确识读其电路图，熟悉其控制电路的工作原理，做到按图分析、按图检修。

### 一、M7130 型平面磨床电力拖动控制的特点及要求

1）主运动，即砂轮的旋转运动。

2）垂直进给运动，即滑座在立柱上的上下运动。

3）横向进给运动，即砂轮箱在滑座上的水平运动。

4）纵向进给运动，即工作台沿床身的往复运动。

5）工作台每完成一次往复运动时，砂轮箱便作一次间断性的横向进给；当加工完整个平面后，砂轮箱作一次间断性垂直进给。

### 二、M7130 平面磨床电气原理图

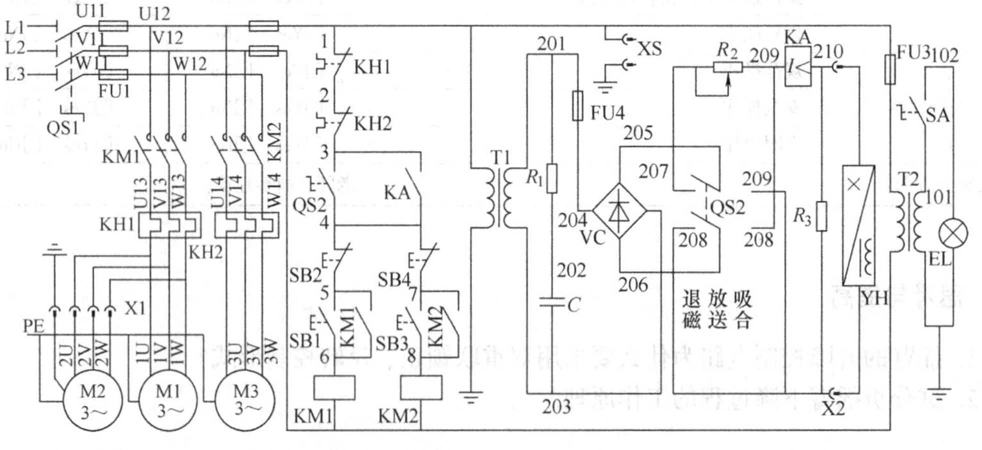


注：M1—砂轮电动机　M2—冷却泵电动机　M3—液压泵电动机　T1—整流变压器　T2—照明变压器　VC—整流器　YH—电磁吸盘　KA—欠电流继电器　EL—照明灯

### 三、M7130 型平面磨床电气控制线路分析

1. 主电路分析

在主电路中，M1 为砂轮电动机，拖动砂轮的旋转；M2 为冷却泵电动机，拖动冷却泵供给磨削加工时需要的切削液；M3 为液压泵电动机，拖动液压泵，供出液压油，经液压传动机构来完成工作台往复运动并实现砂轮的横向自动进给及承担工作台的润滑。

主电路的控制要求是：M1、M2、M3 只需要进行单方向的旋转运动，且磨削加工无调速要求；在砂轮电动机 M1 起动后才起动冷却泵电动机 M2；三台电动机共用 FU1 作短路保护，分别用 KH1、KH2 作过载保护。

在主电路中 M1、M2 由接触器 KM1 控制，由于冷却泵箱和床身是分开安装的，所以冷却泵电动机 M2 经插头插座 X1 和电源连接，当需要切削液时，将插头插入插座即可。M3 由接触器 KM2 控制。

2. 控制电路分析

在控制电路中，SB1、SB2 为砂轮电动机 M1 和冷却泵电动机 M2 的起动和停止按钮，SB3、SB4 为液压泵电动机 M3 的起动和停止按钮。只有在转换开关 QS2 扳到退磁位置，其常开触头 QS2（3-4）闭合，或者欠电流继电器 KA 的常开触头 KA（3-4）闭合时，控制电路才起作用。按下 SB1，接触器 KM1 的线圈通电，其常开触头 KM1（4-5）闭合进行自锁，其主触头闭合砂轮电动机 M1 及冷却泵电动机 M2 起动运行。按下 SB2，KM1 线圈断电，M1、M2 停止。按下 SB3，接触器 KM2 线圈通电，其常开触头 KM2（4-8）闭合进行自锁，其主触头闭合液压泵电动机 M3 起动运行。按下 SB4，KM2 线圈断电，M3 停止。

3. 电磁吸盘（YH）控制电路的分析

电磁吸盘控制电路由降压整流电路、转换开关和欠电流保护电路组成。

降压整流电路由变压器 T1 和桥式全波整流装置 VC 组成。变压器 T1 将交流电压 220V 降为 127V，经过桥式整流装置 VC 变为 110V 的直流电压，供给电磁吸盘的线圈。电阻 $R_1$ 和电容 $C$ 是用来限制过电压的，防止交流电网的瞬时过电压和直流回路的通断在 T1 的二次侧产生过电压对桥式整流装置 VC 产生危害。

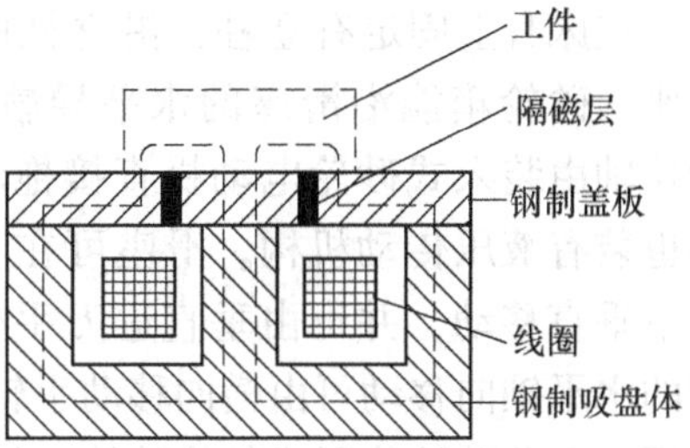

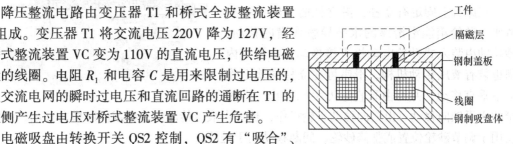

电磁吸盘由转换开关 QS2 控制，QS2 有“吸合”、“放松”和“退磁”三个位置。将 QS2 扳到“吸合”位置时，QS2（206-208）和 QS2（205-209）闭合，电磁吸盘线圈 YH 加上 110V 的直流电压，进行励磁，当通过线圈 YH 的电流足够大时，可将工件牢牢吸住，同时欠电流继电器 KA 吸合，其触头 KA（3-4）闭合，这时可以操作控制电路的按钮 SB1 和 SB3，起动电动机对工件进行磨削加工，停止加工时，按下 SB2 和 SB4，电动机停转。在加工完毕后，为了从电磁吸盘上取下工件，将 QS2 扳到“退磁”位置，这时 QS2（206-208）、QS2（205-207）、QS2（3-4）接通，电磁吸盘中通过反方向的电流，并用可变电阻 $R_2$ 限制反向去磁电流的大小，达到既能退磁又不致反向磁化目的。退磁结束后，将 QS2 扳至“放松”位置，QS2 的所有触头都断开，电磁吸盘断电，取下工件。若有些工件不易退磁，将附件退磁器插头插入 XS，进行交流退磁。

当转换开关 QS2 扳到“吸合”位置时，QS2 的触头 QS2（3-4）断开，KA（3-4）接通，若电磁吸盘的线圈断电或电流太小吸不住工件，则欠电流继电器 KA 释放，其常开触头 KA（3-4）断开，M1、M2、M3 因控制回路断电而停止。这样就避免了工件因吸不牢而被高速旋转的砂轮碰击飞出的事故。

如果不需要起动电磁吸盘，则应将 X3 上的插头拔掉，同时将转换开关 SA1 扳到退磁位置，这时 SA1（3-4）接通，M1、M2、M3 可以正常起动。

与电磁吸盘并联的电阻 $R_3$ 为放电电阻，为电磁吸盘线圈 YH 断电瞬间提供通路，吸收线圈断电瞬间释放的磁场能量。因为电磁吸盘是一个大电感，在电磁吸盘从工作位置转换到放松位置的瞬间，线圈产生很高的过电压，易将线圈的绝缘损坏，也会在转换开关 QS2 上产生电弧，使开关的触头损坏。

4. 照明电路分析

照明变压器 T2 将 380V 的交流电压降为 36V 的安全电压供给照明电路。EL 为照明灯，一端接地，另一端由开关 SA 控制，FU3 为照明电路的短路保护。

## 相关知识

### 一、平面磨床简介

M7130 型平面磨床的外形如图所示。在床身中装有液压传动装置，工作台通过活塞杆由液压驱动作往复运动，床身导轨由自动润滑装置进行润滑。工作台表面有 T 型槽，用以固定电磁吸盘，再用电磁吸盘来吸持加工工件。工作台往复运动的行程长度可通过调节装在工作台正面槽中的换向撞块的位置来改变。换向撞块是通过碰撞工作台往复运动换向手柄来改变油路方向，以实现工作台往复运动。

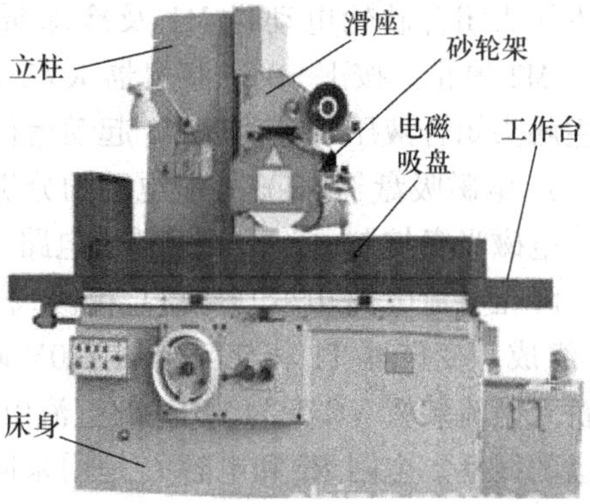


在床身上固定有立柱，沿立柱的导轨上装有滑座，砂轮箱能沿滑座的水平导轨作横向移动。砂轮轴由装入式砂轮电动机直接拖动。在滑座内部也装有液压传动机构。滑座可在立柱导轨上作上下垂直移动，并可由垂直进刀手轮操作。砂轮箱的水平轴向移动可由横向移动手轮操作，也可由液压传动作连续或间断横向移动，连续移动用于调节砂轮位置或整修砂轮，间断移动用于进给。

### 二、M7130 型平面磨床常见电气故障的排除

| 故障现象 | 故 障 原 因 | 处 理 方 法 |
|---|---|---|
| 三台电动机均不能起动 | 欠电流继电器 KA 的常开触头和转换开关 QS2 的触头（3-4）接触不良、接线松脱或有油垢，使电动机的控制电路处于断电状态 | 分别检查欠电流继电器 KA 的常开触头和转换开关 QS2 的触头（3-4）的接触情况，不通则修理或更换 |
| 砂轮电动机的热继电器 KH1 经常动作 | （1）M1 前轴承铜瓦磨损后易发生堵转现象，使电流增大，导致热继电器动作<br>（2）砂轮进给量太大，电动机超负荷运行<br>（3）热继电器规格选得太小或整定电流过小 | （1）修理或更换轴瓦<br>（2）选择合适的进给量，防止电动机超载运行<br>（3）更换或重新整定热继电器 |

（续）

| 故障现象 | 故 障 原 因 | 处 理 方 法 |
|---|---|---|
| 电磁吸盘退磁不好使工件取下困难 | （1）退磁电路断路，根本没有退磁<br>（2）退磁电压过高<br>（3）退磁时间太长或太短 | （1）检查转换开关 QS2 接触是否良好，退磁电阻 $R_2$ 是否损坏<br>（2）应调整电阻 $R_2$<br>（3）根据不同材质掌握好退磁时间 |
| 照明灯不亮 | （1）照明灯已损坏<br>（2）照明灯开关 SA 未按下或已损坏<br>（3）变压器 T1 绕组损坏 | （1）应更换新的<br>（2）应按下开关 SA 或更换新的开关<br>（3）应更换新的变压器 |

## 任务实施

### 一、“在吸合状态三台电动机均不能起动，退磁状态电动机均能起动”的检修

| 实 训 图 片 | 操 作 方 法 | 注 意 事 项 |
|---|---|---|
| 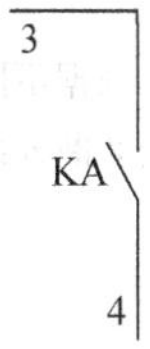 | 根据故障现象确定故障范围 | 利用排除的方法 |
|  | 关断电源开关 | 关断有明显间断点的开关 |
| 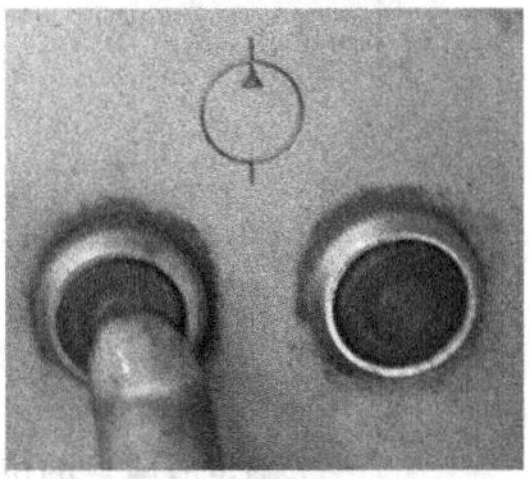 | 按住 SB1 或 SB3 | 外部出线回路 |
| 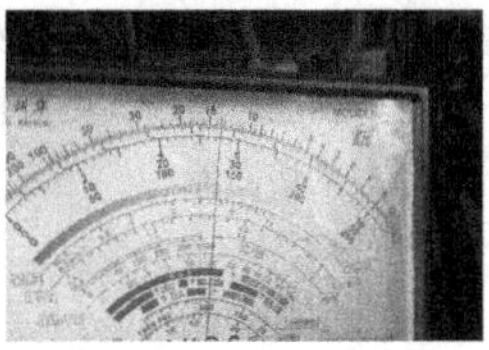 | 检查 3 ~4 号线间（均在 KA 上）的电阻，发现故障点为 KA 常开故障 | 利用外部回路进行检查，外部回路正常说明故障在 KA 触点 |

## 二、“电磁吸盘充磁、退磁均无，其他正常”的检修

| 实 训 图 片 | 操 作 方 法 | 注 意 事 项 |
| --- | --- | --- |
| 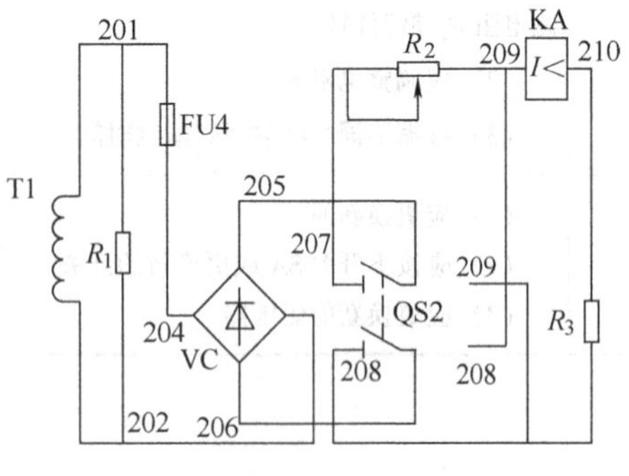 | 根据现象确定故障范围 | 在确定故障范围时不能放过任意一个怀疑点 |
| 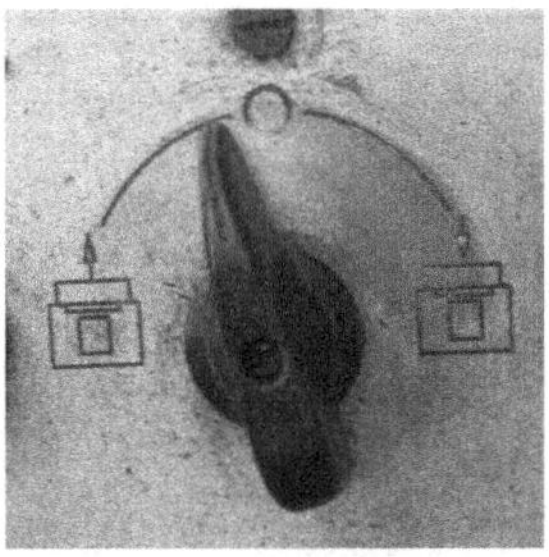 | 关断电源，将 QS2 打在放松位置切断外部回路 | 根据不同情况，要能够学会切断外部回路 |
|  | 检查 203 ~ 204 号线间（熔断器侧）的电阻，发现故障在 203 号线经过变压器、熔断器侧、204 号线间 | 范围大，先分块，在每块仍然需要逐步检查 |
|  | 进一步检查 201 ~ 203 号线间（熔断器侧）的电阻，发现故障点在熔断器 | ①确定故障点的位置，在此为熔断器<br>②拆开熔断器，发现熔断器已经熔断，更换相同规格的熔断器 |

（续）

| 实训图片 | 操作方法 | 注意事项 |
|---|---|---|
|  | 重新检查，故障排除 | 确认故障排除才能重新通电 |

### 提醒注意

在进行电气设备故障检修前，不仅要熟悉电气设备的控制原理，而且要熟悉各元器件在电气设备上的位置和功能，要结合电气设备布置图和接线图进行故障分析和排除。

### 检查评价

设置的故障检查出来并修复完毕后，通电试车正确，切断电源，然后进行综合评价。

**任务评价**

| 序号 | 评价指标 | 评价内容 | 分值 | 个人评价 | 小组评价 | 教师评价 |
|---|---|---|---|---|---|---|
| 1 | 检查检查 | 能根据现象正确判断故障范围 | 10 | | | |
| | | 检查步骤、方法正确 | 10 | | | |
| | | 第一个错误检查成功 | 20 | | | |
| | | 第二个错误检查成功 | 20 | | | |
| | | 扩大故障范围 | 20 | | | |
| 2 | 安全规范 | 是否穿绝缘鞋 | 5 | | | |
| | | 操作是否安全规范 | 5 | | | |
| 3 | 文明操作 | 拆开的原件未完全恢复 | 10 | | | |
| 总分 | | | 100 | | | |
| 问题记录和解决方法 | | | 记录任务实施过程中出现的问题和采取的解决办法 | | | |

**能力评价**

| 内容 | | 评价 | |
|---|---|---|---|
| 学习目标 | 评价项目 | 小组评价 | 教师评价 |
| 应知应会 | 本任务的相关基本概念是否熟悉 | □Yes □No | □Yes □No |
| | 是否熟练掌握仪表、工具的使用 | □Yes □No | □Yes □No |

（续）

| 内容 | | 评价 | |
|---|---|---|---|
| 学习目标 | 评价项目 | 小组评价 | 教师评价 |
| 专业能力 | 操作过程是否规范 | □Yes □No | □Yes □No |
| | 能否合理确定故障范围 | □Yes □No | □Yes □No |
| | 检测过程是否合理 | □Yes □No | □Yes □No |
| 通用能力 | 团队合作分析原理图能力 | □Yes □No | □Yes □No |
| | 沟通协调操作过程中的调整能力 | □Yes □No | □Yes □No |
| | 解决问题的效率能力 | □Yes □No | □Yes □No |
| | 操作过程中自我管理能力 | □Yes □No | □Yes □No |
| | 创新能力 | □Yes □No | □Yes □No |
| 安全文明 | 规范操作 | □Yes □No | □Yes □No |
| | 安全操作 | □Yes □No | □Yes □No |
| | 文明操作 | □Yes □No | □Yes □No |
| 个人努力方向： | | 老师、同学建议： | |

## 思考与提高

1. 平面磨床的主运动是什么？

2. 若 M7130 型平面磨床中整流器的交流侧电压正常，直流侧电压为额定电压的 1/2，则可能的故障原因是什么？

# 参考文献


[1] 张若愚. 电工测量技术 [M]. 北京：中国电力出版社，2007.
[2] 李敬梅. 电力拖动控制线路与技能训练 [M]. 4 版. 北京：中国劳动社会保障出版社，2007.
[3] 周小群. 简明电工实用手册 [M]. 合肥：安徽科学技术出版社，2007.
[4] 王其红. 电工手册 [M]. 郑州：河南科学技术出版社，2006.
[5]《电气工程师手册》编辑委员会. 电气工程师手册 [M]. 北京：中国电力出版社，2008.
[6] 周万平. 维修电工技能训练 [M]. 4 版. 北京：中国劳动社会保障出版社，2006.
[7] 王建. 维修电工技能训练 [M]. 4 版. 北京：中国劳动社会保障出版社，2007
[8] 张玉莲. 传感器与自动检测技术 [M]. 北京：机械工业出版社，2007.
[9] 瞿彩萍. PLC 应用技术（三菱）[M]. 北京：中国劳动社会保障出版社，2006.
[10] 王国海. 可编程序控制器及其应用 [M]. 2 版：北京：中国劳动社会保障出版社，2007.
[11] 刘守操. 可编程序控制器技术与应用 [M]. 北京：机械工业出版社，2006.
[12] 史国生. 电气控制与可编程控制器技术 [M]. 2 版. 北京：化学工业出版社，2003.

# 机械工业出版社

## 教师服务信息表

尊敬的老师：

您好！感谢您多年来对机械工业出版社的支持与厚爱！为了进一步提高我社教材的出版质量，更好地为职业教育的发展服务，欢迎您对我社的教材多提宝贵意见和建议。另外，如果您在教学中选用了《维修电工技能实战训练（初、中级）》（杨学坤　邵争鸣　主编）一书，我们将为您免费提供与本书配套的电子课件。

**一、基本信息**

姓名：____________ 性别：____________ 职称：____________ 职务：____________

学校：__________________________________________________ 系部：____________

地址：__________________________________________________ 邮编：____________

任教课程：____________________ 电话：______________（O）手机：____________

电子邮件：____________________ qq：__________________ msn：____________

**二、您对本书的意见及建议**

（欢迎您指出本书的疏误之处）

**三、您近期的著书计划**

**请与我们联系：**

100037　北京市西城区百万庄大街22号机械工业出版社·技能教育分社　陈玉芝

Tel：010-88379079

Fax：010-68329397

E-mail：cyztian@gmail.com 或 cyztian@126.com